建设职业技术教育丛书

建 筑 工 程 材 料

（第二版）

丛书编委会

主　任　郁志桐

副主任　王亚忠　刘国琦　李　毅　尹宜祥　崔玉杰
　　　　陈代华　贾晓光

委　员　张海贵　叶　刚　曹文达　徐　健　尹国元
　　　　高忠民　阮增云　赵香贵　刘王晋

本书编著者　曹文达　曹　栋

金盾出版社

内 容 提 要

　　本书主要讲述建筑材料的成分、技术性能、质量标准和应用技术要点等。书中采用了新的国家标准,对原有建筑材料中的旧标准进行了修订或更新。书中除介绍常用的建筑材料外,增加了新型水泥、新型墙体材料、特性混凝土、新型防水材料、混凝土外加剂、铝合金建筑型材和建筑塑料等内容。

　　本书充分反映了建筑新材料、新技术、新标准和新工艺等内容,因而是建筑业工程技术人员和管理人员必备的参考书,也可作为建筑业技术学校铁培训教材。

图书在版编目(CIP)数据

建筑工程材料/曹文达,曹栋编著 . —2 版 . —北京:金盾出版社,2004.12
(建设职业技术教育丛书)
ISBN 978-7-5082-3295-9

Ⅰ.建… Ⅱ.①曹…②曹… Ⅲ.建筑材料 Ⅳ.TU5

中国版本图书馆 CIP 数据核字(2004)第 106684 号

金盾出版社出版、总发行

北京太平路 5 号(地铁万寿路站往南)
邮政编码:100036　电话:68214039　83219215
传真:68276683　网址:www.jdcbs.cn
彩色印刷:北京精彩雅恒印刷有限公司
黑白印刷:北京金盾印刷厂
装订:兴浩装订厂
各地新华书店经销
开本:787×1092 1/16　印张:31.25　字数:750 千字
2011 年 2 月第 1 版第 4 次印刷
印数:33001—33100 册　定价:57.00 元

序

　　职业教育的任务是培养有直接就业能力的应用型人才。新时期建筑行业的职工不但应具有必要的文化基础知识，更重要的是具备过硬的岗位技能和良好的职业品质，以及继续学习和发展的能力。这是我国经济建设和社会职业对劳动者和人才的普遍要求。

　　建筑业是我国国民经济的支柱产业。随着我国经济持续、快速的发展，建筑业在国民经济中的地位和作用日益突出。由于建筑施工队伍的急剧扩大，目前全国平均 80％以上的施工任务由农民工完成，初、中级技术人才严重缺乏，一线施工管理水平下降，施工质量事故令人担忧，如不改变这种状况，必然影响到建筑业的长远发展。为此，大力发展低重心、多层次、高活力的建设职业教育，进一步贯彻落实国家提出的"培养百万名建设专门人才和培训千万名建设技术工人和熟练劳务人员"的人才培养任务已成为当务之急。

　　本丛书以国家中等建设职业技术教育的业务规格为目标，从当前建筑技术队伍的整体素质出发，通过大量的企业调研，通过对中等技术人才的知识点和技能点的调查、分析和归纳，综合考虑企业人才资源开发的需要，合理地安排和开发课程体系，确定符合实际要求的教学目标和教学内容，注意针对性、实用性和科学性的有机结合，力求做到科学、实用。

　　本丛书可作为建筑类中等职业技术教育的教科书使用，也可作为对建筑企业施工管理人员和技术人员进行培训的教材。根据目前急需，先出版了《建筑识图与房屋构造》、《建筑施工技术》和《建筑工程材料》，之后将根据读者需要陆续出版其它品种，敬请读者关注。

　　由于本丛书是综合性的，带有一定的摸索探讨的性质，难以同时兼顾各方面的需要，加之作者的水平所限，难免存在不足之处，敬请读者批评指正。

建设职业技术教育丛书编委会

2000 年 3 月 20 日

第二版前言

我国加入 WTO 以后，为了尽快与国际接轨，对于一些常用的建筑材料陆续制定了新的标准和施工规范。与此同时，新材料、新技术和新工艺在建筑工程中的广泛应用，推动了我国建筑业的技术进步和发展。为了使广大读者能及时了解和掌握新材料、新技术和新标准，现对原书《建筑工程材料》进行了改编和充实，对章节进行了调整，并以新标准、新规范和新技术作为第二版的突出特色。

本书修订的主要内容如下：

1. 原书第四章中通用水泥（硅酸盐水泥、普通水泥、矿渣水泥、火山灰水泥、粉煤灰水泥）、铝酸盐水泥和膨胀水泥，都采用最新标准编写。

2. 原书第五章中普通混凝土，改用新混凝土配合比设计规范；轻骨料混凝土及轻骨料改用新标准；普通混凝土试验方法采用新标准。

3. 原书第六章建筑砂浆中，砌筑砂浆改用新的配合比设计规范。

4. 原书第八章金属材料中，热轧钢筋及冷轧带肋钢筋改用新标准。

5. 原书第十一章材料试验中的水泥试验，改用新的试验标准。

6. 原书第一章增加"热容量"内容。

7. 原书第四章增加"复合硅酸盐水泥"、"铁铝酸盐水泥"和"油井水泥"等新内容。

8. 原书第五章中"混凝土外加剂"有关内容，改编成独立的第十一章。近年来混凝土外加剂发展很快，应用越来越广，对混凝土的技术性能、质量和应用起到了决定性作用，故新增和补充混凝土外加剂的有关知识。

9. 原书第五章第七节特性混凝土，改编成独立的第六章。在这一章中增加高强度混凝土、高性能混凝土和特种用途混凝土等有关知识。

10. 原书第八章金属材料中，增加和补充了混凝土用"预应力钢筋"、"钢丝"和"铝合金及型材"等内容。

11. 原书第九章防水材料中，增加和补充了目前正在大量应用的新型防水卷材、防水涂料和密封材料等。

12. 第二版还增加了"建筑玻璃"、"建筑陶瓷"、"建筑塑料"和"室内环境污染检测"等内容。

第二版尽力满足读者的需要，但由于作者水平有限，书中不妥之处敬请读者批评指正，以利于今后进一步修订。

本书在此次修订过程中，得到迟卯生高级工程师的帮助，在此表示感谢。

作 者

2004 年 4 月

第一版前言

改革开放以来,我国基本建设事业发展迅速,耗用建筑材料日益增多。建筑材料的性能、质量、品种、规格等直接影响着土建工程的质量、进度和效益。建筑工程中新技术、新工艺的不断涌现,对建筑材料提出了更新更高的要求,从而推动了建筑材料的发展,使一些常用建筑材料的质量有了新的提高,与之配套的新技术标准不断颁布。同时,新型建筑材料的应用,又进一步促进了建筑技术的进步。建筑技术的进步与建筑材料的发展是紧密相连、互相促进的。

建筑材料的发展对建筑水平会产生深远的影响。例如,1976 年盖的北京饭店,建筑总面积为 10 万 m^2,地下地上共 20 层,整个建筑的总重量为 19 万吨,单位面积的重量达 2500kg/m^2,它的主要结构和墙体材料是普通钢筋混凝土、轻骨料混凝土和加气混凝土。而美国西雅图摩天大楼,建筑总面积 45 万 m^2,总共 103 层,整个建筑总重量仅 22.5 万吨,单位面积的重量只有 500kg/m^2,它所用的主要结构和墙体材料是高强度合金钢、复合轻板、高效保温材料等。可以看出,由于使用建筑材料在技术、质量上的差异,会直接影响到建筑物的质量水平。

在建筑工程中能否合理选用材料,也会使工程质量、造价等方面出现不同效果。如美国某公司要在休斯顿的贝壳广场上盖一栋高楼,原设计采用普通混凝土,筒中筒结构,但广场经勘探属软弱地基,如果采用普通混凝土最高只能建 35 层,经采用轻骨料混凝土,最后建成了 52 层的高楼,结构造价却与原来的 35 层设计预算相当。从这里可以看出,合理选用材料不但可以保证工程质量,同时还取得了良好的技术效果和经济效益。所以合理选用材料是提高工程效益的有效途径之一。此外,建筑材料还会影响施工进度和建筑物的抗震性等。

为了适应建筑技术的发展和提高建筑工程质量,建筑材料进一步朝着轻质、高强、多功能方向发展。试验表明,轻骨料混凝土可以达到与普通混凝土相同的强度,但自重可以减轻 25%～40%。国外已用钢纤维混凝土制作外墙板,比普通混凝土墙板减薄 2/3;用玻璃纤维混凝土制做薄壳屋盖,其厚度只有 1cm。高强混凝土和超高强混凝土的应用,不但提高了建筑物质量,同时减轻了结构自重。据测算,混凝土强度提高一倍,单价只增加 50%,而自重可降低 25% 左右。如果超高强混凝土能被广泛地应用到工程中,可以使钢筋混凝土结构构件达到与钢结构相近的尺寸,这就为建筑师设计更多新颖、美观、坚固、轻巧的建筑提供了物质保证。高性能复合材料的广泛使用,可以使建筑物的装饰装修、保温隔热、防腐抗渗等使用效果明显改善。

近些年来,我国建筑材料发展很快,新型材料的开发、研究、生产,大批新材料的应用,推动了我国建设事业的蓬勃发展。为了及时反映建筑材料新技术,本书采用了新的技术标准和新的技术要求,较系统地介绍了常用建筑材料的性能、特点、应用、品种、规格、质量标准及试验方法、保管等方面的知识,还对一些新型材料和有发展前途的材料作了介绍,如特种水泥、特性混凝土、新型墙体材料、改性沥青及其防水制品等。本书内容实用易懂、深浅得当,可以作为建筑业职工或高、中等职业技术学校相关专业的培训教材,也便于工程技术人员参考使用。

本书由北京城建集团培训中心曹文达和北京城建集团工程研究院曹栋共同编写。由于建筑材料的发展日新月异,本书很难全面反映,书中内容如有不妥之处,敬请读者批评指正。

作 者
2000 年 4 月

目　　录

第一章　建筑材料基本性质

建筑材料是建造各种建筑物所用材料的总称。建筑材料用在建筑物的不同部位要承受各种作用,如结构材料要承受一定的外力作用;防水材料要受到水的渗透、水的侵蚀作用;保温材料要起到冬天保温、夏天隔热的作用;有些建筑材料还会受到各种外界因素的影响,如温度变化、干湿变化、冻融交替变化及化学侵蚀等。为了使建筑物安全、适用、耐久而又经济,这就要求建筑工程在设计和施工中,能正确选择和合理使用各种材料。

第一节　材料的基本物理性质

一、材料与质量有关性质

（一）真密度（ρ）

真密度是指材料在绝对密实状态下单位体积的质量。其计算公式为:

$$\rho = \frac{m}{V}$$

式中　ρ——真密度（g/cm^3 或 kg/m^3）;

　　　m——材料质量（g 或 kg）;

　　　V——材料在绝对密实状态下的体积（cm^3 或 m^3）。

绝对密实体积是指不包括孔隙在内的体积。对于钢材、玻璃等绝对密实材料,可以根据其外形尺寸求得体积,称出其干燥时质量,然后按上式计算出密度值。对于多孔的固体材料,其绝对密实体积的测定,可将其干燥后的试样磨成细粉,称出一定质量的粉末,利用密度瓶测量其绝对体积（等于被粉末排出的液体体积）,再按上述公式计算出密度值。

对于建筑工程中经常使用的一些外形不规则的散粒材料,如砂、石等材料,可不必磨成细粉而直接用排水法测其绝对体积的近似值。这样测定的密度称为视密度。按下式计算:

$$\rho' = \frac{m}{V'}$$

式中　ρ'——视密度（g/cm^3 或 kg/m^3）;

　　　m——干燥状态下材料的质量（g 或 kg）;

　　　V'——绝对体积近似值（包括封闭孔隙在内的颗粒体积）。

（二）表观密度（ρ_0）

表观密度是指多孔固体（粉末或颗粒状）材料在自然状态下单位体积的质量。表观密度又称为视密度,在工程计算中有时用视密度代替真密度。表观密度的计算公式如下:

$$\rho_0 = \frac{m}{V_0}$$

式中　ρ_0—— 表观密度（kg/m^3）;

m—— 材料的质量（kg）；

V_0——材料表观体积，即自然状态下的体积（m³）。

自然状态下的体积是指包括内部孔隙在内的外形体积。在材料内部的孔隙中，有与外界连通的开口孔，也有与外界不相通的封口孔。

（三）堆积密度（ρ'_0）

堆积密度是指疏松状（小块、颗粒、纤维）材料在自然堆积状态下单位体积的质量。按下式计算：

$$\rho'_0 = \frac{m}{V'_0}$$

式中 ρ'_0——堆积密度（kg/m³）；

m——材料的质量（kg）；

V'_0——材料的堆积体积（m³）。

对于配制混凝土用的碎石、卵石及砂等松散颗粒材料，其堆积密度测定是用既定容积的容器测得的体积（称为堆积体积），求出密度，称为堆积密度。

密度、表观密度、堆积密度常用来计算材料的密实度、孔隙率和空隙率，或用来计算材料用量、自重、运输量及堆积空间等。另外，材料表观密度大小直接影响到材料的强度、保温、隔热等性能。

（四）密实度（D）

密实度是指材料体积内被固体物质所充实的程度。计算公式如下：

$$D = \frac{\rho_0}{\rho}$$

凡含孔隙的固体材料的密实度均小于1。材料的 ρ_0 与 ρ 越接近，即 $\frac{\rho_0}{\rho}$ 越接近于1，该材料就越密实。材料的其它很多性质如强度、吸水性、保温隔热性等都与密实度有关。

（五）孔隙率（P）

孔隙率是指材料体积内，孔隙体积所占的比例。按下式计算：

$$P = (1 - \frac{\rho_0}{\rho}) \times 100\%$$

密实度与孔隙率从两个不同方面反映材料内部的密实程度。密实度和孔隙率的总和构成了材料的整体体积，即 $D + P = 1$。

孔隙率的大小直接反映了材料的致密程度。材料内部孔隙的构造，可分为连通的和封闭的两种。连通孔隙不仅彼此贯通且与外界相通，而封闭孔隙不仅彼此互不连通且与外界相隔绝。孔隙按尺寸大小又分为极微细孔隙、细小孔隙和较粗大孔隙。孔隙的大小及其分布对材料的性能影响较大。

（六）空隙率（P'）

对松散材料（如砂、石料）互相填充的疏松致密程度，可用空隙率表示。空隙率是指散粒材料的堆积体积内，颗粒之间的空隙体积所占的百分率。

$$P' = (1 - \frac{\rho'_0}{\rho_0}) \times 100\%$$

空隙率的大小反映了散粒材料颗粒相互填充的致密程度。空隙率作为控制混凝土骨料级配与计算含砂率的依据。

常用建筑材料的真密度、表观密度和堆积密度见表1-1。

表 1-1　常用建筑材料的真密度、表观密度和堆积密度

材　　料	真密度 $\rho(g/cm^3)$	表观密度 $\rho_0(kg/m^3)$	堆积密度 $\rho_0'(kg/m^3)$
石灰岩	2.60	1800～2600	—
花岗岩	2.6～3.0	2500～2900	—
碎石(石灰岩)	2.60	—	1400～1700
砂	2.60	—	1450～1650
粘　土	2.60	—	1600～1800
普通粘土砖	2.50	1600～1800	—
粘土空心砖	2.50	1000～1400	—
水　泥	3.10	—	1200～1300
普通混凝土	—	2100～2600	—
轻骨料混凝土	—	800～1900	—
木　材	1.55	400～800	—
钢　材	7.85	7850	—
泡沫塑料	—	20～50	—

二、材料与水有关的性质

(一) 亲水性和憎水性

材料在空气中与水接触时,根据其是否能被润湿,可分为亲水材料与憎水材料。

润湿就是水被材料表面吸附的过程。当材料在空气中与水接触时,在材料、水和空气三相的交点处,沿水滴表面所引切线 ν_L 与材料表面 ν_{SL} 所成夹角 θ 称为润湿角(见图1-1)。$\theta \leqslant 90°$ 时,这种材料称为亲水性材料。当润湿角 $90° \leqslant \theta \leqslant 180°$ 时,表示这种材料不能被水润湿,称为憎水性材料。这一概念也可应用到其它液体对固体材料的浸润情况,相应地称为亲液性材料或憎液性材料。

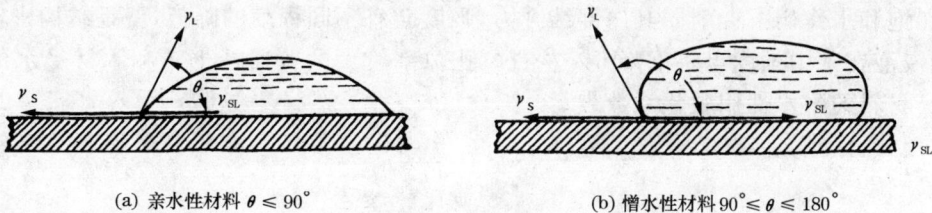

(a) 亲水性材料 $\theta \leqslant 90°$　　　　　　　(b) 憎水性材料 $90° \leqslant \theta \leqslant 180°$

图 1-1　材料的润湿角

大多数建筑材料都属于亲水材料,如砖、石、混凝土、木材等。有些材料(如沥青、石蜡等)属于憎水材料。

(二) 吸水性

吸水性是指材料在水中能吸收水分的性质。吸水性大小可用吸水率表示。吸水率有质量

吸水率和体积吸水率之分。

质量吸水率是指材料吸水的质量与材料干燥质量的百分率,按下式计算:

$$W_质 = \frac{m_湿 - m_干}{m_干} \times 100\%$$

式中　$W_质$——材料质量吸水率(%);

　　　$m_湿$——材料吸水饱和后的质量(g);

　　　$m_干$——材料烘干到恒重时的质量(g)。

在多数情况下都是按质量计算吸水率,但也有按体积计算吸水率(吸入水的体积占材料自然状态下体积的百分率)。如果材料具有细微而连通的孔隙,则其吸水率较大。若是封闭的孔隙,水分就不容易渗入;对于粗大孔隙,水分虽然容易渗入,但仅能润湿孔壁表面而不易在孔内存留。所以,封闭和粗大孔隙材料,其吸水率是较低的。

（三）吸湿性

材料在潮湿空气中吸收空气中水分的性质称为吸湿性。材料在水中能吸收水分,在空气中也吸收水汽,并随空气湿度大小而变化。空气中的水汽在湿度较大时被材料吸收,在湿度较小时向材料外扩散,最后使材料与空气湿度达到平衡。材料吸湿性大小用含水率表示。

含水率:指材料内含水质量占材料干燥质量的百分数。其计算公式为:

$$W_含 = \frac{m_含 - m_干}{m_干} \times 100\%$$

式中　$W_含$——材料含水率(%);

　　　$m_含$——材料含水时的质量(g);

　　　$m_干$——材料干燥时质量(g)。

从上面公式中可看到,当材料孔隙中含有一部分水时,则这部分水重占材料干重的百分率称做材料含水率。当材料的含水率达到与空气中湿度相平衡时称为平衡含水率。材料含水率除与空气湿度有关外,还与材料本身组织构造有关。一些吸湿性大的材料,由于大量吸收空气中的水汽而增加重量、降低强度、体积膨胀、尺寸改变。如木门窗在潮湿环境中就不易开关,如果是保温材料吸湿后会降低保温隔热性能。

（四）耐水性

材料长期在饱和水作用下不被破坏,强度也无明显下降的性质称为耐水性。一般来讲,材料长期在饱和水作用下会削弱其内部结合力,强度会有不同程度的降低,就是结构密实的花岗岩,长期浸泡在水中强度也将下降3%左右。孔隙率较大的普通粘土砖和木材受水的影响更为明显。材料的耐水性用软化系数表示。

$$K_软 = \frac{f_{饱和}}{f_干}$$

式中　$K_软$——材料软化系数;

　　　$f_{饱和}$——材料在饱和水状态下抗压强度(MPa);

　　　$f_干$——材料在干燥状态下抗压强度(MPa)。

材料软化系数在0~1范围之间,软化系数值越大,材料的耐水性越好。对于长期受水浸泡或处于潮湿环境的重要建筑物或构筑物,必须选用耐水材料,其软化系数不得低于0.85,通常我们将软化系数在0.85以上的材料称耐水材料。

（五）抗冻性

材料在吸水饱和状态下，经过多次冻结和融化作用（冻融循环）而不破坏，同时也不严重降低强度的性质称为抗冻性。

通常采用－15℃的温度（水在微小的毛细管中低于－15℃才能冻结）冻结后，再在20℃的水中融化，这样的一个冻融过程称为一次循环。

材料经多次冻融交替作用后，表面将出现剥落、裂纹，产生质量损失，强度也将会降低。冰冻的破坏作用是由材料孔隙内的水分结冰所引起的。水在结冰时体积增大9％左右，对孔壁产生压力可达100MPa。在压力反复作用下，使孔壁开裂。材料在冻融过程中是由表及里逐层进行的。冻融循环次数越多，对材料的破坏作用也越严重，材料表面产生脱屑剥落和裂纹，强度逐渐降低。

对于不同要求的抗冻材料，只要经过规定的冻融次数后，质量损失不大于5％，强度降低不超过25％，认为该材料已达到某等级的抗冻性要求。根据对材料的不同抗冻性要求，将材料划分为不同的抗冻标号，如 F_{10}、F_{15}、F_{25}、F_{50}、F_{100} 等，其右下角标注的数字为该材料能经受冻融循环的次数。

（六）抗渗性

材料抵抗水、油等液体压力作用渗透的性质称为抗渗性（不透水性）。材料抗渗性以渗透系数 K 表示。

$$K = \frac{Wd}{AtH}$$

式中　K——渗透系数（mL/cm²·h）；

　　　W——透水量（mL）；

　　　d——试件厚度（cm）；

　　　A——透水面积（cm²）；

　　　t——时间（h）；

　　　H——静水压力水头（cm）。

材料抗渗性的好坏，主要与材料的孔隙率及孔隙特征有关。密实材料或具有封闭孔隙的材料，就不会产生透水现象。材料的这个性质对地下建筑物、水工构筑物影响较大。

材料抗渗性还可以用抗渗标号（P）表示。抗渗标号（P）是指在规定试验条件下，压力水不能透过试件厚度在端面上呈现水迹所能承受的最大水压力。混凝土的抗渗标号是以每组六个试件中四个未出现渗水时的最大水压表示。其计算式：

$$P = 10H - 1$$

式中　P——抗渗标号；

　　　H——六个试件中三个渗水时的水压力（MPa）。

如 P_8 表示混凝土承受 0.8MPa 水压时无渗水现象。

三、材料与热有关的性质

（一）导热性

热量由材料的一面传至另一面的性质，称为导热性。导热性是材料的一个非常重要的热物理指标，它说明材料传递热量的一种能力。材料的导热性用导热系数"λ"表示。

（二）导热系数

在物理意义上，导热系数为单位厚度的材料当两侧温度差为 1K 时，在单位时间内通过单位面积的热量。按下式计算：

$$\lambda = \frac{Q \cdot a}{AZ(t_2 - t_1)}$$

式中　λ——导热系数［W/(m·K)］；

　　　Q——传导热量(J)；

　　　a——材料厚度(m)；

　　　A——传热面积(m^2)；

　　　Z——传热时间(h)；

　　　$t_2 - t_1$——材料传热时两面的温度差(K)。

导热系数值越小，则材料的保温隔热性能越好。各种材料的导热系数差别较大，封闭空气的导热系数 $\lambda = 0.023$W/(m·K)，水的导热系数 $\lambda = 0.58$W/(m·K)，冰的导热系数 $\lambda = 2.33$W/(m·K)，由此可见，材料的导热系数与湿度、温度有关。湿度对导热系数有着极其重要的影响。材料受潮后，在材料的孔隙中有水分(包括蒸汽水和液态水)，使材料的导热系数增大。如果孔隙中的水分冻结成冰，冰的导热系数约是水的四倍，材料的导热系数将更大。因而材料受潮或受冻将严重影响其保温效果。所以工程中使用的保温材料要保持干燥。

（三）热容量

材料加热时吸收热量，冷却时放出热量的性质，称为热容量。热容量的大小用质量热容(c)表示，单位名称为焦［耳］每千克开［尔文］，单位符号为 J/(kg·K)。

材料在加热(或冷却)时，吸收(或放出)的热量与质量、温度差成正比，用下式表示：

$$Q = c \cdot m(t_2 - t_1)$$

式中　Q——材料吸收或放出的热量(J)；

　　　c——质量热容［J/(kg·K)］；

　　　m——材料的质量(kg)；

　　　$t_2 - t_1$——材料受热或冷却前后的温差(K)。

由上式可得质量热容为：

$$c = \frac{Q}{m(t_2 - t_1)}$$

质量热容是反映材料的吸热或放热能力大小的物理量。不同材料的质量热容不同，即使是同一种材料，由于所处物态不同，质量热容也不同。例如水的质量热容 4.186×10^3J/(kg·K)，而结冰后质量热容则是 2.093×10^3J/(kg·K)。

材料的质量热容，对保持建筑物内部温度稳定有很大意义，质量热容大的材料，能在热流变动或采暖设备供热不均匀时，缓和室内的温度变动。常用材料的质量热容见表1-2。

表 1-2　材料的质量热容

材料名称	钢材	混凝土	松木	普通粘土砖	干砂	水
质量热容(J/kg·K)	0.48×10^3	1.00×10^3	2.72×10^3	0.88×10^3	0.50×10^3	4.18×10^3

第二节　材料的力学性质

材料的力学性质,是研究材料在外力作用下的强度和变形。

一、强度

材料在外力(荷载)作用下抵抗破坏的能力,称为强度。

材料所受的外力主要有拉力、压力、弯曲力和剪力等,如图 1-2 所示。材料抵抗这些外力破坏的能力,分别称为抗拉、抗压、抗弯和抗剪强度。

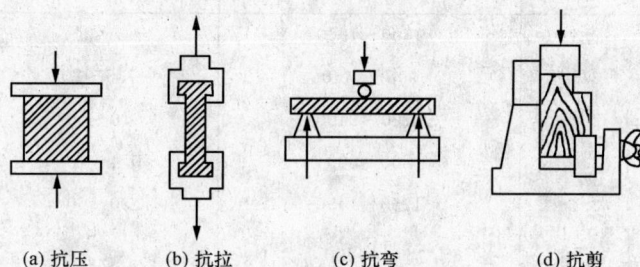

(a) 抗压　　(b) 抗拉　　(c) 抗弯　　(d) 抗剪

图 1-2　材料承受各种外力的情况

材料抗拉、抗压、抗剪强度可按下式计算:

$$f = \frac{F}{A}$$

式中　f——抗拉、抗压、抗剪强度(MPa);

　　　F——材料受拉、压、剪破坏时的荷载(N);

　　　A——材料的受力面积(mm^2)。

材料的抗弯强度(也称抗折强度)与材料受力情况有关。如果受力是简支梁形式的,对矩形截面试件,抗弯强度可按下式计算:

$$f_m = \frac{3FL}{2bh^2}$$

式中　f_m——抗弯强度(MPa);

　　　F——受弯时破坏荷载(N);

　　　L——两支点间的距离(mm);

　　　b、h——材料截面宽、高度(mm)。

材料的强度与它的成分、构造有关。不同种类的材料,有不同抵抗外力的能力。同一种材料随其孔隙率及构造特征不同,强度也有较大差异。一般情况下,表观密度越小,孔隙率越大的材料,强度越低。

强度是材料主要技术性能之一。不同材料或同种材料的强度,可按规定的标准试验方法通过试验确定。材料可根据其强度值的大小划分为若干标号或等级。

二、弹性与塑性

材料在外力作用下产生变形,当取消外力后,能够完全恢复原来形状的性质称为弹性。能够完全恢复的变形,称为弹性变形。

材料在外力作用下产生变形,如果取消外力,仍保持变形后的形状和尺寸,并且不产生裂缝的性质称为塑性。这种不能恢复的变形,称为塑性变形。

单纯的弹性材料是没有的。有些材料在荷载不大的情况下,外力与变形成正比,产生弹性变形;荷载超过一定限度后,接着出现塑性变形。建筑钢材就属于这种情况。

建筑工程中常用材料性能见表1-3。

表 1-3　几种常用材料性质比较表

材料名称	密度 （g/cm³）	表观密度或堆积密度 （kg/m³）	抗压强度 （MPa）	导热系数 [W/(m·K)]
普通粘土砖	2.5	1800～1900	5～20	0.81
粘土空心砖	2.5	900～1450	7.5～20	0.47
素混凝土	2.7	2200～2400	10～50	1.28～1.51
泡沫混凝土	3.0	800～600	0.4～1.5	0.12～0.29
水　泥	3.1	1250～1450	30～60	—
生石灰块		1100		
生石灰粉		1200		
花岗岩	2.6～3.0	2800	100～220	2.91
砂　子	2.6	1400～1700	—	—
膨胀蛭石	—	80～200		0.05～0.07
膨胀珍珠岩		40～130		0.03～0.05
松　木	1.55	400～700	30～45	0.17～0.35
钢　材	7.85	7850	380～450	58.15
水(4℃)	—	1000	—	0.58

第三节　材料的耐久性

材料在建筑物的使用过程中,除受到各种外力作用外,还长期受到各种使用因素和自然因素的破坏作用。这些破坏作用有物理作用、机械作用、化学作用和生物作用。

物理作用包括温度和干湿的交替变化、循环冻融等。温度和干湿的交替变化引起材料的膨胀和收缩,长期、反复的交替作用,会使材料逐渐破坏。在寒冷地区,循环的冻融对材料的破坏更为明显。机械作用包括荷载的持续作用、反复荷载引起材料的疲劳、冲击疲劳、磨损等。化学作用包括酸、碱、盐等液体或气体对材料的侵蚀作用。生物作用包括昆虫、菌类等的作用而使材料蛀蚀、腐朽或霉变。一般建筑材料,如石材、砖瓦、陶瓷、混凝土、砂浆等,暴露在大气中时,主要受到大气的物理作用;当材料处于水位变化区或水中时,还受到环境水的化学侵蚀作用。金属材料在大气中易遭锈蚀。木材及植物纤维材料,常因虫蚀、腐朽而遭到破坏。各种高分子材料,在阳光、空气及热的作用下,会逐渐老化、变质而破坏。

材料的耐久性,是在使用条件下,在上述各种因素作用下,在规定使用期限内不破坏,也不失去原有性能的性质。诸如抗冻性、抗风化、抗老化性、耐化学侵蚀性等均属于材料的耐久性。

第四节　材料的装饰性

建筑装饰材料,一般是指内外墙面、地面和顶棚等的饰面材料。用装饰材料修饰主体结构的面层,能大大地改善建筑物的艺术形象,达到一定的艺术效果,使人们得到舒适和美的感受。

一、装饰材料的功能

(一)室外装修功能

外装修的目的应兼顾建筑物的美观和对建筑物的保护作用。外装修的效果是通过装修材料的质感、线条和色彩来表现的。质感就是材料质地的感觉,主要通过线条的粗细、凹凸面光线吸收和反射程度不一而产生的感观效果。这些方面都可以通过选用性质不同的装修材料或对同一种装修材料采用不同的施工方法而达到,如丙烯酸酯涂料,可以做成有光、平光、无光的,也可以做成凹凸、拉毛或彩砂的。

色彩不仅影响到建筑物的美观、城市的面貌,也与人类的心理和健康息息相关。色彩靠颜料来实现。因而应首先选用与周围环境相适应的、耐久性和稳定性好的着色颜料。

(二)室内装修功能

室内装修主要指内墙装修、地面装修和吊顶装修。室内内墙装修的目的是保护墙体材料,保证室内使用条件,创造一个舒适、美观而整洁的生活环境。同时也辅助墙体起到吸音、隔音的功能,如采用泡沫塑料壁纸,平均吸音系数可达 0.05。

内墙的装饰效果同样也是由质感、线条和色彩三个因素构成。所不同的是,人与内饰面的距离比外墙面近得多,所以质感要细腻逼真,线条应该是细致的,色彩应根据主人的爱好及房间内在的性质决定,至于明亮度可以用浅淡明亮的,也可以用平整无反光的装饰材料。

地面装饰的目的同样是为了保护基底材料或楼板,并达到装饰效能,满足使用要求。如人们对于钢筋混凝土楼板和混凝土地坪的感觉是硬、冷、灰、湿。如用木地板、塑料地板、高分子合成纤维地毯进行地面装修,可以使人感觉暖和舒适,同时也收到隔音、吸音效果。

二、装饰材料的选用

在选用装饰材料时,首先应从建筑物的使用要求出发。不仅要求装饰材料美观,而且要有多种功能,能长期保持它的特征,保持适宜的环境,并能有效地保护主体结构材料。

装饰材料用于不同的环境、不同的部位时,对它的要求也不同。因此在选用装饰材料时,应结合建筑物的特点,使之与室内外环境相协调。应使材料的颜色深浅合适,色调柔和美丽,应运用装饰材料的花纹、图案及材料的粗糙或细致、平滑或凹凸,巧妙地拼装成各种花式图案,最大限度地表现装饰材料的装饰效果。如用金黄色琉璃瓦做屋面的北京故宫,金碧辉煌,熠熠生辉,使宫殿显得富丽堂皇;广州火车站一带的建筑群,用浅淡色调的材料涂喷或镶贴于墙面,使建筑物的艺术造型与气候相适应,与绿化相融合,更显出南方城市的轻快流畅,幽雅宜人。

第二章　建　筑　石　材

建筑石材是由天然岩石开采得到的。岩石是由一种或数种矿物组成的集合体。

天然岩石按其成因可以分为岩浆岩、沉积岩和变质岩,其系统表如下:

$$
\begin{cases}
\text{岩浆岩} \begin{cases}
\text{大块岩} \begin{cases}
\text{深成岩:花岗岩、正长岩、闪长岩、辉长岩} \\
\text{喷出岩:斑岩、辉绿岩、玄武岩、安山岩、粗面岩}
\end{cases} \\
\text{碎片岩} \begin{cases}
\text{散粒状:火山灰、浮石} \\
\text{胶结状:火山凝灰岩}
\end{cases}
\end{cases} \\[2mm]
\text{沉积岩} \begin{cases}
\text{化学沉积岩:石膏、白云岩、菱镁矿} \\
\text{有机沉积岩:石灰岩、白垩、贝壳岩、硅藻土} \\
\text{机械沉积岩} \begin{cases}
\text{散粒状:粘土、砂、砾石} \\
\text{胶结状:砂岩、砾岩、角砾岩}
\end{cases}
\end{cases} \\[2mm]
\text{变质岩} \begin{cases}
\text{岩浆岩变质岩:片麻岩} \\
\text{沉积岩变质岩:石英岩、大理岩、页岩}
\end{cases}
\end{cases}
$$

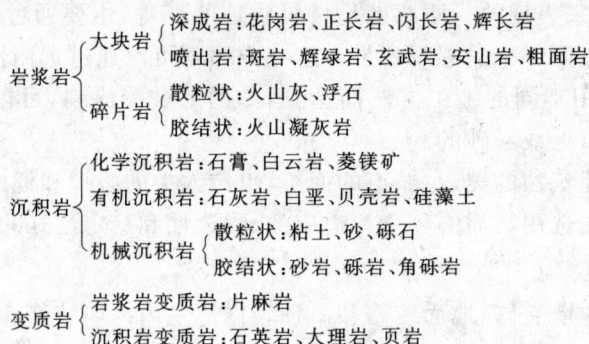

组成岩石的矿物称为造岩矿物。造岩矿物又是由多种元素的化合物所组成的。天然岩石的物理力学性质,很大程度上决定于岩石的矿物成分,以及它们在岩石中的结构和构造。造岩矿物的性质决定了石料的质量、技术性质、工艺性质以及在建筑工程中的适用性。

第一节　主要岩石的造岩矿物及性质

一、岩浆岩

(一) 石英

石英的化学成分为二氧化硅(SiO_2),它分为晶质与非晶质两种结构。颜色由白色至烟灰色,少数呈红色。石英在自然界中分布很广。含有石英的岩石有:砂岩、石英岩、花岗岩及其它岩浆岩与变质岩。石英的真密度为 $2.65g/cm^3$,硬度很高并具有极高的抗压强度和抗风化能力。所以含石英颗粒的岩石往往具有很高的力学强度和耐磨硬度,同时大气稳定性也好。但是岩石中石英含量过多时,会使石料的脆性增加。

(二) 长石

长石可分为正长石($K_2O \cdot Al_2O_3 \cdot 6SiO_2$)、斜长石($Na_2O \cdot Al_2O_3 \cdot 6SiO_2$ 或 $CaO \cdot Al_2O_3 \cdot 6SiO_2$)。含有正长石的岩石有:花岗岩、正长岩、石英斑岩、粗面岩等。含有斜长石的岩石有:闪长岩、玢岩、辉绿岩、安山岩、玄武岩等。长石的真密度为 $2.6\sim2.7g/cm^3$,含有长石的岩石亦具有高的力学强度与耐磨硬度。但其大气稳定性较差,易风化为高岭土($Al_2O_3 \cdot 2SiO_2 \cdot 2H_2O$),故岩石中含斜长石较多时耐久性较差。

(三) 云母

云母可分为钾云母(白云母)和镁铁云母(黑云母)。白云母透明,几乎无色,化学稳定性好;黑云母色黑易风化。云母的真密度为 $2.8 \sim 2.9 g/cm^3$。在许多岩浆岩和变质岩中都含有云母。云母是花岗岩的主要成分。某些沉积岩也含有云母。当石料中含有大量云母时,使石料具有层理,且降低其力学性能与大气稳定性。加工时表面不易磨光。

（四）角闪石、辉石、橄榄石

它们的化学成分为铁、镁硅酸盐类,颜色一般呈暗绿色至黑色,真密度为 $3 \sim 4 g/cm^3$。许多岩浆岩均含有角闪石与辉石。含有这类矿物成分的岩石具有较大的表观密度和高的力学强度,特别是高的韧性,同时耐气候稳定性亦好,但加工的困难程度亦随之增加。

二、沉积岩

（一）方解石

方解石是晶状碳酸钙。纯方解石为无色,当含有粘土或其它物质时具有淡黄色、灰色或其它颜色。这种矿物的强度中等,硬度不大,真密度为 $2.7 g/cm^3$,遇稀酸产生泡沫,是沉积岩中相当普遍的造岩矿物,也是石灰岩的主要成分。亦能将石英颗粒胶结成石灰质砂岩。

（二）白云石

白云石是镁和钙的碳酸盐,其颜色、特性与方解石有许多相似之处,但硬度和密度较大,白云石只有在热盐酸中或在粉末状态时才会产生泡沫。白云石矿物是白云石的主要成分。

表 2-1 为各种造岩矿物的技术性质。

表 2-1　各种造岩矿物的技术性质

矿物名称	化学成分	技术性质
石　英	SiO_2	无色透明,对于酸碱非常稳定,真密度 $2.65 g/cm^3$,融点 $1600℃$,莫氏硬度 7
正长石 斜长石	$K_2O \cdot Al_2O_3 \cdot 6SiO_2$ $m(Na_2O \cdot Al_2O_3 \cdot 6SiO_2)$ $+n(CaO \cdot Al_2O_3 \cdot 2SiO_2)$	白色,但由于含微量铁,故也有陶红色,主要有正、斜长石,肉眼难以区别。稳定性比石英差,是造岩矿物中最多的一种,真密度 $2.6 \sim 2.7 g/cm^3$,莫氏硬度 6
白云母 黑云母	$(H,K)_2O \cdot Al_2O_3 \cdot 2SiO_2$ $m\{(H,K)_2O \cdot Al_2O_3 \cdot 2SiO_2\}$ $+n\{2(Fe,Mg)O \cdot SiO_2\}$	有黑白两种,解理完全,白云母稳定性好,黑云母稳定性差。真密度:白云母 $2.8 g/cm^3$,黑云母 $2.9 g/cm^3$。莫氏硬度 2.5
角闪石 和 辉石类	Fe,Mg,Al,Ca 等的硅酸盐化合物	在化学成分上两者都有同种情况,结晶类型相同,颜色都是黑的,稳定性差。真密度:角闪石 $2.9 \sim 3.6 g/cm^3$,辉石 $3 \sim 3.6 g/cm^3$。莫氏硬度 $5 \sim 6$
橄榄石	$2(Mg,Fe)O \cdot SiO_2$	暗绿色,稳定性差,真密度 $3.2 \sim 3.5 g/cm^3$,莫氏硬度 7
方解石	$CaCO_3$	无色透明,但多数颜色淡。真密度 $2.7 g/cm^3$,莫氏硬度 3,易溶于酸

第二节　常用岩石的技术特性及适用性

一、岩浆岩

（一）花岗岩

花岗岩是由石英（20%～40%）、长石（40%～60%）及云母或普通角闪石（5%～20%）所组成的。花岗岩可分为：白云母花岗岩、黑云母花岗岩、二云母花岗岩、角闪花岗岩。不含云母或角闪石的花岗岩称为白岗岩。

花岗岩的颜色由长石及有色矿物（云母、角闪石）的颜色而定，有灰色、深灰色、淡红色、粉红色的。花岗岩为块状构造、粒状结构。按矿物颗粒粗度分为：细粒花岗岩的颗粒尺寸小于2mm；中粒花岗岩的颗粒2~5mm；粗粒花岗岩的颗粒大于5mm。

花岗岩组织均匀致密，故真密度较大，平均为2.6~3.0g/cm³；孔隙率小，一般为0.4%~1.0%；饱水率为0.15%~0.5%。力学强度随着石英颗粒含量及其在岩石中相互排列和结晶程度而变化。石英颗粒直接互相排列紧密时，强度与抗风化能力就高。花岗岩抗压强度较高，一般达到118~245MPa；耐磨性好，磨耗率2%~5%。花岗岩的力学强度与颗粒结构有关，细粒花岗岩较之中粒与粗粒或斑状结构者为高。此外，花岗岩中云母含量增加或含有黄铁矿均会降低其力学强度。

花岗岩具有较高的技术性质（力学强度高、耐冻性和抗风化能力强），所以在建筑工程中被广泛应用。在建筑工程中常用作砌筑桥梁墩台，作水泥混凝土骨料、路面铺砌块料，砌筑墙身及制作饰面板材。

表2-2列出了国内部分花岗石的物理力学性能和产地。

表2-2　国内部分花岗石的物理力学性能和产地

花岗石品种名称	外贸代号	岩石名称	颜色	物理力学性能					产地
				表观密度(t/m³)	抗压强度(MPa)	抗折强度(MPa)	肖氏硬度	磨损量(cm³)	
白虎涧	151	黑云母花岗岩	粉红色	2.58	137.3	9.2	86.5	2.62	北京昌平
花岗石	304	花岗岩	浅灰、条纹状	2.67	202.1	15.7	90.0	8.02	山东日照
花岗石	306	花岗岩	红灰色	2.61	212.4	18.4	99.7	2.36	山东崂山
花岗石	359	花岗岩	灰白色	2.67	140.2	14.4	97.6	7.41	山东牟平
花岗石	431	花岗岩	粉红色	2.58	119.2	8.9	89.4	6.38	广东汕头
笔山石	601	花岗岩	浅灰色	2.73	180.4	21.6	97.3	12.18	福建惠安
日中石	602	花岗岩	灰白色	2.62	171.3	17.1	97.8	4.80	福建惠安
峰白石	603	黑云母花岗岩	灰色	2.62	195.6	23.3	103.0	7.83	福建惠安
厦门白石	605	花岗岩	灰白色	2.62	169.8	17.1	91.2	0.31	福建厦门
奢石	606	黑云母花岗岩	浅红色	2.61	214.2	21.5	94.1	2.93	福建南安
石山红	607	黑云母花岗岩	暗红色	2.68	167.0	19.2	101.5	6.57	福建惠安
大黑白点	614	闪长花岗岩	灰白色	2.62	103.6	16.2	87.4	7.53	福建同安

（二）正长岩、闪长岩、辉长岩

正长岩是由长石、云母和普通角石所组成的。它与花岗岩的区别在于不含石英。正长岩的颜色多呈微红色与灰色。正长岩一般真密度为2.8g/cm³，表观密度为2700kg/m³，极限抗压强度达98~196MPa，磨耗率不超过5%。它与花岗岩同样具有良好的物理力学性能，由于不含石英，其韧性比花岗岩好，也较易加工、研磨。在工程中得到广泛应用。

闪长岩是暗绿色的粒状结晶结构或致密的块状构造，有很高的力学强度和抵抗风化的能力。闪长岩真密度为2.85~3.20g/cm³，表观密度为2800~3000kg/m³，孔隙率为0.25%~1.25%，而吸水率为0.1%~0.5%，其极限抗压强度为147~274MPa，磨耗率为2%~3%。

闪长岩力学强度高,很难开采和加工,一般可轧制为碎石或加工成各种块石、镶面石等。

辉长岩由基性长石(50%以上)、普通辉石组成,呈暗绿色、褐绿色与橄榄色。辉长岩具有很大的力学强度与抗风化能力,其中所含长石越少,其细粒构造越多,则抗风化能力越强。辉长岩的真密度为 $2.8\sim3.2g/cm^3$,吸水率为 0.5%,极限抗压强度 $98\sim247MPa$。辉长岩与闪长岩一样被广泛用于建筑工程中,尤其是路桥工程中应用更为广泛。

（三）辉绿岩

辉绿岩由基性斜长石与普通辉石组成,有时含有橄榄石、普通辉石和其它矿物。辉绿岩呈深灰色而有时呈浅褐色,具有针状结构,不平齐的断面。辉绿岩的真密度为 $2.9\sim3.1g/cm^3$,表观密度 $2850\sim3050kg/m^3$,孔隙率为 $0.5\%\sim0.8\%$,吸水率为 $0.1\%\sim0.4\%$。力学强度很高,其极限抗压强度为 $196\sim294MPa$,磨耗率不超过 3%。由于辉绿岩的技术性质很高,适用于各种路桥工程及装饰工程。辉绿岩可制成拳石、条石、各种石板及不同粒径的碎石。辉绿岩有良好的细磨加工性,是很好的装饰材料。

（四）玄武岩

玄武岩是一种基性喷出岩,它是由斜长石与普通辉石组成的,有时由橄榄岩与火山玻璃组成。它呈暗灰色,多半是黑色,隐晶结构,致密构造。玄武岩物理力学性质与辉绿岩相似,真密度为 $3.3g/cm^3$,表观密度为 $3000kg/m^3$,吸水率 0.5%以下,极限抗压强度为 $294\sim392MPa$,并具有耐冻性与足够的抗风化能力。玄武岩具有高力学强度,开采与加工较困难,常在路桥工程中作块石、拳石、条石等铺砌材料。

（五）火山灰、浮石、火山灰凝灰岩

当熔融的岩浆冲出地表喷向高空时,即成粉碎状态,经受急剧的冷却后,下落形成不同粒径的颗粒,其中粉状而疏松的沉积物称为火山灰;粒径大于 5mm 的海绵结构的多孔岩石称为浮石(呈泡沫状火山玻璃)。这些岩石具有多孔结构,表观密度为 $300\sim600kg/m^3$,导热系数小。火山灰可以用来配制火山灰质硅酸盐水泥,浮石可用作轻骨料混凝土的轻粗骨料。胶结成致密的火山灰称为火山灰凝灰岩。它具有多孔、表观密度小的特点,抗压强度与普通粘土砖相近,常用来作砌墙材料,也可以作为轻骨料混凝土的轻粗骨料。

二、沉积岩

（一）石灰岩

纯石灰岩绝大部分由碳酸钙组成,呈白色,在自然界中因含有氧化硅、氧化镁、氧化铁等杂质,往往呈深灰色和灰色。按化学成分可以分为硅质石灰岩、铁质石炭岩、泥质石灰岩、介壳质石灰岩等。石灰岩的物理力学性能随其结构、构造及混合物成分与含量,变化范围很大,真密度为 $1.6\sim2.8g/cm^3$,表观密度为 $1500\sim2600kg/m^3$,孔隙率为 $2\%\sim40\%$。由于以上特点,力学性能变化范围亦很大。

硅质石灰岩具有较高的力学性能与耐风化能力,抗压强度可达 $98\sim196MPa$,被广泛用于建筑工程中,其碎石是常用的混凝土骨料,还可用来砌筑基础、桥墩、墙身、阶石及用作路面铺料等。介壳石灰岩和其它软质石灰岩矿粉,可作为沥青混凝土的填充料。

（二）砂岩

砂岩多半由石英颗粒组成(石英砂岩),少数由长石胶结碎屑而成(长石砂岩),而有的是由石英、长石或其它矿物和云母碎屑组成(云母砂岩)。砂岩的物理力学性能主要决定于矿物成分与砂岩中的砂粒粒度,还决定于砂岩中胶结物的质量、数量与分布情况。砂岩的表观密度为1800～2500kg/m³,孔隙率为2%～30%,吸水率为0.8%～17%,极限抗压强度为4.9～196MPa。

以氧化铁为胶结物的铁质砂岩与云母砂岩力学强度不高,在水与温度变化的作用下很快被风化破坏。硅质砂岩有很高的力学强度,其抗压极限强度可达到196MPa,加工和开采较困难,主要用于路桥工程中,制成锥形块石铺筑基础或制成拳石与条石铺砌路面。其碎石可用作混凝土骨料。以碳酸钙胶结而成的钙质砂岩,不但具有一定的力学强度和耐久性,还具有良好的装饰效果。质地较纯的钙质砂岩,色泽洁白,经磨平抛光后的砂岩,有石英晶粒光泽,洁白如玉,俗称白玉石,是一种名贵的装饰石材。

三、变质岩

(一)片麻岩

片麻岩是由花岗岩变质而成。矿物成分与花岗岩相近,但片麻岩是片状结构或片麻结构。片麻岩表观密度为2400～2900kg/m³,其力学强度较高,抗压强度可达98～196MPa。垂直片理方向要较平行片理方向的抗压强度高。片麻岩在道路工程中可制成块石、条石、拳石、人行道板及装饰板材。

(二)石英岩

石英岩是由石英砂岩变质而成的,它是很密实与坚硬的岩石,主要是由二氧化硅胶结石英颗粒组成的。石英岩的表观密度为2650～2750kg/m³,吸水率不超过0.5%,极限抗压强度达294MPa,甚至更高,磨耗率为1%～3%,耐冻性与抗风化能力强。石英岩具有高的强度和耐久性。磨损性小,在路桥工程中被广泛应用。

(三)大理岩

大理岩由石灰岩或白云岩变质而成。由白云岩变质成的大理石,其性能比石灰岩变质而成的大理石优良。大理石的主要矿物成分是方解石或白云石。经变质后,结晶颗粒直接结合呈整体块状构造,所以抗压强度高,为100～300MPa,质地坚密而硬度不大,比花岗岩易于雕琢磨光。纯大理石为白色,我国常称汉白玉,分布较少,一般常含有氧化铁、二氧化硅、云母、石墨、蛇纹石等杂质,使大理石呈现红、黄、棕、黑、绿等各色斑驳纹理,因而是高级的室内装饰材料。

大理岩不宜作城市建筑的外部饰面材料,因为城市空气中常含有二氧化硫,它遇水时生成亚硫酸,以后变成硫酸,与大理岩中的碳酸钙发生反应,生成易溶于水的石膏,使表面失去光泽,变得粗糙多孔,从而降低建筑装饰效果。大理岩的耐用年限一般为数十年至几百年。

表2-3列出了国内部分大理石的物理力学性能和产地。

表2-3　国内部分大理石的物理力学性能和产地

大理石品种名称	外贸代号	颜色	岩石名称	表观密度(t/m³)	抗压强度(MPa)	抗折强度(MPa)	硬度(HS)	磨损量(cm³)	吸水率(%)	产地
雪浪	022	白色、灰白色	大理岩	2.72	92.8	19.7	38.5	17.5	1.07	湖北黄石
秋景	023	灰色	大理岩	2.71	94.8	14.3	49.8	21.9	1.2	湖北黄石
晶白	028	雪白、白色	大理岩	2.74	104.9	19.8	—	—	1.31	湖北黄石
虎皮	042	灰黑色	大理岩	2.69	76.7	16.6	55	16.3	1.11	湖北黄石
杭灰	056	灰色、白花纹	灰岩	2.73	130.6	12.3	63	14.94	0.16	浙江杭州
红奶油	058	浅粉红色	大理岩	2.63	67.0	16.0	59.6	—	0.15	江苏宜兴

大理石品种名称	外贸代号	颜色	岩石名称	表观密度(t/m³)	抗压强度(MPa)	抗折强度(MPa)	硬度(HS)	磨损量(cm³)	吸水率(%)	产地
汉白玉	101	乳白色	白云岩	—	156.4	19.1	42	22.50	—	北京房山
丹东绿	217	浅绿色	蛇纹石化硅卡岩	—	89.2	6.7	47.9	24.5	0.14	丹东东沟
雪花白	311	乳白色	白云岩	2.77	81.7	17.3	45	24.38	—	山东掖县
苍白玉	704	乳白色	白云岩	—	136.1	12.2	50.9	24.96	—	云南大理

第三节 建筑石材

一、建筑石材的主要技术性质

（一）表观密度

建筑石材按其表观密度大小分为重石和轻石两大类。表观密度大于 1800kg/m³ 者为重石，表观密度小于 1800kg/m³ 者为轻石。

重石主要用于建筑物的结构部位，如建筑物基础、桥墩及水工构筑物、砌墙材料等，还可用于墙面、地面装饰；轻石可用于配制轻骨料混凝土及采暖房外墙。

（二）强度等级

建筑石材的抗压强度是划分强度等级的主要依据，石材抗压强度是用边长为 70mm 的立方体标准试件在饱和水状态下的极限抗压强度值表示的，抗压强度是取三个试件抗压极限强度的平均值。其它尺寸的立方体试件，应对其试验结果乘以相应的换算系数后才可作为石材的强度等级。表 2-4 为石材强度等级的换算系数。

表 2-4 石材强度等级的换算系数

立方体边长(mm)	200	150	100	70	50
系　数	1.43	1.28	1.14	1	0.86

（三）抗冻性

建筑石材在建筑结构中，长期受到各种自然因素的综合作用而逐渐引起石材力学强度的衰降。在工程中引起石料内部结构的破坏而导致力学强度下降的首要因素是温度的升降，由于温度应力的作用而引起石料内部的破坏，尤其是在负温条件下冻胀而引起石料内部组织结构破坏。石材的抗冻性是用冻融循环次数表示的。石材的抗冻性主要取决于矿物成分、结构及其构造，应根据使用环境和使用条件合理选用相应的抗冻指标。

（四）耐水性

用于水工建筑和桥梁建筑的石材，需要有良好的耐水性。建筑石材按其软化系数可分为高、中、低三种不同等级耐水性。用于水工建筑和桥梁建筑的石材，其耐水性必须大于 0.8。

二、建筑石材的品种和应用

（一）砌筑用石材

1. 毛石

毛石是由爆破直接获得的石块。依其平整程度又可分为乱毛石和平毛石两类。

乱毛石是形状不规则的石料,一般在一个方向的尺寸达 30~40cm,块重 20~30kg。主要用于砌筑基础、勒脚、墙身、堤坝、挡土墙等,也可作毛石混凝土的骨料。

平毛石是将乱毛石经加工而成。形状较乱毛石整齐,其形状基本上有六个面,但表面粗糙,中部厚度不小于 20cm,常用于砌筑基础、墙身、勒脚、桥墩、涵洞等。图 2-1 为乱毛石,图 2-2 为平毛石。

图 2-1　乱毛石

图 2-2　平毛石

2. 料石

料石又称条石,由人工或机械开采出的较规则的六面石块,经略加凿琢而成。按其加工后的外形规则程度,分为毛料石、粗料石、半细料石和细料石四种。

料石常由砂岩、花岗岩等质地比较均匀的岩石开采琢制,至少应有一个面的边角整齐,以便互相合缝。主要用于砌筑墙身、踏步、地坪、拱、纪念碑等;形状复杂的料石制品用作柱头、柱脚、楼梯踏步、窗台板、拉杆和其它装饰面等。图 2-3 为各种形状料石。

(二)建筑饰面用石材

建筑装饰用的饰面石材是将天然开采的石材荒料经切割加工成的各种块状或板状饰面材料。用于建筑物的天然饰面石材品种繁多,主要可以分为大理石和花岗石两大类。

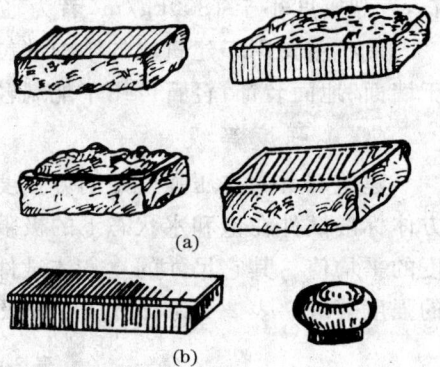

图 2-3　料石
(a)整形料石　(b)形状复杂料石

1. 天然大理石板材

这里所说大理石并非单指大理岩,是指具有装饰功能,并可以磨平、抛光的各种碳酸盐类岩石及某些含有少量碳酸盐的硅酸盐类岩石。可称为大理石的岩石大致有各种大理岩、大理化灰岩、火山凝灰岩、致密灰岩、石灰岩、砂岩、石英岩、蛇纹岩、白云岩、石膏岩等。

天然大理石板材分为普型板材(N)和异型板材(S)两大类。普型板材(N)有正方形和长方形两种。异型板材(S)为其它形状的板材。

天然大理石板材根据规格尺寸允许偏差(见表 2-5)、平面度允许极限公差(见表 2-6)、角度允许极限公差(见表 2-7)、外观质量(见表 2-8)和镜面光泽度(见表 2-9)等标准可分为优等品(A)、一等品(B)、合格品(C)三个等级。

天然大理石板材的命名顺序为:荒料产地地名、花纹色调特征名称、大理石(M)。

天然大理石板材标记顺序为:命名、分类、规格尺寸、等级、标准号。例如,用北京房山白色大理石荒料生产的普型板,若规格尺寸是 600mm×400mm×20mm 的一等品板材,则根据上述命名与标记的规定示例如下:

命名:房山汉白玉大理石

标记：$\underbrace{\text{房山汉白玉}}_{\text{命名}}$　$\underbrace{\text{N}}_{\text{分类}}$　$\underbrace{-600\times400\times20-}_{\text{规格尺寸}}$　$\underbrace{\text{B}}_{\text{等级}}$　$\underbrace{\text{JC79}}_{\text{标准号}}$

表 2-5　规格尺寸允许偏差　（mm）

部　　位		优等品	一等品	合格品
长、宽度		0 −0.1	0 −0.1	0 −0.15
厚度	≤15	±0.5	±0.5	±1.0
	>15	+0.5 −1.5	+1.0 −2.0	±2.0

表 2-6　平面度允许极限公差（mm）

板材长度范围	允许极限公差值		
	优等品	一等品	合格品
≤400	0.20	0.30	0.50
>400～<800	0.50	0.60	0.80
≥800～<1000	0.70	0.80	1.00
≥1000	0.80	1.00	1.20

表 2-7　角度允许极限公差　（mm）

板材长度范围	允许极限公差值		
	优等品	一等品	合格品
≤400	0.30	0.40	0.50
>400	0.50	0.60	0.80

表 2-8　板材正面外观缺陷要求

缺　陷　名　称	优等品	一等品	合格品
翘　曲	不允许	不明显	有，但不影响使用
裂　纹			
砂　眼			
凹　陷			
色　度			
污　点			
正面棱缺陷长≤8mm，宽≤3mm			1 处
正面角缺陷长≤3mm，宽≤3mm			1 处

表 2-9　板材镜面光泽度要求

主要化学成分含量(%)				镜面光泽度(光泽单位)		
氧化钙	氧化镁	二氧化硅	灼烧减量	优等品	一等品	合格品
40～56	0～5	0～15	30～45	90	80	70
25～36	15～25	0～15	35～45			
25～35	15～25	10～25	25～35	80	70	60
34～37	15～18	0～1	42～45			
1～5	44～50	32～38	10～20	60	50	40

2. 天然花岗石板材

这里所说的花岗石并非单指花岗岩，是指具有装饰功能，并可以磨平、抛光的上述各种岩浆类岩石。可以称为花岗石的有各种花岗岩、辉长岩、正长岩、闪长岩、辉绿岩、玄武岩等。

天然花岗石板材按形状可分为普型板材（N）和异型板材（S）两类。普型板材（N）有正方形和长方形两种。异型板材（S）为其它形状板材。

按表面加工程度可分为细面板材（RB）、镜面板材（PL）、粗面板材（RU）三类。

细面板材为表面平整、光滑的板材。

镜面板材为表面平整、具有镜面光泽的板材。

粗面板材表面平整、粗糙,具有较规则的加工条纹,如机刨板、剁斧板、锤击板等。

天然花岗石板材按规格尺寸允许偏差(见表 2-10)、平面度允许极限公差(见表 2-11)、角度允许极限公差(见表 2-12)和外观质量(见表 2-13),可分为优等品(A)、一等品(B)、合格品(C)三个等级。

表 2-10 天然花岗石普型板材规格尺寸允许偏差 　　　　(mm)

分　类		细面和镜面板材			粗面板材		
等　级		优 等 品	一 等 品	合 格 品	优 等 品	一 等 品	合 格 品
长、宽度		0 −1.0	0 −1.5	0 −1.0	0 −1.0	0 −2.0	0 −3.0
厚度	≤15	±0.5	±1.0	+1.0 −2.0			
	>15	±1.0	±2.0	+2.0 −3.0	+1.0 −2.0	+2.0 −3.0	+2.0 −4.0

表 2-11 天然花岗石平面度允许极限公差 　　　　(mm)

板材长度范围	细面和镜面板材			粗面板材		
	优 等 品	一 等 品	合 格 品	优 等 品	一 等 品	合 格 品
≤400	0.20	0.40	0.60	0.80	1.00	1.20
>400～<1000	0.50	0.70	0.90	1.50	2.00	2.20
≥1000	0.80	1.00	1.20	2.00	2.50	2.80

表 2-12 天然花岗石普通型板材角度允许极限公差 　　　　(mm)

板材长度范围	细面和镜面板材			粗面板材		
	优 等 品	一 等 品	合 格 品	优 等 品	一 等 品	合 格 品
≤400	0.40	0.60	0.80	0.60	0.80	1.00
>400	0.40	0.60	1.00	0.60	1.00	1.20

表 2-13 天然花岗石板材正面外观缺陷要求

名　称	规 定 内 容	优等品	一等品	合格品
缺　棱	长度不超过 10mm(长度小于 5mm 不计),周边每米长(个)	不允许	1	2
缺　角	面积不超过 5mm×2mm(面积小于 2mm×2mm 不计),每块板(个)			
裂　纹	长度不超过两端顺延至板边总长度的 1/10(长度小于 20mm 的不计),每块板(条)			
色　斑	面积不超过 20mm×30mm(面积小于 15mm×15mm 不计),每块板(个)			
色　线	长度不超过两端顺延至板边总长度的 1/10(长度小于 40mm 的不计),每块板(条)		2	3
坑　窝	粗面板材的正面出现坑窝		不明显	出现,但 不影响使用

天然花岗石板材的命名顺序为:荒料产地名称、花纹色调特征名称、花岗石(G)。

天然花岗石板材的标记顺序为:命名、分类、规格尺寸、等级、标准号。例如,用山东济南黑色花岗石荒料生产的 400mm×400mm×20mm、普型、镜面、优等品板材的命名、标记示例如下:

命名:济南青花岗石。

标记:济南青(G) N-PL-400×400×20-A-JC205

第四节　天然石材放射性水平分类控制标准

根据 JC 518—1993 标准,规定了天然石材产品中放射性镭 226、钍 232、钾 40 比浓度的分类控制值和产品检测要求。

天然石材产品是指由采掘地表(下)的大理岩、花岗岩、石灰岩和板岩等岩石,经锯切、磨光等物理方法加工而成的石质建筑材料,包括块料、板料和磨光的饰面板材,不包括用于骨料或人造石料的碎石或石粉。

C_{Ra}、C_{Th}、C_K 分别为天然石材产品中镭 226、钍 232、钾 40 的放射性比活度,单位为:$Bq \cdot kg^{-1}$。

C_{Ra}^e 为镭当量浓度。天然石材产品的放射性比活度主要来自镭 226、钍 232 及钾 40,可按其放射性核素含量与室内 γ 照射量率的表达式归一化,用镭当量浓度 C_{Ra}^e 表示。标准镭当量浓度 $C_{Ra}^e = C_{Ra} + 1.35C_{Th} + 0.088C_K$。

一、分类及使用范围

天然石材产品根据放射性水平划分为三类。

(一) A 类产品

石质建筑材料中放射性比活度同时满足式(1)或式(2)的为 A 类产品,其使用范围不受限制。

$$C_{Ra}^e \leqslant 350Bq \cdot kg^{-1} \tag{1}$$

$$C_{Ra} \leqslant 200Bq \cdot kg^{-1} \tag{2}$$

(二) B 类产品

不符合 A 类的石质建筑材料,而其放射性比活度同时满足式(3)或式(4)的为 B 类产品。B 类产品不可用于居室内饰面,可用于其它一切建筑物的内、外饰面。

$$C_{Ra}^e \leqslant 700Bq \cdot kg^{-1} \tag{3}$$

$$C_{Ra} \leqslant 250Bq \cdot kg^{-1} \tag{4}$$

(三) C 类产品

不符合 A、B 类的石质建筑材料,而其放射性比活度满足式(5)的为 C 类产品。C 类产品可用于一切建筑物的外饰面。

$$C_{Ra}^e \leqslant 1000Bq \cdot kg^{-1} \tag{5}$$

放射性比活度大于 C 类控制值的天然石材,可用于海堤、桥墩和碑石等。

不高于当地天然放射性水平的石质建筑材料,可在当地使用,不受上述标准的限制。

二、产品检测

(1) 天然石材块料的 γ 照射量率低于或等于 $5.2×10^3 \mu c/kg \cdot h(20\mu R/n)$时,不必作天然

放射性核素比活度检测。

（2）天然石材块料的 γ 照射量率高于 $5.2 \times 10^{-3} \mu c/kg \cdot h(20 \mu R/n)$ 时，必须取样进行镭226、钍232、钾40放射性的比活度的分析测定。

（3）γ 照射量率的检测方法有两种：

① 被测天然石材产品的堆场应平整，面积大于 4m×4m，厚度大于 0.5m，探测器放在堆场中心点，距表面 0.5m。

② γ 照射量率测量仪的探测下限应低于 $2.6 \times 10^{-4} \mu c/kg \cdot h$，对于能量在 100～2000keV 范围内的 γ 射线，能量响应的复化不大于 ±20%。

（4）镭226、钍232、钾40放射性的比活度的检测方法可用 γ 能谱法或放射化学的方法测定镭226、钍232、钾40的放射性比活度。

① γ 能谱法：铀、镭、钍的放射性比活度大于 37Bq/kg 或钾的放射性比活度大于300Bq/kg时，分析误差应小于 ±20%。

② 放射化学法：铀、镭、钍的放射性比活度大于 37Bq/kg 或钾的放射性比活度大于300Bq/kg 时，分析误差应小于 ±30%。

第三章 气硬性无机胶凝材料

在建筑工程中,将散粒状材料(如砂和石子)或块状材料(如砖块和石块)粘结成一个整体的材料,统称为胶凝材料。胶凝材料又可分为无机胶凝材料和有机胶凝材料两大类,如水泥将砂石料粘结成混凝土整体,沥青将砂石料粘结成沥青混合料整体。常用的有机胶凝材料主要是指石油沥青、煤沥青和各种天然或人造树脂,常用无机胶凝材料有建筑石膏、石灰、水玻璃和各种水泥。在这些无机胶凝材料中,建筑石膏、石灰、水玻璃等称为气硬性胶凝材料,而各种水泥均为水硬性胶凝材料。将无机胶凝材料分为气硬性和水硬性在实际应用中具有重要意义。气硬性胶凝材料只能在空气中凝结硬化和增长强度,所以只适用于地上和干燥环境中,不宜用于潮湿环境,更不能用于水中。而水硬性胶凝材料不但能在空气中凝结硬化和增长强度,在潮湿环境甚至水中也能更好地凝结硬化和增长强度,因此它既适用于地上,也能适用于潮湿环境或水中。本章主要论述气硬性胶凝材料。

胶凝材料的系统表如下:

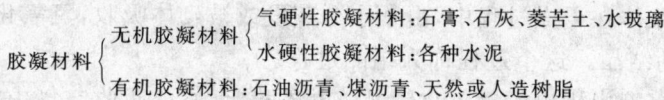

$$胶凝材料 \begin{cases} 无机胶凝材料 \begin{cases} 气硬性胶凝材料:石膏、石灰、菱苦土、水玻璃 \\ 水硬性胶凝材料:各种水泥 \end{cases} \\ 有机胶凝材料:石油沥青、煤沥青、天然或人造树脂 \end{cases}$$

第一节 石 灰

石灰是以碳酸钙为主要成分用石灰岩烧制而成的,它是一种传统而又古老的建筑材料。石灰的原料来源广泛,生产工艺简单,使用方便,成本低廉,并具有良好的建筑性能,所以目前仍然是一种使用十分广泛的建筑材料。

一、石灰的生产

生产石灰的原料是石灰岩,石灰岩的化学成分以碳酸钙为主,还含有少量碳酸镁。石灰的生产是将石灰岩经高温煅烧分解后生成氧化钙、氧化镁和二氧化碳气体:

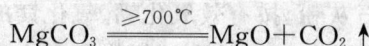

$$CaCO_3 \xrightarrow{\geqslant 900℃} CaO + CO_2 \uparrow$$

$$MgCO_3 \xrightarrow{\geqslant 700℃} MgO + CO_2 \uparrow$$

为了加速分解过程,石灰窑内煅烧温度常提高至 $1000 \sim 1100℃$。烧成后的生石灰呈白色或灰色块状。块状生石灰根据氧化镁含量多少可分为钙质石灰和镁质石灰。当氧化镁含量≤5%时称钙质石灰,氧化镁含量>5%时称为镁质石灰。镁质石灰熟化速度较慢,但硬化以后强度较高。

在煅烧石灰时,由于窑内温度不均匀,石灰石块大小差异及碳酸镁分解温度较低等原因,在烧成的块状生石灰中,会出现少量欠火石灰和过火石灰。欠火石灰是未充分分解的石灰岩,它不能消解,是无胶凝性的废品。而过火石灰是因窑温过高致使部分杂质熔融与石灰熔结而成,这种过火石灰组织十分紧密,消解速度十分缓慢。

二、生石灰的熟化

通常将生石灰加水消解成熟石灰——氢氧化钙,这个过程称为生石灰的"熟化"或"消化"。

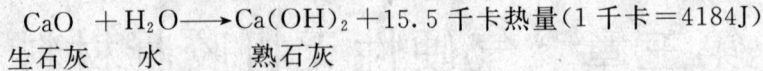

$$CaO + H_2O \longrightarrow Ca(OH)_2 + 15.5 \text{千卡热量}(1\text{千卡} = 4184J)$$
生石灰　　水　　熟石灰

生石灰的熟化为放热反应,熟化时体积增大 1.5~2.5 倍。煅烧良好、氧化钙含量高的生石灰不但熟化快、放热量多,体积增大也较多,因此产浆量较高。

在建筑工地将块状生石灰加水消化成熟石灰后才能使用。块状生石灰中常含有欠火石灰和过火石灰。欠火石灰降低石灰的利用率。过火石灰熟化十分缓慢,如果加水后不经过一定时间的消化而直接使用,在石灰硬化后,其中过火石灰颗粒仍会吸收空气中的水分继续消化,出现体积膨胀,而使已经硬化的石灰体出现隆起和开裂,造成工程质量事故。为了消除过火石灰的危害,一般在工地上需将块状生石灰放在化灰池内,加水后经过两周以上时间的消化,使生石灰完全消化成熟石灰,这个过程称为生石灰的熟化处理,亦称"陈伏"。在两周以上的"陈伏"期,石灰浆表面应保持有一层水覆盖,使其与空气隔绝,避免碳化。

用人工熟化石灰,劳动强度大,劳动条件差,所需时间长,质量也不均一,现在多用机械方法在工厂中将生石灰经过磨细成生石灰粉,或将生石灰熟化成消石灰粉,在工地直接调水使用。

三、石灰的硬化

石灰浆在空气中逐渐硬化包括两个同时进行的过程:

(1) 石灰膏或浆体在干燥过程中,由于水分蒸发或被砌体吸收,氢氧化钙从过饱和溶液中析出,形成氢氧化钙结晶。这个过程称为结晶过程。

(2) 从过饱和溶液中析出的氢氧化钙晶体并不稳定,它要吸收空气中的二氧化碳,生成不溶解于水的碳酸钙结晶,并放出水分。这个过程称为碳化过程。

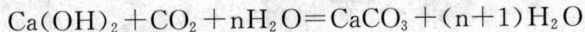

$$Ca(OH)_2 + CO_2 + nH_2O = CaCO_3 + (n+1)H_2O$$

空气中二氧化碳的含量很低,石灰的碳化作用只发生在与空气接触的表面,当石灰表面碳化生成碳酸钙薄层后,阻止二氧化碳继续透入,也影响内部水分蒸发,所以石灰的碳化过程是十分缓慢的。

熟石灰在硬化过程中,由于大量水分蒸发,产生较大收缩,会出现干裂,所以纯石灰膏不能单独使用。一般需掺加填充或增强材料,如砂、纸筋、麻刀等,以减小收缩并减少石灰用量,同时也能加速内部水分的蒸发和二氧化碳的透入,有利于石灰的硬化。

四、石灰的技术指标

根据建材标准 JC/T497—1992、JC/T480—1992、JC/T481—1992 的规定,对《建筑生石灰》、《建筑生石灰粉》、《建筑消石灰粉》按有效氧化钙、氧化镁的含量、细度、杂质相对含量等可分为优等品、一等品、合格品三个等级。其技术性能指标见表 3-1、表 3-2、表 3-3。

表 3-1　建筑生石灰的技术指标

项　目	钙质生石灰			镁质生石灰		
	优等品	一等品	合格品	优等品	一等品	合格品
CaO+MgO 含量不小于(%)	90	85	80	85	80	75
残渣含量(5mm 孔筛余)不大于(%)	5	10	15	5	10	15
CO₂ 不大于(%)	5	7	9	6	8	10
产浆量不小于(L/kg)	2.8	2.3	2.0	2.8	2.3	2.0

表 3-2　建筑生石灰粉的技术指标

项　　目		钙质生石灰粉			镁质生石灰粉		
		优等品	一等品	合格品	优等品	一等品	合格品
CaO＋MgO 含量不小于(%)		85	80	75	80	75	70
CO_2 含量不大于(%)		7	9	11	8	10	12
细度	0.9mm 筛的筛余不大于(%)	0.2	0.5	1.5	0.2	0.5	1.5
	0.125mm 筛的筛余不大于(%)	7.0	18.h	18.0	7.0	12.0	18.0

表 3-3　建筑消石灰粉的技术指标

项　　目		钙质消石灰粉			镁质消石灰粉			白云石消石灰粉		
		优等品	一等品	合格品	优等品	一等品	合格品	优等品	一等品	合格品
CaO＋MgO 含量不小于(%)		70	65	60	65	60	55	65	60	55
游离水(%)		0.4～2	0.4～2	0.4～2	0.4～2	0.4～2	0.4～2	0.4～2	0.4～2	0.4～2
体积安定性		合格	合格	—	合格	合格	—	合格	合格	—
细度	0.9mm 孔筛余不大于(%)	0	0	0.5	0	0	0.5	0	0	0.5
	0.125mm 孔筛余不大于(%)	3	10	15	3	10	15	3	10	15

五、石灰的应用

生石灰在运输和储存时,应避免受潮,以防止生石灰吸收空气中的水分而自行熟化,然后又在空气中碳化而失去胶结能力。

石灰在建筑工程中的应用范围很广,常作以下几种用途。

（一）配制砂浆

石灰具有良好的可塑性和粘结性,常用来配制石灰砂浆、水泥石灰混合砂浆等,用于砌筑和抹灰工程。

（二）灰土和三合土

由石灰、粘土,或石灰、粘土、砂、石渣,按一定比例,可配制成灰土或三合土。灰土或三合土应用历史悠久,造价低廉,操作简单,可就地取材,其耐水性和强度较好,被广泛用于建筑物的地基基础和各种垫层。

（三）硅酸盐建筑制品

石灰是生产灰砂砖、蒸养粉煤灰砖、粉煤灰砌块或板材等硅酸盐建筑制品的主要原料。

（四）碳化石灰板

碳化石灰板是在磨细生石灰中掺加玻璃纤维、植物纤维或轻质骨料(矿渣等)并加水,强制搅拌成型后,用二氧化碳进行人工碳化(12～24h)而成的一种轻质板材。为了减轻重量和提高碳化效果,多制成空心板或多孔板。

碳化石灰空心板或多孔板表观密度为 $700～800kg/m^3$(当孔洞率为 34%～39%时),抗弯强度为 3～5MPa,抗压强度为 5～15MPa,导热系数小于 0.2W/(m·K),能锯,能钉,所以用作建筑物的非承重内隔墙、天花板、吸声板等。

第二节 石 膏

石膏比石灰具有更多的优良建筑性能,它的资源丰富、生产工艺简单,所以石膏在我国建筑材料中占有重要地位,而且也是一种有发展前途的新型建筑材料。

生产石膏的原料主要是天然二水石膏,又称软石膏或生石膏,经过低温煅烧、脱水、磨细而成。

二水石膏在加热时随温度和压力条件的不同,所得产物的结构和性能也各不相同。

当温度控制在107~170℃时,二水石膏脱水激烈,水分迅速蒸发,二水石膏转变为β型半水石膏。

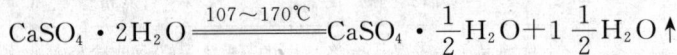

$$CaSO_4 \cdot 2H_2O \xrightarrow{107\sim170℃} CaSO_4 \cdot \frac{1}{2}H_2O + 1\frac{1}{2}H_2O\uparrow$$

将β型半水石膏磨细即为建筑石膏。其中杂质含量少、颜色洁白、细腻的为模型石膏。

二水石膏在0.13MPa蒸汽压和125℃的条件下,制成晶粒粗短、需水量较小、强度较高的X型半水石膏,亦称为高强石膏。

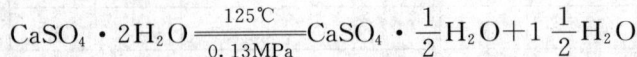

$$CaSO_4 \cdot 2H_2O \xrightarrow[0.13MPa]{125℃} CaSO_4 \cdot \frac{1}{2}H_2O + 1\frac{1}{2}H_2O$$

如果加热温度升高到170~200℃时,半水石膏继续脱水,生成可溶性硬石膏。当温度高于400℃时,生成不溶性硬石膏(硬石膏)。硬石膏与水调和后不发生水化,也不能凝结硬化,所以称为"僵石膏"。当温度升至800℃时,部分石膏分解出氧化钙,变成高温煅烧石膏。高温煅烧石膏虽具有水化硬化能力,但凝结硬化缓慢,硬化后耐水性较好,耐磨性和强度较高。

虽然在不同温度和压力条件下,会得到结构和性能不同的产物,但目前在建筑工程中大量应用的是建筑石膏。本章主要论述建筑石膏。

一、建筑石膏的凝结硬化

建筑石膏使用时需加水拌和,并重新水化成二水石膏。

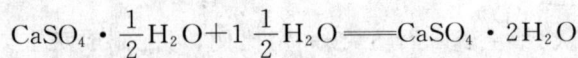

$$CaSO_4 \cdot \frac{1}{2}H_2O + 1\frac{1}{2}H_2O == CaSO_4 \cdot 2H_2O$$

半水石膏加水后首先进行的是溶解,由于二水石膏的溶解度比半水石膏小,所以二水石膏不断从过饱和溶液中沉淀而析出胶体颗粒;二水石膏析出,破坏了原有半水石膏的平衡浓度,这时半水石膏会进一步溶解来补充溶液浓度。如此不断进行半水石膏的溶解和二水石膏的析出,使二水石膏胶体浓度增加,出现凝聚并进而转变为晶体;随着胶体凝聚,石膏失去塑性,开始凝结;以后水分蒸发,晶体继续增多,彼此紧密结合,使硬化后的石膏变成具有强度的人造石。

溶解、水化、生成胶体、析出晶体,这些过程是相互交错,同时进行的,形成了石膏的凝结和硬化。

二、建筑石膏的主要技术性质和特性

建筑石膏为白色粉末,真密度为2.5~2.8g/cm³,堆积密度为800~1000kg/m³。根据国家标准(GB 9776—1988)规定,建筑石膏按其凝结时间、细度及强度指标分为三级,见表3-4。

表 3-4　建筑石膏技术性质

指　　标	优　等　品	一　等　品	合　格　品
细度(孔径 0.2mm 筛筛余量不超过,%)	5.0	10.0	15.0
抗折强度(烘干至质量恒定后不小于,MPa)	2.5	2.1	1.8
抗压强度(烘干至质量恒定后不小于,MPa)	4.9	3.9	2.9
凝 结 时 间 (min) 初凝不早于	6		
凝 结 时 间 (min) 终凝不迟于	30		

注:指标中有一项不符合者,应予降级或报废。

建筑石膏具有如下特性:

(1)建筑石膏在常温下凝结硬化快,一般在掺水后 3~5min 内即可凝结,终凝不超过 30min。但在气温较高的夏季,建筑石膏会因气温高,使凝结硬化过快而影响正常作业;在气温较低的冬季也会因气温过低出现凝结硬化过慢的现象,影响正常使用。所以在实际应用时,为了便于施工操作,常常需要调节石膏的凝结硬化速度。如掺入水重 0.1%~0.2% 的动物胶或其它缓凝剂能达到缓凝效果;掺入少量生石膏粉可达到加快凝结硬化速度的目的。

(2)建筑石膏硬化后具有多孔结构,因而在实际使用时,为了使石膏浆具有良好的塑性,便于操作,通常建筑石膏的加水量要达到 60%~80%,远远高于石膏 18.6% 的理论需水量。多余的水分在石膏硬化过程中逐渐蒸发,使硬化后的石膏体内留下很多孔隙,形成多孔结构。

(3)建筑石膏在硬化过程中体积微量膨胀,膨胀率<1%。这一特性使石膏有良好的充模性。

(4)因建筑石膏硬化后具有很强的吸湿性,在潮湿环境中会削弱晶体间结合力,使强度显著下降,遇水时晶体溶解而引起破坏,吸水后再受冻,使孔隙内结冰而崩裂。因此,建筑石膏不耐水,不抗冻。

(5)建筑石膏硬化后生成二水石膏,遇火时,由于石膏中结晶水蒸发,吸收热量,表面生成的无水物成为良好的热绝缘体。所以建筑石膏耐火性好。

(6)由于建筑石膏硬化后是多孔结构,质量较轻,因此,保温隔热和隔音性能好。

三、建筑石膏的应用

(1)建筑石膏是洁白细腻的粉末,适用于室内装修、抹灰、粉刷。它与石灰相比,更加洁白、美观;由于石膏的吸湿性,尚能调节室内湿度。

(2)利用石膏在硬化时体积略有膨胀的特性,可制成各种雕塑、饰面板及各种装饰件。

(3)制成各种石膏板。石膏板是以建筑石膏为主要原料制成的一种板材。石膏板具有质轻,绝热、不燃、加工方便等性能。用石膏板制作的墙面平整,可以粘贴各种壁纸。石膏板安装方便,施工速度快。

在石膏中掺加轻质填充料,如锯末、膨胀珍珠岩、膨胀蛭石、陶粒等,能减轻石膏板的重量,提高保温隔热性。在石膏中掺加纤维增强材料,如纸筋、麻刀、石棉、玻璃纤维等,能提高石膏板的抗弯强度,减小其脆性。在石膏中掺入适量水泥、粉煤灰、粒化高炉矿渣粉,或在石膏板表面粘贴纸板、塑料壁纸、铝箔等,能提高石膏板的耐水性。调节石膏板的板厚、孔眼大小、孔距等,能制成吸声性良好的石膏吸声板。

我国目前生产的石膏板,主要有纸面石膏板、石膏空心条板、石膏装饰板、纤维石膏板等。

第三节　水　玻　璃

水玻璃俗称泡花碱,是一种能溶于水的硅酸盐,由不同比例的碱金属和二氧化硅所组成。目前最常用的是硅酸钠水玻璃 $Na_2O \cdot nSiO_2$,还有硅酸钾水玻璃 $K_2O \cdot nSiO_2$。

一、水玻璃的生产

生产水玻璃的方法有湿法和干法两种。湿法生产硅酸钠水玻璃时,将石英砂和苛性钠溶液在压蒸锅(2～3个大气压即 0.2～0.3MPa)内用蒸汽加热,并加搅拌,直接反应而成液体水玻璃。干法生产是将石英砂和碳酸钠磨细拌匀,在熔炉内于 1300～1400℃温度下熔化并反应生成固体水玻璃,然后在水中加热溶解而成液体水玻璃。

$$Na_2CO_3 + nSiO_2 \longrightarrow Na_2O \cdot nSiO_2 + CO_2 \uparrow$$

二、水玻璃的模数"n"

二氧化硅和氧化钠摩尔数之比"n"称为水玻璃模数。一般在 1.5～3.5 之间。固体水玻璃在水中溶解的难易程度随模数而定。当 n<3 时,固体水玻璃在常温或热水中就能溶解;当 n>3 时,要在 4 个大气压(0.4MPa)以上的蒸汽中才能溶解。低模数水玻璃粘结能力差,模数提高时,粘结能力随之增大。目前常用的水玻璃模数为 2.6～2.8。

三、水玻璃的硬化

液体水玻璃在空气中吸收二氧化碳,析出二氧化硅凝胶,凝胶经干燥而逐渐硬化。

$$Na_2O \cdot nSiO_2 + CO_2 + mH_2O = Na_2CO_3 + nSiO_2 \cdot mH_2O$$

上述硬化过程很慢,为加速硬化,常掺加硬化剂氟硅酸钠(Na_2SiF_6),以加速二氧化硅凝胶的析出和硬化。其反应方程式如下:

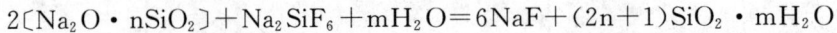

$$2[Na_2O \cdot nSiO_2] + Na_2SiF_6 + mH_2O = 6NaF + (2n+1)SiO_2 \cdot mH_2O$$

氟硅酸钠的适宜用量为水玻璃重量的 12％～15％,如果掺量太少,不但硬化速度缓慢,强度降低,而且未经反应的水玻璃易溶于水,因而耐水性差。但如果掺量过多,又会引起凝结过速,使施工困难,而且渗透性大,强度也低。氟硅酸钠具有毒性,操作时应注意安全。

四、水玻璃的特性和应用

(1) 水玻璃具有良好的粘结能力,硬化时析出的硅酸凝胶有堵塞毛细孔隙而防止水渗透的作用。根据这一特性,常用水将水玻璃稀释至密度为 1.35g/cm³ 左右的溶液,多次涂刷或浸渍材料表面,可提高材料的抗风化能力或使其密实度和强度提高。如果在液体水玻璃中加入适量尿素,在不改变其粘度情况下可提高粘结力 25％左右。

(2) 水玻璃耐高温、不燃烧。水玻璃在高温下不但不燃烧,且硅酸凝胶干燥得更加强烈,强度并不降低,甚至有所增加。因此,可用水玻璃作为胶凝材料,与耐热骨料等可配制成耐热砂浆和耐热混凝土。

(3) 水玻璃具有较好的耐酸性能,能抵抗大多数无机酸和有机酸的作用。用水玻璃作为胶凝材料,与耐酸骨料等可配制成耐酸砂浆和耐酸混凝土。

(4) 加固地基。将水玻璃溶液与氯化钙溶液交替灌入土壤内,作为加固地基的一种灌浆材料。

(5) 配制防水剂。以水玻璃为基料,加入蓝矾(硫酸铜)、明矾(钾铝矾)、红矾(重铬酸钾)

和紫矾（铬矾）配制成四矾防水剂，也可以加入二种或三种配制成二矾或三矾防水剂。这种防水剂凝结迅速，一般不超过一分种，适用于与水泥浆调和，堵塞漏洞、缝隙等局部抢修。因为凝结过速，不宜配制水泥防水砂浆用于屋面和地面刚性防水。

（6）配制水玻璃矿渣砂浆，修补砖墙裂缝。将液体水玻璃、粒化高炉矿渣粉、砂和氟硅酸钠按表3-5的比例（质量比）配合，压入砖墙裂缝。粒化高炉矿渣粉的加入不仅起填充及减少砂浆收缩的作用，还能与水玻璃起化学反应，成为增进砂浆强度的一个因素。

表 3-5　水玻璃矿渣砂浆配合比（质量比）

液体水玻璃(密度 1.52,模数 2.3)	矿渣粉	砂	氟硅酸钠 （为水玻璃质量的％）
1.5	1	2	8

第四章 水 泥

　　水泥呈粉状,它与适量水混合后,经过物理化学过程能由可塑性浆体变成坚硬的石状体,并能将散粒状材料胶结成混凝土整体。水泥属于水硬性胶凝材料。

　　水泥是最重要的建筑材料之一,除大量应用于工业和民用建筑工程外,还广泛应用于农业、水利、铁路、公路、海港和国防建设等工程,用它制造各种形式的混凝土、钢筋混凝土及预应力钢筋混凝土构件和构筑物。正确合理地使用水泥,对于确保工程质量和建筑工程的顺利进行是十分必要的。

　　目前,我国建筑工程中常用的水泥主要有硅酸盐水泥、普通硅酸盐水泥、矿渣硅酸盐水泥、火山灰质硅酸盐水泥和粉煤灰硅酸盐水泥。在一些特殊工程中还使用具有特殊性能的水泥,如快硬硅酸盐水泥、高铝水泥、白色硅酸盐水泥与彩色硅酸盐水泥、膨胀水泥、低热水泥等。在众多的水泥品种里,硅酸盐水泥是最基本的又是最重要的一种水泥。

第一节 硅酸盐水泥

　　按我国现行国家标准《硅酸盐水泥、普通硅酸盐水泥》(GB 175—1999)规定,凡由硅酸盐水泥熟料、0～5％的石灰石或粒化高炉矿渣、适量石膏磨细制成的水硬性胶凝材料,称为硅酸盐水泥。在硅酸盐水泥中不掺混合材料的为Ⅰ型硅酸盐水泥,代号为P·Ⅰ。在硅酸盐水泥熟料粉磨时,掺加不超过水泥质量5％的石灰石或粒化高炉矿渣混合材料的为Ⅱ型硅酸盐水泥,代号为P·Ⅱ。

一、硅酸盐水泥的生产及矿物组成

　　硅酸盐水泥的生产工艺概括起来为"两磨一烧",即:①生料的配制和磨细;②生料经煅烧,使之部分熔融而形成熟料;③将熟料与适量石膏共同磨细而成Ⅰ型硅酸盐水泥。熟料、适量石膏和≤5％的混合材料共同磨细而成为Ⅱ型硅酸盐水泥。水泥的生产工艺流程如图4-1所示。

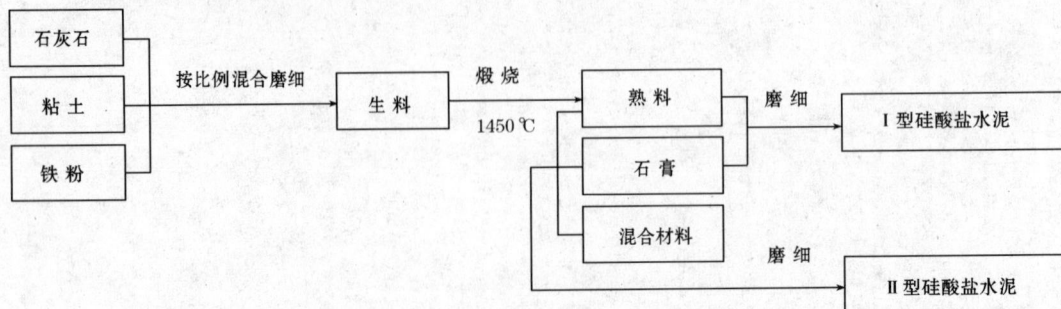

图4-1 硅酸盐水泥生产过程示意图

　　生料在煅烧过程中,各种原料分解成氧化钙、氧化硅、氧化铝和氧化铁。在更高的温度下,氧化钙与氧化硅、氧化铝和氧化铁相化合,形成以硅酸钙为主要矿物成分的熟料矿物。

硅酸盐水泥熟料的主要矿物组成及其含量见表 4-1。

表 4-1　硅酸盐水泥主要矿物组成及其含量

化 合 物 名 称	氧 化 物 成 分	缩 写 符 号	含 量 （%）
硅酸三钙	$3CaO \cdot SiO_2$	C_3S	44～62
硅酸二钙	$2CaO \cdot SiO_2$	C_2S	18～30
铝酸三钙	$3CaO \cdot Al_2O_3$	C_3A	5～12
铁铝酸四钙	$4CaO \cdot Al_2O_3 \cdot Fe_2O_3$	C_4AF	10～18

上述四种熟料矿物,在单独与水作用时所表现的特性是不同的,见表 4-2。

表 4-2　各种熟料矿物单独与水作用的性质

性　　质	硅 酸 三 钙	硅 酸 二 钙	铝 酸 三 钙	铁 铝 酸 四 钙
凝结、硬化速度	快	慢	最快	较快
28d 水化放热量	大	小	最大	中
强度大小（发展）	早后期高（发展快）	早低后高（发展慢）	发展最快、强度低	中
抗化学腐蚀性	中	最大	小	大
干燥、收缩	中	大	最大	小

从表 4-2 可以看到,各种矿物成分在与水作用时所表现出的特性不同。硅酸盐水泥是由这四种矿物组成的混合物,我们可以通过改变水泥熟料中矿物组成的相对含量,达到改变水泥技术性能的目的。例如提高 C_3S 的含量,可以制得快硬高强水泥;降低 C_3A 和 C_3S 的含量,可以制得水化热小的低热水泥。

二、硅酸盐水泥的凝结硬化

水泥加水拌和后,最初形成具有可塑性的浆体,并发生一系列物理化学变化,然后逐渐变稠而失去可塑性,但未具强度的过程,称为凝结。以后,强度逐渐提高,并变成坚硬的石状物体——水泥石,这一过程称为硬化。水泥的凝结和硬化过程是人为地划分的,实际上水泥的凝结硬化是一个连续的复杂的物理化学变化过程,这对于了解水泥的性能和使用是很重要的。

（一）硅酸盐水泥的水化

水泥遇水后,熟料中各矿物与水发生化学反应,生成水化物,并放出一定热量。

硅酸三钙水化后生成含水硅酸钙,并析出氢氧化钙。其反应方程式如下:
$$2(3CaO \cdot SiO_2) + 6H_2O = 3CaO \cdot 2SiO_2 \cdot 3H_2O + 3Ca(OH)_2$$
　　　　　硅酸三钙　　　　　　　　含水硅酸钙　　　　氢氧化钙

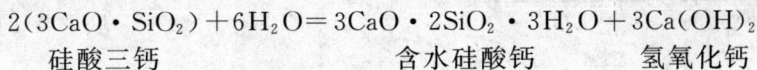

硅酸二钙水化后也生成含水硅酸钙,并析出少量氢氧化钙。其反应方程式如下:
$$2(2CaO \cdot SiO_2) + 4H_2O = 3CaO \cdot 2SiO_2 \cdot 3H_2O + Ca(OH)_2$$
　　　　　硅酸二钙

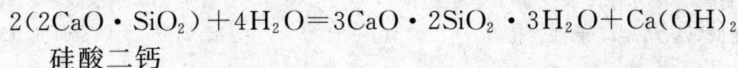

铝酸三钙水化后生成含水铝酸三钙。其反应方程式如下:
$$3CaO \cdot Al_2O_3 + 6H_2O = 3CaO \cdot Al_2O_3 \cdot 6H_2O$$
　　　　　铝酸三钙　　　　　　　　含水铝酸三钙

铁铝酸四钙水化后生成含水铝酸三钙和含水铁酸钙。其反应方程式如下:

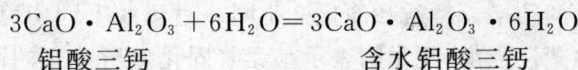

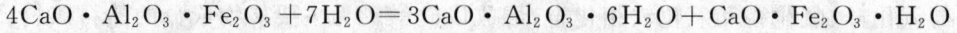

$$4CaO \cdot Al_2O_3 \cdot Fe_2O_3 + 7H_2O = 3CaO \cdot Al_2O_3 \cdot 6H_2O + CaO \cdot Fe_2O_3 \cdot H_2O$$

    铁铝酸四钙   含水铝酸三钙   含水铁酸钙

纯熟料磨细后,凝结时间太短,不便使用。为了调节水泥的凝结时间,熟料磨细时,掺加适量(3%左右)石膏,这些石膏与部分水化铝酸三钙反应,生成难溶的水化硫铝酸钙(延缓水泥凝结),呈针状晶体存在。其反应方程式如下:

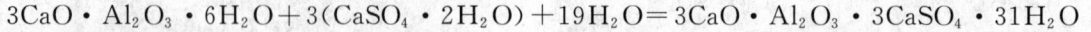

$$3CaO \cdot Al_2O_3 \cdot 6H_2O + 3(CaSO_4 \cdot 2H_2O) + 19H_2O = 3CaO \cdot Al_2O_3 \cdot 3CaSO_4 \cdot 31H_2O$$

    含水铝酸三钙   石膏   水化硫铝酸钙

（二）硅酸盐水泥的凝结硬化过程

水泥凝结和硬化过程的机理比较复杂,一般解释是:当水泥加水拌和后(图 4-2a),在水泥颗粒表面即发生化学反应,生成的水化产物聚集在颗粒表面形成凝胶薄膜(图 4-2b),它使水泥反应减慢。表面形成的凝胶薄膜使水泥浆体具有可塑性。由于生成的胶体状水化产物在某些点接触,构成疏松的网状结构,使浆体失去流动性和部分可塑性,这时为初凝。之后,由于水分不断渗入凝胶膜层内进行水化反应,使膜层向内增厚;同时,通过膜层向外扩散的水化物聚集于膜层外侧使膜层向外增厚。由于水分渗入膜层内部的速度大于水化物通过膜层向外扩散的速度,因而产生渗透压力,膜层内部水化物的饱和溶液向外突出造成膜层破裂。膜层的破裂,使水泥与水迅速而广泛地接触,反应又加速,生成较多量的水化硅酸钙凝胶、氢氧化钙和水化硫铝酸钙晶体等水化物,它们相互接触连生(图 4-2c),到一定程度,浆体完全失去可塑性,建立起充满全部间隙的网状结构,并在网状结构内不断充实水化物,这时为终凝,之后浆体逐渐产生强度而进入硬化阶段(图 4-2d)。

硬化水泥石是由凝胶、晶体、毛细孔和未水化的水泥熟料颗粒所组成的,其结构如图 4-3 所示。

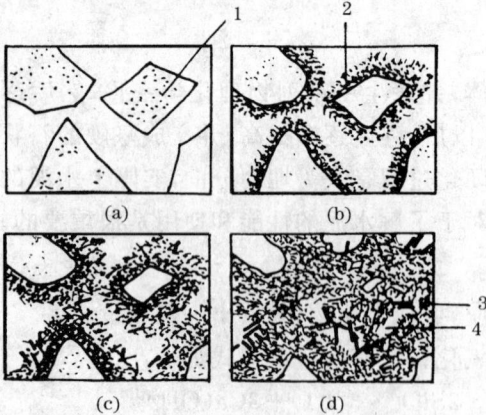

图 4-2　水泥凝结硬化过程示意图
1. 未水化水泥颗粒　2. 水泥凝胶　3. 氢氧化钙和
含水铝酸钙结晶　4. 毛细管孔隙

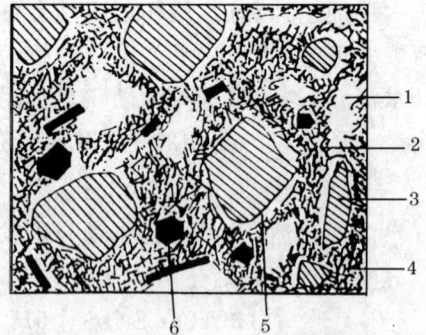

图 4-3　水泥石结构示意图
1. 毛细孔　2. 凝胶孔　3. 未水化的水泥颗粒
4. 凝胶　5. 过渡带　6. Ca(OH)$_2$ 等晶体

由此可见,水泥的水化和硬化过程是一个连续的过程。水化是水泥产生凝结硬化的前提,而凝结硬化是水泥水化的结果。凝结和硬化又是同一过程的不同阶段,凝结标志着水泥浆失去流动性而具有一定的塑性强度,硬化则表示水泥浆固化后所建立的网状结构具有一定的机械强度。

影响水泥凝结硬化的因素很多,除了与水泥的矿物组成有关外,还与水泥的细度、拌和水量、硬化环境的温度、湿度和硬化时间等有关。水泥颗粒越细,水化快,凝结与硬化也快;拌和水量多,水化后形成的胶体稀,水泥的凝结和硬化就慢。当硬化环境温度较高时,水泥的水化作用加速,从而凝结和硬化速度也就加快;当环境温度低于 0℃ 时,水泥水化基本停止。因此冬期施工时,需采取保温措施,以保证水泥的正常凝结和强度的正常发展。水泥石的强度只有在湿度充分的环境中才能不断增长,若处于干燥环境中,当水分蒸发完毕后,水化作用将无法继续进行,硬化即行停止,强度也不再增长,所以水泥构筑物或构件在浇筑后 2～3 周的时间内,必须浇水养护。水泥石的强度随着硬化时间而增长,一般在 3～7d 内强度增长最快,在 28d 以内增长较快,以后渐慢,但持续时间很长。

三、硅酸盐水泥的主要技术性质

（一）密度与堆积密度

硅酸盐水泥的真密度,主要决定于熟料的矿物组成,一般在 3.1～3.2g/cm³ 之间。

硅酸盐水泥在松散状态时的堆积密度,一般在 900～1300kg/m³ 之间。紧密状态时的堆积密度可达 1400～1700kg/m³。

（二）不溶物

Ⅰ型硅酸盐水泥中不溶物不得超过 0.75%。

Ⅱ型硅酸盐水泥中不溶物不得超过 1.50%。

（三）氧化镁含量

水泥中氧化镁含量不得超过 5.0%。如果水泥经压蒸安定性试验合格,则水泥中氧化镁含量允许放宽到 6.0%。

（四）三氧化硫含量

水泥中三氧化硫的含量不得超过 3.5%。

（五）烧失量

烧失量是指水泥在一定温度和灼烧时间内,失去质量所占的百分数。

Ⅰ型硅酸盐水泥中烧失量不得大于 3.0%,Ⅱ型硅酸盐水泥中烧失量不得大于 3.5%。

（六）细度

细度是指水泥颗粒的粗细程度。同样成分的水泥,颗粒越细,与水反应的表面积越大,因而水化作用既迅速又完全,凝结硬化速度加快,早期强度也越高,但硬化收缩较大,水泥易于受潮。水泥颗粒越细,粉磨过程能耗大,使水泥成本提高。所以细度是影响水泥性能的重要物理指标。按国家标准（GB 175—1999）规定,用 0.08mm 的方孔筛过筛,筛余量不超过 10%。但这种方法不能充分反映水泥颗粒分布情况,较合理的方法是利用比表面积仪测定水泥的比表面积(单位质量水泥颗粒的总表面积)。国家标准规定(GB 175—1999)硅酸盐水泥的比表面积应不小于 300m²/kg。

（七）凝结时间

水泥凝结时间分为初凝和终凝。初凝时间是从水泥加水拌和起至水泥浆开始失去可塑性所需时间;终凝时间则从水泥加水拌和起至水泥浆完全失去可塑性并开始产生强度所需时间。

水泥的凝结时间对使用具有重要现实意义,水泥的初凝不宜过早,以便在施工时有充足的时间进行混凝土和砂浆的搅拌、运输、浇捣和砌筑等操作;水泥的终凝不宜过迟,以使混凝土在施工完毕后能尽快地硬化,达到一定的强度,有利于加快工程进度。国家标准规定:初凝不早于 45min,终凝不迟于 390min。

（八）体积安定性

体积安定性是指水泥在硬化过程中体积变化是否均匀的性质。

安定性不良的水泥,会使已经硬化的混凝土结构出现体积膨胀造成开裂,从而引起严重的工程质量事故。

造成水泥安定性不良的主要原因是:水泥熟料含有过多的游离氧化钙（fCaO）或游离氧化镁（fMgO）或掺入石膏量过多造成的。熟料中所含的游离氧化钙或游离氧化镁都是过烧的,水化速度极慢,往往在水泥硬化后才开始水化,这些氧化物在水化时体积剧烈膨胀,使已经硬化的水泥石造成开裂。当石膏掺量过多时,在水泥硬化后,过量的石膏与水化铝酸三钙反应生成三硫型水化硫铝酸钙,因体积膨胀使水泥石开裂。

体积安定性不良的水泥是废品,严禁用于任何工程中。

国家标准规定,水泥安定性用沸煮法检验（fCaO）必须合格。

（九）强度

水泥强度是水泥性能的重要指标,也是评定硅酸盐水泥强度等级的依据。国家标准（GB 175—1999）规定,将水泥与中国 ISO 标准砂按 1：3 的比例混合,按 0.5 水灰比加入规定数量的水,拌成为均匀胶砂,再按规定方法成型,制成 40mm×40mm×160mm 的水泥胶砂试件,在标准条件下养护后进行抗折、抗压强度试验,根据 3d、28d 龄期的强度分为 42.5、42.5R、52.5、52.5R、62.5、62.5R 六种等级。各种等级水泥在各龄期的强度不得低于表 4-3 规定的数值。

表 4-3　硅酸盐水泥各龄期强度　　　　　　　　　　（MPa）

品　　　种	强度等级	抗　压　强　度		抗　折　强　度	
		3d	28d	3d	28d
硅 酸 盐 水 泥	42.5	17.0	42.5	3.5	6.5
	42.5R	22.0	42.5	4.0	6.5
	52.5	23.0	52.5	4.0	7.0
	52.5R	27.0	52.5	5.0	7.0
	62.5	28.0	62.5	5.0	8.0
	62.5R	32.0	62.5	5.5	8.0

注:表中"R"为早强型,其 3d 强度较高。

硅酸盐水泥的强度主要取决于熟料的矿物组成和水泥的细度。如前所述,四种主要矿物的强度各不相同,它们相对含量改变时,水泥的强度及其增长速度也随之变化,硅酸三钙含量多、粉磨较细的水泥,强度增长较快,最终强度也较高。此外,养护条件对水泥的强度也有影响。

（十）水化热

水泥的水化是放热反应,水泥在凝结硬化过程中放出的热量,称为水泥的水化热。水泥的水化放热量和放热速度主要取决于水泥的矿物组成和细度。水化热大对于大体积混凝土来讲,由于热量积聚在内部不易发散,致使内外产生很大的温度差,引起内应力,使混凝土产生裂缝。水化热大对混凝土的冬季施工是有利的。

（十一）碱含量

水泥中碱含量按 $Na_2O+0.658K_2O$ 计算值来表示,若使用活性骨料,应选用低碱性水泥,一般碱含量<0.6%,以避免发生碱骨料反应。

四、硅酸盐水泥的腐蚀与防腐

硅酸盐水泥硬化而成的水泥石,在通常使用条件下是耐久的。但在某些侵蚀性介质的作用下,水泥石的结构会逐渐遭到破坏,促使强度降低,以致全部溃裂,这种现象称为水泥腐蚀。引起水泥石腐蚀的原因很多,作用也很复杂,下面介绍几种水泥石被腐蚀的典型情况:

（一）软水侵蚀（亦称溶出性侵蚀）

雨水、雪水、蒸馏水、工厂冷凝水及含重碳酸盐甚少的河水与湖水等都属于软水。水泥石长期与这些水分接触后,水泥石中的 $Ca(OH)_2$ 极易溶解于软水,$Ca(OH)_2$ 的溶出会促使水泥石中其它水化物分解,导致水泥石结构的破坏,强度降低。

（二）一般酸性腐蚀

有些地下水或工业污水中常含有游离的酸性物质,这种酸性物质能与水泥石中的 $Ca(OH)_2$ 作用生成相应的钙盐,所生成的钙盐或易溶于水,或在水泥石孔隙内形成结晶,体积膨胀,产生破坏作用。

例如,盐酸与水泥石中的氢氧化钙作用生成极易溶于水的氯化钙:

$$Ca(OH)_2+2HCl=CaCl_2+2H_2O$$

硫酸与水泥石中的氢氧化钙作用生成二水石膏:

$$Ca(OH)_2+H_2SO_4=CaSO_4 \cdot 2H_2O$$

生成的石膏在水泥石孔隙内形成结晶,体积膨胀,或者再与水泥石中的水化铝酸三钙作用,生成三硫型水化硫铝酸钙结晶,体积剧烈膨胀,对水泥石有更大的破坏性。

在工业污水和地下水中常溶解有较多的二氧化碳,与水泥石中的氢氧化钙作用生成易溶于水的化合物而引起水泥石的破坏,称为碳酸腐蚀。

如水泥石中的氢氧化钙与二氧化碳作用生成碳酸钙,而碳酸钙又与二氧化碳作用生成易溶于水的碳酸氢钙。反应式如下:

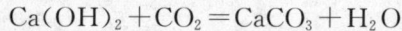

$$Ca(OH)_2+CO_2=CaCO_3+H_2O$$

$$CaCO_3+CO_2+H_2O \Longleftrightarrow Ca(HCO_3)_2$$

上述反应是可逆反应,当水中碳酸含量少时,只能满足平衡生成的 $Ca(HCO_3)_2$,且水又为静止状态,这种情况碳酸不会引起水泥石的腐蚀。只有当水中的碳酸量超过上述平衡所需的碳酸量,且水又为流动水,所生成的易溶的碳酸氢钙溶于水后被冲走,上述化学平衡遭到破坏,反应连续进行,反应生成物又被流水冲走,使水泥石遭到破坏。

（三）硫酸盐腐蚀

在海水、地下水及盐沼水中,常含有大量硫酸盐,与水泥石中某些化合物反应,生成能产生膨胀的结晶体,使水泥石结构破坏,称为硫酸盐腐蚀。

常见的硫酸盐为硫酸钠、硫酸钾、硫酸铵及硫酸钙等。它们中有的与水泥石中的氢氧化钙置换反应生成硫酸钙:

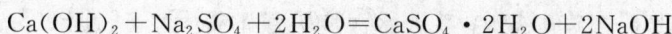

$$Ca(OH)_2+Na_2SO_4+2H_2O=CaSO_4 \cdot 2H_2O+2NaOH$$

硫酸钙与水泥石中的水化铝酸钙反应,生成三硫型水化铝酸钙:

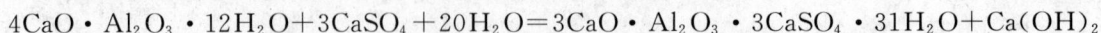

$4CaO \cdot Al_2O_3 \cdot 12H_2O + 3CaSO_4 + 20H_2O = 3CaO \cdot Al_2O_3 \cdot 3CaSO_4 \cdot 31H_2O + Ca(OH)_2$

生成三硫型水化铝酸钙含有大量结晶水,比原有体积增加1.5倍以上,由于是在已经固化的水泥石中产生的上述反应,致使水泥遭到膨胀性破坏。三硫型水化硫铝酸钙呈针状晶体,常称为"水泥杆菌"。

当水中硫酸盐浓度较高或存在硫酸钙时,硫酸钙将在孔隙中直接结晶成二水石膏,体积出现膨胀,也导致水泥石破坏。

除了上述几种主要的腐蚀作用外,还有一些其它物质,如糖类、脂肪及强碱等对水泥也有腐蚀作用。实际上水泥石的腐蚀是一个极为复杂的物理化学作用过程,很少仅有单一的侵蚀作用,往往是几种同时存在,互相影响。但产生水泥腐蚀的基本原因是:

(1)硅酸盐水泥水化后,在水泥石中存在大量易被腐蚀的水化物、氢氧化钙和水化铝酸钙。

(2)水泥石本身不够密实,有很多毛细孔道,侵蚀性介质易于进入其内部。

(3)腐蚀和通道的相互作用。

(四)水泥腐蚀的防止

(1)根据侵蚀环境特点,合理选用水泥品种,应选用硅酸三钙和铝酸三钙含量少的水泥。因为这二种矿物成分水化后会生成大量氢氧化钙和水化铝酸钙。

(2)提高水泥石密实度,减少水泥石内的孔隙率。

(3)在水泥构件表面做保护层,提高抗腐蚀性。

五、硅酸盐水泥的主要特性

前面已经全面阐述了硅酸盐水泥的主要技术性质,可归纳出主要特性如下:

(1)硅酸盐水泥凝结硬化快,早期、后期强度高,标号高。

(2)水化时放热集中,水化热大。

(3)抗冻性好,耐磨性好;抗腐蚀性差,尤其抗硫酸侵蚀性差。

(4)对外加剂作用较敏感,具有较好的效果。

第二节　普通硅酸盐水泥

按国家标准(GB 175—1999)规定:凡由硅酸盐水泥熟料、6%～15%混合材料、适量石膏磨细制成的水硬性胶凝材料,称为普通硅酸盐水泥(简称普通水泥),代号P·O。

水泥中掺混合材料量是按水泥质量的百分比计算的。当掺活性混合材料时,不得超过15%。其中允许用不超过5%的窑灰或不超过10%的非活性混合材料来代替。当掺非活性混合材料时,不得超过10%。

普通硅酸盐水泥中掺入少量混合材料的主要目的是调节水泥标号,因此它的标号比硅酸盐水泥较宽,以利合理选用。由于混合材料的掺量不多,与硅酸盐水泥相比,其性能变化不大,即普通硅酸盐水泥和硅酸盐水泥的特性和应用相似,但普通水泥适应性更广些。

普通硅酸盐水泥在主要技术性能方面与硅酸盐水泥的不同点主要表现在以下几方面:

一、烧失量

国家标准(GB 175—1999)规定:普通水泥烧失量不得大于5%。

二、细度

国家标准（GB 175—1999）规定：普通水泥用边长为 $80\mu m$ 方孔筛筛余量不得超过 10%。

三、凝结时间

国家标准（GB 175—1999）规定：普通水泥初凝不得早于 45min，终凝不得迟于 10h。

四、水泥强度

普通水泥有 32.5、32.5R、42.5、42.5R、52.5、52.5R 六个强度等级，其中带"R"者为早强型水泥。普通水泥的强度等级及各龄期强度见表 4-4。

表 4-4　普通硅酸盐水泥各龄期的强度　　　　　　　　　　（MPa）

品　种	强度等级	抗 压 强 度		抗 折 强 度	
		3d	28d	3d	28d
普通水泥	32.5	11.0	32.5	2.5	5.5
	32.5R	16.0	32.5	3.5	5.5
	42.5	16.0	42.5	3.5	6.5
	42.5R	21.0	42.5	4.0	6.5
	52.5	22.0	52.5	4.0	7.0
	52.5R	26.0	52.5	5.0	7.0

注：表中 R 为早强型，3d 强度较高。

第三节　掺混合材料硅酸盐水泥

在水泥磨细时，掺入天然的或人工的矿物材料，这些矿物材料统称为混合材料。根据混合材料的性能，可以分为活性混合材料和非活性混合材料两大类。活性混合材料磨成细粉加水后本身并不硬化，但与石灰加水拌和后，在常温下能生成具有水硬性的胶凝水化物，既能在空气中硬化，又能在水中继续硬化。常用的活性混合材料有粒化高炉矿渣和火山灰质混合材料。火山灰质混合材料包括火山灰、硅藻土、沸石、凝灰岩、烧粘土、煤渣、粉煤灰等。活性混合材料中含有活性氧化硅和活性氧化铝，它们能在氢氧化钙溶液中发生水化反应，生成水化硅酸钙和水化铝酸钙。在硅酸盐水泥熟料中，掺加适量的活性混合材料，不仅能提高水泥的产量，降低生产成本，还能改善水泥的某些性能、调节水泥的标号，扩大了水泥的使用范围。非活性混合材料磨细与石灰加水拌和后，一般不能生成具有水硬性的胶凝物质。在水泥中主要起填充作用，仅达到增加水泥产量、调节水泥标号的效果，并不能改善水泥的性能。常用的非活性混合材料有石英砂、粘土、石灰岩和慢冷矿渣等。窑灰是从水泥回转窑窑尾废气中收集的粉尘。作为一种混合材料，其性能介于活性和非活性混合材料之间。

我国目前生产的掺混合材料硅酸盐水泥，主要是指混合材料掺入量在 20% 以上的矿渣硅酸盐水泥（简称矿渣水泥）、火山灰硅酸盐水泥（简称火山灰水泥）、粉煤灰硅酸盐水泥（简称粉煤灰水泥）三种（GB 1344—1999）。

一、矿渣硅酸盐水泥

凡由硅酸盐水泥熟料和粒化高炉矿渣、适量石膏磨细制成的水硬性胶凝材料称为矿渣硅酸盐水泥。代号 P·S。

水泥中粒化高炉矿渣掺加量按质量百分比计为 20%～70%。允许用石灰石、窑灰、粉煤灰和火山灰质混合材料中的一种材料代替矿渣,代替数量不得超过水泥质量的 8%,替代后水泥中粒化高炉矿渣不得少于 20%。

二、火山灰质硅酸盐水泥

凡由硅酸盐水泥熟料和火山灰、适量石膏磨细制成的水硬性胶凝材料称为火山灰质硅酸盐水泥。代号 P·P。水泥中火山灰质混合材料掺加量按质量百分比为 20%～50%。

三、粉煤灰硅酸盐水泥

凡由硅酸盐水泥熟料和粉煤灰、适量石膏磨细制成的水硬性胶凝材料称为粉煤灰硅酸盐水泥。代号 P·F。水泥中粉煤灰掺加量按质量百分比计为 20%～40%。

四、掺混合材料水泥的主要技术性质

(1)真密度。三种水泥的真密度大致在 2.6～3.0g/cm³ 范围内。

(2)堆积密度。三种水泥堆积密度大致在 1000～1200kg/m³ 之间。

(3)三氧化硫含量。矿渣水泥中三氧化硫含量不得超过 4%,火山灰水泥、粉煤灰水泥中三氧化硫含量不得超过 3.5%。

(4)强度等级。这三种水泥分为 32.5、32.5R、42.5、42.5R、52.5、52.5R 六种强度等级,其中带"R"者为早强型水泥。三种水泥各龄期强度不得低于表 4-5 规定。

表 4-5 矿渣水泥、火山灰水泥和粉煤灰水泥的各龄期强度   (MPa)

强度等级	抗 压 强 度		抗 折 强 度	
	3d	28d	3d	28d
32.5	10.0	32.5	2.5	5.5
32.5R	15.0	32.5	3.5	5.5
42.5	15.0	42.5	3.5	6.5
42.5R	19.0	42.5	4.0	6.5
52.5	21.0	52.5	4.0	7.0
52.5R	23.0	52.5	4.5	7.0

(5)三种水泥中氧化镁和碱含量、细度、凝结时间及安定性的要求与普通硅酸盐水泥相同。

五、掺混合材料水泥的特性

三种水泥的共同特性是:凝结硬化速度慢,早期强度低,后期强度增长较多,甚至超过同标号的硅酸盐水泥(见图 4-4);水化放热速度慢,放热量低;对温度的敏感性较高,温度较低时,硬化速度很慢,抗冻性差;温度较高时(60～70℃以上),硬化速度大大加快,往往超过硅酸盐水泥的硬化速度,因此适宜蒸汽养护;由于在水泥石中能引起腐蚀的氢氧化钙减少,抵抗软水及硫酸盐介质的侵蚀能力较硅酸盐水泥高;抗碳化能力较差。

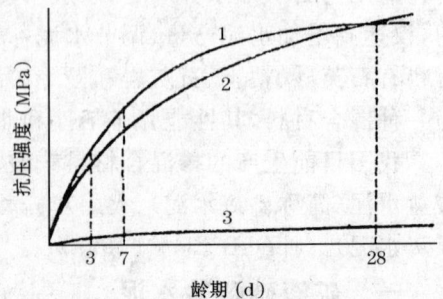

图 4-4 矿渣水泥与普通水泥强度比较
1. 普通水泥 2. 矿渣水泥 3. 粒化高炉矿渣

除了具有上述共性外,矿渣水泥和火山灰水泥的干缩性大,而粉煤灰水泥的干缩性小,火山灰水泥的抗渗性较高,矿渣水泥的耐热性较好。

第四节　五种水泥的特性和应用

一、五种水泥的特性

五种水泥的成分及主要特性见表4-6。

表4-6　五种水泥的成分及主要特性

名称	硅酸盐水泥$\left(\begin{array}{c}P\cdot I\\P\cdot II\end{array}\right)$	普通水泥(P·O)	矿渣水泥(P·S)	火山灰水泥(P·P)	粉煤灰水泥(P·F)
成分	1.水泥熟料及少量石膏(I型) 2.水泥熟料、5%以下混合材料、适量石膏(II型)	在硅酸盐水泥中掺活性混合材料6%～15%或非活性混合材料10%以下	在硅酸盐水泥中掺入20%～70%的粒化高炉矿渣	在硅酸盐水泥中掺入20%～50%火山灰质混合材料	在硅酸盐水泥中掺入20%～40%粉煤灰
主要特性	1.硬化快、强度高 2.水化热高 3.耐冻性好 4.耐热性差 5.耐腐蚀性差 6.干缩性较小 7.真密度3.0～3.15g/cm³ 8.堆积密度1000～1600kg/m³	1.早期强度较高 2.水化热较高 3.耐冻性较好 4.耐热性较差 5.耐腐蚀性较差 6.干缩性较小 7.真密度3～3.15g/cm³ 8.堆积密度1000～1600kg/m³	早期强度低,后期强度增长较快;水化热较低;耐热性较好;抗硫酸盐类侵蚀和抗水性较好;抗冻性较差;干缩性较大;抗渗性差;抗碳化能力差;真密度2.8～3.1g/cm³;堆积密度1000～1200kg/m³	1.早期强度低,后期强度增长较快 2.水化热较低 3.耐热性较差 4.抗硫酸盐类侵蚀和抗水性较好 5.抗冻性较差 6.干缩性较大 7.抗渗性较好 8.真密度2.8～3.1g/cm³ 9.堆积密度900～1200kg/m³	1.早期强度低,后期强度增长较快 2.水化热较低 3.耐热性较差 4.抗硫酸盐类侵蚀和抗水性较好 5.抗冻性较差 6.干缩性较小 7.抗碳化较差 8.真密度2.8～3.1g/cm³ 9.堆积密度900～1000kg/m³

二、五种水泥的应用

五种水泥的适用范围如表4-7所示。

表4-7　五种水泥的适用范围

名称	硅酸盐水泥$\left(\begin{array}{c}P\cdot I\\P\cdot II\end{array}\right)$	普通水泥(P·O)	矿渣水泥(P·S)	火山灰水泥(P·P)	粉煤灰水泥(P·F)
强度等级	42.5、42.5R、52.5、52.5R、62.5、62.5R	32.5、32.5R、42.5、42.5R、52.5、52.5R	32.5、32.5R、42.5、42.5R、52.5、52.5R	32.5、32.5R、42.5、42.5R、52.5、52.5R	32.5、32.5R、42.5、42.5R、52.5、52.5R
适用范围	配制地上地下及水中的混凝土、钢筋混凝土及预应力混凝土结构,包括受循环冻融的结构及早期强度要求较高的工程;配制建筑砂浆	与硅酸盐水泥基本相同	大体积工程;高温车间和有耐热耐火要求的混凝土结构;蒸汽养护的构件;一般地上、地下和水中的混凝土及钢筋混凝土结构;有抗硫酸盐侵蚀要求的工程;配制建筑砂浆	地下、水中大体积混凝土结构;有抗渗要求的工程;蒸汽养护的工程构件;有抗硫酸盐侵蚀要求的工程;一般混凝土及钢筋混凝土工程;配制建筑砂浆	地上、地下、水中和大体积混凝土工程;蒸汽养护的构件;抗裂性要求高的构件;抗硫酸盐侵蚀要求的工程;一般混凝土工程;配制建筑砂浆
不适用处	大体积混凝土工程;受化学或海水侵蚀的工程;长期受压力水和流动水作用的工程	同硅酸盐水泥	早期强度要求较高的混凝土工程;有抗冻要求的混凝土工程	早期强度要求较高的混凝土工程;有抗冻要求的混凝土工程;干燥环境的混凝土工程;有耐磨性要求的工程	早期强度要求较高的混凝土工程;有抗冻要求的混凝土工程;有抗碳化要求的工程

第五节　复合硅酸盐水泥

一、定义与代号

由硅酸盐水泥熟料、两种或两种以上规定的混合材料和适量石膏,经磨细制成的水硬性胶凝材料,称为复合硅酸盐水泥(简称复合水泥),其代号为 P·C。水泥中混合材料总掺加量按质量百分比计应大于 15%,但不超过 50%。

二、复合硅酸盐水泥的物理化学性能指标

复合硅酸盐水泥的物理化学性能指标见表 4-8。

表 4-8　复合硅酸盐水泥物理化学性能指标

项　目	细度 80μm 筛余（%）	凝结时间		安定性	熟料 MgO（%）	水泥 SO_3（%）
		初凝(min)	终凝(h)			
指标	≤10	≥45	≤10	合格	≤5.0	≤3.5

三、复合硅酸盐水泥的强度等级

强度等级见表 4-9。

表 4-9　复合硅酸盐水泥强度等级　　　　　　　　(MPa)

强度等级	抗压强度		抗折强度	
	3d	28d	3d	28d
32.5	11.0	32.5	2.5	5.5
32.5R	16.0	32.5	3.5	5.5
42.5	16.0	42.5	3.5	5.5
42.5R	21.0	42.5	4.0	6.5
52.5	22.0	52.5	4.0	6.5
52.5R	26.0	52.5	5.0	7.0

四、复合硅酸盐水泥的适用范围

复合硅酸盐水泥允许掺入矿渣、火山灰、粉煤灰、石灰石及化铁炉渣等多种混合材料。因此它具有单掺混合材料水泥如矿渣水泥、火山灰水泥等的综合性能。当某一混合材料掺量比较大时,它就有某单掺水泥的近似性能。

复合硅酸盐水泥适用于一般建筑工程,当水泥中含有石灰石、窑灰等混合材料时,对于有酸性介质或有化学腐蚀性的工程就不宜使用。所以在使用过程中施工单位仍应积累经验,并向生产厂了解复合硅酸盐水泥中所掺的是哪几种混合材料,以便合理使用。

第六节　五种常用水泥的验收和保管

一、水泥的验收

（一）外包装及数量验收

水泥验收时应注意核对包装上所注明的工厂名称、生产许可证编号、水泥品种、代号、混合

材料名称、出厂日期及包装标志等项。常用水泥的包装标志见表 4-10。

表 4-10　常用水泥的包装标志

水泥名称	包装标志
硅酸盐水泥 普通水泥	1. 普通水泥(掺火山灰质混合材料的)在包装袋上标有"掺火山灰"字样 2. 包装袋两面印有水泥名称、标号等,印刷颜色为红色
矿渣水泥 火山灰水泥 粉煤灰水泥	1. 掺火山灰质混合材料的矿渣水泥,在包装袋上标有"掺火山灰"字样 2. 矿渣水泥在包装袋两面印有名称、标号,印刷颜色为"绿色"。火山灰水泥和粉煤灰水泥,印刷颜色为"黑色"

袋装水泥数量验收,每袋净重 50kg,且不得少于标志数量的 98%,验收时随机抽取 20 袋,水泥总质量不得少于 1000kg。

（二）水泥的质量验收

1. 废品的评定标准

凡是氧化镁、三氧化硫、初凝时间和安定性指标的任一项不符合标准规定者,均为废品。

2. 不合格品评定标准

（1）硅酸盐水泥、普通水泥,凡细度、终凝时间、不溶物和烧失量指标的任一项不符合标准规定者,均为不合格水泥。

（2）矿渣水泥、火山灰水泥、粉煤灰水泥,凡细度和终凝时间中的任一项不符合标准者,为不合格水泥。

（3）混合材料掺入时超过最大限量和强度低于强度等级规定的指标时,均为不合格品。

（4）水泥包装标志中水泥品种、标号、工厂名称和出厂编号不全的,也属于不合格品。

二、水泥的保管

（1）水泥应按不同的生产厂家、不同品种、标号、批号分别运输和存放。先出厂的水泥应先使用。

（2）水泥在储运过程中应防止受潮。水泥受潮后,水泥中的活性矿物会与水发生水化反应,使水泥结块,活性下降,强度下降。

（3）水泥储存期一般不超过三个月,储存期过长,也会降低水泥活性,导致强度下降。超过三个月储存期的视为过期水泥。过期水泥在使用前应重新试验测定其活性。

第七节　其它品种水泥

一、铝酸盐水泥（GB 201—2000）

铝酸盐水泥是以铝酸钙为主的铝酸盐水泥熟料,经磨细制成的水硬性胶凝材料。代号 CA。

（一）铝酸盐水泥的水化、硬化

铝酸盐水泥中的铝酸一钙水化反应很快,水化产物会随温度不同而异。

当温度小于 20℃时:

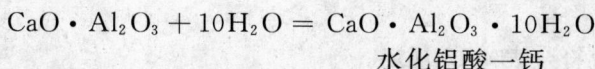

$$CaO \cdot Al_2O_3 + 10H_2O = CaO \cdot Al_2O_3 \cdot 10H_2O$$

水化铝酸一钙

当温度在 20～30℃ 时：
$$2(CaO \cdot Al_2O_3) + 11H_2O = 2CaO \cdot Al_2O_3 \cdot 8H_2O + Al_2O_3 \cdot 3H_2O$$
水化铝酸二钙

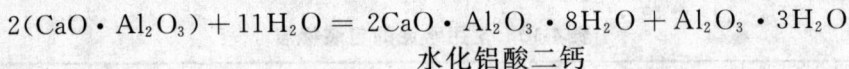

当温度大于 30℃ 时：
$$3(CaO \cdot Al_2O_3) + 12H_2O = 3CaO \cdot Al_2O_3 \cdot 6H_2O + 2(Al_2O_3 \cdot 3H_2O)$$
水化铝酸三钙

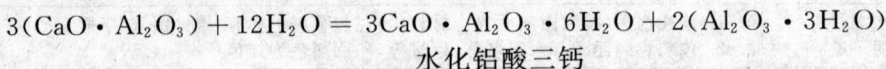

铝酸盐水泥的正常使用温度应在 30℃ 以下，这时，铝酸盐水泥水化反应后的水化产物，以水化铝酸二钙为主。水化铝酸二钙和水化铝酸一钙具有针状和片状晶体，它们互相交错攀附，重叠结合，形成坚强的晶体骨架，使水泥石获得较高的强度。氢氧化铝凝胶填充于晶体骨架的空隙，能形成较致密的结构。这种水泥水化 5～7d 后，水化产物就很少增加，因此硬化初期强度增长很快，以后则不显著。

需要注意的是，水化铝酸一钙和水化铝酸二钙是不稳定的晶体，在常温下，能很缓慢地转化为稳定的水化铝酸三钙。当温度升高时，转化大为加速。在转化过程中不仅晶形发生变化，而且析出较多游离水，使水泥石强度下降。

（二）分类

铝酸盐水泥按 Al_2O_3 含量百分数分为四类：CA-50、CA-60、CA-70、CA-80。

CA-50 中 Al_2O_3 含量为 $50\% \leqslant Al_2O_3 < 60\%$。

CA-60 中 Al_2O_3 含量为 $60\% \leqslant Al_2O_3 < 68\%$。

CA-70 中 Al_2O_3 含量为 $68\% \leqslant Al_2O_3 < 77\%$。

CA-80 中 Al_2O_3 含量为 $77\% \leqslant Al_2O_3$。

（三）铝酸盐水泥的技术要求

1. 化学成分

铝酸盐水泥的化学成分按水泥质量百分比计，应符合表 4-11 要求。

表 4-11　化学成分　　　　　　　　　　　　　　　　（%）

类　型	Al_2O_3	SiO_2	Fe_2O_3	R_2O ($Na_2O + 0.658K_2O$)	$S^{①}$ （全硫）	$Cl^{①}$
CA-50	$\geqslant 50, < 60$	$\leqslant 8.0$	$\leqslant 2.5$			
CA-60	$\geqslant 60, < 68$	$\leqslant 5.0$	$\leqslant 2.0$	$\leqslant 0.40$	$\leqslant 0.1$	$\leqslant 0.1$
CA-70	$\geqslant 68, < 77$	$\leqslant 1.0$	$\leqslant 0.7$			
CA-80	$\geqslant 77$	$\leqslant 0.5$	$\leqslant 0.5$			

①当用户需要时，生产厂应提供结果和测定方法。

2. 物理性能

1）细度

比表面积不小于 $300m^2/kg$ 或用 0.045mm 标准筛过筛，其筛余量不大于 20%，由供需双方商定，在无约定的情况下发生争议时以比表面积为准。

2）凝结时间

凝结时间（胶砂）应符合表 4-12 规定。

表 4-12　凝结时间

水　泥　类　型	初凝时间不得早于(min)	终凝时间不得迟于(h)
CA-50、CA-70、CA-80	30	6
CA-60	60	18

3）强度

各类型铝酸盐水泥各龄期强度值,不得低于表 4-13 规定。

表 4-13　水泥胶砂强度

水　泥　类　型	抗压强度(MPa)				抗折强度(MPa)			
	6h	1d	3d	28d	6h	1d	3d	28d
CA-50	20①	40	50	—	3.0①	5.5	6.5	—
CA-60	—	20	45	85	—	2.5	5.0	10.0
CA-70	—	30	40			5.0	6.0	
CA-80	—	25	30			4.0	5.0	

① 当用户需要时,生产厂应提供结果。

（四）铝酸盐水泥的特性和应用

（1）铝酸盐水泥水化热量大且放热速度快而集中,1d 内即可放出水化热总量的 70%～80%,不宜用于大体积混凝土工程。

（2）铝酸盐水泥最适宜的硬化温度为 15℃ 左右,一般不超过 25℃。如温度过高,水化铝酸二钙结晶体会转变成高碱度的水化铝酸三钙,固相体积只有原来一半,孔隙体积大大增加,强度降低甚多,在湿热条件下最为激烈。因此,高铝水泥构件不得用蒸汽养护,也不能在高温季节施工。

（3）铝酸盐水泥与硅酸盐水泥或石灰相混不但产生闪凝,而且生成高碱性的水化铝酸钙,使混凝土开裂,甚至破坏。因此,铝酸盐水泥施工时除不得与石灰和硅酸盐水泥混合外,也不得与尚未硬化的硅酸盐水泥接触使用。

（4）铝酸盐水泥有较高的耐热性,如果与耐火骨料配合使用,可配制成使用温度达 1300～1400℃ 的耐热混凝土。

（5）铝酸盐水泥凝结硬化快,早期强度很高,可用于国防、道路和特殊抢修工程;也适用于冬季施工工程。

（6）铝酸盐水泥抗碱性极差,不得用于接触碱性溶液的工程。

二、白色硅酸盐水泥（GB 12957—1991）

白色硅酸盐水泥系采用含极少量着色物质（氧化铁、氧化锰、氧化钛、氧化铬等）的原料,如纯净的高岭土、纯石英砂、纯石灰石等,按一定比例配制成生料,经高温煅烧成熟料。其熟料矿物成分还是以硅酸盐为主。为了保持白水泥的白度,除选用含着色物极少的原料外,在煅烧、粉磨和运输时均应防止着色物质混入。

白水泥的白度,通常用白水泥和纯净氧化镁的反射率比值表示,以氧化镁的白度为100%,用白度计测定。我国白水泥的白度分为特级、一级、二级、三级等四个等级,白水泥磨得越细,其白度越高。我国生产白水泥的标号有 325、425、525、625 四种。白水泥的品质指标见

表 4-14 所示。

表 4-14 国产白水泥品质指标

项　目	品　质　指　标			
白　度	等级	特级	一级	二级	三级
	白度(%)	86	84	80	75
细　度	0.08mm 方孔筛筛余量不得超过 10%				
凝结时间	初凝不得早于 45min,终凝不得迟于 12h				
安定性	用沸煮法检验,必须合格				
氧化镁(MgO)含量	熟料中 MgO 含量不得超过 4.5%				
三氧化硫(SO$_3$)含量	水泥中 SO$_3$ 含量不得超过 3.5%				

标　号	抗压强度(MPa)			抗折强度(MPa)		
	3d	7d	28d	3d	7d	28d
325	14.0	20.5	32.5	2.5	3.5	5.5
425	18.0	26.5	42.5	3.5	4.5	6.5
525	23.0	33.5	52.5	4.0	5.5	7.0
625	28.0	42.0	62.5	5.0	6.0	8.0

白水泥等级	水泥等级	优等品	一等品		合格品	
	对应白度等级	特级	一级	二级	二级	三级
	对应号	525 625	425 525	425 525	325 425	325

　　白水泥的特点是强度高、色泽洁白,可以配制各种彩色砂浆和彩色涂料。主要应用于建筑装饰工程的粉刷,制造具有艺术性和装饰性的白色、彩色混凝土装饰结构,制造各种颜色的水刷石、仿大理石及水磨石等制品,配制彩色水泥。

　　使用白水泥时不能掺合其它物质,以免影响白度。白水泥的施工和养护方法与普通硅酸盐水泥相同,但施工时底层及搅拌工具必须清洗干净,否则将影响白水泥的装饰效果。

三、快硬硅酸盐水泥(GB 199—1990)

　　凡以硅酸盐水泥熟料和适量石膏磨细制成的,以 3d 抗压强度表示标号的水硬性胶凝材料,称为快硬硅酸盐水泥(简称快硬水泥)。

　　快硬水泥的标号是以 3d 抗压强度表示,分为 325、375、425 三个标号。

　　快硬水泥的主要特点是:快硬早强,且强度较高;水化热大而集中;吸湿性强,吸湿受潮后水泥活性下降比一般水泥快。

　　快硬水泥主要用来配制早强、高强等级的混凝土,适用于紧急抢修工程、低温施工工程和高强度等级的混凝土预制构件等。由于水化热大,不宜用于大体积混凝土工程。

　　快硬水泥主要技术指标见表 4-15。

表 4-15 快硬水泥技术性质

项　目	快硬 325 号	快硬 375 号	快硬 425 号
氧化镁	熟料中氧化镁含量不得超过 5.0%,如水泥经压蒸安定性试验合格,则允许放宽到 6.0%		

项　目		快硬 325 号	快硬 375 号	快硬 425 号
三氧化硫		水泥中三氧化硫的含量不得超过 4.0%		
细　度		0.08mm 方孔筛筛余量不得超过 10.0%		
安 定 性		用沸煮法检验,必须合格		
凝结时间	初　凝	不得早于 45min		
	终　凝	不得迟于 10h		
强度 （MPa）	抗压强度 1d	15.0	17.0	19.0
	3d	32.5	37.5	42.5
	28d①	52.5	57.5	62.5
	抗折强度 1d	3.5	4.0	4.5
	3d	5.0	6.0	6.4
	28d①	7.2	7.6	8.0

注:本表是根据《快硬硅酸盐水泥》(GB199—1990)编制的。

①供需双方参考指标。

四、膨胀水泥

膨胀水泥是一种在水化过程中体积产生微量膨胀的水泥。它通常由胶凝材料和膨胀剂混合制成。膨胀剂使水泥在水化过程中形成膨胀性物质(如水化硫铝酸钙),导致体积稍有膨胀。由于这一过程是在未硬化浆体中进行,所以不致引起破坏和有害应力。

按水泥主要组成可分为硅酸盐型、铝酸盐型和硫铝酸盐型膨胀水泥。根据水泥的膨胀值及其用途,又可分为收缩补偿水泥和自应力水泥两大类。我国目前生产的主要有以下几种:

硅酸盐膨胀水泥和硅酸盐自应力水泥属于硅酸盐型膨胀水泥。它们是以适当成分的硅酸盐水泥熟料、膨胀剂按一定比例混合磨细而成。常用的膨胀剂由铝酸盐水泥和石膏组成。膨胀值的大小主要决定于石膏含量,石膏含量越高,膨胀越大,但强度有所降低。硅酸盐水泥的膨胀值小,自由膨胀率在 1‰以下,属收缩补偿类水泥。硅酸盐自应力水泥膨胀较大,自由膨胀率 1‰～3‰,自应力值可达 3MPa 左右,能使钢筋产生预应力。

明矾石膨胀水泥属硅酸盐型膨胀水泥。以硅酸盐水泥熟料、明矾石、石膏和粉煤灰(或粒化高炉矿渣)按适当比例混合磨细而成。膨胀剂用明矾石取代铝酸盐水泥和部分石膏,生产工艺简单,成本较低。

（一）低热微膨胀水泥（GB 2938—1997）

凡以粒化高炉矿渣为主要组分,加入适量硅酸盐水泥熟料和石膏,经磨细制成的具有低水化热和微膨胀性能的水硬性胶凝材料,称为低热微膨胀水泥,代号 LHEC。

1. 主要质量指标

（1）三氧化硫含量。水泥中三氧化硫含量应为 4%～7%。

（2）细度(用比表面积表示)。水泥比表面积不得小于 300m²/kg。

（3）凝结时间。初凝不得早于 45min;终凝不得迟于 12h,也可因生产单位和使用单位商定。

（4）安定性。用沸煮法必须合格。

（5）强度。各标号水泥各龄期强度不得低于表 4-16 规定。

表 4-16　低热微膨胀水泥强度指标　　　　　　　　　　　（MPa）

水泥标号	抗压强度		抗折强度	
	7d	28d	7d	28d
325	17.0	32.5	4.5	6.5
425	26.0	42.5	6.0	8.0

（6）水化热。各标号水泥各龄期水化热不得超过表 4-17 规定的数值。

（7）线膨胀率。水泥净浆试体水中养护各龄期的线膨胀率应符合表 4-18 要求。

表 4-17　低热微膨胀水泥水化热指标　（kJ/kg）

标　号	水　化　热	
	3d	7d
325	170	190
425	185	205

注:在特殊情况下,水化热指标允许由生产单位和使用单位商定。

表 4-18　低热微膨胀水泥线膨胀率指标

龄　期(d)	线膨胀率(%)
1	不小于 0.05
7	不小于 0.10
28	不小于 0.60

低热微膨胀水泥的主要技术指标见表 4-19。

表 4-19　低热微膨胀水泥技术指标

名　　称	低热微膨胀水泥			
标准代号	GB 2938—1997			
组　成	以粒化高炉矿渣为主要组分,加入适量硅酸盐水泥熟料和石膏,磨细制成			
技术性质	细度	比表面积不低于 300m²/kg			
	初凝时间	不早于 45min			
	终凝时间	不迟于 12h			
	安定性	沸煮必须合格			
	强度(MPa)	水泥标号		325	425
		抗压	7d	17.0	26
			28d	32.5	42.5
		抗折	7d	4.5	6.0
			28d	6.5	8.0
	SO₃	4%~7%			
	线膨胀率(%)	1d 不得小于 0.05 7d 不得小于 0.10 28d 不得小于 0.60			
	水化热(J/g)	水泥标号 325		水泥标号 425	
		3d	7d	3d	7d
		170	190	185	205

2. 特性和应用

低热微膨胀水泥强度中等,水化热较小,在硬化过程中会有微量膨胀,硬化后能形成较致密的水泥石。

该水泥适用于要求水化热较低和要求补偿收缩的大体积混凝土;适宜制作防水层和防水混凝土;也可用于填灌预留孔洞,预制构件的接缝及管道接头、结构加固和修补等工程;还可以用于抗硫酸盐侵的混凝土工程。但不宜用于长期暴露于干燥环境中的重要工程。

低热微膨胀水泥在浙江某水滩电站围堰工程中81m长堤上通仓连续浇筑成功,被专家誉为奇迹,为优质、高速、低造价建造混凝土坝开避了新的途径。

3. 废品与不合格品

凡三氧化硫、初凝时间、安定性、线膨胀率中的任何一项不符合标准规定,或水化热超过最高标号水泥的指标,或强度低于最低标号指标时,均为废品。

凡比表面积、终凝时间中的任一项不符合标准规定,或水化热超过产品标号规定的指标,或强度低于产品标号规定的指标或包装标志不全的,均为不合格品。

(二) 明矾石膨胀水泥(JC/T 311—1997)

凡以硅酸盐水泥熟料为主,加入天然明矾石、石膏和粒化高炉矿渣(或粉煤灰),按适当比例磨细制成,并具有膨胀性能的水硬性胶凝材料,称为明矾石膨胀水泥。

1. 主要技术要求

明矾石膨胀水泥的主要技术指标见表4-20。

表 4-20　明矾石膨胀水泥的主要技术指标(JC/T 311—1997)

名　称	明矾石膨胀水泥			
组　成	以550号以上的硅酸盐水泥熟料为主,以及天然明矾石、石膏和粒化高炉矿渣(或粉煤灰)按适当比例磨制			
技术指标	细度	比表面积不得低于420m²/kg		
	初凝时间	不得早于45min		
	终凝时间	不得迟于6h		
	强度(MPa)	水泥标号	425	525	625
		抗压　3d	17.5	24.5	29.5
		7d	26.5	34.5	43.0
		28d	42.5	52.5	62.5
		抗折　3d	3.5	4.0	5.0
		7d	4.5	5.5	6.0
		28d	6.5	8.0	9.0
	SO₃	不得超过8%		
	膨胀率(%)	1d不小于0.15 28d不小于0.35且不大于1.20		
	不透水性	1:3软练砂浆试体水中养护3d后,在1.0MPa水压下恒压8h,不透水		

2. 特性和应用

明矾石膨胀水泥属硅酸盐型膨胀水泥,硬化后能形成较致密的水泥石,抗渗性较好,常用于补偿收缩,防渗抹面,接缝及梁、柱、管道的接头,固结机座和地脚螺栓等。

明矾石膨胀硅酸盐水泥被成功地用于毛主席纪念堂和亚运会13项工程,均起到了补偿收缩,抗震防渗的良好作用。

3. 废品与不合格品

凡三氧化硫、初凝时间中的任一项不符合标准规定时,均为废品。

凡比表面积、终凝时间、膨胀率、不透水性中的任一项不符合标准时,均为不合格品。

五、铁铝酸盐水泥

以 C_4AF、C_4A_3S、$B\text{-}C_2S$ 和石膏为主要组分的铁铝酸盐水泥,包括快硬和自应力等品种。由于大量铁胶的存在,该水泥具有良好的耐蚀性和耐磨性。

(一)快硬铁铝酸盐水泥(JC 435—1996)

凡以适当成分的生料,经煅烧得到无水硫铝酸钙、铁相和硅酸二钙为主要成分的熟料,再加入适量石膏和 $0\sim10\%$ 的石灰石,经磨细制成的早期强度高的水硬性胶凝材料,称为快硬铁铝酸盐水泥,代号为 P·FAC。

1. 主要特性

快硬铁铝酸盐水泥具有快硬、早强、抗冻性好、抗腐蚀性好、耐磨性能好等特性。曾用于引滦入津输水工程中,其抗冻、抗侵蚀、抗冲刷效果十分明显,并取得良好的技术经济效果。

2. 主要技术指标

(1)比表面积和凝结时间指标见表 4-21。

表 4-21　比表面积和凝结时间指标

项　　目		指 标 值
比表面积(m^2/kg)	不小于	350
凝结时间 (min)	初凝　不早于	25
	终凝　不迟于	180

注:凝结时间,用户要求时,可以变动。

快硬铁铝酸盐水泥标号按 3d 强度分为 425、525、625、725,其不同龄期的强度见表 4-22。

表 4-22　快硬铁铝酸盐水泥各龄期强度　　　　　　　(MPa)

水 泥 标 号	抗 压 强 度			抗 折 强 度		
	1d	3d	28d	1d	3d	28d
425	34.5	42.5	48.0	6.5	7.0	7.5
525	44.0	52.5	58.0	7.0	7.5	8.0
625	52.5	62.5	68.0	7.5	8.0	8.5
725	59.0	72.5	78.0	8.0	8.5	9.0

(二)自应力铁铝酸盐水泥(JC 437—1996)

凡以适当成分的生料,经煅烧得到无水硫铝酸钙、铁相和硅酸二钙为主要成分的熟料,再加入适量石膏,经磨细制成的强膨胀性水硬性胶凝材料,称为自应力铁铝酸盐水泥,代号为 SFAC。

1. 主要特性

自应力铁铝酸盐水泥除了有快硬、早强、抗冻性好、抗腐蚀性好和耐磨性好等特性外,还具有一定的膨胀性能,这对混凝土的补偿收缩、抗震防渗有良好的作用。

2. 主要技术指标

(1)比表面积、凝结时间和自由膨胀率指标见表 4-23。

（2）各级别各龄期自应力值指标应符合表 4-24 要求。

表 4-23　比表面积、凝结时间和自由膨胀率指标

项　　　目		指　标　值
比表面积（m²/kg）	不小于	370
凝结时间 （min）	初凝　不早于	40
	终凝　不迟于	240
自由膨胀率 （%）	7d　不大于	1.30
	28d　不大于	1.75

注：初凝时间用户要求时，可以变动。

表 4-24　各级别各龄期自应力值指标

级　　　别	7d 不小于	28d	
		不小于	不大于
30	2.3	3.0	4.0
40	3.1	4.0	5.0
50	3.7	5.0	6.0

（3）几点说明如下：

① 按 28d 自应力值，自应力铁铝酸盐水泥分为 30 级、40 级、50 级三个强度级别。

② 抗压强度：7d 不小于 32.5MPa；28d 不小于 42.5MPa。

③ 28d 自应力增进率不大于 0.007MPa/d。

④ 水泥中含碱量：按 $Na_2O+0.65K_2O$ 计小于 0.5%。

六、油井水泥（GB 10238—1998）

（一）定义

1. A、B、C、D、E、F 级油井水泥的定义

由水硬性硅酸钙为主要成分的硅酸盐水泥熟料，加入适量石膏和助磨剂（助磨剂应对水泥的耐久性和强度无不良影响，且符合 JC/T 667 的要求），经磨细制成的产品。在粉磨与混合 D、E、F 级水泥过程中，允许掺加其它的适宜的调凝剂。

2. G 和 H 级油井水泥定义

由水硬性硅酸钙为主要成分的硅酸盐水泥熟料，加入适量的石膏，磨细制成的产品。在粉磨与混合 G、H 级水泥过程中，不允许掺加任何其它外加剂。

（二）级别和类型

油井水泥有八个级别，类型可分为普通型（O）、中抗硫酸盐型（MSR）和高抗硫酸盐型（HSR）三类，各级水泥规定如下：

1. A 级油井水泥

该产品在无特殊性能要求时使用，仅有普通型（O）。

2. B 级油井水泥

该产品适合于井下条件要求中抗或高抗硫酸盐时使用，有中抗硫酸盐型（MSR）和高抗硫酸盐型（HSR）两种类型。

3. C 级油井水泥

该产品适合于井下条件要求高的早期强度时使用，有普通型（O）、中抗硫酸盐型（MSR）和高抗硫酸盐型（HSR）三种类型。

4. D 级油井水泥

该产品适合于中温中压的井下条件时使用，有中抗硫酸盐型（MSR）和高抗硫酸盐型（HSR）两种类型。

5. E级油井水泥

该产品适合于高温高压的井下条件时使用,有中抗硫酸盐型(MSR)和高抗硫酸盐型(HSR)两种类型。

6. F级油井水泥

该产品适合于超高温高压的井下条件时使用,有中抗硫酸盐型(MSR)和高抗硫酸盐型(HSR)两种类型。

7. G级油井水泥

该产品是一种基本油井水泥,有中抗硫酸盐型(MSR)和高抗硫酸盐型(HSR)两种类型。

8. H级油井水泥

该产品是一种基本油井水泥,有中抗硫酸盐型(MSR)和高抗硫酸盐型(HSR)两种类型。

（三）技术性能要求

1. 化学成分要求

各级别和类型的油井水泥相应的化学成分要求应符合表4-25规定。

表4-25　各级别和类型的油井水泥相应的化学成分

化学要求		油井水泥级别					
		A	B	C	D、E、F	G	H
普通型(O)							
氧化镁(MgO,%)	最大值	6.0	NA	6.0	NA	NA	NA
三氧化硫(SO_3,%[①])	最大值	3.5	NA	4.5	NA	NA	NA
烧失量(%)	最大值	3.0	NA	3.0	NA	NA	NA
不溶物(%)	最大值	0.75	NA	0.75	NA	NA	NA
铝酸三钙(C_3A,%[②])	最大值	NR	NA	15	NA	NA	NA
中抗硫酸盐型(MSR)							
氧化镁(MgO,%)	最大值	NA	6.0	6.0	6.0	6.0	6.0
三氧化硫(SO_3,%)	最大值	NA	3.0	3.5	3.0	3.0	3.0
烧失量(%)	最大值	NA	3.0	3.0	3.0	3.0	3.0
不溶物(%)	最大值	NA	0.75	0.75	0.75	0.75	0.75
硅酸三钙(C_3S,%[②])	最大值	NA	NR	NR	NR	58	58
	最小值	NA	NR	NR	NR	48	48
铝酸三钙(C_3A,%[②])	最大值	NA	8	8	8	8	8
以氧化钠(Na_2O)当量表示的总碱量(%[③])	最大值	NA	NR	NR	NR	0.75	0.75
高抗硫酸盐型(HSR)							
氧化镁(MgO,%)	最大值	NA	6.0	6.0	6.0	6.0	6.0
三氧化硫(SO_3,%)	最大值	NA	3.0	3.5	3.0	3.0	3.0
烧失量(%)	最大值	NA	3.0	3.0	3.0	3.0	3.0
不溶物(%)	最大值	NA	0.75	0.75	0.75	0.75	0.75
硅酸三钙(C_3S,%[②])	最大值	NA	NR	NR	NR	65	65
	最小值	NA	NR	NR	NR	48	48
铝酸三钙(C_3A,%[②])	最大值	NA	3	3	3	3	3

化 学 要 求		油井水泥级别					
		A	B	C	D、E、F	G	H
铁铝酸四钙(C_4AF)＋2 倍铝酸三钙(C_3A,%[②]）	最大值	NA	24	24	24	24	24
以氧化钠(Na_2O)当量表示的总碱量（%[③]）	最大值	NA	NR	NR	NR	0.75	0.75

注：NR——不要求；NA——无。

① 当 A 级水泥的铝酸三钙含量（以 C_3A 表示）为 8% 或小于 8% 时，SO_3 最大含量应为 3%。

② 用计算假定化合物表示化学成分范围时，不一定就指氧化物真正或完全以该化合物的形式存在。当 $Al_2O_3/Fe_2O_3 \leqslant 0.64$ 时，C_3A 含量为零。当 $Al_2O_3/Fe_2O_3 > 0.64$ 时，化合物按下式计算：

$$C_3A = 2.65 \times Al_2O_3\% - 1.69 \times Fe_2O_3\%$$
$$C_4AF = 3.04 \times Fe_2O_3\%$$
$$C_3S = 4.07 \times CaO\% - 7.60 \times SiO_2\% - 6.72 \times Al_2O_3\% - 1.43 \times Fe_2O_3\% - 2.85 \times SO_3\%$$

当 $Al_2O_3/Fe_2O_3 < 0.64$ 时，形成氧化铁-氧化铝-氧化钙固熔体（表达为 $C_4AF + C_2F$），化合物按下式计算：

$$C_3S = 4.07 \times CaO\% - 7.60 \times SiO_2\% - 4.48 \times Al_2O_3\% - 2.86 \times Fe_2O_3\% - 2.85 \times SO_3\%$$
$$C_4AF + C_2F = 2.10 \times Al_2O_3\% + 1.7 \times Fe_2O_3\%$$

③ 总碱量（以 Na_2O 当量表示）应按下式计算：

$$Na_2O \text{ 当量} = 0.658 \times K_2O\% + Na_2O\%。$$

2. 物理力学性能要求

各级别和类型的油井水泥应符合表 4-26 规定的相应物理力学性能要求。

表 4-26　各级别和类型的油井水泥相应物理力学性能

油井水泥级别				A	B	C	D	E	F	G	H
拌合水，占水泥重量的百分数（%）				46	46	56	38	38	38	44	38
比表面积（勃氏法，m^2/kg）			最小值	280	280	400	NR	NR	NR	NR	NR
游离液（mL）			最大值	NR	NR	NR	NR	NR	NR	3.5	3.5
	试验方案	最终养护温度（℃）	最终养护压力（MPa）	抗压强度（MPa）　最小值							
8h抗压强度	NA	38	常压	1.7	1.4	2.1	NR	NR	NR	2.1	2.1
	NA	60	常压	NR	NR	NR	NR	NR	NR	10.3	10.3
	6S	110	20.7	NR	NR	NR	3.5	NR	NR	NR	NR
	8S	143	20.7	NR	NR	NR	NR	3.5	NR	NR	NR
	9S	160	20.7	NR	NR	NR	NR	3.5	NR	NR	NR
	试验方案	最终养护温度（℃）	最终养护压力（MPa）	抗压强度（MPa）　最小值							
24h抗压强度	NA	38	常压	12.4	10.3	13.8	NR	NR	NR	NR	NR
	4S	77	20.7	NR	NR	NR	6.9	6.9	NR	NR	NR
	6S	110	20.7	NR	NR	NR	13.8	6.9	NR	NR	NR
	8S	143	20.7	NR	NR	NR	NR	13.8	NR	NR	NR
	9S	160	20.7	NR	NR	NR	NR	6.9	NR	NR	NR

油井水泥级别			A	B	C	D	E	F	G	H
	试验方案	15～30min 稠度 Bc① 最大值	稠化时间（min） 最大值/最小值							
稠化时间	4	30	90 最小值	90 最小值	90 最小值	90 最小值	NR	NR	NR	NR
	5	30	NR	NR	NR	NR	NR	NR	90 最小值	90 最小值
	5	30	NR	NR	NR	NR	NR	NR	120 最大值	120 最大值
	6	30	NR	NR	NR	100 最小值	100 最小值	100 最小值	NR	NR
	8	30	NR	NR	NR	NR	154 最小值	NR	NR	NR
	9	30	NR	NR	NR	NR	190 最小值	NR	NR	NR

注：NR——不要求。

① Bc 表示水泥浆稠度单位伯登。

（四）应用

油井水泥广泛用于油气井工程中。我国 7000m 超气井采用了超深井油井水泥，取得了良好的技术经济效果。

七、硫铝酸盐水泥

（一）快硬硫铝酸盐水泥（JC 714—1996）

凡以适当成分生料，经煅烧所得以无水硫酸钙和硅酸二钙为主要矿物成分的熟料，加入适量石膏和 0～10％的石灰石，经磨细制成的早期强度高的水硬性胶凝材料，称为快硬硫铝酸盐水泥，代号为 P·SAC。

1. 主要技术指标

快硬硫铝酸盐水泥的比表面积和凝结时间，应符合表 4-27 规定。

快硬硫铝酸盐水泥各龄期的强度不得低于表 4-28 规定的数值。

表 4-27 比表面积和凝结时间指标

项　　目		指 标 值
比表面积（m²/kg） 不小于		350
凝结时间 (min)	初凝 不早于	25
	终凝 不迟于	180

注：凝结时间用户有要求时，可以变动。

表 4-28 各龄期强度指标 （MPa）

水泥标号	抗压强度			抗折强度		
	1d	3d	28d	1d	3d	28d
425	34.5	42.5	48.0	6.5	7.0	7.5
525	44.0	52.5	58.0	7.0	7.5	8.0
625	52.5	62.5	68.0	7.5	8.0	8.5
725	59.0	72.5	78.0	8.0	8.5	9.0

2. 特性和应用

快硬硫铝酸盐水泥具有快硬、早强、微膨胀、抗硫酸盐侵蚀性好等特性。适用于应急抢修、地下和水下工程、桥梁吊装、快速施工、预埋孔灌注、喷锚支护、节点浆锚、隧道、堵漏等施工项目。

（二）自应力硫铝酸盐水泥（JC 715—1996）

凡以适当成分生料，经煅烧所得以无水硫铝酸钙和硅酸二钙为主要矿物成分的熟料，加入适量石膏磨细制成的强膨胀性水硬性胶凝材料，称为自应力硫铝酸盐水泥，代号为 S·SAC。

1. 级别划分

自应力硫铝酸盐水泥按 28d 自应力值，分为 30 级、40 级、50 级三个强度级别。见表 4-29。

2. 主要技术指标

（1）比表面积、凝结时间和自由膨胀率应符合表 4-30 指标要求。

表 4-29　各级别自应力值要求（MPa）

级　别	7d 不小于	28d	
		不小于	不大于
30	2.3	3.0	4.0
40	3.1	4.0	5.0
50	3.7	5.0	6.0

表 4-30　比表面积、凝结时间和自由膨胀率指标

项　　目		指 标 值
比表面积（m²/kg）	不小于	370
凝结时间（min）	初凝　不早于	40
	终凝　不迟于	240
自由膨胀率（%）	7d　不大于	1.30
	28d　不大于	1.75

注：初凝时间用户有要求时，可以变动。

（2）抗压强度：7d 不小于 32.5MPa；28d 不小于 42.5MPa。

（3）28d 自应力增进率：不大于 0.0070MPa/d。

（4）水泥中含碱量：按 $Na_2O+0.658K_2O$ 计小于 0.50%。

3. 特性和应用

自应力硫铝酸盐水泥具有快硬、早强、抗硫酸盐侵蚀性能好和强膨胀性等特性。主要用于生产自应力钢筋混凝土压力管。

第五章　普通混凝土

第一节　混凝土概述

混凝土是由胶凝材料、水和粗、细骨料按适当比例配合、拌制成混合物,经一定时间硬化而成的人造石材。

混凝土种类很多。按胶凝材料分类,可分为水泥混凝土、石膏混凝土、沥青混凝土和合成树脂混凝土等。按骨料分类有轻混凝土、无砂大孔混凝土、加气混凝土和泡沫混凝土。按表观密度分类有:特重混凝土,其干表观密度大于 2800kg/m³;重混凝土,其干表观密度为 2000～2800kg/m³;轻混凝土,其干表观密度小于 1950kg/m³。按功能可分为耐热混凝土、耐火混凝土、耐酸混凝土、防水混凝土和防辐射混凝土等。按工艺分有喷射混凝土、振动灌浆混凝土、泵送混凝土、真空混凝土等。按配筋情况分有钢筋混凝土、纤维混凝土、预应力混凝土等。按强度分有高强混凝土和超高强混凝土等。

表 5-1 为水泥混凝土的分类。

表 5-1　水泥混凝土的分类

混凝土分类方法	混凝土品种
按表观密度分	重混凝土(干表观密度大于2800kg/m³,含有重骨料如钢屑、重晶石、褐铁矿石等)
	普通混凝土(干表观密度为2000～2800kg/m³,以普通砂石为骨料)
	轻混凝土(干表观密度小于1950kg/m³)分为轻骨料混凝土(表观密度为800～1950kg/m³,含有轻骨料如浮石、火山渣、陶粒、膨胀珍珠岩等)和多孔混凝土(干表观密度为300～1200kg/m³,如泡沫混凝土,加气混凝土)
按使用功能分	结构混凝土、保温混凝土、耐酸混凝土、耐碱混凝土、耐硫酸盐混凝土、耐热混凝土、防水混凝土、水工混凝土、海洋混凝土、防辐射混凝土等
按施工工艺分	普通浇筑混凝土、离心成型混凝土、喷射混凝土、泵送混凝土
按配筋情况分	素(即无筋)混凝土、钢筋混凝土、劲性钢筋混凝土、纤维混凝土、预应力混凝土等
按强度分	高强混凝土(强度等级≥C45)、超高强混凝土(强度等级≥C100)
按拌合料的稠度,以维勃稠度分,以坍落度分	超干硬性混凝土、特干硬性混凝土、半干硬性混凝土等。低塑性混凝土、塑性混凝土、流动性混凝土、大流动性混凝土等

工程上所说的混凝土,是指普通混凝土,一般以水泥、石子、砂子和水按适当比例配合而成,其干表观密度为 2000～2800kg/m³。

普通混凝土的优点是:

(1) 有较高的抗压强度,可根据需要配制不同标号的混凝土。

(2) 普通混凝土中砂、石约占 80%,它们价格低廉,并可就地取材。

(3) 具有良好的可塑性,能浇筑成任何形状的构件。

（4）具有较高的耐久性，不老化、不生锈、不虫蛀，维修保养费用小。

（5）具有较好的防火性能。

普通混凝土的缺点是：

（1）自重大，普通混凝土的干表观密度为 $2000\sim2800kg/m^3$。

（2）抗拉强度低，只有抗压强度的 $1/8\sim1/15$。

（3）强度不均匀，因为混凝土是由多种材料组成的，不易均匀，故要求混凝土控制一定的搅拌时间。

（4）硬化前需较长的养护时间等。

普通混凝土是建筑工程中应用广泛的建筑材料，它的缺点正随着科学技术的不断发展逐步得到克服和改善。

第二节　普通混凝土

一、混凝土的组成材料及质量要求

如前所述，由水泥、普通碎（卵）石、砂和水配制的干表观密度为 $2000\sim2800kg/m^3$ 的混凝土，称为普通混凝土，简称混凝土或砼。

混凝土的结构及各组成材料的比例见图 5-1、图 5-2。由图 5-2 所示，骨料约占混凝土体积的 70%，其余是水泥和水组成的水泥浆和少量残留的空气。

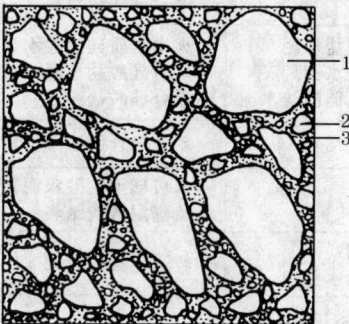

图 5-1　普通混凝土结构示意图

1. 粗骨料　2. 细骨料　3. 水泥浆

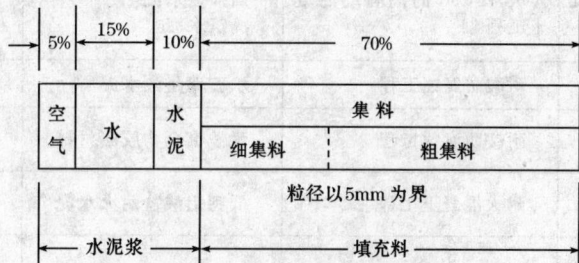

图 5-2　混凝土组成的体积比

在混凝土中，水泥浆的作用是包裹在骨料表面并填充骨料的空隙，作为骨料之间润滑材料，使尚未凝固的混凝土拌和物具有流动性，并通过水泥浆的凝结硬化将骨料胶结成整体。石子和砂起骨架作用，称为"骨料"。石子称为"粗骨料"，砂为"细骨料"。砂子填充石子空隙，砂石构成的骨架可抑制由于水泥浆硬化和水泥石干燥而产生的收缩。为了保证混凝土的质量，对所用材料必须满足一定的技术质量要求。

（一）水泥

对于配制混凝土所用的水泥，主要应该考虑水泥品种和水泥强度的选择。

1. 水泥品种选择

配制普通混凝土一般都采用硅酸盐水泥、普通硅酸盐水泥、矿渣硅酸盐水泥、火山灰质硅酸盐水泥、粉煤灰质硅酸盐水泥。特殊环境和特种情况下可采用特种水泥。水泥品种的选用，

要根据混凝土工程特点和所处环境、温度及施工条件等而定。表 5-2 为常用水泥选用表,可作
参考。

表 5-2　常用水泥选用表

序号	工程特点或所处环境条件	优 先 选 用	可 以 选 用	不 得 使 用
1	一般地上土建工程	普通硅酸盐水泥 混合硅酸盐水泥	矿渣硅酸盐水泥 火山灰质硅酸盐水泥	—
2	在气候干热地区施工的工程	普通硅硫盐水泥	矿渣硅酸盐水泥	火山灰质硅酸盐水泥 铝酸盐水泥
3	大体积混凝土工程	硅酸盐水泥 矿渣硅酸盐水泥	火山灰质硅酸盐水泥 普通硅酸盐水泥	铝酸盐水泥
4	地下、水下的混凝土工程	火山灰质硅酸盐水泥 矿渣硅酸盐水泥 抗硫酸盐硅酸盐水泥	普通硅酸盐水泥	—
5	在严寒地区施工的工程	高强度普通硅酸盐水泥 快硬硅酸盐水泥 特快硬硅酸盐水泥	矿渣硅酸盐水泥 铝酸盐水泥	火山灰质硅酸盐水泥
6	严寒地区水位升降范围内的混凝土工程	高强度普通硅酸盐水泥 快硬硅酸盐水泥 特快硬硅酸盐水泥 抗硫酸盐硅酸盐水泥	铝酸盐水泥	火山灰质硅酸盐水泥 矿渣硅酸盐水泥
7	早期强度要求较高的工程 (≤C30 混凝土)	高强度普通硅酸盐水泥 快硬硅酸盐水泥 特快硬硅酸盐水泥	高标号水泥 铝酸盐水泥	火山灰质硅酸盐水泥 矿渣硅酸盐水泥 混合硅酸盐水泥
8	大于 C50 的高强度混凝土工程	高强度水泥 浇筑水泥	特快硬硅酸盐水泥 快硬硅酸盐水泥 高强度普通硅酸盐水泥	火山灰质硅酸盐水泥 矿渣硅酸盐水泥 混合硅酸盐水泥
9	耐酸防腐蚀工程	水玻璃耐酸水泥	硫磺耐酸胶结料	耐铵聚合物胶结材料
10	耐铵防腐蚀工程	耐铵聚合物胶凝材料	—	水玻璃型耐酸水泥 硫磺耐酸胶结料
11	耐火混凝土工程	低钙铝酸盐耐火水泥	铝酸盐水泥 矿渣硅酸盐水泥	普通硅酸盐水泥
12	防水、抗渗工程	膨胀水泥	自应力(膨胀)水泥 普通硅酸盐水泥 火山灰质硅酸盐水泥	矿渣硅酸盐水泥
13	防潮工程	防潮硅酸盐水泥	普通硅酸盐水泥	—
14	紧急抢修和加固工程	高强度水泥 浇筑水泥 快硬硅酸盐水泥	铝酸盐水泥 膨胀水泥	火山灰质硅酸盐水泥 矿渣硅酸盐水泥 混合硅酸盐水泥
15	有耐磨性要求的混凝土	高强度普通硅酸盐水泥 (≥42.5 级)	矿渣硅酸盐水泥 (≥42.5 级)	火山灰质硅酸盐水泥
16	混凝土预制构件拼装锚固工程	浇筑水泥 高强度水泥 特快硬硅酸盐水泥	膨胀水泥	普通硅酸盐水泥
17	保温隔热工程	矿渣硅酸盐水泥 普通硅酸盐水泥	低钙铝酸盐耐火水泥	—
18	装饰工程	白色硅酸盐水泥 彩色硅酸盐水泥	普通硅酸盐水泥 火山灰质硅酸盐水泥	—

注:各种结构构件所需的水泥品种,一般不在图纸上注明,有特殊要求时,需注明。

2. 水泥强度的选择

水泥强度的选择应与混凝土的设计强度相适应。应充分利用水泥活性,根据长期施工生产实践经验可按下列情况选用:

(1) 一般情况下,水泥强度为混凝土强度等级的 1.3～1.7 倍为宜。

(2) 配置高强度等级混凝土时,水泥强度应是混凝土强度的 0.9～1.5 倍。

(3) 用高强度水泥配制低强度等级混凝土时,由于每 m^3 混凝土的水泥用量偏少,会影响混凝土和易性和密实度,所以混凝土中应掺一定数量的混合材料,如粉煤灰等。

(二) 砂

1. 砂的分类

粒径在 5mm 以下的骨料称为砂。砂可分为天然砂和人工砂两类。天然砂有河砂、山砂等。目前工程常用河砂,因河砂颗粒圆滑、洁净、坚固。山砂含杂质较多。人工砂是岩石经轧碎筛选而成。人工砂细粉和片状颗粒较多,成本较高,只有在天然砂缺乏时才使用。

2. 砂的颗粒级配及粗细程度

(1) 砂的颗粒级配是指大小颗粒间的搭配情况。大小不同颗粒经按比例一级一级互相填充搭配,若搭配比例得当,会使砂子空隙率达到最小。组成混凝土的骨架较密实,填充砂子空隙的水泥浆量可减少,以达到节约水泥的目的。

(2) 砂子的粗细程度是指不同粒径的砂粒,混合在一起的总体粗细程度。砂的粗细程度与总表面积有关。为了获得比较小的总表面积,应尽量采用较粗的颗粒,使包裹在砂子表面的水泥浆量减少,可达到节约水泥的目的。但砂粒过粗易使混凝土拌和物产生泌水,影响和易性。若砂中粗颗粒过多,颗粒搭配又不好,会使砂空隙率增大。因此,砂子粗细程度与砂的颗粒级配要同时考虑。

(3) 砂的颗粒级配通过筛分法试验确定。砂的颗粒级配可用级配曲线来表示,粗细程度用细度模数表示。

筛分法是将 500 克烘干砂置于一套孔径为 4.75、2.36、1.18(mm) 和 600、300、150(μm) 的标准筛上,由大到小顺序过筛,然后称量各筛号上的筛余量,分别计算出各号筛的分计筛余百分率(α_1、α_2、α_3、α_4、α_5、α_6)和累计筛余百分率(β_1、β_2、β_3、β_4、β_5、β_6),两者关系见表 5-3 所列。

表 5-3　累计筛余百分率和分计筛余百分率的关系

筛孔尺寸	分计筛余率(%)	累计筛余率(%)
4.75mm	$\alpha_1 = (m_1/m_s) \times 100\%$	$\beta_1 = \alpha_1$
2.36mm	$\alpha_2 = (m_2/m_s) \times 100\%$	$\beta_2 = \alpha_1 + \alpha_2$
1.18mm	$\alpha_3 = (m_3/m_s) \times 100\%$	$\beta_3 = \alpha_1 + \alpha_2 + \alpha_3$
600μm	$\alpha_4 = (m_4/m_s) \times 100\%$	$\beta_4 = \alpha_1 + \alpha_2 + \alpha_3 + \alpha_4$
3000μm	$\alpha_5 = (m_5/m_s) \times 100\%$	$\beta_5 = \alpha_1 + \alpha_2 + \alpha_3 + \alpha_4 + \alpha_5$
150μm	$\alpha_6 = (m_6/m_s) \times 100\%$	$\beta_6 = \alpha_1 + \alpha_2 + \alpha_3 + \alpha_4 + \alpha_5 + \alpha_6$

注:m_1、m_2……m_6 分别为筛孔 5.0、2.5……0.16mm 各筛筛余量(分计筛余);m_s 为试样总量(即 500g)。

根据《普通混凝土用砂质量标准及检验方法》(GB/T 14684－2001)规定,对细度模数为 3.7～1.6 的砂,按 0.63mm 筛孔的累计筛余百分率分成三个级配区。砂的颗粒级配区应处于表 5-4 中任何一个级配区内。

表 5-4　砂颗粒级配区

筛孔尺寸	1　区	2　区	3　区
	累计筛余率(%)		
9.50mm	0	0	0
4.75mm	10~0	10~0	10~0
2.36mm	35~5	25~0	15~0
1.18mm	65~35	50~10	25~0
600μm	85~71	70~41	40~16
300μm	95~80	92~70	85~55
150μm	100~90	100~90	100~90

经试验,砂的实际颗粒级配与表中所列的累计百分率相比,除 4.75mm 和 600μm 两个筛号以外,其余各筛的累计筛余允许有超出分界线,但其总量应小于 5%。

在三个级配区中,2 区为中砂,粗细适宜,级配最好,配制混凝土宜选用 2 区砂;1 区砂偏粗,保水性差,宜配制水泥用量较多或低流动性混凝土;3 区偏细,用它配制的混凝土拌和物粘聚性稍差,保水性好,但硬化后干缩较大,表面易产生裂缝。

表 5-4 中的三个级配区,也可以通过级配区曲线图 5-3 的形式表示,这样就更为直观。

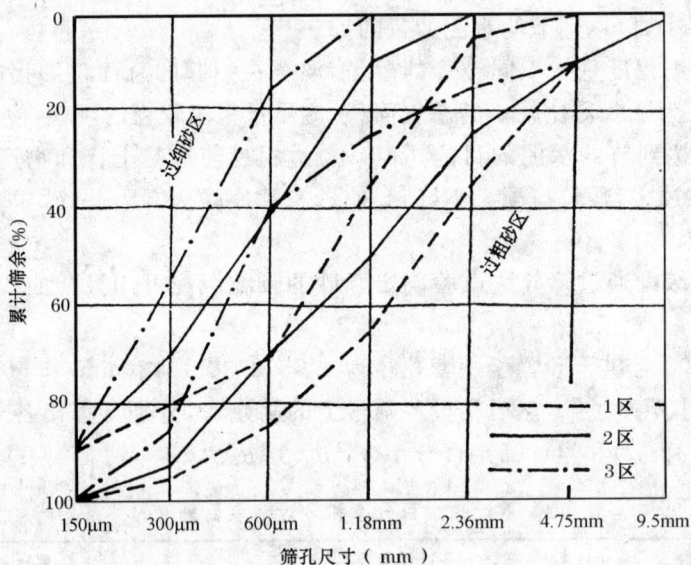

图 5-3　砂的 1、2、3 级配区曲线

(4) 砂的粗细程度用细度模数(M_x)表示。细度模数是表示砂粗细程度的一种指标,可按下式确定:

$$M_x = \frac{(\beta_2 + \beta_3 + \beta_4 + \beta_5 + \beta_6) - 5\beta_1}{100 - \beta_1}$$

式中　β_1、β_2、β_3、β_4、β_5、β_6 分别为 4.75、2.36、1.18(mm)和 600、300、150(μm)各筛上的累计筛余百分率。砂按细度模数分为:

粗砂:$M_x = 3.7 \sim 3.1$

中砂:$M_x = 3.0 \sim 2.3$

细砂:$M_x = 2.2 \sim 1.6$

（三）石子（碎石和卵石）

颗粒粒径大于 4.75mm 的骨料称为石子或粗骨料。

1. 颗粒级配和最大粒径

（1）颗粒级配。石子颗粒级配原理与砂子基本相同，也是采用标准筛分析的方法测定。筛孔尺寸有 2.36、4.75、9.50、16.0、19.0、26.5、31.5、37.5、53.0、63.0、75.0、90（mm），但石子的颗粒级配有连续级配和单粒级配。

连续级配是指颗粒的尺寸由大到小连续分级，其中每一级粒径的石子都占适当的比例，当粒径分布在一个合理范围内且大小颗粒比例适当时，大颗粒之间的空隙由小颗粒填充，因而减少空隙，形成较密实的骨架。

单粒级石子是采用省去一级或几级中间粒径的石子，组合成具有所要求级配的不连续粒级。其骨架作用增强，但混凝土拌合物易产生离析。

骨料级配对于混凝土的和易性、经济性都有显著的影响，对于混凝土的强度、抗渗性、耐久性等也有一定影响。使用级配良好的骨料可以节约水泥用量，并有利于配制出质量较高的混凝土。一般说来，较好的骨料级配应当是：空隙率小；总表面积小，可以减少润湿骨料表面的需水量及包裹在骨料表面的水泥浆量；并有合适量的细颗粒以满足混凝土的和易性要求。

按（GB/T14685—2001）规定，碎石和卵石的颗粒级配范围应符合表 5-5 的要求；图 5-4 为各种颗粒组合骨料分级情况。

表 5-5　碎石或卵石的颗粒级配范围

级配情况	公称粒级（mm）	累计筛余（按质量计，%）											
		筛孔尺寸（圆孔筛，mm）											
		2.36	4.75	9.50	16.0	19.0	26.5	31.5	37.5	53.0	63.0	75.0	90
连续粒级	5～10	95～100	80～100	0～15	0	—	—	—	—	—	—	—	—
	5～16	95～100	90～100	30～60	0～10	0	—	—	—	—	—	—	—
	5～20	95～100	90～100	40～70	—	0～10	0	—	—	—	—	—	—
	5～25	95～100	90～100	—	30～70	—	0～5	0	—	—	—	—	—
	5～31.5	95～100	90～100	70～90	—	15～45	—	0～5	0	—	—	—	—
	5～40	—	95～100	75～90	—	30～65	—	—	0～5	0	—	—	—
单粒级	10～20	—	95～100	85～100	—	0～15	—	—	—	—	—	—	—
	16～31.5	—	95～100	—	85～100	—	—	0～10	—	—	—	—	—
	20～40	—	—	95～100	—	80～100	—	—	0～10	—	—	—	—
	31.5～63	—	—	—	95～100	—	—	75～100	45～75	—	0～10	0	—
	40～80	—	—	—	—	95～100	—	—	70～100	—	30～60	0～10	0

（2）最大粒径。公称粒级的上限为该粒级的最大粒径。粗骨料的最大粒径应在条件许可下，尽量选用大的，可减少空隙，做到节约水泥。但从施工角度来看，最大粒径过大则搅拌和操作有一定困难。所以，粗骨料最大粒径的选择，应当根据建筑物及构筑物的种类、尺寸、钢筋间距以及施工机械等来决定。根据《混凝土结构工程施工质量验收规范》（GB 50204—2002）的规定：混凝土用的粗骨料最大粒径不得大于结构物最小截面的最小边长的 1/4，同时不得大于钢筋间最小净距的 3/4。

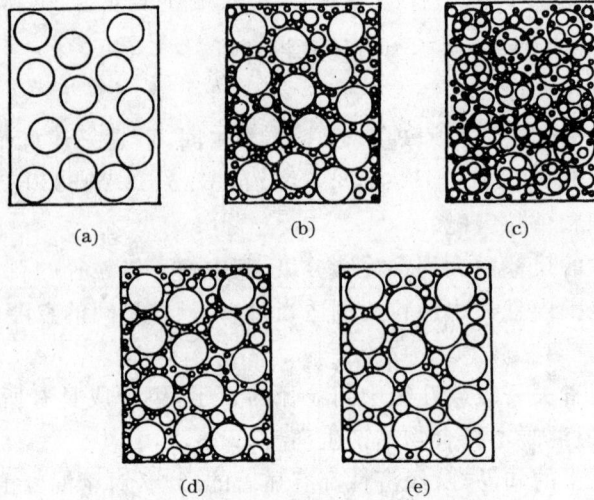

图 5-4　各种颗粒组合骨料分级示意图

(a)大小均匀　(b)连续级配　(c)大粒径代替小粒径

(d)间断级配的骨料　(e)无细颗粒的级配

混凝土实心板,允许采用最大粒径为 1/3 板厚的颗粒,但最大粒径不得超过 40mm。

2. 石子的颗粒特征和强度

石子的颗粒形状及表面特征对混凝土的性能有很大影响。碎石的颗粒富有棱角,表面粗糙,与水泥粘结较好,但拌制的混凝土拌和物和易性较差。卵石颗粒表面光滑,拌制的混凝土拌和物和易性较好,但混凝土强度较低。

石子中凡颗粒长度大于该颗粒所属平均粒径 2.4 倍者,称为针状颗粒;厚度小于平均粒径的 0.4 者,称为片状颗粒。这类异形颗粒含量不能太多,否则会严重降低和易性和混凝土强度。

用于配制混凝土的石子,应有足够的强度。对碎石或卵石的强度,可用岩石立方体强度和压碎指标两种方法表示,一般情况下,石子的强度远高于混凝土的强度。工程中可采用压碎指标值进行质量控制,这样较为简便。压碎指标值是将一定量气干状态下的 10～20mm 石子装入一定规格的圆筒内,置于压力机上,在 3～5min 内均匀加荷至 200kN,卸荷后,倒出筒中试样并称其质量(m),然后再用孔径为 2.35mm 的筛子,筛除被压碎的细粒,称取试样的筛余量(m_1),用下式计算压碎指标:

$$压碎指标 = \frac{m - m_1}{m} \times 100\%$$

碎石和卵石的压碎指标可参照表 5-6 所示数值。

表 5-6　碎石、卵石的压碎指标

项　　目	指　　标		
	Ⅰ类	Ⅱ类	Ⅲ类
碎石压碎指标(%)	<10	<20	<30
卵石压碎指标(%)	<12	<16	<16

当配制 C60 及以上的高强混凝土时应用碎石作粗骨料,并应进行岩石的抗压强度试验,在其它情况下,如有怀疑或认为有必要时也可以进行岩石的抗压强度试验。岩石的抗压强度

与混凝土强度等级之比应不小于 1.5，且火成岩强度不宜低于 80MPa，变质岩不宜低于 60MPa，水成岩不宜低于 30MPa。

3. 有害物质的含量

粗细集料中不应混有草根、树叶、树枝、塑料、煤块和炉渣等杂物。砂中如含有云母、轻物质、有机物、硫化物及硫酸盐、氯盐等，石子中如含有有机物、硫化物及硫酸盐等，其含量应符合表 5-7 的规定。

表 5-7　砂、石中有害物质含量

集料种类 类别 项目	砂			卵石、碎石		
	Ⅰ类	Ⅱ类	Ⅲ类	Ⅰ类	Ⅱ类	Ⅲ类
云母（按质量计，%）	<1.0	<2.0	<2.0	—	—	—
轻物质（按质量计，%）	<1.0	<1.0	<1.0	—	—	—
有机物（比色法）	合格	合格	合格	合格	合格	合格
硫化物及硫酸盐（按 SO_3 质量计，%）	<0.5	<0.5	<0.5	<0.5	<1.0	<1.0
氯化物（以 Cl^- 质量计，%）	<0.01	<0.02	<0.06			

4. 含泥量、泥块含量、石粉含量和有害物质含量

天然砂中含泥量是指粒径小于 0.075mm 的颗粒含量，泥块含量是指粒径大于 1.18mm，经水浸洗、手捏后小于 0.600mm 的颗粒含量；人工砂中石粉含量是指粒径小于 0.075mm 的颗粒含量（包括泥含量），泥块含量同天然砂；石子中含泥量是指卵石、碎石中粒径小于 0.075mm 的颗粒含量，泥块含量是指卵石、碎石中原粒径大于 4.75mm，经水浸洗、手捏后小于 2.36mm 的颗粒含量。

含泥量多会降低集料与水泥石的粘结力、混凝土的强度和耐久性。泥块比泥土对混凝土的性能影响更大。因此，必须严格控制其含量，应符合表 5-8 的规定。

表 5-8　砂、石中有害物质含量

集料种类 类别 项目	天然砂			卵石、碎石		
	Ⅰ类	Ⅱ类	Ⅲ类	Ⅰ类	Ⅱ类	Ⅲ类
含泥量（按质量计，%）	<1.0	<3.0	<5.0	<0.5	<1.0	<1.5
泥块含量（按质量计，%）	0	<1.0	<2.0	0	<0.5	<0.7
针片状颗粒含量（按质量计，%）	—	—	—	<5	<15	<24

人工砂中适量的石粉对混凝土是有益的，但石粉中泥土含量过高会影响混凝土的性能，其含量应符合表 5-9 的规定。

表 5-9　人工砂中石粉含量、泥块含量

项　　目		指　标		
		Ⅰ类	Ⅱ类	Ⅲ类
亚甲蓝试验	MB 值<1.40 或合格	石粉含量（按质量计，%）	<3.0	<5.0	<7.0①
		泥块含量（按质量计，%）	0	<1.0	<2.0
	MB 值≥1.40 或不合格	石粉含量（按质量计，%）	<1.0	<3.0	<5.0
		泥块含量（按质量计，%）	0	<1.0	<2.0

① 根据使用地区和用途，在试验验证的基础上，可由供需双方协商确定。

5. 表观密度、堆积密度及空隙率

应符合如下规定：粗细集料的表观密度均大于 2500kg/m³；松散堆积密度均大于1350kg/m³；空隙率均小于 47％。

6. 用途

按照国标规定，Ⅰ类集料宜用于强度等级大于 C60 的混凝土；Ⅱ类集料宜用于强度等级 C30～C60 及抗冻、抗渗或其它要求的混凝土；Ⅲ类集料宜用于强度等级小于 C30 的混凝土和建筑砂浆（指细集料）。

（四）混凝土拌和用水和养护用水

拌制和养护混凝土用水中不得含有影响水泥正常凝结和硬化的有害物质。凡是工业污水、pH 值小于 4、硫酸盐含量（按 SO_3 计）超过 1％、含有油脂或糖的水，均不能用来拌制混凝土。在钢筋混凝土和预应力钢筋混凝土结构中，不得用海水拌制混凝土。但考虑到沿海岸地区的实际，允许用海水拌制素混凝土。对有饰面要求的混凝土，因海水有可能引起混凝土表面泛盐霜而影响美观，不能使用海水拌制。

拌制各种混凝土应采用达到国家标准的生活饮用水。目前，环境污染比较严重，水源情况也较复杂，如果水源总含盐量及有害离子的含量超过规定值时，必须进行适用性检验合格后，方能使用。

二、混凝土的主要技术性质

混凝土的主要技术性质包括：混凝土拌和物的和易性，以及硬化后混凝土的强度和耐久性等。

（一）混凝土拌和物的和易性

混凝土拌和物的和易性，是指新拌的混凝土，在保证质地均匀、各组成成分不离析的条件下，适于施工工艺要求的综合性质。它包括流动性、粘聚性和保水性三个方面含义。

混凝土拌和物在自重作用下，产生流动的性质，称为流动性。在运输和浇灌时，不出现分层离析，保持整体均匀的性质，称为粘聚性。混凝土拌和物均匀一致地保持水分的性质，称为保水性。

至今，还没有一种能全面反映混凝土拌和物和易性的测定方法。通常是测定拌和物的流动性，作为和易性的一个主要指标，再根据经验目测评定粘聚性和保水性。

拌和物的流动性用坍落度表示。具体测定方法是：将混凝土拌和物按规定方法分三层装入标准圆锥筒内（无底筒，称坍落度筒，见图5-5），每层插捣25次。装满刮平后将筒垂直提起，拌和物由于自重将会产生坍落现象。量出坍落的距离（以 mm 计）即为坍落度，见图5-6。

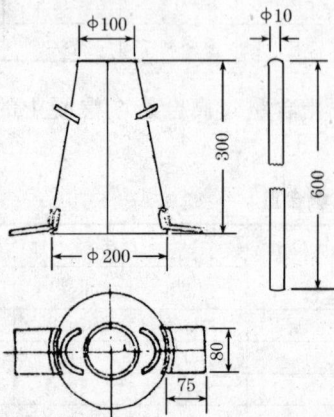

图 5-5　坍落度筒和捣棒　　　　　图 5-6　混凝土拌和物坍落度的测定

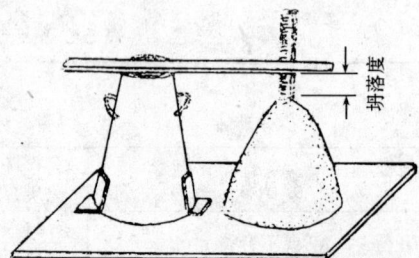

坍落度越大,表示拌和物的流动性越大。在测定坍落度的同时,应观察拌和物的粘聚性、保水性等。可以用捣棒在已坍落的拌和物锥体一侧轻敲,如发生局部突然倒塌,则说明粘聚性不良。另外检查拌和物锥体下部是否有水析出,如有水析出,则表明保水性差。

根据坍落度的大小,混凝土分为干硬的(坍落度为零)、低流动性的(坍落度 10~30mm)、流动性的(坍落度 40~80mm)和流态的(坍落度大于 80mm)。

坍落度的测定方法比较简单,容易掌握,所以在工地施工中广泛采用。但对拌和物的坍落度小于 10mm 的低流动性和干硬性混凝土,为了准确测定其和易性,宜采用其它方法。对于干硬性混凝土,可以采用维勃稠度仪测定其维勃稠度,见图 5-7。主要步骤如下:

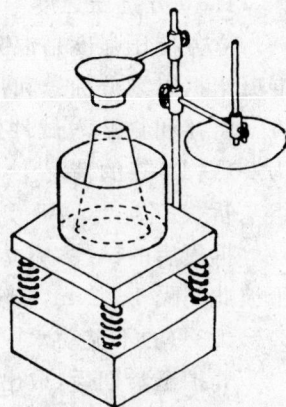

图 5-7 维勃稠度仪

把维勃稠度仪放在振动台上,喂料漏斗转到坍落度筒的上方。按测定坍落度的方法将拌和物装满坍落度筒。然后转离喂料漏斗,垂直提起坍落度筒,把透明圆盘转到拌和物锥体顶面,放松夹持圆盘的螺丝,使圆盘落到拌和物顶面。开动振动台,同时用秒表计时,当透明圆盘的底面完全为水泥浆布满时停止秒表并关闭振动台,读出秒表的秒数,即为拌和物的维勃稠度值。维勃稠度值小,表示拌和物较稀,流动性较好。此法适用于骨料最大粒径不大于 40mm,维勃稠度值在 5~30s 之间的拌和物测定。

混凝土拌和物的坍落度要根据物件截面大小、钢筋疏密和捣实方法来确定。当构件截面尺寸较小或钢筋较密,或采用人工振捣时,坍落度可选择大些。反之,如构件截面尺寸较大或钢筋较疏,或采用振捣器振捣时,坍落度可选择小些。

影响拌和物和易性的主要因素是用水量、水泥浆量、砂率和外加剂。此外水泥品种、骨料品种和性质等都对和易性有一定的影响。分述如下:

(1)用水量。拌和物流动性随用水量增大而显著变大。但用水量过大,会使拌和物粘聚性和均匀性变差,产生严重泌水、分层或流浆,使和易性变差;同时强度也随之降低。

(2)水泥浆数量与稠度。若拌和物的水灰比固定,则其水泥数量随用水量增加而增多,使骨料间的"润滑层"增厚,拌和为达到流动所需克服的摩擦力较小,因而在同样的自重或外力作用下,其流动性加大。在水泥浆数量相同情况下,新拌混凝土的流动性必然与水泥浆的水灰比有关,但实际混凝土都有一定强度要求,其水灰比不能任意变动,也即总是在保持水灰比不变的条件下以增减水泥浆的数量来调整工作性。

(3)砂率。砂率是表示砂子与石子两者组合的关系,以混凝土中砂子重量占骨料总重量的百分数表示。砂率过大,水泥浆为比表面积较大的砂粒表面所吸附,使拌和物显得干稠,流动性不佳;砂率过小,则砂子的体积不足以填满石子间的空隙,必须使部分水泥浆充当填空作用而导致骨料间的接触部位的"润滑层"减薄而使拌和物显得粗涩,流动性、粘聚性和保水性均差,甚至发生离析、溃散现象。

(4)外加剂。在新拌混凝土中引入少量引气剂、减水剂或塑化剂均可改善混凝土和易性。

(5)水泥品种与细度。硅酸盐水泥、普通水泥与掺混合材料水泥相比,在水灰比相同时水泥浆流动性好;火山灰水泥保水性较好,粘聚性好;矿渣硅酸盐水泥保水性差,易使拌和物出现泌水。水泥磨得越细,所拌的混凝土拌和物的粘聚性和保水性越好。

（二）混凝土强度

混凝土的强度应包括：抗压、抗拉、抗弯、抗剪、握裹、疲劳强度等。但主要的是抗压强度。通常以混凝土的抗压强度作为力学性能总指标。混凝土强度常常是抗压强度的简称。

混凝土的各种强度中以抗压强度最大。抗拉、抗折和抗剪强度等都小得多，分别相应为抗压强度的 $1/10 \sim 1/15$、$1/5 \sim 1/8$ 和 0.15 左右。因此，工程中，主要利用其抗压强度。

1. 立方抗压强度

立方抗压强度是混凝土的最主要的质量指标，它与混凝土的其它性质有密切的联系，也是混凝土据以划分标号和强度等级的依据。混凝土抗压强度，按下列方法制模后测定：

将拌和物装入试件模型，振实或捣实并表面压抹平后，加以覆盖，防止水分蒸发，在室温为 20℃±5℃ 的情况下，至少静置一昼夜（但不得超过三昼夜），然后编号（三个试件为一组）、拆模。

拆模后的试件，应立即放入温度为 20℃±3℃，相对湿度大于 90% 的标准养护室内，并置于彼此间隔 1～2cm，能避免水流冲刷的架上，进行养护。无标准养护室时，允许在温度为 20℃±3℃ 的不流动水中养护。

养护至龄期后，取出试件进行试验。

混凝土的强度等级是按立方体抗压强度标准值划分的。混凝土的强度等级可分为：C15、C20、C25、C30、C35、C40、C45、C50、C55、C60、C65、C70、C80。

混凝土强度等级采用符号 C 与立方体抗压强度标准值（MPa）表示。例如 C20 表示混凝土立方体抗压强度标准值 f_{cu}＝20MPa。

立方体抗压强度标准值系按标准方法制作和养护的边长为 150mm 的立方体试件，在 28d 龄期，用标准试验方法测得的抗压强度总体分布中的一个值，强度低于该值的百分率不超过 5%。

测定混凝土立方体试块抗压强度，可根据粗骨料最大粒径，按表 5-10 选用不同尺寸试块。

边长 150mm 的立方体试块为标准试块，100mm、200mm 试块为非标准试块。当采用非标准尺寸试块确定强度时，必须将其抗压强度乘以表 5-11 中的系数，折算成标准试块强度值。

表 5-10　试块尺寸的选择

骨料的最大粒径(mm)	试块尺寸(mm)
≤30	100×100×100
≤40	150×150×150
≤60	200×200×200

表 5-11　不同尺寸试块的强度折算系数

试块尺寸(mm)	系　　数
100×100×100	0.95
150×150×150	1
200×200×200	1.05

2. 轴心抗压强度

用棱柱体试件测得的极限抗压强度称为轴心抗压强度。它与立方体抗压强度存在一定函数关系：

$$f_c = 0.83 f_{cu.k} - 0.35$$

式中　f_c——混凝土的轴心抗压强度（MPa）；

$f_{cu.k}$——混凝土的立方抗压强度（MPa）。

强度等级为 C10～C60 的普通混凝土，$f_{ck}/f_{cu.k}$ 比值的平均值约为 0.815；考虑混凝土不匀质性等的影响，有关标准中一般按 0.7 取用。

3. 抗拉强度

在轴向拉力作用下，混凝土试件单位面积上所承受的极限拉应力称为抗拉强度。在我国尚无规定轴心抗拉强度的标准试验方法，而规定可用劈裂抗拉强度代替。采用 φ75mm 圆弧垫条测得的劈裂抗拉强度与轴心抗拉强度的关系式如下：

$$f_t = 0.9 f_{p.t}$$

式中　f_t——混凝土的轴心抗拉强度（MPa）；

　　　$f_{p.t}$——混凝土的劈裂抗拉强度（MPa）。

混凝土的抗拉强度远比其抗压强度低。它大致为抗压强度的 1/10～1/13，且随强度的增大而减少。

4. 抗折强度

混凝土小梁承受弯压极限荷载时单位面积上的最大应力称为抗折强度。它与截面尺寸和加荷方法有很大关系。我国标准规定用 150mm×150mm×600（或 550）mm 的小梁，用两点加荷法测得的抗折强度为标准值。若采用 100mm×100mm×400mm 的小梁进行试验时，其抗折强度则应乘以尺寸换算系数 0.85。

混凝土的抗折强度一般为其抗压强度的 10%～20%。

5. 影响混凝土强度的主要因素

影响混凝土强度的因素很多，水泥强度、水灰比、龄期、硬化时的温度和湿度，以及施工条件等是影响混凝土强度的主要因素。

（1）水泥标号和水灰比。它是决定混凝土强度的主要因素。水泥是混凝土中的活性组分，其强度大小直接影响着混凝土强度的高低。在配合比相同的条件下，所用的水泥标号越高，配制的混凝土强度也越高。当用同一种水泥（品种及标号相同）时，混凝土的强度主要决定于水灰比。因水泥水化时所需的结合水，一般占水泥重量的 23% 左右，但在拌制混凝土拌和物时，为了获得必要的流动性，实际加水量占水泥重量的 40%～70%，即用较大水灰比。在混凝土硬化过程中，多余的水分就残留在混凝土中，形成水流或蒸发后成为气孔，致使混凝土的密实度下降，从而混凝土强度下降。因此，可以认为，在水泥标号相同的情况下，水灰比越小，水泥石强度越高，与骨料的粘结力也越大，混凝土强度也就越高。

经过大量试验证明，在原料一定的情况下，混凝土 28d 龄期的抗压强度与水泥标号、水灰比之间的关系应符合下面经验公式：

$$f_{cu} = \alpha_a \cdot f_{ce} \left(\frac{C}{W} - \alpha_b \right)$$

式中　f_{cu}——混凝土 28d 抗压强度（MPa）；

　　　f_{ce}——水泥标号的标准抗压强度值（MPa）；

　　　$\dfrac{C}{W}$——灰水比；

　　　α_a、α_b——经验系数，与骨料品种有关：

　　　　　卵石混凝土 $\alpha_a = 0.48$，$\alpha_b = 0.33$

　　　　　碎石混凝土 $\alpha_a = 0.46$，$\alpha_b = 0.07$

（2）养护龄期与混凝土强度关系。在正常养护条件下，混凝土强度在最初 7～14d 内发展较快，28d 接近最大值，以后增长缓慢，甚至可延续数 10 年之久。不同龄期的混凝土强度增长率见表 5-12。

表 5-12　养护龄期与混凝土强度的关系

龄　　　　期	混凝土 28d 抗压强度相对值	龄　　　　期	混凝土 28d 抗压强度相对值
7　天	0.60～0.75	1　年	1.75
28　天	1.00	2　年	2.00
3 个月	1.25	5　年	2.25
6 个月	1.50	20　年	3.00

用 32.5 级矿渣水泥配制 C20 混凝土,在标准条件下养护的强度增长情况的实例,见表 5-13。

表 5-13　矿渣水泥混凝土强度增长率

混凝土强度等级	混凝土在标准养护条件下强度增长率(%)						
	8～10h	24～48h	3d	7d	14d	28d	90d
C20	5	15～20	20～25	45～60	70～75	100	120～130

(3) 养护条件。混凝土的强度是在一定的温度、湿度条件下,通过水泥水化逐步发展的。在 4～40℃ 范围内,温度越高,水泥水化速度越快,则强度增长越快。反之,随温度的降低,水泥水化速度减慢,混凝土强度发展也就迟缓。当温度低于 0℃ 时,水泥水化基本停止,并且因水结冰膨胀,而使混凝土强度降低。

另外,当满足水泥水化的需要,混凝土浇筑后,必须保持一定时间的潮湿,若湿度不够,导致失水,会严重影响强度,使混凝土结构疏松,产生干缩裂缝,不但使混凝土强度下降,还影响耐久性。混凝土的强度增长率(%)与保持潮湿日期的关系见图 5-8。一般混凝土在浇筑后 12h 内进行覆盖,待具有一定强度时应注意浇水养护。对硅酸盐水泥、普通硅酸盐水泥和矿渣硅酸盐水泥的混凝土,浇水养护日期不得少于 7 昼夜;使用火山灰质硅酸盐水泥、粉煤灰质硅酸盐水泥或掺用缓凝型外加剂及有抗渗要求的混凝土,浇水养护日期不得少于 14 昼夜;当平均气温低于 5℃ 时,不得浇水;混凝土表面不便浇水时,应涂刷保护层(如薄膜养生液),或用塑料膜覆盖,以防止混凝土内水分蒸发。

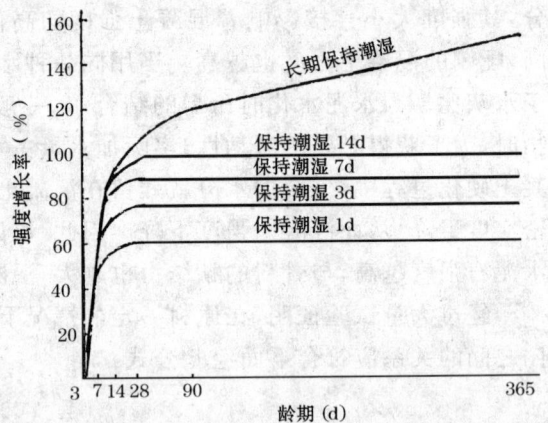

图 5-8　混凝土强度与保持潮湿日期的关系

(4) 混凝土的浇捣。在浇灌混凝土时,必须充分捣实,才能得到密实混凝土。如捣固不好,会出现蜂窝麻面,影响混凝土的强度。一般说来,振捣时间越长,力量越大,混凝土越密实,质量越好。但对流动性较大的塑性混凝土,振捣时间过长,会使混凝土产生泌水、离析现象,质量不均匀,强度降低,而干硬性混凝土,必须采用强力振捣。因此振捣时间长短,须视混凝土流动性大小而定,按有关规范执行。

试验证明,混凝土的孔隙率每增加 5%,其抗压强度约下降 30%。因此施工时振捣密实是提高混凝土强度的重要因素。

6. 提高和促进混凝土强度的主要措施

在实际工程中,通常可采用下列措施来提高混凝土的抗压强度和促进其抗压强度的发展。

(1)采用高强度水泥或快硬早强水泥。此类水泥产量少、价格贵,非紧急工程一般不采用。

(2)采用干硬性混凝土。它的水灰比和单位体积混凝土的用水量都小于塑性混凝土和低流动性混凝土,砂率也较小,比较干稠,施工时需强力振捣,因而密实度大,在水泥用量相同的条件下,其强度可比塑性混凝土高40%～80%。

(3)采用外加剂和外掺料。在混凝土拌和物中加入有机或无机化学物质(外加剂)或掺入部分磨细外掺料,如粉煤灰、矿渣等,可改善混凝土性质,降低水灰比,促进水泥水化和硬化。可提高混凝土强度,配制高强度等级的混凝土,如C60～C100的混凝土。

(4)采用蒸汽养护和蒸压养护的方法如下:

① 蒸汽养护是使浇筑完毕的混凝土构件经1～3h预养后,在90%以上的相对湿度,60℃以上温度的饱和水蒸气中养护,以加速混凝土强度的发展,达到早强的目的。

普通水泥混凝土经过蒸汽养护后,早期强度提高快,一般经过一昼夜蒸汽养护,混凝土强度能达到f_{28}的70%,但对后期强度增长有影响,所以用普通硅酸盐水泥配制的混凝土养护温度不宜太高,时间不宜太长,一般养护温度为60～80℃,恒温养护时间5～8h为宜。

用火山灰质水泥和矿渣水泥配制的混凝土,蒸汽养护效果比普通水泥混凝土好,不但早期强度增长快,而且后期强度比自然养护还稍有提高。这两种水泥混凝土可以采用较高温度养护,一般可达90℃,养护时间以不超过12h为好。

② 蒸压养护是将浇筑完的混凝土构件静停8～10h,放入蒸压釜内,通入高压、高温[如大于或等于8个大气压(0.8MPa),温度为175℃以上]饱和蒸汽进行养护。

在高温、高压蒸汽下,水泥水化时析出的氢氧化钙不仅能充分与活性的氧化硅结合,而且也能与结晶状态的氧化硅结合而生成含水硅酸盐结晶,从而加速水泥的水化和硬化,提高了混凝土强度。此法比蒸汽养护的混凝土质量好,特别是对采用掺活性混合材料水泥及掺入磨细石英砂的混合硅酸盐水泥更有效。

(三)混凝土的变形性能

混凝土在使用过程中,受外界干湿变化、温度变化和荷载作用产生多种变形,这些变形不仅直接影响混凝土构件的几何尺寸变化,对构件的受力状态,内部应力分布,裂缝大小等情况也起重要作用。因此必须对这些变形的基本规律和影响有所了解。

混凝土的变形性能包括化学收缩、干缩变形、温度变形和徐变等。

1. 化学收缩变形

由于水泥水化生成物的体积,比反应前物质的总体积小,而使混凝土收缩,这种收缩称为化学收缩。其收缩量是随混凝土硬化龄期的延长而增加的,大致与时间的对数成正比,一般在混凝土成型后四十多天内增长较快,以后就渐趋稳定。化学收缩变形是不能恢复的。

2. 干缩变形

混凝土干缩变形取决于周围环境的湿度变化。混凝土产生干缩的原因是由于混凝土内部吸附水分的蒸发,引起凝胶体失水产生紧缩,以及毛细管水分蒸发而使混凝土整体内的颗粒受到毛细管压力作用而产生的体积收缩。这种体积收缩是可以恢复的,即重新吸水后产生体积膨胀。混凝土在水中硬化时，也会产生微量膨胀，但这种膨胀值远比干缩值小，不会造成破坏作用。

一般条件下混凝土的极限收缩值为 $(50\sim90)\times10^{-5}$ mm/mm。混凝土的干缩造成结构物开裂、变形，对工程构成危害。

混凝土的干缩是不能完全恢复的，如果干缩后再长期放入水中也仍然会有 $30\%\sim60\%$ 的残余收缩值。

混凝土的干缩变形与水泥品种、水泥用量和用水量有关。采用矿渣水泥比采用普通硅酸盐水泥的收缩值大；采用高标号水泥，由于颗粒较细混凝土收缩值也大；水泥用量多或水灰比大者，收缩量也较大。砂石在混凝土中形成骨架，对收缩有一定的抵抗作用。选用弹性模量高、级配良好的骨料，混凝土收缩值小。轻骨料混凝土中，由于采用轻质骨料，弹性模量小，其收缩值比普通混凝土要大得多。混凝土振捣充分密实，收缩量小。混凝土在水中或在潮湿环境中养护，可以大大减小混凝土的收缩。

3. 温度变形

混凝土与其它材料一样，也具有热胀冷缩的性质，混凝土每升高 1℃，每 m 膨胀 0.01mm。所以温度变形对大体积混凝土和大面积混凝土极为不利。

在混凝土硬化初期，水泥水化放出较多的热量，混凝土又是热的不良导体，散热较慢，因此，在大体积混凝土内部的温度较外部高，有时可达 $50\sim70$℃。这将使内部混凝土产生较大膨胀，而外部混凝土却随气温下降而收缩。由于内膨外缩互相制约，产生很大内拉应力，严重时使混凝土产生裂缝。因此，大体积混凝土必须设法减少混凝土的发热量，如采用低热水泥，减少水泥用量，采用人工降温等措施。

4. 徐变

混凝土在长期荷载作用下，沿着作用力方向的变形会随时间不断增长，即荷载不变而变形随时间增加，一般要延续 $2\sim3$ 年逐渐趋于稳定。这种在长期荷载作用下产生的变形称为徐变。

混凝土徐变，一般认为是由于水泥面凝胶体在长期荷载作用下的粘性流动，并向毛细孔中移动的结果。

混凝土徐变与许多因素有关，混凝土的水灰比较小或混凝土在水中养护时，同龄期的水泥面中未填满的孔隙较少，故徐变小。水灰比相同的混凝土，其水泥用量越多，即水泥面相对含量越大，其徐变越大。混凝土弹性模量大者，混凝土的徐变小。

混凝土无论是受压、受拉或受弯时，均有徐变现象。混凝土的徐变对钢筋混凝土构件来说，能消除钢筋混凝土内的应力集中，使应力较均匀地重新分布；对大体积混凝土，能消除一部分因温度变形而产生的破坏应力。但在预应力钢筋混凝土中，混凝土徐变，将使钢筋的预加应力受到损失。

（四）混凝土的耐久性

为使混凝土建筑物和构筑物长期正常工作，发挥其经济效益，除要求混凝土具有设计要求的强度外，还应在所处的自然环境和特殊使用条件下，具有各种相应的特殊性能。例如，承受压力作用的混凝土，需要具有良好的抗渗性能；严寒地区遭受反复冰冻作用的混凝土，需要有良好的抗冻性能；遭受环境水作用的混凝土，需要有良好的抗腐蚀性能。

1. 抗冻性

混凝土的抗冻性是指混凝土在饱和水状态下，能经受多次冻融循环作用而不破坏，同时也不严重降低强度的性能。特别是严寒地区在接触水又受冻的环境下，要求混凝土具有较高的抗冻性能。

混凝土的抗冻性以抗冻标号表示，以 28d 龄期的混凝土试件所能承受的冻融循环次数确定。通常，建筑用混凝土划分为六个抗冻标号等级：F_{15}、F_{25}、F_{50}、F_{100}、F_{150} 及 F_{200}，分别表示混凝土能够承受反复冻融次数为 15、25、50、100、150 及 200 次。

混凝土抗冻标号的选择，是根据混凝土构筑物所在地区的气候条件，混凝土所处部位及冬季水位变化频繁程度而定。为了保证所用混凝土具有适应使用条件所需的密实度和抗冻性，在《钢筋混凝土工程施工及验收规范》中规定了最大水灰比值及最小水泥用量值，如表 5-14 所示。

表 5-14　混凝土的最大水灰比和最小水泥用量表

环境条件		结构物类别	最大水灰比			最小水泥用量(kg)		
			素混凝土	钢筋混凝土	预应力混凝土	素混凝土	钢筋混凝土	预应力混凝土
干燥环境		正常的居住或办公用房屋内部件	不作规定	0.65	0.60	200	260	300
潮湿环境	无冻害	高湿度的室内部件 室外部件 在非侵蚀性土和(或)水中的部件	0.70	0.60	0.60	225	280	300
	有冻害	经受冻害的室外部件 在非侵蚀性土和(或)水中且经受冻害的部件 高湿度且经受冻害的室内部件	0.55	0.55	0.55	250	280	300
有冻害和除冰剂的潮湿环境		经受冻害和除冰剂作用的室内和室外部件	0.50	0.50	0.50	300	300	300

注：1. 当用活性掺合料取代部分水泥时，表中的最大水灰比及最小水泥用量即为替代前的水灰比和水泥用量。

　　2. 配制 C15 级及其以下等级的混凝土，可不受本表限制。

2. 抗渗性

抗渗性是指混凝土抵抗水、油等液体在压力作用下渗透的性能。混凝土内部互相连通的孔隙和毛细管通路，以及蜂窝、孔洞等都会造成混凝土渗水。

实践证明，混凝土水灰比小时抗渗性强，反之则弱，当水灰比大于 0.6 时，混凝土的抗渗性能显著恶化。掺适量加气剂，在混凝土内部产生互不连通的微泡，截断了渗水通道，也可改善混凝土的抗渗性。

混凝土的抗渗标号是按 28d 龄期的混凝土标准试件不透水时所能承受的最大水压确定。抗渗标号可以分为 P_2、P_4、P_6、P_8、P_{10} 及 P_{12} 等级，它分别表示一组六个试件中四个未发现有渗水现象时的最大水压为 0.2、0.4、0.6、0.8、1.0 及 1.2MPa。

3. 耐化学侵蚀性

混凝土的化学侵蚀主要是水泥石在外界侵蚀性介质作用下(如酸、碱、盐类)，受到破坏引起的。所以，混凝土的耐侵蚀性与水泥品种及混凝土本身的密实度有关。

4. 抗碳化性

混凝土碳化作用是二氧化碳与水泥石中的氢氧化钙作用，生成碳酸钙和水。碳化过程是由表及里，向混凝土内部逐渐扩散的过程。碳化引起水泥石化学组成及组织结构变化，从而对混凝土的强度、碱度、收缩产生影响。

碳化使混凝土碱度降低，减弱了对钢筋的保护作用，可能导致钢筋锈蚀。碳化也将显著增加混凝土的收缩。另外碳化放出的水分有利于水泥的水化作用,生成的碳酸钙也减少了水泥石内部的孔隙,使混凝土抗压强度有所提高。混凝土抗压强度提高也随水泥的品种而异(高铝水泥混凝土碳化后强度明显下降)。

5. 碱-骨料反应

当水泥中碱的含量大于 0.6% 时,就会与活性骨料(主要含活性 SiO_2)发生碱-骨料反应,生成碱的硅酸盐凝胶,改变了骨料与水泥浆原来的界面,生成的凝胶会不断吸收水分,产生无限膨胀,造成水泥构件的破坏。由碱-骨料反应,造成混凝土构筑物出现裂缝、变形的现象已在工程中出现多起,应该引起我们的足够重视。这种反应是十分缓慢的,短期内很难觉察到,经过数年时间后才逐步显露出来。

一般当水泥含碱量大于 0.6% 时,就需要检查骨料中是否存有活性氧化硅的有害作用。目前常用的方法是将水泥与骨料制成 1:2.25 的胶砂试块,在恒温、恒湿中养护,定期测定试块的膨胀值,直到龄期 12 个月。如果在 6 个月中,试块的膨胀率超过 0.05% 或一年中超过 0.1%,我们就认为这种骨料是具有活性的。

要避免碱-骨料反应的出现,目前常采用的措施有:选用低碱性水泥,严格把关,禁用活性骨料,并防止在碱性较高的水泥中掺大量活性混合材料等。

6. 提高混凝土耐久性措施

(1) 合理选用水泥品种。

(2) 适当控制混凝土的水灰比和水泥用量。

(3) 选用质量优良、技术条件合格的砂、石骨料。

(4) 掺用减水剂或加气剂,改善混凝土性能。

(5) 改善混凝土的施工操作方法,应搅拌均匀、浇捣密实、加强养护。

三、混凝土的配合比设计

混凝土配合比设计,要根据材料的技术性能、工程要求、结构形式和施工条件等,确定混凝土各组分的配合比例。

(一) 配合比设计要达到的目的

(1) 要确保混凝土拌和物具有良好的和易性。

(2) 要保证混凝土能达到结构设计和施工进度所要求的强度。

(3) 在确保混凝土具有足够的耐久性,即在长期使用中能达到抗冻、抗渗、抗腐蚀等方面的要求。

(4) 在保证混凝土质量的前提下,尽可能节约水泥,以取得良好的技术经济效果。

(二) 普通混凝土配合比设计方法及步骤

1. 确定混凝土的配制强度 $f_{cu,0}$

混凝土配制强度也可按混凝土配制强度公式计算确定。

混凝土配制强度公式:

$$f_{cu,0} = f_{cu} + 1.645\sigma$$

式中　$f_{cu,0}$——混凝土配制强度(MPa);

　　　f_{cu}——混凝土的设计强度等级(MPa);

　　　σ——混凝土强度标准差(MPa)。

2. 下列情况应提高混凝土的配制强度

（1）现场条件与实验室条件有显著差异时；

（2）C30 级及以上强度的混凝土，采用非统计方法评定时，并应符合下列规定：

① 计算时，强度试件组数不应少于 25 组；

② 当混凝土强度等级为 C20 和 25 级，其强度标准差计算值小于 2.5MPa 时，计算配制强度用的标准差应取不小于 2.5MPa；当混凝土强度等级等于或大于 C30 级，其强度标准差计算值小于 3.0MPa 时，计算配制强度用的标准差应取不小于 3.0MPa；

③ 当无统计资料计算混凝土标准差时，其值应按现行国家标准《混凝土结构工程施工质量验收规范》(GB50204) 的规定取用。

3. 计算水灰比

按下列两种情况计算水灰比。

采用碎石时：$f_{cu,0} = 0.46 f_{ce} \left(\dfrac{C}{W} - 0.07 \right)$

$$\frac{W}{C} = \frac{0.46 f_{ce}}{f_{cu,0} + 0.032 f_{ce}}$$

采用卵石时：$f_{cu,0} = 0.48 f_{ce} \left(\dfrac{C}{W} - 0.33 \right)$

$$\frac{W}{C} = \frac{0.48 f_{ce}}{f_{cu,0} + 0.158 f_{ce}}$$

式中 $\dfrac{C}{W}$ ——灰水比；

$f_{cu,0}$ ——混凝土试配强度（MPa）；

f_{ce} ——水泥实测强度（MPa）。在无法取得水泥实际强度时，可按 $f_{ce} = r_c \cdot f_{ce,g}$ 代入，$f_{ce,g}$ 为水泥强度等级或标号（MPa）。

r_c ——水泥强度等级值的富余系数，可按实际统计资料确定。

为了满足耐久性要求，计算所得混凝土水灰比值应与表 5-14 规定值进行复核。如果计算所得水灰比值大于表中规定值，应按表中规定取值选取。

4. 确定用水量（m_{W0}）

设计混凝土配合比时，应该力求采用最小单位用水量。按骨料品种、规格、施工要求的坍落度等，并根据本地区或本单位的经验数据选用。用水量（m_{W0}）也可参考表 5-15、表 5-16 数据选用。

表 5-15　塑性混凝土用水量选用表　　　　　　　　　　　　（kg/m³）

拌合物稠度		卵石最大粒径（mm）				碎石最大粒径（mm）			
项　目	指　标	10	20	31.5	40	16	20	31.5	40
坍落度（mm）	10～30	190	170	160	150	200	185	175	165
	35～50	200	180	170	160	210	195	185	175
	55～70	210	190	180	170	220	205	195	185
	75～90	215	195	185	175	230	215	205	195

注：1. 本表用水系采用中砂时的平均取值。采用细砂时，每 m³ 混凝土用水量可增加 5～10kg；采用粗砂时，则可减少 5～10kg。

　　2. 掺用各种外加剂或掺合料时，用水量应相应调整。

表 5-16　干硬性混凝土的用水量　　　　　　　　　　（kg/m³）

拌合物稠度		卵石最大粒径（mm）			碎石最大粒径（mm）		
项　目	指　标	10	20	40	16	20	40
维勃稠度(s)	16～20	175	160	145	180	170	155
	11～15	180	165	150	185	175	160
	5～10	185	170	155	190	180	165

5. 计算水泥用量（m_{C0}）

根据已定的用水量、水灰比计算出水泥用量。

$$m_{C0} = \frac{C}{W} \cdot m_{W0}$$

为保证混凝土耐久性，应进行复核，由上式计算所得水泥用量若小于表 5-14 规定的最小水泥量时，应按表中最小水泥用量选取。

6. 确定砂率（β_S）

一般可根据本单位对所用材料的使用经验选用合理的砂率值。若没有使用经验，可按骨料品种、规格及混凝土的水灰比，在表 5-17 内选用。也可通过试验来确定最佳砂率，或按公式计算砂率。

表 5-17　混凝土砂率　　　　　　　　　　（%）

水 灰 比 W/C	碎石最大粒径（mm）			卵石最大粒径（mm）		
	15	20	40	10	20	40
0.40	30～35	29～34	27～32	26～32	25～31	24～30
0.50	33～38	32～37	30～35	30～35	29～34	28～33
0.60	36～41	35～40	33～38	33～38	32～37	31～36
0.70	39～44	38～43	36～41	36～41	35～40	34～39

注：1. 表中数值系中砂选用的砂率，对细砂或粗砂可相应地增减。

2. 本砂率表适用于坍落度为 10～60mm 的混凝土。如坍落度大于 60mm 或小于 10mm 时，应相应地增减。

3. 只有一个单粒级粗骨料配制混凝土时，砂率应适当增加。

4. 掺有各种外加剂或掺和料时，其合理砂率值应经试验确定，并参照有关规定选用。

7. 计算砂、石用量

计算砂、石用量有两种方法：一种是体积法，另一种是质量法。在已知混凝土用水量、水泥用量及砂率的情况下，采用其中任何一种方法均可求出砂、石用量。

(1) 体积法，又称绝对体积法。这种方法是假设混凝土的体积等于各组成材料绝对体积之总和。见下列关系式，并解之。

$$\frac{m_{C0}}{\rho_C} + \frac{m_{S0}}{\rho_S} + \frac{m_{g0}}{\rho_G} + \frac{m_{W0}}{\rho_W} + 10\alpha = 1000$$

$$\frac{m_{S0}}{m_{S0} + m_{g0}} = \beta_S$$

式中　m_{C0}、m_{S0}、m_{g0}、m_{W0}——分别表示每 m³ 混凝土中水泥、砂、石、水的用量（kg/m³）；

ρ_C、ρ_W、ρ_S、ρ_G——分别为水泥、水的密度，砂、石的视密度（单位 g/cm³，计算时换算成 kg/m³）；

α——混凝土含气量百分数,在不使用引气型外加剂时 α 取 1;

1000——指 1m³ 混凝土的体积为 1000L;

β_S——砂率(%)。

在上述关系式中,ρ_c 取 2.9～3.1,ρ_w 取 1.0。

(2)质量法,又称重量法。它是先假定一个混凝土拌和物湿表观密度值,再根据各材料之间质量关系,计算各材料用量。

按下列两个关系式求出砂石总用量及砂、石各自用量。

$$m_{C0} + m_{S0} + m_{g0} + m_{W0} = m_{CP}$$

砂、石用量按下式计算:$\dfrac{m_{S0}}{m_{S0} + m_{g0}} = \beta_S$

$$m_{S0} + m_{g0} = m_{CP} - m_{C0} - m_{W0}$$

$$m_{S0} = \beta_S(m_{S0} + m_{g0})$$

$$m_{g0} = (m_{S0} + m_{g0}) - m_{S0}$$

式中 m_{CP}——混凝土拌和物的假定湿表观密度。其值可取 2350～2450kg/m³。

8. 初步配合比

经过上述计算,取得每 m³ 混凝土计算材料用量 m_{C0}、m_{S0}、m_{g0}、m_{W0},并可求出以水泥用量为 1 的各材料的比值(即初步配合比)。

$$1 : \frac{m_{S0}}{m_{C0}} : \frac{m_{g0}}{m_{C0}} \ \text{及} \ \frac{W}{C} = \frac{m_{W0}}{m_{C0}}$$

9. 试配与调整

(1)试配。以上求出的初步配合比的各材料用量,是借助于经验公式和图表算出或查得的,能否满足设计要求,还需通过试验检验及调整来完成。混凝土试配用的拌和物数量,主要根据骨料最大粒径、混凝土的检验项目、搅拌机容量等确定。拌和物数量见表 5-18。

表 5-18 混凝土试配用拌和量

骨料最大粒径(mm)	拌和物数量(L)
30 或 30 以下	15
40	30

(2)和易性调整。按计算量称取各材料进行试拌,搅拌均匀,测定其坍落度;并观察粘聚性和保水性。如经试配的坍落度不符合设计要求时,可作如下调整:

当坍落度比设计要求值大或小时,可以保持水灰比不变,相应地增加或减少水泥浆用量,对于普通混凝土每增减 10mm 坍落度,需增加或减少 2%～5% 的水泥浆;当坍落度比要求值大时,除上述方法外,还可以在保持砂率不变的情况下,增加集料用量;若坍落度值大,且拌和物粘聚性、保水性差时,可减少水泥浆,增大砂率(保持砂石总量不变;增加砂子用量,相应减少石子用量),这样重复测试,直到符合要求为止。而后测出混凝土拌和物实测湿表观密度,并计算出 1m³ 混凝土拌和物实际用量。然后提出和易性已满足要求的供检验混凝土强度用的基准配合比。当测得坍落度值符合设计要求,且粘聚性、保水性均好时,则不需调整,需测出拌和物实测湿表观密度。此配合比可作为供检验强度用的基准配合比。

即 $$m'_{C0} : m'_{S0} : m'_{g0} = 1 : \frac{m'_{S0}}{m'_{C0}} : \frac{m'_{g0}}{m'_{C0}} \qquad \frac{m'_{W0}}{m'_{C0}} = \frac{W}{C}$$

(3)强度复核。混凝土配合比除和易性满足要求外,还应进行强度复核。为了满足混凝土强度等级及耐久性要求,应进行水灰比调整。

复核检验混凝土强度时至少应采用三个不同水灰比的配合比,其中一个为基准配合比,另两个配合比是以基准配合比的水灰为准,在此基础上增加或减少 0.05 水灰比,其用水量应与基准配合比相同。经试验、调整后的拌和物均应满足和易性要求,并测出各自的"实测湿表观密度",以供最后修正材料用量。

将三个不同配合比的混凝土拌和物分别成型试块,每种配合比应至少制作一组(三块)试块,标准养护 28d,测其立方体抗压强度值。并用作图法把不同水灰比值的立方体强度标在以纵轴为强度、横轴为灰水比的坐标上,就可得到强度-灰水比线性关系图。由该直线上可求出与 $f_{cu,0}$ 相对应的灰水比值,取其倒数即所需的设计水灰比值。

10. 确定最终理论配合比设计值

按强度和湿表观密度检验结果再修正配合比,即可得最终的理论配合比设计值。

(1) 按强度检验结果修正配合比如下:

① 用水量(m''_{w0})——取基准配合比中的用水量值,并根据制作强度试块时测得的坍落度值加以适当调整。

② 水泥用量(m''_{c0})——取用水量乘以强度-灰水比关系直线上定出的为达到试配强度 f'_{cu} 所必须的灰水比值。

③ 砂、石用量(m''_{s0} 及 m''_{g0})——取基准配合比中的砂、石用量,并按定出的水灰比作适当调整。

(2) 按混凝土拌和物实测表观密度值修正配合比,并按下式求 δ 值:

$$\delta = \frac{\rho_{c,t}}{m_{c0} + m_{s0} + m_{g0} + m_{w0}} = \frac{\rho_{c,t}}{\rho_{c,c}}$$

式中 δ ——湿表观密度校正系数;

$\rho_{c,t}$ ——混凝土拌和物实测湿表观密度(kg/m³);

$\rho_{c,c}$ ——混凝土拌和物计算湿表观密度(kg/m³)。

将混凝土配合比中每项材料用量均乘以校正系数 δ,即得到最终确定的理论配合比设计值。

$$m''_{c0} : m''_{s0} : m''_{g0} = 1 : \frac{m''_{s0}}{m''_{c0}} : \frac{m''_{g0}}{m''_{c0}} \qquad \frac{m''_{w0}}{m''_{c0}}(\text{即} \frac{W}{C})$$

11. 施工配合比换算

由于我们进行配合比设计时,砂、石骨料都是干燥状态,不含任何水分的,但是在施工现场,砂石料都是露天堆放,因此砂石料都有一定的含水量,并且随气候的变化,砂石含水量也随之发生变化。为了确保混凝土施工过程中配合比的准确,不影响混凝土的各项技术性能,应根据施工现场砂石含水率对混凝土的理论配合比设计值进行调整,经过调整后的配合比为施工配合比。

若施工现场实测砂子含水率 $a\%$,石子含水率 $b\%$,混凝土的理论配合比为 $m''_{c0} : m''_{s0} : m''_{g0} : m''_{w0}$,施工配合比为 $m_{c0} : m_{s0} : m_{g0} : m_{w0}$,则施工配合比换算方法如下:

$$m_{c0} = m''_{c0}$$
$$m_{s0} = m''_{s0} + (m''_{s0} \cdot a\%) = m''_{s0} \cdot (1 + a\%)$$
$$m_{g0} = m''_{g0} + (m''_{g0} \cdot b\%) = m''_{g0} \cdot (1 + b\%)$$
$$m_{w0} = m''_{w0} - m''_{s0} \cdot a\% - m_{g0}'' \cdot b\%$$

（三）混凝土配合比设计实例

【例1】 普通混凝土配合比设计例题。

1. 设计课题

某工程钢筋混凝土梁，混凝土设计强度为 $f_{cu}=C20$，坍落度 $30\sim50mm$，用机械振捣，要求粗骨料最大粒径不超过 20mm。

2. 原材料情况

普通水泥，实际强度 $f_{ce}=45MPa$，$\rho_C=3.1$。

中砂，$\rho_s=2.65$，堆积密度 $\rho_{0S}=1490kg/m^3$。

卵石，$\rho_g=2.68$，堆积密度 $\rho_{0g}=1500kg/m^3$，石子最大粒径 20mm。

3. 混凝土配合比设计程序

（1）确定混凝土的试配强度 $f_{cu,0}$：

$$f_{cu,0}=f_{cu}+1.645\sigma$$

$\sigma=3MPa$，$f_{cu,0}=24.9MPa$

（2）根据混凝土的强度公式求水灰比。

$$f_{cu,0}=0.48f_{ce}\left(\frac{C}{W}-0.33\right)$$

由上式得到：

$$\frac{W}{C}=\frac{0.48f_{ce}}{f_{cu,0}+0.48\times0.33\cdot f_{ce}}=\frac{0.48\times45}{24.9+0.158\times45}=0.67$$

查表 5-14，经复核，$\frac{W}{C}=0.59$ 符合耐久性要求。

（3）确定用水量：

查表 5-15，$m_{w0}=180kg$。

（4）计算水泥用量：

$$m_{C0}=\frac{m_{w0}}{\frac{W}{C}}=\frac{180}{0.67}=269(kg)$$

查表 5-14，计算水泥用量大于满足混凝土耐久性要求的最小水泥用量。

（5）确定砂率：

查表 5-17，以水灰比 0.6，最大粒径为 20mm（卵石）为依据，查到砂率在 $32\%\sim37\%$ 范围内，取 $\beta_S=33\%$。

（6）计算砂、石用量：

按体积法原理计算，将相应数据代入：

$$\begin{cases}\dfrac{m_{C0}}{\rho_C}+\dfrac{m_{S0}}{\rho_s}+\dfrac{m_{g0}}{\rho_G}+\dfrac{m_{w0}}{\rho_w}+10\alpha=1000\\[2mm]\beta_S=\dfrac{m_{S0}}{m_{S0}+m_{g0}}\end{cases}$$

解方程组：

$$\begin{cases}\dfrac{m_{S0}}{2.65}+\dfrac{m_{g0}}{2.68}=1000-\dfrac{269}{3.1}-\dfrac{180}{1}-10=723\\[2mm]0.33=\dfrac{m_{S0}}{m_{S0}+m_{g0}}\end{cases}$$

解方程组后得： $m_{S0} = 637(\text{kg})$，$m_{g0} = 1293(\text{kg})$。

按质量法原理计算，解方程组：

$$\begin{cases} m_{C0} + m_{S0} + m_{g0} + m_{W0} = m_{CP} \\ \beta_S = \dfrac{m_{S0}}{m_{S0} + m_{g0}} \end{cases}$$

因 $\beta_S = 0.33$，m_{CP} 取 2400kg/m^3，代入上式后得到：

$$m_{S0} + m_{g0} = 2400 - 269 - 180 = 1951$$

$$m_{S0} = 0.33 \times 1951 = 644(\text{kg})$$

$$m_{g0} = 1951 - 644 = 1307(\text{kg})$$

（7）通过上述理论计算得到初步配合比：

① 体积法。

$$m_{C0} : m_{S0} : m_{g0} : m_{W0} = 269 : 637 : 1293 : 180 = 1 : 2.36 : 4.80 : 0.67$$

② 质量法。

$$m_{C0} : m_{S0} : m_{g0} : m_{W0} = 269 : 644 : 1307 : 180 = 1 : 2.39 : 4.86 : 0.67$$

（8）试配和调整：

① 试配。根据骨料最大粒径 20mm，取 15L 混凝土拌和物，计算各材料用量为：

$$m'_{C0} = 269 \times \frac{15}{1000} = 4.035(\text{kg})$$

$$m'_{S0} = 9.56\text{kg}$$

$$m'_{g0} = 19.39\text{kg}$$

$$m'_{W0} = 2.7\text{kg}$$

② 调整。经测定混凝土坍落度为 65mm，超过设计要求，需要进行调整，经减少 4% 水泥浆后，坍落度减小至 40mm，符合设计要求，粘聚性、保水性良好，此时各材料用量调整为：

$$m'_{C0} = 4.035 - 4.035 \times 4\% = 3.87(\text{kg})$$

$$m'_{W0} = 2.7 - 2.7 \times 4\% = 2.59(\text{kg})$$

$$m'_{S0} = 9.25\text{kg}$$

$$m'_{g0} = 18.61\text{kg}$$

则基准配合比为：

$$m'_{C0} : m'_{S0} : m'_{g0} : m'_{W0} = 1 : 2.39 : 4.80 : 0.67$$

经过上面和易性检验与调整后，还要进行强度复核及表观密度的测定：

确定水灰比为 0.62、0.67、0.72 时，混凝土拌合物的材料用量。

用水量保持原值 2.70kg，则 3 组不同水灰比的混凝土中水泥用量分别为 4.35kg、4.03kg、3.75kg。

砂子用量，在混凝土基准配合比的水灰比基础上，增加和减少 0.05 水灰比，其砂率也相应增加和减少 1%。

所以，当 $\dfrac{W}{C} = 0.62$ 时，应减少砂率 1%，得：

$$m'_{S0} = 9.30\text{kg} \qquad m'_{g0} = 19.97\text{kg}$$

当 $\dfrac{W}{C} = 0.72$ 时，应增加砂率 1%，得：

$$m'_{S0} = 9.98\text{kg} \qquad m'_{g0} = 19.37\text{kg}$$

经试验,3 组混凝土拌合物均能满足和易性要求。3 组混凝土实测表观密度均为 2350 kg/m³。制成体积均为 1m³,不需进行表观密度调整。

3 组混凝土试件 28d 实测强度分别为:

$$\frac{W}{C} = 0.62 \qquad f_{cu,0} = 30\text{MPa}$$

$$\frac{W}{C} = 0.67 \qquad f_{cu,0} = 23\text{MPa}$$

$$\frac{W}{C} = 0.72 \qquad f_{cu,0} = 18\text{MPa}$$

然后根据上述不同水灰比和强度值绘制出强度和灰水比曲线,见图 5-9 所示,并由图5-9 可测得对应于试验强度 $f'_{cu} = 24.9\text{MPa}$ 的灰水比值为:

$$\frac{C}{W} = 1.50$$

得出
$$\frac{W}{C} = 0.67$$

(9) 确定理论配合比:

① 按强度修正配合比。

因为 $\frac{W}{C} = 0.67$,所以

$$m'_{C0} = 269\text{kg}$$

$$m'_{S0} = 637\text{kg}$$

$$m'_{g0} = 1293\text{kg}$$

$$m'_{W0} = 180\text{kg}$$

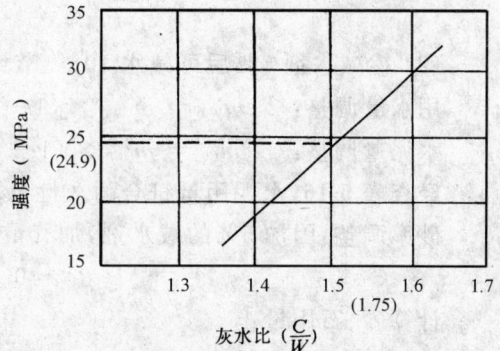

图 5-9 实测强度与灰水比关系示意图

则修正后的配合为:

$$m'_{C0} : m'_{S0} : m'_{g0} : m'_{W0} = 1 : 2.36 : 4.80 : 0.67$$

② 按实测表观密度进行修正,得到最终理论配合比。

修正后实测混凝土湿表观密度为 $\rho_{c,t} = 2325\text{kg/m}^3$

计算湿表观密度为 $\rho_{c,c} = 269 + 637 + 1293 + 180 = 2379(\text{kg/m}^3)$。

修正值为 $\delta = \dfrac{\rho_{c,t}}{\rho_{c,c}} = \dfrac{2325}{2379} = 0.98$

修正后 1m³ 混凝土的理论配合比时各种材料的用量为:

$$m''_{C0} = 0.98 \times 269 = 264(\text{kg})$$

$$m''_{S0} = 0.98 \times 637 = 624(\text{kg})$$

$$m''_{g0} = 0.98 \times 1293 = 1267(\text{kg})$$

$$m''_{W0} = 0.98 \times 180 = 176(\text{kg})$$

最后混凝土的理论配合比为:

$$m''_{C0} : m''_{S0} : m''_{g0} : m''_{W0} = 1 : 2.36 : 4.80 : 0.67$$

(10) 施工配合比换算

如果施工现场测得砂子含水率为 5%,石子含水率为 1%,则施工配合比为:

$$m_{C0} = m''_{C0} = 264\text{kg}$$

$$m_{S0} = m''_{S0} \cdot (1+5\%) = 624 \times (1+5\%) = 655(\text{kg})$$

$$m_{g0} = m''_{g0} \cdot (1+1\%) = 1267 \times (1+1\%) = 1280(\text{kg})$$

$$m_{W0} = 176 - 31.2 - 13 = 132(\text{kg})$$

$$m_{C0} : m_{S0} : m_{g0} : m_{W0} = 1 : 2.48 : 4.85 : 0.5$$

【例2】 掺减水剂的普通混凝土配合比设计实例。

在给定的条件中,掺入 MF 型减水剂,减水剂的密度为 2.2g/cm^3,掺入量为水泥质量的 5%,混凝土设计强度、坍落度和原材料情况不变。

掺减水剂混凝土的配合比设计原则、方法与不掺减水剂的普通混凝土相似。其设计步骤如下:

(1) 先根据给定条件得出不掺减水剂时混凝土理论配合比用量。假定 1m^3 混凝土 $m_{C0} = 294\text{kg}$,混凝土的理论配合比为:

$$m''_{C0} : m''_{S0} : m''_{g0} : m''_{W0} = 1 : 2.09 : 4.25 : 0.57$$

$$\beta_S = 0.33$$

(2) 掺减水剂 5% 后可减水 10%、节约水泥 10%,拌合物含气量达 4%,故需作如下调整:

用水量调整: $\quad m_{W0} = m''_{W0} \times (1-0.1) = 168 \times 0.9 = 151(\text{kg})$

水泥量调整: $\quad m_{C0} = m''_{C0} \times (1-0.1) = 294 \times 0.9 = 265(\text{kg})$

经查表 5-16,水泥用量符合耐久性要求。

砂率调整:因加 5% 的减水剂,加气量 4%,其水灰比不变,其砂率可减少 2%。

$$\beta_S = 0.33 - 0.02 = 0.31$$

计算砂、石用量:

$$\frac{m_{S0}}{\rho_S} + \frac{m_{g0}}{\rho_G} = 1000 - \left(151 + \frac{265}{3.1} + \frac{265 \times 0.05}{2.2} + 40\right) = 718$$

解方程组: $\quad \begin{cases} \dfrac{m_{S0}}{\rho_S} + \dfrac{m_{g0}}{\rho_G} = 718 \\[2mm] \dfrac{m_{S0}}{m_{S0} + m_{g0}} = 0.31 \end{cases}$

解方程组后得: $\quad m_{S0} = 594\text{kg} \qquad m_{g0} = 1321\text{kg}$

最终理论配合比为:

$$m_{C0} : m_{S0} : m_{g0} : m_{W0} = 265 : 594 : 1321 : 151 = 1 : 2.24 : 4.98 : 0.57$$

【例3】 掺引气剂混凝土配合比设计。

混凝土设计强度 $f_{cu} = \text{C}20$,含气量为 5% 的引气混凝土,坍落度 $10 \sim 30\text{mm}$,施工现场生产质量良好,用机械搅拌、振捣,计算初步配合比。原材料情况是:

普通水泥 42.5 级,$\rho_C = 3.1\text{g/cm}^3$,水泥标号富余系数 1.17;

中砂,$\rho_S = 2.65\text{g/cm}^3$,$\rho_{0S} = 1490\text{kg/m}^3$;

卵石,最大粒径为 40mm,$\rho_G = 2.73\text{g/cm}^3$,$\rho_{0G} = 1500\text{kg/m}^3$;

引气剂掺量为水泥用量的 0.02%。

初步配合比设计过程:

(1) 确定混凝土试配强度 $f_{cu,0}$:

$$f_{cu,0} = f_{cu} + 1.645\sigma$$

σ 取 4MPa，$f_{cu,0}=20+1.645\times4=26.6$(MPa)

要求配制引气混凝土的含气量为 5%，不掺引气剂的普通混凝土含气量一般在 1%～2% 之间，现按 1.5% 考虑。引气混凝土含气量应在普通混凝土含气量 1.5% 的基础上再增加 $(5-1.5)\%=3.5\%$。因每增加 1% 的含气量，混凝土抗压强度会降低 3%～5%，如果强度降低值按 5% 计，现将试配强度作如下修正，以补偿这部分强度损失。

强度总降低率为： $(5\times3.5)\%\approx18\%$

补偿后试配强度： $f'_{cu}=\dfrac{26.6}{1-0.18}\approx32.4$(MPa)

（2）计算水灰比 $\dfrac{W}{C}$：

$$\frac{W}{C}=\frac{Af_{ce}}{f_{cu,0}+A\cdot B\cdot f_{ce}}=\frac{0.48\times42.5\times1.17}{32.4+0.48\times0.33\times42.5\times1.17}\approx0.59$$

对照表 5-14，符合耐久性要求。

（3）确定用水量：

查表 5-15 得 $m_{w0}=160$kg。掺引气剂后，达到同样坍落度可减水 9%，经修正后，用水量为：

$$m_{w0}=160-160\times0.09\approx146\text{(kg)}$$

（4）计算水泥用量 m_{C0}：

$$m_{C0}=\frac{m_{w0}}{\dfrac{W}{C}}=\frac{146}{0.59}\approx247\text{(kg)}$$

对照表 5-14，水泥用量符合耐久性要求。

（5）确定砂率：

查表 5-17，选用砂率 $\beta_S=0.32$。

（6）计算砂、石用量（体积法）：

$$\frac{m_{C0}}{\rho_C}+\frac{m_{S0}}{\rho_S}+\frac{m_{g0}}{\rho_G}+\frac{m_{w0}}{\rho_w}+50=1000$$

$$\frac{247}{3.1}+\frac{m_{S0}}{2.65}+\frac{m_{g0}}{2.73}+\frac{146}{1}+50=1000$$

$$\frac{m_S}{2.65}+\frac{m_{g0}}{2.73}=1000-\frac{247}{3.1}-146-50=724$$

解联立方程：
$$\begin{cases}\dfrac{m_{S0}}{2.65}+\dfrac{m_{g0}}{2.73}=724\\[2mm]\dfrac{m_{S0}}{m_{S0}+m_{g0}}=0.32\end{cases}$$

得到： $m_{S0}=626$kg $\qquad m_{g0}=1332$kg

引气剂用量： $0.02\%\times247=0.494\text{(kg)}$

（7）引气混凝土的初步配合比为：

$$m_{C0}:m_{S0}:m_{g0}:m_{w0}=247:626:1332:146=1:2.53:5.39:0.59$$

四、混凝土的质量控制

在实际施工中，由于原材料、施工条件及试验条件等许多复杂因素的影响，必然造成混凝土质量上的波动。

原材料及施工方面的影响因素有：水泥、骨料及外加剂等原材料的质量和计量的波动；用水量和骨料含水量变化所引起的水灰比的小波动；还有搅拌、运输、浇筑、振捣、养护条件的波动以及气温变化等。

试验条件方面的影响因素有：取样方法、试件成型及养护条件的差异，试验机的误差及试验人员的操作熟练程度等。

对混凝土的质量控制就成为一项非常重要的工作。混凝土的质量如何，要通过其性能检测的结果来表达。一般应该按规定的时间与数量，检查混凝土组成材料的质量与用料量。在搅拌地点及浇筑地点要检查混凝土拌和物的坍落度或维勃稠度。而且还须检查配合比是否因外界因素影响而有所变动，以及搅拌时间是否充分等等。对硬化后混凝土性能的控制尤为重要。对混凝土强度的检验主要是抗压强度，必要时，还要检验其抗冻性、抗渗性等性能。所以，在施工中，力求做到既要保证混凝土所要求的性能，又要保证其质量的稳定性。

在正常连续生产情况下，可用数理统计方法来检验混凝土强度或其它技术指标是否达到质量要求。统计方法可用算术平均值、标准差、变异系数和保证率等参数综合地评定混凝土的质量。下面介绍用数理统计方法对混凝土强度进行质量控制。

（一）强度正态分布

混凝土材料在正常施工情况下，对某种混凝土经随机取样测定其强度，其数据经过整理绘成强度概率分布曲线，一般均接近正态分布曲线（图 5-10）。

曲线高峰为混凝土平均强度 $\overline{f}$ 的概率。以平均强度为对称轴，左右两边曲线是对称的。距对称轴越远，出现的概率越小，并逐渐趋近于零。曲线与横坐标之间的面积为概率的总和，等于 100%。

概率分布曲线窄而高，说明强度测定值比较集中，波动较小，混凝土的均匀性好，施工水平较高。如果曲线宽而矮，则说明强度值离散程度大，混凝土的均匀性差，施工水平较低。

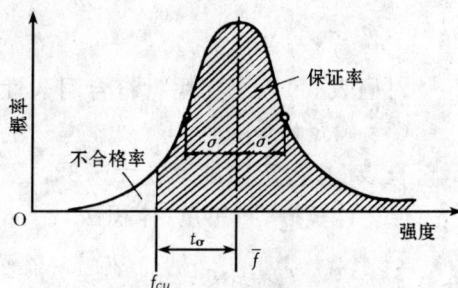

图 5-10　正态分布曲线

（二）强度平均值、标准差、变异系数

1. 强度平均值 $\overline{f}$

$$\overline{f} = \frac{1}{n} \sum_{i=1}^{n} f_i$$

式中　n——试验组数；

　　　f_i——第 i 组试验值。

强度平均值只代表混凝土强度总体的平均值，并不说明其强度的波动情况。

2. 标准差 σ

$$\sigma = \sqrt{\frac{\sum_{i=1}^{n}(f_i - \overline{f})^2}{n-1}} = \sqrt{\frac{\sum_{i=1}^{n}f_i^2 - n \cdot \overline{f}^2}{n-1}}$$

标准差又称均方差，它表明分布曲线的顶点距离强度平均值的距离。σ 值越大，说明其强度离散程度越大，混凝土质量也越不稳定。

3. 变异系数 C_v

$$C_V = \frac{\sigma}{\overline{f}}$$

变异系数又称离散系数或标准差系数。C_v 值越小,说明混凝土质量越稳定,混凝土生产的质量水平越高。

(三)混凝土强度保证率

强度保证率是指混凝土强度总体中大于设计的强度等级(f_{cu})的概率,以正态分布曲线的阴影部分来表示(见图 5-10)。

混凝土强度保证率 $P(\%)$ 的计算方法如下:

先根据混凝土的设计强度等级(f_{cu})、强度平均值($\overline{f}$)、变异系数(C_v)或标准差 σ 计算出概率度 t。概率度 t 又称保证率系数。

$$t = \frac{f_{cu} - \overline{f}}{\sigma} = \frac{f_{cu} - \overline{f}}{C_v \cdot \overline{f}} = \frac{f_t}{\sigma}$$

$$f_{cu} - \overline{f} = f_t$$

由概率度 t,再根据标准正态分布曲线方程即可求得强度保证率 $P\%$,或利用表 5-19 中查出,表中 t 值为概率度,$P(\%)$ 即为强度保证率。

表 5-19　强度保证率表

$t(f_t/\sigma)$	0.1	0.2	0.3	0.4	0.5	0.6	0.7	0.8	0.9	1.0
$P(\%)$	54.0	57.9	61.8	65.5	69.2	72.6	75.8	78.8	81.6	84.1
$t(f_t/\sigma)$	1.1	1.2	1.3	1.4	1.5	1.6	1.7	1.8	1.9	2.0
$P(\%)$	86.4	88.5	90.3	91.9	93.8	94.5	95.5	96.4	97.1	97.7
$t(f_t/\sigma)$	2.1	2.2	2.3	2.4	2.5	2.6	2.7	2.8	2.9	3.0
$P(\%)$	98.2	98.6	98.9	99.2	99.4	99.5	99.7	99.7	99.8	99.0

第三节　加外掺料的普通混凝土

外掺料是指用量多,掺料本身的体积影响到混凝土配合比设计的外掺材料。一般掺合量为水泥重量的 5% 以上。

为改善混凝土性能,节约水泥,提高工程质量,配制具有特种性能的新型混凝土及降低工程成本,常在普通混凝土中加外掺料,其中常用的外掺料是粉煤灰。本节只介绍外掺料为粉煤灰的普通混凝土。

一、粉煤灰的质量标准

根据《用于水泥和混凝土中粉煤灰》(GB 1596—1991)的规定,用于混凝土中的粉煤灰按其成品质量分为Ⅰ、Ⅱ、Ⅲ三个等级,其各等级的成品质量应符合表 5-20 的规定。

表 5-20　粉煤灰质量指标的分级　　　　　　　　　　　　　　　　(%)

粉煤灰等级	质量指标			
	细度(45μm 方孔筛筛余)	烧失量	需水量	三氧化硫含量
Ⅰ	≤12	≤5	≤95	≤3
Ⅱ	≤20	≤8	≤105	≤3
Ⅲ	≤45	≤15	≤115	≤3

二、粉煤灰在混混土工程中的应用

根据《粉煤灰混凝土应用技术规范》规定,用于混凝土工程的粉煤灰可根据成品等级按下列要求应用:

Ⅰ级粉煤灰,细度较细,烧失量小,并含大量玻璃微珠(球状玻璃体)。这类粉煤灰需水量小,作为混凝土掺合料,可降低用水量,替代部分水泥,并提高混凝土的密实性。因此,Ⅰ级粉煤灰主要用于钢筋混凝土和跨度小于 6m 的预应力结构。

Ⅱ级粉煤灰,细度较Ⅰ级粉煤灰粗一些,烧失量较大。粉煤灰活性小,掺入混凝土中,稍有减水作用。掺入Ⅱ级粉煤灰的混凝土,其各项性能与基准混凝土接近或相同,能保证耐久性。Ⅱ级粉煤灰主要用于钢筋混凝土和无筋混凝土。

Ⅲ级粉煤灰主要是电厂排出的原状灰或湿灰,其颗粒较粗,且未燃尽的灰粒较多。掺入粉煤灰的混凝土,用水量一般较不掺粉煤灰的大,并对混凝土耐久性有影响。因此,Ⅲ级粉煤灰主要用于无筋混凝土。对于设计强度等级≥C30 无筋粉煤灰混凝土,考虑到工程的重要性,宜采用质量较优的Ⅰ、Ⅱ级粉煤灰,以确保其具有足够的耐久性。

粉煤灰用于跨度小于 6m 的预应力钢筋混凝土构件时,放松预应力前,粉煤灰混凝土的强度必须达到设计规定的强度等级,且不得小于 20MPa。

由于粉煤灰具有改善混凝土的和易性,降低混凝土的泌水性,提高混凝土后期强度增长率,提高混凝土的抗渗性和抗硫酸盐性,减少大体积混凝土的水化热,抑制碱骨料反应等特点,所以粉煤灰最适用于配制泵送混凝土、大体积混凝土、防水抗渗结构混凝土、抗硫酸盐和抗软水侵蚀混凝土、轻骨料混凝土、地下工程混凝土、水下工程混凝土等。

粉煤灰用于下列混凝土时,应采用适当的措施:

(1) 粉煤灰用于要求高抗冻性的混凝土时,必须掺入引气剂。因混凝土中掺入粉煤灰后,一般情况下会使混凝土的抗冻性降低,但在达到一定含气量的条件下,仍可以满足抗冻性的要求,因此规定在要求高抗冻性的粉煤灰混凝土中必须掺入引气剂。粉煤灰中的炭具有表面活性和吸附气体的作用,会导致引气剂的效果降低。为此,抗冻性要求高的工程,应适当增加引气剂掺量,以保证达到规定的含气量。

(2) 一般情况下,粉煤灰混凝土的早期强度增长比不掺粉煤灰的混凝土稍慢,因此,在低温条件下施工时,宜掺入对粉煤灰混凝土无害的早强剂或防冻剂及采取适当的保温措施,以保证粉煤灰混凝土强度的正常增长。

(3) 由于粉煤灰混凝土的早期强度低,因此在用于早期脱模、提前负荷的工程时,宜采用高效减水剂和早强剂。

(4) 根据各类工程和各种施工条件的不同要求,粉煤灰与各类外加剂同时使用时,其适应性及合理掺量须通过试验确定。

试验和实践证明,粉煤灰和化学外加剂复合使用,可显著减少用水量,改善混凝土拌合物的和易性,提高早期强度,尤其对提高粉煤灰混凝土的抗碳化性能等有良好的效果。由于外加剂品种较多,对粉煤灰的适应性也有差别,因此对外加剂品种及最佳用量应由试验确定。

三、粉煤灰混凝土配合比设计原则

(1) 粉煤灰混凝土的设计强度等级以及强度保证率、标准差及离散系数等指标,应与基准混凝土相同,其取值应按有关规范执行。

（2）掺粉煤灰的混凝土，由于粉煤灰活性发挥较慢，一般情况下 28d 的抗压强度较基准混凝土的低。随着龄期增长，粉煤灰的活性才逐渐发挥，混凝土强度逐渐增长。为了取得最大的经济效益，充分利用粉煤灰混凝土的后期强度，在保证设计要求的前提下，粉煤灰混凝土设计强度等级所采用的龄期，尽可能采用较长龄期。地上工程宜为 28d；地面工程宜为 28d 或 60d；地下工程宜为 60d 或 90d；大体积混凝土工程宜为 90d 或 180d。

（3）粉煤灰混凝土配合比中的用水量和砂率的确定，应根据骨料的最大粒径及混凝土拌合物的坍落度，按表 5-21 选择用水量 m_w。坍落度大者，在表中给定范围内选较大值。

根据水灰比、粗骨料的最大粒径及砂的细度模数，按表 5-22 选用砂率。

表 5-21 混凝土用水量

粗骨料最大粒径(mm)	20	40	80	150
混凝土用水量(kg/m³)	165～185	145～165	125～145	105～125

表 5-22 混凝土砂率

粗骨料最大粒径(mm)	20	40	80	150
砂 率(%)	38～42	32～36	24～28	19～23

（4）粉煤灰混凝土配合比设计，应按体积法计算。混凝土中掺用粉煤灰量可采用等量取代法、超量取代法或外加法确定。

等量取代法就是用粉煤灰量等量取代水泥量；超量取代法就是粉煤灰量超过取代的水泥量；外加法就是粉煤灰混凝土中的水泥量与基准混凝土的水泥量相同，额外加入一部分粉煤灰。

目前，普遍采用的取代法，是利用粉煤灰取代一部分水泥，达到节约水泥的目的。另一部分粉煤灰取代砂料，以提高混凝土的强度，并改善混凝土的性能。

表 5-23 粉煤灰的超量系数

粉煤灰等级	超量系数(K)	粉煤灰等级	超量系数(K)
Ⅰ	1.1～1.4	Ⅲ	1.5～2.0
Ⅱ	1.3～1.7		

当采用超量取代法时，超量系数可按表 5-23 选用；当混凝土超量较大或配制大体积混凝土时，可采用等量取代法；当主要为改善混凝土的和易性时，可采用外加法。

（5）当粉煤灰的含水率＞1% 时，其含水量应从粉煤灰混凝土配合比的用水量中扣除。粉煤灰混凝土中掺入引气剂时，其增加的空气体积应在配合比设计的混凝土体积中扣除。

（6）粉煤灰混凝土中含气量 α(%)，在不掺外加剂时，可按下列取值：当粉煤灰混凝土中骨料最大粒径为 20mm 时，α 取 2%；40mm 时，α 取 1%；80～150mm 时，α 可忽略不计。

四、粉煤灰取代水泥率及取代最大限量

粉煤灰在混凝土中取代水泥百分率(f_c)见表 5-24。

表 5-24 粉煤灰取代水泥百分率(f_c)

混凝土等级	普通硅酸盐水泥(%)	矿渣硅酸盐水泥(%)
C15 以下	15～25	10～20
C20	10～15	10
C25～C30	15～20	10～15

注：① 以 42.5 级水泥配制成的混凝土取表中下限值；以 52.5 级水泥配制的混凝土取表中上限值。

② C20 以上的混凝土宜采用 Ⅰ、Ⅱ 级粉煤灰，C15 以下的素混凝土可采用 Ⅲ 级粉煤灰。

粉煤灰在各种混凝土中取代水泥的最大限量（以质量计）应符合表 5-25 规定。

表 5-25　粉煤灰取代水泥的最大限量　　　　　　　　　　　　（kg/m³）

混凝土种类	水 泥 品 种			
	硅酸盐水泥	普通硅酸盐水泥	矿渣硅酸盐水泥	火山灰质硅酸盐水泥
预应力钢筋混凝土	25	15	10	—
钢筋混凝土 高强度混凝土 高抗冻性混凝土 蒸养混凝土	30	25	20	15
中、低强度混凝土 泵送混凝土 大体积混凝土 水下混凝土 地下混凝土 压浆混凝土	50	40	30	20
碾压混凝土	65	55	45	35

当钢筋混凝土中钢筋的混凝土保护层厚度小于 5cm 时,粉煤灰取代水泥的最大限量,应比表 5-25 规定的减少 5%。

五、粉煤灰混凝土的配合比设计例题

（一）设计要求

某工程要求粉煤灰混凝土设计强度等级为 C30,混凝土拌合物坍落度为 30～50mm,施工单位生产质量水平良好,混凝土强度标准差 $\sigma = 3.5$MPa,试确定该混凝土的配合比。

（二）原材料

采用 42.5 级普通水泥,$\rho_c = 3.1$,水泥标号富余系数为 1.15;中砂,$\rho_S = 2.65$;碎石,$\rho_G = 2.68$,最大粒径为 20mm;Ⅱ级粉煤灰,$\rho_F = 2.2$;自来水。

（三）设计步骤

首先应进行基准混凝土配合比设计,然后在此基础上进行粉煤灰混凝土配合比设计。

1. 基准混凝土配合比设计

这里介绍按混凝土结构设计要求的强度和标准差的计算方法进行设计。

（1）计算混凝土的试配强度 $f_{cu,0}$：

$$f_{cu,0} = f_{cu} + 1.645\sigma$$
$$= 30 + 1.645 \times 3.5 = 35.75 (\text{MPa})$$

（2）根据试配强度计算水灰比 $\dfrac{W}{C}$：

$$\frac{W}{C} = \frac{Af_{ce}}{f_{cu,0} + A \cdot B \cdot f_{ce}}$$
$$= \frac{0.48 \times 1.15 \times 42.5}{35.75 + 0.48 \times 0.33 \times 1.15 \times 42.5} = 0.54$$

（3）根据粗骨料的最大粒径和混凝土拌合物的坍落度,按表 5-15 选用用水量 m_{w0}：

$$m_{w0} = 170\text{kg}$$

（4）根据水灰比、粗骨料最大粒径及砂的细度模数,按表 5-17 选取砂率 β_S：

$$\beta_S = 0.40$$

(5) 计算水泥用量 m_C：

$$m_{C0} = \frac{m_{W0}}{\dfrac{W}{C}} = \frac{170}{0.54} = 315(\text{kg})$$

(6) 水泥浆的体积 V_p：

$$V_p = \frac{m_{C0}}{\rho_C} + m_{W0} = \frac{315}{3.1} + 170 = 271.6(\text{L})$$

(7) 砂和石的总体积 V_A：

$$V_A = 1000(1 - \alpha) - V_p$$
$$= 1000(1 - 0.02) - 271.6 = 708(\text{L})$$

(8) 计算砂的用量 m_{S0}：

$$m_{S0} = V_A \cdot \beta_S \cdot \rho_S$$
$$= 708 \times 0.4 \times 2.65 = 750(\text{kg})$$

(9) 计算石的用量 m_{g0}：

$$m_{g0} = V_A(1 - \beta_S) \cdot \rho_G$$
$$= 708 \times (1 - 0.4) \times 2.68 = 1138(\text{kg})$$

(10) 每 m³ 基准混凝土的材料用量为：

$$m_{C0} = 315\text{kg}$$
$$m_{S0} = 750\text{kg}$$
$$m_{g0} = 1138\text{kg}$$
$$m_{W0} = 170\text{kg}$$

2. 粉煤灰混凝土配合比设计计算方法

(1) 等量取代法：

① 选定与基准混凝土相同或稍低的水灰比，取 $\dfrac{W}{C} = 0.53$。

② 根据确定的粉煤灰等量取代水泥量（f_c）和基准混凝土水泥用量（m_{C0}），应按下式计算粉煤灰用量（m_F）和粉煤灰混凝土中水泥用量（m'_{C0}），查表 5-24，取 $f_c = 15\%$。

$$m_F = m_{C0} \cdot f_c = 315 \times 0.15 = 47.3(\text{kg})$$
$$m'_{C0} = m_{C0} - m_F = 315 - 47.3 = 268(\text{kg})$$

③ 计算粉煤灰混凝土中用水量（m'_{W0}）：

$$m'_{W0} = \frac{W}{C} \cdot (m'_{C0} + m_F) = 0.53 \times (268 + 47.3) = 167(\text{kg})$$

④ 水泥加粉煤灰浆体的总体积为：

$$V_p = \frac{m'_{C0}}{\rho_C} + \frac{m_F}{\rho_F} + m'_{W0} = \frac{268}{3.1} + \frac{47.3}{2.2} + 167$$
$$= 275(\text{L})$$

⑤ 计算砂和石的总体积（V_A）：

$$V_A = 1000(1 - \alpha) - V_p = 1000 \times (1 - 0.02) - 275$$
$$= 705(\text{L})$$

⑥ 选用与基准混凝土相同或稍低的砂率（β_S）并计算砂（m'_{S0}）和石（m'_{g0}）的用量：

$$m'_{S0} = V_A \cdot \beta_S \cdot \rho_S = 705 \times 0.4 \times 2.65 = 747(\text{kg})$$

$$m'_{g0} = V_A \cdot (1 - \beta_S) \cdot \rho_G = 705 \times (1 - 0.4) \times 2.68 = 1134(\text{kg})$$

(2) 超量取代配合比计算方法:

① 选取粉煤灰取代水泥率(f_c)和超量系数(K):查表 5-24,取 $f_c = 15\%$;查表 5-23,取 $K = 1.5$。

② 粉煤灰取代水泥量(m_F)、总掺量(m_{Ft})及超量部分质量(m_{Fe})的计算:

$$m_F = m_{C0} \cdot f_c = 315 \times 0.15 = 47(\text{kg})$$

$$m_{Ft} = K \cdot m_F = 1.5 \times 47 = 70.5(\text{kg})$$

$$m_{Fe} = (K - 1) \cdot m_F = (1.5 - 1) \times 47 = 23.5(\text{kg})$$

③ 计算水泥用量(m'_{C0}):

$$m'_{C0} = m_{C0} - m_F = 315 - 47 = 268\text{kg}$$

④ 粉煤灰超量部分的体积,可在砂中扣除同体积的砂质量,求出调整后砂的用量(m'_{S0}):

$$m'_{S0} = m_{S0} - \frac{m_{Fe}}{\rho_F} \cdot \rho_s = 750 - \frac{23.5}{2.2} \times 2.65 = 722(\text{kg})$$

⑤ 超量取代粉煤灰混凝土的各材料用量:

$$m'_{C0} = 268\text{kg}$$

$$m'_{S0} = 722\text{kg}$$

$$m_{g0} = 1134\text{kg}$$

$$m'_{W0} = 170\text{kg}$$

(3) 外加法配合比设计方法:

① 选定外加粉煤灰掺入率(按表 5-24 选取),取 $f_m = 15\%$。

② 外加粉煤灰的用量(m_{Fm}),按下式计算:

$$m_{Fm} = m_{C0} \cdot f_m = 315 \times 15\% = 47(\text{kg})$$

③ 外加粉煤灰的体积,可按下式计算,即在砂料中扣除同体积的砂用量,求出调整后的砂用量:

$$m'_{S0} = m_{S0} - \frac{m_{Fm}}{\rho_F} \cdot \rho_s = 750 - \frac{47}{2.2} \times 2.65 = 693(\text{kg})$$

④ 外加粉煤灰混凝土的各材料用量:

$$m'_{C0} = 315\text{kg}$$

$$m'_{S0} = 693\text{kg}$$

$$m'_{g0} = 1134\text{kg}$$

$$m'_{W0} = 170\text{kg}$$

$$m_{Fm} = 47\text{kg}$$

第六章 特性混凝土

第一节 轻骨料混凝土

一、概述

凡用轻粗骨料、轻细骨料(或普通砂)、水泥和水配制成的混凝土,其干表观密度不大于 $1950kg/m^3$ 者,称为轻骨料混凝土。由于所用轻骨料的种类不同,轻骨料混凝土都以轻骨料的种类命名。例如:粘土陶粒混凝土、粉煤灰陶粒混凝土、页岩陶粒混凝土、浮石混凝土等。

按细骨料品种的不同,轻骨料混凝土分为全轻混凝土和砂轻混凝土两类。全轻混凝土中粗、细骨料均为轻骨料,砂轻混凝土中的细骨料部分或全部采用普通砂。

轻骨料混凝土与普通混凝土不同之处是采用了轻质骨料,这些轻质骨料中存在着大量孔隙,降低了骨料的颗粒表观密度,从而降低了轻骨料混凝土的表观密度,一般比普通混凝土的干表观密度小 20%～30%。轻骨料混凝土具有许多优越的性能:轻骨料混凝土的强度一般可达 LC15～LC50,最高可达 LC70。国外已获得强度达 55.5MPa,而干表观密度只有 $1660kg/m^3$ 的结构轻骨料混凝土。多孔轻骨料内部的孔隙,使轻骨料混凝土导热系数降低,保温性能提高。干表观密度为 $800～1400kg/m^3$ 的轻骨料混凝土,其导热系数为 $0.23～0.52W/(m·K)$,是一种性能良好的墙体材料,不仅强度高、整体性好,用它制作的墙体与普通砖同等保温要求下,可使墙体厚度减薄 40% 以上,自重减轻 50%。轻骨料混凝土由于自重轻,弹性模量小,所以抗震性能好。在地震荷载作用下,承受的地震力小,对冲击能量的吸收快,减震效果好。轻骨料混凝土导热系数小,耐火性能好,在同一耐火等级的条件下,轻骨料混凝土板的厚度,可以比普通混凝土板减薄 20% 以上。

随着建筑物不断地向高层和大跨度的方向发展,以及建筑业的工业化、机械化和装配化程度的不断提高,轻骨料混凝土获得了相应的发展,并显示出优越的技术经济效果。

轻骨料混凝土在应用中的主要缺点是,在抗压强度和普通混凝土相同时,其抗拉强度和弹性模量偏低,在轻骨料混凝土硬化时和长期荷载作用下会产生过大的变形和徐变。这点在设计和应用时应引起重视。

二、轻骨料

(一)轻骨料的种类

1. 按性能分类

(1)超轻骨料:轻骨料的堆积密度不大于 $500kg/m^3$ 的保温和结构保温用轻粗骨料,称为超轻骨料。

(2)普通轻骨料:堆积密度大于 $510kg/m^3$ 者的轻粗骨料,称为普通轻骨料。

(3)高强轻骨料:强度标号不小于 25MPa 结构用轻粗骨料,称为高强轻骨料。

2. 按原材料来源分类

(1) 工业废料轻骨料：以工业废料为原料，经加工而成的轻质骨料，如粉煤灰陶粒、煤矸石陶粒、膨胀矿渣珠、煤矸石、煤渣等。

(2) 天然轻骨料：以天然形成的多孔岩石经加工而成的轻质骨料，如浮石、火山碴、泡沫熔岩、火山凝灰岩等。

(3) 人工轻骨料：以地方材料为原料(如粘土、页岩等)，经加工而成的轻质骨料，如页岩陶粒、粘土陶粒、陶砂、膨胀珍珠岩等。

(二) 轻骨料的技术性能

1. 颗粒形状、结构及表面特征

轻骨料的表观密度必须比普通骨料小，才能配制出干表观密度小于 $1900kg/m^3$ 的轻骨料混凝土。轻骨料都有多孔结构，孔隙具有的不同形状、尺寸和分布，不仅影响骨料的技术性能，也影响混凝土拌合物和硬化后混凝土的性能。

轻骨料的多孔性对其强度和表观密度有重要影响。孔隙率大的骨料比孔隙率小的骨料强度低且表观密度小。当孔隙率相同时，细小均匀分布的孔隙，其骨料颗粒强度比孔隙粗大分布不均的要高。含有开口型孔隙的骨料，其吸水率和吸湿性将增加，对轻骨料混凝土的热工性能会产生不良影响。在配制混凝土时需要多消耗一些水泥浆来填充这些开口孔隙，但开口型孔隙的骨料能从砂浆和水泥浆中吸收水分，提高骨料界面的粘结力，并能消除混凝土内靠近骨料颗粒下缘聚集的水分，使轻骨料混凝土的抗渗和抗冻性能得到改善。同时骨料孔隙内的水分有利于新浇混凝土的养护。如果颗粒表面孔隙是封闭型的，可以减少其吸水，对改善轻骨料混凝土的热工性能和增加其颗粒强度是有利的。

骨料颗粒的形状，根据加工方法的不同可以有圆球型、普通型和碎石型，一般认为圆球型骨料在混凝土内的受力状态更合理一些，比碎石型具有更高的颗粒强度，制成混凝土拌合物的和易性也较好。但是，当混凝土拌合物的流动性较大时，轻骨料上浮，圆球型骨料易引起离析分层现象，而碎石型骨料表面粗糙多棱角，颗粒相互间连锁，可以防止骨料上浮，更便于操作。表面光滑的颗粒其混凝土拌合物的和易性比表面粗糙的好，但与水泥浆的粘结力不如后者。

2. 颗粒级配

各种轻骨料的颗粒级配应符合表 6-1 的要求，但人造轻粗骨料的最大粒径不宜大于20mm。对于轻细粗骨料的细度模数宜控制在 2.3～4.0 范围内。

轻粗骨料累计筛余等于或小于 10% 的该号筛孔尺寸，定为该轻粗骨料的最大粒径。轻粗骨料的最大粒径过大，其颗粒表观密度小，强度较低，配制的轻骨料混凝土强度降低。对于保温及结构保温用的轻骨料混凝土，其所用的轻粗骨料的最大粒径不宜大于 40mm；结构轻骨料混凝土用的轻粗骨料最大粒径不宜大于 20mm。轻砂的细度粒径不宜大于 40mm，粒径大于5mm 的累计筛余率不宜大于 10%。

3. 堆积密度

一般情况下，轻骨料密度等级越大，轻骨料混凝土的密度等级也越大，强度也高；轻骨料密度等级越低，导热系数就越小，配制出的轻骨料混凝土保温也好。轻骨料的密度等级见表6-2。

表 6-1　轻骨料级配

编号	轻骨料种类	级配类别	公称粒级(mm)	各号筛的累计筛余(按重量计,%) 筛孔尺寸(mm)										
				40.0	31.5	20.0	16.0	10.0	5.00	2.50	1.25	0.630	0.315	0.160
1	细骨料	—	0~5	—	—	—	—	0	0~10	0~35	20~60	30~80	65~90	75~100
2	粗骨料	连续粒级	5~40	0~10	—	40~60	—	50~85	90~100	95~100	—	—	—	—
3			5~31.5	0~5	0~10	—	40~75	—	90~100	95~100	—	—	—	—
4			5~20	—	0~5	0~10	—	40~80	90~100	95~100	—	—	—	—
5			5~16	—	—	0~5	0~10	20~60	85~100	95~100	—	—	—	—
6			5~10	—	—	—	0~15	80~100	95~100	—	—	—	—	—
7		单粒级	10~16	—	—	—	0	0~15	85~100	90~100	—	—	—	—

注:公称粒级的上限,为该粒级的最大粒径。

表 6-2　轻骨料的密度等级

密度等级		堆积密度范围(kg/m³)
轻粗骨料	轻细骨料	
200	—	110~200
300	—	210~300
400	—	310~400
500	500	410~500
600	600	510~600
700	700	610~700
800	800	710~800
900	900	810~900
1 000	1 000	910~1000
1 100	1 100	1 010~1 100
—	1 200	1 110~1 200

4. 筒压强度及强度标号

在轻骨料混凝土中,轻粗骨料的强度比普通混凝土中的粗骨料要低得多,它对轻骨料混凝土的强度有极大的影响。因此,在轻粗骨料的质量指标中,尤其是结构轻骨料混凝土中用的轻粗骨料,强度是一项极其重要的指标。

(1)筒压强度。筒压强度是将 10~20mm 粒级轻粗骨料按要求装入特制的承压圆筒中,如图 6-1 所示。通过冲压模压入 20mm 深时的压力值除以承压面积,以表示颗粒的平均相对强度。筒压强度测值较低,并不能反映轻粗骨料在混凝土中的真实强度,只表明其筒压强度与配制成的混凝土强度有一定的相关性。

(2)强度标号。主要用于测定高强陶粒的强度标号,用测定配合比的砂轻混凝土和其砂浆组分的抗压强度的方法来求得混凝土中轻粗骨料的真实强度,并以"混凝土合理强度值"作为轻粗骨料强度标号。

① 不同密度等级的超轻粗骨料的筒压强度应不小于表 6-3 所规定的值。

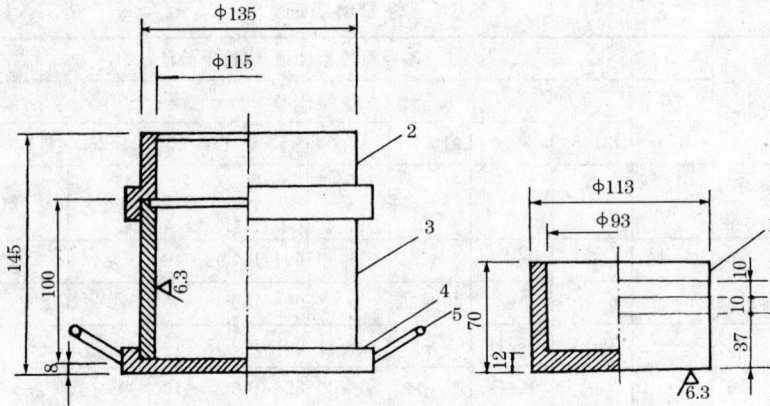

图 6-1 承压筒示意图（单位：mm）

1. 冲压模 2. 导向筒 3. 筒体 4. 筒底 5. 把手

表 6-3 超轻粗骨料的筒压强度 （MPa）

超轻骨料品种	密度等级	筒 压 强 度		
		优等品	一等品	合格品
粘土陶粒 页岩陶粒 粉煤灰陶粒	200	0.3	0.2	
	300	0.7	0.5	
	400	1.3	1.0	
	500	2.0		
其它超轻粗骨料	≤500	—		

② 不同密度等级的普通轻粗骨料的筒压强度，应不小于表 6-4 规定。

表 6-4 普通轻粗骨料的筒压强度 （MPa）

轻骨料品种	密度等级	筒 压 强 度		
		优等品	一等品	合格品
粘土陶粒 页岩陶粒 粉煤灰陶粒	600	3.0	2.0	
	700	4.0	3.0	
	800	5.0	4.0	
	900	6.0	5.0	
浮石 火山渣 煤渣	600	—	1.0	0.8
	700	—	1.2	1.0
	800	—	1.6	1.2
	900	—	1.8	1.5
自燃煤矸石 膨胀矿渣珠	900		3.5	3.0
	1000		4.0	3.5
	1100		4.5	4.0

③ 高强轻粗骨料的筒压强度和强度标号,应不小于表 6-5 规定。

表 6-5　高强轻粗骨料的筒压强度和强度标号

（MPa）

密度等级	筒压强度	强度标号
600	4.0	25
700	5.0	30
800	6.0	35
900	6.5	40

5. 吸水率和软化系数

轻粗骨料吸水率与骨料的种类及内部构造有关。轻粗骨料是多孔结构,在开始 1h 内吸水极快,24h 后几乎不再吸水。由于轻粗骨料的吸水率会影响到混凝土拌合物的水灰比、和易性及硬化后的强度,因此,在进行轻骨料混凝土配合比设计时,必须根据轻粗骨料 1h 吸水率计算附加水量。其 1h 附加水量必须通过试验确定。

不同密度等级的轻粗骨料吸水率应不大于表 6-6 规定。

人造轻粗骨料和工业废料轻粗骨料的软化系数应不小于 0.8;天然轻粗骨料的软化系数应不小于 0.7。

表 6-6　轻粗骨料吸水率

类　别	轻骨粒品种	密度等级	吸水率,%
超轻骨料	粘土陶粒 页岩陶粒 粉煤灰陶粒	200	30
		300	25
		400	20
		500	15
普通轻骨料	粘土陶粒 页岩陶粒	600～900	10
	粉煤灰陶粒	600～900	22
	煤渣	600～900	10
	自燃煤矸石	600～900	10
	膨胀矿渣珠	900～1100	15
	天然轻骨料	—	不作规定
高强轻骨料	粘土陶粒 页岩陶粒	600～900	8
	粉煤灰陶粒	600～900	15

6. 粒型系数

不同粒型轻粗骨料的粒型系数,应符合表 6-7 规定。

表 6-7　轻粗骨料的粒型系数

轻骨料粒型	平均粒型系数		
	优等品	一等品	合格品
圆球型　≤	1.2	1.4	1.6
普通型　≤	1.4	1.6	2.0
碎石型　≤	—	2.0	2.5

注:轻骨料粒型的分类及其定义见 JG J51。

7. 有害物质含量

对于建筑工程中使用的轻粗骨料,有害物质含量应符合表 6-8 的规定。

表 6-8　轻粗骨料有害物质含量

项 目 名 称		质 量 指 标	备 注
煮沸质量损失(%)	≤	5	
烧失量(%)	≤	5	天然轻骨料不作规定;用于无筋混凝土的煤渣允许达 20
硫化物和硫酸盐含量(按 SO₃ 计,%)	≤	1.0	用于无筋混凝土的自燃煤矸石允许含量≤1.5
含泥量(%)	≤	3	结构用轻骨料≤2,不允许含有粘土块
有机物含量		不深于标准色	
放射性比活度		符合 GB 9196 规定	煤渣、自燃煤矸石应符合 GB 6963 的规定

三、轻骨料混凝土

(一)轻骨料混凝土的分类

1. 按干表观密度分类

轻骨料混凝土按其干表观密度分为 14 个等级,见表 6-9。

表 6-9　轻骨料混凝土的密度等级

密 度 等 级	干表观密度的变化范围(kg/m³)	密 度 等 级	干表观密度的变化范围(kg/m³)
600	560～650	1300	1260～1350
700	660～750	1400	1360～1450
800	760～850	1500	1460～1550
900	860～950	1600	1560～1650
1000	960～1050	1700	1660～1750
1100	1060～1150	1800	1760～1850
1200	1160～1250	1900	1860～1950

2. 按用途分类

轻骨料混凝土按其用途可分为保温轻骨料混凝土、结构保温轻骨料混凝土、结构轻骨料混凝土,见表 6-10。

表 6-10　轻骨料混凝土按用途分类

类 别 名 称	混凝土强度等级的合理范围	混凝土密度等级的合理范围	用 途
保温轻骨料混凝土	LC5.0	≤800	主要用于保温的围护结构或热工构筑物
结构保温轻骨料混凝土	LC5.0、LC7.5、LC10、LC15	800～1400	主要用于既承重又保温的围护结构
结构轻骨料混凝土	LC15、LC20、LC25、LC30、LC35、LC40、LC45、LC50、LC55、LC60	1400～1900	主要用于承重构件或建筑物

(二)轻骨料混凝土的主要技术性能

轻骨料混凝土拌合物和易性的概念,以及坍落度和维勃度的测定方法与普通混凝土相同。由于轻骨料吸水率较大,拌制时不但应先用水润湿,而且要用水预先饱和。混凝土在拌制后轻骨料会继续吸水而导致拌合物和易性的迅速改变。因此,对于轻骨料混凝土要严格控制测定坍落度的时间,必须在 15～30min 内完成测定。

1. 抗压强度

轻骨料混凝土的抗压强度,是以立方体抗压强度的标准值来确定强度等级的。立方体抗压强度标准值是按标准方法,制成边长为 150mm 的立方体试块(1 组 3 块),在标准条件下(温度 20℃±2℃;相对湿度 90％以上)养护 28d,测定其抗压强度(强度保证率在 95％以上)。

轻骨料混凝土分为 LC15、LC20、LC25、LC30、LC35、LC40、LC45、LC50、LC55、LC60 共 10 个强度等级,其力学性能见表 6-11。

表 6-11　结构轻骨料混凝士的强度标准值　　　　　　　　　　（MPa）

强度种类		轴 心 抗 压	轴 心 抗 拉
符　　号		f_{ck}	f_{tk}
混凝土强度等级	LC15	10.1	1.27
	LC20	13.4	1.54
	LC25	16.7	1.78
	LC30	20.1	2.01
	LC35	23.4	2.20
	LC40	26.8	2.39
	LC45	29.6	2.51
	LC50	32.4	2.64
	LC55	35.5	2.74
	LC60	38.5	2.85

注:自燃煤矸石混凝土轴心抗拉强度标准值应按表中值乘以系数 0.85;浮石或火山渣混凝土轴心抗拉强度标准值应按表中值乘以系数 0.80。

轻骨料混凝土的强度,按其破坏形态不同,分别取决于轻骨料强度和包裹轻粗骨料的水泥砂浆的强度。

当轻粗骨料强度高于水泥砂浆强度时,轻粗骨料在混凝土中起骨架作用。破坏时裂缝首先在水泥砂浆中出现。

当水泥砂浆强度高于轻粗骨料强度时,水泥砂浆在混凝土中起骨架作用,轻粗骨料相对较弱,所以破坏时裂缝首先在轻粗骨料中出现。

当水泥砂浆强度与轻粗骨料强度比较接近时,破坏时几乎在水泥砂浆和粗骨料中同时出现裂缝。

2. 密度等级

轻骨料混凝土按其干表观密度分为 14 个等级,见表 6-9。

某一密度等级的轻骨料混凝土干表观密度标准值,取该表观密度等级变化范围的上限,即取其密度等级值加 50kg/m³。如密度等级为 1900 的轻骨料混凝土,其干表观密度标准值取 1950kg/m³。

3. 弹性模量

轻骨料混凝土的弹性模量 E_{LC},一般比普通混凝土低 25％～50％。其弹性模量大小与强度等级和干表观密度等级有关。轻骨料混凝土的弹性模量,按表 6-12 取值。

表 6-12　轻骨料混凝土的弹性模量 E_{LC}　　　　　　　　　　　（×10² MPa）

强度等级	密度等级							
	1200	1300	1400	1500	1600	1700	1800	1900
LC15	94	102	110	117	125	133	141	149
LC20	—	117	126	135	145	154	163	172
LC25			141	152	162	172	182	192
LC30			—	166	177	188	199	210
LC35				—	191	203	215	227
LC40					—	217	230	243
LC45						230	244	257
LC50						243	257	271
LC55						—	267	285
LC60							280	297

注：用膨胀矿渣珠、自燃煤矸石作粗骨料的混凝土，其弹性模量值可比表列数值提高 20%。

4. 收缩与徐变

根据一般试验结果，在标准条件下，同强度等级的轻骨料混凝土的收缩量比普通混凝土高 40%～45%，而徐变系数比普通混凝土低 10%～13%。按标准试验方法测得的龄期为 365d、强度等级为 LC20～LC30 的轻骨料混凝土收缩变形值、徐变系数值不宜大于下列标准值：

收缩变形标准值（mm/m）：

砂轻混凝土　$0.850×10^{-3}$

全轻混凝土　$1.000×10^{-3}$

徐变系数标准值（mm/m）：

砂轻混凝土　$2.650×10^{-3}$

5. 热物理性能

许多轻骨料混凝土都有良好的保温性能，当轻骨料混凝土的干表观密度为 1000kg/m³ 时，其导热系数 $λ_d$ 为 0.28W/(m·K)；干表观密度在 1400kg/m³ 和 1800kg/m³ 的轻骨料混凝土，其导热系数分别为 0.49W/(m·K) 和 0.87W/(m·K)。轻骨料混凝土的物理性能除导热系数外，还包括比热容、导温系数、传热系数等。表 6-13 为轻骨料混凝土在干燥条件下（用下角字 d 表示）和在平衡含水条件下（用下角字 c 表示）的各种热物理系数计算值。

表 6-13　轻骨料混凝土的各种热物理系数

密度等级	导热系数		比热容		导温系数		传热系数	
	$λ_d$	$λ_c$	C_d	C_c	a_d	a_c	S_{d24}	S_{c24}
	W/(m·K)		kJ/(kg·K)		m³/h		W/(m²·K)	
600	0.18	0.25	0.84	0.92	1.28	1.63	2.56	3.01
700	0.20	0.27	0.84	0.92	1.25	1.50	2.91	3.38
800	0.23	0.30	0.84	0.92	1.23	1.38	3.37	4.17
900	0.26	0.33	0.84	0.92	1.22	1.33	3.73	4.55
1000	0.28	0.36	0.84	0.92	1.20	1.37	4.10	5.13

密度等级	导热系数		比　热　容		导温系数		传热系数	
	λ_d	λ_c	C_d	C_c	a_d	a_c	S_{d24}	S_{c24}
	W/(m · K)		kJ/(kg · K)		m³/h		W/(m² · K)	
1100	0.31	0.41	0.84	0.92	1.23	1.36	4.57	5.62
1200	0.36	0.47	0.84	0.92	1.29	1.43	5.12	6.28
1300	0.42	0.52	0.84	0.92	1.38	1.48	5.73	6.93
1400	0.49	0.59	0.84	0.92	1.50	1.56	6.43	7.65
1500	0.57	0.67	0.84	0.92	1.63	1.66	7.19	8.44
1600	0.66	0.77	0.84	0.92	1.78	1.77	8.01	9.30
1700	0.76	0.87	0.84	0.92	1.91	1.89	8.81	10.20
1800	0.87	1.01	0.84	0.92	2.08	2.07	9.74	11.30
1900	1.01	1.15	0.84	0.92	2.26	2.23	10.70	12.40

注:1. 轻骨料混凝土的体积平衡含水率取 6%。
　2. 用膨胀矿渣珠作粗骨料的混凝土导热系数可按表列数值降低 25% 取用或经试验确定。

6. 抗冻性

轻骨料混凝土的抗冻性,是评价轻骨料混凝土耐久性的重要指标,应符合表 6-14 要求。

表 6-14　不同使用条件的抗冻性

使　用　条　件	抗冻标号
1. 非采暖地区	F15
2. 采暖地区	
相对湿度≤60%	F25
相对湿度>60%	F35
干湿交替部位和水位变化的部位	≥F50

注:1. 非采暖地区系指最冷月份的平均气温高于—5℃的地区。
　2. 采暖地区系指最冷月份的平均气温低于或等于—5℃的地区。

　　轻骨料混凝土的抗冻性,决定于水泥砂浆的强度和密实度,而水泥砂浆的强度和密实度会受水灰比和水泥用量的影响,过大的水灰比和过小的水泥用量,将降低水泥砂浆的强度和密实度,而使混凝土的抗冻性降低。为了确保混凝土的抗冻性,轻骨料混凝土中水泥用量应不小于 250kg/m³,水灰比不宜大于 0.65;对于全轻混凝土,其总水灰比不宜大于 1.0。

(三) 轻骨料混凝土的配合比设计

1. 配合比设计的原理和方法

(1) 绝对体积法。这种方法是按混凝土的绝对体积为各组成材料的绝对体积之和进行计算的。适用于用普通砂配制的砂轻混凝土的配合比计算。其配合比设计过程如下:

① 根据设计要求的轻骨料混凝土的强度等级、密度等级和混凝土的用途,确定粗骨料的种类和粗骨料的最大粒径。

② 测定粗骨料的堆积密度、颗粒表观密度、筒压强度和 1h 吸水率,并测定细骨料的堆积密度和相对密度。

③ 计算混凝土的试配强度:$f_{cu,0} = f_{cu} + 1.645\sigma$

式中　$f_{cu,0}$——轻骨料混凝土的试配强度(MPa);

　　　f_{cu}——轻骨料混凝土的设计强度等级(MPa);

σ——轻骨料混凝土的总体强度标准差(MPa)。

当生产单位的生产情况比较稳定,并有 25 组以上的轻骨料混凝土强度资料时,σ可用样本标准差 S_{cu} 代替,其计算公式如下:

$$S_{cu} = \sqrt{\dfrac{\sum_{i=1}^{n}(f_{cui} - m_{cu})^2}{n-1}}$$

式中　S_{cu}——样本强度标准差;

　　　f_{cui}——第 i 组混凝土试件抗压强度(MPa);

　　　m_{cu}——n 组混凝土试件抗压强度平均值(MPa)。

当生产单位无强度资料时,σ可按表 6-15 选用。

表 6-15　强度标准差 σ　　　　　　　　　　　　　　　　(MPa)

混凝土强度等级	低于 LC20	CL20～CL35	高于 LC35
σ	4.0	5.0	6.0

④ 选择水泥用量及水灰比(以净水灰比表示),按表 6-16、表 6-17 选用。

表 6-16　轻骨料混凝土的水泥用量　　　　　　　　　　　　(kg/m³)

混凝土试配强度(MPa)	轻骨料密度等级						
	400	500	600	700	800	900	1000
<5.0	260～320	250～300	230～280	—			
5.0～7.5	280～360	260～340	240～320	220～300	—		
7.5～10	—	280～370	260～350	240～320	—		
10～15	—	—	280～370	260～340	240～330	—	
15～20	—	—	300～400	280～380	270～370	260～360	250～350
20～25	—	—	—	330～400	320～390	310～380	300～370
25～30	—	—	—	380～450	370～440	360～430	350～420
30～40	—	—	—	420～500	390～490	380～480	370～470
40～50	—	—	—	—	430～530	420～520	410～510
50～60	—	—	—	—	450～550	440～540	430～530

注:1. 表中横线以上为采用 32.5 级水泥时的水泥用量值,横线以下为采用 42.5 级水泥用量值。

　　2. 表中下限值适用于圆球型和普通型轻粗骨料;上限适用于碎石轻粗骨料和全轻混凝土。

　　3. 最高水泥用量不宜超过 550kg/m³。

表 6-17　轻骨料混凝土的最大水灰比和最小水泥用量

混凝土所处的环境条件	最大水灰比	最小水泥用量(kg/m³)	
		配筋混凝土	素混凝土
不受风雪影响混凝土	不作规定	270	250
受风雪影响的露天混凝土;位于水中及水位升降范围内的混凝土和潮湿环境中的混凝土	0.50	325	300
寒冷地区位于水位升降范围内的混凝土和受水压或除冰盐作用的混凝土	0.45	375	350

混凝土所处的环境条件	最大水灰比	最小水泥用量（kg/m³）	
		配筋混凝土	素混凝土
严寒和寒冷地区位于水位升降范围内和受硫酸盐、除冰盐等腐蚀的混凝土	0.40	400	375

注：1. 严寒地区指最寒冷月份的月平均温度低于 -15℃ 者，寒冷地区指寒冷月份的月平均温度处于 $-5\sim-15\text{℃}$ 者。
2. 水泥用量不包括掺和料。
3. 寒冷和严寒地区用的轻骨料混凝土应掺入引气剂，其含气量宜为 5%～8%。

⑤ 根据制品的生产工艺和施工条件的要求确定净用水量。各种轻骨料颗粒的表面粗糙度和形状不一，为保证获得所要求的混凝土流动性，净用水量查表 6-18 确定。

表 6-18　轻骨料混凝土净用水量

轻骨料混凝土用途	稠　　度		净用水量（kg/m³）
	维勃稠度（s）	坍落度（mm）	
预制构件制品： （1）振动加压成型 （2）振动台成型 （3）振捣棒或平板振动器振实	10～20 5～10 —	— 0～10 30～80	45～140 140～180 165～215
现浇混凝土： （1）机械振捣 （2）人工振捣或钢筋密集	— —	50～100 ≥80	180～225 200～230

注：1. 表中值适用于圆球型和普通型轻粗骨料，对碎石型轻粗骨料，宜增加 10kg 左右的用水量。
2. 掺加外加剂时，宜按其减水率适当减少用水量，并按施工稠度要求进行调整。
3. 表中值适用于砂轻混凝土，若采用轻砂时，需取轻砂 1h 吸水率为附加用水量；若无轻砂吸水率数据时，可适当增加用水量，并按施工稠度要求进行调整。

轻骨料混凝土总用水量包括"净用水量"和"附加用水量"两部分。干的轻骨料 1h 用水量为附加用水量。

净用水量与水泥用量之比称水灰比；总用水量与水泥用量之比称为总水灰比。

轻骨料混凝土配合比中的水灰比用净水灰比表示。配制全轻混凝土时，允许用总水灰比表示，但必须予以说明。

⑥ 选用砂率。轻骨料混凝土的砂率应以体积砂率表示，即砂骨料体积与粗、细骨料总体积之比。体积可用密实体积或松散体积表示。对应的砂率则为密实体积砂率或松散体积砂率。根据轻骨料混凝土的用途，按表 6-19 选用体积砂率。

表 6-19　轻骨料混凝砂率

轻骨料混凝土用途	细骨料品种	砂率（%）	轻骨料混凝土用途	细骨料品种	砂率（%）
预制构件用	轻　砂 普通砂	35～50 30～40	现浇混凝土	轻　砂 普通砂	— 35～45

注：1. 当混合使用普通砂和轻砂作细骨料时，砂率宜取中间值，宜按普通砂和轻砂的混合比例进行插入计算。
2. 当采用圆球型轻粗骨料时，砂率宜取表中值下限；采用碎石型时，则宜取上限。

⑦ 计算粗、细骨料用量：

$$V_s = [1 - (m_c/\rho_c + m_{wn}/\rho_w) \div 1000] \times S_p$$
$$m_s = V_s \cdot \rho_s$$
$$V_a = 1 - (m_c/\rho_c + m_{wn}/\rho_w + m_s/\rho_s) \div 1000$$
$$m_a = V_{as} \cdot \rho_{ap}$$

式中 V_s ——每 m³ 混凝土中细骨料体积(m³);

m_s ——每 m³ 混凝土中细骨料用量(kg);

m_c ——每 m³ 混凝土中水泥用量(kg);

m_{wn} ——每 m³ 混凝土中净用水量(kg);

S_p ——密实体积砂率(%);

V_a ——每 m³ 混凝土中轻粗骨料体积(m³);

m_a ——每 m³ 混凝土中轻粗骨料用量(kg/m³);

ρ_c ——水泥的相对密度, $\rho_c = 2.9 \sim 3.1$ (g/cm³);

ρ_s ——细骨料的相对密度,普通砂取 $\rho_s = 2.6$ (g/cm³)。采用轻砂时,取轻砂的颗粒表观密度 ρ_{sp} (g/cm³);

ρ_{ap} ——轻粗骨料的颗粒表观密度(kg/m³);

ρ_w ——水的密度,取 $\rho_w = 1$ (g/cm³)。

⑧ 计算总用水量 m_{wt}:

$$m_{wt} = m_{wn} + m_{wa}$$

式中 m_{wt} ——每 m³ 混凝土的总用水量(kg);

m_{wn} ——每 m³ 混凝土的净用水量(kg);

m_{wa} ——每 m³ 混凝土的附加水量(kg)。

混凝土附加水量,按表 6-20 计算。

表 6-20 附加水量的计算方法

项 目	附加水量(m_{wa})	项 目	附加水量(m_{wa})
粗骨料预湿,细骨料为普砂	$m_{wa} = 0$	粗骨料预湿,细骨料为轻砂	$m_{wa} = m_s \cdot \omega_s$
粗骨料不预湿,细骨料为普砂	$m_{wa} = m_a \cdot \omega_a$	粗骨料不预湿,细骨料为轻砂	$m_{wa} = m_a \cdot \omega_a + m_s \cdot \omega_s$

注:1. ω_a、ω_s 分别为粗、细骨料的 1h 吸水率。
　　2. 当轻骨料含水时,必须在附加水量中扣除自然含水量。

⑨ 按下列公式计算混凝土干表观密度 ρ_{cd},并与设计要求干表观密度进行对比,若误差大于 3%,则应重新通过调整砂率和水泥用量方法调整配合比。

$$\rho_{cd} = 1.15m_c + m_a + m_s$$

式中 ρ_{cd} ——混凝土干表观密度(kg/m³);

m_c ——每 m³ 混凝土中水泥用量(kg);

m_a ——每 m³ 混凝土中轻骨料用量(kg);

m_s ——每 m³ 混凝土中细滑料用量。

(2) 松散体积法。砂轻混凝土、全轻混凝土宜采用松散体积法进行配合比设计计算,即以给定每 m³ 混凝土的粗细骨料松散总体积为基础进行计算,然后按设计要求的混凝土干表观密度进行校核,最后通过试验调整得出配合比。计算程序如下:

① 根据设计要求的混凝土强度等级、密度等级和混凝土的用途,确定粗、细骨料的种类和粗骨料的最大粒径。

② 测定粗骨料的堆积密度、筒压强度和 1h 吸水率,并测定细骨料的堆积密度。

③ 按表 6-15 确定 σ,根据混凝土的设计强度等级计算试配强度。

④ 按表 6-16 选择水泥用量。

⑤ 根据混凝土用途,按表 6-19 选取松散体积砂率。

⑥ 根据粗、细骨料类型,按表 6-21 选用粗、细骨料总体积。

表 6-21　粗、细骨料总体积

轻粗骨料粒型	细骨料品种	粗、细骨料总体积(m³)
圆 球 型	轻 砂 普通砂	1.25～1.50 1.20～1.40
普 通 型	轻 砂 普通砂	1.30～1.60 1.25～1.50
碎 石 型	轻 砂 普通砂	1.35～1.65 1.30～1.60

注:1. 当采用膨胀珍珠岩砂时,宜取表中上限值。
　　2. 混凝土强度等级较高时,宜取表中下限值。

⑦ 计算每 m³ 混凝土粗、细骨料用量:

$$V_S = V_t \times S_p$$

$$m_s = V_s \times \rho_{is}$$

$$V_a = V_t - V_S$$

$$m_a = V_a \times \rho_{ia}$$

式中　V_s、V_a、V_t——分别为细骨料、粗骨料和骨料的松散体积(m³);

　　　m_s、m_a——分别为细骨料和粗骨料的用量(kg);

　　　S_p——松散体积砂率(%);

　　　ρ_{is}、ρ_{ia}——分别为细骨料和粗骨料的堆积密度(kg/m³)。

⑧ 根据净用水量(m_{wn})和附加用水量(m_{wa})的关系,按下式计算总用水量(m_{wt})。

$$m_{wt} = m_{wn} + m_{wa}$$

附加用水量的计算方法见表 6-20。

⑨ 按下式计算混凝土的干表观密度 ρ_{cd},并与设计要求的干表现密度进行对比,误差大于 2% 时,则应重新通过调整砂率和水泥用量的方法调整配合比。

$$\rho_{cd} = 1.15m_c + m_a + m_s$$

式中　ρ_{cd}——干表现密度(kg/m³);

　　　m_c——每 m³ 混凝土中水泥用量(kg);

　　　m_a——每 m³ 混凝土中轻骨料用量(kg);

　　　m_s——每 m³ 混凝土中细骨料用量(kg)。

2. 轻骨料混凝土配合比设计例题

(1) 设计要求。某工地要求配制强度等级为 LC30、干表观密度不大于 1700kg/m³,采用粉煤灰陶粒和普通砂配制的轻混凝土,用于浇筑钢筋混凝土梁。钢筋最小净距为 20mm,混凝土拌合物的坍落度为 50～70mm(工地无抗压强度资料)。

(2) 原材料。根据设计要求,粉煤灰最大粒径为 15mm。其余材料的性能如下:

陶粒堆积密度为 750kg/m³;

颗粒表观密度为 1250kg/m³;

陶粒吸水率为 16%;

陶粒筒压强度为 5.2MPa；

砂堆积密度为 1450kg/m³；

砂的相对密度为 2.6g/cm³。

（3）设计程序（轻砂混凝土配合比）。

① 计算混凝土试配强度 $f_{cu,0}$。按表 6-15 取 $\sigma=5$MPa。

$$f_{cu,0} = f_{cu} + 1.645\sigma = 30 + 1.645 \times 5 = 38.23(MPa)$$

式中　$f_{cu,0}$——轻骨料混凝土的试配强度（MPa）；

　　　　f_{cu}——轻骨料混凝土设计强度（MPa）；

　　　　σ——轻骨料混凝土的总体积强度标准差（MPa）。

② 根据混凝土试配强度按表 6-16 选取 52.5 级普通水泥。

③ 陶粒密度等级为 800 级，根据试配强度按表 6-16 和 6-17 选择水泥用量为 450kg。

④ 根据表规定，筒压强度应不小于 4MPa，已选陶粒的筒压强度为 5.2MPa，故满足要求。

⑤ 根据坍落度要求，按选择净用水量为 190kg。

⑥ 按表选用密实体积砂率：

$$S_P = 37\%$$

⑦ 按绝对体积法计算砂、陶粒用量：

$$V_S = \left[1 - \left(\frac{m_c}{\rho_c} + \frac{m_{wn}}{\rho_w}\right) \div 1000\right] \times S_P$$

$$= \left[1 - \left(\frac{450}{3.1} + \frac{190}{1}\right) \div 1000\right] \times 0.37 = 0.246(m^3)$$

$$m_s = V_S \cdot \rho_s = 0.246 \times 2600 = 640(kg)$$

$$V_a = 1 - \left(\frac{m_c}{\rho_c} + \frac{m_{wn}}{\rho_w} + \frac{m_s}{\rho_s}\right) \div 1000$$

$$= 1 - \left(\frac{450}{3.1} + \frac{190}{1} + \frac{640}{2.6}\right) \div 1000$$

$$= 0.419(m^3)$$

$$m_a = V_a \cdot \rho_{ap} = 0.419 \times 1250 = 524(kg)$$

⑧ 计算总用水量（m_{wt}）：

$$m_{wt} = m_{wn} + m_{wa} = 190 + 524 \times 16\% = 274(kg)$$

式中　m_{wn}——每 m³ 混凝土中净用水量（kg）；

　　　　m_{wa}——每 m³ 混凝土中附加用水量（kg）。

⑨ 计算混凝土的干表观密度（ρ_{cd}）：

$$\rho_{cd} = 1.15m_c + m_s + m_a$$

$$= 1.15 \times 450 + 640 + 524$$

$$= 1608 < 1700(kg/m^3)$$

（4）初步配合比：

$$m_c : m_s : m_a : m_{wn} = 450 : 640 : 524 : 190$$

$$m_c : m_s : m_a : m_{wn} = 1 : 1.42 : 1.16 : 0.42$$

（5）试配与调整。以计算的混凝土配合比为准，另选两个水泥用量为 400kg/m³ 和 500kg/m³，用水量约为 190kg/m³ 的计算配合比，经试拌调整用水量分别达到要求的施工和易性,修正配合比。

经试配、调整,选出水泥用量为 450kg/m³ 的配合比为符合设计要求的选定配合比。当 $m_c = 450$kg 时,其混凝土拌合物浇筑后的振实湿表观密度 ρ_{cd} 为 1840kg/m³,$f_{cu,0} = 39$MPa,所以,其质量修正系数为:

$$\eta = \frac{\rho_{cd}}{\rho_{cc}} = \frac{1840}{450 + 640 + 524 + 190} = 1.02$$

式中 ρ_{cc}——轻骨料混凝土计算表观密度(kg/m³)。

调整后的每 m³ 轻骨料混凝土的材料用量为:

水泥为 $m_c = 1.02 \times 450 = 459$(kg)

细骨料为 $m_s = 1.02 \times 640 = 653$(kg)

轻骨料为 $m_a = 1.02 \times 524 = 534$(kg)

净用水量为 $m_{wn} = 1.02 \times 190 = 194$(kg)

总用水量为 $m_{wt} = 194 + 534 \times 16\% = 279$(kg)

(四) 轻骨料混凝土的使用要点

1. 轻骨料的运输和堆放

(1) 轻骨料要按不同品种分批运输和堆放,避免混杂,以免影响混凝土的技术性能。

(2) 轻骨料在运输和堆放时,应尽量保持颗粒的混合均匀,避免大小分离;采用自然级配堆放时,其高度不宜超过 2m,并应防止泥土、树叶及其它有害物质等混入。

2. 轻骨料混凝土的搅拌

(1) 轻骨料混凝土拌制时,砂轻混凝土拌合物的各组分材料均按重量计量;全轻混凝土拌合物中的轻骨料组分可采用体积计量,但宜按重量进行校核。

(2) 粗骨料、细骨料、掺合料的重量计量允许偏差为 ±3%;水、水泥和外加剂的重量计量允许偏差为 2%。

(3) 轻骨料混凝土在每批量生产前必须测定轻骨料的含水率和堆积密度;在批量生产过程中应经常抽测轻骨料的含水率;雨天施工或拌合物和易性反常时,应及时测定轻骨料含水率,并调整用水量。

(4) 轻骨料混凝土拌合物的搅拌必须采用强制式搅拌机。

(5) 采用强制式搅拌机的加料顺序分为两种:使用预湿处理的轻粗骨料和使用未预湿处理的轻粗骨料。

(6) 外加剂应在轻骨料吸水后加入。

3. 轻骨料混凝土拌合物的运输

(1) 轻骨料混凝土拌合搅拌后,宜立即浇灌入模。

(2) 轻骨料混凝土拌合物的运输和停放时间不宜过长,否则,容易出现离析。轻骨料混凝土拌合物从搅拌机卸出后至浇灌的时间,一般不超过 45min。

(3) 轻骨料混凝土拌合物在运输和停放中,若出现拌合物和易性降低时,浇灌前应采用二次搅拌,但不得二次加水。

(4) 轻骨料混凝土用泵送时,必须在拌和前将粗骨料预先吸水至接近饱和状态,以避免粗骨料在压力作用下大量吸水,确保轻骨料混凝土能像普通混凝土一样进行泵送。否则,在压力作用下轻骨料易于吸收水分,使混凝土流动性下降,增大了与输送管道的摩擦力,容易引起管道的阻塞。

4. 轻骨料混凝土拌合物的浇灌与成型

(1) 用干硬性轻骨料混凝土拌合物浇灌钢筋轻骨料混凝土构件时,应采用振动台或表面加压成型(0.2N/cm² 左右)。厚度小于或等于 20cm 的构件,宜采用表面振动成型。

(2) 现场浇筑竖向结构物时,每层浇灌的厚度应控制在 30~50cm,并采用插入式振捣器进行振捣。

(3) 浇筑面积较大的构件,如厚度超过 20cm 时,宜先用插入式振捣器振捣,再用平板式振捣器进行表面振捣。

(4) 插入式振捣器在轻骨料混凝土中插入点之间的距离约为普通混凝土的一半。插入深度应插入下层拌和物约 50mm。

(5) 轻骨料混凝土的振捣延续时间以拌合物捣实为准,振捣时间不宜过长,以防轻骨料上浮。振捣时间随拌合物稠度、振捣部位等不同,在 10~30s 内选用。

5. 轻骨料混凝土的养护

(1) 当采用自然养护时,轻骨料混凝土浇筑成型后应防止表面失水太快,避免由于内外温差太大而出现表面网状裂纹。脱模后应及时覆盖,或喷水养护。

(2) 采用自然养护时,保湿养护时间应遵守下列规定:用普通硅酸盐水泥、硅酸盐水泥、矿渣水泥拌制的混凝土,养护时间不少于 7d;用粉煤灰水泥、火山灰水泥拌制的混凝土和掺缓凝型外加剂的混凝土,养护时间不少于 14d。构件用塑料薄膜覆盖养护时,要保持密封,保持膜内有凝结水。

第二节　高强混凝土

在建筑工程中,把抗压强度达 60~80MPa 的混凝土称为高强混凝土,抗压强度超过 80MPa 的混凝土称之为超高强混凝土。

高强混凝土的配制方法,归纳起来大致有以下几种:

(1) 使用高效能减水剂,在不影响混凝土和易性的情况下,大幅度降低混凝土水灰比,是提高混凝土强度的有效方法。

(2) 利用水泥熟料和表面组织良好的骨料能与水泥牢固地粘结在一起的性能,提高水泥与骨料的粘结强度。

(3) 通过离心成型及加压成型的方法,使混凝土中孔隙率减小,大大提高混凝土的密实度。

(4) 掺入纤维作为混凝土的增强材料,以提高混凝土的抗拉强度和抗弯强度。

(5) 在构件成型后,先通过常压蒸养、脱模,再经高温、高压蒸养,得到性能更好的高强度水化物。

(6) 利用聚合物等水泥以外的胶结材料,使混凝土获得高强度。

(7) 掺活性混合料,提高混凝土的强度。

一、原材料的选择

(一) 水泥

水泥作为胶结材料,是影响混凝土强度的主要因素。混凝土的破坏常发生在水泥与骨料胶结的界面处。因此,混凝土的强度主要取决于水泥与骨料的粘结力。水泥不仅把骨料粘结成一体,而本身又必须具有足够的承载能力。骨料能否充分发挥作用,与水泥本身的强度和粘结力有很大关系。

1. 水泥强度

配制高强混凝土,应采用组成合理、细度合格的高标号水泥,在配制高强度混凝土选择水泥标号时,使水泥的标准抗压强度为混凝土的设计强度的 0.8~1.5 倍为宜。一般应选用不低于 42.5 级的硅酸盐水泥、普通水泥及铝酸盐水泥、快硬高强水泥等。

2. 水泥用量

对于高强混凝土来讲,水泥用量是至关重要的,它不但影响到水泥与骨料界面的粘结力,也影响到施工要求的和易性。所以高强混凝土的水泥用量通常较普通混凝土要高一些,一般不应大于 $550kg/m^3$。水泥用量过高,会出现水化热释放速度过快和出现混凝土收缩量过大等问题。目前常采用掺加活性矿物材料(粉煤灰、硅粉等)替代部分水泥的做法,以减少水泥用量,这对混凝土在技术上是可行的,经济上是合理的。水泥和矿物掺合料总量应不大于 $600kg/m^3$。

（二）骨料

配制高强混凝土,应选用坚硬、高强、密实的优质骨料,以便在混凝土中起骨架作用。

1. 粗骨料

应选用强度指标等于或大于 2 的粗骨料,即

$$强度指标 = \frac{岩石的抗压强度}{混凝土的强度等级} \geq 2$$

最好选用致密的花岗岩、辉绿岩、大理岩等作骨料。要使坚硬的粗骨料在混凝土中能起到良好的骨架作用,配制出强度最高的混凝土,还必须考虑这些骨料与水泥石的结合性。

还可以选用水泥熟料作骨料。水泥熟料具有很高的活性,能大大提高水泥与骨料之间的粘结强度。

当用天然骨料时应选近似立方体的碎石,避免选用天然卵石。碎石在混凝土内不但使骨架作用增强,还增加了骨料-砂浆界面的粘结强度。尤其是用石灰岩质的碎石,石灰岩的矿物成分与水泥浆有良好的结合性。

配制高强混凝土时,其强度会随粗骨料粒径增大而下降,而粒径小且致密的粗骨料,能增加与砂浆的粘结面积,受力较均匀。因此,对强度等级为 C60 的混凝土,其粗骨料的最大粒经不应大于 31.5mm,对强度等级高于 C60 的混凝土宜将粗骨料的最大粒径控制在 25mm 以下。经试验证明,粒径大于 25mm 的粗骨料不能用于配制 C60 以上的高强混凝土。

2. 细骨料

高强混凝土中宜用洁净的中砂,最好是圆球形颗粒、质地坚硬、级配良好的河砂,细度模数宜大于 2.6,含泥量不超过 2%,泥块含量小于 0.5%。当水泥用量大时,砂子细度对混凝土强度无明显的影响。

（三）活性矿物料

1. 粉煤灰

粉煤灰是煤粉燃烧后的废料。CaO 含量小于 10% 为低钙粉煤灰,活性较低;CaO 含量在

15％～35％为高钙粉煤灰,其活性较高。

高强混凝土中掺粉煤灰,能改善混凝土的性能。这是因为粉煤灰中含有大量活性硅、铝氧化物,它能与水泥的水化物 $Ca(OH)_2$ 进行二次水化,生成稳定的水化硅酸钙凝胶。由于粉煤灰的颗粒细,参与二次水化的界面大,水化后改善了水泥石的结构,降低了混凝土的孔隙率,细化了孔的结构,使孔的分布更趋合理,因而使混凝土硬化后更密实,强度明显提高。

另外,粉煤灰颗粒具有玻璃体的光滑表面,能减少混凝土拌合物的用水量,减少泌水和离析现象。

粉煤灰的密度较小,用等重的粉煤灰替代部分水泥时,使拌合物的浆体数量增大,有利于改善混凝土的泵送性能。同时还可以减少高效减水剂的用量,减少混凝土坍落度随时间的推移而损失的量。

同时,掺入粉煤灰后,有利于降低水化热和推迟水化热出现高峰的时间,这对大体积混凝土施工十分有利。混凝土中掺入低钙粉煤灰,还能有效地减少碱-骨料反应而引起的混凝土膨胀开裂。

用于配制高强混凝土的粉煤灰,掺入量一般为水泥重量的 15％～30％。其质量要求是:烧失量<5％(最好 2％);细度为通过 $45\mu m$ 孔的量不少于 66％;MgO 含量<5％;SO_3 含量<5％。

2. 硅粉

硅粉是电炉生产工业硅或硅铁合金的副产品。为非结晶态球状 SiO_2 微粒,平均粒径为 $0.1\mu m$ 量级,比水泥细两个数量级,它的活性比水泥高 1～3 倍。

硅粉在高强混凝土中的掺入量,一般为胶结材料(水泥加掺合料)总量的 8％～10％。当水灰比小于 0.3 时,掺入硅粉能使水泥均匀分布,在同样坍落度的情况下,可以减少高效减水剂用量,而且水灰比越小,减少得越多。掺硅粉的高强混凝土水灰比多为 0.22～0.25,利用高效减水剂后坍落度可达 200mm 左右。混凝土强度可达到 120MPa 以上。配制 80MPa 以下的高强混凝土,硅粉用量为胶结材料总量的 5％～10％。

由于硅粉细度极高,活性极强,能减少混凝土内部的孔隙率和减小孔隙尺寸,改善骨料-水泥浆界面,提高了混凝土早期强度,试验表明,掺硅粉的高强混凝土 3d 强度可达 28d 强度的 80％。

掺硅粉的高强混凝土比掺粉煤灰的高强混凝土,在相同强度时,所需水泥浆量要少 20％左右,所以掺硅粉的高强混凝土干缩性小。

掺硅粉的高强混凝土孔隙率小,密实度高,所以抗渗、抗冻性能良好,耐化学侵蚀性和耐用磨性亦很好。

高强混凝土掺用的硅粉,其质量要求是:SiO_2 含量 90％,比表面积 $\geqslant 25 \times 10^3 m^2/kg$,密度为 $2.2g/cm^3$ 左右,平均粒径 $0.1\sim 0.2\mu m$。

3. 粒化高炉矿渣

粒化高炉矿渣由熔化的矿渣在高温状态下迅速水淬而成。这些砂粒状的矿渣经烘干、磨细,使其比表面积为 $400\sim 500 m^2/kg$,就具有良好的胶结性能。其活性与高钙粉煤灰相近。

用粒化高炉矿渣替代等量水泥后,可以改善混凝土的和易性,降低水化热,减少高效减水剂用量,减少坍落度的经时损失,能提高混凝土的强度,也可以控制混凝土中的碱-骨料反应。掺量在水泥总量的 20% 以上时,具有抗海水和化学侵蚀的能力,尤其是抗硫酸盐侵蚀的能力。

用粒化高炉矿渣和硅粉同时掺入到高强混凝土中可取得较好的效果。

4. 沸石粉

沸石粉是用天然沸石岩加入改性材料磨细而成。沸石粉中的活性 SiO_2 和 Al_2O_3 能与水泥水化后的产物发生反应,生成水化硅酸钙和水化铝酸钙凝胶,提高了水泥石的密实度,从而也提高了混凝土的密实度、强度和耐久性。

配制坍落度 150mm 左右,28d 强度达到 60~80MPa 的高强混凝土,一般用 52.5 级硅酸盐水泥,用量为 450~500kg/m³,沸石粉掺量为水泥重量的 10% 左右,砂率控制在 0.28~0.32,水灰比为 0.30~0.35,高效减水剂掺量为水泥用量的 8%~12%。

一般天然沸石粉的掺量不宜超过胶结材料总量(水泥加掺合料的总量)的 10%。每掺入 10% 的沸石粉,需增加 3kg 用水量,否则会引起混凝土坍落度下降。

用来配制高强混凝土的沸石粉,细度要求是通过 0.08mm 的标准方孔筛,其筛余率不超过 10%,离子净交换量≥110meg/100g(斜发沸石)或 120meg/100g(丝光沸石)。

(四)减水剂

高效减水剂是配制高强混凝土不可缺少的组分,掺入高效减水剂后能使混凝土的水灰比减小,流动性增加,强度提高。近些年来,国内外在掺用高效减水剂配制高强混凝土方面做了大量的研究工作。目前,已通过掺高效减水剂生产出水灰比 0.28 而坍落度为 200mm 的高强混凝土,其强度可达 C100 以上,其早期强度也增长较快。这种按通常施工方法和工艺就能获得高强度混凝土的方法,使生产和施工成为现实。

高效减水剂主要有两大类:一类是以芳香族磺酸盐甲醛缩合物为主要成分的磺化煤焦油系减水剂,如 MF、NNO、FDN、UNF、NF 等。另一类以三聚氰胺甲醛缩合物为主要成分的树脂系减水剂,如 SM 等。这些减水剂的减水率可达 25%。SM 型减水剂产量很小,价格昂贵,在国内很少使用。

高强混凝土在配制时,应选用非引气型减水剂,如 NF、FDN、UNF、SN 等,用量一般为胶结材料的 0.5%~1.8%。

高效减水剂对混凝土坍落度产生的影响,与减水剂的种类、掺量、掺入时间、水灰比、水泥和骨料的种类与数量等因素有关。

在一定初始坍落度条件下,混凝土的坍落度随减水剂掺量的增加而增大,但超过一定限度后混凝土坍落度值的增大就不明显。如果减水剂用量不足,容易引起混凝土的离析。

高效减水剂应该在水泥与水拌和并已充分湿润后再掺入,减水剂溶液不能直接与干燥的水泥接触,否则会严重影响混凝土的质量并导致混凝土离析。可在拌合物加水搅拌后过 2~3min 再掺入减水剂,这样可取得良好的效果。

由于高效减水剂的种类不同,其掺入量和产生的效果也有差异,所以高效减水剂的掺入量应该经过试验确定。

二、高强混凝土的配合比设计

高强混凝土配合比设计计算方法、步骤与普通混凝土相同。外加剂和矿物掺合料的掺量及其对混凝土性能的影响,应通过试验确定。

（一）混凝土试配强度的确定

$$f_{cu,0} = f_{cu} + 1.645\alpha$$

式中　$f_{cu,0}$——混凝土试配强度（MPa）；

　　　f_{cu}——混凝土设计强度标准值（MPa）；

　　　α——施工单位的混凝土强度标准差（MPa）。

（二）用水量计算

用水量以表 6-18 的数据为基础，再用掺减水剂后的减水率加以修正，计算公式为：

$$m_w = m_{wn}(1 - \beta)$$

式中　m_w——掺外加剂每 m³ 混凝土中用水量；

　　　m_{wn}——未掺外加剂每 m³ 混凝土用水量；

　　　β——外加剂的减水率。

各种外加剂的减水率应该根据试验确定，并参照第一节普通混凝土配合比设计中例 2 有关计算方法确定。

（三）高强混凝土的配合比

对 C50、C60 强度等级的混凝土，水胶比（水与胶结材料的质量比，胶结材料包括水泥加掺合料）宜控制在 0.24～0.38 范围内，强度等级越高，水胶比及用水量应越低。对 C80 以上的混凝土，水胶比应小于 0.30。国内一些工程中采用的高强度混凝土配合比，详见表 6-22、表 6-23、表 6-24、表 6-25。

表 6-22　国内一些工程中采用的高强度混凝土配合比

序号	工 程 名 称	强度等级	水泥等级	砂率（%）	坍落度（mm）	减水剂	材料用量（kg/m³）				
							水	水泥	砂	石	粉煤灰
1	上海杨浦大桥	C50	52.5	34 37	160±20 180±20	南浦2号	190 190	440 440	576 626	1100 1050	44 44
2	广东国际大厦	C60	52.5	37 36	220 200	DP	226 198	498 498	609 590	1014 1031	75 75
3	丹东的丹东商场	C60	52.5	32	175	UNF	170	553	563	1188	—
4	上海恒丰路高层建筑	C60	52.5	37	160±30	FTN-2A	185	460	616	1050	35
5	广东中堂公路大桥	C60	—	37		FDN	170	500	685	1165	—
6	北京新世纪饭店	C70	35		180	FDN、木钙	195	467 硅粉 33	612	1139	
7	辽宁省工业技术交流馆	C60	—	30.5	140	UNF-2	155	500	544	1241	—
8	京津塘高速公路凉水河大桥	C60	—	34	160	NF-2	185	550	579	1125	—
9	辽宁省农业银行	C60	—	30	60	UNF-2	150	500	534	1246	—
10	上海新新美发厅	C60	—	35.7	180	FTH-ZA	190	480	575	1034	60

表 6-23 高强度混凝土应用实例(供参考)

工程名称	配合比 水泥：砂：石	减水剂 (%)	水泥标号及 用量(kg/m³)	水灰比	坍落度 (mm)	试件抗压强度(MPa)			备注
						f_3	f_7	f_{28}	
红水河 96m/跨预应 力混凝土斜 拉桥	1：1.45：2.18	FDN(R) 0.54~0.74	(62.5级水泥) 495	0.32~0.34	100±20	44.0	56.5	70.9	铁道科 学研究院 柳州铁路局
钢筋混凝 土防护门	1：1.06：2.68	NF1.0	(62.5级水泥) 500	0.28~0.32	0~30	—	50.0~ 61.7	65.7~ 69.6	清华大 学等
31.7m/跨 预应力混凝 土梁	1：1.216：2.341	UNF-Ⅱ 1.0	(62.5级水泥) 510	0.345	60~80	—	—	≥60.0	丰台桥 梁厂(40℃ 蒸养)
预应力混 凝土轨枕	1：1.185：2.836	NF0.5	(62.5级水泥) 470	0.298	干硬	—	—	≥60.0	丰台桥 梁厂(80~ 85℃蒸养)
预应力混 凝土轨枕	1：1.30：2.85	FDN(S) 0.5	(62.5级水泥) 460	0.29	干硬	—	—	≥60.0	株洲桥 梁厂(80~ 85℃蒸养)

表 6-24 强度为 80MPa 的混凝土配合比(供参考)

编号	水灰比	砂率 (%)	减水剂 NF(%)	材料用量(kg/m³)				28d 强度(MPa)
				水泥	水	砂	石	
F1、干8、干1、B1-1、M	0.28	32	1.0	550	154	575	1221	84.6、90.3、83.3、87.1、83.4
G1、G2	0.325	28	1.0	550	179	496	1275	83.0、91.1

表 6-25 适用于泵送的高强混凝土配合比(供参考)

编号	水灰比	砂率 (%)	泵送剂 NF(%)	坍落度 (mm)	材料用量(kg/m³)				7d 强度 (MPa)	28d 强度 (MFa)
					水泥	水	砂	石		
S-1	0.33	34.8	NF-2 1.4	239	550	180	597	1120	58.4	63.4
S-2	0.33	34.8	1.2	219	550	180	597	1120	55.6	69.4
S-3	0.33	34.8	1.0	205	550	180	597	1120	61.9	70.1
1	0.39	40.0	1.0	227	500	195	689	1034	51.1	69.4
2	0.39	40.0	1.3	233	500	195	689	1034	49.5	67.8
19	0.336	34.0	NF-0 1.4	132	550	185	579	1125	59.9	69.7
20	0.36	36.5	1.4	220	500	180	634	1105	50.0	72.0
21	0.36	35.3	1.4	212	450 粉煤灰50	180	613	1125	58.8	70.4
22	0.38	40.0	NF-1 0.70	141	513	195	685	1028	57.4	73.1
23	0.40	40.0	NF-1 0.55	158	488	195	694	1040	55.4	67.6

三、高强混凝土的使用要点

（1）高强混凝土施工时要严格控制配合比，各种原材料称量误差不应超过以下规定：水泥±2%；活性矿物掺合料±1%；粗、细骨料±3%；水、高效减水剂±0.1%。

（2）高强混凝土应采用强制式搅拌机拌制，并适当延长搅拌时间。严格控制高效减水剂的掺入量，掌握正确的掺入方法。高强混凝土应尽量缩短运输时间，选择好高效减水剂的最佳掺入时间，以免高效减水剂失效而造成混凝土坍落度减小。

（3）高强混凝土要避免因搅拌和运输时间过长而增加含气量，因为对水灰比小的高强混凝土来讲，会因含气量增加而造成强度下降。据统计，对于强度为60MPa的高强混凝土，每增加1%的含气量，抗压强度将降低5%；强度为100MPa的高强混凝土，每增加1%含气量，强度降低达9%。

（4）高强混凝土应用高频振捣器充分振捣，浇筑后8h内应覆盖并浇水养护，养护时间应不少于14d。由于高强混凝土水灰比小，水泥用量较多，养护不当容易失水，出现干缩裂缝，影响混凝土的质量。

（5）高强混凝土采用泵送施工时，要控制水泥用量，一般不超过500kg/m³，可以掺入水泥重量的5%～10%的磨细粉煤灰替代部分水泥，每掺1kg粉煤灰可替代0.5kg水泥，而粉煤灰颗粒具有球形玻璃体的光滑表面，有利于混凝土的泵送。应选用减水效率高，有一定缓凝和少量引气作用的减水剂或复合型减水剂。砂率应适当控制，既要保证混凝土的强度，又要能满足泵送施工的要求。一般在满足泵送施工要求的前提下，砂率宜控制在37%以内。

（6）高强混凝土中掺入高效减水剂后，在流动性相当的条件下，对混凝土的凝结不会产生多大影响，但在坍落度增大或气温较低、高效减水剂掺量较大时，混凝土的凝结往往会延缓。因此在确定后张法预应力混凝土构件抽拔管道和拆模时间时，应根据试验来确定。

（7）用高效减水剂配制的高强混凝土，由于坍落度损失大于不掺或掺木钙的混凝土，因此浇筑完毕后的表面抹面处理更应认真对待。

（8）配制高强混凝土所用的水泥强度高，用量大，因此水泥的水化热高，使混凝土内部的温度较高而产生较大的温度应力，有可能导致混凝土开裂。为减小混凝土浇筑后结构物或构件的内外温差，应采取保温措施。又因高强混凝土水泥用量较大，比普通混凝土的干缩性大，所以更应该重视保湿养护。

（9）高强混凝土在搅拌时，如果所用水泥的温度过高或用水温度过高（＞50℃）时，可能会使掺高效减水剂的混凝土出现假凝现象，失去减水剂的减水效能。此时，应将所有水泥或搅拌用水的温度降低。

（10）如果采用复合型高效减水剂时，应该通过试验证明这些复合组成对混凝土的凝结硬化和体积稳定性不产生影响，对钢筋无锈蚀作用。

（11）配制高强混凝土时，应择优选用减水剂和水泥，尤其当混凝土强度比水泥标准抗压强度高出10MPa以上时，更为重要。

（12）掺高效减水剂的高强混凝土，往往会出现坍落度减小过多的问题，应根据不同工程的特点，通过复配手段，选择对坍落度影响小的优质产品。施工中应考虑到输送过程中坍落度损失对浇筑抹面的影响。

第三节 泵送混凝土

泵送混凝土与传统的混凝土施工方法不同,它是在混凝土泵的推动下沿输送管道进行运输,并在管道出口处直接浇筑的。可一次连续完成水平运输或垂直运输和浇筑,高效省力。

泵送混凝土除满足设计规定的强度、耐久性等性能外,还要满足管道输送过程中对混凝土拌合物的要求,即要求混凝土拌合物能顺利通过输送管道,且摩阻小、不离析、不阻塞,并有良好的粘塑性。为配制出符合泵送要求的混凝土拌合物,在原材料选择和配合比优化等方面要慎重考虑。

一、泵送混凝土的原材料与配合比

（一）原材料要求

（1）水泥

在泵送混凝土中,水泥用量是影响泵送效果的重要因素。应在保证混凝土设计强度和良好可泵性的前提下,尽量减少水泥用量。按我国《钢筋混凝土结构工程施工及验收规范》(GB 50204—1992)的规定,泵送混凝土的最小水泥用量为 $300kg/m^3$。

水泥品种对混凝土拌合物的可泵性也有一定的影响。一般以选用硅酸盐水泥、普通硅酸盐水泥为佳。如用矿渣水泥时,可适当降低混凝土坍落度、掺入适量的粉煤灰、并适当提高砂率等措施以防止混凝土拌合物的离析,并能顺利地进行泵送。但不宜采用火山质硅酸盐水泥。

2. 粗细骨料

粗骨料的级配、粒径和形状对混凝土拌合物的可泵性有很大影响。泵送混凝土要控制石子的最大粒径,形状以圆球形或近似圆球形为佳。当用碎石作为粗骨料时,其最大粒径与输送管内径之比,宜小于或等于 1∶3;当用卵石作为粗骨料时,其最大粒径与输送管内径之比宜小于或等于 1∶2.5,泵送高度在 50～100m 的高层建筑宜为(1∶3)～(1∶4),泵送高度在 100m 以上的超高层建筑宜为(1∶4)～(1∶5),见表 6-26。

表 6-26　粗骨料的最大粒径与输送管径之比

石子品种	泵送高度(m)	粗骨料最大粒径与输送管径比
碎石	＜50	＜1∶3.0
	50～100	＜1∶4.0
	＞100	＜1∶5.0
卵石	＜50	＜1∶2.5
	50～100	＜1∶3.0
	＞100	＜1∶4.0

粗骨料应采用连续级配,针片状颗粒含量不宜大于 10%。细骨料应符合 JGJ 52—1992 标准,应采用中砂。粒径在 0.315mm 以下的细骨料所占的比例应不小于 15%,最好达到 20%,这对改善泵送混凝土的泵送性能非常重要。很多情况下就是因这部分颗粒所占的比例太小而影响正常的泵送施工。如果这部分颗粒不足时,可掺适量粉煤灰加以弥补。

值得注意的是,不能为了改善混凝土的可泵性,而无限制地减小粗骨料的粒径。根据理论计算并参考以往的施工经验,提出不同管径(D)下管径与石子粒径(d)的比值(D/d)列于表6-27,供参考。

表 6-27　适宜的 D/d 值

输送管直径(mm)	$100\sim125$	$125\sim150$	$150\sim180$	$180\sim200$
D/d	$3.7\sim3.3$	$3.3\sim3.0$	$3.0\sim2.7$	$2.7\sim2.5$

3. 掺合料

泵送混凝土中常用的掺合料为粉煤灰,掺入混凝土拌合物中,能使泵送混凝土的流动性显著增加,并使混凝土拌合物在运输过程中不产生离析和泌水现象,大大改善混凝土的泵送性能。当泵送混凝土中水泥用量较少或细骨料中通过 0.30mm 筛孔的颗粒少于 15% 时,掺加粉煤灰是很适宜的。对大体积混凝土结构,掺入一定量的粉煤灰还可以降低水泥的水化热,有利于控制温度裂缝的产生。

粉煤灰的品质应符合国家现行标准《用于水泥和混凝土中的粉煤灰》、《粉煤灰在混凝土和砂浆中应用技术规程》和《预拌混凝土》的有关规定。

4. 外加剂

泵送混凝土中的外加剂,主要有减水剂、引气剂,对于大体积混凝土结构,为防止产生收缩裂缝,还可掺入适量的膨胀和缓凝剂。

泵送混凝土掺用的外加剂,应符合国家现行标准《混凝土外加剂》、《混凝土外加剂应用技术规范》、《混凝土泵送剂》和《预拌混凝土》的有关规定。

(二) 配合比要求

泵送混凝土的配合比,既要满足混凝土设计强度和耐久性要求,又要满足混凝土的可泵性要求。

混凝土的可泵性,一般用压力泌水试验结合施工经验进行控制,通常要求混凝土拌合物在压力泌水仪中加压 10s 时的相对泌水率 S_{10} 不超过 40%。S_{10} 按下式计算:

$$S_{10} = \frac{V_{10}}{V_{140}}$$

式中　S_{10}——混凝土拌合物在压力泌水仪中加压 10s 时的相对泌水率(%);

　　　V_{10}、V_{140}——分别表示在压力泌水仪中加压 10s 和 140s 时的泌水量(ML)。

V_{10} 和 V_{140} 分别取 3 次试验的平均值。

泵送混凝土配合比设计,应符合国家现行标准《普通混凝土配合比设计规程》、《混凝土结构工程施工质量验收规范》等规定,并应根据混凝土原材料、混凝土运输距离、混凝土泵与混凝土输送管径、泵送距离、气温等具体施工条件进行试配。必要时通过试泵送来确定泵送混凝土的配合比。

泵送混凝土试配时的坍落度,可按下式计算:

$$T_1 = T_P + \Delta T$$

式中　T_1——试配时的坍落度;

　　　T_P——入泵时要求的坍落度;

　　　ΔT——试配时测得的在预计时间内坍落度的经时损失值。

还应视具体情况加以调整,如水泥用量较少时,应相应减小坍落度。输送管路较多时,由于弯管、接头多,压力损失大,应适当加大坍落度。向下泵送时,为防止混凝土因自重下落而引起管路堵塞,应适当减小坍落度。当混凝土向上泵送时,为避免出现过大的倒流压力,坍落度不宜过大。

对不同泵送高度,入泵时混凝土的坍落度,可按表 6-28 选用。

表 6-28　不同泵送高度入泵时混凝土坍落度选用值

泵送高度(m)	30 以下	30～60	60～100	100 以上
坍落度(mm)	100～140	140～160	160～180	180～200

混凝土入泵时的坍落度误差,应符合表 6-29 规定。

表 6-29　混凝土坍落度允许误差

所需坍落度(mm)	坍落度允许误差(mm)	所需坍落度(mm)	坍落度允许误差(mm)
≤100	±20	>100	±30

混凝土拌合物制备后,在运输过程中会出现经时坍落度损失。混凝土经时坍落度损失,可按表 6-30 选用。

表 6-30　混凝土经时坍落度损失值

大气温度(℃)	10～20	20～30	30～35
混凝土经时坍落度损失值(mm)(掺粉煤灰和木钙,经时 1h)	5～25	25～35	35～50

注:掺粉煤灰与其它外加剂时,坍落度经时损失值可根据施工经验确定。无施工经验时,应通过试验确定。

泵送混凝土配合比设计时,应参照以下各条要求:

(1)泵送混凝土的用水量与水泥和矿物掺合料的总量之比不宜大于 0.6。

(2)泵送混凝土的砂率宜为 35%～45%。

(3)泵送混凝土的最小水泥用量宜为 300kg/m³。

(4)泵送混凝土需掺适量外加剂,并应符合国家现行标准《混凝土泵送剂》的规定。外加剂的品种和数量应由试验确定。不掺引气剂时,泵送混凝土的含气量不应大于 4%。

(5)泵送混凝土如掺粉煤灰时,其配合比设计应经过试配确定,并应符合《粉煤灰在混凝土和砂浆中应用技术规程》、《混凝土外加剂应用技术规范》和《普通混凝土配合比设计规程》等有关规定。

二、泵送混凝土的运输

泵送混凝土的运输应采用专用的混凝土搅拌运输车。在现场搅拌站搅拌的泵送混凝土可选用适当方式运输,但必须防止混凝土的分层离析;采用预拌混凝土时,混凝土搅拌运输车的数量应根据所选用的混凝土泵的输出量决定。

混凝土泵的实际平均输出量,可根据混凝土泵的最大输出量、配管情况及作业效率,按下列公式计算:

$$Q_1 = Q_{max} \cdot a_1 \cdot \eta$$

式中　Q_1——每台混凝土泵的实际平均输出量(m³/h);

　　　　Q_{max}——每台混凝土泵的最大输出量(m³/h);

a_1——配管条件系数,取 0.8～0.9;

η——作业效率,根据混凝土搅拌车向混凝土泵供料的间断时间、拆装混凝土输送管和布料停歇等情况,取 0.5～0.7。

当混凝土泵连续作业时,每台混凝土泵所需配备的混凝土搅拌运输车台数,可按下列公式计算:

$$N_1 = \frac{Q_1}{60V_1}\left(\frac{60L_1}{S_0} + T_1\right)$$

式中 N_1——混凝土搅拌运输车台数(台);

Q_1——每台混凝土泵的实际平均输出量(m^3/h);

V_1——每台混凝土搅拌运输车容量(m^3);

S_0——混凝土搅拌运输车平均行驶速度(km/h);

L_1——混凝土搅拌运输车往返距离(km);

T_1——每台混凝土搅拌运输车从搅拌站至施工现场往返一趟总计停歇时间(min)。

混凝土搅拌运输车在装料前,应将筒内积水等清除干净。运输途中,拌筒应保持 3～6r/min 的慢速转动。泵送混凝土运至目的地后,如果坍落度损失较大,可在保持水灰比不变的条件下适量加水,并强力搅拌后方可卸料。

泵送混凝土运输延续时间,对未掺外加剂的混凝土,按表 6-31 规定执行;对掺木质素磺酸钙的混凝土,按表 6-32 规定执行。

表 6-31　泵送混凝土运输延续时间

混凝土出机温度(℃)	运输延续时间(min)	混凝土出机温度(℃)	运输延续时间(min)
25～30	50～60	5～25	60～90

表 6-32　掺木质素磺酸钙的泵送混凝土运输延续时间　　　　　　　　(min)

混凝土强度等级	气温(℃)		混凝土强度等级	气温(℃)	
	≤25	>25		≤25	>25
≤C30	120	90	>C30	90	60

采用其它外加剂时,泵送混凝土的运送延续时间,不宜超过实际配合比气温条件测定的混凝土时间的 1/2。

混凝土搅拌运输车给混凝土泵送料时,应注意下列问题:

(1) 送料前,应用中、高速旋转拌筒,使混凝土拌和均匀,避免混凝土出料时出现分层离析。

(2) 送料时,反转卸料应配合泵送均匀进行,且使混凝土保持在集料斗内高度标志线以上。

(3) 暂时中断泵送作业时,运输车拌筒应保持低转速搅拌混凝土。

(4) 混凝土泵送料斗上,应安置网筛,并设专人监视送料,以防粒径过大的骨料或异物进入混凝土泵造成堵塞。

三、混凝土的泵送

(一) 泵送混凝土对模板和钢筋的要求

1. 对模板的要求

由于泵送混凝土的流动性大和施工的冲击力大,因此在设计模板时,必须根据泵送混凝土对模板侧压力大的特点,确保模板和支撑有足够的强度、刚度及稳定性。

2. 对钢筋的要求

浇筑混凝土应注意保护钢筋,一旦钢筋骨架发生变形或位移,应及时纠正。混凝土板和块体结构的水平钢筋,应设置足够的钢筋撑脚或钢支架。钢筋骨架重要节点应采取加固措施。

行动布料杆应设钢支架架空,不得直接支撑在钢筋骨架上。

(二)混凝土的泵送

混凝土泵的操作是一项专业技术工作,要做到安全使用及正确操作,应按照使用说明书及其它有关规定的要求,并结合现场实际情况制定专门操作要点。操作人员必须经过培训合格后,方可上岗独立操作。

混凝土泵要安装牢靠,防止移动和倾翻。

混凝土泵与输送管连通后,应按混凝土泵使用说明书的规定进行全面检查,符合要求后方能开机进行空运转。

混凝土泵启动后,应先泵送适量的水,以润湿混凝土泵的料斗、活塞及输送管的内壁等直接与混凝土接触的部位。经泵送水检查,确认混凝土泵和输送管中没有异物后,可以采用与泵送混凝土配合比成分相同的水泥砂浆(除粗骨料外),也可以采用纯水泥浆或1:2水泥砂浆润湿内壁。这种润湿用的水泥浆或水泥砂浆应分散布料,不得集中浇筑在同一处。

开始泵送时,混凝土泵应处于慢速、匀速并随时可反泵的状态。泵送的速度应先慢后快,逐步加速。同时,应观察混凝土泵的压力和各系统的工作情况,待各系统运转顺利后,再按正常速度进行泵送。混凝土泵送应连续进行。如必须中断时,应保证混凝土从搅拌至浇筑完毕所用的时间不超过混凝土允许的延续时间。

泵送混凝土时,混凝土泵的活塞应尽可能保持在最大行程运行。这样做,一是可提高混凝土泵的输送效率,二是有利于机械的保护。混凝土泵的水箱或活塞清洗室中应经常保持充满水。泵送时,如输送管内吸入空气,应立即进行反泵吸出混凝土,将其送入料斗中重新搅拌,排出空气后再泵送。

当混凝土泵出现压力升高且不稳定、油温升高、输送管有明显振动等现象而泵送困难时,不得强行泵送,应立即查明原因,采取以下相应的措施:

(1)反复进行反泵和正泵,逐步吸出至料斗中,重新搅拌后再泵送。

(2)可用木槌敲击的方法,查明堵塞部位,并在管外击松混凝土后,重复进行反泵和正泵,排除堵塞。

(3)当上述两种方法无效后,应在混凝土卸压后,拆除堵塞部位的输送管,排出混凝土堵塞物后,再接通管道。重新泵送前,应先排除管内空气,拧紧接头。

(4)混凝土泵送过程中,若需要有计划地中断泵送时,应预先确定中断浇筑的部位,且中断时间不要超过1h。同时应采取下列措施:

① 混凝土泵卸料清洗后重新泵送,采取措施或利用臂架将混凝土泵入料斗中,进行慢速间歇循环泵送;有配管输送混凝土时,可以进行慢速间歇泵送。

② 固定式混凝土泵,可利用混凝土搅拌运输车内的料,进行慢速间歇泵送,或利用料斗内的混凝土拌合物,进行间歇反泵和正泵。

③ 慢速间歇泵送时,应每隔4～5min进行一次4个行程的正、反泵。

当向下泵送混凝土时,应先把输送管上气阀打开,待输送管下段混凝土有了一定压力时,方可关闭气阀。

混凝土泵送结束前,应正确计算尚需用的混凝土数量,并应及时告知混凝土搅拌站。

泵送过程中被废弃和泵送终止时多余的混凝土,应按预先确定的方法及时妥善处理。

泵送完毕后,应将混凝土泵和输送管清洗干净,并应防止废浆高速飞出伤人。

四、泵送混凝土的浇筑

(一)泵送混凝土的浇筑顺序

(1)泵送混凝土浇筑时,应由远而近浇筑。

(2)在同一区域浇筑混凝土时,按先浇筑竖向结构然后浇筑水平结构的顺序,分层连续地浇筑。

(3)如不允许留施工缝时,在区域之间、上下层之间的混凝土浇筑间歇时间,不得超过混凝土初凝时间。

(4)当下层混凝土初凝后,在浇筑上层混凝土时,应先按留施工缝的规定处理。

(二)泵送混凝土的布料

(1)在浇筑竖向结构混凝土时,布料设备的出口离模板内侧面不应小于50mm,并不得向模板内侧面直接冲料,也不得将料直冲钢筋骨架。

(2)浇筑水平结构混凝土时,不得在同一处连续布料。应在2~3m范围内水平移动布料。

(3)混凝土分层浇筑时,每层的厚度为300~500mm。

(4)泵送混凝土振捣时,捣棒插入间距一般为400mm左右,一次振捣时间一般为15~30s,并且在20~30min后进行二次复振。

第四节　流态混凝土

流态混凝土就是在坍落度为80~120mm的基体混凝土中,加入流化剂,使混凝土的坍落度随即增大到180~220mm,形成像水一样地流动的混凝土拌合物。

流态混凝土的发展是与泵送混凝土施工的发展密切联系的。泵送混凝土施工一方面要求混凝土拌合物坍落度为200mm左右,有大流动性,便于泵送和浇筑,同时又要求混凝土拌合物不产生分层离析现象,具有良好的和易性。流态混凝土恰好能满足这种要求,因而流态混凝土受到广泛的重视,应用范围逐渐扩大。

一、流化剂的特点和使用效果

在混凝土中掺入高效减水剂(超塑化剂),其目的不是为了提高混凝土的强度,而是为了提高混凝土的流动性,配制流态混凝土,故把这种高效减水剂称为流化剂。

目前常用的流化剂可分为三类:萘磺酸盐甲醛缩合物系;改性木质素磺酸盐甲醛缩合物系;三聚氰胺磺酸盐甲醛缩合物系。

萘磺酸盐甲醛缩合物系属高强混凝土用的高效减水剂,它的品种繁多,大多为液体。对不同的品种,其掺量为水泥量的0.2%~2.0%。

改性木质素磺酸盐甲醛缩合物系属流态混凝土用的流化剂,有时与萘磺酸盐共用。

三聚氰胺磺酸盐甲醛缩合物系属阴离子早强、非引气型高效减水剂。

(一)流化剂的特点

流化剂与一般减水剂相比,具有以下特点:

（1）高减水剂。减水率为 20%～30%，比普通减水剂高一倍左右，明显地提高了水泥的分散效果。

（2）低引气性。流化剂的掺入，不会降低水溶液的表面张力，因此在混凝土搅拌过程中，几乎不引入空气。流化剂的这种低引气性能对本身高强度混凝土十分重要。

（3）无缓凝性。流化剂与一般减水剂相比，无缓凝现象，即使掺量较高也不产生缓凝现象。

（二）流化剂的添加方法及其不同效果

流态混凝土搅拌时，流化剂的添加方法有 P 法和 F 法两种。P 法是在混凝土拌和过程中加入流化剂，这种方法也称为同时添加法；F 法是在先拌好的基体混凝土中，经过 5～90min 静置后，再加入流化剂，这种方法称为添加法。两种方法的制备过程如下：

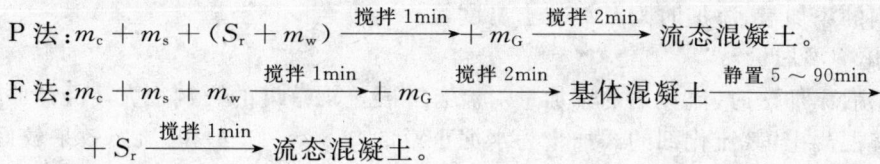

$$P 法：m_c + m_s + (S_r + m_w) \xrightarrow{搅拌 1min} + m_G \xrightarrow{搅拌 2min} 流态混凝土。$$

$$F 法：m_c + m_s + m_w \xrightarrow{搅拌 1min} + m_G \xrightarrow{搅拌 2min} 基体混凝土 \xrightarrow{静置 5 \sim 90min}$$
$$+ S_r \xrightarrow{搅拌 1min} 流态混凝土。$$

式中　m_c——水泥；

m_s——细骨料；

m_G——粗骨料；

m_w——拌和用水；

S_r——流化剂。

这两种流化剂的添加方法会使混凝土产生不同的流化效果。例如：混凝土中水泥用量为 285kg/m³，水灰比为 0.65 时坍落度为 120mm，如果流化剂掺量为水泥重量的 0.5%，流化剂的添加方法分为搅拌时添加、搅拌后立即添加和搅拌后 15～60min 加入。这 3 种不同的添加方法，对混凝土拌合物产生不同的流化效果：如果搅拌时加入流化剂，坍落度为 185mm；如果搅拌后 15min 加入流化剂，则坍落度可达到 210mm；在基体混凝土搅拌之后 15～60min 时间内加入流化剂，坍落度增大效果基本相同。

试验表明，后添加与同时添加的方法相比，在获得同样流动性的流态混凝土时，流化剂的添加量仅为同时添加法的 50%～80%。如果采用不同类型流化剂时，要获得同样坍落度（190mm±10mm），不同添加方法其掺量的比例为：

（1）萘系减水剂的添加量。后添加法为 1，同时添加法为 1.9。

（2）木质素磺酸盐类添加量。后添加法为 1.9，同时添加法为 2.5。

（3）密胺树脂类添加量。后添加法为 2.0，同时添加法为 3.1。

（4）多元醇类减水剂添加。后添加法为 2.5，同时添加法为 4.3。

由以上可见，后添加方法具有较高的流态化效果。

（三）反复添加流化剂的效果

在基体混凝土拌合物中加入流化剂，经过搅拌后成为流态混凝土。流态混凝土拌合物的坍落度会随着时间的持续而降低。为了防止坍落度损失，保证流态混凝土施工的需要，流化剂不是一次全部加入基体混凝土中，而是分成好几次一点一点地加进去，这称之为流化剂的反复添加。例如，在基体混凝土搅拌好后 10min 加入水泥重量的 0.5% 的流化剂，再搅拌 2min 即成为流态混凝土，以后每隔 15min 加入水泥重量的 0.1% 的流化剂，搅拌 1min。

由于流化剂的反复添加,控制了混凝土坍落度的损失,使混凝土拌合物的坍落度能持续较长时间不变。

由于施工的需要,反复添加流化剂后,使混凝土的坍落度得到恢复,这是保证流态混凝土技术要求的有效手段。试验资料证明,反复添加流化剂后,混凝土的性能几乎与原来的流态混凝土性能相同;但是对混凝土的含气量、气泡大小产生影响,使混凝土的抗冻性有所下降。所以,对于在严寒地区反复遭受冻融条件下的混凝土应引起注意。

二、流态混凝土的技术性能

(一)流态混凝土拌合物的坍落度

坍落度是反映流态混凝土拌合物流化效果的技术指标。影响流态混凝土坍落度的主要因素有流化剂的添加量、添加时间及混凝土温度等。

1. 流化剂添加量

在采用后添加法时,流化剂的添加量对流态混凝土坍落度的影响很大。经试验表明,目前使用的流态混凝土,其流化剂的添加量为水泥重量的 0.5%～0.7%时流态效果较好。如果添加量过多,不但流化效果增加不明显,而且还会出现离析现象。

流化剂添加量对混凝土的流化效果与基体混凝土的坍落度有关。据试验表明,当基体混凝土的坍落度在 80mm 以下时,掺流化剂后坍落度增大效果较差。如果水泥用量和骨料细度模数发生变化时,还会引起流态混凝土坍落度的大幅度波动。因此,为取得较好的流化效果,基体混凝土坍落度应不小于 80mm。基体混凝土适宜的坍落度为 80～120mm。

2. 流化剂的添加时间

试验表明,基体混凝土搅拌好以后 60～90min 以内,添加流化剂,其混凝土拌合物坍落度增大量几乎不受影响。如果基体混凝土添加流化剂的时间太晚,由于坍落度的经时损失,流化后的坍落度也变小。

3. 原材料

经试验证明,除了选用超早强的铝酸盐水泥外,其它品种的硅酸盐水泥的流化效果是相同的。

骨料中粒径 0.15mm 以下微粉的含量对混凝土流化效果影响很大,混凝土的坍落度随微粉含量增加而增大。但微粉含量增加到一定值后,混凝土流化后坍落度增大值趋于稳定。当微粉与水泥总量达到 500kg/m³ 以上时,混凝土流化后坍落度增大值一般稳定在 120mm 左右。

粗骨料的种类对混凝土流化后坍落度值没有多大影响。

4. 混凝土的温度

通过试验得知,随基体混凝土温度的提高,掺流化剂后,混凝土的流化效果增大,但由于流化剂的种类以及添加量的不同而稍有差别。基体混凝土的温度降低,其流化效果也会降低,必须相应提高流化剂的添加量才能保证混凝土的流化效果。以温度 20℃时流化剂的添加量的比值作为基准 1.0,当温度在 10℃时,流化剂的添加量的比值应提高到 1.1;而温度在 30℃时,流化剂添加量比值仅为 0.9。由此可知,基体混凝土温度提高,流化剂用量随之降低。

5. 流态混凝土坍落度的经时变化

流态混凝土与普通大流动性混凝土相比,坍落度的经时损失较大。其原因是流态混凝土的单位用水量要比普通大流动性混凝土少;而且流化剂使水泥粒子分散的效果会随时间的增长而降低。

影响流态混凝土坍落度经时变化的主要因素有下列几个方面：

（1）水泥用量。不同水泥用量的流态混凝土，其坍落度的经时损失也不同。水泥用量少的流态混凝土，其坍落度经时损失明显；水泥用量多者，坍落度经时损失相对就少。经试验，水泥用量为 270kg/m³ 的流态混凝土，30min 后其坍落度值约为原来的 50％，60min 后其坍落度值大致与基体混凝土相同。

（2）施工温度。当施工环境温度较高时，流态混凝土坍落度经时损失会增大。当在高温（≥30℃）条件下采用缓凝型流化剂，流态混凝土的坍落度经时损失会小得多。

（3）流化剂掺入时间。分别在混凝土搅拌 10、30、60 和 90min 后添加流化剂，观察流化后混凝土坍落度的经时变化，结果表明，添加时间越迟，流化后混凝土坍落度值的损失越大。

（4）搅拌速度。在搅拌时间相同的情况下，流态混凝土坍落度的经时损失会因搅拌机转速增加而加大。

（二）抗压强度

基体混凝土强度和添加流化剂后的流态混凝土强度相比较，龄期分别为 7d、28d、91d 和 1 年及 3 年，其抗压强度没有明显差别。试验表明，用不同品种的水泥，分别测定 3d、7d、28d 龄期的抗压强度，基体混凝土和流态混凝土是相同的。

由于基体混凝土中掺入流化剂后，混凝土中含气量会降低，尤其通过泵送后，因混凝土中含气量下降，使混凝土的强度稍有提高。

流化剂添加方法可采用同时添加或后添加，对坍落度的增大值影响较大，但对混凝土抗压和抗拉强度影响不明显。

（三）与钢筋的粘结强度

流态混凝土与钢筋间粘结强度，比原来的基体混凝土有所提高。流态混凝土和普通混凝土与钢筋间粘结强度的比较见表 6-33。

表 6-33　流态混凝土和普通混凝土与钢筋间粘结强度的比较

混凝土类别	流化剂	水泥用量（kg/m³）	坍落度（mm）	粘结强度（MPa）			
				7d		28d	
				光圆钢筋	螺　纹	光圆钢筋	螺　纹
普通混凝土	无	400	100	1.2	15.0	1.3	15.2
流态混凝土	掺	400	220	3.5	27.5	4.0	28.5
普通轻骨料混凝土（1800kg/m³）	无	500	100	0.4	6.6	0.6	9.2
流态轻骨料混凝土（1800kg/m³）	掺	500	210	0.9	14.2	2.1	21.0

（四）干燥收缩性

流态混凝土的干燥收缩量与普通基体混凝土相同，比具有相同坍落度的大流动性基体混凝土小 10％～15％。

流态混凝土的干燥收缩量与流化剂的添加量有关。当流化剂的添加量为 0.3％～0.8％时，其干燥收缩量与基体混凝土的收缩量相等；流化剂的添加量为 0.9％～1.0％时，其干燥收缩量比基体混凝土的收缩量稍小。如果选用的是缓凝型流化剂，其收缩量比基体混凝土稍大。

但总的说来,流态混凝土的收缩量与基体混凝土的收缩量基本相同。

（五）耐久性

流态混凝土的透水性试验证明,其透水性与基体混凝土相同。经 300 次冻融循环试验结果表明:流态混凝土的抗冻性与大流动性基体混凝土相同,而比普通基体混凝土稍差。流态混凝土的抗冻性与含气量有关,为了获得必要的抗冻性,混凝土的含气量应在 3.5％以上。对于抗盐类侵蚀性能,用三聚氰胺类流化剂配制的流态混凝土,抗盐类侵蚀的性能比基体混凝土好。用萘磺酸盐类流化剂配制的混凝土,其抗硫酸盐侵蚀的性能与基体混凝土相同。

三、流态混凝土的配合比设计

流态混凝土是在坍落度为 80～120mm 的基体混凝土中,用后添加流化剂的方法,使坍落度增大,成为能像水一样流动的流态混凝土。而流态混凝土硬化后的物理力学性能与基体混凝土相近。因此流态混凝土的配合比设计,首先是基体混凝土的配合比设计;而后,要正确地选择基体混凝土的外加剂与流态混凝土的流化剂。如前所述,基体混凝土与流态混凝土坍落度之间,要有一个合理的匹配。

流态混凝土配合比设计的原则是:① 具有良好的和易性,能密实浇筑成型,并不产生分层离析现象;② 应具有所要求的强度和耐久性;③ 应符合特殊性能要求。

（一）确定试配强度

根据《混凝土结构工程施工及验收规范》(GB 50204—1992),可达到 95％的强度保证率,混凝土的试配强度为:

$$f_{cu,0} = f_{cu} + 1.645\sigma$$

式中 $f_{cu,0}$——混凝土试配强度(MPa);

f_{cu}——设计的混凝土强度标准值(MPa);

σ——混凝土强度标准差(MPa)。

根据 GB 50204 规定,σ 值对于高于 C35 的混凝土可取不小于 3MPa,C35 以下可按不小于 2.5MPa 选用。

（二）水灰比

流态混凝土的水灰比与基体混凝土是相同的,要根据混凝土的强度和耐久性来确定。

在实际工程使用中,为了获得试配强度对应的水灰比,需要通过试验确定实际工程用料。一般按要求的坍落度及含气量,选择 3～4 个水灰比作为配合比设计和试验的依据,从中找出强度和水灰比间的关系,然后从关系中确定满足强度要求的水灰比。选择的水灰比不得大于表 6-34 的要求。

表 6-34 流态混凝土的最大水灰比

区　　分	水灰比的最大值	
	普通混凝土	轻骨料混凝土
高强混凝土	0.65(0.60)*	0.60
常用混凝土	0.70(0.65)*	0.65(0.60)*
寒冷地区混凝土	0.60	
高强度混凝土	0.55	
密实混凝土	0.50	
受海水作用混凝土	0.55	

区 分	水灰比的最大值	
	普通混凝土	轻骨料混凝土
屏蔽混凝土	0.60	—

注：*括号中数值系使用矿渣水泥、硅质水泥以及粉煤灰水泥时的数值。此外，直接与水接触的轻骨料混凝土水灰比的最大值为 0.55。

（三）含气量

为了提高混凝土的抗冻性能，混凝土中一般要有一定的含气量。一般情况下，流态混凝土所用的流化剂，大多数是非引气型的，由于水泥的分散度增大和二次搅拌，混凝土的含气量有下降趋势，为了确保所需的含气量，必须补充掺加一些引气剂。经测定，普通混凝土的含气量为 4％，轻骨料混凝土为 5％。但是由于流化剂的品种、流化时间及方法不同，且混凝土的运输方法及配合比不同等原因，含气量会有所不同。因此事先必须测定含气量变化，以便在确定基体混凝土的配合比时，能保证必要的含气量。

（四）坍落度

流态混凝土的性能，受到基体混凝土的坍落度和流化后坍落度增大的影响。基体混凝土的坍落度小，单位体积用水量小，能有效地改善混凝土的性能。流化后坍落度增大值过大时，难以保证工作性能，这种流态混凝土使用效果不佳。为此，基体混凝土的坍落度与流态混凝土的坍落度之间有合理的匹配，见表 6-35。

表 6-35　流态混凝土坍落度的标准组合

混凝土种类	普通混凝土		轻骨料混凝土	
	基体混凝土	流态混凝土	基体混凝土	流态混凝土
坍 落 度 （mm）	80	150	120	180
	80	180	120	210
	120	180	150	180
	120	210	150	210
	150	210	180	210

表 6-35 中，基体混凝土的坍落度是指流化开始前的坍落度。流态混凝土的坍落度是指浇筑时的坍落度，不是刚流化后的坍落度。

（五）用水量

为获得混凝土所需要的技术性能，应尽量降低用水量。采用普通硅酸盐水泥、AE 减水剂时混凝土的单位体积混凝土用水量的标准值见表 6-36。

表 6-36　单位体积混凝土的用水量标准值　　　　　　　　　　　（kg/m³）

水灰比 （％）	普通混凝土				轻骨料混凝土			
	坍落度组合（mm）		卵石	碎石	坍落度组合（mm）		A 类	B 类
	基体混凝土	流态混凝土			基体混凝土	流态混凝土		
45	80	150	146	159	120	180	166	161
	80	180	148	161	120	210	170	165
	120	180	158	174	150	180	168	163
	120	210	163	177	150	210	171	167
	150	210	175	187	180	210	177	170

水灰比（%）	普通混凝土				轻骨料混凝土			
	坍落度组合（mm）		卵石	碎石	坍落度组合（mm）		A类	B类
	基体混凝土	流态混凝土			基体混凝土	流态混凝土		
50	80	150	145	158	120	180	164	160
	80	180	147	160	120	210	168	163
	120	180	156	168	150	180	165	163
	120	210	161	171	150	210	169	164
	150	210	168	181	180	210	176	167
55	80	150	144	158	120	180	163	158
	80	180	146	160	120	210	166	161
	120	180	154	167	150	180	164	160
	120	210	159	170	150	210	167	163
	150	210	165	179	180	210	174	166
60	120	180	153	167				
	120	210	157	169	—	—	—	—
	150	210	164	179				

注：上表适用于硅酸盐水泥，AE 减水剂，砂的细度模数 $M_K = 2.8$，粗骨料最大粒径：碎石 $D_{max} = 20mm$，卵石 $D_{max} = 25mm$，人造轻骨料 $D_{max} = 15mm$。表中 A 类、B 类表示两种不同的轻骨料。

（六）水泥用量

按上述方法确定水灰比及用水量后，就可以求出水泥用量。但求出水泥用量必须满足单位体积混凝土水泥用量的最小值，见表 6-37。如果求出的水泥用量低于表中值时，应取表中值。

表 6-37　单位体积混凝土水泥用量的最小值　（kg/m³）

混凝土品质等级	普通混凝土	轻骨料混凝土
高　　强	270	300
常　　用	250	

注：在地下或水下的轻骨料混凝土的水泥用量最小值 340kg/m³。

流态混凝土中水泥用量太少，粘聚性差，泌水性增大，浇筑的混凝土容易出现麻面、蜂窝。试验表明，当水泥用量低于表 6-37 中的最小水泥用量时，混凝土的泌水性显著增大。

（七）粗骨料用量

在采用普通硅酸盐水泥，掺入 AE 减水剂，砂的细度模数 2.8，粗骨料最大粒径为碎石 20mm、卵石 25mm、人造轻骨料 15mm 的混凝土时，其单位体积混凝土的粗骨料用量参照表 6-38 先查出松散容积。

根据表中查出的单位体积混凝土的粗骨料松散容积（m³/m³），再乘以粗骨料的密实度，得到粗骨料的绝对体积（L/m³）。即：

粗骨料绝对体积（L/m³）＝单位体积混凝土粗骨料松散容积（L/m³）×粗骨料的密实度（%）。利用表 6-38 数据计算时，应将 m³/m³ 换算成 L/m³，小数点应后移 3 位。

求出的粗骨料绝对体积再乘以粗骨料的视密度（即粗骨料的颗粒表观密度），得到单位体积混凝土粗骨料的用量（kg/m³），即：

粗骨料用量（kg/m³）＝粗骨料绝对体积（L/m³）×粗骨料视密度（kg/L），即：$m_G = V_s \cdot \rho_s$。

表 6-38　单位体积混凝土的粗骨料松散容积　　　　　　　　　　(m³/m³)

水灰比(%)	普通混凝土				轻骨料混凝土			
	坍落度的组合(mm)		卵石	碎石	坍落度的组合(mm)		A类	B类
	基体混凝土	流态混凝土			基体混凝土	流态混凝土		
45	80	150	0.71	0.69	120	180	0.59	0.59
	80	180	0.69	0.67	120	210	0.59	0.59
	120	180	0.68	0.66	150	180	0.57	0.57
	120	210	0.64	0.63	150	210	0.57	0.57
	150	210	0.63	0.62	180	210	0.57	0.57
50～60 (55)*	80	150	0.71	0.69		180	0.58	0.58
	80	180	0.69	0.67	120	210	0.58	0.58
	120	180	0.68	0.66	150	180	0.56	0.56
	120	210	0.64	0.63	150	210	0.56	0.56
	150	210	0.63	0.62	180	210	0.56	0.56

注：* 轻骨料混凝土时是 50～55。A 类、B 类表示两种不同的轻骨料。

（八）细骨料用量

在用水量、水泥用量、粗骨料用量和含气量已确定后，可根据上式先算出单位体积混凝土细骨料绝对体积 V_s，然后求出细骨料用量 m_s。

$$V_s = 1000 - (V_w + V_c + V_G + V_d) \qquad (L/m^3)$$

$$m_s = V_s \cdot \rho_s$$

式中　V_s——细骨料绝对体积（L/m³）；

　　　m_s——细骨料用量（kg/m³）；

　　　ρ_s——细骨料视密度（kg/L）；

　　　V_w——水的绝对体积（L/m³）；

　　　V_c——水泥的绝对体积（L/m³）；

　　　V_G——粗骨料的绝对体积（L/m³）；

　　　V_d——含气量（L/m³）。

（九）基体混凝土外加剂与流态混凝土流化剂的选择

基体混凝土的外加剂，一般采用 AE 减水剂。AE 减水剂可分为标准型、缓凝型和促凝型三类。流化剂可分为标准型和缓凝型两类。缓凝型流化剂用于夏季施工时，能降低流化后的坍落度损失，又能延缓混凝土凝结。基体混凝土外加剂和流态混凝土流化剂，可按表 6-39 组合使用。

表 6-39　基体混凝土外加剂与流态混凝土流化剂的组合

基体混凝土	流态混凝土	基体混凝土	流态混凝土
AE 减水剂(缓凝型)	流化剂(标准型)	AE 减水剂(标准型)	流化剂(标准型)
AE 减水剂(促凝型)	流化剂(标准型)		

第五节　防水混凝土

近些年来，在混凝土的防水工程和施工中，尽管采取了周密的防水抗渗措施，但竣工使用后仍会出现渗漏现象。通过大量的观察和研究表明，混凝土浇筑后，在凝结硬化过程中，由于化学收缩、冷却收缩、干燥收缩等原因会引起混凝土的体积收缩,而混凝土本身属脆性材料,其抗拉强度极低。当混凝土因体积收缩而产生的拉应力超过了本身的抗拉强度时,混凝土就开裂,在裂缝宽度大于0.1mm时混凝土便会渗水。

混凝土的耐久性与渗透性之间存在着密切的关系。有时渗透性对耐久性起着决定作用,因此提高混凝土的耐久性还应从减小和补偿收缩、防止开裂等方面入手。目前用外加剂复合掺加措施已经能够配制出高抗渗、低收缩的高性混凝土——防水混凝土。

通常所指的防水混凝土分为普通防水混凝土和外加剂防水混凝土。防水混凝土的分类及适用范围,见表6-40。

表 6-40　防水混凝土的分类及适用范围

种　　类		最高抗渗压力(MPa)	特　　点	适 用 范 围
普通防水混凝土		>3.0	施工简便,材料来源广	适用于一般工业、民用建筑及公共建筑的地下防水工程
外加剂防水混凝土	引气剂防水混凝土	>2.2	抗冻性好	适用于北方高寒地区抗冻性要求较高的防水工程及一般防水工程,不适用于抗压强度>2MPa或耐磨性要求较高的防水工程
	减水剂防水混凝土	>2.2	拌合物流动性好	适用于钢筋密集或捣固困难的薄壁型防水建筑物,也适用于对混凝土凝结时间(促凝或缓凝)和流动性有特殊要求的防水工程(如泵送混凝土)
	三乙醇胺防水混凝土	>3.8	早期强度高,抗渗标号高	适用于工期紧迫,要求早强及抗渗性较高的防水工程及一般防水工程
	氯化铁防水混凝土	>3.8	早期有较高抗渗性,密实性好,抗渗等级高	适用于水中结构的无筋少筋厚大防水混凝土工程及一般地下防水工程,砂浆修补抹面工程,抗油渗工程
	膨胀剂或膨胀水泥防水混凝土	>3.8	密实性好,抗裂性好	适用于地下工程和地上防水建筑物、山洞、非金属油罐和主要工程的后浇缝

一、普通防水混凝土

普通防水混凝土是以调整配合比的方法,来提高自身密实度和抗渗性的一种混凝土。它是在普通混凝土的基础上发展起来的。两者不同点在于普通混凝土是根据所需的强度进行配制的。在普通混凝土中,石子作为骨架,砂子填充石子的空隙,水泥浆填充细骨料空隙并将骨料粘结一起。而普通防水混凝土是根据工程所需抗渗要求配制的,其中石子的骨架作用减弱,水泥砂浆除满足填充与粘结作用外,还要求在粗骨料周围形成一定数量的、质量良好的砂浆包裹层,从而提高了混凝土抗渗性。因此普通防水混凝土与普通混凝土的配合比不同,水灰比要控制在0.6以内,水泥用量要多一些,砂率要大一些,灰砂比也较高,一般不小于1:2.5。

（一）混凝土渗漏的原因

混凝土是一种非匀质材料,混凝土在凝结硬化过程中产生施工孔隙和构造孔隙。施工孔隙是由于浇筑、振捣质量不良引起的;构造孔隙主要是因配合比不当而形成的。其中对混凝土渗漏影响较大的孔隙有以下3种:

1. 毛细孔

在水泥硬化过程中,多余水分蒸发后,在混凝土中遗留下孔隙。这种毛细孔的孔径越粗,渗水的可能性越大。毛细孔的数量、大小与水灰比、水泥水化程度和养护条件等有直接关系。

2. 沉降缝和接触孔

沉降缝是在混凝土结构形成时,骨料与水泥因各自的密度和颗粒大小不一致,在重力作用下,产生不同程度的相对沉降所引起的。

接触孔是由于砂浆和骨料变形不一致,以及骨料颗粒表面存有水膜,水分蒸发而形成的。上述两种孔隙往往是连通的,孔隙均比毛细孔大。

3. 余留孔

由于混凝土配合比不当,水泥浆贫瘠,不足以填满粗细骨料的间隙而出现的孔隙。

毛细孔、余留孔、沉降缝和接触孔的孔隙较大,而且是开放式的,因而是造成混凝土渗水的主要原因。

(二)影响普通防水混凝土抗渗性的主要因素

1. 水灰比和坍落度

混凝土拌合物的水灰比对硬化混凝土孔隙率的大小的数量起决定性作用,直接影响混凝土结构的密实性。在确保水泥完全水化所需水量的前提下,水灰比越小,混凝土硬化后的密实性越好,抗渗性和强度也越高。但水灰比过小会造成混凝土过于干稠,施工操作时不易振捣密实,对混凝土抗渗性不利。水灰比越大,混凝土硬化后的密实性越差,孔隙率越大,因而混凝土的抗渗性下降越明显。经试验表明,普通防水混凝土的最大水灰比应小于0.6。

在相同水灰比和含砂率情况下,因混凝土拌合物的坍落度不同,泌水率会有明显差异,导致混凝土抗渗性不同。泌水率越大,骨料的沉降作用越剧烈,混凝土内开放性毛细孔越多,对混凝土抗渗性影响越大。因此,在选择适宜水灰比的同时,必须控制混凝土的坍落度。从便于施工和保证混凝土的抗渗性考虑,普通防水混凝土的坍落度以30~50mm为佳。为了使普通防水混凝土具有更好的施工性能,可以掺加减水剂,掺减水剂的普通防水混凝土坍落度值突破了上述限值,又能获得良好的抗渗性。普通防水混凝土水灰比的选择,见表6-41。普通防水混凝土的坍落度选择,见表6-42。

表6-41　普通防水混凝土水灰比的选择

抗渗等级	水 灰 比	
	C20~C30	>C30
P6~P8	0.6	0.55
P8~P12	0.55	0.50
>P12	0.5	0.45

注:抗渗等级是表示试块在抗渗试验时未发现渗水现象的最大水压值,如 P8 表示试块能在 0.8MPa 水压下不渗水。

表6-42　普通防水混凝土坍落度的选择

结 构 种 类	坍落度(mm)	结 构 种 类	坍落度(mm)
厚度≥25cm 的结构	20~30	厚度大的少筋结构	<30
厚度<25cm 或钢筋稠密的结构	30~50	大体积混凝土或立墙	沿高度逐渐减小坍落度

2. 水泥用量和砂率

在一定水灰比限值内,水泥用量和砂率对混凝土抗渗性的影响是十分明显的。足够的水泥用量和适宜的砂率,可以保证混凝土中水泥砂浆的数量和质量,使混凝土获得良好的抗渗性。

经试验表明,当混凝土拌合物的坍落度相近时,防水混凝土的抗渗性随着水泥用量增加而提高。当水泥用量为 320kg/m³ 时,抗渗标号可稳定在 P8 以上,能满足普通防水混凝土工程对抗渗标号的要求。因此,防水混凝土的水泥用量不得低于 320kg/m³。

防水混凝土一般应采用较高的砂率,因砂子除了要求其填充石子空隙并包裹石子外,还必须有一定厚度的砂浆层。普通防水混凝土的砂率选择必须和水泥用量相适应,在一般水泥用量情况下,卵石防水混凝土砂率应不小于 35%,而碎石防水混凝土由于空隙率较大,砂率宜控制在 35%~40%,泵送时可增至 45%。

3. 灰砂比

在最小水泥用量已确定的前提下,灰砂比对抗渗性的影响更为直接。灰砂比直接反映了水泥砂浆的浓度以及水泥包裹砂粒的情况,它对混凝土的结构生成和沉降过程起重要作用。

灰砂比得当,就可获得密实度较高的混凝土。

试验证明,在水灰比≤0.6,水泥用量不低于 320kg/m³ 的条件下,防水混凝土的砂率应不小于 35%,同时灰砂比应不小于 1:2.5。灰砂比对防水混凝土抗渗性的影响,见表 6-43。

表 6-43 灰砂比对防水混凝土抗渗性的影响

灰砂比 (重量比)	相应的砂率 (%)	水泥用量 (kg/m³)	坍落度 (mm)	拌合物表观密度(kg/m³)	抗压强度(MPa)		抗渗压力(MPa)
					砂浆	混凝土	
1:1.0	28.5	500	160	2470	34.1	26.5	0.4(P4)
1:1.5	34.2	417	120	2485	26.8	26.4	0.8(P8)
1:2.0	37.4	357	70	2480	24.3	24.3	1.0(P10)
1:2.5	39.4	312	40	2475	19.5	25.4	1.0(P10)
1:3.0	41.0	278	25	2460	17.7	22.2	0.6(P6)

注:抗渗试件的厚度为 6~7cm。P4、P8、P10、P6 为抗渗标号。

4. 水泥品种

配制普通防水混凝土的水泥,除必须满足国家标准外,还要求抗水性好,泌水性小,水化热低,并具有一定的抗侵蚀性。

普通硅酸盐水泥,早期强度高,泌水率小,干缩也较小,抗水性和抗硫酸盐侵蚀性不如矿渣水泥和火山灰水泥。

矿渣硅盐水泥,水化热较低,抗硫酸盐侵蚀能力好,但泌水性较大,抗渗性较差,干缩率也较大。

火山灰质硅酸盐水泥,耐水性好,水化热低,抗硫酸盐侵蚀性好,但早期强度低,干缩率较大,抗冻性较差。

因此,配制普通防水混凝土,应优先采用普通硅酸盐水泥;有硫酸盐侵蚀的工程中,可采用火山灰质硅酸盐水泥;矿渣水泥可以在采取提高水泥研磨细度或加入外加剂等措施后使用。防水混凝土水泥品种的选择,详见表 6-44。

表 6-44 防水混凝土水泥品种选择

水泥品种	普通硅酸盐水泥	火山灰质硅酸盐水泥	矿渣硅酸盐水泥
优　　点	早期及后期强度较高,在低温下强度增长比其它水泥快,泌水性小,干缩率小,抗冻性和耐磨性好	耐水性强,水化热低,抗硫酸盐侵蚀能力较好	水化热低,抗硫酸盐侵蚀性能也优于普通硅酸盐水泥

水泥品种	普通硅酸盐水泥	火山灰质硅酸盐水泥	矿渣硅酸盐水泥
缺 点	抗硫酸盐侵蚀能力及耐水性比火山灰质水泥差	早期强度低,在低温环境中强度增长较慢,干缩变形大,抗冻性和耐磨性差	泌水性和干缩变形大,抗冻性和耐磨性均较差
适用范围	一般地下和水中结构及受冻融作用及干湿交替的防水工程,应优先采用本品种水泥,含硫酸盐地下水侵蚀时不宜采用	适用于有硫酸盐侵蚀介质的地下防水工程,不宜用于受反复冻融及干湿交替作用的防水工程	必须采取提高水泥研磨细度或掺入外加剂的办法减小或消除泌水现象后,方可用一般地下防水工程

5. 骨料

防水混凝土常用的粗骨料品种有卵石和碎石,这两种骨料是密实的、不透水的。它们的表面状态不同,混凝土拌合物和易性也不同。碎石表面粗糙、多棱角,与水泥的粘着力比卵石要优越得多,一般来说对混凝土强度及抗渗性均有利。但由于碎石表面的特点,要获得与卵石混凝土同样的和易性,每 m³ 混凝土需多用 10~20kg 的水泥,用水量也随之增加,且对抗渗性未必有利。若在相同配比情况下,当砂率较低时,碎石防水混凝土抗渗性略低于卵石防水混凝土。若提高砂率,则两种骨料配制的混凝土的抗渗性相近。试验表明,在相同条件下用碎石配制的防水混凝土其和易性均比卵石配制的防水混凝土差,要想获得良好的和易性及抗渗性,必须适当增加水泥用量及砂率。石子品种对防水混凝土抗渗性的影响,见表 6-45。

表 6-45　石子品种对防水混凝土抗渗性的影响

水灰比	水泥用量 (kg/m³)	砂率 (%)	石子品种	坍落度 (mm)	抗压强度 (MPa)	抗渗压力 (MPa)
0.50	400	51.5	卵石 碎石	62 11	21.7 26.8	>2.5 2.3
0.55	382	51.5	卵石 碎石	75 33	20.8 27.7	>2.6 >2.5
0.60	333	51.5	卵石 碎石	54 23	21.4 23.3	1.4 0.9
0.50	340	32	卵石 碎石	10.7 1	27.2 31.4	>2.5 1.2
0.55	327	32	卵石 碎石	50 5.3	30.3 30.8	1.0 0.8
0.60	300	32	卵石 碎石	110.5 3.5	25.0 25.6	1.2 0.8

注:石子最大粒径为 30mm。

为了控制混凝土中的孔隙,减少分层离析,需要限制石子的最大粒径。由于混凝土在硬化过程中,石子不收缩,而周围的水泥砂浆则产生收缩,造成石子与砂浆变形不一致。石子粒径越大,周边越长,与砂浆收缩的差值越大,越易使砂浆与石子界面间产生微细裂缝。因此防水混凝土的石子最大粒径应不大于 40mm。

在防水混凝土中可以掺入适量的细粉料,达到填充一部分微小空隙,改善混凝土抗渗性的目的。掺量应根据混凝土中水泥用量、水泥标号、砂中小于 0.15mm 颗粒数量的多少及混凝土要求的抗渗标号而定。常用细粉料有磨细砂、石粉和防水性好的火山灰等。细粉料含量对防水混凝土抗渗性的影响,详见表 6-46。

表 6-46　细粉料含量对防水混凝土抗渗性的影响

细粉料含量（%）	水 用 量 （kg/m³）	水 泥 用 量 （kg/m³）	坍 落 度 （mm）	抗 压 强 度 （MPa）	抗 渗 压 力 （MPa）
0	205	350	50	26.4	1.0
2.9	210	350	55	26.0	1.2
5.7	215	350	81	21.3	2.2
8.5	220	350	88	20.8	2.8

注：1. 河砂中原有粒径小于 0.15mm 的细粉料为 1.5%，折合占骨料总重量的 0.95%。
　　2. 水泥为 42.5 级火山灰质硅酸盐水泥。
　　3. 所用细粉料为磨细砂。

6. 养护条件和养护方式

养护对防水混凝土极为重要，也是混凝土获得强度和抗渗性的必要条件。

新浇筑的混凝土在潮湿环境中硬化，可降低混凝土的孔隙率，减小孔径，提高混凝土的密实度和抗渗性。

不同养护方式对防水混凝土抗渗性的影响，见表 6-47。

表 6-47　不同养护方式对防水混凝土抗渗性的影响

养 护 方 式	水灰比	砂　率 （%）	坍 落 度 （mm）	抗 压 强 度 （MPa）	抗 渗 压 力 （MPa）
标准养护 28d	0.6	45	35	29.3	＞2.2
标准养护 14d 后，在水中旋转 14d	0.6	45	45	29.6	2.0
标准养护 14d 后，在空气中置 14d	0.6	45	40	30.6	1.2
标准养护 28d	0.5	35	71	—	＞3.5
在室内干空气中放置 28d	0.5	35	64	—	＜0.4
蒸汽养护	0.6	—	33	17.1	0.4

注：蒸汽养护方法：升温 3h，恒温 18h，降温 3h；恒温温度为 80～85℃。

防水混凝土不宜采用蒸汽养护，因蒸汽养护会使混凝土中毛细孔受蒸汽压力作用而扩张，导致防水混凝土抗渗性急剧下降。

综上所述，影响防水混凝土抗渗性的因素很多，但只要掌握配制普通防水混凝土的技术要求，不难配制出质量良好的防水混凝土。表 6-48 为配制普通防水混凝土的技术要求。

表 6-48　配制普通防水混凝土的技术要求

项　　目	技 术 要 求
水灰比	0.5～0.6
坍落度	30～50mm，如掺外加剂或采用泵送混凝土时不受此限
水泥量	≥320kg/m³
含砂率	≥35%。对于厚度较小、钢筋稠密、埋设件较多等不易浇捣施工的工程应提高到 40%
灰砂比	（1∶2）～（1∶2.5）
骨　料	粗骨料最大粒径≤40mm；采用中砂或细砂。级配（5～20）∶（20～40）＝（30∶70）～（70∶30）或自然级配

（三）普通防水混凝土配合比设计

普通防水混凝土的配合比设计应按体积法计算，设计步骤如下：

（1）根据混凝土设计要求的抗渗指标、强度及施工条件，选定混凝土的坍落度、水灰比、用水量，并计算水泥用量。

普通防水混凝土坍落度选择，见表6-42。

普通防水混凝土水灰比选择，见表6-41。

普通防水混凝土拌和用水量选用，参考表6-49。最后根据试配结果选定。

表 6-49　混凝土拌和用水量参考表　　　　　　　　　　　　（kg/m³）

坍落度(mm)	砂率(%)		
	35	40	45
10～30	175～185	185～195	195～205
30～50	180～190	190～200	200～210

注：1. 表中石子粒径为5～20mm，若石子最大粒径为40mm，用水量应减少5～10kg/m³。表中石子按卵石考虑，若为碎石应增加5～10kg/m³。
　　2. 表中采用火山灰质硅酸盐水泥，若用普通硅酸盐水泥，则水量可减少5～10kg/m³。

（2）选用砂率。防水混凝土的砂率可根据石子空隙率和砂的平均粒径参考表6-50选用。

表 6-50　砂率选用表　　　　　　　　　　　（%）

石子空隙率(%)		30	35	40	45	50
砂的平均粒径(mm)	0.30	35	35	35	35	36
	0.35	35	35	35	36	37
	0.40	35	35	36	37	38
	0.45	35	36	37	38	39
	0.50	36	37	38	39	40

注：石子空隙率 $=\left(1-\dfrac{石子堆积密度}{石子相对密度}\right)\times100\%$。

（3）根据选用的砂率（β_s），按照下式计算砂石混合密度。

$$\rho_{SG} = \rho_s \cdot \beta_s + \rho_G(1-\beta_s)$$

式中　ρ_{SG}——砂石混合密度；

　　　ρ_s——砂的视密度；

　　　ρ_G——石子的视密度。

（4）计算砂石总用量。

$$M_{SG} = \rho_{SG}\left(1000 - \frac{M_W}{\rho_W} - \frac{M_C}{\rho_C}\right)$$

（5）分别计算砂、石用量。

通过以上公式计算出普通防水混凝土的初步配合比，然后再在此基础上进行试配调整，直到满足设计要求为止。

二、引气剂防水混凝土

引气剂防水混凝土是应用较普遍的一种外加剂防水混凝土，它是由混凝土拌合物掺入微量引气剂配制而成的。它具有良好的和易性、抗渗性、抗冻性和耐久性，用于一般防水工程和对抗冻性、耐久性要求较高的防水工程。使用引气剂可弥补矿渣水泥泌水性大，火山灰质水泥需水量高等缺陷。使用引气剂还能有效地改善混凝土拌合物的和易性,节省水泥用量,并可弥补骨料级配不良给施工操作带来的困难。技术经济效果显著。

在我国常用的引气剂有松香皂(松香热聚物和松香酸钠)及近些年发展起来的烷基磺酸钠、烷基苯磺酸钠等。

（一）引气剂防水混凝土的抗渗原理

(1) 掺入加气剂后,混凝土拌合物中产生无数微细气泡,使砂子颗粒间的接触点大大减少,降低了体系的摩擦力,可显著改善混凝土拌合物的和易性,便于浇灌和振捣密实。

(2) 引气剂与水泥微粒之间产生吸附,生成凝胶状薄膜,从而使水泥颗粒相互粘结并增大水泥浆粘滞性,混凝土拌合物不易松散离析。

(3) 由于混凝土拌合物粘滞性增大及微细气泡的阻隔作用,沉降阻力也相应增大。使得由沉降作用造成的混凝土各部分不均匀的缺陷、骨料周围粘结不良的现象和沉降孔隙相应减少。同时,混凝土拌合物的泌水现象也显著减少。

(4) 引气剂在混凝土拌合物中形成的微细气泡最终被密封,成为密闭气泡固结在混凝土中,这种由密闭气泡形成的密闭球壳阻塞了毛细孔通道,减少了渗水通路,提高了抗渗性。

(5) 引气剂使水泥颗粒憎水化,从而使混凝土的毛细管壁憎水化,阻碍了混凝土的吸水和渗水作用,有利于提高混凝土的抗渗性。

（二）影响引气剂防水混凝土性能的因素

1. 引气剂掺入量

混凝土的含气量是影响引气剂防水混凝土质量的决定因素,在引气剂品种确定的条件下,首先取决于引气剂掺量。引气剂的掺量有一个适宜的范围,在这个范围内,混凝土内气泡比较细小、均匀,混凝土结构也比较均匀,引气剂的作用能得到充分发挥,使混凝土获得较高的抗渗性。从改善混凝土内部结构、提高抗渗性及保持应有的混凝土强度出发,掺量选择应以获得3%～5%的含气量为宜。这时,松香酸钠掺量为1/10000～3/10000,松香热聚物掺量为1/10000。

2. 水灰比

水灰比不仅决定着混凝土内毛细管网的数量及大小,而且对所形成气泡的数量与质量也有很大影响。引气剂防水混凝土气泡的生成与拌合物的稠度有关。水灰比低时,拌合物稠度大,不利于气泡形成,使含气量降低;水灰比高时,虽然引气剂含量不变,但拌合物稠度小,有利于气泡形成,含气量会提高。应使含气量不超过6%,以保证防水混凝土的抗渗性和强度都满足要求。水灰比不同,引气剂的极限掺量也不同。

引气剂掺量与水灰比的关系,见表6-51。

表 6-51　引气剂掺量与水灰比的关系

水 灰 比	0.50	0.55	0.60
引气剂掺量($\times 10^{-4}$)	1～5	0.5～3	0.5～1

引气剂防水混凝土抗渗性与水灰比的关系,见表6-52。

表 6-52　引气剂防水混凝土水灰比选用表

水 灰 比	0.4～0.5	0.55	0.60	0.65
抗渗等级	≥P12	≥P8	≥P6	≥P4

3. 砂的粒径

砂子粒径越细,混凝土中气泡则越小,抗渗性也越好,但用水量和水泥用量相应要增加,使混凝土收缩性增大。因此,在实际工程中可因地制宜,采用细砂或中砂,尤以细度模数 2.6 左右的砂子为好。砂粒径对混凝土抗渗性的影响,见表 6-53。

表 6-53 砂粒径对混凝土抗渗性的影响

砂 的 特 性		坍 落 度 (mm)	含 气 量 (%)	拌合物堆积密度 (kg/m³)	抗 渗 压 力 (MPa)
中砂：细砂	细度模数				
100：0	2.88	90	9.1	2300	0.6
50：50	2.335	95	7.35	2320	0.8
0：100	1.79	87	7.1	2360	1.0

4. 水泥品种和灰砂比

引气剂对水泥品种有良好的适应性,所以普通水泥、矿渣水泥、火山灰质水泥均可采用。

灰砂比会影响混凝土拌合物的粘滞性。灰砂比大,混凝土粘滞性大,含气量则小,为获得一定的含气量,就需要增加引气剂掺量。如果灰砂比小,混凝土拌合物含气量上升,则可相应减少引气剂掺量。

5. 搅拌时间

掺入引气剂的防水混凝土的含气量受搅拌时间的影响大。一般情况下,从搅拌开始,含气量随搅拌时间的增加而增加,当搅拌到 2～3min 时,含气量达到最大值;如果继续搅拌,则含气量开始下降。适宜的搅拌时间应通过试验确定。通常情况下,较普通混凝土搅拌时间稍长,需搅拌 2～3min。

6. 养护条件

养护条件是影响引气剂防水混凝土性能的重要因素,尤其是对混凝土的抗渗性影响更大。混凝土的硬化需要在一定的温度和湿度条件下进行,低温条件对引气剂防水混凝土的强度和抗渗性不利。如果引气剂防水混凝土在 5℃ 的温度条件下养护,该混凝土将失去抗渗能力,冬季施工时应注意温度的影响。

养护湿度足够大的情况下,对防水混凝土的抗渗性有利。在适宜温度的水中养护,可使防水混凝土获得最佳的抗渗性能。

7. 振捣

各种振动都会降低混凝土含气量。振动时间越长,含气量损失越大。为保证混凝土有一定的含气量,同时又保证混凝土能振捣密实,振捣时间不应过长或过短。当采用振动台或平板式振捣器时,振捣时间不宜超过 30s;使用插入式振捣器时,不宜超过 20s。

（三）松香酸钠引气剂的配制方法

松香酸钠引气剂性能好,制作简便,建筑工地能自行配制。松香酸钠引气剂是以松香和氢氧化钠溶液在加热条件下进行化学反应而生成的。配制方法如下:

1. 松香处理

将松香边加热边搅拌,直至 200℃ 左右呈熔融态,进而变为深棕色时即可使用;也可将熔融物冷却,凝固后破碎备用;还可将未经处理的松香破碎,存放一段时间,使其颜色变深后备用。若采用氧化树脂酸,可直接破碎使用。

2. 配制氢氧化钠溶液

溶液的浓度应根据松香的皂化系数确定(皂化系数是指中和1g松香所需的氢氧化钠的mg数。一般松香皂化系数在 160～180 之间)。

配制 1L 氢氧化钠溶液所需氢氧化钠用量可按下式计算:

$$G = 1000K\frac{B}{C}$$

式中　G——氢氧化钠用量(mg);

　　　B——松香皂化系数;

　　　C——氢氧化钠纯度;

　　　K——比例系数$\left(\dfrac{\text{NaOH 当量}}{\text{KOH 当量}} = \dfrac{40}{56.1} = 0.71\right)$。

在工地上将氢氧化钠制成密度为 1.125～1.160kg/m³ 的溶液备用,按 1kg 松香加 1L 氢氧化钠溶液的比例备料。

3. 加热配制松香酸钠

将氢氧化钠溶液煮沸,边搅拌边徐徐加入松香粉或熔融的松香。松香加完后再继续煮 30min 以上。在皂化过程中加热的火要小,只要保持溶液的沸腾状态即可,熬制过程中要随时添加沸水,以补充被蒸发的水分,防止凝聚结底。

取出少许上述成品,以水稀释,若为澄清透明、无混浊物和沉淀物,即说明皂化已完全。

4. 稀释松香酸钠

将皂化好的成品加温水稀释至一定浓度贮存备用。

使用时,应将引气剂溶液与混凝土拌和用水预先拌和均匀,严禁将引气剂直接倒入搅拌机。

在配制松香酸钠溶液时常常会结块并生成混浊液、胶状物等,这与松香原材料质量有关。

松香是一种天然树脂,通常为非结晶状态,但它具有易结晶的性质。其结晶温度为 80～130℃,在 100℃附近最易结晶。松香纯度越高,越易结晶。松香结晶后,就不易皂化了。制取松香酸钠溶液时的皂化温度,恰好处在松香最易结晶的温度区域内,如果采用易结晶的上等松香,则难以避免出现结块,生成混浊液等现象。而等级低的松香,杂质较多,便不易结晶,因此它是配制松香酸钠很好的原材料。

三、减水剂防水混凝土

（一）减水剂防水混凝土概述

以各种减水剂拌制的防水混凝土,统称为减水剂防水混凝土。采用减水剂可减少混凝土的拌和用水量,从而减小混凝土中孔隙率,增加混凝土的密实性和抗渗性;也可在不增加混凝土拌和用水的条件下,增大混凝土的坍落度,从而在满足特殊施工要求的同时,保持混凝土具有一定的抗渗性。用减水剂配制的防水混凝土,应用在工程中除了具有较高的抗渗性能外,还有良好的和易性,可调节凝结时间,以及推迟水化热峰值出现等特点。因而特别适用于钢筋稠密的薄壁建筑物、滑模、泵送、大型设备基础混凝土和水工混凝土,以及要求高强、早强的各种防水混凝土工程,并已取得了良好的技术经济效益。

减水剂防水混凝土的主要技术经济效果有以下两方面:

（1）在保持混凝土和易性不变的情况下，用水量可减少 10%～20%，相应混凝土强度提高 10%～30%。抗渗性能提高一倍左右。

（2）在保持水灰比不变、水泥用量不变的情况下，可增加混凝土坍落度 80～150mm，同时抗渗性能及强度均不降低，甚至有所提高。

防水混凝土用的减水剂，按有无引气作用，可分为引气型和非引气型两种。对于配制防水混凝土来说，用引气型减水剂的抗渗性能较优越，如木质素磺酸盐、MF 等；而非引气型减水剂混凝土强度较好，如 NF。

按对混凝土凝结时间的影响，减水剂又有普通型、缓凝型和促凝型三种。缓凝型可使混凝土的凝结时间推迟 3～6h；促凝型可使混凝土的凝结时间提早 1～2h。一般混凝土中常用普通型减水剂，NNO 及 MF 属于普通型减水剂。冬季施工和需要早强的混凝土可采用促凝型减水剂。NNO、MF 与混凝土早强剂复合使用的属促凝型减水剂。缓凝型减水剂适用于大坝、大型设备基础等大体积混凝土及夏季施工采用滑模工艺的混凝土工程。糖蜜及木质素磺酸钙均属于缓凝型。

（二）防水混凝土常用减水剂掺量

普通型减水剂 NNO、MF 一般掺量为水泥用量的 0.5%～1%。

木质素磺酸钙掺量为水泥用量的 0.2%～0.3%。

糖蜜掺量为水泥用量的 0.2%～0.3%。

为了使减水剂在混凝土中分布均匀，在使用干粉减水剂时，应预溶成液体掺入拌和用水中。预溶时为避免出现结团难溶现象，宜先将水加热至 60℃ 左右，再将减水剂干粉徐徐倒入。预溶液体浓度约 20% 较为适宜。一般在施工时采用密度法较易控制。

（三）减水剂防水混凝土的防水原理

混凝土掺入减水剂后，由于减水剂对水泥颗粒产生吸附-分散作用，破坏了水泥颗粒因凝聚而产生的絮凝结构，释放出自由水，使水泥成为细小的单个粒子，均匀分散于水中，如果减少拌和用水量，可提高混凝土的保水性和抗离析性。减水剂的分散作用，对水泥颗粒还能产生润滑和润湿作用，在水泥颗粒表面形成一层稳定的水膜，使水泥颗粒之间的润滑作用增加，从而提高混凝土的流动性，改善混凝土的和易性。

在保持混凝土流动性不变的情况下，能减少用水量，降低水灰比，使混凝土内孔隙率下降，提高混凝土的密实性。

当使用引气型减水剂后，能在混凝土中产生一定量的封闭、均匀分散的小气泡，对混凝土内毛细管通道起阻隔作用，改变了毛细管的特征，提高了混凝土的抗渗性。还能在满足一定施工和易性的条件下，大大降低拌和用水量，使硬化后的混凝土中毛细孔数量相应减少，毛细孔也更加均匀、分散、细小，使混凝土的抗渗性能得到进一步提高。

（四）减水剂防水混凝土的主要技术性能

1. 泌水性

混凝土拌合物泌水性大小，对硬化后的混凝土的抗渗性有很大影响，经大量实践证明，不同减水剂品种均有降低混凝土拌合物泌水率的效果，尤其是掺加具有引气作用的减水剂，可以使混凝土拌合物的泌水率降低 58%～78%，效果极为显著，这就使减水剂防水混凝土的抗渗性大幅度提高。表 6-54 为几种减水剂对泌水率的影响。

表 6-54　各种减水剂对泌水率的影响

| 减 水 剂 | | 水 灰 比 | 坍 落 度 | 泌 水 率 | 降低泌水率 |
品　种	掺量（%）		（mm）	（%）	（%）
—	0	0.51	0	4.87	—
NNO	0.5	0.51	35	3.81	21
MF	0.5	0.51	165	2.05	58
木钙	0.25	0.51	35	1.17	76

注：混凝土的配合比为 1：1.85：3.29。采用 42.5 级矿渣水泥。

2. 水化热

在水利工程和大型设备基础工程等大体积混凝土中，水泥水化热过高会使混凝土内部升温过快，在其冷却过程中，往往因内外温差而引起混凝土开裂，减水剂可以使水泥水化热峰值推迟出现，并在混凝土达到一定抗拉强度后，才遇到降温收缩，这有助于减少或避免混凝土裂缝，保证防水效果。

3. 抗渗性

减水剂防水混凝土，由于降低了用水量，改善了混凝土拌合物的和易性，降低了泌水率，从而获得良好的抗渗性能。

减水剂防水混凝土有良好的抗渗性，首先依靠减少用水量，其次适当的含气量对提高抗渗性起了辅助作用，因而掺引气型减水剂（如 MF、木钙等）较非引气型减水剂（如 NNO 等）的抗渗性好。表 6-55 为掺 NNO 及其复合剂的混凝土的抗渗性，表 6-56 为掺 MF 及木钙的混凝土的抗渗性。

表 6-55　掺入 NNO 及其复合剂的混凝土的抗渗性

| 编号 | 外 加 剂 | | 水 泥 | | 水灰比 | 坍落度 | 抗 渗 性 | |
	品种	掺量（%）	品种	用量（kg/m³）		（mm）	MPa	渗透高度（cm）
1	—	0	52.5 级	300	0.6	10～30	0.8	—
2	NNO	1	普通水泥	264	0.6	10～30	1.5	—
3	—	0	52.5 级	281	0.62	10～30	0.8	—
4	NNO	0.8	普通水泥	287	0.45	10～30	>1.2	6.8
5	—	0	52.5 级	350	0.55	60	0.8	—
6	NNO-F	0.8	矿渣水泥	360	0.55	155	0.9	—
7	NNO-F	0.5		360	0.55	105	0.8	—
8	—	0	52.5 级	380	0.5	3	1.7	—
9	NNO-F	0.8	矿渣水泥	380	0.5	150	1.7	—
10	NNO-F	0.5		407	0.49	160	1.4	—

注：NNO-F 为用工业萘及甲萘酚副产品废硫酸合成的。

表 6-56　掺 MF 及木钙的混凝土的抗渗性

| 减 水 剂 | | 水 泥 | | 水 灰 比 | 坍落度 | 抗 渗 性 | |
品　种	掺量（%）	品　种	用量（kg/m³）		（mm）	MPa	渗透高度（cm）
—	0	52.5 级	380	0.54	52	0.6	—
木钙	0.25	矿渣水泥	380	0.48	56	3.0	—
—	0	52.5 级	350	0.57	35	0.8	—
MF	0.5	普通水泥	350	0.49	80	1.6	—
木钙	0.25		350	0.51	35	>2.0	10.5

注：该组试件匀质性差，有 3 块抗渗性均大于 2MPa，渗透高度平均为 11cm。

4. 抗压强度

减水剂掺入混凝土后，可减少用水量、改善和易性、降低泌水率、增加混凝土的密实度，不但提高了混凝土的抗渗性，强度也有大幅度提高。即使在不减少用水量而获得大坍落度混凝土的情况下，也因为混凝土拌合物和易性的改善、泌水率降低，混凝土强度仍有增大。

5. 抗冻性

在我国北方高寒地区的室外使用防水混凝土，除要求有高抗渗性外，还应有良好的抗冻性能。在这些地区，抗冻性能是影响混凝土耐久性的更重要的指标。

目前，采用引气型减水剂或掺入引气剂的复合型减水剂配制的防水混凝土，在抗渗、防冻两个方面均取得了良好的效果。在抗冻性能方面大大优于不掺外加剂的普通混凝土。某次试验表明：单掺 MF 型减水剂，掺量为 0.7% 的防水混凝土，经过 50 次冻融循环后其强度仅降低 5.5%，而未掺减水剂的普通混凝土强度则降低 28.5%；单掺简易脱糖木钙 0.25% 的防水混凝土，经过 75 次冻融循环后，强度仅降低 5.5%，而未掺外加剂的普通混凝土强度则降低 13.2%；在掺复合型减水剂（NNO 为 0.8%、三乙醇胺为 0.03%、引气剂为 0.01%）的防水混凝土，其抗冻性高于或接近单掺引气剂的混凝土，并超过了北方港口工程对抗冻性的要求（冻融循环在 300 次以上）。

四、三乙醇胺防水混凝土

三乙醇胺有早强和增强作用，一直用作早强剂，从 20 世纪 70 年代初开始利用三乙醇胺配制防水混凝土，大量用于水池、水塔、地下室、泵房、设备基础等，取得良好的效果。

三乙醇胺防水混凝土不仅具有良好的抗渗性，而且具有早强和增强效果，质量稳定，适用于需要模板周转率高、工程进度快的早强防水混凝土。

其防水原理是：在混凝土中掺入微量三乙醇胺时，并不改变水泥的水化生成物，却能加速水泥的水化作用，促使水泥在早期就生成较多的含水结晶物，夺取了较多的水与它结合，相应地减少了游离水，也就减少了由于游离水蒸发而遗留下来的毛细孔，从而提高了混凝土的抗渗性。

当三乙醇胺和氯化钠、亚硝酸钠复合使用时，在水泥水化过程中分别生成氯铝酸盐和亚硝酸铝酸盐类络合物，这些络合物的生成，会出现微量体积膨胀，填充了混凝土内部孔隙和堵塞了毛细管孔道，增加了混凝土的密实性，提高了混凝土的抗渗性。

三乙醇胺早强防水剂有以下 3 个基本配方：

三乙醇胺 0.05%（占水泥重量的百分比）；

三乙醇胺 0.05% + 氯化钠 0.5%（分别为占水泥重量的百分比）；

三乙醇胺 0.05% + 氯化钠 0.5% + 亚硝酸钠 1%（分别为占水泥重量的百分比）。

五、氯化铁防水混凝土

氯化铁防水混凝土是在混凝土拌合物中加入少量氯化铁防水剂配制而成的具有抗渗性、高密实度的混凝土。

（一）氯化铁防水混凝土的防水原理

氯化铁防水剂掺入混凝土后所以能防水的原因主要有以下 3 个方面：

（1）氯化铁防水剂的主要成分是氯化铁、氯化亚铁和硫酸铝，掺入混凝土后，与水泥水化过程中析出的氢氧化钙反应，生成氢氧化铁、氢氧化亚铁和氢氧化铝等不溶于水的胶体，这些胶体填充在水泥砂浆和混凝土的孔隙内，增加了混凝土的密实性，这是氯化铁防水剂能提高混凝土和水泥砂浆防水性能的主要原因。

（2）掺氯化铁防水剂后，生成氢氧化铁、氢氧化铝等胶状物，混凝土的泌水率大幅度下降，使混凝土内的孔隙率随之减小，而密实度增加。

（3）氯化铁防水剂中氯化铁、氯化亚铁与水泥水化时析出的氢氧化钙作用，在生成胶状氢氧化铁、氢氧化亚铁的同时，还生成新生态的氯化钙，不但增加混凝土的密实性，同时新生态的氯化钙进一步激化了熟料矿物，使其加速水化，并与 C_3S、C_3A 和水合成氯硅酸钙及氯铝酸钙晶体，进一步提高了混凝土的密实度。

另外氯化铁防水剂中的硫酸铝与水泥水化生成的氢氧化钙作用，在生成氢氧化铝胶体的同时，还生成硫酸钙，而硫酸钙又能与水泥中的 C_3A 和水反应生成水化硫铝酸钙晶体，并出现微量膨胀，增加混凝土的紧密度。

表 6-57 为氯化铁防水剂对水泥泌水率的影响。

表 6-57　氯化铁防水剂对水泥泌水率的影响

水泥品种	42.5 级普通水泥			42.5 级矿渣水泥			42.5 级火山灰质水泥		
固体防水剂掺量（%）	0	1	2	0	1	2	0	1	2
泌水率（%）	19.4	14.8	10.9	28.7	15.8	14.4	24.4	15.7	12.3

注：固体防水剂 1%相当于液体防水剂 3%左右。

（二）氯化铁防水混凝土的主要技术性能

1. 抗渗性

由于氯化铁防水剂对混凝土和砂浆具有早强作用，并且在早期就有较高的抗渗性能，这对于某些要求施工后很快就能承受水压的工程有较大的价值，特别是用氯化铁防水砂浆作为防水工程的修补，更有实际意义。

目前用氯化铁防水剂配制出抗渗标号达 P40 的防水混凝土和抗渗标号达 P30 的抗油渗混凝土，是几种常用外加剂防水混凝土中抗渗性最好的一种。氯化铁防水混凝土的抗渗性和氯化铁防水砂浆的抗渗性，分别见表 6-58、表 6-59；3d 龄期水泥砂浆抗渗试验结果，见表 6-60。

表 6-58　氯化铁防水混凝土的抗渗性

水泥品种	混凝土配合比			水灰比	固体防水剂掺量（%）	龄期（d）	抗渗性		抗压强度（MPa）
	水泥	砂	碎石				压力（MPa）	渗水高度（cm）	
42.5 级普通水泥	1	2.95	3.5	0.62	0	52	1.5	—	22.5
42.5 级普通水泥	1	2.95	3.5	0.62	0.01	52	4.0	—	33.3
42.5 级普通水泥	1	2.95	3.5	0.60	0.02	28	>1.5	2~3①	19.9
42.5 级普通水泥	1	1.90	2.66	0.46	0.02	28	>3.2	6.5~11①	50.0
42.5 级矿渣水泥	1	2.5	4.7	0.6	0	14	0.4	—	12.8
42.5 级矿渣水泥	1	2.5	4.7	0.6	0.015	14	1.2		

续表 6-58

| 水泥品种 | 混凝土配合比 | | | 水灰比 | 固体防水剂掺量(%) | 龄期(d) | 抗渗性 | | 抗压强度(MPa) |
	水泥	砂	碎石				压力(MPa)	渗水高度(cm)	
52.5级矿渣水泥	1	2	3.5	0.45	0	7	0.6	—	21.6
52.5级矿渣水泥	1	2	3.5	0.45	0.03②	7	>3.8	—	29.3
52.5级矿渣水泥	1	1.61	2.83	0.45	0.03②	28	>4.0	—	

① 试块用汽油作抗渗试验。② 为液体防水剂量。

表 6-59　氯化铁防水砂浆的抗渗性

| 水泥品种 | 重量配合比 | | | 抗渗性 | 备　注 |
	水泥	砂	固体防水剂	压力(MPa)	
42.5级普通水泥	1	3	0	0.7	—
	1	3	0.01	>2.4	渗水高度2.5cm
42.5级矿渣水泥	1	3	0	1.1	—
	1	3	0.01	2.0	
42.5级火山灰质水泥	1	3	0	2.4	—
	1	3	0.01	>2.4	渗水高度1cm

表 6-60　3d龄期水泥砂浆抗渗试验结果

| 序号 | 水泥品种与标号 | 重量配合比 | | | 水灰比 | 试件厚度(cm) | 抗渗压力(MPa) |
		水泥	砂子	液体防水剂			
1	52.5级矿渣水泥	1	2	0	0.5	3	0.1
2	52.5级矿渣水泥	1	2	0.01	0.5	3	0.5
3	52.5级矿渣水泥	1	2	0.03	0.5	3	>1.5
4	52.5级普通水泥	1	2	0	0.5	3	0.1
5	52.5级普通水泥	1	2	0.03	0.5	3	>1.5

2. 抗压强度

氯化铁防水剂具有早强和增强作用,这是因如前所述,新生态的氯化钙激化水泥熟料矿物,加速水化反应,并与C_3S、C_3A和水生成氯硅酸钙、氯铝酸钙和硫铝酸钙,增加了混凝土的密实度,从而提高了混凝土的早期强度。

另外,新生态氯化钙对水泥熟料矿物的激化作用,是一个比较长久的过程。这也是能持续地提高混凝土抗压强度的原因。而直接掺氯化钙的混凝土只能提高早期强度。不同水泥品种配制的砂浆,掺与不掺氯化铁防水剂的抗压强度对比,见表6-61。

表 6-61　水泥砂浆抗压强度

| 水泥品种 | 重量配合比 | | | 28d抗压强度 | |
	水泥	砂	固体防水剂	(MPa)	(%)
42.5级普通水泥	1	3	0	33.6	100

· 133 ·

水泥品种	重量配合比			28d 抗压强度	
	水 泥	砂	固体防水剂	（MPa）	（%）
42.5 级普通水泥	1	3	0.01	37.0	110
42.5 级矿渣水泥	1	3	0	11.0	100
42.5 级矿渣水泥	1	3	0.01	15.7	143
42.5 级火山灰质水泥	1	3	0	19.0	100
42.5 级火山灰质水泥	1	3	0.01	25.2	133

3. 抗钢筋锈蚀性

混凝土中钢筋的锈蚀属于电化学腐蚀过程，氯离子对钢筋的腐蚀要在水和氧同时存在的条件下才能进行。在氯化铁防水混凝土中，由于生成大量的氢氧化铁胶体，使混凝土密实性提高，水和氧的进入十分困难，对抑制钢筋的锈蚀创造有利条件，同时在钢筋周围生成一层氢氧化铁胶膜，保护了钢筋。这与直接掺入氯化钙的混凝土不同，后者不能生成胶体和形成胶膜，因此不能保护钢筋。

但在掺入氯化铁防水剂的混凝土中，新生态氯化钙除了与水泥结合以外，还剩余少量氯离子，形成了对钢筋锈蚀的条件。经实际测定，在掺入 3% 液体氯化铁防水剂的硬化砂浆中，剩余氯离子的含量为水泥重量的 0.224%，依据规定，这样的含量在普通钢筋混凝土工程中是允许的。

在氯化铁防水混凝土中，存在防止钢筋锈蚀的有利和不利因素，需要通过试验及测试来鉴别其对锈蚀的具体影响。

4. 耐腐蚀性

在混凝土中掺入氯化铁防水剂后，其密实性提高，因此混凝土的抗冻性和耐腐蚀性都有所提高。

氯化铁防水混凝土具有耐油性，适宜建造汽油、轻柴油或食用油等贮罐。

（三）氯化铁防水混凝土的配制与施工

氯化铁防水混凝土的配制与施工和普通混凝土相同。但必须注意以下 7 个问题：

（1）市场上出售的化学试剂不能作为氯化铁防水剂使用。因为用作防水剂的氯化铁中含有几种不同功能的物质，这是保证防水混凝土质量所必需的。

（2）氯化铁防水剂在使用前，应先用水稀释，严禁将氯化铁防水剂直接加入水泥或粗细骨料中。

（3）氯化铁防水剂的掺量以 3% 为宜。掺入过多对钢筋锈蚀、混凝土干缩、凝结时间都有影响，掺少了效果不明显。如用氯化铁防水砂浆抹面，掺量可增至 3%～5%。

（4）要求配料准确。投料后，需用机械搅拌 2min 以上才能出料。如果搅拌机停止运转0.5h 以上时，则在搅拌第一罐时要多加一些水泥及砂子，以防搅拌机内大量挂浆，相对地使粗骨料过多，影响质量。

（5）施工缝用氯化铁防水砂浆的重量配合比为水泥∶砂∶氯化铁防水剂＝1∶0.5∶0.03，水灰比为 0.5。

（6）氯化铁防水混凝土，用同样配合比和材料，在不同的养护条件下，其抗渗性截然不同。试样表明，砂浆低温（10℃）养护时，抗渗性较差。当养护温度从 10℃ 提高到 25℃ 时，砂浆抗渗标号从 P1 提高至 P15 以上。但养护温度过高也会使抗渗性能降低。因此，当采用蒸汽养护时,应控制温度不超过 50℃。

（7）采用自然养护时,浇灌 8h 后,即用湿草袋覆盖,夏季要提前一些。24h 后,再定期浇水养护 14d,尤其是前 7d,要保证混凝土充分湿润。

氯化铁防水混凝土适用于水下工程、无筋少筋防水混凝土工程及一般地下工程,如水池、水塔、地下室、隧道和油罐等工程。

六、膨胀水泥防水混凝土

采用膨胀水泥配制的防水混凝土称为膨胀水泥防水混凝土。这种混凝土具有适度膨胀和补偿收缩作用,可以减少裂缝的产生,提高混凝土的抗渗性能。亦称补偿收缩混凝土。

（一）膨胀水泥

膨胀水泥的种类很多,各国的分类方法也不尽相同,我国习惯上按下述两种方法分类:

1. 按基本组成分

（1）硅酸盐膨胀水泥。以硅酸盐水泥为主,外加铝酸盐水泥和石膏所组成。

（2）铝酸盐膨胀水泥。以铝酸盐水泥为主,外加石膏所组成。

（3）硫铝酸盐膨胀水泥。以无水硫铝酸钙（$4CaO \cdot 3Al_2O_3 \cdot SO_3$）和硅酸二钙（$\beta$-$2CaO \cdot SiO_2$）矿物为主,外加石膏所组成。

通过调整上述水泥中的几种组分,可以得到具有不同膨胀值的水泥。

2. 按膨胀值大小分

（1）膨胀水泥。其线膨胀率一般在 1% 以下,可以用来补偿普通混凝土的收缩,所以又称不收缩水泥或补偿收缩水泥。当用钢筋限制其膨胀时,使混凝土受到一定的预压应力,能大致抵销由于干燥收缩所引起的混凝土的拉应力,从而提高了混凝土的抗裂性,防止干缩裂缝的产生。如果膨胀率较大,则膨胀结果,除补偿收缩变形外,尚有少量的线膨胀值。

膨胀水泥主要用于补偿收缩,防水接缝,补强堵塞等工程。

（2）自应力水泥。它是一种强膨胀性的膨胀水泥,与一般的膨胀水泥相比,具有更大的膨胀性能。自应力水泥砂浆或混凝土的线膨胀率为 1%～3%,所以膨胀结果不仅使混凝土避免收缩,而且还有一定的多余线膨胀值,在限制条件下,还可以使混凝土受到压应力,从而达到了预应力的目的。它可以用于制造自应力钢筋混凝土输水、输气、输油压力管,以及反应罐、贮油罐、水池、水塔、矿井支架、轨枕和其它自应力钢筋混凝土建筑构件。由于自应力钢筋混凝土同时具有较好的抗裂和抗渗性能。所以用自应力水泥制造压力管是较为合理的。

（二）膨胀水泥防水混凝土的抗渗防水原理

膨胀水泥防水混凝土在水泥硬化过程中,形成大量的结晶膨胀的钙矾石。而这种针状或柱状的钙矾石在结晶发育时,往往向阻力小的孔隙中生长,发育。在硬化后期,水化硅酸钙、氢氧化钙和钙矾石交织在一起,形成了非常致密的水泥石结构。另外,采用膨胀水泥配制钢筋混凝土,在约束膨胀的情况下,由于混凝土膨胀而张拉钢筋,被张拉的钢筋对混凝土本身产生了压缩应力,称之为化学自应力。这一自应力能大致抵消由于混凝土干缩和徐变所产生的拉应力,从而达到补偿收缩和抗裂防渗的效果。

（三）膨胀水泥防水混凝土的施工

膨胀水泥防水混凝土要求有较高的抗渗性,在配制和施工时应注意下列问题:

（1）膨胀剂在计量时应使用精度高的计量装置,避免因计量误差,造成过量膨胀对工程的破坏。

（2）混凝土要注意充分搅拌，避免膨胀剂在混凝土中分布不均匀，使局部因膨胀剂多而造成混凝土破坏。

（3）为了使膨胀水泥防水混凝土具有一定的防渗、抗裂能力，要求在混凝土中能建立 $0.2\sim0.7$ MPa 的自应力值，这就要求混凝土具有一定的膨胀率。它与水泥品种及其膨胀率有关。我国几种膨胀水泥标准规定：水中养护 28d 的净浆线膨胀率 $\leqslant1.0\%$。在混凝土配合比相同的条件下，膨胀水泥的膨胀率越高，配制的膨胀混凝土的膨胀量级越大，对克服干缩产生的负应变越有利。另一方面，提高混凝土的水泥用量也可以提高混凝土的膨胀率。

（4）选择合理的混凝土配筋率。为了提高膨胀水泥防水混凝土的防渗、抗裂能力，必须强调对膨胀的约束。在设计时，最好采用圆形或拱形的建筑结构。如采用箱形结构则要在保证结构强度的情况下，选择合理配筋率和布筋方式，混凝土保护层不能太厚。如何恰当地约束膨胀，使水泥的晶体膨胀能转变为有效的自应力，使混凝土结构处于受压状态，这是使膨胀水泥防水混凝土达到防渗和抗裂的重要条件。最普遍的方法是通过混凝土内部配筋和邻位摩擦去约束膨胀。随着配筋率的增加，限制膨胀率相应减少，而自应力值却提高。但是当配筋率 $\mu>2\%$ 时，自应力就增加不多了，所以配筋率必须适当。研究表明，适宜的配筋率为 $\mu=0.2\%\sim1.5\%$。

（5）养护。为了发挥膨胀水泥防水混凝土的膨胀特性，在混凝土硬化初期必须供给充分的水才能使其发挥膨胀效应。要求混凝土在浇筑后的 $12\sim24$h 内浇水养护，养护期以 14d 为宜。

冬季施工时需要保温保湿。用膨胀水泥混凝土制作构件时，一般蒸养温度为 $60\sim90$℃，恒温时间为 $1\sim2$h，脱模强度为 $10\sim20$MPa，冷却脱模后，浸水养护以 14d 为宜。

膨胀水泥防水混凝土具有胀缩可逆性的特征，以明矾石膨胀混凝土为例，经过 14d 雾室养护后，放在空气中养护 90d，约束膨胀率从 6.48/10000 下降 3.3/10000，随后再把它放在水中，又会产生膨胀，尽管它不能回升到原来的膨胀值，但其恢复程度是可观的。膨胀水泥防水混凝土的这种胀缩可逆性对于水下、地下和山洞的防水工程是十分有利的。这种潮湿环境，将使混凝土构筑物处于受压状态，从而获得良好的防渗、抗裂效果。

根据对膨胀水泥防水混凝土的研究和施工实践，以明矾石膨胀水泥混凝土为例，它的防水混凝土工艺参数如下：

水泥用量：$350\sim380$kg/m³（人工浇筑时水泥量应适当增加）；

水灰比：$0.5\sim0.52$（最好加入减水剂，水灰比可降至 $0.47\sim0.5$）；

砂率：$35\%\sim38\%$；

坍落度：$70\sim80$mm；

石子：级配要求同普通混凝土；

砂子：宜用中砂，细度模数为 $2.4\sim2.6$，含泥量 $<3\%$；

膨胀率：$\mu=0.2\%\sim1.5\%$；

养护期：不少于 14d。

第六节　喷射混凝土

喷射混凝土是借助喷射机械，利用压缩空气或其它动力，将按一定比例配合的拌合料，通过管道输送并以高速喷射到受喷的岩面、构筑物及建筑物上凝结硬化而成的一种混凝土。

喷射混凝土施工简便易行,省去支模、浇筑和拆模工序,使混凝土输送、浇筑和捣实合为一道工序,加快衬砌的施工速度;喷射混凝土密度高,强度和抗渗性较好,节约混凝土;还可以通过输料软管的高空或狭小工作区间的薄壁结构施工,工作简单、机动灵活,有较广的适应性;经济效益好,衬砌总成本比采用浇筑方法降低约30%。

一、喷射混凝土的原材料

(一) 水泥

水泥品种和标号的选择应满足工程使用要求,当加入速凝剂时,还应考虑水泥与速凝剂的相容性。

喷射混凝土应优先选用强度不低于 42.5 级的硅酸盐水泥或普通硅酸盐水泥,因为这两种水泥中的 C_3S 和 C_3A 的含量较高,同速凝剂的相容性好,能速凝、快硬,后期强度也较高。矿渣硅酸盐水泥凝结硬化较慢,但对抗硫酸盐、海水腐蚀的性能比普通硅酸盐水泥好。

当喷射混凝土遇到含有较高可溶性硫酸盐的地层或地下水的地方时,应使用抗硫酸盐类水泥。当结构物要求喷射混凝土早强时,可使用硫铝酸盐水泥或其它早强水泥。当骨料与水泥中的碱可能发生碱-骨料反应时,应使用低碱水泥。当喷射混凝土用于耐火结构时,应使用高铝水泥,它同时对于酸性介质也有较大的抵抗能力。高铝水泥由于早期水化作用,水化热高,使用时需采取一定的预防措施。

(二) 骨料

1. 砂

喷射混凝土宜选用中粗砂,砂的细度模数应大于2.5。砂子颗粒级配应满足表 6-62 的要求。砂子过细,会使喷射混凝土干缩增大;砂子过粗,则会增加回弹。砂子粒径小于 0.075mm 的颗粒不应超过 20%,否则,由于骨料周围粘有灰尘,会妨碍骨料与水泥的良好粘结。

表 6-62　细骨料的级配限度

筛孔尺寸 (mm)	通过百分数 (以重量计)	筛孔尺寸 (mm)	通过百分数 (以重量计)
10	100	0.6	25～60
5	95～100	0.3	10～30
2.5	80～100	0.15	2～10
1.2	50～85		

2. 石子

喷射混凝土用卵石或碎石皆可,以卵石为好。因卵石对设备及管路磨蚀小,也不会像碎石那样因针片状含量多而引起管路堵塞。目前,国内生产的喷射机虽然能使用最大粒径为25mm 的骨料,但为了减少回弹,骨料的最大粒径不宜大于 15mm。

骨料的级配对喷射混凝土的拌合料的可泵性,通过管道时的流动性、在喷嘴处的水化、对受喷面的粘附以及最终产品的表观密度和经济性都有重要作用。为取得最大的表观密度,不得使用间断级配的骨料,并将所有超过尺寸的粗骨料经过筛选后除掉。因为这些大粒粗骨料会引起管路堵塞。在喷射混凝土中掺入速凝剂时,不得使用含有活性二氧化硅的石材作粗骨料,以免引起碱-骨料反应使喷射混凝土开裂破坏。喷射混凝土的石子级配要求,见表 6-63。

表 6-63 喷射混凝土的石子级配限度

筛孔尺寸 (mm)	通过每个筛子的重量百分比		筛孔尺寸 (mm)	通过每个筛子的重量百分比	
	级配 1	级配 2		级配 1	级配 2
20.0	—	100	5.0	10~30	0~15
15.0	100	90~100	2.5	0~10	0~5
10.0	85~100	40~70	1.2	0~5	—

(三) 外加剂

1. 速凝剂

喷射混凝土中使用速凝剂的目的是达到速凝快硬,减少回弹损失,防止因重力作用所引起的脱落,提高喷射混凝土在潮湿或含水岩层中使用的适应性,并可适当加大一次喷射厚度和缩短层间的喷射间隔时间。

喷射混凝土用的速凝剂中含有碳酸钠、铝酸钠和氢氧化钙。速凝剂一般为粉状。常用的速凝剂见表 6-64。当采用某一品种速凝剂掺加到某一品种水泥中时,应符合下列条件:

初凝时间在 3min 以内;

终凝时间在 12min 以内;

8h 后的强度不小于 0.3MPa;

28d 强度不应低于不加速凝剂的试件强度的 70%。

表 6-64 常用速凝剂的种类

种 类	主要成分	常用掺量(占水泥重%)	生产单位	种 类	主要成分	常用掺量(占水泥重%)	生产单位
红星一型	铝氧熟料 碳酸钠 生石灰	2.5~4	黑龙江鸡西水泥速凝剂厂	782 型	矾泥 矾土 石灰石 碳酸钠	6~7	湖南冷水江市水泥速凝剂厂
711 型	矾土 纯碱 石灰 无水石膏	2.5~3.5	上海硅酸盐制品厂	尧山型	铝矾土 土碱 石灰石	3.5	陕西蒲白矿务局水泥厂

(1) 速凝剂在水泥凝结硬化过程中的作用。在水泥中掺入速凝剂,遇水混合后立即水化,速凝剂的反应物 NaOH 与水泥中的 $CaSO_4$ 生成 Na_2SO_4,使石膏失去缓凝作用。

由于溶液中石膏的浓度降低,C_3A 迅速进入溶液,析出了水化物,导致水泥浆迅速凝固,水泥石形成疏松的铝酸盐结构。同时沉淀下来的铝酸盐水化物,如 $C_3A \cdot Ca(OH)_2 \cdot H_2O$、$C_3A \cdot CaSO_4 \cdot 12H_2O$ 的固溶体决定了水泥结构。Na_2SO_4 和 NaOH 也起着加速硅酸盐矿物特别是 C_3S 水化的作用。随着龄期的延长,C_3S 水化物不断析出,填充并加固疏松的铝酸盐结构;随着溶液中 $Ca(OH)_2$ 浓度逐渐增高,使 Na_2SO_4 和 $Ca(OH)_2$ 发生可逆反应重新生成 $CaSO_4$,从而在液相中形成针状的晶体,这对疏松的铝酸盐结构的加固,以及致密作用是有利的。

但是,掺速凝剂的喷射混凝土,后期强度往往偏低,与不掺者相比,后期强度损失 30%。这是因为掺速凝剂的水泥石中,先期形成了疏松的铝酸盐水化物结构,以后虽有 C_3S 和 C_2S 水化物填充加固,但已使硅酸盐颗粒分离,妨碍硅酸盐水化物达到最大附着和凝聚所必须的紧密接触。

速凝剂不仅加速硅酸盐矿物 C_3S、C_2S 的水化,同时也加速了 C_4AF 的水化。由于水泥中 C_4AF 的含量高达 10% 以上,水化时析出的铁铝酸盐水化物 CFH 胶体包围在 C_3S、C_2S 表面,从而阻碍了 C_3S、C_2S 后期的水化。

在凝结硬化后期,$C_3A \cdot Ca(OH)_2 \cdot 12H_2O$ 和 $C_3A \cdot CaSO_4 \cdot 12H_2O$ 和固溶体的连生体被破坏成疏松的条状晶体;在水化硫铝酸盐固体表面和基质中,小颗粒的固相表面生成极小的针状水化硫铝盐晶体;基质中,早期形成的胶体填充物的结晶及次微晶的再结晶,造成了裂隙和空穴。这些内部缺陷导致了后期强度的损失。

(2) 影响速凝剂使用效果的因素有以下 6 个方面:

① 水泥品种的影响。红星一型速凝剂使普通硅酸盐水泥的凝结加快,在 $1\sim3min$ 内初凝,$2\sim10min$ 内终凝,能满足喷射混凝土的速凝要求。红星一型速凝剂对抗硫酸盐水泥和火山灰质硅酸盐水泥的速凝效果也很显著,但对矿渣硅酸盐水泥的速凝效果较差。

② 速凝剂掺量的影响。速凝剂对普通硅酸盐水泥的最佳掺量为 $2.5\%\sim4\%$,若掺量超过 4%,终凝时间反而增长。速凝剂掺量对水泥速凝效果的影响,见表 6-65。当掺量大于 4% 时,喷射混凝土强度的降低更为严重。

表 6-65 速凝剂掺量对速凝效果的影响

掺量(占水泥重量的%)	掺入方式	水灰比	室温(℃)	湿度(%)	凝结时间	
					初凝	终凝
0	干拌	0.4	23~26	75	4h51min	6h53min
2	干拌	0.4	23~26	75	1min18s	7min12s
4	干拌	0.4	23~26	75	2min12s	3min9s
6	干拌	0.4	23~26	75	2min11s	5min
8	干拌	0.4	23~26	75	2min54s	8min29s

注:速凝剂为红星一型,水泥为唐山东方红水泥厂 42.5 级普通硅酸盐水泥。

③ 水灰比的影响。喷射混凝土的水灰比愈大,速凝效果愈差。水灰比对水泥凝结时间的影响,见表 6-66。

表 6-66 水灰比对水泥凝结时间的影响

速凝剂名称	掺量(%)	水灰比	凝结时间	
			初凝	终凝
红星一型	2.5	0.30	1min20s	2min17s
红星一型	2.5	0.35	1min50s	2min45s
红星一型	2.5	0.40	2min30s	4min10s
红星一型	2.5	0.45	2min52s	5min
红星一型	2.5	0.50	4min32s	7min20s

注:水泥为洛阳水泥厂 42.5 级普通硅酸盐水泥。试验温度 20℃。

④ 温度的影响。一般情况下,未掺速凝剂的水泥凝结速度随温度升高而加快。但对掺速凝剂的水泥,其相对强度随温度降低而升高。当温度升高到 30℃ 时,在水泥中掺加速凝剂,则对终凝时间和 28d 强度极为不利。不同温度下的水泥净浆性能,见表 6-67;温度对水泥凝结时间的影响见表 6-68。

表 6-67　不同温度下的水泥净浆性能

温度 (℃)	掺量 (%)	凝结时间		抗压强度(MPa)					28d 相对 强度(%)
		初　凝	终　凝	4h	1d	3d	7d	28d	
3	0			—	0.1	2.3	9.4	22.6	100
	3	5min25s	9min30s	0.4	0.9	9.7	20.8	25.7	114
10	0			—	0.3	5.6	14.3	28.6	100
	3	3min45s	9min	0.8	2.8	13.2	16.4	26.3	91.9
20	0			—	2.5	11.7	18.2	34.2	100
	3	2min15s	5min55s	0.5	7.3	15.9	18.6	24.4	71.4
30	0			—	5.8	16.8	23.5	35.8	100
	3	2min25s	>45min	0.3	9.6	12.4	14.5	16.3	45.6

表 6-68　温度对水泥凝结时间的影响

速凝剂名称	掺　量 (%)	施工温度 (℃)	凝结时间	
			初　凝	终　凝
红星一型	3	25	1min24s	2min37s
红星一型	3	20	2min30s	3min45s
红星一型	3	14	2min4s	3min46s
红星一型	3	10	2min30s	4min
红星一型	3	4	8min	14min3s

⑤ 水泥风化程度的影响。水泥风化是由于水泥颗粒吸收空气中的水分和二氧化碳后在其表面形成水化层和碳化层的结果。水泥风化程度对速凝剂速凝效果的影响,见表 6-69。同时,水泥风化程度对喷射混凝土各龄期强度的影响也比较大。所以喷射混凝土施工时,应尽可能使用较新鲜的水泥,而且必须做水泥与速凝剂相容性试验。

表 6-69　水泥风化程度对速凝效果的影响

水泥品种	水泥的风化程度	速凝剂掺量 (占水泥重量的%)	凝结时间	
			初　凝	终　凝
洛阳水泥厂 42.5 级普硅	水泥袋中心取样	2.5	1min35s	4min20s
	水泥袋中心取样后空气中暴露 3d	2.5	2min	21min40s
江油水泥厂 42.5 级普硅	水泥袋中心取样	3	1min15s	2min
	水泥袋表层取样,稍有结块	3	4min55s	1h35min
哈尔滨水泥厂 42.5 级普硅	未风化	3	1min20s	4min5s
	在空气中暴露 40d	3	9min	>45min

注:普硅即普通硅酸盐水泥。

⑥ 速凝剂受潮程度的影响。红星一型速凝剂的吸湿性很强,当它吸收空气中的水分后,其中的主要成分 $NaAlO_2$ 即水解成 $Al(OH)_2$ 和 $NaOH$,与速凝剂的其它成分生成新的化合物,使速凝效果显著降低。因此速凝剂必须密封干燥保存,严防受潮。速凝剂受潮程度对速凝效果的影响见表 6-70。

表 6-70　速凝剂受潮程度对速凝效果的影响

速凝剂存放情况	外观特征	初　凝	终　凝	水　泥
铁桶密闭三年零三个月	灰白色、松散状	1min5s	5min10s	哈尔滨水泥厂产
从铁桶内取出,在潮湿环境中散开放置 3d	灰褐色、结小块	1min15s	18min	42.5 级普通硅酸盐水泥
库中存放(密闭程度不同)	未受潮、灰白色 微受潮、没结块 轻度潮、少量结块 中等潮、结块多 严重受潮、黄土色	1min15s 2min 2min50s 7min50s >1h	2min45s 3min25s 6min15s >20min —	江油水泥厂产 42.5 级普通硅酸盐水泥

注:试验温度均为 20℃,水灰比为 0.4,速凝剂掺量为水泥重量的 3%。

(3) 常用的速凝剂有如下两种:

① 红星一型速凝剂。红星一型速凝剂是国内目前应用最为普遍的一种粉状速凝剂,其主要成分是铝氧烧结块(生产氧化铝的中间产物,其中含铝酸钠约 50%,硅酸二钙 35%,呈灰色球状,用时需磨细到与水泥细度相近)、碳酸钠(俗称纯碱,工业用无水碳酸钠,其中含 Na_2CO_3 98%,白色粉末状)和生石灰。其重量配合比为,铝氧烧结块:碳酸钠:生石灰 = 1.0:1.0:0.5。

在水泥中掺入 2.5%～4% 的红星一型速凝剂,一般可使水泥在 2min 内初凝,10min 内终凝。并可显著地提高混凝土的早期强度,对钢筋无锈蚀作用。这种速凝剂的主要缺点是,降低喷射混凝土的后期强度 25%～30%,并会加大水泥或混凝土的收缩。

② 782 型速凝剂。782 型速凝剂主要成分如下:

矾泥:应为新鲜的矾泥,不得掺有杂物;

矾土:Al_2O_3 的含量越高越好,一般应在 60% 以上;SiO_2 的含量应越少越好;

石灰石:CaO 的含量不得低于 50%;

纯碱:含水率不大于 1%,碳酸钠的含量在 85% 以上。

将上述原材料按一定配合比混合均匀,经过 1150～1200℃ 高温煅烧后粉磨而成。粉磨后的细度,可用 4900 孔/cm² 标准筛过筛,筛余率不得超过 15%。

在水泥中加入 6%～8% 的 782 型速凝剂,一般能使水泥在 1～3min 内初凝,3～5min 内终凝,水泥石的 28d 抗压强度约降低 15%。由于这种速凝剂含碱量低,对人体的腐蚀性较小。

目前用的都属碱性速凝剂,pH 值高达 12.7。国外正研制开发的非碱性速凝剂,pH 值为 7.0～7.5,属中性。在水泥中掺入 1% 的非碱性速凝剂,初凝时间为 38s,终凝时间在 10min 以内。在喷射混凝土中采用这种非碱性速凝剂后,同传统的碱性速凝剂相比,具有多方面的优点。例如,对水泥强度损失的影响较小,加入这种新型速凝剂的水泥,其 28d 强度比加入传统的碱性速凝剂要增大 24%,并且可以显著地减少回弹损失。

2. 减水剂

在喷射混凝土内加入占水泥重量 0.5%～1.0% 的减水剂,可以提高混凝土的强度,减少回弹,并明显地改善了喷射混凝土的不透水性和抗冻性。

3. 早强剂

喷射混凝土中所用的早强剂也不同于普通混凝土,一般同时要求速凝和早强,而且速凝效果应当与其它速凝剂相当。

由铁道科研院研制的 TS 早强速凝剂,其主要成分是硅酸钙、铝酸钙及其部分水化产物,还有少量活性物质,在硫铝酸盐水泥中掺入 6％TS 剂,能使水泥在 5min 内初凝,8min 内终凝,而且有明显的早强作用,8h 后的试件抗压强度达 12.11MPa。TS 早强剂对硫铝酸盐水泥强度增长的影响见表 6-71。

表 6-71　TS 早强剂对硫铝酸盐水泥强度增长的影响

编号	水泥	气温 (℃)	TS 早强剂	抗压强度(MPa)						
				1h	2h	3h	6h	8h	1d	3d
1	硫铝酸盐水泥	16	0	0	0	0	0	0.29	20.4	23.5
2	硫铝酸盐水泥	16	6％	0.196	0.39	0.59	6.2	12.1	—	24.5

4. 增粘剂

在喷射混凝土拌合料中,加入增粘剂,可以明显地减少施工粉尘和回弹损失。德国生产的 SiliPon SPR6 型增粘剂,具有良好的减少粉尘浓度的性能。用干法喷射掺入水泥重量 0.3％ 的 SiliPon SPR6 型增粘剂,可使粉尘浓度减少 85％(在喷嘴处加水)或 95％(骨料预湿)。因增粘剂与水反应需要时间,所以采用骨料预湿润是很适宜的。

用湿法喷射,在水灰比为 0.36 和 0.4 的条件下,掺入 SiliPon SPR6 型增粘剂,其掺量为水泥重量 0.3％,可以降低粉尘 90％ 以上。这种增粘剂还可以使回弹损失降低 1/4。但是,这种增粘剂也会使喷射混凝土的 8h 的抗压强度降低 10％～20％,28d 的抗压强度约降低 15％。

5. 防水剂

喷射混凝土中的高效防水剂的作用是减少混凝土用水量,减少或消除混凝土的收缩裂缝,增强混凝土的密实性。

目前采用明矾石膨胀剂、三乙醇胺和减水剂三者复合防水剂,可使喷射混凝土抗渗强度达 3.0MPa 以上(即 P>30),比普通喷射混凝土提高 1 倍;抗压强度达到 40MPa,比普通喷射混凝土提高 20％～80％。加入防水剂的喷射混凝土抗渗试验结果见表 6-72。

表 6-72　加入防水剂的喷射混凝土抗渗试验结果

编号	喷射混凝土配合比(水泥∶砂∶石)	水灰比	外加剂(占水泥重量％)					钻取试样的抗渗强度(MPa)
			明矾石膨胀剂	三乙醇胺	UNF-2	FDN-S	782 速凝剂	
1	1∶2∶2	0.45	20	0.05	—		—	1.2
2	1∶2∶2	0.45	20	0.05	—		5	1.2
3	1∶2∶2	0.45	20	0.05	0.3			>3.0
4	1∶2∶2	0.45	20	0.05	0.3		5	>3.0
5	1∶2∶2	0.45	20	0.05	—	0.3		>3.0
6	1∶2∶2	0.45	20	0.05	—	0.3	5	>3.0

6. 引气剂

用于湿法喷射混凝土的引气剂是松香热聚物和松香酸钠,其次是合成洗涤剂类的烷基苯磺酸钠、烷基磺酸钠或洗衣粉。这两类引气剂的技术性能基本相同。

另外,铝粉和双氧水(过氧化氢)与水泥作用,也能产生直径为 0.25mm 左右的气泡,但不能形成提高混凝土抗冻性能的气孔体系,只能用作多孔混凝土的加气剂,不能作为湿法喷射混凝土的引气剂。

二、喷射混凝土的配合比

(一)配合比设计要求

喷射混凝土配合比设计要求与普通混凝土相似,无论是干喷或湿喷,拌合料设计必须符合下列要求:

(1)必须能喷射到指定的厚度;

(2)4~8h 的强度必须具有控制层变的能力;

(3)在速凝剂用量满足可喷性和早期强度的前提下,还必须达到设计的 28d 强度;

(4)有良好的耐久性;

(5)回弹量少;

(6)不发生管路堵塞。

(二)胶骨比

喷射混凝土的胶骨比,即水泥与骨料之比,为(1∶4)~(1∶4.5)。水泥量过少,回弹量大,初期强度增长慢;水泥过多,不仅能产生粉尘量增多等劣化施工条件的情况,而且硬化后的混凝土收缩量也增大。

混凝土的收缩值取决于其配合比及其所用原材料的性能,水泥用量及用水增大时,混凝土的收缩变形增大。在浆体中引入骨料,可以对水泥浆体的体积变化起约束作用,从而减少水泥浆体的收缩。因此,每 m³ 混凝土中的水泥过多,在技术和经济上都是不可取的。

水泥过多,对喷射混凝土后期强度的增长也有不利影响。试验表明,当水泥用量超过 $400kg/m^3$ 时,喷射混凝土强度并不随水泥用量增大而提高,反而在水泥用量最大时使强度降低。水泥用量对喷射混凝土抗压强度的影响,见表 6-73。

表 6-73　水泥用量对喷射混凝土抗压强度的影响

混凝土的材料用量(kg/m³)			混凝土抗压强度(MPa)	混凝土的材料用量(kg/m³)			混凝土抗压强度(MPa)
水泥	砂	石		水泥	砂	石	
380	950	950	31.4	692	692	692	19.0
542	812	812	22.6				

水泥用量过多对喷射混凝土抗压强度的影响,除了因混凝土中起结构骨架作用的骨料太少外,还由于水泥用量过多,拌合料在喷嘴处瞬间混合时,水与水泥颗粒混合不均匀,水泥水化不充分,也是降低喷射混凝土强度的重要原因。

(三)骨料最大粒径和砂率

喷射混凝土骨料的最大粒径,不得大于喷射系统输料管道最小断面直径的 2/5,亦不宜超过一次喷射厚度的 1/3。

砂率对喷射混凝土的稠度和粘滞性影响很大,对喷射混凝土的强度也有一定的影响,根据喷射混凝土施工工艺的特点,为了能够最大限度地吸收二次喷射时的冲击能,其砂率应较高。可以根据骨料的最大粒径和喷射部位及围岩表面状况参照表 6-74 进行初选,然后经试拌、试喷来确定最佳砂率。

表 6-74　砂率(β_s)与骨料最大粒径(D)的关系

D(mm)	10	15	20	25	30
砂率允许范围(%)	65～85	52～75	45～70	40～65	38～62
砂率平均值(%)	75	63.5	57.5	52.5	50

砂粒粗时,砂率可偏大;砂粒细时,砂率应偏小。喷拱肩及拱顶部位时,宜采用较大的砂率。

（四）水灰比及用水量

水灰比是影响喷射混凝土强度的主要因素,当水灰比为 0.4 时,水泥因有适宜的水分能充分水化,硬化后能形成致密的水泥石结构。水灰比过小时,因没有足够的水量,水泥不能充分水化;当水灰比为 0.6 时,由于水灰比较大,多余水分在混凝土硬化过程中蒸发,在混凝土中形成毛细孔。

对于干式喷射混凝土施工,预先不能准确地给定拌合料中的水灰比,水量全靠喷射手在喷嘴处调节。一般来说,当喷射混凝土表面出现流淌、滑移、拉裂时,表明水灰比太大;当喷射混凝土表面出现干斑,作业中粉尘大,回弹多,则表明水灰比太小。当水灰比适宜时,混凝土表面平整,呈水壳光泽,粉尘和回弹均较少。经测定,适宜的水灰比为 0.4～0.5,否则将降低喷射混凝土强度,也会增加回弹损失。

（五）速凝剂掺量

凡下列情况应掺速凝剂:

要求快速凝结,以便尽快喷射到设计厚度;

要求很高的早期强度;

仰喷作业;

封闭渗漏水。

因目前国内生产的速凝剂都在不同程度上降低混凝土的最终强度,应严格控制掺量。红星一型及 711 型速凝剂的掺量不应大于水泥重量的 4%;782 型速凝剂的掺量应不大于水泥重量的 8%。

在下列情况下作业,可不掺速凝剂:

向下喷射;

在干燥的基层（包括岩石或混凝土）上喷射薄层混凝土;

需要严格限制混凝土收缩开裂的工程。

干式喷射混凝土和湿式喷射混凝土的最佳配合比,分别见表 6-75 和表 6-76。

表 6-75　干式喷射混凝土的最佳配合比

因　素	配　合　比		
	回弹率最小的配合比	28d 强度最大的配合比	综合最佳配合比
水泥用量(kg/m³)	350	350	350
砂率(%)	70	50	60
水灰比(W/C)	0.60	0.40	0.50
速凝剂掺量(%)	2	2	2
粗骨料种类	碎石	卵石	碎石

因　素	配　合　比		
	回弹率最小的配合比	28d 强度最大的配合比	综合最佳配合比
喷射角度	90°	90°	90°
喷射距离(cm)	70	70	70
平均回弹率(%)	23.6±6.2	47.3±6.3	32.1±6.3
28d 龄期平均抗压强度(MPa)	12.23±0.99	18.19±0.99	12.51±0.99

表 6-76　湿式喷射混凝土的最佳配合比

因　素	配　合　比			
	回弹率最小的配合比	28d 强度最大的配合比	粉度最小的配合比	综合最佳配合比
水泥用量(kg/m³)	340	340	340	340
砂率(%)	50	50	60	60
水灰比（W/C）	0.47	0.42	0.47	0.42～0.47
速凝剂掺量(%)	5	1	1.5	顶拱 5；侧壁 1
缓凝剂掺量(%)	0.2	0	0.4	0.4
砂细度模数	3.0	3.0	2.0	2.5
喷射角度	90°	45°	90°	—

三、喷射混凝土的物理力学性能

（一）抗压强度

抗压强度是评定喷射混凝土质量的重要指标。

喷射混凝土施工时，拌合料以较高速度喷向受喷面，使水泥与骨料受到连续冲击而得到压实，因而喷射混凝土有良好的密实性和较高的强度。

喷射混凝土的抗压强度受多种因素影响。如拌合料的用水量、水泥用量、砂率、速凝剂用量及施工工艺等都对抗压强度有一定影响。

喷射混凝土中加入速凝剂后，可明显地提高其早期强度。龄期 3d 内的强度增长最为显著。

一般情况下，喷射混凝土 28d 抗压强度在 30MPa 以上，有时可达 40～50MPa。但掺入速凝剂后，虽然明显提高了喷射混凝土的早期强度，但后期强度会有一定的下降。影响喷射混凝土抗压强度的因素，见表 6-77。

表 6-77　喷射混凝土的抗压强度

水　泥	配合比 (水泥∶砂∶石子)	速凝剂 (占水泥重量的%)	抗压强度(MPa)		
			28d	60d	180d
42.5 级普硅	1∶2∶2	0	30～40	35～45	40～50
42.5 级普硅	1∶2∶2	2.5～4	20～25	22～27	25～30

喷射混凝土抗压强度的测定，是用喷射法将混凝土拌合物喷射到 50cm×50cm×15cm 的模型内，当混凝土达到一定强度时，用切割机锯掉周边，加工成 15cm×15cm×15cm 或 10cm

×10cm×10cm 的立方体试件,在标准条件下养护 28d,测定其抗压强度。

喷射混凝土施工后,必须保证其抗压强度符合设计要求的强度等级。

（二）抗拉强度

喷射混凝土的抗拉强度与衬砌的支护能力有很大关系,因为在薄层喷射混凝土衬砌中,衬砌突出部位附近会产生较大的拉应力。

喷射混凝土的抗拉强度为其抗压强度的 $1/23 \sim 1/16$。为提高其抗拉强度,可采用钢纤维喷射混凝土,其抗拉强度可提高 1 倍。

（三）粘结强度

喷射混凝土常用于地下工程支护和建筑结构的补强加固。为了喷射混凝土与基层共同工作,其粘结强度是十分重要的。

粘结强度取决于水泥浆体的强度和结合面的粗糙程度。喷射混凝土的粘结强度,见表6-78。

表 6-78　喷射混凝土的粘结强度

结 合 类 型	水泥品种与标号	配合比 （水泥：砂：石）	速凝剂 （占水泥重量的%）	粘结强度 （MPa）
与岩石粘结	42.5级普硅	1：2：2	0	1.0～2.0
与岩石粘结	42.5级普硅	1：2：2	2.5～4	0.5～1.5
与旧混凝土粘结	42.5级普硅	1：2：2	0	1.5～2.5
与旧混凝土粘结	42.5级普硅	1：2：2	2.5～4	1.0～1.8

（四）抗渗性

抗渗性能是水工及其它构筑物所用混凝土的重要性能。喷射混凝土的抗渗性主要取决于孔隙率和孔隙结构。由于喷射混凝土的水泥用量多,水灰比小,砂率大,并采用较小尺寸的粗骨料,有利于在粗骨料周边形成足够数量和良好质量的砂浆包裹层,阻隔沿粗骨料互相连通的渗水孔网;也可以减少混凝土中多余水分蒸发后形成的毛细孔渗水通路。所以喷射混凝土具有较高的抗渗性。其抗渗压力一般均在 0.7MPa 以上。可以通过钻芯取相做抗渗试件,测定喷射混凝土工程的实际抗渗性。

在实际工程中,由于岩面滴水,水灰比控制不好,施工不当等原因,都会对喷射混凝土抗渗性产生不利影响,施工中应尽量防止。

四、喷射混凝土的应用要点

(1) 喷射混凝土的骨料应按重量配料。按重量配料时,允许的称量偏差,水泥和速凝剂为 ±2%,砂、石为±3%。向搅拌机投料的顺序为:先投砂、再投水泥、最后投石子。干拌合料应拌制均匀,颜色一致。为了保证拌合物均匀,拌合料搅拌的最短时间应得到保证。

对于干法喷射混凝土,骨料的平均含水率应为 5%,如含水率低于 3%,则骨料不能被水泥充分包裹,从而喷射回弹较多,硬化后的混凝土密实度较低。骨料含水率低于 3% 时,应在拌合前加水。当骨料的含水率高于 7% 时,材料有结团成球的趋势,使喷嘴处的拌合料不均匀,并容易引起堵管。当骨料中含水率过高时,可以加热使之干燥或向过湿骨料内掺加干料。注意:不能用增加水泥用量的方法来降低拌合料的含水量,否则会引起混凝土的过量收缩;并且一旦中断喷射时,会使水泥的预水化现象加剧。

无论干喷或湿喷,配料时骨料与水泥的温度不应低于 5℃。

在拌合料运送过程中,会产生一定程度的离析。因此,在湿拌合料运到工地后,应进行适度搅拌。垂直管路运送干拌合料时,离析常常是严重的,这时,可以在不至于形成堵塞的条件下,连续快速地向管路倾卸拌合料,使已经离析的粗骨料赶上前面的细骨料和水泥,并与之混合。

拌合料在运输、存放过程中,严防雨淋及大块石等杂物掺入,并在装入喷射机前过筛。

由于水泥预水化的拌合料会产生结块成团现象,喷射后会产生一种无凝聚力的、松散的、强度很低的混凝土。为了防止水泥预水化产生的不利影响,拌合料宜随拌随用。不掺速凝剂时,拌合料存放时间不应超过 2h。掺速凝剂时,拌合料存放时间不应超过 20min。

(2) 在喷射作业之前,用压缩空气吹扫待喷作业面,吹除受喷面上的松散杂质或尘埃;待喷面有冻结的情况时,应用热空气融化并清除掉融化后的水分;受喷面有较强吸水性时要预先洒水;当设有加强钢筋(丝)网时,为了不至于反弹,要将钢筋(丝)网牢固地固定在受喷面的基层上。

(3) 喷射混凝土作业宜分区分段进行,并且应和其它作业、特别是井巷开挖支护作业交叉协调进行。

(4) 喷射顺序应由下而上,先墙后拱顶。

(5) 喷射机的操作应注意下列各点:

① 作业前要对风、水、电线路进行检查和试运行。

② 作业开始时,应先给风再给电,结束时应先关电后断风。

③ 喷射机供料应连续均匀。

④ 施工中突然发生停风、停电、停水而不能继续作业时,喷射机和输料管中的积料必须及时清除干净。

⑤ 作业结束时,必须将喷射机和输料管中的积料完全喷出后方可停机停风,并将喷射机受料口加盖防护。

⑥ 喷射前应先用高压风、水冲洗受喷面(不良岩层除外)。

⑦ 喷嘴与受喷面应尽量垂直,一般保持 0.8～1.2m 距离,如果采用双水环喷嘴,其距离可缩小至 0.15～0.45m。

⑧ 喷射时,喷嘴应按螺旋形轨迹($R=300mm$)一圈压半圈地移动。一般应先喷凹洼后补平。

(6) 水灰比的控制,喷射混凝土作业的水灰比靠喷射手调节喷嘴水环阀门来控制。水少时回弹量大,粉尘大,混凝土密实性差。水多时喷射层不稳定有滑移流淌现象。一般以混凝土表面平整、呈湿润光泽、粘性好、无干斑时的水灰比为施工配合比,一般为 0.4～0.5。

(7) 混凝土分层喷射时,应参照下列规定进行作业:

① 混凝土中掺有速凝剂时,一次喷射厚度:墙 7～10cm,拱 5～7cm;不掺速凝剂时,一次喷射厚度:墙 5～7cm,拱 3～5cm。

② 喷层之间的间歇时间:当混凝土中掺有速凝剂时,一般为 10～15min;不掺速凝剂时,可在混凝土达到终凝后进行。

③ 若间歇时间超过 2h,再次喷射前应先喷水湿润混凝土表面,以确保混凝土层的良好粘结。

(8) 喷射中如发现混凝土表面干燥松散、下坠滑移或拉裂时,应及时清除,并进行补喷。

(9) 不良地质条件下喷射作业,应参照下列做法:

① 对易风化或膨胀性围岩,严禁用高压水冲洗岩面,可用高压风吹除岩面浮渣。

② 喷射作业应紧跟掘进工作面进行。放炮后可立即喷一层混凝土做临时支护。厚度一

般应不小于 5cm。

③ 混凝土中必须掺速凝剂。

④ 混凝土喷完后到下一次放炮时间一般应不少于 4h。

(10) 带钢筋(丝)网的喷射混凝土作业,应参照下列做法:

① 钢筋(丝)网应随岩面变化铺设,并与岩面保持不小于 3cm 的间隙。

② 钢筋(丝)网应与锚杆或其它锚点绑扎牢固,使其在喷射混凝土时不发生弹动。

③ 如发现有脱落的混凝土被钢筋(丝)网架住时,应及时清除并进行补喷。

④ 钢筋(丝)网的网格尺寸不小于 20cm。

(11) 在有水的岩面上喷射混凝土时,必须预先做好治水工作。水的处理应以排为主,先排后堵。其具体做法如下:

① 在潮湿岩面上喷射混凝土时,必须掺加速凝剂,适当减少水灰比和加大喷射时风压。

② 对于岩面的渗、滴水宜采用导水或盲沟排水。

③ 对于一般的集中涌水,宜采用注浆堵水。

④ 对于竖井岩面淋水,可设置截水圈。

(12) 喷射混凝土作业应尽量减少混凝土的回弹量。在正常作业情况下,回弹量应控制在下列范围内:侧墙不超过 15%,拱顶不超过 25%。

喷射混凝土的回弹量的大小与很多因素有关。混凝土的配合比、喷射压力(速度)、喷射水压、喷射角度和距离以及操作人员技术高低等,都直接影响回弹量的大小,而不能单纯根据喷射机的性能来确定。回弹物应回收作为骨料掺入干混合料中重复使用,但掺量不得大于新骨料的 30%。

(13) 喷射混凝土在冬季施工时,应遵守下列规定:

① 作业区的气温不低于 5℃。

② 干混合料进入喷射机时的温度及混合用水温度不得低于 5℃。

③ 喷射混凝土的强度未达到 5MPa 时不得受冻。

④ 分层喷射时,已喷射面层应保持正温。

(14) 喷射混凝土的养护。喷射混凝土水泥用量较大,凝结硬化速度快。为使混凝土强度均匀增大,减少或防止其不正常收缩,必须认真做好养护。

① 混凝土喷完后 2~4h 内,应开始喷水养护。

② 喷水次数以保持混凝土表面湿润状态为宜。

③ 养护时间:采用普通硅酸盐水泥时,不得少于 10d;采用矿渣硅酸盐水泥或火山灰质硅酸盐水泥时,不得少于 14d。

第七节　纤维混凝土

纤维混凝土是在混凝土中掺入纤维而改善性能的复合材料。它具有普通钢筋混凝土所没有的许多优良品质,在抗拉强度、抗弯强度、抗裂强度、韧性或冲击韧性等方面均较普通混凝土有明显的改善。

纤维混凝土是在 20 世纪 70 年代发展起来的新型复合材料。目前应用越来越广泛,如用玻璃纤维混凝土制作挂墙板、屋面板、窗台板、遮阳板、内墙板、天花板等结构构件;将钢纤维混凝土用于飞机跑道衬垫、道路工程及大体积混凝土工程的维修和补强等。

一、钢纤维混凝土

以适量的钢纤维掺入混凝土拌合物中,成为一种可浇筑或可喷射的材料,该材料即为钢纤维混凝土。与一般普通混凝土相比,其抗拉、抗弯强度、耐磨、耐冲击、耐疲劳、韧性、抗裂和抗爆性能都有明显提高。

钢纤维混凝土由于价格等原因,不能完全取代普通混凝土,但在工程中应用还是日益增多,如在许多预制混凝土构件、现浇混凝土结构和喷射混凝土中应用后,取得了良好效果。特别是在小断面或形状不规则断面、不易或不能配置钢筋时更为有效。

钢纤维混凝土抗裂性能良好,意味着它的抗拉强度、抗弯强度、抗疲劳强度等均得到改善。用钢纤维混凝土制作的钢筋混凝土构件,可减小裂缝宽度,或者说达到同样裂缝宽度时,钢筋的应力将成倍提高,因而可以使用强度更高的钢筋,以增加混凝土构件的耐久性。经研究表明,当混凝土构件裂缝的宽度为 0.2mm 时,钢纤维混凝土和普通混凝土中钢筋应力分别为 550MPa 和 230MPa;裂缝宽度为 0.3mm 时,分别为 660MPa 和 300MPa。

另外,钢纤维混凝土韧性大幅度提高,意味着应用于受弯或受拉的结构时,由于延性区域较大而可以采用较小的安全系数,并且对冲动和爆炸力具有良好的抵抗能力。

根据不同用途,钢纤维混凝土中的纤维用量最小为混凝土体积的 0.1% 或 8kg/m³,最大为混凝土体积的 2.5% 或 200kg/m³。一般墙板等构件的掺量为 38～102kg/m³。

（一）钢纤维

1. 对钢纤维的要求

（1）钢纤维强度。钢纤维混凝土被破坏时,往往是钢纤维被拉断。质地硬脆的钢纤维在搅拌过程中易被折断,会降低强化效果,所以从强度方面看,只要不是易脆断的而又具有一定韧性较高强度的钢纤维均可满足要求。

（2）钢纤维的尺寸和形状。钢纤维的尺寸主要由强化特性和施工难易决定。钢纤维过于粗、短,则钢纤维混凝土强化特性差;钢纤维过于长、细,则在搅拌时容易结团。

较合适的钢纤维尺寸是:断面积为 0.1～0.4mm²,长度为 20～40mm。试验资料表明:在 1m³ 混凝土中掺入 2% 的 0.5mm×0.5mm×30mm 的钢纤维时,其总表面积可达到 1600m²,是与其重量相同的 18 根 φ16mm×5.5m 钢筋总表面积的 320 倍左右。适当增大钢纤维的总面积,可以增加钢纤维与混凝土之间的粘结强度。表面加工成凹凸形状的钢纤维,在同一方向时对提高粘结强度效果显著,在均匀分散状况下,则不一定有效。钢纤维的价格是普通钢板、钢筋价格的 2.5～4 倍,过高的价格成为钢纤维混凝土推广使用的最大制约因素。

2. 钢纤维的种类

（1）钢丝切断制成短纤维。用这种方法制作钢纤维较简单,所得钢纤维抗拉强度很高（1000～2000MPa）,但与混凝土基体的粘结强度较小,且成本高。

（2）剪断薄钢板制成剪切钢纤维。将预先剪切成同钢纤维长度一样宽的卷材,连续不断地送入冲床进行切断。这种方法制成的钢纤维形状很不规则,但能增大粘结力。

（3）切削厚钢板制造切削纤维。采用厚钢板或钢块为原料,用旋转的平刃铣刀进行切削而制取钢纤维。这种方法所用原材料以软钢为宜。可以通过改变切削条件,来改变纤维的断面形状和尺寸,可以制得极细的纤维。

这种钢纤维具有轴向扭曲的特点,可以增大粘结力。这种方法制得的钢纤维价格较低。

(4) 熔钢抽丝制成熔融抽丝钢丝。从熔炼钢中抽出,以离心力从圆盘分离并抛出而制成的钢纤维。断面略呈月牙状,两头稍粗。当用碳素钢加工时,由于急冷成淬火状态,变得过脆,故须经过回火处理。

钢纤维的品种,见表 6-79。各种钢纤维的抗拉强度,见表 6-80。

表 6-79　钢纤维品种

名　称	外　形	制　造　方　法
长直形圆截面		冷拔—切断
变截面		冷拔—压形—切断
波形		冷拔—压形—切断
哑铃形		冷拔—压形—切断
带弯钩(单根)		冷拔—压形—切断
带弯钩(集束状)		冷拔—粘结—压形—切断
扁平形		剪切薄钢板
表面凸凹状		熔钢抽取法
卷曲状		铣削厚钢板或钢锭

注:1. 长直形圆截面直径为 0.3～0.6mm;扁平形厚为 0.15～0.4mm,宽度为 0.25～0.9mm。以上两种钢纤维长度一般为 20～60mm。
2. 钢纤维的长径比(长度与直径之比)宜为 60～80。
3. 带弯钩集束状钢纤维系用水溶性胶将 20～30 根粘结在一起,单根直径为 0.3～0.5mm,长度为 40～60mm,粘结后,其束的长径比为 20～30,这种钢纤维在搅拌时遇水后解离成单根,易于分布。

表 6-80　各种钢纤维的抗拉强度

钢纤维种类		平均断面积(mm²)	抗拉强度(MPa)
切断钢纤维		0.10	2350
剪切钢纤维	1#	0.11	790
	2#	0.25	540
	3#	0.25	460
切削钢纤维		0.25	710
熔融抽丝钢纤维	1#	0.26	620
	2#	0.23	670
	3#	0.18	760

(二) 钢纤维混凝土的配合比

1. 钢纤维掺量和混凝土水灰比的确定

确定配合比时,既要符合设计强度要求,又要考虑施工方便,还要兼顾经济性。

钢纤维含量以混凝土的抗拉强度和抗弯强度来确定,建议钢纤维掺量为混凝土体积的 2% 左右,长径比取 60～100(长径比取得小些,则含纤维量就可相应大些),并尽可能取有利于和基体粘结的纤维形状。对于粗骨料最大粒径为 10mm 的钢纤维混凝土,其纤维掺量应超过水泥重量的 2%。

钢纤维混凝土宜用较高标号的水泥,一般选用强度为 42.5 级和 52.5 级普通硅酸盐水泥,配制高强纤维混凝土时可使用 62.5 级硅酸盐水泥或硫铝酸盐水泥。水泥用量比普通混凝土大,普遍超过 400kg/m³。水灰比基本与普通混凝土相同(0.4~0.5),若用减水剂则既可节省水泥,又可降低水灰比。

2. 粗骨料最大粒径的确定

普通混凝土中粗骨料的最大粒径主要根据构件尺寸和钢筋间距来决定,而钢纤维混凝土中的粗骨料最大粒径对抗弯强度有较大影响。当钢纤维掺量为 1% 左右时,其影响较小,达到 1.8% 时则影响十分明显。在粗骨料最大粒径为 15mm 左右时,能获得最高强度,而最大粒径为 25mm 时,钢纤维增强效果较差。其主要原因是钢纤维混凝土的抗拉强度和抗弯强度受钢纤维的平均间隔所支配。如果粗骨料的粒径较大,钢纤维就不能均匀分散,引起局部混凝土中平均间隔加大,导致抗弯强度的降低。

3. 砂率的确定

钢纤维混凝土配合比中的砂率,比普通混凝土的砂率有更重要的意义。因为砂率支配着钢纤维在混凝土中的分散度,对强度会有影响;砂率又是支配钢纤维稠度最重要的因素。从强度方面考虑,砂率在 60% 左右较合适;但从混凝土的稠度方面考虑,砂率在 60%~70% 较合适。

4. 外加剂的使用

钢纤维混凝土的水泥用量较大,一般超过 400kg/m³。利用高效减水剂,能大幅度地降低水泥用量。如适当地使用高效减水剂,大约可节省水泥用量 15% 左右。高效减水剂对钢纤维混凝土水泥用量减少的效果,见表 6-81。钢纤维混凝土的配合比,见表 6-82。

表 6-81 高效减水剂对钢纤维混凝土水泥用量减少的效果

砂率(%)	类 别	水 泥 量		钢纤维混凝土的坍落度(mm)				
		用量(kg/m³)	比较值(%)	P=0%	P=0.5%	P=1%	P=1.5%	P=2%
60	不掺减水剂	410	100	70	47	24	6	0
	掺减水剂	350	85	80	60	28	2	0
80	不掺减水剂	434	100	57	48	38	28	17
	掺减水剂	366	84	70	57	47	34	14

注:高效减水剂的使用量为水泥用量的 1.5%;P 为钢纤维与混凝土的体积百分比。

表 6-82 钢纤维混凝土参考配合比

配合比(kg/m³)							性 能		备 注
水	水泥	砂	碎 石		钢纤维	减水剂(%)	抗压强度(MPa)	抗折强度(MPa)	
			规格(mm)	用量					
184	400	750	5~12	1050	100	0.25	391	157.1	薄壳、折板屋面
185	430	787	5~12	1045	150	0.25	444	186.1	薄壳、折板屋面
198	396	686	5~12	1120	30	—	—	—	吊车轨道垫层

注:减水剂为木质素磺酸钙。

(三) 钢纤维混凝土的搅拌

制作纤维混凝土,要使纤维在水泥硬化体中均匀分散。特别是当纤维掺量较多时,如不能使其充分地分散,就容易同水泥浆或砂子结成球状团块,将极大地降低增强效果。

用合成纤维试验证实,较好的搅拌方法有两种:第一种方法是将纤维以外的材料预先混合均匀,随后加入搅拌;第二种方法是先将骨料和纤维混合,随后加入水泥和水搅拌。

为了提高纤维的分散性,可掺适量的界面活性剂。

一般来说,纤维越细、越长、掺量越大,纤维的分散性越差。

从金属纤维同合成纤维比较看,金属纤维比较缺乏柔性,在搅拌过程中纤维容易互相缠绕,生成许多细团,因而它比合成纤维的分散性要差。

当使用直径 0.08mm、长 15～30mm、掺量为水泥重量的 4.5％的钢丝线时,即使不用表面活性剂,也可取得极好的分散效果。

纤维混凝土搅拌可使用多种型式的搅拌机。如使用强制式搅拌机,纤维掺量为 2％左右的钢纤维混凝土时,每次搅拌量应在搅拌机公称容量的 1/3 以下。

（四）钢纤维混凝土的浇筑与成型

钢纤维混凝土的流动性随着纤维量的增加而降低,其原因是纤维相互摩擦和相互缠绕,形成具有一定刚性的空间网络结构,抑制了内部水及水泥浆的流动性所致。

为了克服施工和易性的下降,除增加活性剂的数量外,掺聚合物乳浊液,成型中从外部振动和加压等方法均是行之有效的。

钢纤维混凝土成型可使用普通的振动台或表面振动器,不适宜使用内部振动器。

（五）钢纤维混凝土的应用

钢纤维混凝土除用于道路、飞机跑道、桥面铺装、隧道衬里等工程外,还在以下工程方面得到应用:

（1）非承重构件,如外墙板、隔墙板、防水墙、隔音墙等。

（2）管材、管道板及盒子间等。

（3）一般承重构件,如楼板、梁、柱、楼梯踏步板、挡土墙、地下建筑拱顶、壳体结构,以及形状复杂或薄壁结构构件等。

4. 防爆防裂或安全方面有特殊要求的结构部位,如军事建筑的墙板、顶板、军火库,以及金库拱顶等。

5. 承受冲击和长期振动或重复荷载的部位,如机械设备基础、厂房地面、预制混凝土桩顶或桩尖。

6. 承受温度应力较大的部位,如冷冻仓库、原子反应堆、压力容器罐、耐热炉等。

二、玻璃纤维混凝土

在水泥中掺入玻璃纤维是提高混凝土的抗拉强度和抗裂性能的行之有效的办法,但由于玻璃纤维易被水泥在水化过程中生成的强碱物质所侵蚀,而导致性能恶化。因而它的应用也就受到了限制。

近年来,国内外对玻璃纤维混凝土的研究重点是研制耐碱玻璃纤维,并用它与普通硅酸盐水泥复合使用。我国建材研究院研制的中碱玻璃纤维及耐碱玻璃纤维,为玻璃纤维混凝土的推广应用创造了条件。耐碱玻璃纤维的化学成分、力学性能及耐腐蚀性能,分别详见表 6-83、表 6-84 和表 6-85。

表 6-83　耐碱玻璃纤维的化学成分

名　　称	化学成分（%）						
	SiO_2	CaO	Na_2O	K_2O	$ZrCh$	TiO_2	Al_2O_3
中国锆钛纤维	61.0	5.0	10.4	2.6	14.5	6.0	0.3

表 6-84　耐碱玻璃纤维的力学性能

名　称	单丝直径(μm)	密度(g/cm³)	抗拉强度(MPa)	弹性模量($\times 10^4$MPa)	极限延伸率(%)
中国锆钛纤维	12～14	2.7～2.78	2000～2100	6.3～7.0	4.0

表 6-85　耐碱玻璃纤维的耐腐蚀性能

玻璃纤维类别	纤维经碱液侵蚀后的抗拉强度保留率(%)	
	100℃饱和 Ca(OH)₂ 溶液中 4h	80℃合成水泥滤液[1]24h
耐　　碱	66.2～88.1	54.3～84.3
中　　碱	41.5～44.3	24.6～26.4
无　　碱	29.2～35.5	25.3～32.0

① 合成水泥滤液成分:Ca(OH)₂,0.48g/L;NaOH,0.88g/L;KOH,3.45g/L。

（一）玻璃纤维混凝土的特点

根据纤维混凝土的不同成型方法的需要,所制成的耐碱玻璃纤维有硬质纤维、软质纤维、纤维束和玻璃纤维网等。

以水泥(砂)为基体,用耐碱玻璃纤维作为增强材料,必须具备在碱性环境中的长期稳定性,还必须具有增加抗拉及抗弯强度,提高韧性及耐冲击性等力学性能。这样,不但可以改善构件或制品的使用功能,而且可以使断面尺寸减小,降低构件的自重,有利于在建筑工程中推广应用。

玻璃纤维混凝土由于使用玻璃纤维作为增强材料,比用合成纤维、石棉纤维有更大的优越性。玻璃纤维比高分子合成纤维价格便宜,比石棉纤维资源丰富,比增强塑料纤维耐火性好,比石棉水泥制品耐冲击性高。

总的说来,耐碱玻璃纤维混凝土有如下的优点:

(1) 抗拉强度高。由于玻璃纤维均匀分布,可防止混凝土出现收缩龟裂。

(2) 抗弯强度较高。极限变形值较大,韧性较好,破坏时不会飞散。

(3) 耐冲击性能良好。

(4) 隔音和热工性能较好,耐燃性良好,是一种完全不燃的无机材料。透水性小于石棉板。

(5) 可以成型为薄形或复杂形状的制品。

（二）玻璃纤维混凝土的成型方法

玻璃纤维混凝土一般采用普通硅酸盐水泥,粒径 2mm 以下的砂子,以及根据不同成型方法选用的玻璃纤维。

为适应不同类型制品的需要,已经研究发展了直接喷射法、喷射-抽吸法、铺网-喷浆法等几种玻璃纤维混凝土的成型方法。为了适应纤维增强水泥制品多样化的需要,目前还在研究发展浇筑模压成型、离心浇筑和绕法等新的成型方法。

1. 直接喷射法

将玻璃纤维无捻粗纱切割至一定长度后由气流喷出,再与雾化的水泥砂浆在空间混合并一起喷落到模具上。如此反复喷射直至模具上的混凝土达到一定厚度。然后用压辊或振动抹刀压实,再覆盖塑料薄膜,经20h 以上的自然养护后脱模,继续在湿气养护室养护 7d 左右;也可将压实的制品静置 2～3h 后,在 40～50℃温度下蒸养 6～8h,脱模后再在湿气养护室内养护 4d 左右即可。

用直接喷射法时,应使纤维喷枪与砂浆喷枪之夹角保持在 28°～32°之间,切割喷射机与受喷面的距离应为 300～400mm。

直接喷射法所用机具见表 6-86。

表 6-86　直接喷射法采用的机具

项次	机具名称	作　用	型　式	主要技术参数
1	切割喷射机	将玻璃纤维无捻粗纱切成一定长度后喷出,水泥砂浆雾化喷出,并使两者混合	按纤维与水泥砂浆喷射方式可分为双枪式或同心式;按动力类型可分为气动式或电动式	纤维切割长度:22～66mm 纤维喷射量:100～1000g/min 砂浆喷射量:2～22kg/min
3	砂浆输送泵	使已制备的水泥砂浆送至切割喷射机的砂浆喷枪内	挤压式或螺旋式	输送能力:1～25L/min
4	空气压缩机	喷吹纤维与水泥砂浆,控制切割喷射机的电动机	气冷式	送气量:0.9～1.2m³/min 气压:0.6～0.7MPa

2. 喷射-抽吸法

工艺原理与直接喷射法相同,所不同的是,混合后的玻璃纤维砂浆喷落在可抽真空的模具上(模具表面开有许多棋盘式小孔,并覆以滤水性好的织物)。当喷射达到一定厚度后,即通过真空抽吸,以降低料层的水灰比,并使之趋于密实,从而获得具有一定形状的湿坯,用真空吸盘将湿坯吸至另一成型模具上,用手工模塑成型,可生产多种外形的制品。

喷射-抽吸法采用的机具,除与直接喷射法相同外,尚需增加真空泵和真空吸盘等。

3. 铺网-喷浆法

用喷枪先在模具上喷一层砂浆,然后铺一层玻璃纤维网格布,再喷一层砂浆,再铺第二层玻璃纤维网格布,如此反复喷铺,直至达到一定厚度。其它同直接喷射法。采用的机具,除前述外,另增加砂浆喷枪。

(三) 影响玻璃纤维混凝土力学性能的主要因素

1. 成型方法

前面论述的各种成型方法,其工艺条件有一定的差别,因而纤维混凝土的力学性能也不同。

从实际应用效果来看,以喷射-抽吸法成型的试件力学性能最好。这主要是由于纤维从两个方向喷出,增强效果较好,再加上经真空吸水,水泥(砂)浆性能得到改善。

成型方法对玻璃纤维混凝土的力学性能有两个方面的影响:一是如何在不增加空隙率的情况下增大玻璃纤维的掺量,以得到较好的增强效果;二是如何更好地安排纤维排列的方向。

2. 纤维含量

玻璃纤维含量在 10% 以内时,玻璃纤维混凝土的抗弯强度及抗冲击强度均随纤维含量(百分率)的增加而增大;超过 10% 后,强度不再增加。这可能是由于水泥(砂)浆与玻璃纤维的接触状态所造成的。另外纤维含量超过 10% 后,成型也比较困难,所以一般将纤维含量定为 5% 左右。

3. 纤维长度

随着玻璃纤维长度的增加,玻璃纤维混凝土的抗弯强度及抗冲击强度相应增加,但由于成型困难,纤维长度不能过大,否则,纤维在搅拌和成型过程中易于折断,增强效果随之减弱。

4. 水泥品种

水灰比为 0.3,纤维含量为 5%,用普通硅酸盐水泥、高铝水泥制作的试件经养护 28d 后力学性能较好。

（四）玻璃纤维混凝土的技术性能及应用

1. 玻璃纤维混凝土的技术性能（见表 6-87）。

表 6-87　玻璃纤维混凝土的技术性能

项次	项　　目	技术性能
1	密　　度	1.9～2.1g/cm³
2	抗拉强度	初裂强度 4.0～5.0MPa,极限强度 7.5～9.0MPa
3	抗弯强度	初裂强度 7.0～8.0MPa,极限强度 15～25MPa
4	抗压强度	比未增强的水泥砂浆降低 10% 以内
5	抗冲击强度	用摆锤法测得 15～30kJ/m²
6	弹性模量	(2.6～3.1)×10⁴MPa
7	吸 水 率	10%～15%
8	韧　　性	比未增强的水泥砂浆提高 30～120 倍
9	抗 冻 性	25 次反复冻融,无分层和龟裂现象
10	耐 热 性	使用温度不宜超过 80℃
11	抗 渗 性	有较高的不透水性,在潮湿状态下还有较高的不透气性
12	防 火 性	由两层厚各为 10mm 的玻璃纤维混凝土板,内夹 100mm 厚的珍珠岩水泥内芯组成的复合板,其耐火度可达 4h 以上

2. 玻璃纤维混凝土的应用

玻璃纤维混凝土由于玻璃纤维的增强效果,制成了强度较高、韧性较好、抗裂性较好的复合材料。根据成型工艺的特点,可以制成断面较薄、形状复杂的制品,并可和其它材料复合使用。鉴于制品的发展情况,目前在建筑工程中主要应用在以下几方面:

（1）非承重外部用板材。主要用制造大型平板、波形板、柔性板、复合墙板、窗饰板、屋面用瓦（板）和外装饰浮雕等。

（2）内墙板材。与各种内墙材料复合制成墙板材;与各种隔热、隔音等轻质发泡材料复合制成夹心板、防火内墙板、隔音板及高强内墙板。

（3）内部装饰装修。用于制作天花板、护墙板,以及通风和电缆管道等。

由于目前对玻璃纤维混凝土在长期应力状态下的耐久性问题,还缺乏充分的数据,因此在没有取得有关长期性能的必要数据和分析之前,应禁止用于基本承重结构。

第七章　沥青及防水材料

第一节　石油沥青

沥青是一种有机的胶凝材料,是多种碳氢化合物与氧、硫、氮等非金属衍生物的混合物。在常温下呈黑色或褐色的固体、半固体或粘性液体状态。

石油沥青是石油原油经蒸馏等提炼出各种轻质油(如汽油、柴油等)及润滑油以后的残留物,再经过加工而得的产品。通常石油沥青又分成建筑石油沥青、道路石油沥青和普通石油沥青三种。建筑上主要使用建筑石油沥青经过改性后制成的各种防水材料。

一、石油沥青的组分

石油沥青的组成十分复杂,主要含有机高分子化合物及衍生物,且有机化合物具有同分异构现象,使许多元素分析结果相似的沥青,其性质相差却很大。因此,从工程角度出发,通常将沥青中化学成分及性质极为相近,并且物理力学性能有一定关系的成分,划分为若干组,这些组即称为"组分"。在沥青中各组分含量的多少,与沥青的技术性能有着直接关系。沥青中主要组分包括油分、树脂、地沥青质和蜡。

1. 油分

为淡黄色或红褐色透明粘性液体,含量占 45%～60%,分子量 300～500,密度为 0.7～1.0g/cm³,能溶于大多数有机溶剂,但不溶于酒精。在 170℃较长时间加热,油分可以挥发。油分可以使沥青具有流动性,降低稠度,便于施工。

2. 树脂

为红褐色以至黑褐色的粘稠状流体,熔点低于 100℃,含水量占 15%～30%,分子量 300～1000,密度 1.0～1.1g/cm³。沥青中树脂绝大部分属于中性,沥青中树脂含量高品质就好。另外,树脂中含有约为 1%的酸性树脂,它是沥青中表面活性物质,能够提高沥青对碱性矿料的粘附力。树脂使沥青具有良好的塑性和粘结力。

3. 地沥青质

为深褐色至黑色固态无定形物质,分子量在 1000 以上,比树脂大,密度大于 1g/cm³。地沥青质是决定石油沥青温度敏感性、粘性的重要组成部分。其含量越多,则软化点越高,粘性越大,沥青也会越硬、越脆。

4. 蜡

它会降低石油沥青的粘性和塑性,同时对温度特别敏感,使沥青的温度稳定性差。所以蜡是石油沥青的有害成分。

二、石油沥青的主要技术性质

1. 粘滞性(粘性)

它是指沥青在外力作用下抵抗变形的能力,它反映沥青材料内部阻碍其相对流动的一种特性。是沥青的主要技术指标之一。各种沥青的粘滞性变化范围很大,它与沥青的组分和所处温度有关。当地沥青质含量较高,同时又有适当的树脂,而油分含量少时,粘性较大。在一定温度范围内,当温度升高时,粘滞性下降,反之则增大。

工程上多采用相对粘度(条件粘度)来表示粘滞性。测定相对粘度的方法是用针入度仪和标准粘度计。对于粘稠石油沥青的相对粘度是用针入度来表示。它反映石油沥青抵抗剪切变形的能力。针入度值越小,表明沥青的相对粘度越大。粘稠石油沥青的针入度是在规定温度 25℃ 条件下,以规定质量 100g 的标准针,经历规定时间(5s)贯入试样中的深度,以 1/10mm 为单位表示。对于液体石油沥青或较稀的石油沥青的相对粘度用标准粘度表示。标准粘度是在规定温度(20℃、25℃、30℃或60℃)、规定直径(3mm、5mm或10mm)的孔口流出 50cm³ 沥青所需的时间,常用符号"C_d^t"表示,d 为流孔直径,t 为试样温度,T 为流出 50cm³ 沥青的时间。

2. 塑性

它是指石油沥青在外力作用下产生变形而不破坏的能力,是沥青性质的重要指标之一。

石油沥青的塑性与其组分有关。石油沥青中树脂含量较多,且其它组分含量又适当时,则塑性较大。影响塑性的因素还有温度和沥青膜层的厚度,温度升高,则塑性增大,膜层越厚则塑性越大。反之,膜层越薄,则塑性越差。在常温条件下,塑性较好的沥青在产生裂缝时,也可能由于特有的粘塑性而自行愈合。同时对冲击振动荷载有一定吸收能力,并能减少摩擦时的噪声,所以沥青还是一种优良的路面材料。

石油沥青的塑性用延度表示,延度越大,塑性越好。沥青的延度是把沥青试样制成8字形标准试模(中间最小截面积 1cm²)在规定速度(每分钟 5cm)和规定温度(25℃)下拉断时的长度,以 cm 为单位表示。

3. 温度稳定性

它是指石油沥青的粘滞性和塑性随温度升降而变化的性能。在相同的温度变化间隔里,各种沥青粘滞性及塑性变化幅度不会相同。工程要求沥青随温度变化而产生的粘滞性及塑性变化幅度应较小,即温度敏感性要小。建筑工程宜选用温度稳定性较好的沥青。沥青的温度稳定性质是评定沥青品质的重要指标之一。

沥青的温度稳定性用软化点表示。沥青软化点的测定方法是将沥青试样装入规定尺寸(直径为 16mm,高为 6mm)的铜环内,试样上放置一个标准钢球(直径 9.5mm,质量 3.5g)浸入水或甘油中,以规定的升温速度(每分钟 5℃)加热使沥青软化下垂,当下垂到规定距离 25.4mm 时,以规定的升温称为软化点,以摄氏度(℃)单位表示。

4. 大气稳定性

它是指石油沥青在热、空气、阳光等外界因素的长期作用下,性能不显著变劣的性质。

沥青的化学组成异常复杂且不稳定,在光化作用、氧化作用和加热作用下,会发生氧化、缩合和聚合反应,使各组分逐渐转变,由分子量低的化合物转变为分子量高的化合物,因而,油分和树脂逐渐减少,而地沥青质逐渐增多,使石油沥青的塑性降低,脆性增加,直至发生脆裂,这种现象称为沥青的"老化"。因此,大气稳定性可说明沥青在大气作用下抵抗老化的性能。

石油沥青的大气稳定性常以蒸发损失量和蒸发后针入度比来评定。其测定方法是:先测定沥青试样的质量及其针入度,然后将试样置于加热损失试验专用的烘箱中,在 160℃ 下蒸发

5小时,待冷却后再测定其质量及针入度。计算蒸发损失质量占原质量的百分数,称为蒸发损失百分数。计算蒸发后针入度占原针入度的百分数,称为蒸发后针入度比。蒸发损失百分数越小和蒸发后针入度比越大,则表示大气稳定性越高,"老化"越慢。

此外,为评定沥青的品质和保证施工安全,还应了解石油沥青的溶解度、闪点和燃点。

溶解度是指石油沥青在三氯乙烯、四氯化碳或苯中溶解的百分率,以表示石油沥青中有效物质的含量,即纯净程度。那些不溶解的物质会降低沥青的性能,应把不溶物视为有害物质而加以限制。

闪点是指沥青加热至发出可燃气体和空气的混合物,在规定条件下与火焰接触,初次闪火(蓝色闪光)时的沥青温度(℃)。

燃点是指沥青加热产生的气体与空气的混合物,与火焰接触能持续燃烧5s以上时,此时沥青的温度为燃点(℃)。燃点温度与闪点温度相差很小。

闪点和燃点的高低表明沥青引起火灾或爆炸的可能性的大小,它关系到运输、贮存和加热使用等方面的安全。

三、石油沥青的技术标准

石油沥青的主要技术质量标准以针入度、延伸度、软化点等指标表示,见表7-1。

表 7-1　石油沥青质量指标

项　　目	道路石油沥青							建筑石油沥青	
	200 号	180 号	140 号	100 号甲	100 号乙	60 号甲	60 号乙	10 号	30 号
针入度(25℃,100 克),1/10(mm)	201～300	161～200	121～160	91～120	81～120	51～80	41～80	10～25	25～40
延伸度(25℃),(cm)不小于	—	100①	100①	90	60	70	40	1.5	3
软化点(环球法),(℃)不低于	31	35	35	42～50	42	45～50	45	95	70
溶解度(%)不小于 (三氯乙烯、三氯甲烷或苯)	91	99	99	99	99	99	99	—	—
(三氯甲烷、三氯乙烯、四氯化碳或苯)	—							99.5	99.5
蒸发后针入度比②,(%)不小于	50	60	60	65	65	70	70	65	65
闪点(开口),(℃)不低于	181	200	230	230	230	230	230	230	230
蒸发损失(160℃,5h),(%)不大于	1	1	1	1	1	1	1	1	1

① 当25℃延伸度达不到100cm时,如15℃延伸度不小于100cm也认为是合格的。
② 测定蒸发损失后的样品针入度与原针入度之比乘以100,即得出残留物针入度占原针入度的百分数,称为蒸发后针入度比。

四、石油沥青的应用

(1)道路石油沥青有7个牌号(见表7-1),牌号越高,针入度越大,粘性越小,塑性越好,温度稳定性越差。道路石油沥青主要用于道路路面或车间地面等工程,一般拌制成沥青混凝土、沥青混合料或沥青砂浆使用。选用道路石油沥青时,应注意不同的工程要求、施工方法和环境温度差别。道路石油沥青还可作密封材料、粘结剂和沥青涂料。此时一般应选粘度较大和软化点较高的道路石油沥青。

(2)建筑石油沥青主要用于屋面及地下防水,沟槽防水防腐工程。选择建筑石油沥青的牌号要依据不同地区、不同工程环境的要求而定。当用建筑石油沥青在技术性能上不能满足要求时,可以考虑将建筑石油沥青与道路石油沥青中的牌号混合掺配使用。

第二节 防水卷材

一、石油沥青纸胎油毡、油纸（GB 326—1989）

石油沥青纸胎油毡（以下简称油毡）是用低软化点石油沥青浸渍原纸，然后用高软化点石油沥青涂盖油纸两面，再涂或撒隔离材料（石粉或云母片）所制成的一种无涂盖层的纯纸胎防水卷材。

石油沥青纸胎油毡、油纸的低温柔韧性差，使用寿命短，但价格低，是我国传统的防水材料，目前应用仍较广泛。

（一）产品分类

1. 等级

油毡按浸涂材料的总量和物理性分为合格品、一等品、优等品三个等级。

2. 规格

油毡、油纸幅度宽为 915mm 和 1000mm 两种规格。

3. 品种

油毡按所用的隔离材料的不同分为粉状面油毡（粉毡）和片面油毡（片毡）两个品种。

4. 标号

石油沥青油毡分为 200 号、350 号和 500 号三种标号。石油沥青油纸分为 200 号、350 号两种标号。

200 号油毡适用于简易防水、临时性建筑防水、建筑防潮包装；350 号和 500 号粉状面油毡适用于屋面、地下、水利等工程的多层防水；片状面油毡适用于单层防水。

油纸适用于建筑防潮和物品包装，也可用于多层防水层的下层。

（二）技术要求

1. 卷重

每卷油毡、油纸的质量见表 7-2、表 7-3。

表 7-2　不同标号石油沥青纸胎油毡质量表

标　　号	200 号		350 号		500 号	
品　　种	粉毡	片毡	粉毡	片毡	粉毡	片毡
每卷质量（kg）不小于	17.5	20.5	28.5	31.5	39.5	42.5

表 7-3　不同标号石油沥青油纸质量表

标　　号	200 号	350 号
每卷质量（kg）不小于	7.5	13.0

2. 外观

（1）成卷油毡、油纸应卷紧、卷齐，两端平面里进外出不得超过 10mm，油毡卷筒两端厚度差不得超过 5mm。

（2）成卷油毡在环境温度为 10～45℃ 时，应易于展开，因粘结而破坏毡面长不得大于 10mm，距卷芯 1m 以外的裂纹长度不应大于 10mm。

（3）油毡、油纸的纸胎必须浸透，不应有未被浸渍的浅色斑点；油纸表面应无成片未干的浸油，但允许有个别不致引起互相粘结的油斑。

（4）油毡涂盖材料必须均匀致密地涂盖油纸两面，不应出现油纸外露和涂盖不匀等现象。

（5）油毡毡面、油纸表面不应有孔洞、硌（楞）伤、折纹、折皱；最大疙瘩、糨糊状粉浆或水渍长度不得大于 20mm；油毡距卷芯 1000mm 以外的折纹、折皱长度不应大于 100mm；油毡、油纸 20mm 以内的边缘裂口或长 50mm、深 20mm 以内的缺边不应超过 4 处。

（6）每卷油毡、油纸的接头不应超过一处，其中较短的一段长度不应少于 2500mm，接头处应剪切整齐，并应加长 150mm 留作搭接宽度。优等品油毡中有接头的油毡卷数不得超过批量的 3%。

3. 面积

每卷油毡、油纸的总面积为 20m² ±0.3m²。

4. 石油沥青纸胎油毡和油纸的物理性能

石油沥青纸胎油毡、油纸的物理性能见表 7-4、表 7-5。

表 7-4　各种标号等级的石油沥青油毡的物理性能

指标名称		标号	200 号			350 号			500 号		
		等级	合格	一等	优等	合格	一等	优等	合格	一等	优等
单位面积浸涂材料总量（g/m²）不小于			600	700	800	1000	1050	1110	1400	1450	1500
不透水性	压力不小于（MPa）		0.05			0.10			0.15		
	保持时间不小于（min）		15	20	30	30	30	45	30		
吸水率（真空法）不大于（%）	粉毡		1.0			1.0			1.5		
	片毡		3.0			3.0			3.0		
耐热度（℃）			85±2	90±2		85±2	90±2		85±2		90±2
			受热 2h 涂盖层应无滑动和集中性气泡								
拉力（25±2）℃时纵向不小于（N）			240	270		340	370		440	470	
柔度			（18±2）℃			（18±2）℃	（16±2）℃	（14±2）℃	（18±2）℃		（14±2）℃
			绕 φ20mm 圆棒或弯板无裂纹						绕 φ25mm 圆棒或弯板无裂纹		

表 7-5　石油沥青油纸物理性能

指标名称		标号	
		200 号	350 号
（1）浸渍材料占干原纸质量百分比（%）	不小于	100	
（2）吸水性（真空法，%）	不大于	25	
（3）拉力（N）	在 25℃±2℃时，纵向不小于	110	240
（4）柔度（在 18℃±2℃时）		围绕 φ10mm 圆棒或弯板无裂纹	

我国长期使用石油沥青纸胎油毡做建筑防水，纸胎油毡除了要消耗大量原纸、施工条件艰苦和污染环境外，还存在着低温脆裂、高温流淌，容易产生起鼓、老化、龟裂、腐烂、渗漏等工程质量问题。因此，凡是用石油沥青纸胎油毡做建筑防水，终会出现屋面漏雨、厕所卫生间漏水、地下室渗水等工程质量问题。据统计全国每年用于屋面防水维修费用达 5 亿元以上。为此，国家对纸胎油毡的使用进行了限制，为最终淘汰纸胎油毡创造条件。

二、石油沥青玻璃纤维布油毡（JC/T 84—1996）

玻璃纤维布油毡是用石油沥青浸涂玻璃纤维布的两面，然后撒布滑石粉或云片制成的。玻璃布油毡的抗拉强度、耐久性、柔韧性及耐腐蚀性都优于纸胎石油沥青油毡。适用于耐水性、耐久性、耐腐蚀性要求高的工程。玻璃纤维布胎石油沥青油毡物理性能见表 7-6。

表 7-6　石油沥青玻璃纤维布油毡物理性能

项　　目	等　级	一等品	合格品
可溶物含量(g/m²)	≥	420	380
耐热度(85℃±2℃,2h)		无滑动、起泡现象	
不透水性	压力(MPa)	0.2	0.1
	时间不小于 15min	无渗漏	
拉力(N)	(25±2)℃时纵向≥	400	360
柔　　度	温度(℃)　≤	0	5
	弯曲直径 30mm	无裂纹	
耐霉菌腐蚀性	重量损失(%)　≤	2.0	
	拉力损失(%)　≤	15	

三、铝箔面油毡（JC 504—1992）

铝箔面油毡是采用玻璃纤维为胎基，浸涂氧化沥青，在其上面用压纹铝箔贴面，底面撒以细颗粒矿物材料或覆盖聚乙烯(PE)膜，制成的一种具有热反射和装饰功能的防水卷材。

（一）铝箔面油毡等级、标号及应用

铝箔面油毡按物理性能分为优等品(A)、一等品(B)、合格品(C)。按标称卷重分为 30、40 两种标号。规格为幅宽 1000mm。30 号铝箔面油毡厚度不小于 2.4mm，主要用于多层防水工程的面层；40 号铝箔面油毡厚度不小于 3.2mm，主要用于单层或多层防水工程的面层。

铝箔面油毡对太阳光反射率高，可以减少层面辐射热，降低室内温度；

铝箔面油毡的拉伸强度高，延伸性好，对基层伸缩、开裂适应性强，并具有隔气作用。

（二）铝箔面油毡的主要物理性能指标（见表 7-7）

表 7-7　铝箔面油毡的主要物理性能指标

项　　目	标　号 等　级	30 优等品	一等品	合格品	40 优等品	一等品	合格品
可溶物含量(g/m²)	不小于	1600	1550	1500	2100	2050	2000
拉力(N)	纵横均不小于	500	450	400	550	500	450
断裂延伸率(%)	纵横均不小于	2					
柔度(℃)	不高于	0	5	10	0	5	10
		绕 r=35mm 圆弧，无裂纹			绕 r=30mm 圆弧，无裂纹		
耐热度(℃)		(80±2)℃受热 2h,涂盖层应无滑动					
分层		(50±2)℃受热 7d,无分层现象					

（三）铝箔面油毡卷重及面积规定（见表7-8）

表7-8　每卷铝箔面油毡质量及面积

标　　号	30 号	40 号
标称重量(kg)	30	40
最低重量(kg)	28.5	38.0
每卷面积(m²)	10±0.1	

（四）外观质量要求

（1）成卷油毡应卷紧、卷齐。卷筒两端厚度差不得超过 5mm,端面里进外出不得超过 10mm。

（2）成卷油毡在环境温度为 10～45℃ 时应易于展开,不得有距卷芯 1000mm 外、长度在 10mm 以上的裂纹。

（3）铝箔与涂盖材料应粘结牢固,不允许有分层、气泡现象。

（4）铝箔表面应洁净、花纹整齐,不得有污迹、折皱、裂纹等缺陷。

（5）在油毡贴铝箔的一面上沿纵向留一条宽 50～100mm 无铝箔的搭接边,在搭接边上撒以细颗粒隔离材料或用 0.005mm 厚聚乙烯膜覆面,聚乙烯膜应粘结紧密,不得有错位或脱落现象。

（6）每卷油毡接头不应超过一处,其中较短的一段不应少于 2500mm,接头处应裁接整齐,并加 150mm 备作搭接。

四、改性沥青防水卷材

改性沥青防水卷材,是在沥青中添加高分子聚合物进行改性,以提高防水卷材的使用性能,延长防水层的寿命。改性剂中效果较好的为无规聚丙烯（APP）和聚烯烃类聚合物（APAO、APO）。

（一）塑性体改性沥青防水卷材（GB 18243—2000）

塑性体沥青防水卷材是用聚酯毡或玻纤毡为胎基、无规聚丙烯（APP）或聚烯烃类聚合物（APAO、APO）作改性剂,两面复以隔离材料所制成的建筑防水卷材（统称 APP 卷材）。

1．产品分类

（1）按胎基分为聚酯胎（PY）和玻纤胎（G）两类。

（2）按上表面材料分为聚乙烯膜（PE）、细砂（S）、矿物粒（片）料（M）三种。

（3）按物理力学性能分为 Ⅰ 型、Ⅱ 型。

（4）卷材按不同胎基、不同上表面材料分为 6 个品种,见表7-9。

表7-9　塑性体沥青防水卷材品种

胎基 上面材料	聚酯胎	玻纤胎
聚乙烯膜	PY-PE	G-PE
细　　砂	PY-S	G-S
矿物粒（片）料	PY-M	G-M

2．规格

塑性体改性沥青防水卷材幅宽 1000mm。厚度:聚酯胎卷材为 3mm、4mm;玻纤胎卷材为 2mm、3mm、4mm。

塑性体改性沥青防水卷材每卷面积分别为 15m²、10m²、7.5m²。

3．标记方法

按塑性体改性沥青防水卷材、型号、胎基、上表面材料、厚度、本标准号为序标记。

标记示例：3mm 厚砂面聚酯胎Ⅰ型塑性体改性沥青防水卷材。

标记为：APPⅠPY S3 GB18243

4. 用途

APP 防水卷材适用于工业与民用建筑的屋面和地下防水工程，以及道路、桥梁等建筑物的防水，尤其适用于较高气温环境的建筑防水。

5. 技术要求

(1) 卷重、面积和厚度，见表 7-10。

表 7-10　卷重、面积和厚度

规格（公称厚度 mm）		2		3			4					
上表面材料		PE	S	PE	S	M	PE	S	M	PE	S	M
面积 (m²/卷)	公称面积	15		10			10			7.5		
	偏差	±0.15		±0.10			±0.10			±0.10		
最低卷重(kg/卷)		33.0	37.5	32.0	35.0	40.0	42.0	45.0	50.0	31.5	33.0	37.5
厚度 (mm)	平均值≥	2.0		3.0		3.2	4.0		4.2	4.0		4.2
	最小单值	1.7		2.7		2.9	3.7		3.9	3.7		3.9

(2) 外观要求：

① 成卷卷材应卷紧卷齐，端面里进外出不得超过 10mm。

② 成卷卷材在 4～60℃ 温度下应易于展开，在距卷芯 1000mm 长度外不应有 10mm 以上的裂纹和粘结。

③ 胎基应浸透，不应有未被浸渍的条纹。

④ 卷材表面必须平整，不允许有孔洞、缺边和裂口，矿物粒（片）料粒度均匀一致，并紧密地粘附于卷材表面。

⑤ 每卷接头处不应超过 1 个，较短的一段不应少于 1000mm。接头应剪切整齐，并加长 150mm。

(3) 物理力学性能，见表 7-11。

表 7-11　塑性体改性沥青防水卷材的物理力学性能

序号	胎基		PY		G	
	型号		Ⅰ	Ⅱ	Ⅰ	Ⅱ
1	可溶物含量(g/m²)≥	2mm	—		1300	
		3mm	2100			
		4mm	2900			
2	不透水性	压力(MPa)≥	0.3		0.2	0.3
		保持时间(min)≥	30			
3	耐热度(℃)		110	130	110	130
			无滑动、流淌、滴落			
4	拉力(N/50mm)≥	纵向	450	800	350	500
		横向			250	300

序号	胎基			PY		G	
	型号			I	II	I	II
5	最大拉力时延伸率（%）≥		纵向	25	40	—	
			横向				
6	低温柔度（℃）			−5	−15	−5	−15
				无 裂 纹			
7	撕裂强度（N）≥		纵向	250	350	250	350
			横向			170	200
8	人工气候加速老化	外 观		1 级			
				无滑动、流淌、滴落			
		拉力保持率（%）≥	纵向	80			
		低温柔度（℃）		3	−10	3	−10
				无裂纹			

注：表中 1～6 项为强制性项目。当需要耐热度超过 130℃ 卷材时，该指标可由供需双方协商确定。

6. 典型产品

APP 改性沥青防水卷材，是塑性体沥青系列防水卷材中的典型产品。APP 是塑料无规聚丙烯的代号。APP 改性沥青防水卷材是以玻纤毡或聚酯毡为胎体，以 APP 改性石油沥青为浸涂盖层，均匀致密地浸渍在胎体两面，采用片岩彩色砂或金属箔等作面层防粘隔离材料，底面复合塑料薄膜，经过多道工艺加工而成的一种中、高档防水卷材。

APP 改性沥青防水卷材的主要特点是：

（1）抗拉强度高，延伸率大。

（2）具有良好的温度稳定性和耐热性，适应的温度范围是 −15～130℃，尤其是抗紫外线的能力较强，适用于炎热地区。

（3）抗老化性能好。APP 是生产聚丙烯的副产品，它在改性沥青中呈网状结构，与石油沥青有良好的互溶性，将沥青包在网中。分子结构稳定，受高温、阳光照射后，分子结构不会重新排列，抗老化期可达 20 年以上。

（4）施工简单，无污染。APP 改性沥青防水卷材具有良好的憎水性和粘结性，可冷粘施工、热熔施工，干净、无污染。

（二）弹性体沥青防水卷材（GB 18242—2000）

弹性体沥青防水卷材是用聚酯毡或玻纤毡为胎基，热塑性弹性体苯乙烯-丁二烯-苯乙烯共聚物（SBS）做改性剂，两面覆以隔离材料所制成的建筑防水卷材（简称"SBS"卷材）。

1. 分类

（1）按胎基分为聚酯胎（PY）和玻纤胎（G）两类。

（2）按上表面隔离材料分为聚乙烯膜（PE）、细砂（S）、矿物粒（片）料（M）3 种。

（3）按物理力学性能分为 I 型和 II 型。

（4）品种。弹性体沥青防水卷材有玻纤毡和聚酯毡两种胎基；使用细砂、矿物粒（片）料以及聚乙烯膜三种表面撒布材料，共形成 6 个品种，见表 7-12。

表 7-12 弹性体沥青防水卷材品种

胎基 上表面材料	聚 酯 胎	玻 纤 胎
聚乙烯膜	PY-PE	G-PE
细 砂	PY-S	G-S
矿物粒(片)料	PY-M	G-M

2. 规格

(1) 幅宽:1000mm。

(2) 厚度:聚酯胎卷材有 3mm、4mm 两种。玻纤胎卷材有 2mm、3mm、4mm 3 种。

(3) 面积:每卷面积分为 15m²、10m²、7.5m² 3 种。

3. 标记方法

按弹性体改性沥青防水卷材、型号、胎基、上表面材料、厚度、标准号顺序标记。

【例】 3mm 厚望砂面聚酯胎Ⅰ型弹性体改性沥青防水卷材标记为:

SBS 1 PY S3 GB18242

4. 应用

该系列防水卷材适用于工业与民用建筑的屋面、地下室、卫生间等的防水防潮,以及桥梁、停车场、游泳池、隧道、蓄水池等建筑物的防水。尤其适用于寒冷地区和结构变形频繁的建筑物防水。

5. 技术要求

(1) 卷重、面积和厚度:见表 7-13。

表 7-13 卷重、面积和厚度

规格(公称厚度,mm)		2		3			4					
上表面材料		PE	S	PE	S	M	PE	S	M	PE	S	M
面积 (m²/卷)	公称面积	15		10			10			7.5		
	偏差	±0.15		±0.10			±0.10			±0.10		
最低卷重(kg/卷)		33.0	37.5	32.0	35.0	40.0	42.0	45.0	50.0	31.5	33.0	37.5
厚度 (mm)	平均值≥	2.0		3.0		3.2	4.0	4.2		4.0		4.2
	最小单值	1.7		2.7		2.9	3.7	3.9		3.7		3.9

(2) 外观要求:

① 成卷卷材应卷紧卷齐,端面里进外出不得超过 10mm。

② 成卷卷材在 4～50℃ 温度下应易于展开,在距卷芯 1000mm 长度外不应有 10mm 以上的裂纹和粘结。

③ 胎基应浸透,不应有未被浸渍的条纹。

④ 卷材表面必须平整,不允许有孔洞、缺边和裂口,矿物粒(片)料粒度均匀一致,并紧密地粘附于卷材表面。

⑤ 每卷接头处不应超过 1 个,较短的一段不应少于 1000mm。接头应剪切整齐,并加长 150mm。

(3) 物理力学性能,见表 7-14。

表 7-14　弹性体改性沥青防水卷材物理力学性能

序号	胎基			PY		G	
	型号			Ⅰ	Ⅱ	Ⅰ	Ⅱ
1	可溶物含量(g/m²)≥		2mm	—			1300
			3mm		2100		
			4mm		2900		
2	不透水性	压力(MPa)≥			0.3	0.2	0.3
		保持时间(min)≥			30		
3	耐热度(℃)			90	105	90	105
				无滑动、流淌、滴落			
4	拉力(N/50mm)≥		纵向	450	800	350	500
			横向			250	300
5	最大拉力时延伸率(%)≥		纵向	30	40	—	
			横向				
6	低温柔度(℃)			−18	−25	−18	−25
				无　裂　纹			
7	撕裂强度(N)≥		纵向	250	350	250	350
			横向			170	200
8	人工气候加速老化	外　观		1 级			
				无滑动、流淌、滴落			
		拉力保持率(%)≥	纵向	80			
		低温柔度(℃)		−10	−20	−10	−20
				无裂纹			

注:表中 1~6 项为强制性项目。

6. 典型产品

SBS 改性沥青柔性油毡。SBS 是热塑性丁苯橡胶的简称,它兼有橡胶和塑料的特性,常温下具有橡胶的弹性,高温下又具有塑料的可塑性。SBS 改性沥青柔性油毡是以聚酯纤维无纺布为胎体,以 SBS 橡胶改性石油沥青为浸渍涂盖层(面层),以塑料薄膜为防粘隔离层或油毡表面带有砂粒的防水卷材。

用 SBS 橡胶改性后的沥青油毡具有良好的弹性、耐疲劳、耐高温、耐低温等性能,价格较低、施工方便、可以冷作粘贴,也可热熔铺贴,具有较好的温度适应性和耐老化性能,适用于屋面及地下室的防水工程。

(三) 改性沥青聚乙烯胎防水卷材(GB 18967—2003)

改性沥青聚乙烯胎防水卷材是以改性沥青为基料,以高密度聚乙烯膜或铝箔为覆面材料,经滚压、水冷、成型制成的防水卷材。

1. 品种分类

该卷材按基料不同将产品分为氧化改性沥青防水卷材、丁苯橡胶改性氧化沥青防水卷材和高聚物改性沥青防水卷材 3 类,见表 7-15。

表 7-15　改性沥青聚乙烯胎防水卷材品种

上表面覆盖材料	基　　料		
	改性氧化沥青	丁苯橡胶改性氧化沥青	高聚物改性沥青
聚乙烯膜	OEE	MEE	PEE
铝箔	—	MEAL	PEAL

2. 规格尺寸

面积：11m²；

宽：1100mm；

厚：3mm、4mm。

3. 代号

（1）氧化改性沥青　　　　　O（第一位表示）

（2）丁苯橡胶改性氧化沥青　M（第一位表示）

（3）高聚物改性沥青　　　　P（第一位表示）

（4）高密度聚乙烯胎体　　　E（第二位表示）

（5）高密度聚乙烯覆面膜　　E（第三位表示）

4. 技术要求

（1）厚度、面积和卷重，见表 7-16。

表 7-16　厚度、面积和卷重

公称厚度(mm)		3		4	
上表面覆盖材料		E	AL	E	AL
厚度(mm)	平均值≥	3.0		4.0	
	最小单值	2.7		3.7	
最低卷重(kg)		33	35	45	47
面积(m²)	公称面积	11			
	偏差	±0.2			

（2）物理力学性能应符合表 7-17 规定。

表 7-17　物理力学性能

序号	上表面覆盖材料		E						AL			
	基　　料		O		M		P		M		P	
	型　　号		Ⅰ	Ⅱ	Ⅰ	Ⅱ	Ⅰ	Ⅱ	Ⅰ	Ⅱ	Ⅰ	Ⅱ
1	不透水性(MPa)≥		0.3									
			不透水									
2	耐热度(℃)		85	85	90	90	95	85	90	90	95	
			无流淌,无起泡									
3	拉力(N/50mm)≥	纵向	100	140	100	140	100	140	200	220	200	220
		横向		120		120		120				

序号	上表面覆盖材料			E						AL			
	基　料			O		M		P		M		P	
	型　号			Ⅰ	Ⅱ	Ⅰ	Ⅱ	Ⅰ	Ⅱ	Ⅰ	Ⅱ	Ⅰ	Ⅱ
4	断裂延伸率(%)≥	纵向		200	250	200	250	200	250	—			
		横向											
5	低温柔度(℃)			0		−5		−10	−15	−5		−10	−15
				无裂纹									
6	尺寸稳定性	℃		85	85	90	90	95		85	90	90	95
		%,≤		2.5									
7	热空气老化	外观		无流淌,无起泡						—			
		拉力保持率(%)≥,纵向		80									
		低温柔度(℃)		8		3		−2	−7				
				无裂纹									
8	人工气候加速老化	外观		—						无流淌,无起泡			
		拉力保持率(%)≥,纵向								80			
		低温柔度(℃)								3		−2	−7
										无裂纹			

注:表中 1～5 项为强制性的。

(3) 外观质量:

① 成卷卷材应卷紧、卷齐,端面里进外出差不得超过 30mm。胎体与沥青基料和覆面材料相互紧密粘结。

② 面应平整,不允许有可见的缺陷,如孔洞、裂纹、疙瘩等。

③ 卷材在 35℃下开卷不应发生粘结现象,在环境温度为柔度试验温度以上时,易于展开。

④ 卷材接头不应超过一处,其中较短的一段不得少于 2500mm。接头处应剪切整齐,并加长 150mm,备作搭接。优等品有接头的卷材数不得超过批量数的 3%。

5. 适用范围

这种卷材具有较好耐热性和低温柔性,适用于地下、隧道、水池、水坝、高速公路等工程的防水,避免卷材直接暴露在阳光下。

五、高分子防水卷材

(一) 聚氯乙烯防水卷材(GB 12952—2003)

是用聚氯乙烯为主要原料制成的防水卷材,包括无复合层、用纤维单面复合及织物内增强的聚氯乙烯防水卷材

1. 分类

聚氯乙烯防水卷材按有无复合层分类,无复合层的为 N 类、用纤维单面复合的为 L 类、织

物内增强的为 W 类。每类产品按理化性能分为 Ⅰ 型和 Ⅱ 型。

2. 规格

卷材长度规格有 10m、15m、20m。

卷材厚度规格有 1.2mm、1.5mm、2.0mm。

供需双方商定的尺寸,其厚度不得小于 1.2mm。

3. 标记

按产品名称(代号 PVC 卷材)、外露或非外露使用、类、型、厚度、长×宽及标准号顺序标记。

【例】 长度 20m、宽度 1.2m、厚度 1.5mⅡ型 L 类外露使用聚氯乙烯防水卷材。标记为:

$$\text{PVC 卷材外露 LⅡ1.5/20×1.2 GB 12952—2003}$$

4. 技术要求

(1)尺寸偏差,长度、宽度不小于规定值的 99.5%。厚度偏差和最小单值见表 7-18。

(2)外观要求:

① 卷材的接头不多于一处,其中较短的一段不少于 1.5m,接头应剪切整齐,并加长 150mm。

表 7-18　厚度偏差和最小单值　(mm)

厚 度	允 许 偏 差	最 小 单 值
1.2	±0.10	1.00
1.5	±0.15	1.30
2.0	±0.20	1.70

② 卷材表面应平整,边缘整齐,无裂纹、孔洞、粘结、气泡和疤痕。

(3)理化性能:N 类无复合层卷材理化性能应符合表 7-19 规定。

表 7-19　N 类卷材理化性能

序号	项　目		Ⅰ 型	Ⅱ 型
1	拉伸强度(MPa) ≥		8.0	12.0
2	断裂伸长率(%) ≥		200	250
3	热处理尺寸变化率(%) ≤		3.0	2.0
4	低温弯折性		−20℃无裂纹	−25℃无裂纹
5	抗穿孔性		不渗水	
6	不透水性		不渗水	
7	剪切状态下的粘合性(N/mm) ≥		3.0 或卷材破坏	
8	热老化处理	外观	无起泡、裂纹、粘结和孔洞	
		拉伸强度变化率(%)	±25	±20
		断裂伸长率变化率(%)		
		低温弯折性	−15℃无裂纹	−20℃无裂纹
9	耐化学侵蚀	拉伸强度变化率(%)	±25	±20
		断裂伸长率变化率(%)		
		低温弯折性	−15℃无裂纹	−20℃无裂纹
10	人工气候加速老化	拉伸强度变化率(%)	±25	±20
		断裂伸长率变化率(%)		
		低温弯折性	−15℃无裂纹	−20℃无裂纹

注:非外露使用可以不考核人工气候加速老化性能。

L 类纤维单面复合及 W 类织物内增强的卷材理化性能应符合表 7-20 规定。

表 7-20　L 类及 W 类卷材理化性能

序号	项　　目		I 型	II 型
1	拉力(N/cm)　　　　　　　≥		100	160
2	断裂伸长率(%)　　　　　　≥		150	200
3	热处理尺寸变化率(%)　　　≤		1.5	1.0
4	低温弯折性		−20℃无裂纹	−25℃无裂纹
5	抗穿孔性		不渗水	
6	不透水性		不透水	
7	剪切状态下的粘合性 (N/mm)≥	L 类	3.0 或卷材破坏	
		W 类	6.0 或卷材破坏	
8	热老化处理	外观	无起泡、裂纹、粘结和孔洞	
		拉力变化率(%)	±25	±20
		断裂伸长率变化率(%)		
		低温弯折性	−15℃无裂纹	−20℃无裂纹
9	耐化学侵蚀	拉力变化率(%)	±25	±20
		断裂伸长率变化率(%)		
		低温弯折性	−15℃无裂纹	−20℃无裂纹
10	人工气候加速老化	拉力变化率(%)	±25	±20
		断裂伸长率变化率(%)		
		低温弯折性	−15℃无裂纹	−20℃无裂纹

注:非外露使用可以不考核人工气候加速老化性能。

5. 特点

(1) 防水效果好、抗拉强度高。聚氯乙烯防水卷材的拉伸强度是氯化聚乙烯防水卷材料拉伸强度的 2 倍,抗裂性能高,防水、防渗效果好。

(2) 使用寿命长。聚氯乙烯防水卷材的使用寿命可达 20 年。

(3) 断裂伸长率高。断裂伸长率为纸胎油毡的 300 倍,对基层伸缩和开裂变形的适应性强。

(4) 耐高温、耐低温性能好。聚氯乙烯防水卷材的使用温度在 −40～90℃之间,寒冷及炎热地区均可使用。

(5) 施工方便。聚氯乙烯防水卷材采用冷粘法或热风焊接法施工,简便,无污染。

6. 应用

聚氯乙烯防水卷材适用于中高档建筑物屋面、地下室、浴池及水库、水坝、水渠等工程的防水防渗。

(二) 氯化聚乙烯防水卷材(GB 12953—2003)

氯化聚乙烯(简称 CPE)防水卷材是用氯化聚乙烯树脂为主要原料制成的防水卷材,包括无复合层、用纤维单面复合及织物内增强的氯化聚乙烯防水卷材。

1. 分类

(1) 产品按有无复合层分类,无复合层的为 N 类、用纤维单面复合的为 L 类、织物内增强的为 W 类。

（2）每类产品按理化性能分为Ⅰ型和Ⅱ型。

2. 规格

卷材长度规格有：10m、15m、20m。

卷材厚度规格有：1.2mm、1.5mm、2.0mm。

按供需双方商定的，厚度规格不得低于1.2mm。

3. 标记

按产品名称（代号 CPE 卷材）、外露和非外露使用、类、型、厚度、长×宽和标准顺序标记。

【例】 长度 20m、宽度 1.2m、厚度 1.5mmⅡ型 L 类外露使用氯化聚乙烯防水卷材，标记为：

CPE 卷材　外露　Ⅱ1.5/20×1.2　GB 12953—2003

4. 技术要求

（1）尺寸偏差：长度、宽度不小于规定值的99.5%。厚度偏差和最小单值见表7-21。

（2）外观要求：

① 卷材的接头不多于一处，其中较短的一段不少于 1.5m，接头应剪整齐，并加长 150mm。

表 7-21　厚度偏差和最小单值　（mm）

厚　　　度	允 许 偏 差	最 小 单 值
1.2	±0.10	1.00
1.5	±0.15	1.30
2.0	±0.20	1.70

② 卷材表面应平整，边缘整齐，无裂纹、孔洞、粘结、不应有明显的气泡与疤痕。

（3）理化性能：

① N 类无复合层卷材的理化性能应符合表 7-22 规定。

② L 类纤维单面复合及 W 类织物内增强的卷材理化性能应符合表 7-23 规定。

表 7-22　N 类无复合层卷材的理化性能

序号	项　　　目		Ⅰ型	Ⅱ型
1	拉伸强度（MPa）	≥	5.0	8.0
2	断裂伸长率（%）	≥	200	300
3	热处理尺寸变化率（%）	≤	3.0	纵向 2.5 横向 1.5
4	低温弯折性		−20℃无裂纹	−25℃无裂纹
5	抗穿孔性		不渗水	
6	不透水性		不透水	
7	剪切状态下的粘合性（N/mm）	≥	3.0 或卷材破坏	
8	热老化处理	外观	无起泡、裂纹、粘结和孔洞	
		拉伸强度变化率（%）	+50 −20	±20
		断裂伸长率变化率（%）	+50 −30	±20
		低温弯折性	−15℃无裂纹	−20℃无裂纹
9	耐化学侵蚀	拉伸强度变化率（%）	±30	±20
		断裂伸长率变化率（%）	±30	±20
		低温弯折性	−15℃无裂纹	−20℃无裂纹

続表 7-22

序号	项 目		Ⅰ 型	Ⅱ 型
10	人工气候加速老化	拉伸强度变化率(%)	+50 −20	±20
		断裂伸长率变化率(%)	+50 −30	±20
		低温弯折性	−15℃无裂纹	−20℃无裂纹

注:非外露使用可以不考核人工气候加速老化性能。

表 7-23 L 类及 W 类卷材的理化性能

序号	项 目		Ⅰ 型	Ⅱ 型
1	拉力(N/cm) ≥		70	120
2	断裂伸长率(%) ≥		125	250
3	热处理尺寸变化率(%) ≤		1.0	
4	低温弯折性		−20℃无裂纹	−25℃无裂纹
5	抗穿孔性		不渗水	
6	不透水性		不透水	
7	剪切状态下的粘合性 (N/mm)≥	L 类	3.0 或卷材破坏	
		W 类	6.0 或卷材破坏	
8	热老化处理	外观	无起泡、裂纹、粘结与孔洞	
		拉力(N/cm) ≥	55	100
		断裂伸长率(%) ≥	100	200
		低温弯折性	−15℃无裂纹	−20℃无裂纹
9	耐化学侵蚀	拉力(N/cm) ≥	55	100
		断裂伸长率(%) ≥	100	200
		低温弯折性	−15℃无裂纹	−20℃无裂纹
10	人工气候加速老化	拉力(N/cm) ≥	55	100
		断裂伸长率(%) ≥	100	200
		低温弯折性	−15℃无裂纹	−20℃无裂纹

注:非外露使用可以不考核人工气候加速老化性能。

5. 特性和应用

(1)特性。氯化聚乙烯防水卷材具有强度高、伸长率大、弹性好、耐撕裂、耐日光、耐臭氧老化、耐寒、耐高温、耐酸碱、使用寿命长等特点。可冷施工,无污染。

(2)应用。氯化聚乙烯防水卷材适用于屋面作单层外露防水,也适用于有保护层的屋面、地下室、水池、堤坝等防水工程。

(三)氯化聚乙烯-橡胶共混防水卷材(JC/T 684—1997)

氯化聚乙烯-橡胶共混防水卷材是以氯化聚乙烯树脂和合成橡胶为主体,加入适量的软化剂、稳定剂、促进剂、填充剂等经塑炼混炼、压延或挤出成型、硫化、冷却、检验、分卷、包装等工序,加工制成的一种防水卷材。

1. 类型

氯化聚乙烯-橡胶共混防水卷材按物理力学性能分为 S 型和 N 型两种。

2. 规格尺寸(见表 7-24)

表 7-24　规 格 尺 寸

厚度(mm)	宽度(mm)	长度(m)
1.0,1.2,1.5,2.0	1000,1100,1200	20

3. 技术要求

(1) 外观质量:表面平整,边缘整齐;外观质量要求符合表 7-25 规定。

表 7-25　氯化聚乙烯-橡胶共混防水卷材外观质量

项　　目	外观质量要求
折　痕	每卷不超过 2 处,总长不大于 20mm
杂　质	不允许有大于 0.5mm 颗粒
胶　块	每卷不超过 6 处,每处面积不大于 4mm²
缺　胶	每卷不超过 6 处,每处不大于 7mm²,深度不超过卷材厚度的 30%
接　头	每卷不超过 1 处,短段不得少于 3000mm,并应加长 150mm 备作搭接

(2) 尺寸偏差应符合表 7-26 规定。

表 7-26　氯化聚乙烯-橡胶共混防水卷材尺寸偏差

厚度允许偏差(%)	宽度与长度允许偏差
+15 -10	不允许出现负值

(3) 物理力学性能应符合表 7-27 规定。

表 7-27　氯化聚乙烯-橡胶共混防水卷物理力学性能

序号	项　　目		指　　标	
			S 型	N 型
1	拉伸强度(MPa)	≥	7.0	5.0
2	断裂伸长率(%)	≥	400	250
3	直角形撕裂强度(kN/m)	≥	24.5	20.0
4	不透水性,30min		0.3MPa 不透水	0.2MPa 不透水
5	热老化保持率 (80℃±2℃,168h)	拉伸强度(%) ≥	80	
		断裂伸长率(%) ≥	70	
6	脆性温度	≤	-40℃	-20℃
7	臭氧老化,500pphm,168h×40℃,静态		伸长率 40% 无裂纹	伸长率 20% 无裂纹
8	粘结剥离强度 (卷材与卷材)	kN/m ≥	2.0	
		浸水 168h,保持率(%) ≥	70	
9	热处理尺寸变化率(%)		+1 -2	+2 -4

4. 氯化聚乙烯-橡胶共混防水卷材主要特性

(1) 综合防水性能好。氯化聚乙烯树脂和橡胶两种原材料经过共混改性处理后,兼有塑料和橡胶的双重性,即:不但具备了氯化聚乙烯的高强度和耐用老化性,而且具备了橡胶类材料的高弹性和高延伸性,提高了卷材的综合防水性能。

(2) 具有良好的高温、低温性能。氯化聚乙烯-橡胶共混防水卷材的使用温度在$-40 \sim 80℃$之间,其高温、低温性能良好。

(3) 具有良好的粘结性和阻燃性。氯化聚乙烯树脂的含氯量为$30\% \sim 40\%$,氯原子的存在使卷材具有良好的粘结性和阻燃性。

(4) 稳定性好,使用寿命长。氯化聚乙烯分子结构中没有双键存在,属于高饱和稳定结构,不易受紫外线、臭氧、化学介质的影响,具有良好耐油、耐酸碱、耐臭氧的性能,使用寿命长。

(5) 施工简单方便。氯化聚乙烯-橡胶共混防水卷材采用冷粘结施工,简单方便,工效高。

氯化聚乙烯-橡胶共混防水卷材最适用于屋面工程做单层外露防水,也适用于有保护层的屋面或楼面、地面、厨房、厕浴间及游泳池、隧道等中高档建筑防水工程。

(四) 三元丁橡胶防水卷材(JC/T 645—1996)

三元丁橡胶防水卷材是以废旧丁基橡胶为主,加入丁酯作改性剂,丁醇作促进剂加工制成的无胎卷材(简称三元丁卷材)。

1. 规格尺寸

三元丁橡胶防水卷材的规格尺寸见表7-28。

2. 尺寸允许偏差

三元丁橡胶防水卷材的尺寸允许偏差见表7-29。

表 7-28　三元丁橡胶防水卷材规格尺寸

厚度(mm)	宽度(mm)	长度(m)
1.2　1.5	1000	20　10
2.0	1000	10

注:其它规格尺寸由供需双方协商确定。

表 7-29　三元丁橡胶防水卷材尺寸允许偏差

项　目	允许偏差
厚度(mm)	± 0.1
长度(m)	不允许出现负值
宽度(mm)	不允许出现负值

注:1.2mm厚规格不允许出现负偏差。

3. 外观质量

(1) 成卷卷材应卷紧卷齐,端面里进外出不得超过10mm。

(2) 成卷卷材在环境温度为低温弯折性规定的温度以上时应易于展开。

(3) 卷材表面应平整,不允许有孔洞、缺边、裂口和夹杂物。

(4) 每卷卷材的接头不应超过一个。较短的一段不应少于2500mm,接头处应剪整齐,并加长150mm。一等品中,有接头的卷材不得超过批量的3%。

4. 物理力学性能

三元丁橡胶防水卷材的物理力学性能见表7-30。

表 7-30　三元丁橡胶防水卷材的物理力学性能

产　品　等　级			一等品	合格品
不透水性	压力(MPa)	不小于	0.3	
	保持时间(min)	不小于	90,不透水	

产　品　等　级			一等品	合格品
纵向拉伸强度（MPa）		不小于	2.2	2.0
纵向断裂伸长率（%）		不小于	200	150
低温弯折性（-30℃）			无裂纹	
耐碱性	纵向拉伸强度的保持率（%）	不小于	80	
	纵向断裂伸长的保持率（%）	不小于	80	
热老化处理	纵向拉伸强度保持率（%）	80℃±2℃,168h,不小于	80	
	纵向断裂伸长保持率（%）	80℃±2℃,168h,不小于	70	
热处理尺寸变化率%		80℃±2℃,168h,不大于	-4,+2	
人工加速气候老化 27 周期	外观		无裂纹,无气泡,不粘结	
	纵向拉伸强度的保持率（%）	不小于	80	
	纵向断裂伸长的保持率（%）	不小于	70	
	低温弯折性		-20℃,无裂缝	

5. 特性和应用

三元丁橡胶防水卷材的弹塑性好,抗老化性好,热稳定性好,尤其是低温条件的柔性好,适用于工业与民用建筑及构筑物的防水。尤其适应于寒冷及温差变化较大地区的防水工程。

（五）高分子防水片材（GB 18173.1—2000）

高分子防水片材是以高分子材料为主体,以压延法或挤出法生产的均匀片材(以下简称均质材)及以高分子材料复合片材(以下简称复合片)。

1. 分类

高分子防水片材的分类见表 7-31。

表 7-31　高分子防水片材的分类

分　　类		代号	主要原材料
均质片	硫化橡胶类	JL1	三元乙丙橡胶
		JL2	橡胶(橡塑)共混
		JL3	氯丁橡胶、氯磺化聚乙烯、氯化聚乙烯等
		JL4	再生胶
	非硫化橡胶类	JF1	三元乙丙橡胶
		JF2	橡塑共混
		JF3	氯化聚乙烯
	树脂类	JS1	聚氯乙烯等
		JS2	乙烯醋酸乙烯、聚乙烯等
		JS3	乙烯醋酸乙烯改性沥青共混等
复合片	硫化橡胶类	FL	乙丙、丁基、氯丁橡胶、氯磺化聚乙烯等
	非硫化橡胶类	FF	氯化聚乙烯,乙丙、丁基、氯丁橡胶、氯磺化聚乙烯等
	树脂类	FS1	聚氯乙烯等
		FS2	聚乙烯等

2. 产品标记

按类型代号、材质(简称或代号)、规格(长度×宽度×厚度)顺序标记。

【例】 长度为20000mm,宽度为1000mm,厚度为1.2mm的均质硫化型三元乙丙橡胶(EPDM)片材,标记为:

$$JL1\text{-}EPDM\text{-}20000mm\times1000mm\times1.2mm$$

3. 技术要求

(1)片材的规格尺寸允许偏差,见表7-32和表7-33。

表7-32 片材的规格尺寸

项 目	厚度(mm)	宽度(m)	长度(m)
橡胶类	1.0,1.2,1.5,1.8,2.0	1.0,1.1,1.2	20以上
树脂类	0.5以上	1.0,1.2,1.5,2.0	

注:橡胶类片材在每卷20m长度中允许有一处接头,且最小块长度应不小于3m,并应加长15cm备作搭接;树脂类片材在每卷至少20m长度内不允许有接头。

表7-33 片材的允许偏差

项 目	厚 度	宽 度	长 度
允许偏差(%)	−10~+15	>−1	不允许出现负值

(2)片材的外观质量:表面平整、边缘整齐。不能有裂纹、机械损伤、折痕、穿孔及异常粘着部分等影响使用的缺陷。在不影响使用的条件下,表面缺陷应符合下列规定:

① 凹痕深度不得超过片材厚度的30%;树脂类片材不得超过5%;

② 杂质每1m²不得超过9mm²;

③ 气泡深度不得超过片材厚度的30%;每1m²不得超过7mm²,但树脂类片材不允许有。

(3)片材的物理性能:

① 均质片的性能应符合表7-34的规定,复合片的性能应符合7-35的规定,以胶断伸长率为扯断伸长率。

表7-34 均质片的物理性能

项 目			指 标								
			硫化橡胶类				非硫化橡胶类			树脂类		
			JL1	JL2	JL3	JL4	JF1	JF2	JF3	JS1	JS2	JS3
断裂拉伸强度 (MPa)	常温	≥	7.5	6.0	6.0	2.2	4.0	3.0	5.0	10	16	14
	60℃	≥	2.3	2.1	1.8	0.7	0.8	0.4	1.0	4	6	5
扯断伸长率 (%)	常温	≥	450	400	300	200	450	200	200	200	550	500
	−20℃	≥	200	200	170	100	200	100	100	15	350	300
撕裂强度(kN/m)		≥	25	24	23	15	18	10	10	40	60	60
不透水性,30min 无渗漏(MPa)			0.3	0.3	0.2	0.2	0.3	0.2	0.2	0.3	0.3	0.3
低温弯折(℃)		≤	−40	−30	−30	−20	−30	−20	−20	−20	−35	−35
加热伸缩量 (mm)	延伸	<	2	2	2	2	2	4	4	2	2	2
	收缩	<	4	4	4	4	4	6	10	6	6	6

项 目		指 标									
		硫化橡胶类				非硫化橡胶类			树脂类		
		JL1	JL2	JL3	JL4	JF1	JF2	JF3	JS1	JS2	JS3
热空气老化 (80℃×168h)	断裂拉伸强度保持率(%) ≥	80	80	80	80	90	60	80	80	80	80
	扯断伸长率保持率(%) ≥	70	70	70	70	70	70	70	70	70	70
	100%伸长率外观	无裂纹	无裂纹	无裂纹	无裂纹	无裂纹	无裂纹	无裂纹	无裂纹	无裂纹	无裂纹
耐碱性[10% Ca(OH)₂ 常温×168h]	断裂拉伸强度保持率(%) ≥	80	80	80	80	80	80	70	80	80	80
	扯断伸长率保持率(%) ≥	80	80	80	80	90	80	70	80	90	90
臭氧老化 (40℃×168h)	伸长率40%,500pphm	无裂纹	—		—	无裂纹	—	—			
	伸长率20%,500pphm	—	无裂纹								
	伸长率20%,200pphm			无裂纹					无裂纹	无裂纹	无裂纹
	伸长率20%,100pphm	—		—	无裂纹	—	无裂纹	无裂纹	—	—	—
人工候化	断裂拉伸强度保持率(%) ≥	80	80	80	80	80	70	80	80	80	80
	扯断伸长率保持率(%) ≥	70	70	70	70	70	70	70	70	70	70
	100%伸长率外观	无裂纹	无裂纹	无裂纹	无裂纹	无裂纹	无裂纹	无裂纹	无裂纹	无裂纹	无裂纹
粘合性能	无处理	自基准线的偏移及剥离长度在 5mm 以下,且无有害偏移及异状点									
	热处理										
	碱处理										

注:人工候化和粘合性能项目为推荐项目。

② 片材纵横方向的性能应符合表 7-34 或表 7-35 的规定。

表 7-35 复合片的物理性能

项 目			种 类			
			硫化橡胶类 FL	非硫化橡胶类 FF	树脂类	
					FS1	FS2
断裂拉伸强度 (N/cm)	常温	≥	80	60	100	60
	60℃	≥	30	20	40	30
胶断伸长率(%)	常温	≥	300	250	150	400
	−20℃	≥	150	50	10	10
撕裂强度(N)		≥	40	20	20	20
不透水性,30min 无渗漏			0.3MPa	0.3MPa	0.3MPa	0.3MPa
低温弯折(℃)		≤	−35	−20	−30	−20

项 目			种 类			
			硫化橡胶类 FL	非硫化橡胶类 FF	树脂类	
					FS1	FS2
加热伸缩量(mm)	延伸	<	2	2	2	2
	收缩	<	4	4	2	4
热空气老化 (80℃×168h)	断裂拉伸强度保持率(%)	≥	80	80	80	80
	胶断伸长率保持率(%)	≥	70	70	70	70
耐碱性[10%Ca(OH)₂ 常温×168h]	断裂拉伸强度保持率(%)	≥	80	60	80	80
	胶断伸长率保持率(%)	≥	80	60	80	80
臭氧老化,40℃×168h,200pphm			无裂纹	无裂纹	无裂纹	无裂纹
人工候化	断裂拉伸强度保持率(%)	≥	80	70	80	80
	胶断伸长率保持率(%)	≥	70	70	70	70
粘合性能	无处理		自基准线的偏移及剥离长度在 5mm 以下,且无有害偏移及异状点			
	热处理					
	碱处理					

注:人工候化和粘合性能项目为推荐项目,带织物加强层的复合片不考核粘合性能。

③ 带织物加强层的复合片材,其主体材料厚度小于 0.8mm 时,不考核胶断伸长率。

④ 厚度小于 0.8mm 的性能允许达到规定性能的 80%以上。

4. 特性

(1) 耐老化性能高,使用寿命长。由于三元乙丙橡胶分子结构中的主链上没有双键,而其它类型的橡胶或塑料等高分子材料的结构中主链上有双键,因此,当三元乙丙橡胶受到臭氧、紫外线、温热的作用时,主链不易发生断裂,这是它的耐老化性能高的根本原因。一般情况下,三元乙丙橡胶防水片材的使用寿命长达 40 年。

(2) 拉伸强度高、延伸率大。如三元乙丙橡胶防水片材的拉伸强度高,断裂伸长相当于石油沥青纸胎油毡伸长率的 300 倍。因此,它的抗裂性能好,能适应防水基层的伸缩或局部开裂变形的需要。

(3) 耐高温、低温性能好。如三元乙丙橡胶防水片材在低温−40℃时仍不脆裂,在 80℃热空气老化 168h 仍无裂纹。因此,它具有很好的耐高、低温性能,可在严寒和酷热的环境下长期使用。

(4) 施工简单方便。高分子防水片材可以采用单层冷粘结施工,改变了传统的"二毡三油一砂"、"三毡四油一砂"和热施工的沥青油毡防水做法,简化了施工程序,提高了劳动效率。

5. 应用

高分子防水片材属于高档防水材料,适用于工业与民用建筑屋面做单层外露防水,也适用于有保护层的屋面、地下室、游泳池、隧道与市政工程防水。与其它防水材料组成复合防水层,可用于防水等级为 Ⅰ、Ⅱ 级的屋面、地下室或屋顶、楼层游泳池、喷水池的防水工程。

(六) 自粘橡胶沥青防水卷材(JC 840—1999)

自粘橡胶沥青防水卷材是以 SBS 等弹性体、沥青为基料,以聚乙烯膜、铝箔为表面材料或无膜(双面自粘),采用防粘隔离层自粘的防水卷材(简称"自粘卷材")。

1. 分类

（1）自粘橡胶沥青防水卷材表面材料分为聚乙烯膜（PE）、铝箔（AL）与无膜（N）三种自粘卷材。

（2）按使用功能分为外露防水工程（O）与非外露防水工程（I）两种使用情况。

2. 规格（见表7-36）

3. 技术要求

（1）卷重与尺寸偏差见表7-37和表7-38。

表 7-36   自粘橡胶沥青防水卷材规格

面积（m²）	宽（mm）	厚（mm）
20、10、5	920、1000	1.2、1.5、2.0

表 7-37   自粘橡胶沥青防水卷材每卷质量

项 目		表 面 材 料		
		PE	AL	N
标称卷重 （kg/10m²）	1.2m	13	14	13
	1.5m	16	17	16
	2.0m	23	24	23
最低卷重 （kg/10m²）	1.2m	12	13	12
	1.5m	15	16	15
	2.0m	22	23	22

表 7-38   尺寸允许偏差

面积（m²/卷）		5±0.1	10±0.1	20±0.2
厚度（mm）平均值	≥	1.2	1.5	2.0
最小值		1.0	1.3	1.7

（2）外观质量：

① 成卷卷材应卷紧、卷齐，端面里进外出差不得超过20mm。

② 卷材表面应平整，不允许有可见的孔洞、结块、裂纹、气泡、缺边和裂口等缺陷。

③ 成卷卷材在环境温度为柔度规定的温度以上时应易展开。

④ 每卷卷材的接头不应超过一个。接头处应剪切整齐，并加长150mm。一批产品中有接头卷材不应超过3%。

（3）物理性能见表7-39。

表 7-39   自粘橡胶沥青防水卷材物理性能

项 目		表 面 材 料		
		PE	AL	N
不透 水性	压力（MPa）	0.2	0.2	0.1
	保持时间（min）	120，不透水		30，不透水
耐热度		—	80℃，加热2h，无气泡，无滑动	—
拉力（N/5cm）	≥	130	100	—
断裂延伸率（%）	≥	450	200	450
柔度（℃）		−20℃，φ20mm，3s，180°无裂纹		

项 目			表 面 材 料		
			PE	AL	N
剪切性能 (N/mm)	卷材与卷材	≥		2.0 或粘合面外断裂	粘合面外断裂
	卷材与铝板	≥			
剥离性能(N/mm)		≥		1.5 或粘合面外断裂	粘合面外断裂
抗穿孔性				不 渗 水	
人工候化处理	外观		—	无裂纹,无气泡	—
	拉力保持率(%)	≥		80	
	柔度			−10℃ φ20mm,3s,180°无裂纹	

4. 特性

自粘结橡胶沥青防水卷材适于冷施工,是一种施工方便、耐热度及低温柔性较好的卷材。这种卷材所涂布的改性沥青冷粘剂可提高自粘结性和自身的密封性能,并可防止施工时污染环境。

5. 应用

自粘结橡胶沥青防水卷材可用于地下、屋面、卫生间、隧道等较复杂的防水工程。聚乙烯膜为表面材料的自粘结防水卷材适用于非外露的防水工程;铝箔为表面材料的自粘结防水卷材适用于外露的防水工程;无膜双面自粘结防水卷材适用于辅助防水工程。

(七)防水卷材的现场抽样复检项目

进场的防水卷材要进行抽样复检,将抽检的卷材开卷,检验其规格、外观质量、物理性能,全部指标达到标准规定,即为合格。其中如有一项指标不合格,说明该产品不合格。防水卷材抽样复检项目,见表 7-40。

表 7-40 防水卷材现场抽样复检项目

材料名称	现场抽样数量	外观检查	测试项目
沥青防水卷材	每 1000 卷抽 5 卷 500～999 卷抽 4 卷 100～499 卷抽 3 卷 100 卷以下抽 2 卷	孔洞,硌伤,露胎,涂盖不均,折纹,皱褶,裂口,缺边,接头裂纹	拉力,耐热度,柔性,不透水性
高聚物改性沥青防水卷材		厚度,断裂,皱褶,孔洞,剥离,边缘不整齐,砂砾不均匀,胎体未浸透,露胎,涂盖不均匀	拉伸性能,耐热度,柔性,不透水性
合成高分子防水卷材		厚度,折痕,杂质,胶块,缺胶	拉伸强度,断裂伸长率,低温弯折性,不透水性
石油沥青防水卷材			针入度,延度,软化点
沥青玛琋脂	每工作班至少抽查一次		耐热度,柔韧性,粘结力

(八)防水卷材的运输和保管

防水卷材在运输和保管中应遵守下列规定:

(1)不同品种、标号、规格、等级的产品应分别堆放。

(2)应贮存在阴凉通风的室内,避免雨淋、日晒、受潮,严禁接近火源。沥青防水卷材贮存环境温度不得高于 45℃。

（3）卷材宜直立堆放，其高度不超过两层，并不得倾斜或横压；短途运输需平放，不宜超过四层。

（4）应避免与化学介质及有机溶剂等有害物质接触。

第三节　防水涂料

一、水性沥青基防水涂料（JC 408—1991）

水性沥青基防水涂料是以乳化沥青为基料，在其中掺入各种改性材料的水乳型防水涂料。

（一）产品分类

按乳化剂、成品外观和施工工艺的差别，分为水性沥青基厚质防水涂料和水性沥青基薄质防水涂料两类。

1. AE-1 类

水性沥青基厚质防水涂料，按其采用矿物乳化剂的不同，又可分为：

（1）AE-1-A 类：水性石棉沥青防水涂料；

（2）AE-1-B 类：膨润土沥青乳液；

（3）AE-1-C 类：石灰乳化沥青。

2. AE-2 类

水性沥青基薄质防水涂料，按其采用的化学乳化剂不同，又可分为：

（1）AE-2-a 类　氯丁胶乳沥青；

（2）AE-2-b 类　水乳性再生胶沥青涂料；

（3）AE-2-c 类　用化学乳化剂配制的乳化沥青。

（二）技术要求

（1）水性沥青基防水涂料按其质量分为一等品和合格品两个等级。

（2）水性沥青基防水涂料的性能应满足 7-41 的要求。

表 7-41　水性沥青基防水涂料质量指标

项　目		质　量　指　标			
		AE-1 类		AE-2 类	
		一　等　品	合　格　品	一　等　品	合　格　品
外　观		搅拌后为黑色或黑灰色均质膏体或粘稠体，搅匀和分散在水溶液中无沥青丝	搅拌后为黑色或黑灰色均质膏体或粘稠体，搅匀和分散在水溶液中无明显沥青丝	搅拌后为黑色或蓝褐色均质液体，搅拌棒上不粘附任何颗粒	搅拌后为黑色或蓝褐色液体，搅拌棒上不粘附明显颗粒
固体含量（%）不小于		50		43	
延伸性（mm）不小于	无处理	5.5	4.0	6.0	4.5
	处理后	4.0	3.0	4.5	3.5
柔韧性		（5±1）℃	（10±1）℃	（−15±1）℃	（−10±1）℃
		无裂纹、断裂			

项　　目	质　量　指　标
耐热性(℃)	无流淌、起泡和滑动
粘结性(MPa)不小于	0.20
不透水性	不透水
抗冻性	20 次无开裂

注:试件参考涂布量与工程施工用量相同:AE-1 类为 8kg/m²,AE-2 类为 2.5kg/m²。

（三）水性沥青基防水涂料的主要特性和应用

1. 石棉乳化沥青防水涂料

石棉乳化沥青防水涂料是将熔化的沥青加到石棉与水组成的悬浮液中,经强烈搅拌后,制成的厚质防水涂料。

1）特性

（1）可形成较厚的防水涂膜,单位面积内涂料用量大,几次涂刮后,涂层厚度可达 4～8mm。

（2）由于含有石棉纤维,涂料的耐水性、耐裂性、稳定性等比一般乳化沥青强。但石棉纤维粉尘对人体有害。

（3）对结构缝等部位(如板缝)需配合密封材料使用,要先用密封材料进行嵌缝处理。

（4）施工温度要适宜。气温在 15℃ 以上为宜,但过高会粘脚,影响施工;气温低于 10℃时,涂料成膜性差,不宜施工。

（5）冷施工,无毒、无味,可在潮湿基层上施工。

2）应用

适用于工业与民用建筑钢筋混凝土屋面防水;地下室、厕浴间、厨房间防水;旧屋面渗漏水的维修等防水防潮工程。不宜用于重要工程的防水。

2. 膨润土乳化沥青防水涂料

膨润土乳化沥青防水涂料是以优质石油沥青为基料,膨润土为分散剂,经机械搅拌而成的水乳型厚质防水涂料。

1）特性

（1）防水性能好、粘结性强、耐热度高、耐久性好。

（2）冷施工,可在潮湿基层上涂布,操作简单,无污染。

2）应用

适用于屋面、厕浴间、地下室等工程的防潮、防水,也可在屋顶钢筋混凝土板面和油毡表面上作保护层用。

3. 石灰乳化沥青防水涂料

石灰乳化沥青防水涂料是以石油沥青为基料,以石灰膏为分散剂,以石棉绒为填充料加工而成的一种灰褐色膏体厚质防水涂料。

1）特性

（1）涂层较厚,单位面积内涂料用量大。

（2）结构缝处配合密封材料使用。先用密封材料嵌缝处理后,再涂布涂料。

（3）施工温度要适宜。宜于在 5～30℃ 范围内施工。

（4）原材料来源充足，成本较低。

（5）沥青没经改性，低温时易脆裂，影响防水质量。

（6）冷施工，可在潮湿基层上施工，简单、方便、无污染。

2）应用

配合聚氯乙烯胶泥嵌缝，可用于保温或非保温无砂浆找平层工业厂房屋面等工程，也可作为膨胀珍珠岩材料的粘结剂，做成沥青膨胀珍珠岩等保温材料。

二、合成高分子防水涂料

（一）聚氨酯防水涂料（GB/T19250—2003）

1. 产品分类

产品按组分分为单组分（S）、双组分（M）两种。

产品按拉伸性能分为Ⅰ、Ⅱ两类。

2. 标记

按产品名称、组分、类和标准号顺序标记。

【例】 Ⅰ类单组分聚氨酯防水涂料标记为：

PU 防水涂料 SIGB/T 19250—2003

3. 使用要求

产品不应对人体、生物与环境造成有害影响，涉及与使用有关的安全及环保要求应符合国家相关标准和规范的规定。

4. 技术要求

（1）外观，产品为均匀粘稠体，无凝胶、结块。

（2）物理力学性能：单组分聚氨酯防水涂料的物理力学性能应符合表 7-42 要求；多组分聚氨酯防水涂料的物理力学性能应符合表 7-43 要求。

表 7-42　单组分聚氨酯防水涂料物理力学性能

序　号	项　　目			Ⅰ	Ⅱ
1	拉伸强度（MPa）		≥	1.9	2.45
2	断裂伸长率（%）		≥	550	450
3	撕裂强度（N/mm）		≥	12	14
4	低温弯折性（℃）		≤	−40	
5	不透水性（0.3MPa，30min）			不透水	
6	固体含量（%）		≥	80	
7	表干时间（h）		≤	12	
8	实干时间（h）		≤	24	
9	加热伸缩率（%）	≤		1.0	
		≥		−4.0	
10	潮湿基面粘结强度（MPa）[①]		≥	0.50	
11	定伸时老化	加热老化		无裂纹及变形	
		人工气候老化[②]		无裂纹及变形	

序　号	项　目			I	II
12	热处理	拉伸强度保持率(%)		80~150	
		断裂伸长率(%)	≥	500	400
		低温弯折性(℃)	≤	-35	
13	碱处理	拉伸强度保持率(%)		60~150	
		断裂伸长率(%)	≥	500	400
		低温弯折性(℃)	≤	-35	
14	酸处理	拉伸强度保持率(%)		80~150	
		断裂伸长率(%)	≥	500	400
		低温弯折性(℃)	≤	-35	
15	人工气候老化②	拉伸强度保持率(%)		80~150	
		断裂伸长率(%)	≥	500	400
		低温弯折性(℃)	≤	-35	

① 仅用于地下工程潮湿基面时要求。
② 仅用于外露使用的产品。

表 7-43　多组分聚氨酯防水涂料物理力学性能

序　号	项　目			I	II
1	拉伸强度(MPa)		≥	1.9	2.45
2	断裂伸长率(%)		≥	450	450
3	撕裂强度(N/mm)		≥	12	14
4	低温弯折性(℃)		≤	-35	
5	不透水性(0.3MPa,30min)			不透水	
6	固体含量(%)		≥	92	
7	表干时间(h)		≤	8	
8	实干时间(h)		≤	24	
9	加热伸缩率(%)		≤	1.0	
			≥	-4.0	
10	潮湿基面粘结强度(MPa)①		≥	0.50	
11	定伸时老化	加热老化		无裂纹及变形	
		人工气候老化②		无裂纹及变形	
12	热处理	拉伸强度保持率(%)		80~150	
		断裂伸长率(%)	≥	400	
		低温弯折性(℃)	≤	-30	
13	碱处理	拉伸强度保持率(%)		60~150	
		断裂伸长率(%)	≥	400	
		低温弯折性(℃)	≤	-30	

序　号	项　目			Ⅰ	Ⅱ
14	酸处理	拉伸强度保持率(%)			80～150
		断裂伸长率(%)	≥		400
		低温弯折性(℃)	≤		−30
15	人工气候老化②	拉伸强度保持率(%)			80～150
		断裂伸长率(%)	≥		400
		低温弯折性(℃)	≤		−30

① 仅用于地下工程潮湿基面时要求。
② 仅用于外露使用的产品。

5．聚氨酯防水涂料的特性和应用

1）特性

(1) 具有橡胶状弹性,延伸性好,抗拉强度和抗撕裂强度高,对基层结构的变形有较强的适应力。

(2) 使用温度在−30～80℃的范围内,具有良好的耐寒性、耐老化性、耐腐蚀性及粘结性。

(3) 对结构复杂的表面大面积施工,防水层整体性好。

(4) 有毒、易燃,施工时应有良好通风措施和防火设施。

2）应用

适用于狭窄部位的防水,如厕浴间、厨房、游泳池、走廊等;可用于Ⅰ、Ⅱ、Ⅲ屋面防水及地下室的复合防水。单独使用时厚度不小于 2mm,复合使用时厚度不小于 1mm。

（二）聚氯乙烯弹性防水涂料(JC/T674—1997)

聚氯乙烯弹性防水涂料是以聚氯乙烯为基料,加入改性材料和其它助剂配制而成的热塑型和热熔型的弹性防水涂料(简称 PVC 防水涂料)。

1．产品分类

(1) PVC 防水涂料按施工方式分为热塑型(J 型)和热熔型(G 型)两种类型。

(2) PVC 防水涂料按耐热性和低温性能分为 801 和 802 两个型号。其中"80"代表耐热温度为 80℃,"1"、"2"代表低温柔性温度分别为"−10℃"和"−20℃"。

2．技术要求

1）外观

(1) J 型防水涂料应为黑色均匀粘稠状物,无结块、无杂质。

(2) G 型防水涂料应为黑色块状物,无焦渣等杂物,无流淌现象。

2）物理力学性能

PVC 防水涂料的物理力学性能应符合表 7-44 要求。

表 7-44　聚氯乙烯弹性防水涂料物理力学性能

序　号	项　目	技　术　指　标	
		801	802
1	密度(g/cm³)	规定值①±0.1	
2	耐热性(80℃,5h)	无流淌、起泡和滑动	

序 号	项 目	技 术 指 标	
		801	802
3	低温柔性(℃,φ20mm)	−10	−20
		无裂纹	
4	断裂延伸率(%)不小于	无处理	350
		加热处理	280
		紫外线处理	280
		碱处理	280
5	恢复率(%)不小于	70	
6	不透水性(0.1MPa,30min)	不透水	
7	粘结强度(MPa)不小于	0.20	

① 规定值是指企业标准或产品说明所规定的密度值。

3. PVC 防水涂料特性和应用

1) 特性

(1) 有良好的弹性和延伸性,对基层结构变形有较强的适应能力,可在较潮湿的基层上冷施工。

(2) 使用温度在−20～80℃范围内,有良好耐寒性、耐热性、耐老化性、耐腐蚀性和粘结性。

(3) 可大面积施工,防水层整体性好,尤其是适应复杂结构的表面防水施工。总造价低。

2) 应用

适用于浴厕间、厨房、走廊、游泳池等结构复杂部位的防水,同时能用于Ⅰ、Ⅱ、Ⅲ级屋面防水及地下室防水。

(三) 其它高分子防水涂料

1. 聚合物乳液建筑防水涂料(JC/T 864—2000)

适用于各类以聚合物乳液为基料,掺加其它添加剂而制得的单组分水乳型防水涂料。

1) 产品分类

(1) 类型:按物理力学性能分为Ⅰ类、Ⅱ类。

(2) 标记:按产品代号、类型、标准号顺序标记。

【例】 Ⅰ类聚合物乳液建筑防水涂料标记为 PEW-JC/T 864—2000。

2) 技术要求

(1) 产品经搅拌后无结块,呈均匀状态。

(2) 物理力学性能,应符合表 7-45 要求。

表 7-45 聚合物乳液建筑防水涂料物理力学性能

序 号	试 验 项 目		指 标	
			Ⅰ类	Ⅱ类
1	拉伸强度(MPa)	≥	1.0	1.5
2	断裂延伸率(%)	≥	300	300

序　号	试　验　项　目		指　标	
			Ⅰ类	Ⅱ类
3	低温柔性(绕 φ10mm 棒)		－10℃,无裂纹	－20℃,无裂纹
4	不透水性(0.3MPa,0.5h)		不透水	
5	固体含量(%) ≥		65	
6	干燥时间(h)	表干时间　≤	4	
		实干时间　≤	8	
7	老化处理后的拉伸强度保持率(%)	加热处理　≥	80	
		紫外线处理　≥	80	
		碱处理　≥	60	
		酸处理　≥	40	
8	老化处理后的断裂延伸率(%)	加热处理　≥	200	
		紫外线处理　≥	200	
		碱处理　≥	200	
		酸处理　≥	200	
9	加热伸缩率(%)	伸长　≤	1.0	
		缩短　≤	1.0	

3) 特性

(1) 无毒、不燃、无环境污染。

(2) 单组分、冷施工、可以用刷、喷等方式进行冷布。施工机械易清洗,施工速度快。

(3) 使用温度范围宽,在－30~80℃气温范围内无多大变化。

(4) 可配制成多种颜色,具有美化环境的装饰效果,制成浅色涂料还具有一定的隔热功能。

(5) 具有良好的耐老化、延伸性、弹性、粘结性和成膜性。

(6) 整体防水效果好,适应异型结构的防水施工。

4) 主要应用

适用于屋面、浴厕、地下室等工程的防水、防渗。由于是无接缝的封闭型防水层,特别适用于轻型薄壳结构屋面防水。调制成的多种浅色防水涂料用于屋面防水工程,既可防水,又有隔热和装饰效果。

2. 建筑表面用有机硅防水涂料(JC/T 902—2002)

建筑表面用有机硅防水涂料是以硅烷及硅氧烷为主要基料的水性或溶剂型建筑表面用有机硅防水剂。

1) 分类

产品分为水性(W)和溶剂(S)型两个品种。

2) 标记,按产品名称、类型、标准编号顺序标记。

【例】 水性建筑表面用有机硅防水涂料标记为:

建筑表面用有机硅防水涂料　W　JC/T 902—2002

3）质量要求

（1）产品无沉淀、无漂浮物，呈均匀状态。

（2）理化性能，见表7-46。

表7-46　建筑表面用有机硅防水涂料理化性能

序　号	试 验 项 目		指　标	
			W	S
1	pH 值		规定值±1	
2	固体含量(%) ≥		20	5
3	稳定性		无分层、无漂油、无明显沉淀	
4	吸水率比(%) ≤		20	
5	渗透性 ≤	标准状态	2mm,无水迹无变色	
		热处理	2mm,无水迹无变色	
		低温处理	2mm,无水迹无变色	
		紫外线处理	2mm,无水迹无变色	
		酸处理	2mm,无水迹无变色	
		碱处理	2mm,无水迹无变色	

注：1、2、3项为未稀释的产品性能,规定值在生产企业说明书中告知用户。

4）特性

（1）延伸率大,适应基层变形的能力特别强,涂料渗透性好,与基层有良好的粘结力。

（2）冷施工,可采用滚、喷、刷不同施工方法。

（3）水性有机硅防水涂料对基层干燥程度无严格要求,可在较潮湿的基层上施工,成膜速度快。

（4）无毒、无味、不燃、安全可靠。

（5）可配成多种色彩鲜艳涂料,修补方便。

5）应用

建筑表面用有机硅防水涂料适用于多孔性无机基层（如混凝土、瓷砖、粘土砖石材等）不承受水压的防水及防护工程。

（四）防水涂料的应用技术要点

1. 涂刷基层处理剂

涂膜防水层施工前,应在基层上涂刷基层处理剂。基层处理剂先用防水涂料稀释,涂刷时用力薄涂,使其渗入基层毛细孔中,其目的是：

（1）堵塞基层毛细孔,使基层的潮湿水蒸气不易向上渗透至防水层,减少防水层起鼓；

（2）增加防水层与基层的粘结力；

（3）将基层表面的尘土清洗干净,以便于粘结。

2. 准确计量,充分搅拌

对于多组分防水涂料,施工时应按规定的配合比准确计量,充分搅拌均匀。有的防水涂料,施工时要加入稀释剂、促凝剂或缓凝剂,以调节其稠度和凝固时间。掺入外加剂后必须搅拌充分,才能保证涂料的技术性能达到要求。特别是某些水乳型涂料,由于内部含有较多纤维状或粉状填充料,如搅拌不均匀,不仅涂布困难,而且会使没有拌匀的颗粒杂质残留在涂层中,成为渗漏的隐患。

3. 薄涂多遍,确保厚度

确保涂膜防水层的厚度是涂膜防水屋面最主要的技术要求。太薄,会降低屋面整体防水效果,缩短防水层耐用年限;太厚,又将造成浪费。所以规范中将涂膜厚度作为评定防水层质量的技术标准。

在涂刷时,无论是厚质防水涂料还是薄质防水涂料,均不得一次涂成。因为厚质涂料若一次涂成,涂膜收缩和水分蒸发后易产生开裂;而薄质涂料很难一次涂至规定的厚度。所以规范规定:防水涂膜应分遍涂布。待先涂的涂层干燥成膜后,方可涂布后一遍涂料。

4. 铺设胎体增强材料

在涂刷第二遍涂料时或涂刷第三遍涂料前,即可铺胎体增强材料。胎体增强材料的铺贴方向应视屋面坡度而定。规范规定:屋面坡度小于15％时,可平行于屋脊铺设;屋面坡度大于15％时,应垂直于屋脊铺设。其胎体长边搭接宽度不得小于50mm,短边搭接宽度不得小于70mm。

5. 涂料涂布方向与接槎

防水涂层涂刷致密是保证质量的关键。要求相邻两道涂层的涂刷方向应相互垂直,下道涂层将上道涂层覆盖严密,避免产生直通的针眼气孔,提高防水层的整体性和均匀性。

每遍涂布时应退槎50～100mm,拉槎时应超过50～100mm,避免在接槎处涂层薄弱,发生渗漏。

6. 收头处理

在涂膜防水层的收头处应多遍涂刷防水涂料,或用密封材料封严。泛水处的涂膜宜直接涂布至女儿墙的压顶下,在压顶上部也应做防水处理,避免泛水处或压顶的抹灰层开裂,造成屋面渗漏。

收头处的胎体增强材料应裁剪整齐,粘结牢固,不得有翘边、皱褶、露白等现象。否则应先处理后再行涂封。

7. 涂布顺序合理

涂布时应按照"先高后低、先远后近、先檐口后屋脊"的顺序进行,即遇到高低跨屋面,一般应先涂布高跨屋面,后涂布低跨屋面,在相同高度的大面积屋面上,要合理划分施工段,分段应尽量安排在变形缝处,根据操作运输方便安排先后次序,在每段中要先涂布较远部分,后涂布较近屋面;先涂布排水集中的水落口、天沟、檐沟,再往高处涂布至屋脊或天窗下。

8. 加强成品保护

整个防水涂膜施工后,应有一个自然养护的时间。特别是由于涂膜防水层的厚度较薄,耐穿刺能力较弱,为避免人为的因素破坏防水涂膜的完整性,保证其防水效果,规范规定:在涂膜实干前,不得在防水层上进行其它施工作业。做保护之前,涂膜防水屋面上不得直接堆放物品。

第四节　防水嵌缝和接缝材料

一、非定形防水嵌缝材料

（一）建筑防水沥青嵌缝油膏（JC/T 207—1996）

建筑防水沥青嵌缝油膏是以石油沥青为基料,加入改性材料,稀释剂,填料等配制而成的黑色膏块嵌缝材料。该产品属于冷施工型嵌缝油膏。

1. 分类

建筑防水沥青嵌缝油膏按耐热性和低温柔性分为 702 和 801 两个标号。

2. 技术要求

1）外观

建筑防水沥青嵌缝油膏应为黑色均匀膏状，无结块和未浸透的填料。

2）物理力学性能

建筑防水沥青嵌缝油膏的各项物理力学性能符合表 7-47 规定。

表 7-47　建筑防水沥青嵌缝油膏的物理力学性能

序　号	项　目			技 术 指 标	
				702	801
1	密度(g/cm³)			规定值±0.1	
2	施工度(mm)		≥	22.0	20.0
3	耐热性	温度(℃)		70	80
		下垂值(mm)	≤	4.0	
4	低温柔性	温度(℃)		−20	−10
		粘结状况		无裂纹和剥离现象	
5	拉伸粘结性(%)		≥	125	
6	浸水后拉伸粘结性(%)		≥	125	
7	渗出性	渗出幅度(mm)	≤	5	
		渗出张数(张)	≤	4	
8	挥发性(%)		≤	2.8	

注：规定值由厂方提供或供需双方商定。

3. 特性和应用

油膏按材料的不同组成，分为沥青废橡胶防水嵌缝油膏和沥青桐油废橡胶防水嵌缝油膏两类。

1）沥青废橡胶防水嵌缝油膏

沥青废橡胶防水嵌缝油膏是以石油沥青为基料，以废橡胶粉为主要改性材料，加入松焦油、重松节油、机械油和填充料（如石棉绒、滑石粉等）配制而成。

（1）特性。具有酷热不流淌、寒冬不脆裂、粘结性好、延伸率大、耐久性好、弹塑性强及常温下冷施工的特点。

（2）应用。适应于预制混凝土屋面板、墙板等构件及各种轻型板材的板缝嵌填，桥梁、涵洞、地下工程等建筑节点的防水密封处理。

2）沥青桐油废橡胶防水嵌缝油膏

沥青桐油废橡胶防水嵌缝油膏是以石油沥青为基料，用桐油废橡胶粉作改性材料，加机油经高温熔炼后，掺入滑石粉、石棉绒填充材料制成的一种嵌缝防水材料。

（1）特性。具有酷热不流淌、寒冬不龟裂、与基层粘结性好、抗老化性强、耐久性好、延伸率大、弹塑性好，以及原材料来源广、价格低廉、可在常温下冷施工等特点。

（2）应用。适用于各种混凝土屋面板、墙板、大板等构件及地下工程的防水密封、补漏等。

（二）聚氯乙烯建筑防水接缝材料（JC/T 798—1997）

聚氯乙烯建筑防水接缝材料是以聚氯乙烯为基料，加入改性材料及其它助剂配制而成的聚氯乙烯建筑防水接缝材料（以下简称 PVC 接缝材料）。

1. 分类

PVC 接缝材料按施工工艺分为两种类型：

J 型：是指用热塑法施工的产品，俗称聚氯乙烯胶泥。

G 型：是指用热熔法施工的产品，俗称塑料油膏。

2. 型号

PVC 接缝材料按耐热性和低温柔性分为 801 和 802 两个型号：

801 型号：耐热性为 80℃，低温柔性为 -10℃；

802 型号：耐热性为 80℃，低温柔性为 -20℃。

3. 技术要求

1）外观

（1）J 型 PVC 接缝材料为均匀粘稠状物，无结块，无杂质。

（2）G 型 PVC 接缝材料为黑色块状物，无焦渣等杂物，无流淌现象。

2）物理力学性能

PVC 接缝材料物理力学性能应符合表 7-48 规定。

表 7-48　物理力学性能

项　目		技　术　要　求	
		801	802
密度①（g/cm³）		规定值±0.1①	
下垂度（mm）80℃	不大于	4	
低温柔性	温度（℃）	-10	-20
	柔性	无裂缝	
拉伸粘结性	最大抗拉强度（MPa）	0.02～0.15	
	最大延伸率（%）不小于	300	
浸水拉伸	最大抗拉强度（MPa）	0.02～0.15	
	最大延伸率（%）不小于	250	
恢复率（%）	不小于	80	
挥发率②（%）	不大于	3	

① 规定值是指企业标准或产品说明书所规定的密度值。
② 挥发率仅限于 G 型 PVC 接缝材料。

4. 特性和应用

1）聚氯乙烯胶泥

聚氯乙烯胶泥（PVC 胶泥）是以聚氯乙烯树脂和煤焦油为基料，掺入适量改性材料及其它添加剂，经热塑加工而成的一种热塑性接缝防水材料。

（1）特性：具有良好的粘结性、弹塑性、延伸性、防水性；具有良好的耐高温、耐低温性能，能在-20～80℃的温度范围内正常使用;具有良好的抗腐蚀、抗老化性能,不与酸、碱、盐等化学介质起反应;能适应结构的局部变形,如因振动引起的屋面板位移、伸缩、沉降等。

(2)应用:适用于各种坡度和有各种酸(如硫酸、盐酸、硝酸等)碱(如氢氧化钠)等腐蚀性介质作用的屋面防水工程,不但可灌缝密封,还可满涂屋面;也可用于地下管道和厕浴间的密封防水。

2)塑料油膏

塑料油膏是以聚氯乙烯为基料,掺入适量改性材料及其它添加剂配制而成的一种热熔型接缝防水材料。

(1)特性:塑料油膏具有粘结力强、酷热不流淌、严寒不硬化、弹性好、耐酸碱、抗老化的特点。适宜热熔施工并冷用的弹塑性密封材料。

(2)应用:广泛应用于混凝土屋面、外墙板、楼地面等构件的接缝防水、补漏;也可作为涂料用于结构构件的防潮、防渗;还可当作粘结剂,粘贴油毡、麻布等。

(三)丙烯酸酯建筑密封膏(JC/T 484—1996)

丙烯酸酯建筑密封膏是以丙烯酸酯乳液为基料的非定型密封材料,标记为 AC。

1.等级

(1)丙烯酸酯建筑密封膏按技术要求分为优等品、一等品和合格品。

(2)丙烯酸酯建筑密封膏按拉伸-压缩性能分为 7020、7010、7005 三个级别。

2.技术要求

1)外观质量

(1)外观应为无结块、无离析的均匀细腻的膏状体。

(2)产品颜色与供需双方商定的色标,应无明显差别。

2)物理性能

丙烯酸酯建筑密封膏的物理性能应符合表 7-49 规定。

表 7-49 丙烯酸酯建筑密封膏的物理性能指标

序 号	项 目		技 术 要 求		
			优等品	一等品	合格品
1	密度(g/cm³)		规定值±0.1		
2	挤出性(mL/min)	不小于	100		
3	表干时间(h)	不大于	24		
4	渗出性指数	不大于	3		
5	下垂度(mm)	不大于	3		
6	初期耐水性		未见浑浊液		
7	低温贮存稳定性		未见凝固、离析现象		
8	收缩率(%)	不大于	30		
9	低温柔性(℃)		-40	-30	-20
10	拉伸粘结性	最大拉伸强度(MPa)	0.02～0.15		
		最大伸长率(%) 不小于	400	250	150
11	恢复率(%)	不小于	75	70	65

序　号	项　目		技　术　要　求		
			优等品	一等品	合格品
12	拉伸-压缩循环性能	级别	7020	7010	7005
		平均破坏面积(%)　不大于	25		

3. 特性和应用

1) 特性

(1) 具有良好的粘结性、延伸性、耐高温、耐低温性以及抗老化性。

(2) 以水为稀释剂,无溶剂污染,无毒、不燃、储运安全可靠。

(3) 可在潮湿基层上施工,施工方便,便于机具清洗。

(4) 可提供不同色彩与密封基层配色。

2) 应用

适用于钢筋混凝土墙板、屋面板、楼板接缝处;穿楼板的管道连接处;门窗框与墙体节点处;盥洗室的陶瓷器皿与墙体连接处等密封和裂缝的修补。

(四) 聚氨酯建筑密封膏(JC/T 482—1996)

聚氨酯建筑密封膏是以聚氨基甲酸酯聚合物为主要成分的双组合反应固化型的建筑密封材料(标记 PU)。

1. 产品分类

(1) 聚氨酯建筑密封膏按流变性分为 N 型(非下垂型)和 L 型(自流平型)。

(2) 聚氨酯建筑密封膏技术指标分为优等品、一等品和合格品。

(3) 聚氨酯建筑密封膏按拉伸-压缩循环性能分为 9030、8020、7020 三个级别。

2. 技术要求

1) 外观质量

(1) 经目测密封膏应为均匀膏状物,无结皮、凝胶或不易分散的固体团块。

(2) 密封膏的颜色与供需双方商定的样品相比,不得有明显差异。

2) 物理性能

聚氨酯建筑密封油膏物理性能必须符合表 7-50 规定。

表 7-50　物 理 性 能

序　号	项　目			技　术　指　标		
				优等品	一等品	合格品
1	密度(g/cm³)			规定值±0.1		
2	适用期(h)		不小于	3		
3	表干时间(h)		不大于	24	48	
4	渗出性指数		不大于	2		
5	流变性	下垂度(N 型,mm)	不大于	3		
		流平性(L 型)		5℃自流平		
6	低温柔性(℃)			—40	—30	

続表 7-50

序号	项目		技术指标		
			优等品	一等品	合格品
7	拉伸粘结性	最大拉伸强度(MPa) 不小于	0.2		
		最大伸长率(%) 不小于	400	200	
8	定伸粘结性(%)		200	160	
9	恢复率(%) 不小于		95	90	85
10	剥离粘结性	剥离强度(N/mm) 不小于	0.9	0.7	0.5
		粘结破坏面积(%) 不大于	25	25	40
11	拉伸-压缩循环性能	级别	9030	8020	7020
		粘结和内聚破坏面积(%) 不大于	25		

3. 特性与应用

1) 特性

(1) 具有弹性高、延伸率大、耐低温、耐水、耐油、耐腐蚀、耐疲劳、抗老化、使用寿命长等特点。

(2) 粘结性强。能与水泥、玻璃、金属、木材、塑料等多种建筑材料粘合。

(3) 固化速度快。对工期紧的工程可选此类密封材料。

(4) 施工简便,安全可靠。

2) 应用

适用于装配建筑的屋面板、外墙板、楼板、阳台、窗框、卫生间等部位的接缝密封;混凝土建筑物变形缝的密封防水;给排水管道、储水池、游泳池、水塔等工程的接缝密封和混凝土裂缝的修补。

(五) 聚硫建筑密封膏(JC/T 483—1996)

聚硫建筑密封膏是以液态聚硫橡胶为基料的常温硫化双组分建筑密封膏(标记 PS)。

1. 产品分类

(1) 按伸长率和模量分为 A 类和 B 类:

A 类:指高模量低伸长率的聚硫密封膏。

B 类:指高伸长率低模量的聚硫密封膏。

(2) 按流变性分为 N 型和 L 型:

N 型:指用于立缝或斜缝而不塌落的非下垂型。

L 型:指用于水平缝能自动流平形成光滑平整表面的自流平型。

(3) 按试验温度及拉伸压缩百分率分为 9030、8020、7010 三个级别。

2. 技术要求

1) 外观质量

(1) 外观应为均匀膏状物、无结皮结块、无不易分散的析出物,两组分应有明显色差。

(2) 密封膏颜色与供需双方商定的颜色不得有明显差异。

2) 物理性能

聚硫密封膏的物理性能应符合表 7-51 规定。

表 7-51　物 理 性 能

序 号	指　标　　　　　　　等 级　试验项目		A 类		B 类		
			一等品	合格品	优等品	一等品	合格品
1	密度(g/cm³)		规定值±0.1				
2	适用期(h)		2～6				
3	表干时间(h) 不大于		24				
4	渗出性指数 不大于		4				
5	流变性	下垂度(N 型,mm) 不大于	3				
		流平性(L 型)	光滑平整				
6	低温柔性(℃)		−30		−40		−30
7	拉伸粘接性	最大拉伸强度(MPa) 不小于	1.2	0.8	0.2		
		最大伸长率(%) 不小于	100		400	300	200
8	恢复率(%) 不小于		90		80		
9	拉伸-压缩循环性能	级别	8020	7010	9030	8020	7010
		粘接破坏面积(%) 不大于	25				
10	加热失重(%) 不大于		10		6		10

3. 特性和应用

1) 特性

(1) 具有高弹性,可承受循环位移。

(2) 具有良好的耐气候、耐燃油、耐湿热、耐水、耐低温等特性,使用温度在−40～90℃的范围内,具有优良的水密性和气密性。

(3) 抗撕裂性强,对钢、铝等金属和混凝土、玻璃、木材等非金属均有良好的粘结力,可在常温或加温条件下固化。

(4) 配方成熟,无毒,使用安全可靠。

2) 应用

适用于混凝土屋面板、墙板、楼板、金属幕墙、金属门窗框四周、游泳池、贮水池、上下水管道、冷藏库、地道、地下室等部位的接缝密封。

(六) 硅酮建筑密封胶(GB/T 14683—2003)

硅酮建筑密封膏是用聚硅氧烷为主要成分的单组分室温固化型的建筑密封材料。

1. 产品分类

(1) 硅酮建筑密封胶按固化机理分为两种类型:

A 型:脱酸(酸性);

B 型:脱醇(中性)。

(2) 硅酮建筑密封胶按用途分为两种类型:

G 类:镶装玻璃用;

F 类:建筑接缝用。不适用建筑幕墙和中空玻璃。

2. 级别

产品按位移能力分为 25、20 两个级别,见表 7-52。

表 7-52 硅酮建筑密封胶级别 （%）

级 别	试验拉压幅度	位 移 能 力
25	±25	25
20	±20	20

3. 次级别

产品按拉伸模量分为高模量(HM)和低模量(LM)两个级别。

4. 产品标记

按名称、类型、类别、次级别、标准号顺序标记。

【例】 镶装玻璃用 25 级高模量酸性硅酮建筑密封胶标记为:

硅酮建筑密封胶 AG 25 HM GB/T 14683—2003

5. 技术要求

1) 外观质量

产品应为细腻、均匀膏状物,不应有气泡、结皮和凝胶。产品的颜色与供需双方商定的样品相比,不得有明显差异。

2) 理化性能

硅酮建筑密封胶的理化性能应符合表 7-53 规定。

表 7-53 硅酮建筑密封胶理化性能指标

序 号	项 目		技 术 指 标			
			25HM	20HM	25LM	20LM
1	密度(g/cm³)		规定值±0.1			
2	下垂度(mm)	垂直	≤3			
		水平	无变形			
3	表干时间(h),(允许供需双方商定指标)		≤3			
4	挤出性(mL/min)		≥80			
5	弹性恢复率(%)		≥80			
6	拉伸模量(MPa)	23℃	>0.4 或>0.6		≤0.4 和 ≤0.6	
		−20℃				
7	定伸粘结性		无破坏			
8	紫外线辐照后粘结性(仅适用于 G 类产品)		无破坏			
9	冷拉-热压后粘结性		无破坏			
10	浸水后定伸粘结性		无破坏			
11	质量损失率(%)		≤10			

6. 特性和应用

1) 特性

(1) 具有优异的耐热、耐寒、抗老化、耐紫外线等性能。

(2) 具有很强的粘结性能。可与铝合金、不锈钢等金属材料和水泥、玻璃、木材、陶瓷等非金属材料牢固地粘结在一起。

（3）具有良好的拉伸-压缩和膨胀-收缩的循环性能。

（4）具有良好的防潮、防水性能。

（5）有机硅橡胶密封胶内部的硫化速度与温度、湿度、接触空气的面积有关。对于单组分有机硅橡胶密封膏，温度、湿度上升，接触空气表面积加大，硫化速度会加快；对于双组分有机硅橡胶密封胶，在高温高湿环境下，硫化进行不完全。因此，当被粘结物表面温度高于 70℃ 时，不能施工。

（6）有机硅橡胶密封胶的粘结性与被粘结物的材料有关。当两者化学结构相似时，如被粘结物是玻璃、陶瓷等，此时，粘结性能优异；否则，应使用规定的涂底材料对基层进行处理之后，再粘结。

（7）有机硅橡胶密封胶的性能稳定，便于贮存。使用后耐久性好，硫化后的密封膏在 −50～250℃ 的条件下长期保持弹性。

2）应用

高模量有机硅橡胶密封胶，主要用于建筑物的结构型密封部位，如隔热玻璃密封以及建筑门窗密封等。

低模量有机硅橡胶密封胶，主要用于建筑物的非结构型密封部位，如预制混凝土墙板、水泥板、大理石板、花岗石板的外墙接缝、混凝土与金属框架的接缝、卫生间及高速公路接缝的防水密封等。

（七）建筑窗用弹性密封剂（JC/T 485—1996）

建筑窗用弹性密封剂适用于硅酮、改性硅酮、聚硫、聚氨酯、丙烯酸、丁基、丁苯、氯丁等高分子材料为基础的弹性密封剂。

不适用于塑性体或以塑性为主要特征的密封剂及密封腻子。不适用于水下、防火等特种门窗用密封剂和玻璃粘结剂。

1. 产品分类

1）系列

产品按基础聚合划分系列，见表 7-54。

2）级别

按产品允许承受接缝位移能力，分为 1 级 （±30%），2 级（±20%），3 级（±5% ～ ±10%）三个级别。

3）类别

按产品适用基材分为以下类别，见表 7-55。

4）型别

按产品适用季节分型：

S 型—夏季施工型；

W 型—冬季施工型；

A 型—全年施工型。

5）品种

按固化机理分为四种，见表 7-56。

表 7-54　建筑窗用弹性密封剂产品系列及代号

系 列 代 号	密封剂基础聚合物
SR	硅酮聚合物
MS	改性硅酮聚合物
PS	聚硫橡胶
PU	聚氨基甲酸酯
AC	丙烯酸酯聚合物
BU	丁基橡胶
CR	氯丁橡胶
SB	丁苯橡胶

注：以其它聚合物为基础的密封剂，标记取聚合物通用代号。

表 7-55　建筑窗用弹性密封剂类别	
类 别 代 号	适 用 基 材
M	金属
C	混凝土、水泥砂浆
G	玻璃
Q	其它

表 7-56　建筑窗用弹性密封剂品种	
品 种 代 号	固 化 形 式
K	湿气固化,单组分
E	水乳液干燥固化,单组分
Y	溶剂挥发固化,单组分
Z	化学反应固化,多组分

2. 技术要求

1）外观

（1）密封剂不应有结块、凝胶、结皮及不易迅速均匀分散的析出物。

（2）颜色应与供需双方商定样品相符。双组分密封剂两个组分的颜色应有明显差别。

2）物理力学性能

产品物理力学性能应符合表 7-57 规定。

表 7-57　建筑窗用弹性密封剂物理力学性能

序　号	项　　　目		1 级	2 级	3 级
1	密度（g/cm³）	不大于	规定值±0.1		
2	挤出性（mL/min）	不小于	50		
3	适用期（h）	不小于	3		
4	表干时间（h）	不大于	24	48	72
5	下垂度（mm）	不大于	2	2	2
6	拉伸粘结性能（MPa）	不大于	0.40	0.50	0.60
7	低温贮存稳定性（仅适用于 E 品种密封剂）		无凝胶、离析现象		
8	初期耐水性（仅适用于 E 品种密封剂）		不产生浑浊		
9	污染性（仅适用于 E 品种密封剂）		不产生污染		
10	热空气-水循环后定伸性能（%）		200	160	125
11	水-紫外线辐照后定伸性能（%）		200	160	125
12	低温柔性（℃）		−30	−20	−10
13	热空气-水循环后弹性恢复率（%）	不小于	60	30	5
14	拉伸-压缩循环性能	级别	9030	8020,7020	7010,7005
		粘接破坏面积（%）　不大于	25		

（八）中空玻璃用弹性密封胶 （JC/T 486—2001）

中空玻璃用弹性密封胶适用于中空玻璃单道或第二道密封用两组分聚硫类密封胶和第二道密封用硅酮类密封胶。其它类密封胶可参照执行。

1. 分类

按基础聚合物分类：聚硫类,代号 PS；硅酮类,代号 SR。

2. 分级

按位移能力和模量分级：位移能力 25% 高模量级,代号 25HM；位移能力 20% 高模量级,代号 20HM；位移能力 12.5% 弹性级,代号 12.5E。

3. 产品标记

按类型、等级、标准号顺序标记。

示例:聚硫类位移能力 20‰高模量级的中空玻璃用弹性密封胶标记为"P S-20HM-JC/T 486-2001"。

4. 技术要求

1) 外观

(1) 密封胶不应有粗粒、结块和结皮,无不易迅速分散的析出物。

(2) 两组分产品,两组分颜色应有明显的差别。

2) 物理性能

应符合表 7-58 规定。

表 7-58 中空玻璃用弹性密封胶的物理性能

序号	项目			技术指标				
				PS类		SR类		
				20HM	12.5E	25HM	20HM	12.5E
1	密度(g/cm³)		A组分 B组分	规定值±0.1 规定值±0.1				
2	粘度(Pa·s)		A组分 B组分	规定值±10% 规定值±10%				
3	挤出性(仅单组分)(s)		≤	10				
4	适用期(min)		≥	30				
5	表干时间(h)		≤	2				
6	下垂度	垂直放置(mm)	≤	3				
		水平放置		不变形				
7	弹性恢复率(%)		≥	60	40	80	60	40
8	拉伸模量(MPa)		23℃ −20℃	>0.4 或 >0.6	—	>0.6 或 >0.4		—
9	热压和冷拉后粘结性	位移(%)		±20	±12.5	±25	±20	±12.5
		破坏性质		无破坏				
10	热空气-水循环后定伸粘结性	伸长率(%)		60	10	100	60	60
		破坏性质		无破坏				
11	紫外线辐照-水浸后定伸粘结性	伸长率(%)		60	10	100	60	60
		破坏性质		无破坏				
12	水蒸气渗透率(g/m²·d)			15		—		
13	紫外线辐照发雾性(仅用于单道密封时)			无				

(九) 混凝土建筑接缝密封胶(JC/T 881—2001)

适用于混凝土建筑接缝用弹性和塑性密封胶。

1. 分类

密封胶分为单组分(Ⅰ)和多组分(Ⅱ)两个品种。按流动性分为非下垂型(N)和自流平型

(S)两个类型。

2. 级别

密封胶按位移能力分为 25、20、12.5、7.5 四个级别,见表 7-59。

3. 次级别

(1) 25 级和 20 级密封胶按拉伸模量分为低模量(LM)和高模量(HM)两个次级别。

(2) 12.5 级按弹性恢复率又分为弹性和塑性两个次级别:恢复率 >40% 的密封胶为弹性密封胶(E),恢复率<40% 的密封胶为塑性密封胶(P)。

25 级、20 级和 12.5（E）级的密封胶为弹性密封胶;12.5（P）级和 7.5（P）级密封胶为塑性密封胶。

表 7-59　混凝土建筑接缝密封胶级别

级　别	试验拉压幅度(%)	位移能力(%)
25	±25	25
20	±20	20
12.5	±12.5	12.5
7.5	±7.5	7.5

4. 标记

密封胶按名称、品种、类型、级别、次级别、标准号顺序标记。

【例】 混凝土建筑接缝密封胶单组分非下垂型 25 级低模量标记为:

混凝土建筑接缝密封胶 I　N　25　LM　JC/T 881—2001

5. 主要技术要求

1) 外观

(1) 密封胶应为细腻、均匀膏状物或粘稠液体,不应有气泡、结皮或凝胶。

(2) 密封胶的颜色与供需双方商定的样品相比,不得有明显差异。多组分密封胶各组分的颜色应有明显差异。

2) 物理力学性能

物理力学性能见表 7-60。

表 7-60　混凝土建筑接缝密封胶物理力学性能

序号	项　目			技　术　指　标						
				25LM	25HM	20LM	20HM	12.5E	12.5P	7.5P
1	流动性	下垂度(N 型)(mm)	垂直	≤3						
			水平	≤3						
		流平性(S 型)		光滑平整						
2	挤出性(mL/min)			≥80						
3	弹性恢复率(%)			≥80		≥60		≥40	<40	<40
4	拉伸粘结性	拉伸模量(MPa)	23℃ −20℃	≤0.4 和 ≤0.6	>0.4 或 >0.6	≤0.4 和 ≤0.6	>0.4 或 >0.6	—		
		断裂伸长率(%)		—					≥100	≥20
5	定伸粘结性			无破坏						
6	浸水后定伸粘结性			无破坏						
7	热压和冷拉后的粘结性			无破坏						

续表 7-60

序号	项　目	技　术　指　标						
		25LM	25HM	20LM	20HM	12.5E	12.5P	7.5P
8	拉伸-压缩后的粘结性	—					无破坏	
9	浸水后断裂伸长率(%)	—					≥100	≥20
10	质量损失率(%)①	≤10					—	
11	体积收缩率(%)	≤25②					≤25	

① 乳胶型和溶剂型产品不测质量损失率。
② 仅适用于乳胶型和溶剂型产品。

（十）幕墙玻璃接缝用密封胶（JC/T 882—2001）

适用于玻璃幕墙工程中嵌填玻璃与玻璃接缝的硅酮耐侯密封胶；玻璃与铝等金属材料接缝的耐侯密封胶也可参照采用。不适用于玻璃幕墙工程中结构性装配用密封胶。

1. 分类

密封胶分为单组分（Ⅰ）和多组分（Ⅱ）两个品种。

2. 级别

密封胶按位移能力分为 25、20 两个级别，见表 7-61。

表 7-61　幕墙玻璃接缝用密封胶级别

级　别	试验拉压幅度(%)	位移能力(%)
25	±25.0	25
20	±20.0	20

3. 次级别

密封胶按拉伸模量分为低模量（LM）和高模量（HM）两个次级别，25 级、20 级为弹性密封胶。

4. 标记

按名称、品种、级别、次级别、标准号顺序标记。

【例】　幕墙玻璃接缝用密封胶单组分 25 级低模量标记为：

幕墙玻璃接缝用密封胶　Ⅰ　25　LM　JC/T 882—2001

5. 技术要求

1）外观

（1）密封胶应为细腻、均匀膏状物或粘稠液体，不应有气泡、结皮或凝胶。

（2）密封胶的颜色与供需双方商定的样品相比，不得有明显差异；多组分密封胶的各组分颜色应有明显差异。

2）物理力学性能

幕墙玻璃接缝用密封胶的物理力学性能，见表 7-62。

表 7-62　幕墙玻璃接缝用密封胶的物理力学性能

序号	项　目		技　术　指　标			
			25LM	25HM	20LM	20HM
1	下垂度(mm)	垂直	≤3			
		水平	无变形			
2	挤出性(mL/min)		≥80			

序 号	项 目		技 术 指 标			
			25LM	25HM	20LM	20HM
3	表干时间(h)		≤3			
4	弹性恢复率(%)		≥80			
5	拉伸模量(MPa)	标准条件	≤0.4 和 ≤0.6	>0.4 或 >0.6	≤0.4 和 ≤0.6	>0.4 或 >0.6
		−20℃				
6	定伸粘结性		无破坏			
7	热压、冷拉后的粘结性		无破坏			
8	浸水光照后的定伸粘结性		无破坏			
9	质量损失率(%)		≤10			

（十一）彩色涂层钢板用建筑密封胶（JC/T 884—2001）

适用于彩板屋面及彩板墙体接缝嵌填用建筑密封胶。

1. 分类

密封胶按聚合物区分为：硅酮类（代号 SL）、聚氨酯类（代号 PU）、硅酮改性类（代号 MS）等。密封胶按组分分为单组分（Ⅰ）和双组分（Ⅱ）。

2. 级别

彩色涂层钢板用建筑密封胶的级别，见表 7-63。

表 7-63　彩色涂层钢板用建筑密封胶级别

级 别	试验拉压幅度(%)	位移能力(%)
25	±25	25
20	±20	20
12.5	±12.5	12.5

3. 次级别

(1) 25、20 级密封胶按拉伸模量分为低模量（LM）和高模量（HM）两个级别。

(2) 弹性恢复率不小于 40% 的 12.5 级密封胶为弹性密封胶（E）。25、20、12.5（E）级称为弹性密封胶。

4. 标记

按名称、品种、级别、次级别、标准号顺序标记。

【例】　彩色涂层钢板用建筑密封胶，单组分，硅酮类 25 级高模量标记为：彩色涂层钢板用建筑密封胶 ISL　25　HM　JC/T 884—2001"。

5. 技术要求

(1) 外观，密封胶应为细腻、均匀膏状物或粘稠液体，不应有气泡、结皮或凝胶。密封胶的颜色与供需双方商定的样品相比，不得有明显差异；多组分密封胶的各组分颜色应有明显差异。

(2) 物理力学性能指标，见表 7-64。

表 7-64　彩色涂层钢板用建筑密封胶物理力学性能

序 号	项 目		技 术 指 标				
			25LM	25HM	20LM	20HM	12.5E
1	下垂度(mm) ≤	垂直	3				
		水平	无变形				

序号	项目		技术指标				
			25LM	25HM	20LM	20HM	12.5E
2	表干时间(h)	≤			3		
3	挤出性(mL/min)	≥			80		
4	弹性恢复率(%)	≥		80		60	40
5	拉伸模量(MPa)	23℃	≤0.4 和 ≤0.6	>0.4 或 >0.6	≤0.4 和 ≤0.6	>0.4 或 >0.6	—
		−20℃					
6	定伸粘结性				无破坏		
7	浸水后定伸粘结性				无破坏		
8	热压、冷拉后的粘结性				无破坏		
9	剥离粘结性	剥离强度(N/mm) ≥			1.0		
		粘结破坏面积(%) ≤			25		
10	紫外线处理			表面无粉化、龟裂，−25℃无裂纹			

（十二）高分子防水卷材胶粘剂（JC/T 863—2000）

1. 分类

（1）高分子防水卷材胶粘剂按施工部位分为基底胶（J）、搭接胶（D）、通用胶（T）三个品种。基底胶用于卷材与防水基层粘结的胶粘剂。搭接胶是用于卷材与卷材粘结的胶粘剂。通用胶是指兼有基底胶和搭接胶功能的胶粘剂。

（2）高分子防水卷材胶粘剂按固化机理分为单组分（Ⅰ）、双组分（Ⅱ）两个类型。

2. 产品标记方法

按名称、类型、品种、标准号标记。

【例】 聚氯乙烯防水卷材用单组分基底胶粘剂标记为：

聚氯乙烯防水卷材胶粘剂 Ⅰ J JC/T 863—2000

3. 技术要求

1）外观

胶粘剂经搅拌应为均匀液体，无杂质，无分散颗粒或凝胶。

2）物理力学性能

高分子防水卷材胶粘剂物理力学性能，见表 7-65。

表 7-65 高分子防水卷材胶粘剂的物理力学性能

序号	项目		技术指标		
			基底胶 J	搭接胶 D	通用胶 T
1	粘度(Pa·s)			规定值[①]±20%	
2	不挥发物含量(%)			规定值[①]±2	
3	适用期[②](min)	≥		180	

序　号	项　目			技　术　指　标		
				基底胶 J	搭接胶 D	通用胶 T
4	剪切状态下的粘合性	卷材—卷材	标准试验条件(N/mm) ≥	—	2.0	2.0
			热处理后保持率(%) 80℃,168h ≥	—	70	70
			碱处理后保持率(%) 10%Ca(OH)₂,168h ≥	—	70	70
		卷材—基底	标准试验条件(N/mm) ≥	1.8	—	1.8
			热处理后保持率(%) 80℃,168h ≥	70	—	70
			碱处理后保持率(%) 10%Ca(OH)₂,168h ≥	70	—	70
5	剥离③强度		标准试验条件(N/mm) ≥	—	1.5	1.5
			浸水后保持率(%) 168h ≥	—	70	70

① 规定值是指企业标准、产品说明书或供需双方商定的指标量值。
② 仅适用于双组分产品,指标也可由供需双方协商确定。
③ 剥离强度为强制性指标。

二、定型防水嵌缝材料

定型防水嵌缝材料是制成一定形状(条状、环状等)具有水密性和气密性能的高分子密封材料。

定型防水嵌缝材料分为遇水非膨胀型和遇水膨胀型两种。它们的共同特点是:

(1) 具有良好的弹塑性和强度,不因构件的变形、振动、移位而发生脆裂和脱落。

(2) 具有良好的防水、耐热、耐低温性能。

(3) 具有良好的拉伸、压缩和膨胀、收缩及恢复性能。

(4) 具有优异的水密、气密及耐久性能。

(5) 定型尺寸精度应符合要求,否则影响密封性能。

（一）止水带(GB 18173.2—2000)

1. 分类

止水带为遇水非膨胀型密封材料,按用途分为三类:

(1) 适用于变形缝止水带,用 B 表示。

(2) 适用于施工缝止水带,用 S 表示。

(3) 适用于有特殊耐老化要求的接缝止水带,用 J 表示。

具有钢边的止水带用 G 表示。

2. 产品标记

按类型、规格(长度×宽度×厚度)顺序标记。

【例】 长度 12000mm,宽度 380mm,公称厚度 8mm 的 B 类具有钢边的止水带标记为:

$$BG-12000mm×380mm×8mm$$

3. 技术要求

1) 尺寸公差

止水带的结构示意图见图 7-1 所示,尺寸公差见表 7-66。

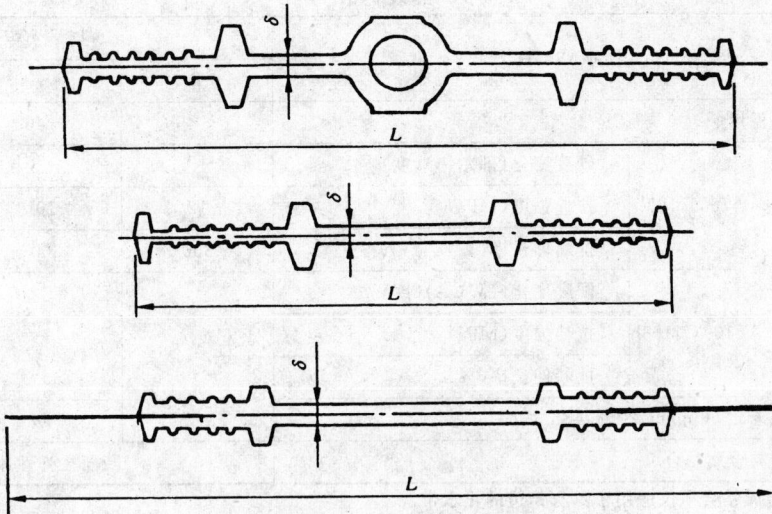

图 7-1 止水带的结构示意图

L—止水带公称宽度 、 δ—止水带公称厚度

表 7-66 止水带尺寸公差

项　　目	公称厚度 δ (mm)			宽度 L(%)
	4～6	>6～10	>10～20	
极限偏差	+1 0	+1.3 0	+2 0	±3

2) 外观质量

① 止水带表面不允许有开裂、缺胶、海绵状等缺陷,中心孔偏心不允许超过管状断面厚度的 1/3。

② 止水带表面允许有深度不大于 2mm、面积不大于 $16mm^2$ 的凹痕、气泡、杂质、明疤等缺陷不超过 4 处,但设计工作面仅允许有深度不大于 1mm、面积不大于 $10mm^2$ 的缺陷不超过 3 处。

3) 物理性能

止水带物理性能,见表 7-67。

表 7-67 止水带物理性能

序号	项　　目			指　　标		
				B	S	J
1	硬度(邵尔 A)(度)			60±5	60±5	60±5
2	拉伸强度(MPa)		≥	15	12	10
3	扯断伸长率(%)		≥	380	380	300
4	压缩永久变形	70℃×24h,%	≤	35	35	35
		23℃×168h,%	≤	20	20	20
5	撕裂强度(kN/m)		≥	30	25	25

序 号	项 目			指 标		
				B	S	J
6	脆性温度(℃)		≤	-45	-40	-40
7	热空气老化	70℃,168h	硬度变化(邵尔 A)(度) ≤	+8	+8	—
			拉伸强度(MPa) ≥	12	10	
			扯断伸长率(%) ≥	300	300	
		100℃,168h	硬度变化(邵尔 A)(度) ≤			+8
			拉伸强度(MPa) ≥	—		9
			扯断伸长率(%) ≥			250
8	臭氧老化 50pphm,20%,48h			2 级	2 级	0 级
9	橡胶与金属粘合			断面在弹性体内		

注：1. 橡胶与金属粘合项仅适用于具有钢边的止水带。
　　2. 若有其它特殊需要时,可由供需双方协议适当增加检验项目,如根据用户需求酌情考核霉菌试验,但其防霉性能应等于或高于 2 级。

4. 橡胶止水带的特性和用途

橡胶止水带是以天然橡胶与各种合成橡胶为主要原料,掺入各种助剂及填料,经塑炼、混炼、模压成型,尺寸精细,品种规格齐全。

1) 特点

止水橡皮及橡胶止水带具有良好的弹性,耐磨、耐老化和抗撕裂性能突出,适应结构变形能力强,防水性能好。橡胶止水带的使用温度与使用环境对其物理性能有较大影响,在 -40~40℃ 条件下有较好的耐老化性能,当作用于止水带上的温度超过 50℃,以及受强烈的氧化作用或受油类等有机溶剂侵蚀时,均不得采用。

2) 用途

橡胶止水带、止水橡皮一般用于地下工程、小型水坝、贮水池、地下通道、河底隧道、游泳池等工程的变形缝部位的隔离防水;用于水库及输水洞等处闸门密封止水。

（二）遇水膨胀橡胶（GB/T 18173.3—2002）

适用于以水溶性聚氨酯预聚体、丙烯酸钠高分子吸水性树脂等吸水材料与天然橡胶、氯丁橡胶等合成橡胶制得的膨胀性防水橡胶。

1. 分类

产品按工艺可分为制品型（PZ）和腻子型（PN）。

产品按其在蒸馏水中的体积膨胀倍率(%)可分为≥150%~<250%,≥250%~<400%,≥400%~<600%,≥600% 等几类（制品型）;≥150%,≥220%,≥300% 等几类（腻子型）。

2. 产品标记

产品按类型、体积膨胀倍率、规格（宽度×厚度）顺序标记;对于复合型膨胀橡胶止水带因其主体为"止水带",其标记方法在遵循 GB/T 1813.2 止水带的同时还要按遇水膨胀橡胶方法标记。

【例1】 宽度 30mm、厚度 20mm 的制品型膨胀橡胶,体积膨胀倍率≥400%,标记为:

PZ-400 型 30mm×20mm

【例2】 长轴 30mm、短轴 20mm 的椭圆型膨胀橡胶,体积膨胀倍率≥250%,标记为:

PZ-250 型 R15mm×R10mm

【例3】 复合型膨胀橡胶,宽度 200mm,厚度 6mm,施工缝(S)用止水带,复合两条体积膨胀倍率≥400%的制品型膨胀橡胶标记为:

S-200mm×6mm/PZ-400×2 型

3. 技术要求

1) 制品尺寸公差

遇水膨胀橡胶断面结构示意图如图 7-2 所示。尺寸公差应符合表 7-68 要求。

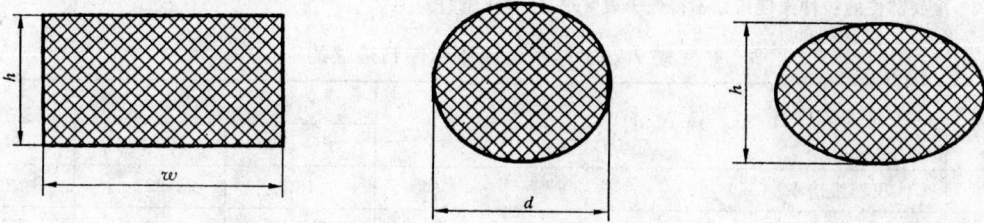

图 7-2 遇水膨胀橡胶断面结构示意图

w—宽度 d—直径 h—厚度

表 7-68 尺 寸 公 差   (mm)

项　　目	厚度(h)			直径(d)			椭圆(以短径 h 为主)			宽度(w)		
	≤10	>10~30	>30	≤30	>30~60	>60	<20	20~30	>30	≤50	>50~100	>100
极限偏差	±1.0	+1.5 -1.0	+2 -1	±1	±1.5	±2	±1	±1.5	±2	+2 -1	+3 -1	+4 -1

注:其它规格及异形制品尺寸公差由供需双方商定,异形制品的厚度为其最大工作面厚度。

2) 制品型外观质量

(1) 膨胀橡胶表面不允许有开裂、缺胶等影响使用的缺陷。

(2) 每 m 膨胀橡胶表面不允许有深度大于 2mm、面积大于 $16mm^2$ 的凹陷、气泡、杂质、明疤等缺陷超过 4 处。

3) 物理性能

制品型见表 7-69,腻子型见表 7-70。如有体积膨胀倍率大于 600% 要求者,由供需双方确定。

表 7-69 制品型膨胀橡胶物理性能

序　号	项　　目		指　　标			
			PZ-150	PZ-250	PZ-400	PZ-600
1	硬度(邵尔 A)(度)		42±7		45±7	48±7
2	拉伸强度(MPa)	≥	3.5		3	
3	扯断伸长率(%)	≥	450		350	
4	体积膨胀倍率(%)	≥	150	250	400	600

序 号	项 目			指 标			
				PZ-150	PZ-250	PZ-400	PZ-600
5	反复浸水试验	拉伸强度（MPa）	≥	3		2	
		扯断伸长率（%）	≥	350		250	
		体积膨胀倍率（%）	≥	150	250	300	500
6	低温弯折（−20℃×2h）			无裂纹			

注：1. 硬度为推荐项目；
　　2. 成品切片测试应达到本标准的 80%；
　　3. 接头部位的拉伸强度指标不得低于表 7-69 标准性能的 50%。

表 7-70　腻子型膨胀橡胶物理性能

序 号	项 目		指 标		
			PN-150	PN-220	PN-300
1	体积膨胀倍率①（%）	≥	150	220	300
2	高温流淌性（80℃×5h）		无流淌	无流淌	无流淌
3	低温试验（−20℃×2h）		无脆裂	无脆裂	无脆裂

① 检验结果应注明试验方法。

三、密封材料的储运和保管

密封材料的储运、保管应遵守下列规定：

（1）密封材料的储运、保管应避开火源、热源，避免日晒、雨淋，防止碰撞，保持包装完好无损。

（2）密封材料的外包装应贴有明显的标记，标明产品名称、生产厂家、生产日期和使用有效期。

（3）密封材料应分类储放在通风、阴凉的室内，环境温度不应超过 50℃。

第八章　建筑陶瓷

第一节　概　述

陶瓷是建筑中常用装饰材料之一,其生产和应用有着悠久的历史。在建筑技术发展和人民生活水平得到提高的今天,建筑陶瓷的生产更加科学化、现代化,品种、花色多样,性能也更加优良。

建筑陶瓷之所以在建筑装饰中得到广泛的应用,是因为陶瓷与塑料、金属等新型饰面材料相比有着不可替代的优势。塑料饰面材料具有易老化、易燃、易退色等不足。金属饰面材料有锈蚀、造价高等缺点。陶瓷饰面材料具有清洁、耐蚀、坚固耐用、色彩鲜艳、装饰效果好等优点,因此在装饰材料市场竞争中占了领先地位。我国陶瓷生产有了根本的改变,产品质量达到了国际先进水平。

一、陶瓷原材料

陶瓷生产使用的原料品种很多,从来源讲,一种是天然矿物原料,一种是通过化学方法加工处理的化工原料。天然矿物原料主要为粘土。它是生产陶瓷的主要原料。粘土的成分决定着陶瓷制品的质量和性能。

（一）粘土成分和种类

1. 粘土的成分

粘土是由天然岩石经过长期风化而成,是多种微细矿物的混合体。粘土有白、灰、黄、黑、红等各种颜色。常见的粘土矿物有高岭石、蒙脱石、水云母等,其主要化学成分是层状结构的含水硅铝酸盐。粘土还含有石英、长石、铁矿物、碳酸盐、碱和有机物等多种杂质。

2. 粘土的种类

1）按其构成粘土的主要矿物分类

（1）高岭石类:如苏州土、紫木节土。

（2）水云母类:如河北章村土。

（3）微晶高岭石(蒙脱石)类:如辽宁黑山和福建连成膨润土。

（4）叶蜡石类:如浙江青田、上虞等叶蜡石。

（5）水铝英石类:如唐山 A、B、C 级矾土。

2）按其耐火度分类

（1）耐火粘土:耐火度在 1580℃以上,含氧化铁最高 3％～4％,杂质总量最高 6％～8％。

（2）难熔粘土:耐火度在 1350～1580℃之间。

（3）易熔粘土:耐火度在 1350℃以下。含大量杂质,一般含铁量较高。

（二）釉的性质与种类

1. 釉的作用

一般情况下,烧结的陶瓷坯体表面都较粗糙无光,这不仅影响美观和力学性能,也容易沾污和吸湿。坯体表面施釉经高温焙烧后,釉与坯体表面之间发生相互反应,在坯体表面形成一层玻璃质,它具有玻璃般的光泽和透明性,从而使坯体表面变得平整、光亮、不吸水、不透气,提高了制品的艺术性和机械强度。同时对釉层下的图案画面有透视及保护作用,并有防止彩料中有毒元素溶出的作用,还可以掩盖坯体的不良颜色和某些缺陷,从而可以扩大陶瓷的应用范围。

2. 釉的性质

(1)釉料必须坯体烧结的温度下成熟。为了使釉能在坯上很好地铺展,一般要求釉的成熟温度接近于坯体的烧成温度而略有偏低。为了适应于一次烧成,釉应具有较高的始溶温度与较宽的熔融温度范围。

(2)釉料的组成要选择适当,釉料熔化铺展后所形成的釉层要与坯体牢固地结合,并使釉的热膨胀系数接近或稍小于坯体的热膨胀系数,从而使釉层不易发生碎裂或剥离的现象。

(3)釉料在高温溶化后,要具有适当的粘度和表面张力,冷却后能形成优质的釉面,即具有平滑、光亮的表面,无流釉、堆釉、针孔等缺陷。

表 8-1 列出了一般瓷釉的主要性能,供参考。

3. 釉的分类

陶瓷品种繁多,烧制工艺各不相同,因而釉的分类方法较多,现将常见的一些分类方法列于表 8-2 中。

表 8-1　釉的主要性能

项　　目	指　　标
始熔温度(℃)	不小于 1150～1200
成熟温度(℃)	1300～1450
高温流动度(斜槽法)(mm)	30～60
平均膨胀系数 1×10^{-6} 度$^{-1}$　(20～100℃)	2.9～5.3
釉面显微硬度(MPa)	6000～9000
热稳定性(℃)	220 不裂
光泽度(%)	大于 90
白度(%)	大于 80

表 8-2　釉 的 分 类

分类方法	种　　类
按坯体种类	瓷器釉、陶器釉、炻器釉
按化学组成	长石釉、石灰釉、滑石釉、混合釉、铅釉、硼釉、铅硼釉、食盐釉、土釉
按烧成温度	易熔釉(1100℃以下)、中温釉(1100～1250℃之间)、高温釉(1250℃以上)
按制备方法	生料釉、熔块釉
按外表特征	透明釉、乳浊釉、有色釉、光亮釉、无光釉、结晶釉、砂金釉、碎纹釉、珠光釉、花釉

(三)陶瓷釉装饰法

1. 釉下彩绘

在生坯(或素烧釉坯)上进行彩绘,然后施一层透明釉,进行烧制,即成为釉下彩绘。釉下彩绘的优点在于画面不会因陶瓷器在日常使用过程中被损坏,而且画面显得清秀光亮。然而釉下彩绘的画面与色调远远不如釉上彩绘那样丰富多彩,且难以机械化生产,因此目前未广泛采用。

2. 釉上彩绘

釉上彩绘系在釉烧过的陶瓷釉上用低温颜料进行彩绘,然后在不高的温度下(600～900℃)彩烧的装饰方法。

釉上彩绘的彩烧温度低,许多陶瓷颜料都可采用。釉上彩绘的色调极其丰富。除手工绘画外,其它装饰法都可以采用,因此生产效率高,劳动强度低,成本低,价格便宜。但是釉绘画面容易磨损,光滑性差,彩料中的铅易被酸溶出引起铅中毒。

3. 贵金属装饰

用金、铂、钯或银等贵金属在陶瓷釉上装饰通常只限于一些高级细陶瓷制品。

饰金是极其常见的。其它贵金属装饰比较少见。用金装饰陶瓷有亮金（如金边与锚金）、磨光金和腐蚀金等方法。无论哪种金饰方法，其使用的金材料基本上只有两种：金水（液态金）和粉末金。此外，还有少见的液态磨光金。

4. 结晶釉

结晶釉系指釉内出现明显粗大结晶的釉。结晶釉是在含氧化铝低的釉料中加入 ZnO、MnO_2、TiO_2 等结晶形成剂使达到饱和程度。在严格控制烧成过程中，形成晶核并长大而制得。要对结晶的大小、形状与出现部位进行控制比较复杂，在许多情况下带有偶然因素。

5. 砂金釉

砂金釉是釉内结晶呈现金子光泽的细结晶的一种特殊釉。因形状与自然界的砂金石相似而得名。这些发金属光泽的细结晶是氧化铁微晶。微晶的颜色因粒度大小而异，最细的发黄色，最粗的发红色，结晶愈多，透明性愈差。

6. 光泽彩

陶瓷装饰还可使用一种所谓"光泽彩"。它是釉面上涂有或多或少能映现出彩虹各种颜色的金属或氧化物薄膜的装饰法。

光泽彩的光泽彩虹是由于入射光与光亮的光泽彩料薄膜的反射光相互发生干涉的现象，与水面上浮着一层薄层油的干涉现象相类似。

光泽彩的薄膜可以是无色或有色的金属氧化物薄膜，或者是金属薄膜。后者与前者的制造工艺不同点，仅在于后者采用还原气氛烧制。光泽彩装饰工艺与釉上彩相似。可以用毛笔或喷洒方法将彩料涂在釉烧过的釉面上，但彩料层要薄，待干燥后，在隔焰炉中 600～900℃下彩烧。

7. 裂纹釉

采用具有比坯体热膨胀系数高的釉，可以在迅速冷却中使釉表面产生裂纹。

按釉面裂纹的形态，裂纹釉陶瓷制品的名称也随之而异。如鱼子纹、百圾碎、冰裂纹、蟹爪纹、牛毛纹和鳝鱼纹等。

按釉面裂纹颜色呈现技法不同，分为夹层裂纹釉和镶嵌裂纹釉两种。前者系将一层色釉施于另一层不同色调的色釉上，然后再焙烧一次而成。釉裂纹出现在表面一层色釉上，而裂纹颜色却是底层色釉的颜色。镶嵌裂纹釉是用糖液或低温彩料嵌于裂纹中，再在隔焰炉中彩烧（750～800℃），则裂纹呈现各种颜色。

二、陶瓷的分类

根据生产时所用原材料的不同，陶瓷可以分为陶质制品、瓷质制品、炻质制品三大类。

1. 陶质制品又根据原材料所含杂质的多少分为粗陶和精陶两种产品。粗陶是由一种或两种以上含杂质较多的粘土组成，为了减少产品在烧制时的收缩可以加入少量的石英或熟料。粗陶不施釉，建筑上常用的烧结粘土砖、瓦及日常用的罐、瓦缸等就是最普通的粗陶制品。精陶是以粘土、少量高岭土及石英组成，它的坯体呈现白色或象牙色的多孔性制品。精陶一般经过素烧和釉烧两次烧成，也就是说精陶通常都上釉。精陶按用途不同又可以分为建筑精陶、日用精陶和美术精陶。

陶质制品具有断面粗糙无光、敲击时声音粗哑、不透明等特点。因为是多孔结构，所以吸水率较大，通常在 8%～12%，最高可达 18%以上。按国家标准（GB/TA 100—1992）规定不能超过 22%。精陶由于有釉面层,可使制品不透水,表面光润,不易沾污,并且提高了产品的机械强度和化学稳定性,增强了装饰效果,加宽了使用范围。

2. 瓷质制品

瓷质制品是以含杂质较少的高岭土为主要原料,经制坯煅烧而成。根据原料中所含化学成分及制做工艺不同,分为粗瓷和细瓷两种制品。建筑装饰中所用的墙地砖即为粗瓷制品,细瓷多用于日用产品如餐茶具、工艺美术品及电瓷产品。瓷制品结构致密,不吸水,通常为洁白色,有一定的半透明性,表面一般都施釉。

3. 炻质制品

炻质制品是介于陶质和瓷质之间的一种陶瓷制品,也称为半瓷,我国俗称石胎瓷。炻质制品与陶质制品的区别是陶质品为多孔性,而炻质品孔隙率低,比较致密,吸水率较低。炻质品坯体大多数带有颜色,无半透明性。根据坯体的细度和密实程度的不同,炻质品又可以分为粗炻器和细炻器两种,建筑装饰中用的墙砖、地砖和锦砖等均属于粗炻质制品。粗炻质制品吸水率一般在4%～8%。日用器皿、化工及电器工业用陶瓷等均属于细炻质制品,其吸水率小于 2%。炻质制品的机械强度和热稳定性均优于瓷质制品,并且炻质制品原料可采用质量较差的粘土,成本也较低。

建筑装饰工程中所用的陶瓷制品是精陶与粗炻制品之间的产品。陶瓷产品的种类很多,为了掌握不同产品的特征,可以从不同角度进行分类,如按物理性能分类,按用途分类,按所用原材料或产品的组成分类等。表 8-3 是按产品所用材料不同而进行的分类。

表 8-3　陶瓷的分类

名　　称		特　征		举　　例
		颜　色	吸水率(%)	
粗陶器		带　色	—	日用缸器,砖、瓦
精陶器	石灰质精陶	白　色	18～22	日用器皿,彩陶
	长石质精陶	白　色	9～12	日用器皿、建筑卫生器皿、装饰釉面砖
炻　器	粗炻器	带　色	4～8	缸器、建筑用外墙砖、锦砖、地砖
	细炻器	白或带色	0～1.0	日用器皿、化学工业、电器工业用品
瓷　器	长石质瓷	白　色	0～0.5	日用餐茶具、陈设瓷、高低压电瓷
	绢云母质瓷	白　色	0～0.5	日用餐茶具、美术用品
	滑石瓷	白　色	0～0.5	日用餐茶具、美术用品
	骨灰瓷	白　色	0～0.5	日用餐茶具、美术用品
特种瓷	高铝质瓷	耐高频、高强度、耐高温		硅线石瓷、刚玉瓷等
	镁质瓷	耐高频、高强度、低介电损失		滑石瓷
	锆质瓷	高强度、高介电损失		锆英石瓷
	钛质瓷	高电容率、铁电性、压电性		钛酸钡瓷、钛酸锶瓷、金红石瓷等
	磁性瓷	高电阻率、高磁致伸缩系数		铁淦氧瓷、镍锌磁性瓷等
	金属陶瓷	高强度、高熔点、高抗氧化		铁、镍、钴金属陶瓷
	其它			氧化物、碳化物、硅化物瓷等

第二节　釉面内墙砖

一、种类、形状、规格尺寸

(一)种类

按釉面颜色分为单色(含白色)、花色和图案砖(见表 8-4)。

表 8-4 釉面砖种类

种　　类		特　　点	代　号
白色釉面砖		色纯白,釉面光亮,镶于墙面,清洁大方	FJ
彩色釉面砖	有光彩色釉面砖	釉面光亮晶莹,色彩丰富雅致	YG
	无光彩色釉面砖	釉面半无光,不晃眼,色泽一致,色调柔和	SHG
装饰釉面砖	花釉砖	系在同一砖上,施以多种彩釉,经高温烧成。色釉互相渗透,花纹千姿百态,有良好装饰效果	HY
	结晶釉砖	晶花辉映,纹理多姿	JJ
	斑纹釉砖	斑纹釉面,丰富多彩	BW
	理石釉砖	具有天然大理石花纹,颜色丰富,美观大方	LSH
图案砖	白地图案砖	系在白色釉面砖上装饰各种彩色图案,经高温烧成,纹样清晰,色彩明朗,清洁优美	BT
	色地图案砖	系在有光(YG)或石光(SHG)彩色釉面砖上装饰,各种图案,经高温烧成,产生浮雕、缎光、绒毛、彩漆等效果,做内墙饰面,别具风格	YGT D-YGT SHGT
瓷砖画及色釉陶瓷字	瓷砖画	以各种釉面砖拼成各种瓷砖画,或根据已有画稿烧成釉面砖拼成各种瓷砖画,清洁优美,永不退色	—
	色釉陶瓷字	以各种色釉、瓷土烧制而成,色彩丰富,光亮美观,永不退色	—

（二）形状

（1）按正面形状分为正方形、长方形和异形配件砖。异形配件砖的形状见图 8-1。异形配件砖的规格尺寸见表 8-5。

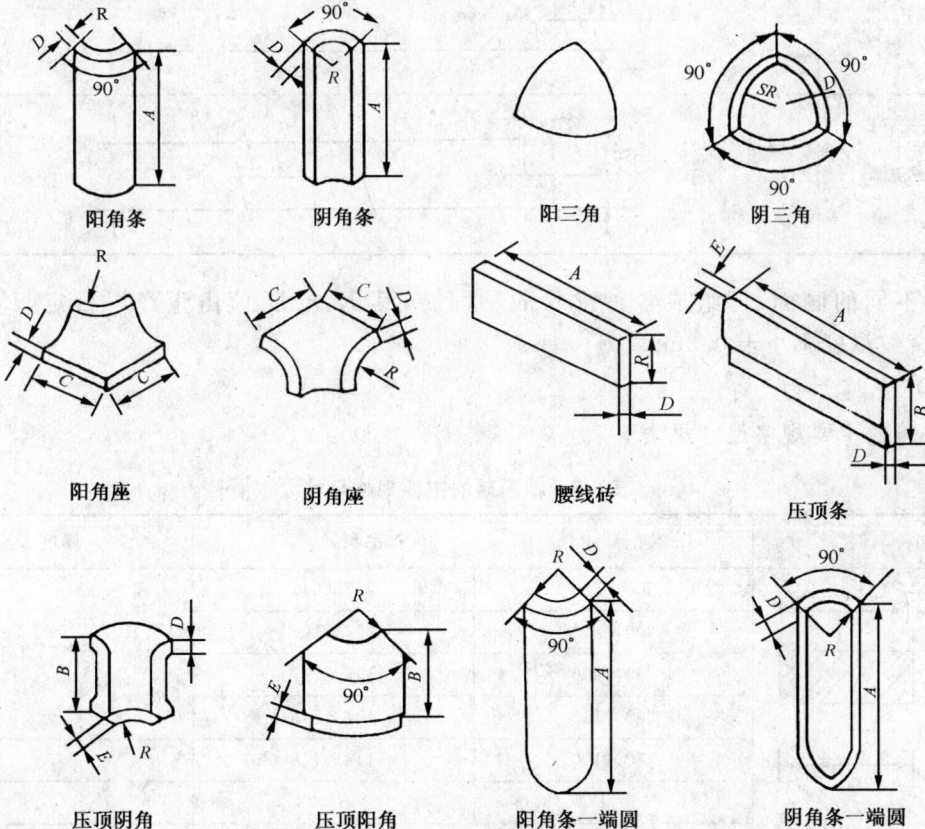

图 8-1　异形配件砖

表 8-5　异形配件砖的规格尺寸　　　　　　　　　　　　（mm）

B	C	E	R
$\frac{1}{4}A$	$\frac{1}{3}A$	3	22

注：A、B、C、E、R 的含意见图 8-1。

（2）釉面砖的侧面形状见表 8-6。

表 8-6　釉面砖的侧面形状

名　　称	图　　例
小圆边	
平边	
大圆边	
带凸缘边	

选择不同的侧面，可组成各种形状的釉面砖，其 R、r、H 值由生产厂自定，E 不大于 0.5mm，背纹深度不小于 0.2mm。

（三）规格尺寸

釉面砖的主要规格尺寸见表 8-7。

表 8-7　釉面砖的主要规格尺寸　　　　　　　　　　　　（mm）

图　　例	装配尺寸 C	产品尺寸 $A \times B$	厚度 D
模数化 $C=(A$ 或 $B)+J$， J 为接缝尺寸	300×250	297×247	生产厂自定
	300×200	297×197	
	200×200	197×197	
	200×150	197×148	
	150×150	148×148	5
	150×75	148×73	5
	100×100	98×98	5

图　例	装配尺寸 C	产品尺寸 A×B	厚度 D
非模数化	—	300×200	生产厂自定
	—	200×200	
	—	200×150	
	—	152×152	5
	—	152×75	5
	—	108×108	5

注:异形配件砖的规格尺寸见表 8-5,其它规格尺寸由供需双方商定。

二、技术要求

(一)尺寸允许偏差

釉面砖的尺寸允许偏差应符合表 8-8 规定。

表 8-8　尺寸允许偏差　　　　　　　　　　　　　　(mm)

	尺　寸	允　许　偏　差
长度或宽度	≤152	±0.5
	>152 ≤250	±0.8
	>250	±1.0
厚度	≤5	+0.4 −0.3
	>5	厚度的±8%

注:异形配件砖的尺寸允许偏差,在保证匹配的前提下由生产厂自定。

(二)外观质量要求

1.表面缺陷

根据外观质量分为优等品、一级品、合格品三个等级。表面缺陷允许范围应符合表 8-9 规定。

表 8-9　表面缺陷允许范围

缺 陷 名 称	优 等 品	一 级 品	合 格 品
开裂、夹层、釉裂	不允许		
背面磕碰	深度为砖厚的 $\frac{1}{2}$	不影响使用	
剥边、落脏、釉泡、斑点、坯粉釉缕、桔釉、波纹、缺釉、棕眼裂纹、图案缺陷、正面磕碰	距离砖面 1m 处目测无可见缺陷	距离砖面 2m 处目测缺陷不明显	距离砖面 3m 处目测缺陷不明显

2.色差

允许色差应符合表 8-10 规定。

表 8-10　允 许 色 差

	优 等 品	一 级 品	合 格 品
色 差	基本一致	不明显	不严重

注:供需双方可以商定色差允许范围。

3. 平整度

(1) 尺寸不大于 152mm 的釉面砖,平整度应符合表 8-11 规定。

表 8-11 平 整 度 (mm)

平 整 度	优 等 品	一 级 品	合 格 品
中心弯曲度	+1.4 −0.5	+1.8 −0.8	+2.0 −1.2
翘 曲 度	0.8	1.3	1.5

(2) 尺寸大于 152mm 的釉面砖,平整度应符合表 8-12 规定。

表 8-12 平 整 度 (%)

平 整 度	优 等 品	一 级 品	合 格 品
中心弯曲度	+0.5 −0.4	+0.7 −0.6	+1.0 −0.8
翘 曲 度	−0.4	−0.6	−0.8

4. 边直度和直角度

尺寸大于 152mm 的釉面砖,其边直度和直角度应符合表 8-13 规定。

表 8-13 边直度和直角度

项 目	优 等 品	一 级 品	合 格 品
边直度(mm)	+0.8 −0.3	+1.0 −0.5	+1.2 −0.7
直角度(%)	±0.5	±0.7	±0.9

5. 白度

各等级白色釉面砖的白度不小于 73 度,白度指标也可以由供需双方商定。

6. 理化性能

理化性能见表 8-14 规定。

表 8-14 理化性能指标

项 目	指 标
吸水率(%)	不大于 21
急冷急热性	经耐急冷急热性试验、釉面无裂纹
弯曲强度(MPa)	平均值不小于 16 厚度大于或等于 7.5mm 时,平均值不小于 13
抗龟裂性	釉面无裂纹
釉面抗化学腐蚀性	需要时由供需双方商定级别

三、应用

釉面砖一般不宜用于室外,因为它是多孔的精陶瓷制品,吸水率较大,吸水后会产生湿胀现象,其釉层湿胀性很小。如果用于室外,长期与空气接触,特别是在潮湿的环境中使用,它就会吸收水分产生湿胀,其湿胀应力大于釉层的抗张应力时,釉层就会发生裂纹,经过多次冻融后还会出现脱落现象。所以釉面砖只能用于室内,不应用于室外,以免影响建筑装饰效果。

釉面砖主要用于厨房、浴室、卫生间、实验室、精密仪器车间和医院的室内墙面和台面部位,具有清洁卫生、美观耐用、耐酸耐碱等特点。

四、釉面砖的代号、名称、规格和产地

釉面砖的代号、名称、规格和产地见表8-15、表8-16和表8-17。

表 8-15 釉面砖代号、名称、规格和产地

代　号	名　　称	规格(mm)	产　地
	白彩釉面砖	152×152×5	
001	巴茅色釉面砖	152×152×5	
001	巴茅色釉面砖	108×108×5	
002	黄色釉面砖	152×152×5	
002	黄色釉面砖	108×108×5	
003	棕红色釉面砖	108×108×5	
004	粉红色釉面砖	152×152×5	
004	粉红色釉面砖	108×108×5	
005	棕黄色釉面砖	108×108×5	四川、湖南、广东、湖北、河北等地
006	绿色釉面砖	152×152×5	
006	绿色釉面砖	108×108×5	
007	蓝紫色釉面砖	152×152×5	
007	蓝紫色釉面砖	108×108×5	
008	天蓝色釉面砖	152×152×5	
008	天蓝色釉面砖	108×108×5	
009	橄榄色釉面砖	108×108×5	
010	果绿色釉面砖	108×108×5	
011	金黄色釉面砖	108×108×5	
	肉色蒲公英边花釉面砖	152×152×4	
	浅蓝色菊花釉面砖	152×152×4	
	白色釉面砖	152×152×5	
	彩色釉色砖	108×108×5	
	釉面砖	152×152×5	
	釉色砖	108×108×5	天津、福建、广东等地
	白色釉面砖	108×108×5	
	白瓷砖	152×152×4～5	
	图案砖	108×108×4～5	
	外墙色砖	108×108×4～5	
	白色釉面砖	152×152×5	
	彩色釉面砖	152×152×5	
	白色釉面砖	110×110	
	艳黑釉面砖	152×152	
	金砂釉面砖	152×152	
	1# 釉绿色砖	152×152	
	5# 釉米黄砖	152×152	江苏、安徽、上海等地
	彩面釉面砖	152×152	
	彩釉立体砖	110×110	
	釉面砖	152×152×5	
	釉面砖	108×108×5	

代 号	名 称	规格(mm)	产 地
	釉面砖配件压顶条	152×38×5	
	釉面砖配件压顶阳角	38×R22×5	
	釉面砖配件阳角座	152×R22×5	
	釉面砖配件阳三角	R22×5	
	釉面砖配件阴角条	50×50×R22×5	
	釉面砖配件阳角条砖	152×R22.5×5	
	釉面砖配件压顶砖	152×38×5	
	各种白色配件		广东、广西、江西、辽宁等地
	阳角条砖	152×R22×5	
	压顶砖	152×38×5	
	压顶阴阳角	200×100	
	各色压顶	152×140×4	
	各色阴阳角	152×35×4	
1050	配件压顶条	152×38×5	
1051	配件压顶阳角	38×27.5×5	
1052	配件压顶阴角	38×27.5×5	
1053	配件阳角条	152×R27.5×5	
1054	配件阴角条	152×R27.5×5	
1055	配件阳角条	50×50×R27.5×5	广东、江苏、天津、河北等地
1056	配件阴角条	50×50×R27.5×5	
1057	配件阳角条	R27.5×5	
1058	配件阴角条	R27.5×5	
1059	一头圆阳角条	152×R27.5×5	
1060	一头圆阴角条	152×R27.5×5	

表 8-16 彩色、装饰、图案釉面砖的编号、规格及主要生产单位

类别	编号	色别	规格(mm)	主要生产单位	类别	编号	色别	规格(mm)	主要生产单位
有光彩色釉面砖	YG-1	粉 红	108×108×5	建	有光彩色釉面砖	YG-15	橄榄绿	108×108×5	温面
	YG-2	粉 红	152×152×5	景		YG-16	天 蓝	108×108×5	温面
	YG-3	粉 红	108×108×5	温面		YG-17	浅天蓝	108×108×5,152×152×5	建,景
	YG-4	粉 红	108×108×5,152×152×5	沈		YG-18	深天蓝	108×108×5	建
	YG-5	奶 黄	108×108×5	温面		YG-19	深天蓝	108×108×5,152×152×5	沈
	YG-6	柠檬黄	108×108×5	景,建		YG-20	粉 紫	108×108×5	沈
	YG-7	浅米黄	108×108×5,152×152×5	沈		YG-21	雪 青	108×108×5	建
	YG-8	深米黄	108×108×5,152×152×5	沈		YG-22	玫瑰紫	108×108×5	温面
	YG-9	赭 色	108×108×5	温面		YG-23	紫 色	108×108×5	温面
	YG-10	果 绿	152×152×5	景		YG-24	浅 灰	108×108×5,152×152×5	温面,景
	YG-11	浅果绿	108×108×5	温面,建		YG-25	中 灰	108×108×5,152×152×5	温面,景
	YG-12	深果绿	108×108×5	温面,建		YG-26	深 灰	108×108×5	温面,沈
	YG-13	果 绿	108×108×5,152×152×5	沈		YG-27	黑 色	108×108×5,152×152×5	景,沈 温面,建
	YG-14	铜 绿	108×108×5,152×152×5	沈					

续表 8-16

类别	编号	色别	规格(mm)	主要生产单位
石光彩色釉面砖	SHG-1	浅粉红	108×108×5 152×152×5	沈
	SHG-2	深粉红		
	SHG-3	浅米黄		
	SHG-4	深米黄		
	SHG-5	黄绿		
	SHG-6	蓝绿		
	SHG-7	铜绿		
	SHG-8	天蓝		
	SHG-9	浅蓝		
	SHG-10	蛋青		
	SHG-11	黑		
花釉砖	HY-1	—	108×108×5	景
	HY-2			
	HY-3			
结晶釉砖	JJ-1	—	108×108×5	景
	JJ-2			
	JJ-3			
	JJ-4			
斑纹釉砖	BW-1	—	152×152×5	沈
	BW-2			
	BW-3			
理石釉砖	LSH-1	—	152×152×6	景
	LSH-2		152×152×5	沈
	LSH-3		152×152×5	
色地图案砖	SHG-1	石光蓝绿	152×152×5	沈
	SHGT-2	石光天蓝	108×108×5	
	YGT-3	有光浅蓝	108×108×5	
	YGT-4	有光赭色	152×152×5	
	YGT-5	金砂釉	152×152×5	
	SHGT-6	石光粉红	108×108×5	
	YGT-7	有光蓝绿	152×152×5	
	SHGT-8	石光蓝绿	108×108×5	
	YGT-9	有光深灰	152×152×5	
	YGT-10	有光水绿	108×108×5	
	YGT-11	有光米黄	108×108×5	

类别	编号	色别	规格(mm)	主要生产单位
色地图案砖	YGT-12	有光蓝绿	152×152×5	沈
	YGT-13	有光果绿	108×108×5	
	YGT-14	兔毫釉	152×152×5	
	YGT-15	虹彩釉	152×152×5	
	YGT-16	金砂釉	152×152×5	
	YGT-17	银砂釉	152×152×5	
	YGT-18	金砂釉	152×152×5	
	YGT-19	金砂釉	152×152×5	
	D-YGT-1	有光蓝绿	210×315×10	
	D-YGT-2	有光米黄	210×315×10	
	D-YGT-3	金砂釉	210×315×10	
白地图案砖	BT-1	—	108×108×5	建
	BT-2		152×152×5	
	BT-3	—	108×108×5	沈
	BT-4		108×108×5	
	BT-5		152×152×5	
	BT-6		108×108×5	
	BT-7	—	152×152×5	建
	BT-8		108×108×5	
	BT-9		108×108×5	
	BT-10		108×108×5	
	BT-11	—	152×152×5	沈
	BT-12		108×108×5	建
	BT-13		152×152×5	沈
	BT-14		152×152×5	
	BT-15		108×108×5	建
	BT-16		108×108×5	
	BT-17	—	152×152×5	沈
	BT-18		108×108×5	建
	BT-19	—	108×108×5	
	BT-20		152×152×6	景
	BT-21		152×152×6	景
	BT-22		152×152×5	沈
	BT-23		152×152×5	建
	BT-24	—	152×152×5	
	BT-25	—	152×152×5	沈
	BT-26		152×152×5	建
	BT-27	—	152×152×5	
	BT-28		152×152×5	景
	BT-29		152×152×6	

注:1. 有光彩色釉面砖、无光彩色釉面砖属于彩色釉面砖类;花釉砖、结晶釉砖、斑纹釉砖、理石釉砖属于装饰釉面砖类;白地图案砖属于图案砖类。

2. 表列生产单位全名如下:景——景德镇陶瓷厂;温面——温州面砖厂;沈——沈阳陶瓷厂;建——福建漳州建筑陶瓷厂。

表 8-17　彩色、装饰、图案釉面砖的产品花色品种、规格及生产单位

产品名称	编　号	色　别	规格(mm)	生产单位
彩色釉面砖	—	各色	152×152×5 108×108×5 152×76×5	浙江温州面砖厂
黑色釉面砖			152×152×5 108×108×5 152×76×5	
彩色正方形图案砖 (小圆边)	—	—	152×152×5	江西景德镇陶瓷厂
彩色釉面砖 (小圆边)	—	各色		
彩色釉面砖	—	—	152×152×5 108×108×5	武汉瓷厂
有光彩色釉面砖	YG-8 YG-9 YG-12 YG-16 YG-18 YG-19 YG-20	金黄色 金赭色 深果绿 翠绿色 天蓝色 深蓝色 棕　色	108×108×7	包头市建筑瓷厂
彩色釉面砖 图案砖	—	各色	108×108×5 152×152×5	沈阳陶瓷厂
小圆边釉面砖	301 101	印花	152×152×5	福建省漳州建筑瓷厂
彩色釉面砖	4081 4082 4083 4084 4085	黄　色 金　黄 天　蓝 浅　绿 茶　褐	108×108×5	福建晋江县磁灶花砖制品厂
有光彩色釉面砖	YG1~20	色见表 8-16	108×108×5	
图案砖	—	白地花 什地花	108×108×5	南京第一建筑材料厂
		白地花 什地花	152×152×5	
		白地印花 色地印花	152×152×5	广东佛山市石湾建国陶瓷厂
		白地印花 色地印花	108×108×5	

第三节　墙　地　砖

　　墙地砖是指建筑物外墙装饰用砖和室内外地面装饰用砖。因为此类陶瓷砖通常可以墙地两用,所以称为墙地砖。

　　墙地砖是以优质陶土为主要原料,再加入其它材料配成生料,经半干压成型后在1100℃左右焙烧而成,分为无釉和有釉两种。有的釉墙地砖是在已烧成的素坯上施釉后再釉烧而成,有些厂家已采用素烧与釉烧一次烧制的新工艺进行生产。外墙面砖和地砖多数都是炻或陶瓷

制品。由于炻质制品孔隙率小,吸水率低,湿胀现象不显著,不会造成釉面的裂纹和脱落而影响装饰效果,所以可以用于外墙。

一、彩色釉面陶瓷墙地砖(GB 11947—1989)

(一)产品等级和规格尺寸

彩色釉面陶瓷墙地砖(简称"彩釉砖")产品等级按表面质量和变形允许偏差分为优等品、一级品、合格品三级。

彩釉砖主要规格尺寸见表8-18所示。

表8-18 彩釉砖的主要规格尺寸 　　　　　(mm)

100×100	300×300	200×150	115×60
150×150	400×400	250×150	240×60
200×200	150×75	300×150	130×65
250×250	200×100	300×200	260×65

注:其它规格和异形产品,可由供需双方商定。

(二)技术要求

1. 彩釉砖尺寸允许偏差

尺寸允许偏差必须符合表8-19规定。

表8-19 尺寸允许偏差 　　　　　(mm)

基 本 尺 寸		允 许 偏 差
边　　长	<150	±1.5
	150～250	±2.0
	>250	±2.5
厚　　度	<12	±1.0

2. 表面与结构质量要求

(1)彩釉砖表面质量应符合表8-20规定。

表8-20 表面质量要求

缺 陷 名 称	优 等 品	一 级 品	合 格 品
缺釉、斑点、裂纹、落脏、棕眼、熔洞、釉缕、釉泡、烟熏、开裂、磕碰、波纹、剥边、坯粉	距离砖面1m处目测,有可见缺陷的砖数不超过5%	距离砖面2m处目测,有可见缺陷的砖数不超过5%	距离砖面3m处目测,缺陷不明显
色　　差	距离砖面3m目测不明显		

注:在产品的侧面和背面,不准许有妨碍粘结的明显附着釉及其它影响使用的缺陷。釉面上人为装饰效果不算缺陷。

(2)彩釉砖的最大允许变形应符合表8-21规定。

表8-21 最大允许变形 　　　　　(%)

变 形 种 类	优 等 品	一 级 品	合 格 品
中心弯曲度	±0.50	±0.60	+0.80 −0.60
翘曲度	±0.50	±0.60	±0.70
边直度	±0.50	±0.60	±0.70
直角度	±0.60	±0.70	±0.80

（3）各级彩釉砖均不得有结构分层缺陷存在（坯体里有夹层或上下分离现象称为分层）。

（4）凸背纹的高度和凹背纹的深度均不小于 0.5mm。

3. 理化性能

彩釉砖的理化性能应符合 8-22 规定。

表 8-22　彩釉砖理化指标

项　　目	指　　标
吸水率（％）	不大于 10
耐急冷急热性	经三次急冷急热循环不出现炸裂或裂纹
抗冻性	经 20 次冻融循环不出现破裂、剥落或裂纹
弯曲强度（MPa）	弯曲强度平均值不低于 24.5
耐磨性	只对铺地彩釉砖进行耐磨试验。依据釉面出现磨损痕迹时的研磨转数将彩釉砖分为四类
耐化学腐蚀性	耐酸、耐碱性能各分为 AA、A、B、C、D 五个等级

对于无釉陶瓷墙地砖，上述产品等级、规格尺寸和理化性能等各项标准可参照执行。

二、陶瓷劈离砖（JC/T 457—1996）

劈离砖是将一定配比的原料经粉碎、炼泥、真空挤压成型，再经干燥、高温烧结而成的。因为成型时为双砖背联坯体，烧成后再劈离成两块砖，所以称劈离砖。

劈离砖种类很多，其特点是色彩丰富、颜色自然柔和，有表面上釉、无釉之分，上釉的光泽晶莹，无釉的质朴典雅大方，无反射炫光。由于劈离砖坯体密实，其制品具有强度高、吸水率小、耐磨防滑、耐急冷急热、稳定性好等优点。

（一）产品分类

陶瓷劈离砖按表面性质分为有釉砖和无釉砖；按形状分为矩形砖和异形砖。

（二）产品规格

矩形劈离砖主要规格尺寸见表 8-23。

表 8-23　矩形劈离砖主要规格尺寸　　　　　　　　　　　　（mm）

a（长）	240	100	200	150	200	250	300
b（宽）	55	100	100	150	200	250	300
d（厚）	8～12			10～14		12～16	

注：特殊规格和形状的产品尺寸由供需双方商定。

（三）技术要求

（1）劈离砖按技术要求不同分为优等品、一级品、合格品三个等级。

（2）尺寸允许偏差应符合表 8-24 规定。

表 8-24　尺寸允许偏差　　　　　　　　　　　　（mm）

基 本 尺 寸		允 许 偏 差
边长 L	L<100	±1.2
	100≤L<150	±1.5
	150≤L<200	±2.0
	L≥200	±2.5

基 本 尺 寸		允 许 偏 差
厚度 d	$d \leqslant 12$	±1.2
	$d > 12$	±1.5

（3）表面质量应符合表 8-25 规定。

表 8-25　表 面 质 量

缺陷名称	优 等 品	一 级 品	合 格 品
缺釉、斑点、裂纹、落脏、棕眼、熔洞、釉缕、釉泡、磕碰、波纹、坯粉	距离砖面 1m 处目测，有可见缺陷的砖数不超过 5%	距离砖面 2m 处目测，有可见缺陷的砖数不超过 5%	距离砖面 3m 处目测，有可见缺陷的砖数不超过 5%
色 差	距离砖面 3m 处目测不明显	距离砖面 4m 处目测不明显	距离砖面 5m 处目测不明显
开 裂	不 允 许		

注：表面起装饰作用的麻面、凸起等不算作缺陷；产品背面不允许有影响使用效果的缺陷，如劈离不齐、肋条残留等。

（4）陶瓷劈离砖的最大允许变形应符合表 8-26 规定。

表 8-26　最大允许变形　　　　　　　　　　　　　　（%）

等　级 变 形 种 类	优 等 品	一 级 品	合 格 品
中心弯曲度①	±0.50	±0.80	±1.00
翘 曲 度②	±0.80	±1.00	±1.20
边 直 度②	±0.50	±0.80	±1.00
直 角 度	±1.50	±1.50	±1.50

注：① 此项规定值为最大测量值占对角线长的百分比。
　　② 此项规定值为最大测量值占相应工作边长的百分比。

（5）陶瓷劈离砖的理化性能应符合表 8-27 规定。

表 8-27　理化性能指标

项　目	指　标
吸水率（%）	不大于 6
耐急冷急热性	经急冷急热试验不出现炸裂或裂纹
抗冻性	经 20 次冻融循环不出现裂纹或釉面剥落等破坏现象
弯曲强度（MPa）	平均值不小于 20 单值不小于 18
耐磨性	无釉砖体积磨耗不超过 400mm³ 有釉砖的耐磨等级由供需双方商定
耐酸性	无釉产品受酸侵蚀后，其重量损失不超过 4% 有釉产品釉面耐酸等级不得低于 B 级
耐碱性	无釉产品受碱侵蚀后，其重量损失不超过 10% 有釉产品釉面耐碱等级不得低于 B 级

（四）陶瓷劈离砖的应用

劈离砖适用于各类建筑物的外墙装饰，也适合用作楼堂馆所、车站、候车室、餐厅等室内地面铺设。厚型劈离砖适于广场、公园、停车场、走廊、人行道等露天地面铺设,也可用于游泳池底及池岸的饰面材料。

三、无釉陶瓷地砖(JC 501—1993)

该产品是指吸水率为 3%～6%,半干压成型的无釉陶瓷地砖(简称无釉砖),适用于建筑物地面、道路和庭院等装饰。

(一)产品等级

产品按表面质量和变形的偏差分为优等品、一级品和合格品三个等级。

(二)产品主要规格尺寸

无釉砖的主要规格尺寸见表8-28。

表 8-28　主要规格尺寸　　　　　　(mm)

50×50	150×150	200×50
100×50	150×75	200×200
100×100	152×152	300×200
108×108	200×100	300×300

注:其它规格和异形产品,可由供需双方商定。

(三)技术要求

(1)尺寸允许偏差应符合表8-29规定。

表 8-29　尺寸允许偏差　　　　　　(mm)

	基 本 尺 寸	允 许 偏 差
边长 L	$L<100$	±1.5
	$100\leqslant L\leqslant 200$	±2.0
	$200<L\leqslant 300$	±2.5
	$L>300$	±3.0
厚度 H	$H\leqslant 10$	±1.0
	$H>10$	±1.5

(2)无釉砖的表面质量应符合表8-30规定。

表 8-30　表 面 质 量

缺 陷 名 称	优 等 品	一 级 品	合 格 品
斑点、起泡、熔洞、磕碰、坯粉、麻面、疵火、图案模糊	距离砖面1m处目测,缺陷不明显	距离砖面2m处目测,缺陷不明显	距离砖面3m处目测,缺陷不明显
裂　　纹	不允许		总长不超过对应边长的6%
开　　裂			正面,不大于5mm
色　　差	距砖面1.5m处目测不明显		距砖面1.5m处目测不严重

注:在产品背面和侧面不允许有影响使用的缺陷。

(3)无釉砖允许最大变形应符合表8-31规定。

表 8-31 允许最大变形 （%）

变形种类	优 等 品	一 级 品	合 格 品
平 整 度	±0.5	±0.6	±0.8
边 直 度	±0.5	±0.6	
直 角 度	±0.6	±0.7	

（4）无釉砖凸背纹的高度和凹背纹的深度均不得小于 0.5mm。

（5）任一级的无釉砖均不得有夹层。

（6）无釉砖的物理性能应符合表 8-32 规定。

表 8-32 物理性能指标

项 目	指 标
吸水率（%）	3～6
耐急冷急热性	经 3 次急冷急热循环，不出现炸裂或裂纹。
抗冻性	经 20 次冻融循环，不出现破裂或裂纹
弯曲强度（MPa）	平均值不小于 25
耐磨性（mm³）	磨损量平均值不大于 345

四、瓷质砖（JC/T 665—1997）

瓷质砖是指用于建筑物墙面、地面装饰和保护用的吸水率不大于 0.5% 的无釉砖（包括抛光砖）和用于建筑物墙面装饰用的吸水率不大于 1% 的有釉砖。

（一）分类

瓷质砖分无釉和有釉两类，其中无釉瓷质砖中包括抛光砖。

（二）产品分级

瓷质砖按表面质量和变形程度分为优等品、一等品和合格品。

（三）规格

瓷质砖模数化主要规格列于表 8-33 中，常见非模数化规格列于表 8-34 中，特殊规格尺寸的平面瓷质砖及弧形瓷质砖由合同双方商定。

表 8-33 瓷质砖常见模数化规格 （mm）

装配尺寸①	工作尺寸②		厚 度
	长 度	宽 度	
100×100 150×150 200×100 200×150 200×200 300×300	工作尺寸由生产方确定，确定时应使公称接缝宽度在 2～5mm 之间		由生产方确定

① 装配尺寸＝工作尺寸＋接缝宽度。

② 工作尺寸＝为制造而规定的砖的尺寸。

表 8-34 瓷质砖常见非模数化规格 (mm)

公称尺寸	工作尺寸		厚 度	公称尺寸	工作尺寸		厚 度
	长 度	宽 度			长 度	宽 度	
45×195(有釉)				300×200			
45×225(有釉)				300×300			
100×100				400×400			
150×150	工作尺寸由生产		厚度由生	500×500	工作尺寸由生产		厚度由生
152×64	方确定,使工作尺寸		产方确定	600×600	方确定,使工作尺寸		产方确定
152×76	与公称尺寸之差不			650×650	与公称尺寸之差不		
200×75	大于 3mm			600×900	大于 3mm		
200×100				800×800			
200×200				800×1200			
250×200				1000×1000			

（四）尺寸偏差

最大尺寸允许偏差应符合表 8-35。

表 8-35　尺寸允许偏差

尺寸允许偏差（％）			产品表面面积S(cm²)				产品表面面积S(cm²)			
			$S \leqslant 90$	$90 < S \leqslant 190$	$190 < S \leqslant 410$	$S > 410$				
长、宽度	(1)	每块砖(2 或 4 条棱)的平均尺寸相对于工作尺寸的允许偏差	±1.2	±1.0	±0.75	±0.6				
	(2)	每块砖(2 或 4 条棱)的平均尺寸相对 10 块样品砖(20 或 40 条棱)平均尺寸的允许偏差	±0.75	±0.5	±0.5	±0.5				
厚 度		每块砖厚度的平均值相对于工作厚度的最大的允许偏差	±10	±10	±5	±5				
		凸背纹的高度和凹背纹的深度	不小于 0.5mm							

（五）表面质量

无釉和有釉瓷质砖的表面质量符合表 8-36 和表 8-37 要求。

表 8-36　无釉瓷砖表面质量要求

缺陷名称		优 等 品	一 等 品	合 格 品
分层、开裂		不允许		
裂纹		不允许		不超过对应边长的 6%
斑点、起泡、熔洞、落脏、磕碰、坯粉、麻面、疵火		距离砖面 1m 处目测,缺陷不明显	距离砖面 2m 处目测,缺陷不明显	距离砖面 3m 处目测,缺陷不明显
色 差①		距离砖面 3m 处目测不明显		
抛光砖	漏磨	不允许	不允许	不明显
	漏抛	不允许	不允许	边面漏抛允许长度≯1/3 边长宽限 3mm
	磨痕	不可见	不明显	稍有
	磨划	不可见	不明显	稍有

① 当色差作为装饰目的时,不算作缺陷。

表 8-37　有釉瓷质砖表面质量要求

缺陷名称	优 等 品	一 等 品	合 格 品
分层、开裂	不允许		
色 差①	距离砖面 3m 处目测,不明显		
缺釉、斑点、落脏、棕眼、熔洞、釉缕、烟熏、釉裂、釉泡、磕碰、波纹、剥边、坯粉、装饰缺陷	距离砖面 1m 处目测,不明显	距离砖面 2m 处目测,不明显	距离砖面 3m 处目测,不明显
裂 纹	不允许		裂纹长度不超过 5mm

注:瓷质砖背面和侧面不允许有影响使用的附着物或缺陷。
　① 当色差为人为装饰目的时,不算作缺陷。

(六) 变形

瓷质砖的允许变形应符合表 8-38 要求。

表 8-38　允 许 变 形

变形种类	优 等 品	一 等 品	合 格 品
边直度相对于工作尺寸的允许偏差	±0.5	±0.6	±0.7
直角度相对于工作尺寸的允许偏差	±0.6	±0.7	±0.8
表面平整度相对于工作尺寸的允许偏差			
a. 相对于由工作尺寸算得的对角线的中心弯曲度	±0.5	±0.6	±0.7
b. 相对于由工作尺寸算得的对角线的翘曲度	±0.5	±0.6	±0.7

(七) 理化性能

理化性能符合表 8-39 规定。

表 8-39　理化性能指标

项　　目	指　　标
吸水率(%)	无釉瓷质砖平均不大于 0.5%,单个值不大于 0.6%
	有釉瓷质砖平均不大于 1%,单个值不大于 1.2%
弯曲强度	平均值不小于 30 MPa,单个值不小于 28 MPa
表面莫氏硬度	无釉砖不小于 6,也可由合同双方商定
	有釉砖不小于 5,也可由合同双方商定
耐磨性	无釉砖耐深度磨损体积不大于 205mm³
	有釉砖的耐磨性不作要求
耐急冷急热性	经 10 次急冷急热循环不出现炸裂或裂纹
耐化学腐蚀性	由合同双方协商选定级别
光泽度	抛光砖不小于 55

五、陶瓷锦砖(JC/T 456—1996)

陶瓷锦砖又称"马赛克"、"纸皮砖"。用它拼成的图案形似织锦,于是最终将它定名为陶瓷锦砖。

陶瓷锦砖是传统的墙面装饰材料。它采用优质瓷土磨细成泥浆,经脱水干燥至半干时压制成型,入窑焙烧而成。制品如需着色,可在泥料中掺入各着色剂。品种有挂釉及不挂釉两种,目前多用不挂釉产品。陶瓷锦砖外形规格薄而小,质地坚实,经久耐用,色泽多样,耐酸、耐碱、耐磨,不渗水,抗压力强,易清洗,吸水率小,不易碎裂,在常温下(±20℃)无开裂现象。它广泛用于工业与民用建筑,如洁净车间、门厅、走廊、餐厅、卫生间、盥洗室、浴室、工作间等处的内墙面装饰,也可用于高级建筑的外墙面装饰。

陶瓷锦砖是可以组成各种装饰图案的片状小瓷砖,大小不一,断面分凸面和平面两种。凸面者用于墙面装修;平面者多铺设地面。

（一）品种、规格和分级

1. 品种

锦砖按表面性质分为有釉、无釉锦砖;按砖联分为单色、拼花两种。

2. 规格

单块砖边长不大于 50mm;砖联分正方形、长方形。特殊要求可由供需双方商定。

3. 分级

锦砖按尺寸允许偏差和外观质量分为优等品和合格品两个等级。

（二）技术要求

1. 尺寸允许偏差

（1）单块锦砖尺寸允许偏差应符合表 8-40 的规定。

（2）每联锦砖的线路、联长的尺寸允许偏差应符合表 8-41 规定。

表 8-40　单块锦砖尺寸允许偏差　　　（mm）

项目	尺　寸	允许偏差	
		优　等　品	合　格　品
长度	≤25.0	±0.5	±1.0
	>25.0		
厚度	4.0	±0.2	±0.4
	4.5		
	>4.5		

表 8-41　每联锦砖的线路、联长的尺寸允许偏差 (mm)

项目	尺　寸	允许偏差	
		优　等　品	合　格　品
线路	2.0～5.0	±0.6	±1.0
联长	284.0	+2.5	+3.5
	295.0		
	305.0	−0.5	−1.0
	325.0		

注:特殊要求的尺寸偏差可由供需双方协商。

2. 外观质量

（1）最大边长不大于 25mm 的锦砖外观缺陷的允许范围应符合表 8-42 的规定。

表 8-42　外观缺陷允许范围(最大边长≤25mm)

缺 陷 名 称	表示方法	缺陷允许范围				备　　注
		优等品		合格品		
		正面	背面	正面	背面	
夹层、釉裂、开裂		不允许				
斑点、粘疤、起泡、坯粉、麻面、波纹、缺釉、橘釉、棕眼、落脏、熔洞		不明显		不严重		

228

缺 陷 名 称	表示方法	缺陷允许范围				备　　注
		优等品		合格品		
		正面	背面	正面	背面	
缺角(mm)	斜边长	1.5~2.3	3.5~4.3	2.3~3.5	4.3~5.6	斜边长小于 1.5mm 的缺角允许存在 正背面缺角不允许在同一角部 正面只允许缺角 1 处
	深　度	不大于厚度的 2/3				
缺边(mm)	长　度	2.0~3.0	5.0~6.0	3.0~5.0	6.0~8.0	正背面缺边不允许出现在同一侧面 同一侧面边不允许有 2 处缺边,正面只允许 2 处缺边
	宽　度	1.5	2.5	2.0	3.0	
	深　度	1.5	2.5	2.0	3.0	
变形(mm)	翘　曲	不明显				
	大小头	0.2		0.4		

(2) 最大边长大于 25mm 的锦砖,外观缺陷允许范围应符合表 8-43 规定。

表 8-43　外观缺陷允许范围(最大边长＞25mm)

缺 陷 名 称	表示方法	缺陷允许范围				备　　注
		优等品		合格品		
		正面	背面	正面	背面	
夹层、釉裂、开裂		不允许				
斑点、粘疤、起泡、坯粉、麻面、波纹、缺釉、橘釉、棕眼、落脏、熔洞		不明显		不严重		
缺角(mm)	斜边长	1.5~2.8	3.5~4.9	2.8~4.3	4.9~6.4	斜边长小于 1.5mm 的缺角允许存在 正背面缺角不允许在同一角部 正面只允许缺角 1 处
	深　度	不大于砖厚的 2/3				
缺边(mm)	长　度	3.0~5.0	6.0~9.0	5.0~8.0	9.0~13.0	正背面缺边不允许出现在同一侧面 同一侧面边不允许有 2 处缺边;正面只允许 2 处缺边
	宽　度	1.5	3.0	2.0	3.5	
	深　度	1.5	2.5	2.0	3.5	
变形(mm)	翘　曲	0.3		0.5		
	大小头	0.6		1.0		

3. 吸水率

无釉锦砖吸水率不大于 0.2％;有釉锦砖吸水率不大于 1.0％。

4. 耐急冷急热性

在温差 140℃±2℃下热交换一次不裂。对无釉锦砖不作要求。

5. 成联质量要求

(1) 锦砖与铺贴衬材的粘结,按 5.(4)试验后,不允许有锦砖脱落。

(2) 正面贴纸锦砖的脱纸时间不大于 40min。

(3) 色差:联内及联间锦砖色差,优等品目测基本一致;合格品目测稍有色差。

(4) 锦砖铺贴成联后,不允许铺贴纸露出。

第九章 建筑玻璃

玻璃过去只单纯地做采光和装饰用。随着现代建筑的发展,很多建筑需要控制光线、调节热量、节约能源、控制噪声、降低建筑自重、改善建筑环境、提高建筑艺术等功能。近年来既具有装饰又兼有功能性的玻璃新品种层出不穷,为现代装饰提供了广泛的选择余地。玻璃已成为建筑装饰工程中一种重要的装饰材料。

第一节 概　述

一、玻璃的组成

玻璃是以石英砂、纯碱、长石、石灰石等为主要材料,在 1550～1600℃ 高温下熔融、成型,经急冷制成的固体材料。若在玻璃的原料中加入辅助原料,或采取特殊工艺处理,则可以生产出具有各种特殊性能的玻璃。

玻璃的化学成分比较复杂,主要有二氧化硅、氧化钠、氧化钙和少量的氧化镁、氧化铝。这些氧化物在玻璃中起着重要的作用(见表 9-1)。

表 9-1　氧化物对玻璃性能的影响

氧化物名称	所起作用	
	增　加	降　低
二氧化硅(SiO_2)	熔融温度、化学稳定性、热稳定性、机械强度	密度、热膨胀系数
氧化钠(Na_2O)	热膨胀系数	化学稳定性、耐热性、熔融温度、析晶倾向、退火温度、韧性
氧化钙(CaO)	硬度、机械强度、化学稳定性、析晶倾向、退火温度	耐热性
三氧化二铝(Al_2O_3)	熔融温度、化学稳定性、机械强度	析晶倾向
氧化镁(MgO)	耐热性、化学稳定性、机械强度、退火温度	析晶倾向、韧性

在玻璃生产工艺中还需要加入一些辅助原料,用以改善玻璃的性能,以便满足多种使用要求。常见辅助材料的种类及作用见表 9-2。

表 9-2　玻璃原料中辅助料种类及作用

名　称	常用化合物	作　用
助熔剂	萤石、硼砂、硝酸钠、纯碱等	缩短玻璃熔制时间,其中萤石与玻璃液中杂质 FeO 作用后,还可增加玻璃的透明度
脱色剂	硒、硒酸钠、氧化钴、氧化镍等	在玻璃中呈现为原来颜色的补色,达到使玻璃无色的作用
澄清剂	白砒、硫酸钠、铵盐、硝酸钠、二氧化锰等	降低玻璃液粘度,有利于玻璃液消除气泡

续表 9-2

名　称	常用化合物	作　用
着色剂	氧化铁（Fe_2O_3）、氧化钴、氧化锰、氧化镍、氧化铜、氧化铬等	赋于玻璃一定颜色，如 Fe_2O_3 能使玻璃呈黄或绿色，氧化钴能呈蓝色等
乳浊剂	冰晶石、氟硅酸钠、磷酸三钙、氧化锡等	使玻璃呈乳白色的半透明体

二、玻璃的性质

1. 密度

普通玻璃的实际密度为 $2.45\sim2.55g/cm^3$，密实度高，孔隙率接近为零，所以玻璃可看作是绝对密实的材料。

2. 光学性质

玻璃具有很好的光学性质，因此广泛用于建筑采光和装饰。玻璃对光线入射有透射、反射和吸收的性质。光线能够透过玻璃的性质称为透射；光线被玻璃阻挡，按一定的角度反出的性质称为反射；光线通过玻璃时，一部分能量被玻璃吸收掉，称为吸收。

玻璃对光的性质是用透光率来表示的。清洁的普通平板玻璃透光率可达到 $85\%\sim90\%$。透光率的大小与玻璃的厚度和颜色有关，玻璃越厚透光率越小，颜色越深透光率越低。

玻璃对光线的吸收能力与其化学成分有关。无色玻璃能透过各种颜色的光线，但吸收红外线和紫外线，而石英、磷、硼玻璃能透过紫外线，锑、钾玻璃能透过红外线，铅、钕玻璃能吸收 X 射线和 γ 射线。

3. 热工性能

玻璃的导热性能差，其导热系数仅约为铜的 1/400。玻璃由于导热性差，受到热或冷的温差急变时，会因为传导热量的不均匀使其局部受热或冷却。局部受热时体积膨胀，玻璃内产生内应力，表面产生压应力；玻璃局部急冷时体积收缩，表面产生拉应力，从而造成破裂。玻璃急热时产生抗压强度，急冷时产生抗拉强度；玻璃的抗压强度远远高于抗拉强度，所以耐急热的稳定性比耐急冷的稳定性要高。

玻璃的导热性与玻璃的化学成分及密度等因素有关。

4. 力学性质

（1）抗压强度。玻璃的抗压强度较高，影响强度的因素是玻璃中所含化学成分及制造工艺。如二氧化硅含量高可以提高玻璃的抗压强度；氧化钠、氧化钾等物质则会降低玻璃的抗压强度。

（2）抗拉强度。玻璃的抗拉强度较小，因此玻璃在受冲击时易破碎，是很典型的脆性材料。

（3）弹性。玻璃的弹性用弹性模量来表示。弹性模量受温度影响，温度升高时弹性降低，并出现塑性变型。

（4）硬度。玻璃的莫氏硬度为 $6\sim7$。

5. 隔声性能

随玻璃中所含化学成分及生产工艺的不同，隔声性能也不同，常用玻璃平均透过声音的损失为 $25\sim30dB$。

6. 其它性能

玻璃具有较高的化学稳定性，但抗苛性钠、苛性钾、氢氟酸腐蚀性差。

玻璃长期受水汽作用表面可以形成白色斑点或白雾状,这称为发霉,因此储运时要注意防潮。

三、玻璃分类

玻璃品种繁多,分类方法也多样,常见的两种方法是:根据玻璃的化学成分分为钠玻璃、钾玻璃、铝镁玻璃、石英玻璃等品种;按生产工艺方法和功能特性分类,见表 9-3。

表 9-3　玻璃的分类与特性

分　类		特　点	用　途
平板玻璃	普通平板玻璃	用引上、平拉等工艺生产,是大宗产品,稍有波筋等	普通建筑工程
	吸热平板玻璃	有吸热(红外线)功能	防晒建筑等
	磨光平板玻璃	表面平整,无波筋,无光学畸变	制镜、高级建筑等
	浮法平板玻璃	用浮法工艺生产,特性同磨光平板玻璃	制镜、高级建筑等
	夹丝平板玻璃	玻璃中央夹金属丝网,有安全、防火功能	安全围墙、透光建筑
	压花平板玻璃	透漫射光,不透视,有装饰效果	门窗及装饰屏风
装饰类玻璃	釉面玻璃	表面施釉,可饰以彩色花纹图案	装饰门窗、屏风
	镜玻璃	有反射功能	制镜、装饰
	拼花玻璃	用工字铅条(或塑料条)拼接图案花纹	装饰、门窗
	磨(喷)砂玻璃	透漫射光,可按要求制成各种图案	装饰、门窗
	颜色玻璃	各种美丽鲜艳的色彩	装饰、信号等
	彩色膜玻璃	各种美丽的色彩,可有热反射等功能	装饰、节能等
	镭射玻璃	在光源照射下,产生物理衍射光,有光谱分光的七色变化	门面、娱乐场所、装饰
	喷花玻璃	在玻璃表面贴以花纹图案,抹以护面层,经喷砂处理而成	装饰门窗、屏风
	刻花玻璃	经涂漆、雕刻、围蜡与酸蚀,研磨而成	装饰门窗、屏风
	印刷玻璃	图案处不透光,空格处透光	门窗、隔断、屏风
	冰花玻璃	透漫射光,图案酷似自然冰花,花纹闪烁,富立体感	门窗、屏风、吊顶板
	结晶化玻璃建材	具可塑性、晶莹滑润,强度及硬度高,可反射光泽成特殊效果	内外墙面、台面、圆柱、转角
	全黑玻璃	透光率仅 1%,光泽及硬度良好	家具、壁砖、相框
	装饰玻璃	在光照或移动时,可自动反射出五彩光泽,显现不同图案	装饰、工艺品
	彩色裂花玻璃	色泽纹路变化多样	门窗、灯饰
安全玻璃	钢化玻璃	强度高,耐热冲击,破碎后成无尖角小颗粒	安全门窗等
	夹层玻璃	强度高,破碎后玻璃碎片不掉落	安全门窗等
	防盗玻璃	不易破碎,即使破碎无法进入,可带警报器	安全门窗,橱窗等
	防爆玻璃	能承受一定爆压冲击,不破碎,不伤人	观察窗口等
	防弹玻璃	防一定口径枪弹射击,不穿透	安全建筑、哨所等
	防火玻璃	平时是透明的,能防一定等级的火灾,在一定时间内不破碎,能隔焰、隔烟,并可带防火警报器	安全防火建筑
	钛化铁甲玻璃	高抗碎力,高防热及防紫外线功能,安装施工方便	安全门窗、哨所
	异形玻璃	透光、隔热、隔音和机械强度高,现场加工及切割困难	天窗、屋面、雨棚等

分　类	特　点	用　途
电热玻璃	不会发生水分凝结、蒙上水汽和冰花等	门窗、观察窗口、风挡玻璃
热反射玻璃	反射红外线,有清凉效果,调制光线	玻璃幕墙,高级门窗
低辐射玻璃	辐射系数低,传热系数小	高级建筑门窗等
选择吸收玻璃	有选择地吸收或反射某一波长的光线	高级建筑门窗等
防紫外线玻璃	吸收或反射紫外线,防紫外线辐射伤害	文物、图书馆、医疗用等
光致变色玻璃	在光照下变色	遮阳
双层中空玻璃	有保温、隔热、隔声、调制光线等效果,采用热反射、吸热、低辐射玻璃制作效果更好	空调室,寒冷地区建筑
电致变色玻璃	在一定电压下变色	遮阳、广告等
仿大理石玻璃	外观如同天然大理石,但性能均优于大理石	与大理石相同
浮印大理石玻璃	具有大理石的外观,易加工成不同形状规格	墙面、台面、柱面
玻璃贴面砖	平整、反射性好、抗冻、耐酸碱,易施工安装	内外墙
彩色玻璃砖	色彩多样、耐酸碱、耐磨	墙面及防污要求高的部位
特厚玻璃	厚度超过 12mm 的玻璃	玻璃幕墙、安全玻璃
空心玻璃砖	由四块玻璃焊接成透漫射光,强度高	透光墙面、屋面等
玻璃锦砖(马赛克)	色彩丰富,可镶嵌成各种图案	内外墙装饰大型壁面等
泡沫玻璃	体轻、保温、隔热、防霉、防蛀、施工方便	隔热、深冷保温等

（左侧纵向合并：新型建筑玻璃、玻璃砖）

第二节　平板玻璃

一、普通平板玻璃(GB 4871—1995)

普通平板玻璃是平板玻璃中产量最大、用量最多的一种,也是进一步加工成具有多种性能玻璃的基础材料。普通平板玻璃也称单光玻璃、净片玻璃,简称为玻璃,属于钠玻璃类,是未经研磨加工的平板玻璃,主要用于门窗,起透光、挡风和保温的作用。

（一）分类

1. 按厚度分为 2、3、4、5mm 四类。

2. 按等级分为优等品、一等品、合格品三类。

（二）尺寸

玻璃板应为矩形,尺寸一般不小于 600mm×400mm。

（三）技术要求

(1) 厚度偏差应符合表 9-4 规定。

(2) 尺寸偏差,长 1500mm 以内(含 1500mm)不得超过±3mm,长超过 1500mm 不得超过±4mm。

(3) 尺寸偏斜,长 1000mm,不得超过±2mm。

(4) 弯曲度不得超过 0.3%。

（5）边部凸出或残缺部分不得超过 3mm，一片玻璃只许有一个缺角，沿原角等分线测量不得超过 5mm。

（6）可见光总透过率不得低于表 9-5 规定。

<table>
<tr><td colspan="2">表 9-4　厚度偏差　　（mm）</td></tr>
<tr><td>厚　　度</td><td>允　许　偏　差</td></tr>
<tr><td>2</td><td>±0.20</td></tr>
<tr><td>3</td><td>±0.20</td></tr>
<tr><td>4</td><td>±0.20</td></tr>
<tr><td>5</td><td>±0.25</td></tr>
</table>

<table>
<tr><td colspan="2">表 9-5　可见光总透过率</td></tr>
<tr><td>厚度（mm）</td><td>可见光总透过率（％）</td></tr>
<tr><td>2</td><td>88</td></tr>
<tr><td>3</td><td>87</td></tr>
<tr><td>4</td><td>86</td></tr>
<tr><td>5</td><td>84</td></tr>
</table>

注：玻璃表面不允许有擦不掉的白雾状或棕黄色的附着物。

外观质量应符合表 9-6 的分等级要求。

表 9-6　外观质量及等级划分

缺陷种类	说　明	优　等　品	一　等　品	合　格　品
波筋（包括波纹辊子花）	不产生变形的最大入射角	60°	45° 50mm 边部，30°	30° 100mm 边部，0°
气泡①	长度 1mm 以下的	集中的不许有	集中的不许有	不限
	长度大于 1mm 的每 m² 允许个数	≤6mm，6	≤8mm，8 >8～10mm，2	≤10mm，12 >10～20mm，2 >20～25mm，1
划伤	宽≤0.1mm 每 m² 允许条数	长≤50mm，3	长≤100mm，5	不限
	宽>0.1mm，每 m² 允许条数	不许有	宽≤0.4mm 长<100mm 1	宽≤0.8mm 长<100mm 3
砂粒	非破坏性的，直径 0.5～2mm，每 m² 允许个数	不许有	3	8
疙瘩	非破坏性的疙瘩波及范围直径不大于 3mm，每 m² 允许个数	不许有	1	3
线道	正面可以看到的每片玻璃允许条数	不许有	30mm 边部 宽≤0.5mm 1	宽≤0.5mm 2
麻点	表面呈现的集中麻点	不许有	不许有	每 m² 不超过 3 处
	稀疏的麻点，每 m² 允许个数	10	15	30

① 集中气泡和麻点是指 100mm 直径圆面积内超过 6 个。

（四）普通平板玻璃的尺寸系列（GB/T 4870—1985）

（1）尺寸范围见表 9-7。

表 9-7　尺寸范围　　　　　　　　　　　　　　　　（mm）

厚　　度	长　　度		宽　　度	
	最　小	最　大	最　小	最　大
2	400	1300	300	900

厚 度	长 度		宽 度	
	最 小	最 大	最 小	最 大
3	500	1800	300	1200
4	600	2000	400	1200
5	600	2600	400	1800
6	600	2600	400	1800

（2）长宽尺寸比不超过 2.5。

（3）长宽尺寸的进位基数均为 50mm。

（4）经常生产的主要规格见表 9-8。

表 9-8 主要规格

尺寸(mm)	厚度(mm)	备注(in)	尺寸(mm)	厚度(mm)	备注(in)
900×600	2,3	36×24	1300×1000	3,4,5	52×40
1000×600	2,3	40×24	1300×1200	4,5	52×48
1000×800	3,4	40×32	1350×900	5,6	54×36
1000×900	2,3,4	40×36	1400×1000	3,5	56×40
1100×600	2,3	44×24	1500×750	3,4,5	60×30
1100×900	3	44×36	1500×900	3,4,5,6	60×36
1100×1000	3	44×40	1500×1000	3,4,5,6	60×40
1150×950	3	46×38	1500×1200	4,5,6	60×48
1200×500	2,3	48×20	1800×900	4,5,6	72×36
1200×600	2,3,5	48×24	1800×1000	4,5,6	72×40
1200×700	2,3	48×28	1800×1200	4,5,6	72×48
1200×800	2,3,4	48×32	1800×1350	5,6	72×54
1200×900	2,3,4,5	48×36	2000×1200	5,6	80×48
1200×1000	3,4,5,6	48×40	2000×1300	5,6	80×52
1250×1000	3,4,5	50×40	2000×1500	5,6	80×60
1300×900	3,4,5	52×36	2400×1200	5,6	96×48

注：特殊及专用规格，产、需双方协商解决。

二、浮法玻璃（GB 11614—1999）

浮法玻璃生产工艺是使熔解的玻璃液流入锡槽，在干净的锡面上自由摊平，逐渐降温、退火加工而成；其原理是金属锡的熔点很低，130℃时即溶为液态，而玻璃密度比锡液密度小，其熔液便浮在锡液表面上，这样玻璃液体在本身的重力及表面张力作用下，在熔融的金属锡表面上摊得很平。浮法生产的玻璃表面还要经过火磨石抛光，以使玻璃的两个表面都很平整光滑。

浮法生产的玻璃具有表面光滑平整、厚薄均匀、不变形等优点，因此其产品已经基本代替了机械磨光玻璃产品，占世界平板玻璃总产量的 75% 以上，可直接用于高级建筑、交通车辆、制镜和各种加工玻璃产品，能满足各种使用要求。

（一）分类

（1）浮法玻璃按用途分为制镜级、汽车级、建筑级。

（2）浮法玻璃按厚度分为以下种类：2mm、3mm、4mm、5mm、6mm、8mm、10mm、12mm、15mm、19mm。

（二）质量要求

（1）浮法玻璃应为正方形或长方形。其长度和宽度尺寸允许偏差应符合表 9-9 规定。

（2）浮法玻璃的厚度尺寸允许偏差，应符合表 9-10 规定。同一片玻璃厚度偏差，厚度 2mm、3mm 为 0.2mm；厚度 4mm、5mm、6mm、8mm、10mm 为 0.3mm。

表 9-9　尺寸允许偏差　　（mm）

厚　　度	尺寸允许偏差	
	尺寸小于 3000	尺寸 3000～5000
2,3,4	±2	—
5,6		±3
8,10	+2,−3	+3,−4
12,15	±3	±4
19	±5	±5

表 9-10　厚度允许偏差　　（mm）

厚　　度	允　许　偏　差
2,3,4,5,6	±0.2
8,10	±0.3
12	±0.4
15	±0.6
19	±1.0

（3）建筑级浮法玻璃的外观质量应符合表 9-11 的规定。

表 9-11　建筑级浮法玻璃外观质量

缺陷种类	质　量　要　求			
气泡	长度及个数允许范围			
	长度,L $0.5mm \leqslant L \leqslant 1.5mm$	长度,L $1.5mm < L \leqslant 3.0mm$	长度,L $3.0mm < L \leqslant 5.0mm$	长度,L $L > 5.0mm$
	$5.5 \times S$,个	$1.1 \times S$,个	$0.44 \times S$,个	0,个
夹杂物	长度及个数允许范围			
	长度,L $0.5mm \leqslant L \leqslant 1.0mm$	长度,L $1.0mm < L \leqslant 2.0mm$	长度,L $2.0mm < L \leqslant 3.0mm$	长度,L $L > 3.0mm$
	$2.2 \times S$,个	$0.44 \times S$,个	$0.22 \times S$,个	0,个
点状缺陷密集度	长度大于 1.5mm 的气泡和长度大于 1.0mm 的夹杂物:气泡与气泡、夹杂物与夹杂物或气泡与夹杂物的间距应大于 300mm			
线道	肉眼不应看见			
划伤	长度和宽度允许范围及条数			
	宽 0.5mm,长 60mm,$3 \times S$,条			
光学变形	入射角:2mm　40°;3mm　45°;4mm 以上　50°			
表面裂纹	肉眼不应看见			
断面缺陷	爆边、凹凸、缺角等不应超过玻璃的厚度			

注:S 为以 m² 为单位的玻璃板面积,保留小数点后两位。气泡、夹杂物的个数及划伤条数允许范围为各系数与 S 相乘所得的数值,应按 GB/T 8170 修约至整数。

（4）汽车级浮法玻璃厚度以 2mm、3mm、4mm、5mm、6mm 为主。其外观质量应符合表9-12的规定。

表 9-12　汽车级浮法玻璃外观质量

缺陷种类	质量要求			
气泡	长度及个数允许范围			
	长度,L 0.3mm≤L≤0.5mm	长度,L 0.5mm<L≤1.0mm	长度,L 1.0mm<L≤1.5mm	长度,L L>1.5mm
	3×S,个	2×S,个	0.5×S,个	0,个
夹杂物	长度及个数允许范围			
	长度,L 0.3mm≤L≤0.5mm	长度,L 0.5mm<L≤1.0mm		长度,L L>1.0mm
	2×S,个	1×S,个		0,个
点状缺陷密集度	长度大于 1.0mm 的气泡和长度大于 0.5mm 的夹杂物:气泡与气泡、夹杂物与夹杂物或气泡与夹杂物的间距应大于 300mm			
线道	肉眼不应看见			
划伤	长度及宽度允许范围及条数			
	宽 0.2mm,长 40mm,3×S,条			
光学变形	入射角:2mm　45°;3mm　50°;4mm、5mm、6mm　60°			
表面裂纹	肉眼不应看见			
断面缺陷	爆边、凹凸、缺角等不应超过玻璃的厚度			

注:S 为以 m² 为单位的玻璃板面积,保留小数点后两位。气泡、夹杂物的个数及划伤条数允许范围为各系数与 S 相乘所得的数值,应按 GB/T 8170 修约至整数。

（5）制镜级浮法玻璃厚度以 2mm、3mm、5mm、6mm 为主。其外观质量应符合表9-13 的规定。

（6）浮法玻璃对角线差应不大于对角线平均长度的 0.2%。

（7）浮法玻璃弯曲度不应超过 0.2%。

（8）浮法玻璃的可见光透射比应不小于表 9-14 的规定。

（9）对有特殊要求的浮法玻璃由供需双方商定。

表 9-13　制镜级浮法玻璃外观质量

缺陷种类	质量要求							
气泡	2mm 玻璃长度及个数允许范围				3mm、5mm、6mm 玻璃长度及个数允许范围			
	长度,L 0.3mm≤L≤0.5mm	长度,L 0.5mm<L≤1.0mm	长度,L 1.0mm<L≤1.5mm	长度,L L>1.5mm	长度,L 0.3mm≤L≤0.5mm	长度,L 0.5mm<L≤1.0mm	长度,L 1.0mm<L≤1.5mm	长度,L L>1.5mm
	2×S,个	1×S,个	0.5×S,个	0,个	3×S,个	2×S,个	0.5×S,个	0,个
夹杂物	2mm 玻璃长度及个数允许范围				3、5、6mm 玻璃长度及个数允许范围			
	长度,L 0.3mm≤L≤0.5mm	长度,L 0.5mm<L≤1.0mm	长度,L L>1.0mm		长度,L 0.3mm≤L≤0.5mm	长度,L 0.5mm<L≤1.0mm	长度,L L>1.0mm	
	2×S,个	0.5×S,个	0,个		1×S,个	0.5×S,个	0,个	
点状缺陷密集度	长度大于 0.5mm 的气泡及夹杂物的间距应大于 300mm							

缺陷种类	质量要求
线道	按 5.3.1 检验肉眼不应看见
划伤	长度和宽度允许范围及条数
	宽度 0.1mm,长 30mm,2×S,条
光学变形	入射角:2mm 45°;3mm 55°;5mm,6mm 60°
表面裂纹	肉眼不应看见
断面缺陷	爆边、凹凸、缺角等不应超过玻璃板的厚度

注:S 为以 m² 为单位的玻璃板面积,保留小数点后两位。气泡、夹杂物的个数及划伤条数允许范围为各系数与 S 相乘所得的数值,应按 GB/T 8170 修约至整数。

表 9-14 浮法玻璃可见光透射比

厚度(mm)	可见光透射比(%)	厚度(mm)	可见光透射比(%)
2	89	8	82
3	88	10	81
4	87	12	78
5	86	15	76
6	84	19	72

（三）标志包装、运输和储存

（1）玻璃应用木箱或集装箱（架）包装,箱（架）应便于装卸、运输。每箱（架）的包装数量与箱（架）的强度相适应。一箱（架）应装同一厚度、尺寸、级别的玻璃,玻璃之间应采取防护措施。

（2）包装（箱）应附有合格证,标明生产厂名或商标、玻璃级别、尺寸、厚度、数量、生产日期、本标准号和轻搬正放、易碎防雨怕温的标志或字样。

（3）运输时应防止箱（架）倾倒滑动。在运输和装卸时需有防雨措施。

（4）玻璃必须储存在不结露或有防雨设施的地方。

三、吸热玻璃（JC/T 536—1994）

吸热玻璃是一种可以控制阳光,既能吸收大量红外线辐射能,又能保持良好透光率的平板玻璃。

吸热玻璃是在普通钠、钙硅酸盐玻璃中加入有着色作用的金属氧化物制成的。金属氧化物既能使玻璃带色,又可使玻璃具有较高的吸热性能。吸热玻璃也可以通过在玻璃表面喷涂有色金属氧化物薄膜制成。

吸热玻璃按颜色分为灰色、茶色、蓝色、绿色、古铜色、粉红色、金色、棕色等;按成分分为硅酸盐吸热玻璃、磷酸盐吸热玻璃、光致变色吸热玻璃与镀膜玻璃等。

（一）性能

（1）吸收太阳的辐射热。吸热玻璃根据玻璃的颜色和厚度不同,对太阳辐射热的吸收程度也不同。我们根据这一特点,可以根据不同地区日照条件选择不同颜色、不同厚度的吸热玻璃,从而降低夏季空调费用。

（2）吸收太阳的可见光。吸热玻璃具有吸收太阳光谱可见光能的特点,从而使吸热玻璃具有良好的防炫作用,特别是在炎热的夏季,能更有效地改善室内的光线,使人感到舒适凉爽。

（3）吸收太阳的紫外线。吸热玻璃能够吸收太阳光谱中的紫外线光能,从而减少了紫外线对人体和室内物品的损害,如家具、日用品、书籍等物品的退色、变质的影响。

（二）分类

（1）按生产工艺分为吸热普通平板玻璃和吸热浮法玻璃。

（2）按颜色分为茶色、灰色和蓝色等。

（3）按厚度分为 2mm、3mm、4mm、5mm、6mm、8mm、10mm 和 12mm。

（4）按外观质量分为优等品、一等品、合格品。

（三）技术要求

（1）厚度偏差、尺寸偏差（包括偏斜）、弯曲度、边角缺陷和外观质量:吸热普通平板玻璃按 GB 4871—1995 有关条款规定;吸热浮法玻璃按 GB 11614—1999 有关条款规定。

（2）光学性能:吸热玻璃的光学性能,用可见光透射比和太阳光直接透射比来表述,二者的数值换算成为 5mm 标准厚度的值后,应符合表 9-15 规定。

表 9-15　吸热玻璃的光学性能　　　　　　　　　　　　　（%）

颜　　色	可见光透射比　不小于	太阳光直接透射比　不大于
茶色	42	60
灰色	30	60
蓝色	45	70

（3）颜色均匀性:吸热玻璃的颜色均匀性,采用 CIE1976 年 L＊、a＊、b＊ 色度系统的色差来表示。同一批产品色差应在 3NBS 以下。

（四）用途

吸热玻璃广泛用于建筑工程门窗或外墙,也可以用作车船挡风玻璃,起采光、隔热、防炫等作用。吸热玻璃还可以按不同用途进行加工,制成磨光、夹层、镜面及中空玻璃,在外部围护结构中用于配制彩色玻璃窗,在室内装饰中用于镶嵌玻璃隔断、装饰家具,以增加美感。无色磷酸盐吸热玻璃能大量吸收红外线辐射热,可用于电影拷贝、电影放映、幻灯放映、彩色印刷等。

（五）吸热玻璃常见的规格及性能

吸热玻璃常见规格及性能见表 9-16。

（六）标志、包装、运输和储存

执行 GB 4871—1995 有关规定,且在包装箱表面表示吸热玻璃颜色字样,如茶色玻璃写成"茶"。

四、压花玻璃（JC/T 511—1993）

压花玻璃是将融熔的玻璃液在冷却过程中,通过带图案的花纹辊轴连续对辊压延而成的。可以一面压花,也可两面压花,因此它又称花纹玻璃或滚花玻璃。在有花纹的一面用气溶胶进行喷涂处理,可呈浅黄色、浅蓝色、橄榄色等。经过喷涂处理的压花玻璃,立体感强,强度可以提高 50％～70％。

表 9-16　吸热玻璃常见规格及性能

品　　　种	规　格(mm)		性　　　能		
	厚　度	最大规格尺寸	可见光透过率(%)	太阳辐射透过率(%)	吸热、挡热性能
普通蓝色吸热玻璃	3 3,6	1500×900 2200×1250	—	—	吸收太阳热能(%)： 1号(浅蓝,厚5)31±0.5 2号(中蓝,厚5)51±0.5 3号(深蓝,厚5)51±0.5
磨光蓝色吸热玻璃	3 5,6 8	1800×750 1800×750 1800×1600			
茶色吸热玻璃	3 5,6 10	2200×2000	TISR 3208-78 规定：<75		挡掉热量① (%)：厚4.63mm　47.5(厚2.66平方板玻璃22.9)
			>50 耀华 48～56 美国 49～55 德国 46～53	56 55 54	
灰色吸热玻璃	—	—	—	—	挡掉热量(%)： 厚4.96mm　42.0

① 挡掉热量指玻璃吸收热量和反射热量之和。

（一）产品分类

（1）按厚度分为 3mm、4mm、5mm。

（2）按外观质量分为优等品、一等品、合格品。

（二）常见品种

根据生产工艺不同,可以分为一般压花玻璃、真空镀膜压花玻璃和彩色镀膜压花玻璃。

1. 一般压花玻璃

由于表面凹凸不平,当光线通过时即产生漫射,从玻璃的一面看另一面物体时,就模糊不清,从而使这种玻璃透光不透视。因为表面具有各种花纹图案,故具有良好的装饰效果。

2. 真空镀膜压花玻璃

它是经真空镀膜加工而成的。采用该法加工而成的压花玻璃给人一种素雅、美观、清晰的感觉,花纹的立体感较强,并具有一定的反光性能,是一种良好的室内装饰材料。

3. 彩色镀膜压花玻璃

它是采用有机金属化合物和无机金属化合物进行热喷而成的。彩色膜的色泽坚固性、稳定性都很好,并且有较好的热反射能力。花纹图案的立体感强,装饰后给人一种富丽堂皇和赏心悦目的感觉,使人感觉到是一种艺术的享受。主要用于各种公共设施,如宾馆、饭店、餐厅、酒吧、浴池、游泳池、卫生间等的内部装饰和分隔材料,还可用于加工屏风、台灯等工艺品和日用品等。

（三）技术要求

（1）厚度偏差应不超过表 9-17 规定。

（2）玻璃应为矩形,其尺寸不得小于 400mm×300mm,不得大于 2000mm×1200mm。

（3）弯曲度不得大于 0.3%。

（4）尺寸偏差(包括偏斜)不得大于 3mm。

（5）边部凸出或残缺部分不得大于 3mm。每块玻璃只允许有一个缺角,沿原角等分线方向测量缺角深度不得大于 5mm。

表 9-17　厚度偏差　(mm)

厚　　　度	允许偏差
3	±0.30
4	±0.35
5	±0.40

（6）外观质量按表 9-18 规定。

表 9-18　外 观 质 量

缺陷种类	说　明	优等品	一等品	合格品
线道	因设备造成板面上的横向线道	不允许		
	纵向线道允许条数	50mm 边部 1	50mm 边部 2	3
热圈	局部高温造成板面凸起	不允许		
皱纹	板面纵横分布不规则波纹状缺陷,每 m² 面积允许条数	长<100mm 1	长<100mm 2	—
气泡	长度≥2mm 的,每 m² 面积上允许个数	≤10mm 5	≤20mm 10	10 长 20～30mm 5
夹杂物	压辊氧化脱落造成的 0.5～2mm 黑色点状缺陷,每 m² 面积上允许个数	不允许	5	10
	0.5～2mm 的结石、砂粒,每 m² 面积上允许个数	2	5	10
伤痕	压辊受损造成的板面缺陷,直径 5～20mm,每 m² 面积上允许个数	2	4	6
	宽 0.2～1mm,长 5～100mm 的划伤,每 m² 面积上允许条数	2	4	6
图案缺陷	图案偏斜,每 m 长度允许最大距离(mm)	8	12	15
	花纹变形度 P	4	6	10
裂纹		不允许		
压口		不允许		

（四）包装、标志、运输和储存

（1）压花玻璃应用符合 JC/T 513 的木箱或集装箱包装。

（2）每一箱应装有同一等级、厚度和规格的玻璃。

（3）包装箱上应印有企业名称、商标、等级、厚度、尺寸、数量、包装年和月,以及小心轻放、禁止滚翻和怕湿标志。

（4）压花玻璃的储存和运输应符合 GB 4871—1995 规定。

五、夹丝玻璃(JC 433—1991)

夹丝玻璃是将普通平板玻璃或磨光玻璃、彩色玻璃加热到红热软化状态,再将预热处理的金属丝网或金属丝压入玻璃中间而形成。金属丝在玻璃中起着增强作用。其抗折强度、耐温度和剧变性能比普通玻璃好,在遭受冲击或温度剧变时玻璃破而不缺,裂而不散,可避免带棱角的小碎块飞出伤人;当火灾蔓延时,夹丝玻璃可以隔绝火势,这种玻璃常用于天窗、天棚顶盖及易受震动的门窗上。彩色夹丝玻璃可用于阳台、楼梯和电梯井等处。

（一）产品分类

（1）产品分为夹丝压花玻璃和夹丝磨光玻璃两类。

（2）产品按厚度分为:6mm、7mm、10mm。

（3）产品按等级分为:优等品、一等品和合格品。

(4) 产品尺寸一般不小于 600mm×400mm,不大于 2000mm×1200mm。

（二）技术要求

1. 丝网要求

夹丝玻璃所用的金属丝网和金属丝线分为普通钢丝和特殊钢丝两种,普通钢丝直径为 0.4mm 以上,或特殊钢丝直径为 0.3mm 以上。夹丝网玻璃应采用经过处理的点焊金属丝网。

2. 尺寸偏差

长度和宽度允许偏差为±4.0mm。

3. 厚度偏差

厚度允许偏差应符合表 9-19 规定。

4. 弯曲度

(1) 夹丝压花玻璃应在 1.0% 以内。

(2) 夹丝磨光玻璃应在 0.5% 以内。

表 9-19 厚度允许偏差 （mm）

厚　　度	允许偏差范围	
	优等品	一等品、合格品
6	±0.5	±0.6
7	±0.6	±0.7
10	±0.9	±1.0

5. 玻璃边部凸出、缺口、缺角和偏斜

玻璃边部凸出、缺口的尺寸不得超过 6mm,偏斜的尺寸不得超过 4mm。一片玻璃只允许有一个缺角,缺角的深度不得超过 6mm。

6. 外观质量

产品外观质量符合表 9-20 规定。

表 9-20 外观质量

项　　目	说　　明	优等品	一等品	合格品
气泡	直径 3～6mm 的圆泡,每 m² 面积内允许个数	5	数量不限,但不允许密集①	
	长泡,每 m² 面积内允许个数	长 6～8mm 2	长 6～10mm 10	长 6～10mm 10 长 10～20mm 4
花纹变形	花纹变形程度	不许有明显的花纹变形		不规定
异物	破坏性的	不允许		
	直径 0.5～2mm 非破坏性的,每 m² 面积内允许个数	3	5	10
裂纹		目测不能识别		不影响使用
磨伤		轻微		不影响使用
金属丝	金属丝夹入玻璃内状态	应完全夹入玻璃内,不得露出表面		
	脱焊	不允许	距边部 30mm 内不限	距边部 100mm 内不限
	断线	不允许		
	接头	不允许		目测看不见

① 密集气泡是指直径 100mm 圆面积内超过 6 个。

7. 防火性能

夹丝玻璃用作防火门、窗等镶嵌材料时,其防火性能应达到 GB/J 45 规定的耐用火极限要求。

用户对产品尺寸、厚度、外观若有特殊要求时,可与生产厂共同协商后在合同中规定。

（三）标志、包装、运输和储存

1. 玻璃用木箱包装，一箱中应装同一厚度、尺寸、等级的玻璃。

2. 每箱包装数量应与木箱强度相适应，防止因包装不良产生磨伤、破损。

3. 包装箱上应有企业名称、产品商标、等级、厚度、尺寸、数量、包装年月和轻搬正放、小心破损和防潮湿的标志。

4. 玻璃必须在有顶盖的干燥库房内存放，在运输和装卸时，需有防雨设施。

5. 玻璃在储存、运输、装卸时，箱盖向上，不得侧放或斜放，防止倾倒、滑动。

第三节　安全玻璃

一、钢化玻璃（GB/T 9963—1998）

平板玻璃经过二次加工和钢化处理便成为钢化玻璃。

（一）品种分类

（1）根据生产方法分为物理钢化玻璃和化学钢化玻璃。

（2）根据钢化后的形状可分为平面钢化玻璃和曲面钢化玻璃。前者主要用于门窗、隔断和幕墙，后者主要用于汽车车窗等。

（3）根据钢化范围分为全钢化、半钢化和区域钢化。半钢化玻璃主要用于暖房、温室的玻璃窗；区域钢化玻璃主要用于汽车等交通工具的挡风玻璃。

（4）根据钢化时所用玻璃原片分为普通钢化玻璃、磨光钢化玻璃和钢化吸热玻璃等品种。

（二）钢化原理

普通玻璃质脆、易碎，破碎后有尖锐棱角，易伤人。质脆易碎的原因：一是玻璃材料本身固有的特点；二是普通玻璃在冷却过程中内部产生了不均匀的内应力。为了减小玻璃的脆性，提高强度可以采用以下方法：

1. 物理钢化法

将普通平板玻璃在加热炉中加热到接近软化点温度（650℃左右），然后移出加热炉，并立即用多头喷嘴向玻璃两面喷吹冷空气，使其迅速均匀地冷却到室温；这样就形成了高强度的钢化玻璃。

2. 化学钢化法

应用离子交换法进行钢化来消除玻璃的内应力。用这种方法得到的钢化玻璃强度虽然提高了，但碎后有尖锐的棱角，所以一般不作为安全玻璃使用。

3. 其它方法

通过消除平板玻璃的表面缺陷或采用夹丝、夹层的方法来提高平板玻璃的强度，以达到安全使用的目的。

（三）性能特点

1. 机械强度高

同等厚度的钢化玻璃比普通玻璃抗折强度高 4～5 倍，抗冲击强度也高出许多。

2. 弹性好

钢化玻璃的弹性比普通玻璃的大得多，一块 1200mm×350mm×6mm 的钢化玻璃受力后,可达到 100mm 的弯曲挠度,并且外力撤除后仍能恢复原状,而普通平板玻璃只有几毫米的挠度。

3. 热稳定性高

钢化玻璃在受到急冷急热温差骤然变化时,不易发生炸裂,原因是钢化玻璃表层的压应力抵消了一部分因急冷急热产生的拉应力。钢化玻璃最大安全工作温度为 288℃,能承受 204℃ 的温差变化。

4. 安全性

通过物理方法处理后的钢化玻璃,由于内部产生了均匀的内应力,一旦局部破损就会破碎成无数小块,这些小碎块没有尖锐的棱角,不易伤人,所以物理钢化玻璃是一种安全玻璃。

（四）分类及应用

（1）钢化玻璃按形状分类,分为平面钢化玻璃和曲面钢化玻璃。

（2）钢化玻璃按应用范围分类,分为建筑用钢化玻璃和建筑以外用钢化玻璃。

（五）质量要求

1. 尺寸及偏差

（1）平面钢化玻璃的长度、宽度由供需双方商定。边长的允许偏差应符合表 9-21 的规定。一边长度大于 3000mm 的玻璃和异型制品的尺寸偏差由供需双方商定。

表 9-21 尺寸及其允许偏差 （mm）

玻璃厚度 \ 允许偏差 \ 边的长度 L	$L \leqslant 1000$	$1000 < L \leqslant 2000$	$2000 < L \leqslant 3000$
4 5 6	+1 −2	±3	±4
8 10 12	+2 −3		
15	±4	±4	
19	±5	±5	±6

（2）曲面钢化玻璃形状和边长的允许偏差,吻合度由供需双方商定。

（3）钢化玻璃的厚度允许偏差应符合表 9-22 的规定。

（4）边部加工及孔径允许偏差如下:

① 磨边形状及质量由供需双方商定;

② 孔径一般不小于玻璃的厚度,小于 4mm 的孔由供需双方商定,孔径的允许偏差应符合表 9-23 的规定;

③ 孔的大小及质量由供需双方商定,但不允许有大于 1mm 的爆边。

2. 外观质量

钢化玻璃的外观质量必须符合表 9-24 的规定。

表 9-22 厚度及其允许偏差 （mm）

名 称	厚 度	厚度允许偏差
钢化玻璃	4.0	±0.3
	5.0	
	6.0	
	8.0	±0.6
	10.0	
	12.0	±0.8
	15.0	
	19.0	±1.2

3. 弯曲度

平型钢化玻璃的弯曲度,弓形时应不超过 0.5%,波形时应不超过 0.3%。

4. 抗冲击性

取 6 块钢化玻璃试样进行试验,试样破坏数不超过 1 块为合格,多于或等于 3 块为不合格。破坏数为 2 块时,再另取 6 块进行试验,6 块必须全部不被破坏为合格。

表 9-23　孔径及其允许偏差　（mm）

公称孔径	允许偏差
4～50	±1.0
51～100	±2.0
>100	供需双方商定

表 9-24　外观质量

缺陷名称	说　明	允许缺陷数	
		优　等　品	合　格　品
爆　边	每片玻璃每 m 边长上允许有长度不超过 10mm,自玻璃边部向玻璃板表面延伸深度不超过 2mm,自板面向玻璃厚度延伸深度不超过厚度三分之一的爆边	不允许	1 个
划　伤	宽度在 0.1mm 以下的轻微划伤,每 m² 面积内允许存在条数	长≤50mm 4	长≤100mm 4
	宽度大于 0.1mm 的划伤,每 m² 面积内允许存在条数	宽 0.1～0.5mm 长≤50mm 1	宽 0.1～1mm 长≤100mm 4
夹钳印	夹钳印中心与玻璃边缘的距离	玻璃厚度≤9.5mm ≤13mm	
		玻璃厚度>9.5mm ≤19mm	
结石、裂纹、缺角	均不允许存在		
波筋(光学变形)、气泡	优等品不得低于 GB 11614—1999 一等品的规定 合格品不得低于 GB 4871—1995 一等品的规定		

5. 碎片状态

取 4 块钢化玻璃试样进行试验,每块试样在 50mm×50mm 区域内的碎片数必须超过 40 个。且允许有少量长条形碎片,其长度不超过 75mm,其端部不是刀刃状,延伸至玻璃边缘的长条形碎片与边缘形成的角不大于 45°。

6. 霰弹袋冲击性能

取 4 块平型钢化玻璃试样进行试验,必须符合下列(1)或(2)中任意一条的规定:

(1)玻璃破碎时,每块试样的最大 10 块碎片质量的总和不得超过相当于试样 65cm² 面积的质量。

(2)霰弹袋下落高度为 1200mm 时,试样不破坏。

7. 透射比

钢化玻璃的透射比由供需双方商定。

8. 抗风压性能

钢化玻璃的抗风压性能由供需双方商定。

（六）包装、标志、运输和储存

(1)产品应用集装箱或木箱包装。每块玻璃应用塑料或纸包装,玻璃与包装箱之间用不易引起玻璃划伤等外观缺陷的轻软材料填实。具体要求应符合国家标准。

（2）包装标志应符合国家有关标准规定，每个包装箱上应标明"朝上、轻搬正放、小心破碎、玻璃厚度、等级、厂名或商标"等字样。

（3）产品可用各种类型的车辆运输，搬运规则、条件应符合国家有关规定。

（4）产品应垂直储存在干燥的室内。

二、夹层玻璃（GB 9962—1988）

夹层玻璃是安全玻璃的一种，是在两片或多片平板玻璃间嵌夹柔软强韧的透明膜经加压加热粘合而成的平面或弯曲面的复合玻璃制品。夹层玻璃具有较高的强度，受到破坏时产生较高的辐射状或同心圆形裂纹而不易穿透，碎片不易脱落，因此不致伤人，所以也称为安全玻璃。

夹层玻璃的原片玻璃可以用普通平板玻璃、磨光玻璃、钢化玻璃、吸热玻璃等。

夹层玻璃使用的夹层材料的优劣，直接影响着夹层玻璃的性能。目前常用的较好的夹层材料品种有聚乙烯醇缩丁醛、聚氨酯、丙烯酸酯类的高分子聚合物。以上聚合物抗水和抗日光作用的性能都较好。

夹层玻璃的品种很多，有减薄夹层玻璃、遮阳夹层玻璃、电热夹层玻璃、防弹夹层玻璃和防紫外线夹层玻璃等。

（一）产品规格

常见的有 2+3mm、3+3mm、5+5mm 等，夹层玻璃的层数分为 3、5、7 等层，最多可达 9 层。主要产品规格见表 9-25，尺寸允许偏差见表 9-26。

表 9-25　夹层玻璃主要产品规格及生产单位

名　称	尺寸范围(mm)			型　号	生产工艺	产　地
	厚　度	长　度	宽　度			
平夹层	3+3 5+5	1800 以下	850 以下	普　型 异　型 特异型	胶片法	上海耀华玻璃厂
平夹层	—	—	—	—	胶片法	洛阳玻璃厂
弯夹层						
平夹层	3+3 2+3	1000 以下	800 以下	普　型 异　型 特异型	聚合法	中国耀华公司 工业技术玻璃厂
夹　层	—	最长 1100	最宽 750	—	—	四川成都一五七厂

表 9-26　尺寸允许偏差　　　　　　　（mm）

原片玻璃的总厚度 δ	长度或宽度 L	
	L≤1200	1200<L≤2400
5≤δ<7	+2 −1	—
7≤δ<11	+2 −1	+3 −1
11≤δ<17	+3 −2	+4 −2
17≤δ<24	+4 −3	+5 −3

（二）分类及标记

夹层玻璃按形状、抗冲击性和抗穿透性分类。

（1）按形状分类为平面夹层玻璃和曲面夹层玻璃。

（2）按抗冲击性、抗穿透性分类及标记，见表 9-27。

表 9-27　分类及标记

分　类	标　记	特　　性
Ⅰ	L_{I}	平面夹层玻璃及曲面夹层玻璃必须符合技术要求（三）第 6 条的规定
Ⅲ	$L_{\text{Ⅲ}}$	由 2 块玻璃组成，其总厚度不超过 16mm 的平面夹层玻璃，应符合技术要求（三）第 6 条及技术要求（三）第 7 条的规定

一边长度超过 2400mm 的制品、多层制品（由 3 块以上原片玻璃组成的夹层制品）、原片玻璃的总厚度超过 24mm 的制品、使用钢化玻璃作原片玻璃的制品和其它特殊形状的制品，其尺寸允许偏差由供需双方商定。

（3）平面夹层玻璃厚度允许偏差是原片玻璃厚度允许的偏差之和。但是对于多层制品，当原片玻璃总厚度超过 24mm 及使用钢化玻璃作为原片时，其厚度允许偏差由供需双方商定。

（4）曲面夹层玻璃的长度、宽度及厚度的允许偏差和弯曲误差由供需双方商定。

（三）技术要求

1. 外观质量

夹层玻璃的外观质量必须符合表 9-28 的规定。

表 9-28　外观质量

缺陷名称	优　等　品	合　格　品
胶合层气泡	不允许存在	直径 300mm 圆内允许长度为 1～2mm 的胶合层气泡 2 个
胶合层杂质	直径 500mm 圆内允许长 2mm 以下的胶合层杂质 2 个	直径 500mm 圆内允许长 3mm 以下的胶合层杂质 4 个
裂　痕	不允许存在	
爆　边	每 m² 玻璃允许有长度不超过 20mm 自玻璃边部向玻璃表面延伸深度不超过 4mm，自板面向玻璃厚度延伸深度不超过厚度的一半	
	4 个	6 个
叠　差 磨　伤 脱　胶	不得影响使用，可由供需双方商定	

2. 材料

夹层玻璃可使用符合 GB 4871—1995 一等品的普通平板玻璃、GB 11614—1999 一等品的浮法玻璃、磨光玻璃板、夹丝抛光玻璃板、平钢化玻璃板、吸热浮法及磨光玻璃板。但是Ⅲ类夹层玻璃不使用夹丝玻璃板及钢化玻璃板。

中间层材料无特别规定。

3. 弯曲度

平面夹层玻璃的弯曲度按规定方法进行测定。弯曲度不可超过 0.3%。使用夹丝玻璃板或钢化玻璃板制作的夹层玻璃由供需双方商定。曲面夹层玻璃不进行弯曲度测定。

4. 耐辐照性

取夹层玻璃试样 3 块按规定方法进行试验。试验后试样不可产生显著变色、气泡及浑浊现象。同时,夹层玻璃的可见光透光度的相对减少率应不大于 10%,见下式:

$$\frac{a-b}{a} \times 100\%$$

式中　a——紫外线照射前可见光的透光度;

　　　b——紫外线照射后可见光的透光度。

5. 耐热性

取夹层玻璃试样 3 块按规定方法进行试验,允许玻璃出现裂缝,但距边部或裂缝超过 13mm 处不允许有影响使用的气泡或其它缺陷产生。

6. 抗冲击性

取夹层玻璃试样 6 块按规定方法进行试验。当 5 块或 5 块以上符合:"① 玻璃不得破坏;② 如果玻璃破坏,中间膜不得断裂或不得因玻璃剥落而暴露。"规定的任一条件时为合格;当 3 块或 3 块以下符合上述规定时为不合格。

当 4 块符合上述规定时,则需追加试样 6 块进行试验,6 块均符合上述规定时为合格。

7. 抗穿透性

夹层玻璃抵抗人体等冲击的能力。试样为 4 块一组,分别按规定方法进行试验,下落高度为 300~2300mm,构成夹层玻璃的 2 块玻璃板应全部破坏,但破坏部分不可产生使直径为 75mm 的球自由通过的开口。另外试验结果不适用于比试样尺寸或面积大得多的制品。

(四) 包装、标志、运输和储存

(1) 产品应用集装箱或木箱包装。每块玻璃应用塑料袋或纸包装,玻璃与包装箱之间用不易引起玻璃划伤等外观缺陷的轻软材料填实,具体要求应符合国家有关标准。

(2) 包装标志应符合国家有关标准的规定,每个包装箱应标明"朝上、轻搬正放、小心破碎、玻璃厚度、等级、厂名或商标"等字样。

(3) 运输车辆、搬运规则条件等,应符合国家有关规定。运输时,木箱不得平放或斜放,长度方向与输送车辆运动方向相同,应有防雨等设施。

(4) 产品应垂直储存在干燥的室内。

三、防火玻璃(GB/T 15763—1995)

防火玻璃是指在规定的耐火试验中能够保持其完整性和隔热性的安全玻璃。

(一) 分类、分级和标记

1. 防火玻璃按用途分类

A 类:建筑用防火玻璃及其它防火玻璃。

B 类:船用防火玻璃,包括舷窗防火玻璃和矩形窗防火玻璃。外表面玻璃板是钢化安全玻璃,内表面玻璃板材料类型可任意选择。

2. 防火玻璃按耐火性能分等级

A 类防火玻璃耐火性能分为:甲级、乙级、丙级。

B 类防火玻璃按耐火性能分为:B-0 级、B-15 级。

3. 标记示例

【例 1】　一块厚度为 15mm,耐火性能为乙级的 A 类防火玻璃的标记如下:

15A-乙 GB/T 15763—1995

【例 2】 一块厚度为 19mm,耐火性能为 B-15 级的 B 类防火玻璃标记如下:

19B-15 GB/T 15763—1995

（二）技术要求和性能

（1）制造防火玻璃可选用普通平板玻璃、浮法玻璃、钢化玻璃作原片,原片玻璃应分别符合 GB 4871—1995、GB 11614—1999、GB/T 9963—1998 的规定。

（2）尺寸及允许偏差如下:

① A 类防火玻璃的尺寸和厚度允许偏差必须符合表 9-29 和表 9-30 的规定。

表 9-29　A 类防火玻璃的尺寸允许偏差（mm）

玻璃的总厚度 δ	长度或宽度 L	
	L≤1200	1200<L<2400
5≤δ<11	±2	±3
11≤δ<17	±3	±4
17≤δ<24	±4	±5
δ>24	±5	±6

表 9-30　A 类防火玻璃的厚度允许偏差（mm）

玻璃的总厚度 δ	允许偏差
5≤δ<11	±1
11≤δ<17	±1
17≤δ≤24	±1.3
δ>24	±1.5

② B 类防火玻璃的尺寸及允许偏差如下:

B 类防火玻璃的厚度由供需双方商定,但外表玻璃板的厚度应不低于 GB 11946—1989 船用钢化玻璃中相对于该类型和公称尺寸的矩形窗或舷窗所给出的厚度的最小值。

B 类防火玻璃的尺寸允许偏差应符合 GB 11946—1989 船用钢化玻璃中第 4 章的规定,厚度允许偏差由供需双方商定。

（3）A 类防火玻璃的外观质量必须符合表 9-31 的规定。周边 15mm 范围内不做规定。

表 9-31　外 观 质 量

缺陷名称 \ 种类 允许数量	甲 级		乙 级		丙 级	
	优等品	合格品	优等品	合格品	优等品	合格品
气泡	直径 300mm 圆内允许长 0.5~1mm 的气泡 1 个	直径 300mm 圆内允许长 1~2mm 的气泡 3 个	直径 300mm 圆内允许长 0.5~1mm 的气泡 2 个	直径 300mm 圆内允许长 1~2mm 的气泡 4 个	直径 300mm 圆内允许长 0.5~1mm 的气泡 3 个	直径 300mm 圆内允许长 1~2mm 的气泡 6 个
胶合层杂质	直径 500mm 圆内允许长 2mm 以下的杂质 2 个	直径 500mm 圆内允许长 3mm 以下的杂质 3 个	直径 500mm 圆内允许长 2mm 以下的杂质 3 个	直径 500mm 圆内允许长 3mm 以下的杂质 4 个	直径 500mm 圆内允许长 2mm 以下的杂质 4 个	直径 500mm 圆内允许长 3mm 以下的杂质 5 个
裂痕	不允许存在					
爆边	每 m² 允许有长度不超过 20mm,自玻璃边部向玻璃表面延伸深度不超过厚度一半的爆边					
	4 个	6 个	4 个	6 个	4 个	6 个
叠差	不得影响使用,可由供需双方商定					
磨伤						
脱胶						

（4）B 类防火玻璃的外观质量应符合表 9-31 乙级优等品的规定,边部状况应符合 GB11946—1989 船用钢化玻璃中第 5.2 条的规定。

（5）耐火性能

① A 类防火玻璃的耐火性能必须符合 9-32 的规定。

② B 类防火玻璃的耐火性能必须符合表 9-33 的规定。

<table>
<tr><td colspan="2">表 9-32　A 类耐火性能　（min）</td></tr>
<tr><td>耐火等级</td><td>耐火性能</td></tr>
<tr><td>甲级≥</td><td>72</td></tr>
<tr><td>乙级≥</td><td>54</td></tr>
<tr><td>丙级≥</td><td>36</td></tr>
</table>

<table>
<tr><td colspan="2">表 9-33　B 类耐火性能</td></tr>
<tr><td>耐火等级</td><td>耐火性能</td></tr>
<tr><td>B-0 级</td><td>经过 30min 试验后,火焰不穿透</td></tr>
<tr><td>B-15 级</td><td>经过 30min 试验后,火焰不穿透。此外,在 15min 内,背火面玻璃的平均温度升高不超过起始温度 139℃,玻璃外表面的任何地方,温度升高也不得超过起始温度 225℃</td></tr>
</table>

（6）弯曲度要求如下:

① A 类防火玻璃的弯曲度不可超过 0.3%。

② B 类防火玻璃的弯曲度不可超过 0.2%。

（7）光学性能符合以下规定:

① A 类防火玻璃透光必须符合表 9-34 的规定。

② B 类防火玻璃的透光度和光学角位移。除用于驾驶室和观察室的防火玻璃的透光度和光学角位移符合 GB11946—1989 船用钢化玻璃中第 5.6 条和第 5.7 条的规定外,其它部位用的防火玻璃的透光度应符合表 9-34 规定。

<table>
<tr><td colspan="2">表 9-34　A 类透光度</td></tr>
<tr><td>玻璃的总厚度 δ</td><td>透光度（%）</td></tr>
<tr><td>5≤δ<11</td><td>≥75</td></tr>
<tr><td>11≤δ<17</td><td>≥70</td></tr>
<tr><td>17≤δ≤24</td><td>≥65</td></tr>
<tr><td>δ>24</td><td>≥60</td></tr>
</table>

（8）耐热度。取 3 块试样进行试验,试验后 3 块试样的外观质量和光学性能均应符合上述（3）外观质量（见表 9-31）和上述（7）光学性能要求。

（9）耐寒性。取 3 块试样进行试验,试验后 3 块试样的外观质量和光学性能均应符合上述（3）外观质量（见表 9-31）和上述（7）光学性能要求。

（10）耐辐射性。取 3 块试样进行试验,试验后 3 块试样均符合下述规定时为合格,1 块符合时为不合格,当 2 块试样符合时再追加试验 3 块新试样,3 块均符合规定为合格。

试验后试样均不可产生显著变色、气泡和浑浊现象,同时防火玻璃的透光度的相对减少率应不大于 10%,见下式:

$$\frac{a-b}{a} \times 100\%$$

式中　a——紫外线照射前可见光的透光度;

　　　b——紫外线照射后可见光的透光度。

（11）力学性能主要是检验抗冲击性能:

① A 类防火玻璃的冲击性能。取 6 块试样进行试验,5 块或 5 块以上符合"玻璃没有破坏;如果玻璃破坏,钢球不可穿透试样"规定的任一条件时为合格,3 块或 3 块以下符合上述时为不合格。当 4 块符合上述时,则需追加 6 块新试样,6 块均符合上述时为合格。

② B 类防火玻璃的抗冲击性能。此项性能仅对 B 类防火玻璃的外表面钢化玻璃进行检验。随机抽取在相同条件下生产,相同尺寸和厚度的 4 块玻璃进行试验。每块玻璃试验后不

破碎为合格。多于1块的玻璃破碎为不合格。当1块玻璃在试验中破坏时,再追加试验4块新试样,4块均不破坏为合格。

第四节　其它建筑玻璃

一、中空玻璃(GB/T 11944—1989)

随着建筑物标准的提高,建筑物采用大面窗户,使冬季采暖、夏季制冷所消耗能量大大增加,因此在建筑上采用中空玻璃和有特殊性能的玻璃来降低能源的消耗成了普遍趋势。

在两层或两层以上的平板玻璃四周,用高强度、高气密性粘结剂将其与空心铝合金间隔框胶结密封,框内充填干燥剂,使玻璃间空腹内的空气保持高度干燥,制成中空玻璃。

(一)产品分类

中空玻璃所用原片玻璃可以用普通平板玻璃、钢化玻璃、压花玻璃、吸热玻璃、夹丝玻璃、热反射玻璃等品种,颜色有无色、茶色、蓝色、灰色、紫色、金色、银色等。中空玻璃类型见表 9-35。

表 9-35　中空玻璃类型

中空玻璃类型	说　明
高透明无色玻璃型	两片玻璃均为无色透明玻璃
彩色吸热玻璃型	其中一片玻璃为彩色吸热玻璃,一片为无色高透明吸热玻璃,也可以两片全是彩色玻璃
热反射玻璃型	其中一片(外层)为热反射玻璃,另一片可是无色高透明玻璃或吸热玻璃
低辐射玻璃型	其中一片(内层)玻璃为低辐射玻璃,另一片可以是高透明玻璃,彩色玻璃或吸热玻璃等
压花玻璃型	其中一片为压花玻璃,另一片任选
夹丝玻璃型	其中一片(内层)为夹丝玻璃,另一片可任选其它玻璃,可提高安全防火性能
钢化玻璃型	其中一片为钢化玻璃,另一片任意选定,也可以全由钢化玻璃组成,提高安全性
夹层玻璃型	其中一片(内层)为夹层玻璃,另一片可任意选定,具有较高的安全性

(二)生产方法

有粘结法、熔结法和焊接法三种。

1. 粘结法

用两种不同的专用粘结剂,分次将玻璃与铝合金间隔框胶结、密封。

2. 熔结法

通过加热的方法把玻璃周边熔封在一起。

3. 焊接法

通过焊接工艺使玻璃与间隔框密封在一起。目前国内外应用较多的是粘结法。

(三)规格尺寸

常用中空玻璃形状和最大尺寸见表 9-36 规定。

其它形状和具体尺寸由供需双方协商决定。

表 9-36　规格尺寸 （mm）

原片玻璃厚度	空气层厚度	方形尺寸	矩形尺寸
3		1200×1200	1200×1500
4		1300×1300	1300×1500 1300×1800 1300×2000
5	6,9,12	1500×1500	1500×2400 1600×2400 1800×2500
6		1800×1800	1800×2400 2000×2500 2200×2600

（四）技术要求

1. 材料

（1）玻璃。可采用平板玻璃、夹层玻璃、钢化玻璃、吸热玻璃、热反射玻璃、压花玻璃等。浮法玻璃应符合 GB 11614—1999 规定的一级品、优等品或符合 GB 4871—1995 规定的优等品。夹层玻璃应符合 GB 9962—1988 的规定。钢化玻璃应符合 GB/T 9963—1998 的规定。其它品种的玻璃由供需双方协商决定。

（2）密封胶。密封胶应满足以下要求：① 使用双组分密封胶，组分间色差应分明；② 有效期在半年以上；③ 必须满足中空玻璃性能要求。

（3）间隔框。使用铝间隔框时须去污或进行阳极化处理。

（4）干燥剂。干燥剂的质量、规格和性能必须满足中空玻璃制造及性能要求。

2. 尺寸偏差

（1）中空玻璃的长度及宽度允许偏差见表 9-37。

（2）中空玻璃厚度允许偏差见表 9-38。

表 9-37　允许尺寸偏差（长度、宽度） （mm）

长　度	允许偏差
<1000	±2.0
1000~2000	±2.5
>2000~2500	±3.0

表 9-38　厚度允许偏差 （mm）

玻璃厚度	公称厚度①	允许偏差
≤6	<18	±1.0
	18~25	±1.5
>6	>25	±2.0

① 中空玻璃的公称厚度为两片玻璃的公称厚度与间隔框厚度之和。

（3）中空玻璃两对角线允许偏差见表 9-39。

（4）中空玻璃密封胶层宽度。单道密封胶层宽度约 10mm，双道密封的外层密封胶层宽度为 5~7mm，见图 9-1。

（5）其它尺寸偏差由供需双方协商决定。

表 9-39　对角线允许偏差 （mm）

对角线长度	偏　差
<1000	4
≥1000~2500	6

3. 外观

中空玻璃的内表面不得有妨碍透视的污迹及粘结剂飞溅现象。

4. 性能要求

中空玻璃的密封、露点、紫外线照射、气候循环和高温、高湿性能按 GB 7020 进行检验,必须满足表 9-40 规定的要求。

（五）应用

中空玻璃由于具有许多优良性能,因此应用范围很广;构成原材料不同,性能也各有差异,应用场所也不同。无色透明的中空玻璃主要用于普通住宅、空调房间、空调列车、商用冰柜等。有色中空玻璃主要用于建筑艺术要求

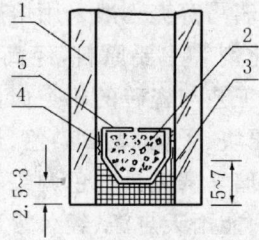

图 9-1 密封胶层宽度图
1. 玻璃 2. 干燥剂 3. 外层密封胶
4. 内层密封胶 5. 铝框

较高的建筑物,如影剧院、展览馆、银行等。特种中空玻璃则根据设计要求使用,如防阳光中空玻璃等。热反射中空玻璃主要用于热带地区建筑物;低辐射中空玻璃就可以用在寒冷地区及太阳能利用等方面;夹层中空玻璃多用在防盗橱窗等方面;钢化中空玻璃、夹丝中空玻璃以安全为目的,主要用于玻璃幕墙、采光天棚等处。

表 9-40 性能要求

试验项目	试验条件	性能要求
密封	在试验压力低于环境气压（10±0.5)kPa,厚度增长必须≥0.8mm。在该气压下保持 2.5h 后,厚度增长偏差＜15%为不渗漏	全部试样不允许有渗漏现象
露点	将露点仪温度降到≤-40℃,使露点仪与试样表面接触 3min	全部试样内表面无结露或结霜
紫外线照射	紫外线照射 168h	试样内表面上不得有结雾或污染的痕迹
气候循环及高温、高湿	气候试验经 320 次循环,高温、高湿试验经 224 次循环,试验后进行露点测试	总计 12 块试样,至少 11 块无结露或结霜

（六）标志、包装、运输和储存

（1）中空玻璃在间隔框或玻璃右下方应标有以下内容:① 生产厂的名称和商标;② 产品编号及出厂期。

包装箱外边应标有产品规格、数量、生产厂名中商标和防雨、易碎等标志。

（2）中空玻璃用木箱或集装箱包装,每箱中应装同一规格的产品。玻璃外表面之间应衬纸并用其它材料填充。箱内应附有产品合格证。

（3）中空玻璃运输时必须垂直放置,长度方向与运动方向一致,并加以固定。运输时需有防雨措施。

（4）中空玻璃应放在货架上,其边部必须与支撑平面垂直。货架底部与水平面成 6°～10°倾斜角,并须粘有毡或橡皮。仓库必须干燥通风。

二、玻璃马赛克（GB/T 7697—1996）

玻璃马赛克又称作玻璃锦砖或玻璃纸皮砖,是一种小规格的彩色饰面玻璃,一般尺寸为 20×70、30×30、40×40(mm×mm)等,厚度为 4～6mm。

有透明、半透明、带金色斑点、银色斑点、银色斑点或条纹的各品种。玻璃马赛克一般都制成一面光滑,另一面带有槽纹,以提高施工时的粘结性。

玻璃马赛克一般采用熔融法和烧结法生产。熔融法是用石英砂、石灰石、长石、纯碱、着色剂、乳化剂等主要原料,经高温熔化后用对辊压延法或链板式压延法成型,退火后而制成的。烧结法工艺与瓷砖的相类似,以废玻璃为主,加上工业废料或矿物废料,再加胶粘剂和水等原料,经压块、干燥、表面染色、烧结、退火等工艺制成。

玻璃马赛克具有色调柔和、朴实、典雅、美观大方、化学稳定性好、耐急热性能好、不变色、不积尘、能雨天自涤、经久常新、与水泥粘接性好、施工方便等优点,适用于宾馆、医院、办公楼、礼堂、住宅等建筑的外墙饰面装饰。

（一）产品分类

玻璃马赛克分为熔融玻璃马赛克、烧结玻璃马赛克和金星玻璃马赛克。

（二）规格尺寸

玻璃马赛克一般为正方形如 20mm×20mm,25mm×25mm,30mm×30mm,其它规格尺寸由供需双方协商。

（三）技术要求

（1）单块玻璃马赛克边长、厚度的尺寸偏差应符合表 9-41 的规定。

（2）玻璃马赛克联长、线路和周边距的尺寸偏差应符合表 9-42 规定。

表 9-41　单块边长、厚度尺寸偏差　（mm）

边　长	允许偏差	厚　度	允许偏差
20	±0.5	4.0	±0.4
25	±0.5	4.2	±0.4
30	±0.6	4.3	±0.5

表 9-42　联长、线路、周边距的尺寸偏差　（mm）

项　目	尺　寸	允许偏差
联长	327 或其它尺寸的联长	±2
线路	2.0,3.0 或其它尺寸	±0.6
周边距	—	1～8

（3）玻璃马赛克的外观质量应符合表 9-43 规定。

表 9-43　外观质量　（mm）

缺陷名称		表示方法	缺陷允许范围	备　注
变形	凹陷	深度	≤0.3	
	弯曲	弯曲度	≤0.5	
缺边		长度	≤4.0	允许一处
		宽度	≤2.0	
缺角		损伤长度	≤4.0	
裂纹		—	不允许	
疵点		—	不明显	
皱纹		—	不密集	
开口气泡		—	长度≤2.0　宽度≤0.1	

（4）色泽。目测同一批产品,色泽应基本一致。

（5）理化性能。玻璃马赛克的理化性能应符合表 9-44 规定。

（6）金星玻璃马赛克的金星分布闪烁面积应占总面积 20% 以上,且显星部分分布均匀。

表 9-44 理 化 性 能

试 验 项 目		条 件	指 标
玻璃马赛克与铺贴纸粘合牢固度			均无脱落
脱纸时间		5min 时	无脱落
		40min 时	≥70%
热稳定性		90℃→18～25℃ 30min 10min 循环 3 次	全部试样均无裂纹和破损
化学稳定性	盐酸溶液	1 mol/L,100℃,4 h	K≥99.90
	硫酸溶液	1 mol/L,100℃,4 h	K≥99.93
	氢氧化钠溶液	1 mol/L,100℃,1 h	K≥99.88
	蒸馏水	100℃,4 h	K≥99.96

注:K 为重量变化率。

(7) 单块玻璃马赛克的背面应有锯齿状或阶梯状的沟纹。

(8) 所用粘结剂除保证粘结强度外,还应易从玻璃马赛克上擦洗去。所用粘结剂不能损坏贴纸或使玻璃马赛克变色。

(9) 所用铺贴纸应在合理搬运正常施工过程中不发生撕裂。

（四）标志、包装、储存和运输

(1) 每联玻璃马赛克应印有商标及制造厂名。

(2) 包装箱上面应印有产品名称、厂名、注册商标、生产日期、色号、规格、数量和重量(毛重、净重),并印上防潮、易碎、堆放方向等标志。

(3) 玻璃马赛克用纸箱包装,箱内衬有防潮纸,产品放置应紧密有序。每箱产品内必须附有检验合格证。

(4) 产品在储存运输时严防受潮,轻拿轻放。

三、光栅玻璃（JC/T 510—1993）

光栅玻璃俗称镭射玻璃,是以普通玻璃为基材的新一代建筑装饰材料,它采用特殊工艺处理,使玻璃表面构成全息光栅或几何光栅,在光源的照耀下,产生物理衍射光,并且对同一感光点或感光面随着光源入射角度或观察角度的变化会感受到光谱分光的颜色变化,给人以美妙神奇,变化无穷的感觉。

镭射玻璃的反射率可在 10%～90% 的范围内按用户需求进行调整。其基本花型在光源照耀下具有彩虹、钻石般的质感。红、黑、蓝、白基本图案产品在漫射光条件下具有名贵石材黑珍珠、孔雀蓝般的高贵感。在有光源照射时,会出现星星点点、时隐时现的宝石光,各种美感交替变换,其装饰效果为其它材料所无法比拟的。

（一）产品分类

(1) 按结构分为普通夹层光栅玻璃、钢化夹导层光栅玻璃和单层光栅玻璃。

(2) 按品种分为透明光栅玻璃、印刷图案光栅玻璃、半透明半反射光栅玻璃和金属质感光栅玻璃。

(3) 按耐化学稳定性分为 A 类光栅玻璃和 B 类光栅玻璃。

（二）技术要求

1. 材料的要求

光栅玻璃所用玻璃原片符合 GB 4871—1995、GB/T 9963—1998 和 GB 11614—1999 的规

定。

2. 尺寸及允许偏差

(1) 光栅玻璃的形状、长度、宽度和厚度由供需双方商定。

(2) 光栅玻璃的长度和宽度允许偏差应符合表 9-45 的规定。

(3) 光栅玻璃的厚度允许偏差应符合表 9-46 的规定。

<table>
<tr><td colspan="2">表 9-45　长度、宽度允许偏差　（mm）</td></tr>
<tr><td>长度或宽度 L</td><td>允许偏差</td></tr>
<tr><td>L≤500</td><td>+1
−2</td></tr>
<tr><td>500＜L≤1000</td><td>±2</td></tr>
<tr><td>L＞1000</td><td>±3</td></tr>
</table>

<table>
<tr><td colspan="3">表 9-46　厚度允许偏差　（mm）</td></tr>
<tr><td colspan="2">厚　度</td><td>允许偏差</td></tr>
<tr><td colspan="2">单层</td><td>±0.4</td></tr>
<tr><td rowspan="2">夹层</td><td>≤8</td><td>+0.8
−0.5</td></tr>
<tr><td>＞8</td><td>+1
−0.5</td></tr>
</table>

3. 外观质量

光栅玻璃的外观质量必须符合表 9-47 的规定。

表 9-47　外　观　质　量

缺陷种类	说　　明	允许数量
光栅层气泡	长 0.5～1mm,每 0.1m² 面积内允许个数	3
	长＞1～3mm	2
	距离边部 10mm 范围内允许个数	
	其它部位	不允许
划伤	宽度在 0.1mm 以下的轻划伤	不限
	宽度在 0.1～0.5mm 之间,每 0.1m² 面积内允许条数	4
爆边	每片玻璃每 m 长度上允许有长度不超过 20mm,自玻璃边部向玻璃板表面延伸长度不超过 6mm,自板面向玻璃厚度延伸深度不超过厚度一半,允许个数	6
	小于 1m 的,允许个数	2
缺角	玻璃的角残缺以等分角线计算,长度不超过 5mm,允许个数	1
图案	图案清晰,色泽均匀,不允许有明显漏缺	
折皱	不允许有明显折皱	
叠差	由供需双方商定	

4. 弯曲度、吻合度

平面光栅玻璃的弯曲度不得超过 0.3%。曲面光栅玻璃的吻合度由供需双方商定。

5. 太阳光直接反射比

光栅玻璃的太阳光直接反射比不应小于 4%。

6. 老化性能

取 3 块 100mm×100mm 的试样,其中 1 块不进行试验,用作对比试样。另外 2 块按老化性能标准附条 A 进行试验。试验 500h 后取出试样,清洗,进行对比。试样不应产生气泡、开裂、渗水和显著变色,且衍射效果不变。

7. 耐热性

取 3 块 100mm×100mm 的试样,其中 1 块不进行试验,用作对比试样。另外 2 块按标准规定进行试验,试验后试样不应产生气泡、开裂和明显变色,且衍射效果不变。

8. 冻融性

取 3 块 100mm×100mm 的试样,其中 1 块不进行试验,用作对比试样。另外 2 块按标准规定试验,试验后试样不应产生气泡、开裂和明显变色,且衍射效果不变。

9. 耐化学稳定性

取 4 块 100×60 的试样,按标准规定试验,试验后不论 A 类或 B 类,试样不应产生腐蚀和明显变色,且衍射效果不变。

10. 弯曲强度

取 5 块 150mm×150mm 的试样,按标准规定试验,弯曲强度的平均值不应低于 25MPa。

11. 抗冲击性

只对铺地的钢化夹层光栅玻璃进行冲击试验。取 6 块 610mm×610mm 的试样,按标准规定试验,试样破坏不超过 1 块为合格,多于或等于 3 块为不合格,破坏数为 2 块时,再抽取 6 块进行试验,但 6 块必须全部不被破坏才为合格。

12. 耐磨性

只对铺地的钢化夹层光栅玻璃进行耐磨试验。取 3 块 100mm×100mm 的试样,按标准规定试验方法试验 500 转后,取出试样,目测观察,试样表面不应出现明显可见磨损。

（三）特性及应用

镭射玻璃地砖的抗冲击、耐磨、硬度指标均优于大理石,与高档花岗石相仿,但价格比花岗岩低。

辐射玻璃品种繁多:有反射型、透明型、二次反射型;有单层的、夹层的;有普通型、钢化型;有墙砖、地砖等,可广泛用在宾馆、酒店、会议厅、歌舞厅等内外墙贴面、幕墙、地面、吧台、屏风与装饰画基材等方面。

（四）标志、包装、运输和储存

（1）包装标志应符合国家有关标准规定,每个包装箱应标明"朝上、轻搬正放、小心破碎、防雨怕湿、玻璃厚度、厂名、商标"等字样。

（2）包装应用集装箱或木箱包装,每块玻璃应用塑料袋或纸包装。玻璃与包装箱之间用不易引起玻璃划伤等外观缺陷的轻软材料填实。具体要求应符合国家有关标准规定。

（3）产品可用各种类型的车辆运输,运输时,木箱不得平放或斜放,长度方向应与输送车辆运动方向相同,应有防雨等措施。

（4）产品应垂直储存在干燥室内。

四、热反射玻璃

热反射玻璃是指既具有较高的热反射能力,又能保持平板玻璃良好透光性能的一类玻璃,又称为镀膜玻璃或镜面玻璃。热反射玻璃是通过热解、蒸汽、化学镀膜等方法在玻璃表面喷涂金、银、铝、铬、镍、铁等金属氧化物,或粘贴有机薄膜或非金属氧化物薄膜,还可以用离子交换法置换出玻璃表面层原有的离子而制成。

热反射玻璃从颜色上分为灰色、茶色、金色、浅蓝色、棕色、褐色等多种;按性能分有热反射、减反射、表面导电、防无线电、中空、夹层等。

1. 性能

(1) 对太阳辐射热有较高的反射能力。普通平板玻璃的辐射率为 7%～8%，热反射玻璃则可高达 30% 左右。热反射玻璃对太阳光能的遮蔽系数小，对太阳辐射热的透过率也小，所以在日晒时室内光线不但柔和，还能产生冷房效应。

(2) 镀金属膜的热反射玻璃具有单向透像的特性。镀膜热反射玻璃因表面有一层薄的金属氧化物镀膜，所以在迎光面具有镜子的特性，而在背光面则又像玻璃那样透明。当人们站在镀膜玻璃幕墙建筑物前，展出在眼前的是一幅连续的反映周围景色的画面，却看不到室内的景象；它对建筑物内部起遮蔽及帷幕的作用，因此建筑物可以不设窗帘。进入内部人们能在室内看到室外景物，色景交融形成一个无限开阔的空间，给人以美的享受。

(3) 热反射玻璃对可见光的透过率较小。国外有关热反射玻璃对太阳光谱透射率、反射率及太阳辐射等方面的性能见表 9-48。

表 9-48　国外有关热反射玻璃的光谱及辐射性能

玻璃名称	厚度 (mm)	太阳光谱透射率(%)			太阳光谱反射率(%)			太阳光谱吸收率(%)			太阳辐射(%)		遮蔽系数
		紫外光	可见光	红外光	紫外光	可见光	红外光	紫外光	可见光	红外光	透射率	反射率	
比利时茶色吸热玻璃	5	14.4	53.0	53.8	8.0	7.1	8.0	77.6	40.9	38.2	—	—	—
日本银白色镀膜热反射玻璃	6	—	24.0	—	—	28.1	—	—	47.9	—	—	—	—
美国匹兹堡透明热反射玻璃	6	—	21.0	—	—	35.0	—	—	44.0	—	23.0	30.0	0.44
美国匹兹堡透明浮法玻璃	6	—	39.0	—	—	29.0	—	—	32.0	—	44.0	29.0	0.59
美国匹兹堡灰色热反射玻璃	6	—	17.0	—	—	35.0	—	—	48.0	—	25.0	30.0	0.44
美国茶色热反射玻璃	6	—	49.0	—	—	—	—	—	—	—	66.0	10.0	0.76

2. 用途

热反射玻璃由于具有良好的隔热性能，所以在建筑工程中获得广泛应用，常用来制成中空玻璃或夹层玻璃窗，以提高其隔热性能。热反射玻璃主要用于避免由于太阳辐射而增热及设置空调的建筑，适用于各种建筑物的门窗、汽车和轮船的玻璃窗、玻璃幕墙以及各种艺术装饰。

我国宁夏玻璃厂生产的彩色镀膜热反射玻璃的规格品种较多，最大尺寸可为 2600×1200 (mm×mm)，玻璃厚度有 3mm 和 6mm 两种，其主要技术性能如下：

(1) 热反射率高。光谱从 200～2500μm 的反射率大于 30%，最大可达 60%。

(2) 化学稳定性好。在 5% 的盐酸或 5% 的氢氧化钠溶液中浸泡 24h 后，涂层无明显改变。

(3) 耐擦洗性好。用软纤维或动物毛刷任意刷洗，涂层无明显改变。

(4) 耐急冷急热性好。在 -40～150℃ 温度范围内急冷或急热涂层无明显变化。

五、玻璃砖

玻璃砖也称特厚玻璃，分空心玻璃砖和实心玻璃砖两种。实心玻璃砖是采用机械压制方法制成的。空心玻璃砖是采用箱式模具压制而成的两块凹形玻璃，经熔接或胶结成具有一个或两个空腔的玻璃制品,空腔中充以干燥空气,经退火、最后涂饰侧面而制造成的。

空心玻璃砖按形状分为正方形、矩形以及各种异形;按尺寸分一般有 115、145、240、300(mm)等规格;按颜色分有玻璃本色的,有在其侧面涂色的,有在内侧面涂饰的,有做成各种花纹使入射光扩散或向一定方向折射的。

玻璃砖被誉为"透光墙壁",具有强度高、隔热、隔音、耐水等特点,主要用于砌筑透光的墙壁、建筑物非承重内外隔墙、沐浴隔断、门厅、通道等,尤其适合高级建筑和体育馆用作控制透光、炫光和太阳光等场合。

安装玻璃砖时,先在墙、隔断和顶棚上镶嵌玻璃砖的骨架,并与建筑结构连接牢固,玻璃砖应排列均匀整齐,表面平整,嵌缝的油灰或密封膏应饱满密实,安装好的玻璃砖不得移位、翘曲和松动,接缝应均匀、平直、密实。

我国四川武胜县国营 157 厂生产的空心玻璃砖的主要性能及技术指标见表 9-49。

表 9-49　空心玻璃砖特性

性　　能	试 验 项 目		试样(mm)	试 验 结 果
材料特性	密度		—	$2.50g/cm^3$
	热膨胀率		5 圆棒	$(85\sim89)\times10^{-7}/℃$
	硬度		—	莫氏硬度为 6
	光谱透过率		4 磨光板玻璃	平均透光率 92%
	褪色性		50×50×10(两张叠合)	经阳光照射 4000h 没有变化
	热冲击强度		5 圆棒	温差 116℃时破损
采光性	透光率		145×145×954 劈开石花纹 190×190×95 劈开石花纹	28% 38%
	直接阳光率		190×190×95 劈开石花纹	1.44%
	间接阳光率		190×190×95 劈开石花纹	1.07%
	全阳光率		190×190×95 劈开石花纹	2.51%
隔声性	透过损失	单嵌板	145×145×95 145×145×50 190×190×95 145×300×60	约50dB 约43dB 约46dB 约41dB
		双嵌板	145×145×95	—
压缩强度	单体压缩强度		145×145×95 190×190×95	平均 9.0MPa 平均 7.0MPa
	接缝剪断强度 (脉动试验)		145×145×95,5 块	平面压 263.0MPa 纵向压 142.4MPa
防火性能	单嵌板		115×115×115×240 145×145×145×300 190×190×240×240 (厚 60,80,95)	工种防火
	双嵌板		145×145×95	非受力墙壁,耐火 1h
耐冷热试验			145×145×95	45℃以上
绝热性	导热率		各种尺寸的空心玻璃	2.94W/(m・K)室内温度20℃,室内相对湿度 50%室外温度 −5℃,水蒸气量在 6g/(h・m³)下结露
	表面结露		各种空心玻璃砖	

第十章　建筑钢材和铝合金型材

第一节　建筑钢材

建筑钢材是指用于钢结构、钢筋混凝土结构的各种型钢、钢筋和钢丝。

钢材强度高、品质均匀，有一定的塑性和韧性，有良好的承受冲击荷载和振动荷载的能力，可以焊接和铆接，施工和装配方便，安全可靠，因此被广泛用于工业和民用建筑工程中，是重要的结构材料。

钢和铁的主要成分都是铁和碳。钢和生铁的主要区别在于含碳量不同。钢的含碳量在2%以下，常用钢板的含碳量在1.3%以下，而炼钢用的生铁含碳量一般在4%左右。由于两者的含碳量不同，在性能和用途上也有很大区别。

一、钢的分类

钢的分类方法很多，目前的分类方法主要有下面几种：

(1) 根据含碳量不同，碳素钢可以分为低碳钢（含碳量<0.25%）、中碳钢（含碳量 0.25%~0.6%）、高碳钢（含碳量大于 0.6%）。在建筑工程中，主要用的是低碳钢和中碳钢。

(2) 根据合金元素总量的多少，合金钢可以分为低合金钢（合金元素总量<5%）、中合金钢（合金元素总量为 5%~10%）、高合金钢（合金元素总量>10%）。常用低合金钢。

(3) 根据钢中有害杂质的多少，工业用钢可分为普通钢（S≤0.050%、P≤0.045%）、优质钢（S≤0.035%、P≤0.035%）、高级优质钢（S 和 P 均≤0.025%）、特级优质钢（S≤0.025%、P≤0.015%）。常用普通钢，有时也用优质钢。

(4) 根据用途不同可分为结构钢、工具钢和特殊性能用钢。钢的常用分类方法如下：

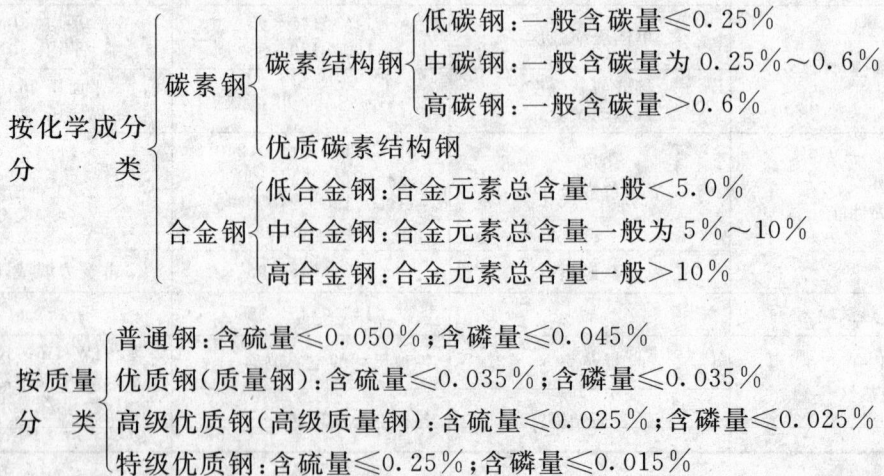

按化学成分分类
- 碳素钢
  - 碳素结构钢
    - 低碳钢：一般含碳量≤0.25%
    - 中碳钢：一般含碳量为 0.25%~0.6%
    - 高碳钢：一般含碳量>0.6%
  - 优质碳素结构钢
- 合金钢
  - 低合金钢：合金元素总含量一般<5.0%
  - 中合金钢：合金元素总含量一般为 5%~10%
  - 高合金钢：合金元素总含量一般>10%

按质量分类
- 普通钢：含硫量≤0.050%；含磷量≤0.045%
- 优质钢（质量钢）：含硫量≤0.035%；含磷量≤0.035%
- 高级优质钢（高级质量钢）：含硫量≤0.025%；含磷量≤0.025%
- 特级优质钢：含硫量≤0.25%；含磷量≤0.015%

$$
\text{按用途分类}
\begin{cases}
\text{结构钢}
\begin{cases}
\text{建筑钢}
\begin{cases}
\text{碳素结构钢} \\
\text{合金结构钢}
\end{cases} \\
\text{工具钢}
\begin{cases}
\text{碳素工具钢} \\
\text{合金工具钢} \\
\text{高速工具钢}
\end{cases}
\end{cases} \\
\text{特殊性能钢：不锈钢、耐酸钢、耐热钢、磁钢等}
\end{cases}
$$

$$
\text{按冶炼方法分类}
\begin{cases}
\text{按炉的种类分}
\begin{cases}
\text{平炉钢} \\
\text{转炉钢} \\
\text{电炉钢} \\
\text{坩埚炉钢}
\end{cases}
\text{按炉衬材料分}
\begin{cases}
\text{酸性} \\
\text{碱性}
\end{cases} \\
\text{按脱氧程度和浇筑方法分}
\begin{cases}
\text{沸腾钢} \\
\text{镇静钢} \\
\text{半镇静钢}
\end{cases}
\end{cases}
$$

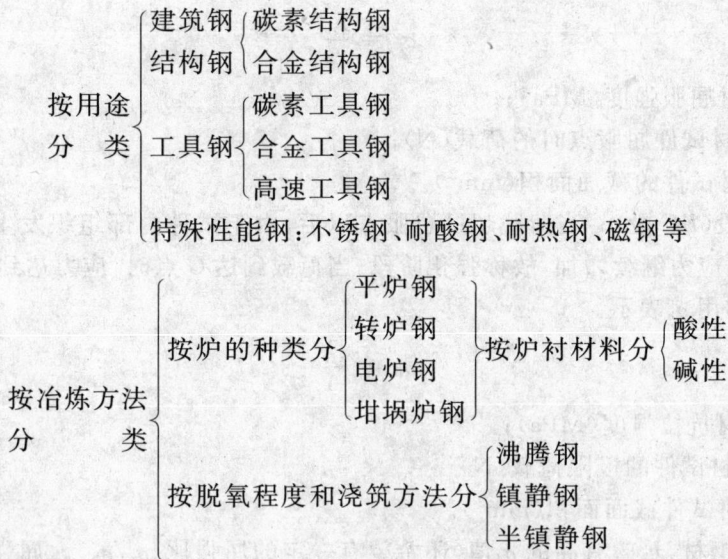

按上述分类，建筑用钢材主要是：平炉钢和转炉钢；属低碳钢和中碳钢；常用普通钢和低合金钢，有时也用优质钢。

二、建筑用钢的技术性能

在建筑结构工程中，对钢材的选用，要考虑使用性能，它包括力学性能（如拉伸性能、塑性、冲击韧性、疲劳强度等）、物理性能、化学性能等。同时还要考虑工艺性能，它包括冷弯性能、焊接性能、热处理性能等。

（一）钢材的拉伸性能

抗拉性能是建筑钢材最重要的技术性能。通过拉伸试验得到钢材的屈服强度、抗拉强度和伸长率是三项重要技术指标。

拉伸试验是先将钢材做成标准试件，然后在试验机上缓慢施加拉伸荷载，在加荷过程中观察钢材的应力-应变的过程，直至试件拉断为止。整个拉伸过程，描绘出应力和应变曲线，见图 10-1。在应力-应变曲线图中，大致经历了下面四个阶段：

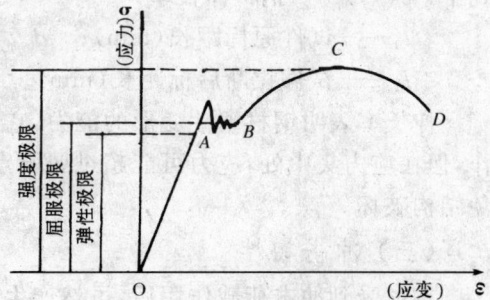

图 10-1 （软）钢材拉伸曲线

（1）弹性阶段（OA 段）。当应力从零逐渐增大时，钢材被认为仅仅发生弹性变形，一直达到弹性极限为止。线段 OA 上应力与应变成正比关系，它们的比值为一常数，称弹性模量 $E(E=\sigma/\varepsilon)$。Q235 钢的 $E=0.21\times10^{6}\,\mathrm{MPa}$，25MnSi 钢的 $E=0.2\times10^{6}\,\mathrm{MPa}$。弹性模量是衡量材料产生弹性变形难易程度的指标。

（2）屈服阶段（AB 段）。当荷载增大，试件应力超过 A 点时，变形增加的速度大于应力增长速度，应力与应变不再成比例，开始产生塑性变形；当荷载作用使应力到达 B 点时，应力并未增加，但应变速度加快，即钢材塑性变形迅速增加，已不能满足设计要求，故将 B 点称屈服点，在设计中将屈服点的强度作为取值依据。屈服点的强度称为屈服强度，用 σ_s 表示。

$$\sigma_s = \frac{F_s}{A}$$

式中　σ_s——钢材屈服强度(MPa);

　　　F_s——钢材试件屈服点时的荷载(N);

　　　A——钢材试件的截面面积(mm^2)。

(3) 强化阶段(BC 段)。当荷载超过屈服点以后,由于试件内部组织发生变化,抵抗变形能力又重新提高,应力继续增加,故称强化阶段,当荷载到达 C 点时,应力达到极限值。C 点的强度称抗拉强度,用 σ_b 表示。

$$\sigma_b = \frac{F_c}{A}$$

式中　σ_b——钢材抗拉强度(MPa);

　　　F_c——钢材试件的极限荷载(N);

　　　A——钢材试件截面面积(mm^2)。

工程上使用钢材,希望有高的 σ_s 值,还希望有一定的屈强比(σ_s/σ_b)。屈强比越小,材料可靠性越高,不易发生危险的脆性断裂,但如果屈强比太小,则材料的有效利用率太低。Q235 钢的屈强比为 0.58~0.63。

(4) 颈缩阶段(CD 阶段)。当荷载超过 C 点后,试件的变形已不再是均匀的,在试件的某个部位出现加速变细直至拉断为止。试件出现变细加速的部位称为"颈缩"。

（二）塑性

钢材在外力作用下发生塑性变形而不破坏的能力叫塑性。塑性指标是伸长率,用"$\delta(\%)$"表示。伸长率是试件拉断后的总伸长量与原始长度比值的百分率:

$$\delta(\%) = \frac{l_1 - l_0}{l_0} \times 100\%$$

式中　$\delta(\%)$——钢材伸长率;

　　　l_0——试件原标距长(mm);

　　　l_1——试件拉断后标距长(mm)。

伸长率表明钢材塑性变形的能力,它是钢材的重要技术指标,钢结构一般在弹性范围内工作,但在应力集中处,应力可能超过屈服点。有一定的塑性变形,可以保证应力重分布,从而避免结构破坏。

（三）冲击韧性

钢材受到冲击荷载作用后,虽然产生较大塑性变形,但并未破坏的性能称冲击韧性。冲击韧性的大小,是用试样作冲击试验确定的。见图 10-2。当试件被冲断时,单位面积上所消耗的最大冲击功,称为冲击韧性,用"a_k"表示。

$$a_k = \frac{A_k}{A} (J/cm^2)$$

式中　a_k——冲击韧性(J/cm^2);

　　　A_k——冲击功(J);

　　　A——试件断面积(cm^2)。

a_k 值越大,冲击韧性越好。a_k 值小,则说明钢的脆性大。

（四）冷弯性能

冷弯性能是指钢材在常温下承受弯曲变形的能力，它是钢材的重要工艺性能。在实际工程中，根据需要将钢筋在常温下弯曲成不同角度，要求在弯曲处外面及侧面没有微裂纹、裂纹、裂缝、断裂等情况。

所谓冷弯试验是将钢材试件以规定尺寸的弯心进行试验，弯曲至规定的程度（90°或180°），检验钢材试件承受弯曲塑性变形的能力及其缺陷。通过冷弯试验更有助于暴露钢材的某些内在缺陷，如钢材因冶炼、轧制过程

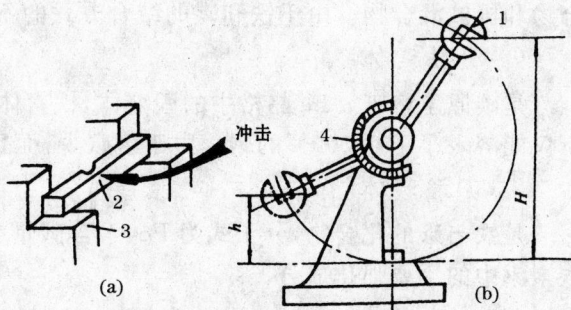

图 10-2 冲击韧性试验图
（a）试件装置 （b）试验机
1. 摆锤 2. 试件 3. 试验台 4. 刻度盘

不良产生的气孔、杂质、裂纹、严重偏析等及焊接时局部脆性和焊接接头质量缺陷等。因此，钢材的冷弯指标不仅是对加工性能的要求，而且也是评定钢材塑性和保证焊接接头质量的重要指标之一。图 10-3 为钢筋冷弯试验过程示意图。

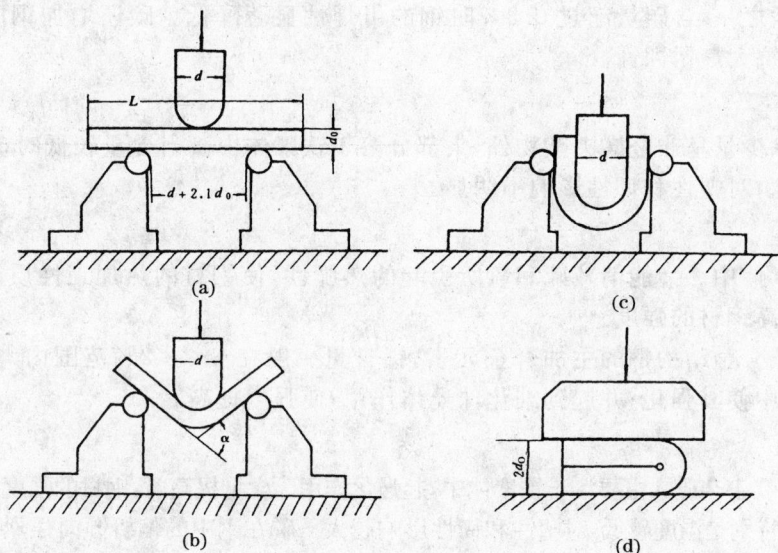

图 10-3 钢筋冷弯
（a）试样安装 （b）弯曲90° （c）弯曲180° （d）弯曲至两面重合

（五）焊接性能

在建筑工程中，各种钢结构、钢筋及预埋件等，均采用焊接加工。因此要求钢材具有良好的可焊性。钢材在焊接加工过程中，局部高温受热，焊后急冷，会造成局部变形和硬脆倾向。可焊性好的钢材在焊接加工后，焊缝处的性能与母材相近，局部硬脆倾向小，才能使焊接牢固可靠。

可焊性与钢的化学成分和含量有关，当含碳量超过 0.3% 时，可焊性差；钢中含硫量较高时也会使钢在焊接时产生热脆性。此外，焊前预热和焊后热处理，可使可焊性差的钢材焊接质量提高。

三、钢的相组织

建筑钢材的基本成分是铁与碳，碳原子与铁原子之间的结合有三种基本方式：固溶体、化

合物和机械混合物。由于铁和碳的结合方式的不同,碳素钢在常温下形成的基本组织有:

（一）铁素体

是碳原子溶于 α-Fe 晶格中的固溶体,铁素体晶格原子间空隙较小,其溶碳能力很低,室温下仅能溶入小于 0.005% 的碳。由于溶碳少,而且晶格中滑移面较多,故强度低、塑性好。

（二）渗碳体

是铁与碳的化合物,分子式为 Fe_3C,含碳量为 6.67%。它的晶体结构复杂,性质硬脆,是碳素钢中的主要强化成分。

（三）珠光体

是铁素体和渗碳体相互间形成的层状机械混合物。其层状可以认为是铁素体基体上分布着硬脆的渗碳体片。珠光体的性能介于铁素体和渗碳体之间。

四、钢的化学成分对性能的影响

（一）碳

建筑钢材含碳量不大于 0.8%,其基本组织为铁素体和珠光体。当含碳量提高时,钢中的珠光体随之增多,故强度和硬度也相应提高,而塑性和韧性则相应降低。同时,碳是显著降低钢材可焊性元素之一,含碳量超过 0.3% 时钢的可焊性显著降低。碳还增加钢的冷脆性和时效敏感性,降低抗大气锈蚀性。

（二）硅

硅在钢中除少量呈非金属夹杂物外,大部分溶于铁素体中。当含量较低时（小于 1%）,可提高钢材的强度,对塑性和韧性影响不明显。

（三）锰

锰溶于铁素体中。锰能消减硫和氧所引起的热脆性,使钢材的热加工性质改善。溶入铁素体的锰,可提高钢材的强度。

锰是我国低合金结构钢的主加合金元素,锰含量一般在 1%～2% 范围内,它的作用主要是:溶于铁素体中使其强化;并起到细化珠光体作用,使强度提高。

（四）磷

磷是钢中的有害杂质。主要溶于铁素体中,起强化作用。含量提高时,钢材的强度提高,但塑性和韧性显著下降。特别是温度越低,对塑性和韧性影响越大。磷在钢中的偏析倾向强烈,使铁素体晶格严重畸变,是钢材冷脆性显著增大的原因。磷使钢材变脆的作用,使它显著降低钢材的可焊性。

（五）硫

硫是钢中很有害的元素。呈非金属硫化物夹杂物存在于钢中,降低各种机械性能。硫化物造成的低熔点,使钢在焊接时易产生热裂纹,显著降低可焊性。硫亦有强烈的偏析作用,增加了危害性。

在建筑工程常用的低合金钢中,除了锰、硅外,钛、铌、钒也是常用的合金元素。

（六）钛

钛是强脱氧剂,能细化晶粒,能显著提高钢的强度,但稍降低塑性,由于晶粒细化,可改善韧性。钛能减少时效倾向,改善可焊性。

（七）钒

钒是强碳化物和氮化物的形成元素,钒能细化晶粒,有效地提高强度,并能减少时效倾向,但增加焊接时的淬硬倾向。

（八）铌

铌是强碳化物和氮化物形成元素，能细化晶粒。

五、常用建筑钢材

我国建筑用钢材主要有碳素结构钢、优质碳素结构钢和普通低合金结构钢。

（一）碳素结构钢

碳素结构钢冶炼方便，成本低廉，目前在建筑中的应用仍占相当比例（主要是 Q235）。碳素结构钢的塑性好，适宜于各种加工，并能保证在焊接、超载、冲击、温度应力等不利条件下的安全；力学性能稳定，对轧制、加热、剧烈冷却的敏感性小。但与低合金结构钢比，其强度较低。

1. 碳素结构钢的牌号及性能

按其力学性能和化学成分含量可以分为 Q195、Q215、Q235、Q255、Q275 五个牌号。碳素结构钢中牌号越大，含碳量越高，强度、硬度越高，而塑性、韧性越低。

碳素结构钢的五个牌号性能各不相同，Q195、Q215 钢的塑性高，容易冷弯和焊接，但强度较低，多用于受荷载较小的焊接结构中，以及制造铆钉和地脚螺栓等。

Q235 钢既有较高的强度，又有良好的塑性和韧性，易于焊接，焊接件机械性能稳定，由于有良好的综合性能，有利于冷热加工，所以被广泛用于建筑结构中，作为钢结构屋架、闸门、管道、桥梁及钢筋混凝土结构中的钢筋等。

Q255、Q275 钢屈服强度较高，但塑性、韧性和可焊性较差，可用于钢筋混凝土结构中配筋和钢结构构件，以及制造螺栓等。

碳素结构钢的力学性能见表 10-1，冷弯性能见表 10-2。

表 10-1　碳素结构钢力学性能（GB/T 700—1988）

牌号	等级	拉 伸 试 验														冲击试验		与原GB 700—79 标准牌号对照
		屈服点 σ_s（MPa）						抗拉强度 σ_b（MPa）	伸长率 δ_5（%）						温度（℃）	V型冲击功（纵向）（J）	
		钢材厚度（直径）（mm）							钢材厚度（直径）（mm）								
		≤16	>16~40	>40~60	>60~100	>100~150	>150		≤16	>16~40	>40~60	>60~100	>100~150	>150			
		不小于							不小于							不小于	
Q195	—	(195)	(185)	—	—	—	—	315~430	33	32	—	—	—	—	—	—	1号钢
Q215	A	215	205	195	185	175	165	335~450	31	30	29	28	27	26	—	—	A2
	B														20	27	C2
Q235	A	235	225	215	205	195	185	375~500	26	25	24	23	22	21	—	27	A3
	B														20		C3
	C														0		—
	D														20		—
Q255	A	255	245	235	225	215	205	410~550	24	23	22	21	20	19	—	27	A4
	B														20		C4
Q275	—	275	265	255	245	235	225	490~630	20	19	18	17	16	15			C5

注：1. Q195 的化学成分与（GB 700—1979）标准 1 号钢和乙类钢 B1 同，力学性能（抗拉强度、伸长率和冷弯）与甲类钢 A1 同。

2. δ_5 为短试件拉断后的伸长率（短试件标距长 $L_0=5d_0$，长试件标距长 $L_0=10d_0$）。

表 10-2　碳素结构钢冷弯性能

牌　号	试样方向	冷弯试验 $B=2a180°$		
		钢材厚度（直径）（mm）		
		60	>60～100	>100～200
		弯心直径 d		
Q195	纵	0	—	—
	横	0.5a		
Q215	纵	0.5a	1.5a	2a
	横	a	2a	2.5a
Q235	纵	a	2a	2.5a
	横	1.5a	2.5a	3a
Q255	—	2a	3a	3.5a
Q275	—	3a	4a	4.5a

注：B 为试样宽度，a 为钢材厚度（直径）。

2. 碳素结构钢牌号表示方法

碳素结构钢的牌号由代表屈服点的字母、屈服点数值、质量等级符号、脱氧方法符号等四个部分按顺序组成，表 10-3 为碳素结构钢牌号的表示方法。

表 10-3　碳素结构钢牌号表示方法

名　称	采用汉字及其汉语拼音		符　号
	汉　字	汉语拼音	
屈服点	屈	Q	
质量等级	—	—	A、B、C、D
沸腾钢	沸	F	—
半镇静钢	半	b	—
镇静钢	镇	Z	—
特种镇静钢	特镇	TZ	—

注：在牌号组成表示方法中，"Z"与"TZ"符号予以省略。

例：Q235—B.F 表示屈服强度为 235MPa，质量等级为 B 级的沸腾钢。

Q235—C.Z 表示屈服强度为 235MPa，质量等级为 C 级的镇静钢。

3. 各牌号碳素结构钢的化学成分（见表 10-4）

（二）优质碳素结构钢（GB/T 699—1999）

优质碳素结构钢简称优质碳素钢。这类钢主要是镇静钢，与碳素结构钢相比，磷和硫含量限制严格，一般控制在 0.035% 以内。

1. 分类与代号

（1）钢材按冶金质量等级分为：优质钢、高级优质钢（A）和特级优质钢（E）。

（2）钢材按使用加工方法分为两类：

表 10-4　碳素结构钢的化学成分

牌 号	等 级	化学成分（%）					脱 氧 方 法
		C	Mn	Si	S	P	
					不大于		
Q195	—	0.06～0.12	0.25～0.50	0.30	0.050	0.045	F、b、Z
Q215	A	0.09～0.15	0.25～0.55	0.03	0.050	0.045	F、b、Z
	B				0.045		
Q235	A	0.14～0.22	0.30～0.65①	0.30	0.050	0.045	F、b、Z
	B	0.12～0.20	0.30～0.70①		0.045		
	C	≤0.18	0.35～0.80		0.040	0.040	Z
	D	≤0.17			0.035	0.035	TZ
Q255	A	0.18～0.28	0.40～0.70	0.30	0.050	0.045	F、b、Z
	B				0.045		
Q275	—	0.28～0.38	0.50～0.80	0.35	0.050	0.045	b、Z

① Q235A、B级沸腾钢锰含量上限为 0.60%。

① 压力加工用钢（UP）、热压力加工用钢（UHP）、顶锻用钢（UF）和冷拔坯料用钢（UCD）。

② 切削加工用钢（UC）。

（3）优质碳素结构钢钢号的表示方法：

① 一般情况下优质碳素结构钢的钢号用两位数字表示，数字代表平均含碳量万分之几。如 08F、10、30、40、45、65、70、75、80、85、25Mn 等。

② 对于较高含锰量的优质碳素结构钢，在钢号后面加符号"Mn"表示。如上述钢号中的 25Mn。

③ 在普通含锰量的高级优质碳素钢中又分为镇静钢和沸腾钢两种，沸腾钢在钢号后面加符号"F"表示。如上述钢号中的 08F。

④ 如果是高级优质碳素结构钢，在钢号的最后加符号"A"表示。

2. 尺寸、外形、质量及允许偏差

（1）热轧圆钢和方钢的尺寸、外形、质量及其允许偏差应符合 GB/T 702 的有关规定，具体要求应在合同中注明。

（2）锻制圆钢和方钢的尺寸、外形、质量及其允许偏差应符合 GB/T 908 的有关规定，具体要求应在合同中注明。

（3）其它截面形状钢材的尺寸、外形、质量及其允许偏差应符合相应标准的规定。

3. 技术要求

1）牌号、代号及化学成分

（1）钢的牌号、统一数字代号及化学成分（熔炼分析）应符合表 10-5 的规定。

（2）钢的硫、磷含量应符合表 10-6 的规定。

（3）使用废钢冶炼的钢允许含铜量不大于 0.30%。

（4）热压力加工用钢的铜含量应不大于 0.20%。

表 10-5　优质碳素结构钢牌号、统一数字代号、化学成分

序　号	统一数字代号	牌　号	化学成分（%）					
			C	Si	Mn	Cr	Ni	Cu
						不大于		
1	U20080	08F	0.05～0.11	≤0.03	0.25～0.50	0.10	0.30	0.25
2	U20100	10F	0.07～0.13	≤0.07	0.25～0.50	0.15	0.30	0.25
3	U20150	15F	0.12～0.18	≤0.07	0.25～0.50	0.25	0.30	0.25
4	U20082	08	0.05～0.11	0.17～0.37	0.35～0.65	0.10	0.30	0.25
5	U20102	10	0.07～0.13	0.17～0.37	0.35～0.65	0.15	0.30	0.25
6	U20152	15	0.12～0.18	0.17～0.37	0.35～0.65	0.25	0.30	0.25
7	U20202	20	0.17～0.23	0.17～0.37	0.35～0.65	0.25	0.30	0.25
8	U20252	25	0.22～0.29	0.17～0.37	0.50～0.80	0.25	0.30	0.25
9	U20302	30	0.27～0.34	0.17～0.37	0.50～0.80	0.25	0.30	0.25
10	U20352	35	0.32～0.39	0.17～0.37	0.50～0.80	0.25	0.30	0.25
11	U20402	40	0.37～0.44	0.17～0.37	0.50～0.80	0.25	0.30	0.25
12	U20452	45	0.42～0.50	0.17～0.37	0.50～0.80	0.25	0.30	0.25
13	U20502	50	0.47～0.55	0.17～0.37	0.50～0.80	0.25	0.30	0.25
14	U20552	55	0.52～0.60	0.17～0.37	0.50～0.80	0.25	0.30	0.25
15	U20602	60	0.57～0.65	0.17～0.37	0.50～0.80	0.25	0.30	0.25
16	U20652	65	0.62～0.70	0.17～0.37	0.50～0.80	0.25	0.30	0.25
17	U20702	70	0.67～0.75	0.17～0.37	0.50～0.80	0.25	0.30	0.25
18	U20752	75	0.72～0.80	0.17～0.37	0.50～0.80	0.25	0.30	0.25
19	U20802	80	0.77～0.85	0.17～0.37	0.50～0.80	0.25	0.30	0.25
20	U20852	85	0.82～0.90	0.17～0.37	0.50～0.80	0.25	0.30	0.25
21	U21152	15Mn	0.12～0.18	0.17～0.37	0.70～1.00	0.25	0.30	0.25
22	U21202	20Mn	0.17～0.23	0.17～0.37	0.70～1.00	0.25	0.30	0.25
23	U21252	25Mn	0.22～0.29	0.17～0.37	0.70～1.00	0.25	0.30	0.25
24	U21302	30Mn	0.27～0.34	0.17～0.37	0.70～1.00	0.25	0.30	0.25
25	U21352	35Mn	0.32～0.39	0.17～0.37	0.70～1.00	0.25	0.30	0.25
26	U21402	40Mn	0.37～0.44	0.17～0.37	0.70～1.00	0.25	0.30	0.25
27	U21452	45Mn	0.42～0.50	0.17～0.37	0.70～1.00	0.25	0.30	0.25
28	U21502	50Mn	0.48～0.56	0.17～0.37	0.70～1.00	0.25	0.30	0.25
29	U21602	60Mn	0.57～0.65	0.17～0.37	0.70～1.00	0.25	0.30	0.25
30	U21652	65Mn	0.62～0.70	0.17～0.37	0.90～1.20	0.25	0.30	0.25
31	U21702	70Mn	0.67～0.75	0.17～0.37	0.90～1.20	0.25	0.30	0.25

　　注：表中所列牌号为优质钢。如果是高级优质钢，在牌号后面加"A"（统一数字代号最后一位数字改为"3"）；如果是特级优质钢，在牌号后面加"E"（统一数字代号最后一位数字改为"6"）；对于沸腾钢，牌号后面为"F"（统一数字代号最后一位数字改为"0"）；对于半镇静钢，牌号后面为"b"（统一数字代号最后一位数字为"1"）。

（5）铅浴淬火（派登脱）钢丝用的 35～85 号钢的锰含量为 0.30%～0.60%；铬含量不大于 0.10%，镍含量不大于 0.15%，铜含量不大于 0.20%；硫、磷含量应符合钢丝标准要求。

（6）08 钢用铝脱氧冶炼镇静钢，锰含量下限为 0.25%，硅含量不大于 0.03%，铝含量为 0.02%～0.07%。此时钢的牌号为 08Al。

2）力学性能

（1）用热处理（正火）毛坯制成的试样测定钢材的纵向力学性能（不包括冲击吸收功）应符合表 10-7 的规定。

根据需方要求，用热处理（淬火＋回火）毛坯制成试样测定 25～50、25Mn～50Mn 钢的冲击吸收功应符合表 10-7 的规定。

表 10-6　优质碳素结构钢中硫、磷含量规定

组　　别	P	S
	不大于（%）	
优质钢	0.035	0.035
高级优质钢	0.030	0.030
特级优质钢	0.025	0.020

表 10-7　优质碳素结构钢力学性能及交货状态硬度指标

序号	牌号	试样毛坯尺寸（mm）	推荐热处理（℃）			力 学 性 能					钢材交货状态硬度（HBS10/3000）不大于	
			正火	淬火	回火	σ_b（MPa）	σ_s（MPa）	δ_5（%）	ψ（%）	A_{KU_2}（J）	未热处理钢	退火钢
						不小于						
1	08F	25	930	—	—	295	175	35	60	—	131	—
2	10F	25	930	—	—	315	185	33	55	—	137	—
3	15F	25	920	—	—	355	205	29	55	—	143	—
4	08	25	930	—	—	325	195	33	60	—	131	—
5	10	25	930	—	—	335	205	31	55	—	137	—
6	15	25	920	—	—	375	225	27	55	—	143	—
7	20	25	910	—	—	410	245	25	55	—	156	—
8	25	25	900	870	600	450	275	23	50	71	170	—
9	30	25	880	860	600	490	295	21	50	63	179	—
10	35	25	870	850	600	530	315	20	45	55	197	—
11	40	25	860	840	600	570	335	19	45	47	217	187
12	45	25	850	840	600	600	355	16	40	39	229	197
13	50	25	830	830	600	630	375	14	40	31	241	207
14	55	25	820	820	600	645	380	13	35	—	255	217
15	60	25	810	—	—	675	400	12	35	—	255	229
16	65	25	810	—	—	695	410	10	30	—	255	229
17	70	25	790	—	—	715	420	9	30	—	269	229
18	75	试样	—	820	480	1080	880	7	30	—	285	241
19	80	试样	—	820	480	1080	930	6	30	—	285	241
20	85	试样	—	820	480	1130	980	6	30	—	302	255
21	15Mn	25	920	—	—	410	245	26	55	—	163	—

序号	牌号	试样毛坯尺寸(mm)	推荐热处理(℃)			力 学 性 能					钢材交货状态硬度(HBS10/3000)不大于	
			正火	淬火	回火	σ_b (MPa)	σ_s (MPa)	δ_5 (%)	ψ_b (%)	A_{KU_2} (J)	未热处理钢	退火钢
						不小于						
22	20Mn	25	910	—	—	450	275	24	50	—	197	—
23	25Mn	25	900	870	600	490	295	22	50	71	207	—
24	30Mn	25	880	860	600	540	315	20	45	63	217	187
25	35Mn	25	870	850	600	560	335	18	45	55	229	197
26	40Mn	25	860	840	600	590	355	17	45	47	229	207
27	45Mn	25	850	840	600	620	375	15	40	39	241	217
28	50Mn	25	830	830	600	645	390	13	40	31	255	217
29	60Mn	25	810	—	—	695	410	11	35	—	269	229
30	65Mn	25	830	—	—	735	430	9	30	—	285	229
31	70Mn	25	790	—	—	785	450	8	30	—	285	229

注：1. 对于直径或厚度小于 25mm 的钢材，热处理是在与成品截面尺寸相同的试样毛坯上进行。

2. 表中所列正火推荐保温时间不少于 30min,空冷；淬火推荐保温时间不少于 30min,75、80 和 85 钢油冷,其余钢水冷；回火推荐保温时间不少于 1h。

直径小于 16mm 的圆钢和厚度不大于 12mm 的方钢、扁钢,不作冲击试验。

(2) 表 10-7 所列的力学性能仅用于截面尺寸不大于 80mm 的钢材。对大于 80mm 的钢材,允许其断后伸长率、断面收缩率比表 10-7 的规定分别降低 2%（绝对值）及 5%（绝对值）。

用尺寸大于 80～120mm 的钢材改锻（轧）成 70～80mm 的试料取样检验时,其试验结果应符合表 10-7 规定。

用尺寸大于 120～250mm 的钢材改锻（轧）成 90～100mm 的试料取样检验时,其试验结果应符合表 10-7 规定。

(3) 切削加工用钢材或冷拔坯料用钢材交货状态硬度应符合表 10-7 规定。

4. 优质碳素结构钢的应用

可不经热处理直接使用,也可经热处理后再使用。在建筑工程中常用 45 钢作为预应力钢筋的锚具,65、70、75 和 80 钢可用于生产预应力钢筋混凝土用的碳素钢丝、刻痕钢丝和钢绞线。

六、低合金高强度结构钢(GB/T 1591—1994)

(一) 牌号表示方法

钢的牌号由代表屈服点的汉语拼音字母（Q）、屈服点数值、质量等级符号（A、B、C、D、E）三个部分按顺序排列。

例如：Q390A

其中：

Q——钢材屈服点的"屈"字汉语拼音的首位字母；

390——屈服点数值,单位 MPa；

A、B、C、D、E——分别为质量等级符号。

（二）尺寸、外形、重量等要求

尺寸、外形、重量及允许偏差应符合相应标准的规定。

（三）技术要求

1. 牌号和化学成分

钢的牌号和化学成分（熔炼分析）应符合表 10-8 规定。合金元素含量应符合 GB/T 13304 对低合金钢的规定。

① Q295 的碳含量到 0.18％也可交货。

② 不加 V、Nb、Ti 的 Q295 级钢，当 C≤0.12％时，Mn 含量上限可提高到 1.80％。

③ Q345 级钢的 Mn 含量上限可提高到 1.70％。

④ 厚度≤6mm 的钢板、钢带和厚度≤16mm 的热连轧钢板、钢带的 Mn 含量下限可降低 0.20％。

⑤ 在保证钢材力学性能符合本标准规定的情况下，用 Nb 作为细化晶粒元素时，其 Q345、Q390 级钢的 Mn 含量下限可低于表 10-8 的下限含量。

⑥ 除各牌号 A、B 级钢外，表 10-8 中的细化晶粒元素（V、Nb、Ti、Al），钢中应至少含有其中的一种；如这些元素同时使用则至少应有一种元素的含量不低于规定的最小值。

⑦ 为改善钢的性能，各牌号 A、B 级钢可加入 V 或 Nb 或 Ti 等细化晶粒元素，其含量应符合表 10-8 规定。如不作为合金元素加入时，其下限含量不受限制。

⑧ 当钢中不加入细化晶粒元素时，不进行该元素含量的分析，也不予保证。

⑨ 型钢和钢棒的 Nb 含量下限为 0.005％。

⑩ 各牌号钢的 Cr、Ni、Cu 残余元素含量各不大于 0.30％，供方如能保证可不作分析。

⑪ 为改善钢的性能，Q390、Q420、Q460 级钢可加入少量 Mo 元素。

⑫ 为改善钢的性能，各牌号钢可加入 RE 元素，其加入量按 0.02％～0.20％计算。

表 10-8 低合金高强度结构钢的牌号及化学成分

牌号	质量等级	化学成分，%										
		C≤	Mn	Si≤	P≤	S≤	V	Nb	Ti	Al≥	Cr≤	Ni≤
Q295	A	0.16	0.80～1.50	0.55	0.045	0.045	0.02～0.15	0.015～0.060	0.02～0.20	—		
	B	0.16	0.80～1.50	0.55	0.040	0.040	0.02～0.15	0.015～0.060	0.02～0.20	—		
Q345	A	0.20	1.00～1.60	0.55	0.045	0.045	0.02～0.15	0.015～0.060	0.02～0.20	—		
	B	0.20	1.00～1.60	0.55	0.040	0.040	0.02～0.15	0.015～0.060	0.02～0.20	—	—	—
	C	0.20	1.00～1.60	0.55	0.035	0.035	0.02～0.15	0.015～0.060	0.02～0.20	0.015		
	D	0.18	1.00～1.60	0.55	0.030	0.030	0.02～0.15	0.015～0.060	0.02～0.20	0.015		
	E	0.18	1.00～1.60	0.55	0.025	0.025	0.02～0.15	0.015～0.060	0.02～0.20	0.015		
Q390	A	0.20	1.00～1.60	0.55	0.045	0.045	0.02～0.20	0.015～0.060	0.02～0.20	—	0.30	0.70
	B	0.20	1.00～1.60	0.55	0.040	0.040	0.02～0.20	0.015～0.060	0.02～0.20	—	0.30	0.70
	C	0.20	1.00～1.60	0.55	0.035	0.035	0.02～0.20	0.015～0.060	0.02～0.20	0.015	0.30	0.70
	D	0.20	1.00～1.60	0.55	0.030	0.030	0.02～0.20	0.015～0.060	0.02～0.20	0.015	0.30	0.70
	E	0.20	1.00～1.60	0.55	0.025	0.025	0.02～0.20	0.015～0.060	0.02～0.20	0.015	0.30	0.70
Q420	A	0.20	1.00～1.70	0.55	0.045	0.045	0.02～0.20	0.015～0.060	0.02～0.20	—	0.40	0.70
	B	0.20	1.00～1.70	0.55	0.040	0.040	0.02～0.20	0.015～0.060	0.02～0.20	—	0.40	0.70
	C	0.20	1.00～1.70	0.55	0.035	0.035	0.02～0.20	0.015～0.060	0.02～0.20	0.015	0.40	0.70
	D	0.20	1.00～1.70	0.55	0.030	0.030	0.02～0.20	0.015～0.060	0.02～0.20	0.015	0.40	0.70
	E	0.20	1.00～1.70	0.55	0.025	0.025	0.02～0.20	0.015～0.060	0.02～0.20	0.015	0.40	0.70
Q460	C	0.20	1.00～1.70	0.55	0.035	0.035	0.02～0.20	0.015～0.060	0.02～0.20	0.015	0.70	0.70
	D	0.20	1.00～1.70	0.55	0.030	0.030	0.02～0.20	0.015～0.060	0.02～0.20	0.015	0.70	0.70
	E	0.20	1.00～1.70	0.55	0.025	0.025	0.02～0.20	0.015～0.060	0.02～0.20	0.015	0.70	0.70

注：表中的 Al 为全铝含量。如化验酸溶铝时，其含量应不小于 0.01％。

2. 力学性能和工艺性能

钢材的拉伸、冲击和弯曲试验结果应符合表10-9的规定。

表 10-9　力学性能和工艺性能

牌号	质量等级	屈服点 σ_s(MPa) 厚度(直径,边长)(mm)				抗拉强度 σ_b (MPa)	伸长率 δ₅(%)	冲击功,A_{kv},(纵向)(J)				180°弯曲试验 d=弯心直径; a=试样厚度(直径) 钢材厚度(直径),mm	
		≤16	>16~35	>35~50	>50~100			+20℃	0℃	-20℃	-40℃	≤16	>16~100
		不小于						不小于					
Q295	A	295	275	255	235	390~570	23					$d=2a$	$d=3a$
	B	295	275	255	235	390~570	23	34				$d=2a$	$d=3a$
Q345	A	345	325	295	275	470~630	21	34				$d=2a$	$d=3a$
	B	345	325	295	275	470~630	21		34			$d=2a$	$d=3a$
	C	345	325	295	275	470~630	22			34		$d=2a$	$d=3a$
	D	345	325	295	275	470~630	22					$d=2a$	$d=3a$
	E	345	325	295	275	470~630	22				27	$d=2a$	$d=3a$
Q390	A	390	370	350	330	490~650	19	34				$d=2a$	$d=3a$
	B	390	370	350	330	490~650	19		34			$d=2a$	$d=3a$
	C	390	370	350	330	490~650	20			34		$d=2a$	$d=3a$
	D	390	370	350	330	490~650	20					$d=2a$	$d=3a$
	E	390	370	350	330	490~650	20				27	$d=2a$	$d=3a$
Q420	A	420	400	380	360	520~680	18	34				$d=2a$	$d=3a$
	B	420	400	380	360	520~680	18		34			$d=2a$	$d=3a$
	C	420	400	380	360	520~680	19			34		$d=2a$	$d=3a$
	D	420	400	380	360	520~680	19					$d=2a$	$d=3a$
	E	420	400	380	360	520~680	19				27	$d=2a$	$d=3a$
Q460	C	460	440	420	400	550~720	17		34			$d=2a$	$d=3a$
	D	460	440	420	400	550~720	17			34		$d=2a$	$d=3a$
	E	460	440	420	400	550~720	17				27	$d=2a$	$d=3a$

第二节　钢筋和钢丝

一、钢筋混凝土用热轧光圆钢筋(GB 13013—1991)

(一)级别、代号

热轧直条光圆钢筋级别为Ⅰ级,强度等级代号为 HPB 235。

(二)尺寸、外形、重量及允许偏差

1. 公称直径范围及推荐直径

钢筋的公称直径范围为 8~20mm,本标准推荐的钢筋公称直径为 8、10、12、16、20mm。

2. 公称截面积与公称重量

钢筋的公称横截面积与公称重量列于表10-10。

3. 光圆钢筋的截面形状及尺寸允许偏差

(1)光圆钢筋的截面形状如图10-4所示。

表 10-10　光圆钢筋的公称横截面积与公称重量

公称直径(mm)	公称截面面积(mm²)	公称重量(kg/m)
8	50.27	0.395
10	78.54	0.617
12	113.1	0.888
14	153.9	1.21
16	201.1	1.58
18	254.5	2.00
20	314.2	2.47

注:表中公称重量密度按 7.85g/cm³ 计算。

（2）光圆钢筋的直径允许偏差和不圆度应符合表 10-11 的规定。

（3）长度及允许偏差：

① 通常长度。钢筋按直条交货时，其通常长度为 3.5～12m，其中长度为 3.5m 至小于 6m 之间的钢筋不得超过每批重量的 3%。

② 定尺和倍尺长度。钢筋按定尺或倍尺长度交货时，应在合同中注明，其长度允许偏差不得大于＋50mm。

（4）弯曲度。钢筋每 m 弯曲度应不大于 4mm，总弯曲度不大于钢筋总长度的 0.4%。

4. 重量及允许偏差

（1）交货重量。钢筋可按公称重量或实际重量交货。

（2）重量允许偏差。根据需方要求，钢筋按重量偏差交货时，其实际重量与公称重量的允许偏差应符合表 10-12 的规定。

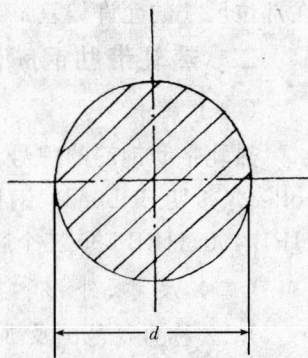

图 10-4　光圆钢筋截面形状
d—钢筋直径

表 10-11　光圆钢筋的直径允许偏差和不圆度规定

公称直径	直径允许偏差	不圆度　不大于
≤20	±0.40	0.40

表 10-12　实际重量与公称重量允许偏差

公称直径（mm）	实际重量与公称重量的偏差（%）
8～12	±7
14～20	±5

（三）技术要求

1. 牌号及化学成分

钢的牌号及化学成分（熔炼分析）应符合表 10-13 的规定。

表 10-13　光圆钢筋的牌号及化学成分

表面形状	钢筋级别	强度代号	牌　号	化学成分（%）				
				C	Si	Mn	P	S
							不大于	
光圆	I	R235	Q235	0.14～0.22	0.12～0.30	0.30～0.65	0.045	0.050

2. 力学性能和工艺性能

钢筋的力学性能和工艺性能应符合表 10-14 的规定。冷弯试验时受弯曲部位外表面不得产生裂纹。

表 10-14　光圆钢筋的力学性能及工艺性能

表面形状	钢筋级别	强度等级代号	公称直径（mm）	屈服点 σ_s（MPa）	抗拉强度 σ_b（MPa）	伸长率 δ（%）	冷弯　d—弯芯直径　a—钢筋公称直径
				不小于			
光圆	I	HPB235	8～20	235	370	25	180°　$d=a$

3. 表面质量

钢筋表面不得有裂纹、结疤和折叠。钢筋表面凸块和其它缺陷的深度和高度不得大于所在部位尺寸的允许偏差。

二、热轧带肋钢筋（GB 1499—1998）

（一）牌号

热轧带肋钢筋的牌号由 HRB 和牌号的屈服点最小值构成。H、R、B 分别为热轧（Hot rolled）、带肋（Ribbed）、钢筋（Bars）三个词的英文首位字母。热轧带肋钢筋分为 HRB 335、HRB 400、HRB 500 三个牌号。

（二）尺寸、外形和重量

1. 公称直径范围及推荐直径

钢筋的公称直径范围为 6～50mm，本标准推荐的钢筋公称直径为 6、8、10、12、16、20、25、32、40、50mm。

2. 公称横截面面积和公称重量（见表 10-15）。

表 10-15　热轧带肋钢筋公称横截面面积和公称重量

公称直径(mm)	公称横截面面积(mm²)	公称重量(kg/m)
6	28.27	0.222
8	50.27	0.395
10	78.54	0.617
12	113.1	0.888
14	153.9	1.21
16	201.1	1.58
18	254.5	2.00
20	314.2	2.47
22	380.1	2.98
25	490.9	3.85
28	615.8	4.83
32	804.2	6.31
36	1018	7.99
40	1257	9.87
50	1964	15.42

注：表中公称重量按密度 7.85g/cm³ 计算。

3. 热轧带肋钢筋的表面形状及尺寸允许偏差

热轧带肋钢筋采用月牙肋表面形状时，其形状如图 10-5 所示，尺寸和允许偏差应符合表 10-16 的规定。

4. 长度及允许偏差

（1）长度。热轧带肋钢筋通常按定尺长度交货，具体交货长度应在合同中注明。热轧带肋钢筋以盘卷交货时，每盘应是一条钢筋，允许每批有 5% 的盘数（不足两盘时可有两盘）由两条钢筋组成。其盘重及盘径由供需双方协商规定。

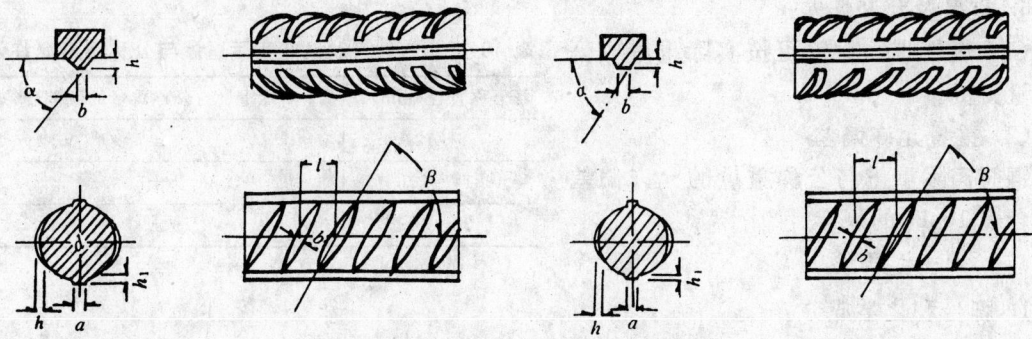

图 10-5　月牙肋钢筋表面及截面形状

d—钢筋内径;α—横肋斜角;h—横肋高度;β—横肋与轴线夹角;h_1—纵肋高度;

θ—纵肋斜角;a—纵肋顶宽;l—横肋间距;b—横肋顶宽

表 10-16　热轧带肋钢筋月牙肋尺寸和允许偏差　　　　　（mm）

公称直径	内径 d		横肋高 h		纵肋高 h_1		横肋宽 b	纵肋宽 a	间距 l		横肋末端最大间隙（公称周长的10%弦长）
	公称尺寸	允许偏差	公称尺寸	允许偏差	公称尺寸	允许偏差			公称尺寸	允许偏差	
6	5.8	±0.3	0.6	+0.3 −0.2	0.6	±0.3	0.4	1.0	4.0	±0.5	1.8
8	7.7		0.8	+0.4 −0.2	0.8	±0.5	0.5	1.5	5.5		2.5
10	9.6		1.0	+0.4 −0.3	1.0		0.6	1.5	7.0		3.1
12	11.5	±0.4	1.2		1.2		0.7	1.5	8.0		3.7
14	13.4		1.4	±0.4	1.4		0.8	1.8	9.0		4.3
16	15.4		1.5		1.5	±0.8	0.9	1.8	10.0		5.0
18	17.3		1.6	+0.5 −0.4	1.6		1.0	2.0	10.0		5.6
20	19.3		1.7	±0.5	1.7		1.2	2.0	10.0		6.2
22	21.3	±0.5	1.9		1.9		1.3	2.5	10.5	±0.8	6.8
25	24.2		2.1	±0.6	2.1	±0.9	1.5	2.5	12.5		7.7
28	27.2		2.2		2.2		1.7	3.0	12.5		8.6
32	31.0	±0.6	2.4	+0.8 −0.7	2.4		1.9	3.0	14.0		9.9
36	35.0		2.6	+1.0 −0.8	2.6	±1.1	2.1	3.5	15.0	±1.0	11.1
40	38.7	±0.7	2.9	±1.1	2.9		2.2	3.5	15.0		12.4
50	48.5	±0.8	3.2	±1.2	3.2	±1.2	2.5	4.0	16.0		15.5

注:纵肋斜角 θ 为 0°~30°;尺寸 a、b 为参考数据。

（2）长度允许偏差。热轧带肋钢筋按定尺交货时的长度允许偏差不得大于＋50mm。

5. 弯曲度和端部

直条钢筋的弯曲度应不影响正常使用,总弯曲度不大于钢筋总长度的 0.4%。钢筋端部应剪切正直,局部变形应不影响使用。

6. 重量及允许偏差

（1）热轧带肋钢筋可按实际重量或公称重量交货。

（2）重量允许偏差

钢筋实际重量与公称重量的允许偏差应符合表 10-17 的规定。

表 10-17　热轧带肋钢筋实际重量与公称重量允许偏差

公称直径(mm)	实际重量与公称重量的偏差(%)
6～12	±7
14～20	±5
22～50	±4

（三）技术要求

1. 牌号和化学成分

（1）钢的牌号应符合表 10-16 的规定,其化学成分和碳当量(熔炼分析)应不大于表 10-18 规定的值。根据需要,钢中还可加入 V、Nb、Ti 等元素。

表 10-18　热轧带肋钢筋化学成分

牌　号	化 学 成 分(%)					
	C	Si	Mn	P	S	Ceq
HRB 335	0.25	0.80	1.60	0.045	0.045	0.52
HRB 400	0.25	0.80	1.60	0.045	0.045	0.54
HRB 500	0.25	0.80	1.60	0.045	0.045	0.55

注:Ceq(%)为碳当量值,按下式计算:Ceq＝C＋Mn/6＋(Cr＋V＋Mo)/5＋(Cu＋Ni)/5

（2）钢的氮含量应不大于 0.012%。供方如能保证可不作分析。钢中如有足够数量的氮结合元素,含氮量的限制可适当放宽。

2. 力学性能

（1）热轧带肋钢筋的力学性能应符合表 10-19 的规定。

表 10-19　热轧带肋钢筋力学性能

牌　号	公称直径(mm)	σ_s(或 $\sigma_{p0.2}$)(MPa)	σ_b(MPa)	δ_5(%)
		不小于		
HRB 335	6～25 28～50	335	490	16
HRB 400	6～25 28～50	400	570	14
HRB 500	6～25 28～50	500	630	12

（2）钢筋在最大拉力下的总伸长率 δ_{gt} 不小于 2.5%。

（3）根据需方要求,可供应满足下列条件的钢筋:

① 钢筋实测抗拉强度与实测屈服点之比不小于 1.25;

② 钢筋实测屈服点与表 10-19 规定的最小屈服点之比不大于 1.30。

3. 工艺性能

（1）弯曲性能。按表 10-20 规定的弯心直径弯曲 180°后,钢筋受弯曲部位表面不得产生裂纹。

（2）反向弯曲性能。根据需方要求,钢筋可进行反向弯曲性能试验。反向弯曲试验的弯芯直径比弯曲试验相应增加一个钢筋直径。先正向弯曲 45°,后反向弯曲 23°。经反向弯曲试验后,钢筋受弯曲部位表面不得产生裂纹。

4. 表面质量

钢筋表面不得有裂纹、结疤和折叠。钢筋表面允许有凸块,但不得超过横肋的高度,钢筋表面上其它缺陷的深度和高度不得大于所在部位尺寸的允许偏差。

表 10-20　热轧带肋钢筋弯曲试验时弯心直径

牌　　号	公 称 直 径 a(mm)	弯曲试验弯心直径
HRB 335	6～25	3a
	28～50	4a
HRB 400	6～25	4a
	28～50	5a
HRB 500	6～25	6a
	28～50	7a

(四)包装、标志和质量说明书

(1)带肋钢筋应在其表面轧上牌号标志,还可依次轧上厂名(或商标)和直径(mm)数字。

(2)钢筋牌号以阿拉伯数字表示,HRB 335、HRB 400、HRB 500 对应的阿拉伯数字分别为 2、3、4。厂名经汉语拼音字头表示。直径(mm)数以阿拉伯数字表示。直径不大于 10mm 的钢筋,可不轧制标志,可采用挂标牌方法。

(3)标志应清晰明了,标志的尺寸由供方按钢筋直径大小作适当规定,与标志相交的横肋可以取消。

(4)除上述规定外,钢筋的包装、标志和质量说明书应符合 GB/T 2101 的有关规定。

三、预应力混凝土用热处理钢筋(GB/T 4463—1984)

预应力混凝土用热处理钢筋是指适用于预应力混凝土,并经过热处理的螺纹钢筋。

(一)分类和代号

(1)热处理钢筋按其螺纹外形分为有纵肋和无纵肋两种。

(2)热处理钢筋代号为 RB 150。

(二)外形、尺寸、重量

(1)有纵肋的热处理钢筋的外形、尺寸及允许偏差应符合图 10-6 和表 10-21 的规定。

(2)无纵肋的热处理钢筋的外形、尺寸及允许偏差应符合图 10-7 和表 10-22 的规定。

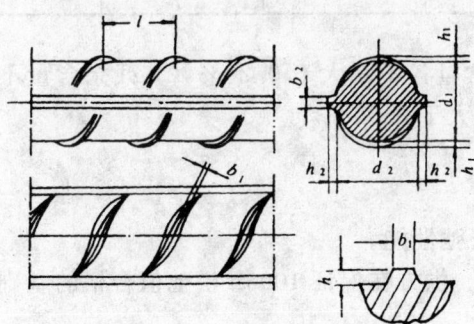

图 10-6　有纵肋的热处理钢筋外形　　　图 10-7　无纵肋的热处理钢筋外形

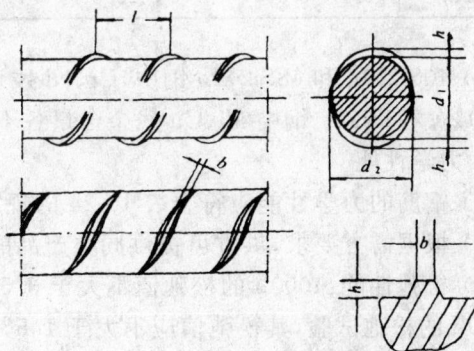

表 10-21　有纵肋的热处理钢筋尺寸及允许偏差

公称直径 d (mm)	尺寸及允许偏差(mm)							截面计算面积 F (mm^2)	公称重量 (kg/m)
	垂直内径 d_1	水平内径 d_2	肋距 l	横肋高 h_1	横肋宽 b_1	纵肋高 h_2	纵肋宽 b_2		
8.2	8.0$^{+0.6}_{-0.2}$	8.3$^{+0.6}_{-0.2}$	7.5±0.5	0.7$^{+0.5}_{-0.2}$	0.7$^{+0.5}_{-0.2}$	0.7$^{+0.5}_{-0.2}$	1.2±0.5	52.81	0.432
10	9.6$^{+0.6}_{-0.2}$	9.6±0.4	7.0±0.5	1.0±0.4	1.0$^{+0.7}_{-0.3}$	1.0$^{+0.5}_{-0.8}$	1.5±0.5	78.54	0.617

表 10-22　无纵肋热处理钢筋的尺寸及允许偏差

公称直径 d (mm)	尺寸及允许偏差(mm)					截面计算面积 F(mm²)	公称重量 (kg/m)
	垂直直径 d₁	水平直径 d₂	肋距 l	横肋高 h	横肋宽 b		
6	$5.8^{+0.6}_{-0.2}$	$6.3^{+0.6}_{-0.2}$	7.5 ± 0.5	$0.4^{+0.3}_{-0.2}$	$0.7^{+0.5}_{-0.2}$	28.27	0.230
8.2	$7.9^{+0.6}_{-0.2}$	$8.5^{+0.6}_{-0.2}$	7.5 ± 0.5	$0.7^{+0.5}_{-0.2}$	$0.7^{+0.5}_{-0.2}$	52.73	0.424

（3）钢筋热处理后应卷成盘。公称直径为 6mm 和 8.2mm 的热处理钢筋的盘的内径不小于 1.7m。公称直径为 10mm 的热处理钢筋盘的内径不小于 2.0m。

（4）每盘钢筋应由一整根钢筋组成。每盘钢筋的重量应不小于 60kg。每批钢筋中允许有 5％的盘数不足 60kg，但不得小于 25kg。

（三）标记示例

公称直径 8.2mm 的热处理钢筋标记为：RB 150－8.2－GB/T 4463—1984

（四）技术要求

1. 牌号及化学成分

（1）钢的牌号和化学成分（熔炼分析）应符合表 10-23 的规定。

表 10-23　热处理钢筋的牌号和化学成分

牌　号	化学成分(％)					
	C	Si	Mn	Cr	P	S
					不大于	
40 Si2Mn	0.36～0.45	1.40～1.90	0.80～1.20	—	0.045	0.045
48 Si2Mn	0.44～0.53	1.40～1.90	0.80～1.20	—	0.045	0.045
45 Si2Cr	0.41～0.51	1.55～1.95	0.40～0.70	0.30～0.60	0.045	0.045

（2）40Si2Mn 和 48Si2Mn 钢中，Cr、Ni 残余含量各不得大于 0.20％，Cu 残余含量不得大于 0.30％。45Si2Cr 钢中 Ni、Cu 残余含量各不得大于 0.30％。

2. 力学性能

（1）钢筋的力学性能应符合表 10-24 的规定。

（2）根据需方要求，供方可提供同类产品的松弛性能。

（3）松弛性能：1000h 的松弛值不大于 3.5％。供方在保证 1000h 松弛值合格的基础上可进行 10h 的松弛试验，其松弛值应不大于 1.5％。

表 10-24　热处理钢筋的力学性能

公称直径 (mm)	牌　号	屈服强度 $\sigma_{0.2}$ (N/mm²)	抗拉强度 σ_b (N/mm²)	伸长率 δ_{10} (％)
		不小于		
6	40Si2Mn			
8.2	48Si2Mn	1325	1470	6
10	45Si2Cr			

3．表面质量

（1）钢筋表面不得有肉眼可见的裂纹、结疤、折叠。钢筋表面允许有凸块，但不得超过横肋的高度。钢筋表面允许有不影响使用的缺陷。钢筋表面不得沾有油污。

（2）钢筋端部应切割正直。

（3）钢筋在制造过程中，除端部外，应使用钢筋不受到切割火花或其它方式造成的局部加热影响。

（五）包装、标志和质量说明书

（1）每盘钢筋应捆扎结实，捆扎不少于四处。

（2）每盘钢筋应挂有明显的标牌，牌上应注明：产品名称或代号、制造厂名称或商标、钢筋的公称直径、批（炉）号和生产日期。

（3）每批钢筋应附有质量说明书，并注明：① 供方名称；② 需方名称；③ 合同号；④ 牌号；⑤ 批号（或炉罐号）；⑥ 产品名称、钢筋的公称直径、强度级别；⑦ 重量及件数；⑧ 各项试验结果；⑨ 技术监督部门印记；⑩ 标准编号；⑪ 检验出厂日期。

四、钢筋混凝土用余热处理钢筋（GB 13014—1991）

钢筋混凝土用余热处理钢筋是指经热轧后立即穿水，进行表面控制冷却，然后利用芯部余热自身完成回火处理的成品钢筋。

（一）级别和代号

余热处理带肋钢筋的级别为Ⅲ级，强度等级代号为 KL400。

（二）尺寸、外形、重量及允许偏差

1．公称直径范围及推荐直径

钢筋的公称直径范围为 8～40mm，标准推荐的钢筋公称直径为 8、10、12、16、20、25、32、40mm。

2．公称横截面面积和公称重量

钢筋的公称横截面面积和公称重量列于表 10-25。

表 10-25　余热处理带肋钢筋的公称横截面面积和公称重量

公称直径（mm）	公称横截面面积（mm²）	公称重量（kg/m）
8	50.27	0.395
10	78.54	0.617
12	113.1	0.888
14	153.9	1.21
16	201.1	1.58
18	254.5	2.00
20	314.2	2.47
22	380.1	2.98
25	490.9	3.85
28	615.8	4.83
32	804.2	6.31
36	1018	7.99
40	1257	9.87

3. 长度及允许偏差

(1) 通常长度。钢筋按直条交货时,通常长度为 3.5~12m。其中长度为 3.5m 至小于 6m 之间的钢筋,不应超过每批重量的 3%。带肋钢筋以盘卷钢筋交货时,每盘应是一整条钢筋,盘重和盘径应由供需双方协商。

(2) 定尺和倍尺长度。钢筋按定尺或倍尺长度交货时,应在合同中注明。长度允许偏差不应大于 +50mm。

4. 弯曲度

钢筋每 m 弯曲度不应大于 4mm,总弯曲度不大于钢筋总长度的 0.4%。

5. 重量及允许偏差

(1) 交货重量。钢筋可按实际重量或公称重量交货。

(2) 重量允许偏差。根据需方要求钢筋按重量偏差交货时,实际重量与公称重量的允许偏差应符合表 10-26 的规定。

表 10-26　实际重量与公称重量允许偏差

公称直径(mm)	实际重量与公称重量的偏差(%)
8~12	±7
14~20	±5
22~40	±4

(三) 技术要求

1. 牌号及化学成分

(1) 钢的牌号及化学成分(熔炼分析)应符合表 10-27 的规定。

(2) 钢中铬、镍、铜的残余含量应各不大于 0.30%;其总量不大于 0.60%。经需方同意,铜的残余含量可不大于 0.35%。

表 10-27　余热处理钢筋的牌号及化学成分

表面形状	钢筋级别	强度代号	牌号	化学成分(%)				
				C	Si	Mn	P	S
							不大于	
月牙肋	III	KL 400	20MnSi	0.17~0.25	0.40~0.80	1.20~1.60	0.045	0.045

(3) 氧气转炉钢的氮含量不应大于 0.008%,采用吹氧复合吹炼工艺冶炼的钢,氮含量可不大于 0.012%。供方保证可不作分析。

(4) 钢筋的化学成分允许偏差应符合 GB/T 222 的规定。

2. 力学性能和工艺性能

钢筋的力学性能和工艺性能应符合表 10-28 的规定。当冷弯试验时,受弯曲部位外表面不得产生裂纹。

表 10-28　余热处理钢筋的力学性能和工艺性能

表面形状	钢筋级别	强度等级代号	公称直径(mm)	屈服点 σ_s(MPa)	抗拉强度 σ_b(MPa)	伸长率 δ_5(%)	冷弯 d-弯芯直径 a-钢筋公称直径
				不小于			
月牙肋	III	KL 400	8~25 28~40	440	600	14	90° d=3a 90° d=4a

3. 表面质量

钢筋表面不得有裂纹、结疤和折叠。钢筋表面允许有凸块,但不得超过横肋的高度,钢筋表面上其它缺陷的深度和高度不得大于所在部位尺寸的允许偏差。

（四）包装、标志和质量说明书

（1）钢筋表面应轧上钢筋级别标志，还可依次轧上厂名和直径 mm 数字。

（2）标志应清晰明了，标志的尺寸由供方按钢筋直径大小作适当规定，与标志相交的横肋可以取消。

（3）除上述规定外，钢筋的包装、标志和质量说明书应符合 GB/T 2101 的有关规定。

五、冷轧带肋钢筋（GB 13788—2000）

冷轧带肋钢筋是用低碳钢热轧圆盘条经冷轧后，在其表面带有沿长度方向均匀分布的二面或三面横肋的钢筋。《冷轧带肋钢筋》（GB 13788—2000）规定，冷轧带肋钢筋代号用 CRB 表示，并按抗拉强度等级划分为五个牌号：CRB550、CRB650、CRB800、CRB970、CRB1170。CRB550 钢筋的公称直径范围为 4～12mm，CRB650 及以上牌号钢筋的公称直径为 4、5、6（mm）。

（一）尺寸、外形、重量及允许偏差

1. 公称直径范围及推荐直径

钢筋的公称直径范围为 4～12mm，推荐钢筋公称直径为 5、6、7、8、9、10mm。

2. 尺寸、重量及允许偏差

三面肋和二面肋钢筋的尺寸、重量及允许偏差应符合表 10-29 的规定。

表 10-29　三面肋和二面肋钢筋的尺寸、重量及允许偏差

公称直径 d（mm）	公称横截面面积（mm²）	重量		横肋中点高		横肋 1/4 处高 $h_{1/4}$（mm）	横肋顶宽 b（mm）	横肋间距		相对肋面积 f_i 不小于
		理论重量（kg/m）	允许偏差（%）	h（mm）	允许偏差（%）			l（mm）	允许偏差（%）	
4	12.6	0.099		0.30		0.24		4.0		0.036
4.5	15.9	0.125		0.32		0.26		4.0		0.039
5	19.6	0.154		0.32		0.26		4.0		0.039
5.5	23.7	0.156		0.40		0.32		5.0		0.039
6	28.3	0.232		0.40	+0.10 −0.05	0.32		5.0		0.039
6.5	33.2	0.261		0.46		0.37		5.0		0.045
7	38.5	0.302		0.46		0.37		5.0		0.045
7.5	44.2	0.347		0.55		0.44		6.0		0.045
8	50.3	0.395	±4	0.55		0.44	−0.2d	6.0	±15	0.045
8.5	56.7	0.445		0.55		0.44		7.0		0.045
9	63.6	0.499		0.75		0.60		7.0		0.052
9.5	70.8	0.556		0.75		0.60		7.0		0.052
10	78.5	0.617		0.75	±0.10	0.60		7.0		0.052
10.5	86.5	0.679		0.75		0.60		7.4		0.052
11	95.0	0.746		0.85		0.68		8.4		0.056
11.5	103.8	0.815		0.95		0.76		8.4		0.056
12	113.1	0.888		0.95		0.76		8.4		0.056

注：1 横肋 1/4 处高、横肋顶宽供孔型设计用。

　　2 二面肋钢筋允许有高度不大于 $0.5h$ 的纵肋。

3. 三面肋钢筋的外形应符合图 10-8 的规定。二面肋钢筋的外形应符合图 10-9 的规定。

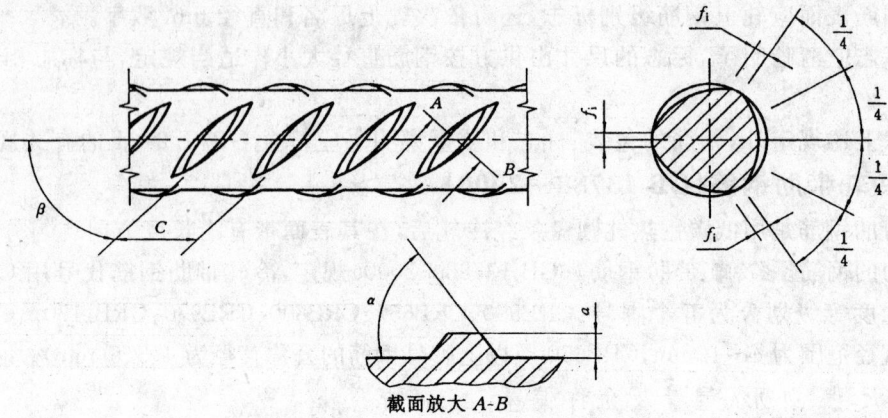

图 10-8　三面肋钢筋表面及截面形状

4. 弯曲度

直条交货的钢筋每 m 弯曲度不应超过 4mm,总弯曲度不大于 0.4%。

（二）技术要求

1. 牌号和化学成分

牌号和化学成分（熔炼分析）应符合表 10-30 的规定。

2. 力学性能

（1）钢筋的力学性能和工艺性能应符合表 10-31 的规定。当进行冷弯试验时,受弯曲部位表面不得产生裂纹。反复弯曲试验的弯曲半径应符合表 10-32 的规定。

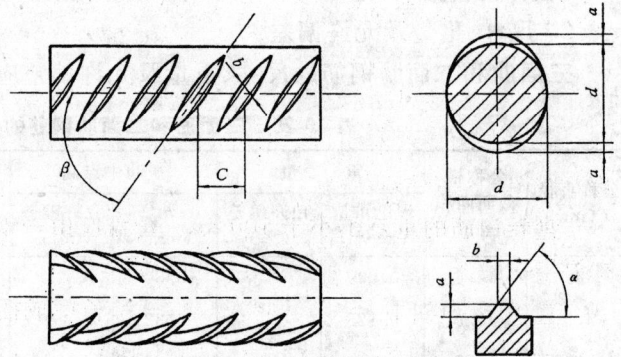

图 10-9　二面肋钢筋表面及截面形状

d—钢筋内径；α—横肋斜角；β—横肋与轴线夹角；
a—横肋高度；c—横肋间距；b—横肋顶宽

表 10-30　冷轧带肋钢筋的牌号和化学成分

钢筋牌号	盘条牌号	化学成分的质量分数/%					
		C	Si	Mn	V、Ti	S	P
CRB550 CRB650	Q215	0.09～0.15	≤0.30	0.25～0.55	—	≤0.050	≤0.045
	Q235	0.14～0.22	≤0.30	0.30～0.65	—	≤0.050	0.045
CRB800	24MnTi	0.19～0.27	0.17～0.37	1.20～1.60	Ti:0.01～0.05	≤0.045	≤0.045
	20MnSi	0.17～0.25	0.40～0.80	1.20～1.60	—	≤0.045	≤0.045
CRB970	41MnSiV	0.37～0.45	0.60～1.10	1.00～1.40	V:0.05～0.12	≤0.045	≤0.045
	60	0.57～0.65	0.17～0.37	0.50～0.80	—	≤0.035	≤0.035
RB1 170	70Ti	0.66～0.70	0.17～0.37	0.60～1.00	Ti:0.01～0.05	≤0.045	≤0.045
	70	0.67～0.75	0.17～0.37	0.50～0.80	—	≤0.035	≤0.035

表 10-31　冷轧带肋钢筋的力学性能和工艺性能

牌　号	抗拉强度 σ_b(MPa) 不小于	伸长率(%)不小于		弯曲试验 180°	反复弯曲 次数	松弛率(%) (初始应力 $\sigma_{con}=0.7\sigma_b$)	
		δ_{10}	δ_{100}			1 000 h 不大于	10 h 不大于
CRB550	550	8.0	—	$D=3d$	—	—	—
CRB650	650	—	4.0		3	8	5
CRB800	800	—	4.0		3	8	5
CRB970	970	—	4.0		3	8	5
CRB1170	1170	—	4.0		3	8	5

注:表中 D 为弯心直径,d 为钢筋公称直径。

表 10-32　反复弯曲试验的弯曲半径　　　　　　　　　　(mm)

钢筋公称直径	4	5	6
弯曲半径	10	15	15

(2) 钢筋的强屈比 $\sigma_b/\sigma_{0.2}$ 应不小于 1.05。

(3) 生产厂在保证 1000h 应力松弛率合格基础上,经常试验可进行 10h 应力松弛试验。

（三）冷轧带肋钢筋的表面质量及交货状态

钢筋表面不得有裂纹、折叠、结疤、油污及其它影响使用的缺陷。钢筋表面可有浮锈,但不得有锈皮及目视可见的麻坑等腐蚀现象。

钢筋通常按盘卷交货,CRB550 钢筋也可按直条交货。钢筋按直条交货时,其长度及允许偏差按供需双方协商确定。

盘卷钢筋的重量不小于 100 kg。每盘应由一根钢筋组成。CRB650 及以上牌号钢筋不得有焊接接头。

直条钢筋按同一牌号、同一规格、同一长度成捆交货,捆重由供需双方协商确定。

六、冷轧扭钢筋（JG 3046—1998）

冷轧扭钢筋是用低碳钢热轧圆盘条经专用冷轧扭机调直、冷轧并冷扭一次成型,具有规定截面形状和节距的连续螺旋状钢筋。

（一）冷轧扭钢筋的形状与截面

冷轧扭钢筋的形状与截面见图 10-10 所示。

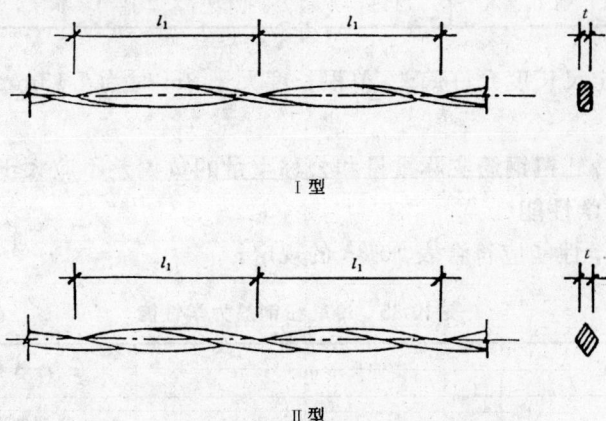

Ⅰ型

Ⅱ型

图 10-10　冷轧扭钢筋的形状及截面
t—轧扁厚度;l_1—节距

（二）分类和型号

1. 分类

冷轧扭钢筋按其截面形状不同分为Ⅰ型和Ⅱ型：矩形截面为Ⅰ型；菱形截面为Ⅱ型。

2. 型号

冷轧扭钢筋的型号标记由产品名称的代号、特性代号、主参数代号和改型代号四部分组成：

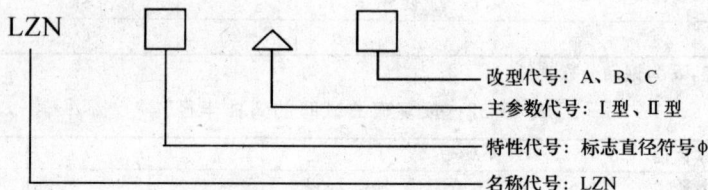

LZN

改型代号：A、B、C
主参数代号：Ⅰ型、Ⅱ型
特性代号：标志直径符号φ
名称代号：LZN

标记示例：冷轧扭钢筋，标志直径为10mm，矩形截面，标记为LZNφ`10(Ⅰ)。

（三）技术要求

1. 原材料

(1) 生产冷轧扭钢筋用的原材料宜优先选用符合YB 4027规定的低碳钢无扭控冷热轧盘条（高速线材），也可选用符合GB/T 701—1997规定的低碳钢热轧圆盘条。

(2) 原材料采用的牌号为Q235、Q215。但当采用Q215时，碳的含量不宜小于0.12%。

2. 冷轧扭钢筋的轧扁厚度、节距、公称横截面面积、公称重量和允许偏差

(1) 冷轧扭钢筋的轧扁厚度、节距应符合表10-33的规定。

(2) 冷轧扭钢筋的公称横截面面积和公称重量应符合表10-34的规定。

表 10-33　冷轧扭钢筋轧扁厚度、节距

类型	标志直径 d （mm）	轧扁厚度 t 不小于（mm）	节距 l_1 不大于（mm）
Ⅰ型	6.5	3.7	75
	8	4.2	95
	10	5.3	110
	12	6.2	150
	14	8.0	170
Ⅱ型	12	8.0	145

表 10-34　冷轧扭钢筋公称截面面积和公称重量

类型	标志直径 d （mm）	公称横截面面积 A_s （mm²）	公称重量 G （kg/m）
Ⅰ型	6.5	29.5	0.232
	8	45.3	0.356
	10	68.3	0.536
	12	93.3	0.733
	14	132.7	1.042
Ⅱ型	12	97.8	0.768

(3) 冷轧扭钢筋定尺长度允许偏差：单根长度大于8m时为±15mm；单根长度不大于8m时为±10mm。

(4) 重量偏差。冷轧扭钢筋实际重量和公称重量的负偏差不应大于5%。

3. 冷轧扭钢筋力学性能

冷轧扭钢筋的力学性能应符合表10-35的规定。

表 10-35　冷轧扭钢筋力学性能

抗拉强度 σ_b（N/mm²）	伸长率 δ_{10}（%）	冷弯180°（弯心直径＝3d）
≥580	≥4.5	受弯曲部位表面不得产生裂纹

注：d 为冷扎钢筋标志直径。δ_{10} 为以标距为10倍标志直径的试样拉断伸长率。

4. 冷轧扭钢筋外观质量

冷轧扭钢筋表面不应有影响钢筋力学性能的裂纹、折叠、结疤、压痕、机械损伤或其它影响使用的缺陷。

5. 交货状态

冷加工状态直条交货。

（四）标志、标签和包装

1. 标志和标签

每捆冷轧扭钢筋应是同牌号、同规格和同长度尺寸的钢筋。每捆应有两个以上（含两个）标签。标签上应标志生产厂名、产品名称、规格和长度、数量及生产日期。

2. 包装

冷轧扭钢筋应成捆交货，每捆两头用铁丝捆扎。当钢筋定尺长度大于 6m 时，每捆应有 3处捆扎点。

3. 每批冷轧扭钢筋出厂应有质量说明书或合格证及产品性能检验报告。

（五）运输和储存

（1）冷轧扭钢筋应成捆运输和装卸，且应避免钢筋弯折。

（2）冷轧扭钢筋一般宜随加工随用。应分规格成捆整齐堆垛，底层用干燥垫木垫好，并在防雨条件下储存。

七、环氧树脂涂层钢筋（JG 3042—1997）

在普通带肋钢筋和普通光圆钢筋表面，采用环氧树脂粉末以静电喷涂的方法，制作成环氧树脂喷涂层钢筋，简称涂层钢筋。

（一）产品型号

环氧树脂涂层钢筋的型号由名称代号、特性代号、主参数代号和改型序号组成，并按下列顺序排列：

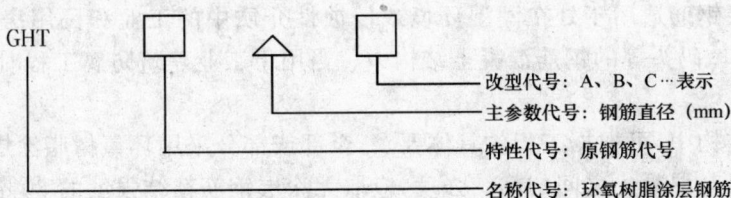

改型代号：A、B、C…表示
主参数代号：钢筋直径（mm）
特性代号：原钢筋代号
名称代号：环氧树脂涂层钢筋

【例 1】 用直径为 20mm、强度等级代号为 HRB335 热轧带肋钢筋制作的环氧树脂涂层钢筋，其产品型号为"GHT·HRB335-20"。

【例 2】 用直径为 20mm、强度等级代号为 HRB335 热轧带肋钢筋制作的环氧树脂涂层钢筋，在第一次变型更新后，其产品型号为"GHT·HRB335-20A"。

（二）技术要求

1. 材料

（1）用于制作环氧涂层的钢筋，其质量应符合有关现行国家标准的规定，且其表面不得有尖角、毛刺或其它影响涂层质量的缺陷，并应避免油、脂或漆等的污染。

（2）环氧涂层材料必须采用专业生产厂家的产品，其性能应符合有关规定。涂层钢筋生产厂家应向用户提交有关涂层材料的书面合格证，说明在全部订货中所用每批涂层材料的编号、数量、生产厂家、厂址、生产日期和涂层材料的性能等。

（3）涂层修补材料必须采用专业生产厂家的产品,其性能必须与涂层材料兼容、在混凝土中呈惰性,且应符合规定。涂层钢筋生产厂家应向用户提供涂层修补材料。

2. 涂层制作

（1）在制作环氧树脂涂层前,必须对钢筋表面进行净化处理,其质量应达到 GB/T 8923—1988 规定的目视评定除锈等级 Sa2$\frac{1}{2}$级,并应根据附录 A 的要求对净化处理后的钢筋表面质量进行检验,对符合要求的钢筋方可进行涂层制作。

（2）应使用专门设备对净化处理后的钢筋表面质量进行检测。净化后的钢筋表面不得附着有氯化物,表面洁净度不应低于 95%;净化后的钢筋表面尚应具有适当的粗糙度,其波峰至波谷间的幅值应在 0.04～0.10mm 之间。

（3）涂层制作应尽快在净化后清洁的钢筋表面上进行。钢筋净化处理后至制作涂层时的间隔时间不宜超过 3h,且钢筋表面不得有肉眼可见的氧化现象发生。

（4）涂层应采用环氧树脂粉末以静电喷涂方法在钢筋表面制作,并根据涂层材料生产厂家的建议对涂层给予充分养护。

3. 涂层要求

（1）固化后的涂层厚度应为 0.18～0.30mm。在每根被测钢筋的全部厚度记录值中,应有不少于 90% 的厚度记录值在上述规定范围内,且不得有低于 0.13mm 厚度记录值。对涂层厚度的要求,不包括由于涂层缺陷或破损而做修补的区域。

（2）养护后的涂层应连续,不应有孔洞、空隙、裂纹或肉眼可见的其它涂层缺陷;涂层钢筋在每 m 长度上的微孔（肉眼不可见之针孔）数目平均不应超过 3 个。

（3）涂层钢筋必须具有良好的可弯性。在涂层钢筋弯曲试验中,在被弯曲钢筋的外半圆范围内,不应有肉眼可见的裂纹或失去粘着的现象出现。

4. 钢筋混凝土结构用环氧树脂涂层钢筋要求

（1）环氧涂层钢筋适用于处在潮湿环境或侵蚀性介质中的工业和民用房屋,一般构筑物及道路、桥梁、港口、码头等的钢筋混凝土结构中。当用于工业建筑防腐工程时,还应符合有关专业标准的要求

（2）在实际结构中,可根据工程的具体要求,全部或部分采用环氧树脂涂层钢筋。

（3）涂层钢筋与混凝土之间的粘结强度,应取无涂层钢筋粘结强度的 80%。

（4）涂层钢筋的锚固长度,应不小于有关设计规范规定的相同等级和规格的无涂层钢筋锚固长度的 1.25 倍。

（5）涂层钢筋的绑扎搭接长度,对受拉钢筋应不小于有关设计规范的相同等级和规格的无涂层钢筋锚固长度的 1.5 倍且不小于 375mm;对受压钢筋应不小于有关设计规范规定的相同等级和规格的无涂层钢筋锚固长度的 1.0 倍且不小于 250mm。

（6）当涂层钢筋进行弯曲加工时,对直径 d 不大于 20mm 的钢筋,其弯曲直径不应小于 4d;对直径 d 大于 20mm 的钢筋,其弯曲直不应小于 6d。

（7）在施工现场的模板工程、钢筋工程、混凝土工程等各分项工程施工中,均应根据具体工艺采取有效措施,使钢筋涂层不受损坏,对在施工操作中造成的少量涂层破损,必须及时予以修补。

（三）涂层的修补

（1）当涂层有孔洞、空隙、裂纹及肉眼可见的其它缺陷时，必须进行修补。允许修补的涂层缺陷的面积，最大不得超过每 0.3m 长钢筋表面积的 1%。

（2）在生产和搬运过程中造成的钢筋涂层破损，应予以修补。

（3）当涂层钢筋在加工过程中受到剪切、锯割或工具切断时，切断头应予修补。

（4）当涂层与钢筋之间存在不粘着现象时，不粘着的涂层应予除去，影响区域应被净化处理，之后再用修补材料修补。

（5）涂层修补应按照修补材料生产厂家的建议进行。

（6）在涂层钢筋经过弯曲加工后，若弯曲区段仅有发丝裂缝，涂层与钢筋之间没有可察觉的粘着损失，可不必修补。

（四）包装、标志、搬运和堆放

（1）涂层钢筋产品应采用具有抗紫外线照射性能的塑料布进行包装。

（2）涂层钢筋包装应分捆进行，其分捆应与钢筋原材料进厂时一致，但每捆涂层钢筋重量不应超过 2t。

（3）每捆涂层钢筋除应保留原钢筋的标志内容外，尚应标志出涂层钢筋的生产厂家、生产日期、产品名称及代号等，并做出合格标记。

（4）涂层钢筋的吊装应采用对涂层无损坏的绑带及多支点吊装系统进行，并防止钢筋与吊索之间及钢筋与钢筋之间因碰撞、摩擦等造成的涂层损坏。

（5）涂层钢筋在搬运、堆放等过程中，应在接触区域设置垫片；当成捆堆放时，涂层钢筋与地面之间、涂层钢筋捆与捆之间应用垫木隔开，且成捆堆放的层数不得超过五层。

八、预应力混凝土用钢丝（GB/T 5223—2002）

（一）分类和代号

（1）按加工状态预应力钢丝分为冷拉钢丝及消除应力钢丝两种，消除应力钢丝按松弛性能分为低松弛级钢丝和普通松弛级钢丝。其代号为：

WCD——冷拉钢丝

WLR——低松弛级钢丝

WNR——普通松弛级钢丝

（2）按外形预应力钢丝分为光面钢丝、螺旋肋钢丝、刻痕钢丝三种。其代号为：

P——光圆钢丝

H——螺旋肋钢丝

I——刻痕钢丝

（二）标记

钢丝的标记，按名称、公称直径、抗拉强度等级、加工状态代号、外形代号及标准号标记。

【例】 直径为 4.00mm，抗拉强度为 1670MPa 冷拉光圆钢丝，标记为：

预应力钢丝 4.00-1670 WCD-P-GB/T 5223—2002

（三）尺寸、外形、重量及允许偏差

（1）光圆钢丝的尺寸和允许偏差应符合表 10-36 的规定。每 m 重量参见表 10-36（钢的密度按 7.85g/cm^3 计算）。

表 10-36 光圆钢丝尺寸及允许偏差、每 m 参考重量

公称直径 d_n(mm)	直径允许偏差(mm)	公称横截面面积 S_n(mm²)	每 m 参考重量(g/m)
3.00	±0.04	7.07	55.5
4.00		12.57	98.6
5.00	±0.05	19.63	154
6.00		28.27	222
6.25		30.68	241
7.00		38.48	302
8.00	±0.06	50.26	394
9.00		63.62	499
10.00		78.54	616
12.00		113.1	888

（2）螺旋肋钢丝的尺寸和允许偏差应符合表 10-37 的规定。钢丝的公称横截面面积、每 m 参考重量与光圆钢丝相同。

表 10-37 螺旋肋钢丝的尺寸和允许偏差

公称直径 d_n (mm)	螺旋肋数量(条)	基圆尺寸		外轮廓尺寸		单肋尺寸	螺旋肋导程 C (mm)
		基圆直径 D_1 (mm)	允许偏差 (mm)	外轮廓直径 D (mm)	允许偏差 (mm)	宽度 a (mm)	
4.00	4	3.85	±0.5	4.25	±0.05	0.90～1.30	24～30
4.80	4	4.60		5.10		1.30～1.70	28～36
5.00	4	4.80		5.30			
6.00	4	5.80		6.30		1.60～2.00	30～38
6.25	4	6.00		6.70			30～40
7.00	4	6.73		7.46		1.80～2.20	35～45
8.00	4	7.75		8.45	±0.10	2.00～2.40	40～50
9.00	4	8.75		9.45		2.10～2.70	42～52
10.00	4	9.75		10.45		2.50～3.00	45～58

（3）三面的刻痕钢丝尺寸和允许偏差应符合表 10-38 的规定。钢丝的横截面面积和每 m 参考重量与光圆钢丝相同，三条痕中的其中一条倾斜方向与其它两条相反。

表 10-38 三面的刻痕钢丝尺寸和允许偏差

公称直径 d_n (mm)	刻痕深度		刻痕长度		节距	
	公称深度 a (mm)	允许偏差 (mm)	公称长度 b (mm)	允许偏差 (mm)	公称节距 L (mm)	允许偏差 (mm)
≤5.00	0.12	±0.05	3.5	±0.05	5.5	±0.05
>5.00	0.15		5.0		8.0	

注：公称直径指横截面面积等同于光圆钢丝横截面面积时所对应的直径。

（4）根据需方要求可生产表 10-36、表 10-37、表 10-38 以外规格的钢丝。

（5）光圆钢丝及螺旋肋钢丝的不圆度不得超出其直径公差的 1/2。

(6) 每盘钢丝由一根组成,盘重不小于 500kg。允许有 10% 的盘数小于 500kg,但最低盘重不小于 100kg。

(7) 盘内径:① 消除应力钢丝的盘内径不小于 1700mm;② 冷拉钢丝的盘内径应不小于钢丝公称直径 100 倍。

(四) 钢丝的牌号及化学成分

制造钢丝用钢由供方根据钢丝直径和力学性能确定。其化学成分应符合 YB/T 146 或 YB/T 170 的规定,也可采用其它相应牌号制造,成分不做为交货条件。

钢丝应用索氏体制造,经冷拉或冷拉后消除应力制成。

成品钢丝不得存在有电焊接头。在生产时为连续作业而焊接的电焊接头应切除掉。

(五) 力学性能

(1) 冷拉钢丝的力学性能应符合表 10-39 的规定。

表 10-39　冷拉钢丝的力学性能

公称直径 d_n (mm)	抗拉强度 σ_b 不小于 (MPa)	规定非比例伸长应力 $\sigma_{P0.2}$ 不小于 (MPa)	最大拉力下总伸长率 ($L_0=200$mm) δ_{gt} 不小于(%)	弯曲次数 不小于 (次/180°)	弯曲半径 R (mm)	断面收缩率 ψ 不小于 (%)	每 210mm 扭距的扭转次数 n 不小于	初始应力相当于 70%公称抗拉强度时,1000h 后应力松弛率 r 不大于(%)
3.00	1470	1100		4	7.5	—	—	
4.00	1570	1180		4	10		8	
	1670	1250		4	10	35	8	
5.00	1770	1330	1.5	4	15		8	8
6.00	1470	1100		5	15		7	
7.00	1570	1180		5	20	30	6	
	1670	1250		5	20		6	
8.00	1770	1330		5	20		5	

(2) 消除应力的光圆及螺旋肋钢丝的力学性能指标应符合表 10-40 的规定。

表 10-40　消除应力的光圆及螺旋肋钢丝的力学性能

公称直径 d_n (mm)	抗拉强度 σ_b 不小于 (MPa)	规定非比例伸长应力 $\sigma_{P0.2}$ 不小于 (MPa)		最大拉力下总伸长率 ($L_0=200$mm) δ_{gt} 不小于(%)	弯曲次数 不小于 (次/180°)	弯曲半径 R(mm)	应力松弛性能		
							初始应力相当于公称抗拉强度的百分数(%)	1000h 后应力松弛率 r 不大于(%)	
		WLR	WNR					WLR	WNR
								对所有规格	
4.00	1470	1290	1250		3	10			
	1570	1380	1330						
4.80	1670	1470	1410	3.5			60	1.0	4.5
	1770	1560	1500		4	15			
5.00	1860	1640	1580						
6.00	1470	1290	1250		4	15			
6.25	1570	1380	1330		4	20	70	2.5	8
	1670	1470	1410		4	20			
7.00	1770	1560	1500	3.5	4	20			
8.00	1470	1290	1250		4	20	80	4.5	12
9.00	1570	1380	1330		4	25			
10.00	1470	1290	1250		4	25			
12.00					4	30			

（3）消除应力的刻痕钢丝的力学性能应符合表 10-41 的规定。

表 10-41　消除应力刻痕钢丝的力学性能

公称直径 d_n (mm)	抗拉强度 σ_b 不小于 (MPa)	规定非比例伸长应力 $\sigma_{P0.2}$ 不小于 (MPa)		最大拉力下总伸长率 ($L_0=200mm$) δ_{gt} 不小于 (%)	弯曲次数不小于 (次/180°)	弯曲半径 R (mm)	应力松弛性能		
							初始应力相当于公称抗拉强度的百分数(%)	1000h 后应力松弛率 r 不大于(%)	
		WLR	WNR					WLR	WNR
							对所有规格		
≤5.0	1470	1290	1250	3.5	3	15	60	1.0	4.5
	1570	1380	1330						
	1670	1470	1410						
	1770	1560	1500				70	2.5	8
	1860	1640	1580						
>5.0	1470	1290	1250			20	80	4.5	12
	1570	1380	1330						
	1670	1470	1410						
	1770	1560	1500						

（4）根据不同的用途，经供需双方协议，可以供应表 10-39 至表 10-41 以外的其它强度级别的预应力钢丝，而其力学性能协议进行。

（5）允许用推算法确定 1000h 松弛值。

（六）预应力钢丝表面质量

（1）钢丝表面不得有裂纹和油污，也不允许有影响使用的拉痕、机械损伤等。

（2）除非供需双方另有协议，否则钢丝表面只要没有目视可见的麻坑，表面浮锈不应作为拒收的理由。

（3）消除应力钢丝表面允许存在回火颜色。

（七）包装、标志及质量说明书

预应力混凝土用钢丝的包装、标志及质量说明书应符合 GB/T 2103—1988 的规定。一般按 1 类包装，特殊要求应在合同中注明。

九、预应力混凝土用低合金钢丝（YB/T 038—1993）

预应力混凝土用低合金钢丝，是用专用低合金钢盘条拔制的。强度为 800～1200MPa 的，用于中、小预应力混凝土构件主筋的钢丝。

（一）分类及代号

（1）钢丝按强度级别分为 3 级，其代号为：

YD 800——抗拉强度为 800 MPa 级的预应力混凝土用光面低合金钢丝；

YD 1000——抗拉强度为 1000 MPa 级的预应力混凝土用光面低合金钢丝；

YD 1200——抗拉强度为 1200 MPa 级的预应力混凝土用光面低合金钢丝。

注："Y"为预应力的"预"字汉语拼音字头，"D"为低合金的"低"字汉语拼音字头。

（2）按钢丝表面形状分为光面钢丝和轧痕钢丝两种，其代号为：YZD 1000——抗拉强度 1000 MPa 级预应力混凝土用轧痕低合金钢丝。

注："Z"为轧痕的"轧"字汉语拼音字头。

（二）尺寸、外形、重量及允许偏差

（1）光面钢丝的尺寸和允许偏差应符合表 10-42 的规定。

表 10-42　光面钢丝的尺寸和允许偏差

公称直径(mm)	允许偏差(mm)	公称横截面面积(mm²)	每 m 公称重量(g)
5.0	+0.08 −0.04	19.63	154.1
7.0	+0.10 −0.10	38.48	302.1

（2）轧痕钢丝的外形、尺寸及允许偏差应符合表 10-43 和图 10-11 的规定。

表 10-43　轧痕钢丝的尺寸和允许偏差

尺寸(mm)	直径 d	轧痕深度 h	轧痕圆柱半径 R	轧痕间距 L	每 m 公称重量(g)
	7.0	0.30	8	7.0	302.1
允许偏差(mm)	±0.10	±0.05	±0.5	+0.5 −1.0	+8.7 −8.6

注：1. 钢丝直径及偏差用重量法测定,计算钢丝公称重量时的密度为 $7.85g/cm^3$;

　　2. 同一截面上两个轧痕相对错位≤2mm。

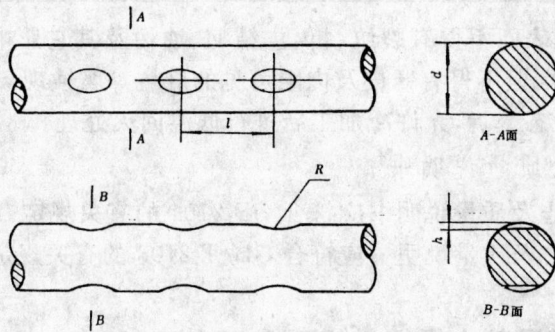

图 10-11　轧痕钢筋外形

（3）钢丝的不圆度应不超过直径公差之半。

（4）每盘钢丝由一根组成,电焊接头应当切除,其盘重应不小于 50kg,最小重量不小于 30kg,每个交货批中盘重小于 50kg 的盘数不得多于 10%。

（5）光圆钢丝的盘径不小于 550mm,轧痕钢丝的盘径不小于 1700mm。

（三）技 术 要 求

1. 拔丝用盘条

（1）钢的牌号及化学成分(熔炼成分)应符合表 10-44 的规定。

表 10-44　拔丝用盘条钢的牌号及化学成分

级别代号	牌　　号	C(%)	Mn(%)	Si(%)	V、Ti(%)	S(%)	P(%)
YD 800	21MnSi	0.17～0.24	1.20～1.65	0.30～0.70	—	≤0.045	≤0.045
	24MnTi	0.19～0.27	1.20～1.60	0.17～0.37	Ti:0.01～0.05	≤0.045	≤0.045
YD 1000	41MnSiV	0.37～0.45	1.00～1.40	0.60～1.10	V:0.05～0.12	≤0.045	≤0.045
YD 1200	70Ti	0.66～0.70	0.60～1.00	0.17～0.37	Ti:0.01～0.05	≤0.045	≤0.045

（2）力学性能和工艺性能应符合表 10-45 的规定。

表 10-45　拔丝用盘条的力学性能和工艺性能

公称直径(mm)	级别	抗拉强度 σ_b（MPa）	伸长率（%）	冷弯
6.5	YD800	≥550	$\delta_5 \geq 23$	180°, $d=5a$
9.0	YD1000	≥750	$\delta_5 \geq 15$	90°, $d=5a$
10.0	YD1200	≥900	$\delta_{10} \geq 7$	90°, $d=5a$

2. 钢丝

（1）钢丝应选用拔丝用盘条为原料进行制造。

（2）钢丝的力学性能和工艺性能应符合表 10-46 的规定。

表 10-46　钢丝的力学性能和工艺性能

公称直径（mm）	级　别	抗拉强度 σ_b（MPa）	伸长率 δ_{100}（%）	反复弯曲		应力松弛	
				弯曲半径 R（mm）	次数 N	张拉应力与公称强度比	应力松弛率最大值
5.0	YD 800	800	4	15	4		8% 1000h 或 5% 10h
7.0	YD 1000	1000	3.5	20	4	0.70	
7.0	YD 1200	1200	3.5	20	4		

（3）表面质量。钢丝表面不得有裂纹、折叠、结疤、油污及其它影响力学性能的机械损伤缺陷。钢丝表面可有浮锈，但不得有锈皮及肉眼可见的麻坑等腐蚀现象。

（4）钢丝以冷加工状态交货，允许冷加工后进行低温回火处理。

（四）包装、标志及质量说明书

（1）盘条的包装、标志及质量说明书应符合 GB 2101 的有关规定。

（2）钢丝的包装、标志及质量说明书应符合 GB/T 2103 的有关规定。一般按 I 类包装，特殊要求在合同中注明。

十、中强度预应力混凝土用钢丝(YB/T 156—1999)

中强度预应力混凝土用钢丝是一种适用于预应力混凝土构件，其强度级别为 800～1370MPa 的冷加工或冷加工后热处理钢丝。用光面钢丝代号为 PW，用变形钢丝代号为 DW。

（一）尺寸、外形、重量及允许偏差

1. 公称直径及其允许偏差

（1）光面钢丝的尺寸、重量和允许偏差应符合表 10-47 的规定。

表 10-47　光面钢丝的尺寸、重量及允许偏差

钢丝公称直径(mm)	直径允许偏差(mm)	公称横截面面积(mm²)	每 m 公称重量(kg/m)
4.0	±0.05	12.57	0.099
5.0		19.63	0.154
6.0		28.27	0.222
7.0		38.48	0.302
8.0	±0.06	50.26	0.394
9.0		63.62	0.499

注：1. 计算钢丝的公称横重量时，钢的密度为 7.85g/cm³。

　　2. 公称直径是指与公称横截面面积相对应的直径。

（2）三面刻痕钢丝的外形、尺寸和允许偏差应符合图 10-12 和表 10-48 的规定。

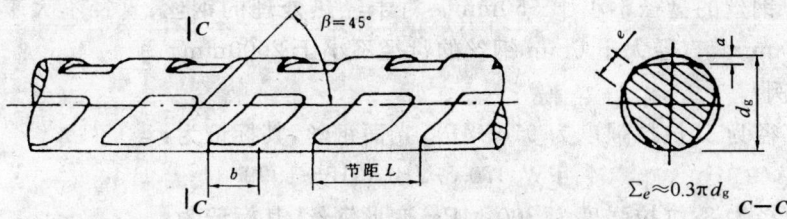

图 10-12　三面刻痕钢丝外形图

表 10-48　三面刻痕钢丝的尺寸及允许偏差

直径(mm)	刻痕尺寸		
	深度(mm)	长度 b 不小于(mm)	节距 L 不小于(mm)
≤5.00	0.12±0.05	3.5	5.5
>5.00	0.15±0.05	5.0	8.0

注:1. 钢丝的横截面面积和单重与光面钢丝相同。

2. b/L 值不小于 0.5。

(3) 螺旋肋钢丝的外形、尺寸和允许偏差应符合图 10-13 和表 10-49 的规定。

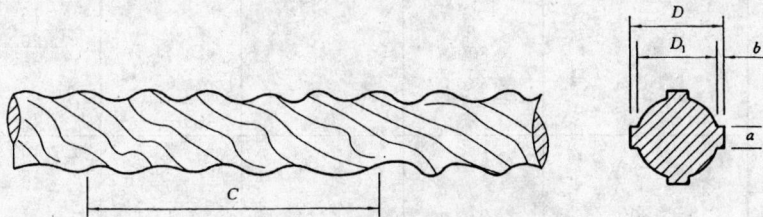

图 10-13　螺旋肋钢丝外形图

表 10-49　螺旋肋钢丝尺寸及允许偏差

公称直径 (mm)	螺旋肋数量(条)	螺旋肋公称尺寸				
		基圆直径 D_1 (mm)	外轮廓直径 D (mm)	单肋尺寸		螺旋肋导程 c (mm)
				宽度 a(mm)	高度 b(mm)	
4.0	4	3.85±0.05	4.25±0.05	1.00～1.50	0.20±0.05	32～36
5.0	4	4.80±0.05	5.40±0.10	1.20～1.80	0.25±0.05	34～40
6.0	4	5.80±0.05	6.50±0.10	1.30～2.00	0.35±0.05	38～45
7.0	4	6.70±0.05	7.50±0.10	1.80～2.20	0.40±0.05	35～56
8.0	4	7.70±0.05	8.60±0.10	1.80～2.40	0.45±0.05	55～65
9.0	6	8.60±0.05	9.60±0.10	2.00～2.50	0.45±0.05	72～90

注:螺旋肋断面形状为梯形。

2. 外形

(1) 光面钢丝的外形应具有平滑的表面,变形钢丝的表面上应有连续的螺旋肋或有一定间隔的刻痕。

(2) 钢丝的不圆度不应超出直径公差之半。

3. 盘重、盘径

(1) 盘重。每盘钢丝由一根钢丝组成,其盘重一般宜小于 80kg。

（2）盘径。钢丝的盘径不小于 550mm。对于经热处理的钢丝、直径不大于 6mm 钢丝的盘径不小于 1700mm，直径大于 6mm 钢丝的盘径不小于 2000mm。

4. 标记示例

【例 1】 直径为 5，抗拉强度为 970 MPa，光面钢丝，其标记为：

PW 970-5-YB/T 156-1999

【例 2】 直径为 8，抗拉强度为 800 MPa，变形钢丝，其标记为：

DW 800-8-YB/T 156-1999

（二）技术要求

1. 钢筋经冷加工或冷加工后热处理制成。成品钢丝不应存在有任何形式的接头。

2. 力学性能

（1）光面钢丝和变形钢丝的力学性能应符合表 10-50 规定。

表 10-50　光面钢丝和变形钢丝的力学性能

种类	公称直径 (mm)	规定非比例伸长应力 $\sigma_{P0.2}$ 不小于 (MPa)	抗拉强度 σ_b 不小于 (MPa)	断后伸长率 δ_{100} 不小于 (%)	反复弯曲		1000h 松弛率不大于 (%)
					次数 N 不小于	弯曲半径 r (mm)	
620/800	4.0	620	800	4	4	10	
	5.0					15	
	6.0					20	
	7.0					20	
	8.0					20	
	9.0					25	
780/970	4.0	780	970	4	4	10	
	5.0					15	
	6.0					20	
	7.0					20	
	8.0					20	
	9.0					25	
980/1270	4.0	980	1270	4	4	10	8
	5.0					15	
	6.0					20	
	7.0					20	
	8.0					20	
	9.0					25	
1080/1370	4.0	1080	1370	4	4	10	
	5.0					15	
	6.0					20	
	7.0					20	
	8.0					20	
	9.0					25	

（2）根据需方要求，可用钢丝在最大力下的总伸长率 δ_{gt} 代替 δ_{100}，其值应不小于 2.5%。

（3）如用户需要，也可提供其它力学性能的钢丝。

3. 表面质量

钢丝的表面不得有裂纹、折叠、结疤等影响使用的有害缺陷，表面不得附着油污，但允许有浮锈。

（三）标志、包装、运输、储存和质量说明书

1. 包装

钢丝的包装应符合 GB/T 2103 中的有关规定。一般按 I 类包装，有特殊要求时，应在合同中注明。

2．标志

每盘钢丝应至少挂有一个金属标牌，其上应注明：① 供方名称和商标；② 产品名称及标记；③ 净重及出厂编号。

3．质量说明书

每批钢丝应附有质量说明书，其中注明：① 供方名称和商标；② 需方名称；③ 合同号；④ 标准编号；⑤ 钢丝标记；⑥ 重量及件数；⑦ 试验结果；⑧ 供方技术监督部门印记；⑨ 检验出厂日期。

十一、预应力混凝土用钢绞线（GB/T 5224—1995）

预应力混凝土用钢绞线是由圆形断面钢丝捻成的，用做预应力混凝土结构、岩土锚固等用途的钢绞线。

（一）分类和代号

（1）预应力钢绞线按捻制结构分为：

用两根钢丝捻制的钢绞线，结构为 1×2；

用三根钢丝捻制的钢绞线，结构为 1×3；

用七根钢丝捻制的钢绞线，结构为 1×7。

（2）预应力钢绞线按其应力松弛性能分为：

Ⅰ级松弛，代号为Ⅰ；

Ⅱ级松弛，代号为Ⅱ。

（二）尺寸、外形、重量及允许偏差

（1）预应力钢绞线的截面形状如图 10-14 所示。

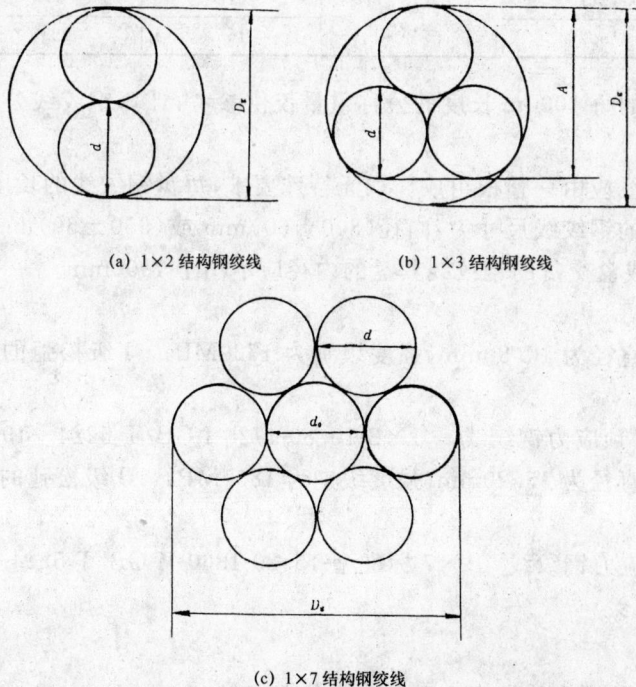

(a) 1×2 结构钢绞线   (b) 1×3 结构钢绞线

(c) 1×7 结构钢绞线

D_g—钢绞线直径(mm)；d_0—中心钢丝直径(mm)；d—外层钢丝直径(mm)；A—1×3 结构钢绞线测量尺寸(mm)

图 10-14　预应力钢绞线截面图

（2）不同结构预应力钢绞线的公称直径、直径允许偏差、测量尺寸及测量尺寸允许偏差应分别符合表 10-51、表 10-52 和表 10-53 的规定。

表 10-51 1×2 结构钢绞线尺寸及允许偏差

钢绞线结构	公称直径(mm)		钢绞线直径允许偏差(mm)	钢绞线公称截面面积(mm²)	每 1000m 的钢绞线公称重量(kg)
	钢 绞 线	钢 丝			
1×2	10.00	5.00	+0.30 −0.15	39.5	310
	12.00	6.00		56.9	447

表 10-52 1×3 结构钢绞线尺寸及允许偏差

钢绞线结构	公称直径(mm)		钢绞线测量尺寸(mm)	钢绞线测量尺寸允许偏差(mm)	钢绞线公称截面面积(mm²)	每 1000m 的钢绞线公称重量(kg)
	绞 线	钢 丝				
1×3	10.80	5.00	9.33	+0.30 −0.15	59.3	465
	12.90	6.00	11.20		85.4	671

表 10-53 1×7 结构钢绞线尺寸及允许偏差

钢绞线结构	公称直径(mm)	直径允许偏差(mm)	钢绞线公称截面面积(mm²)	每 1000m 的公称重量(kg)	中心钢丝直径加大范围不小于(%)
1×7 标准型	9.50	+0.30 −0.15	54.8	432	2.0
	11.10		74.2	580	
	12.70	+0.40 −0.20	98.7	774	
	15.20		139	1101	
1×7 模拔型	12.70	+0.4 −0.2	112	890	2.0
	15.20		165	1295	

（3）表中所列的每 1000m 长度的公称重量仅供参考,计算钢绞线公称重量时钢的密度为 7.85g/cm³。

（4）每盘钢绞线应由一整根组成。如无特殊要求,每盘钢绞线的长度不小于 200m。

（5）成卷交货的钢绞线尺寸为:内径(800±60)mm 或(950±60)mm,卷宽(750±50)mm 或(600±50)mm,成盘交货的钢绞线其盘的内径应不小于 1000mm。

（6）标记示例

【例 1】 公称直径为 10.80mm,强度级别为 1720MPa Ⅰ级松弛的三根钢丝捻制的钢绞线标记为:

预应力钢绞线 1×3-10.80-1720-I-GB/T 5224—1995

【例 2】 公称直径为 15.20mm,强度级别为 1860MPa Ⅱ级松弛的七根钢丝捻制的标准型钢绞线标记为:

预应力钢绞线 1×7 标准型-15.20-1860-II-GB/T 5224—1995

（三）技术要求

1. 交货状态

预应力钢绞线经最终热处理后以盘或卷状态交货。

2. 力学性能

（1）预应力钢绞线的力学性能应符合表 10-54 的规定。

表 10-54　钢绞线性能

钢绞线结构	钢绞线公称直径(mm)	强度级别(MPa)	整根钢绞线的最大负荷(kN)	屈服负荷(kN)	伸长率(%)	1000h松弛率(%)不大于			
						Ⅰ级松弛		Ⅱ级松弛	
						初始负荷			
			不小于			70%公称最大负荷	80%公称最大负荷	70%公称最大负荷	80%公称最大负荷
1×2	10.00	1720	67.9	57.7	3.5	8.0	12	2.5	4.5
	12.00		97.9	83.2					
1×3	10.80		102	86.7					
	12.90		147	125					
1×7 标准型	9.50	1860	102	86.6					
	11.10	1860	138	117					
	12.70	1860	184	156					
	15.20	1720	239	203					
		1860	259	220					
1×7 模拔型	12.70	1860	209	178					
	15.20	1820	300	255					

注：1. Ⅰ级松弛即普通松弛级，Ⅱ级松弛即低松弛级，它们分别适用所有钢绞线。

2. 屈服负荷不小于整根钢绞线公称最大负荷的85%。

(2) 根据需方要求，并经供需双方协议，可供应表 10-51、表 10-52、表 10-53 所列规格之间的尺寸和表 10-54 所列规格强度级别以外的预应力钢绞线。

(3) 根据需方要求，供方应提供相同规格相同强度级别的同类产品的松弛性能。

(4) 供方在保证 1000h 松弛值合格的基础上，可进行 10h 松弛试验，在初始应力相当于公称抗拉强度 70% 时，其值对于 Ⅰ 级松弛应不大于 3.0%，对于 Ⅱ 级松弛应不大于 1.5%。

(5) 除非生产厂另有规定，弹性模量取为 (195±10)GPa，但不做为交货条件。

3. 表面质量

(1) 成品钢绞线的表面不得带有润滑剂，油污等降低与混凝土粘结力的物质。钢绞线表面允许有轻微的浮锈，但不得锈蚀成目视可见的麻坑。

(2) Ⅱ 级松弛钢绞线的伸直性：取弦长为 1m 的 Ⅱ 级松弛钢绞线，其弦与弧的最大自然矢高不大于 25mm。

（四）包装、标志和质量证明书

(1) 每盘钢绞线应捆扎结实，捆扎不小于 6 道。

(2) 经双方协议，可加防潮纸，麻布等补充包装。

(3) 每盘钢绞线上应挂有金属标牌，其上注明：① 供方名称，商标和标记；② 长度、净重及出厂编号。

(4) 每批钢绞线应附有质量证明书，其中应注明：① 供方名称和商标；② 需方名称；③ 合同号；④ 产品标记；⑤ 重量及件数；⑥ 试验结果；⑦ 技术监督部门印记；⑧ 执行的标准编号；⑨ 检验出厂日期。

十二、混凝土制品用冷拔和冷轧低碳螺纹钢丝(JC/T 540—1994)

混凝土制品用冷拔和冷轧低碳螺纹钢丝,是以普通低碳热轧圆盘条为母材,经冷拔和冷轧制成的表面具有三列横肋形的螺纹钢丝,它适用于钢筋混凝土和预应力混凝土制品。

（一）分类和代号

（1）冷轧螺纹钢丝按公称直径分为三种规格：$\phi^z 4$、$\phi^z 5$、$\phi^z 6$。

（2）冷轧螺纹钢丝按抗拉强度分为两级,依次为甲级（I组、II组）、乙级。

（3）冷轧螺纹钢丝按肋高分为浅螺纹和深螺纹两种外形,前者适用于预应力混凝土制品；后者适用于钢筋混凝土制品。

（4）冷轧螺纹钢丝的代号按照冷轧螺纹钢丝（CRS）、肋高（浅螺纹为S、深螺纹为O）、抗拉强度和本标准编号顺序编写。

【例】 浅螺纹、抗拉强度为 650 N/mm² 冷轧辊纹钢丝的代号为"CRS S 650 JC/T 540"。

（二）外形、尺寸和重量

1. 外形

（1）冷轧螺纹钢丝外形应符合下图 10-15 的规定。

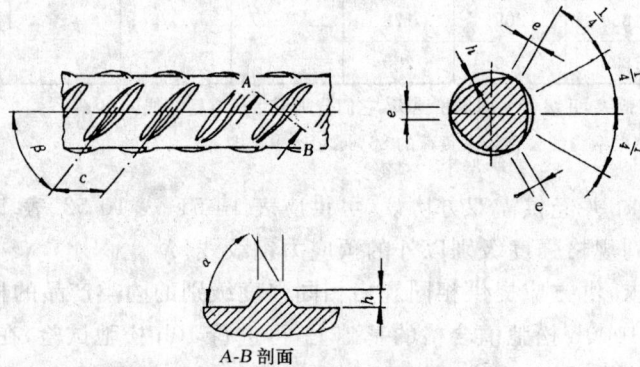

图 10-15　冷轧螺纹钢丝外形

（2）冷轧螺纹钢丝有三列横肋,沿钢丝横截面圆周上均匀分布,其中一列横肋应与另二列逆向,允许相互错位。

（3）横肋为月牙形,端部应向钢丝表面平滑过渡。

（4）横肋侧面与钢丝表面的夹角 α 不得小于 45°。

（5）横肋与钢丝轴线夹角 $\beta = 40° \sim 60°$。

（6）三列横肋末端间隙总和 $\sum e$ 不得大于钢丝公称周长的 20%。

2. 尺寸和重量

（1）冷轧螺纹钢丝的公称直径、公称横截面面积、公称重量及重量允许偏差应符合表 10-55 的规定。

表 10-55　冷轧螺纹钢丝的公称直径、公称横截面面积、公称重量及重量允许偏差

公称直径 ϕ^z （mm）	公称横截面面积 F （mm²）	公称重量 W （kg/m）	实际重量与 公称重量的允许偏差（%）
4.0	12.6	0.099	±4
5.0	19.6	0.154	
6.0	28.3	0.222	

（2）浅螺纹钢丝横肋的尺寸及允许偏差应符合表 10-56 的规定。

表 10-56　浅螺纹钢丝横肋尺寸及允许偏差　　　　　　　　　　（mm）

公称直径 ϕ^z	肋高 h		肋顶宽 b		肋中心距 c	横肋末端间隙总和 $\sum e$ 不大于
	公称尺寸	允许偏差	公称尺寸	允许偏差		
4.0	0.15	+0.05 0	0.40	±0.10	3.50～4.50	2.50
5.0	0.16	+0.05 0	0.50	±0.10	3.50～4.50	3.10
6.0	0.20	+0.05 0	0.60	±0.10	4.25～5.57	3.80

（3）深螺纹钢丝横肋的尺寸及允许偏差应符合表 10-57 的规定。

表 10-57　深螺纹钢丝横肋尺寸及允许偏差　　　　　　　　　　（mm）

公称直径 ϕ^z	肋高 h		肋顶宽 b		肋中心距 c	横肋末端间隙总和 $\sum e$ 不大于
	公称尺寸	允许偏差	公称尺寸	允许偏差		
4.0	0.30	0 −0.05	0.40	±0.10	3.50～4.50	2.50
5.0	0.32	0 −0.05	0.50	±0.10	3.50～4.50	3.10
6.0	0.40	0 −0.05	0.60	±0.10	4.25～5.75	3.80

（三）技术要求

1. 表面质量

（1）冷轧螺纹钢丝外表面允许有凸块，但不得超过横肋的最大高度。

（2）冷轧螺纹钢丝表面不得有油污、锈蚀、裂缝和机械损伤。

2. 力学性能

冷轧螺纹钢丝的力学性能应不低于表 10-58 的规定。

表 10-58　冷轧螺纹钢丝的力学性能

级　别	公称直径 ϕ^z (mm)	抗拉强度 (N/mm²)		伸长率 δ_{100} (%)	反复弯曲次数 (次)
		Ⅰ组	Ⅱ组		
甲级	6	650	600	3.5	4
	5	650	600	3.0	4
	4	700	650	2.5	4
乙级	4,5,6	550		4.0	4

注：1. 甲级冷轧螺纹钢丝用于非抗震的预应力混凝土中小制品时，可不要求反复弯曲指标。

　　2. 乙级冷轧螺纹钢丝用于焊接骨架、箍筋和构造筋时，伸长率 δ_{100} 不低于 2% 即可。

（四）包装、标志及质量证明书

（1）冷轧螺纹钢丝的包装、标志及质量证明书应符合 GB/T 2103—1988 有关规定。

（2）冷轧螺纹钢纹钢丝应成盘包扎，每盘捆扎点不少于 3 处。

（3）每盘冷轧螺纹钢丝应挂牌，标牌上应注明产品名称、代号、生产日期及制造厂名。

（4）每批冷轧螺纹钢丝必须附质量证明书。

十三、电梯钢丝绳用钢丝(YB/T 5198—1993)

(一)尺寸和外形

1. 直径及允许偏差

钢丝的公称直径及其允许偏差应符合表 10-59 的规定。

表 10-59　钢丝的公称直径和允许偏差

公称直径 d(mm)	允许偏差(mm)
0.25～<0.80	±0.01
0.80～<1.80	±0.02

2. 外形

(1)钢丝的椭圆度应不大于相应直径公差之半。

(2)钢丝盘应规整,当解开钢丝盘捆线时,不得散乱或成"∞"字形。

3. 标记示例

【例】　抗拉强度为 $1370N/mm^2$,直径为 0.85mm 的电梯钢丝绳用钢丝,其标记为:

　　　　电梯钢丝绳用钢丝 0.85-1370-YB/T 5198—1993

(二)技术要求

1. 牌号及化学成分

钢丝应用符合 GB 699—1999《优质碳素结构钢技术条件》规定的优质碳素结构钢制造,钢号由供方选择。

表 10-60　钢丝抗拉强度差值

公称直径 d(mm)	抗拉强度差值(N/mm²)
0.25～<0.50	300
0.50～<1.00	280
1.00～<1.50	260
1.50～<1.80	230

2. 力学性能

(1)钢丝公称抗拉强度级别为:$1370N/mm^2$、$1570N/mm^2$、$1770N/mm^2$。

钢丝的强度级别是其抗拉强度的下限,上限等于下限加上表 10-60 中规定的值。

(2)钢丝的单向扭转试验次数应符合表 10-61 规定的最少扭转次数。

表 10-61　钢丝的单向扭转次数

钢丝公称直径 d (mm)	扭转次数,不小于(试样长度为100d)		
	公称抗拉强度(N/mm²)		
	1370	1570	1770
0.5～<1.00	34	30	28
1.00～<1.30	33	29	26
1.30～<1.80	33	28	25

(3)钢丝的反复弯曲次数应符合表 10-62 规定。中间尺寸按相邻较大尺寸的规定。

表 10-62　钢丝的反复弯曲次数

公称直径 d (mm)	弯曲圆弧半径 (mm)	反复弯曲次数,不小于		
		公称抗拉强度(N/mm²)		
		1370	1570	1770
0.50	1.25	9	7	6
0.55		15	13	12
0.60	1.75	13	11	10
0.65		11	9	8
0.70		10	8	7

続表 10-62

公称直径 d (mm)	弯曲圆弧半径 (mm)	反复弯曲次数,不小于		
		公称抗拉强度(N/mm²)		
		1370	1570	1770
0.75	2.50	17	15	14
0.80		15	14	13
0.85		13	13	12
0.90		12	12	11
0.95		11	11	10
1.00		10	10	9
1.10	3.75	18	17	16
1.20		15	15	14
1.30		13	13	12
1.40		11	11	10
1.50		10	10	9
1.60	5.00	15	13	12
1.70		13	12	11
1.80		12	11	10

（4）经供需双方协商,可提供其它强度级别的钢丝,其力学性能指标按相邻较大强度级别的规定。

（5）对于直径小于 0.5mm 的钢丝,用打结拉伸试验代替扭转和反复弯曲试验。钢丝结应打在试样的中间。打结钢丝进行打结拉伸试验时,所能承受的拉力不低于其公称破断拉力的 50%。

3. 表面质量

钢丝表面不得有裂纹、竹节、起刺、锈蚀和伤痕。

（三）包装、标志和质量证明书

钢丝的包装、标志和质量证明书应符合 GB/T 2103—1988《钢丝验收、包装、标志及质量证明书的一般规定》的规定。

十四、建筑缆索用钢丝（CJ 3077—1998）

建筑缆索用钢丝是指适用于斜拉桥和悬索桥等桥梁,以及其它索结构工程中缆索用的光面和镀锌圆钢丝。

（一）钢丝分类

本标准按表面状态钢丝分为光面钢丝（B）和镀锌钢丝（G）两类;按松弛性能分为普通松弛（I 级）和低松弛（II 级）。每一种表面状态和松弛性能都含有两种尺寸规格和两种强度级别,以供选用。

标记示例如下:

【例 1】 公称直径为 7.0mm、公称抗拉强度为 1570MPa、I 级松弛的镀锌钢丝标记为:

钢丝 7.0-1570 I-G-CJ 3077—1998

【例 2】 公称直径为 5.0mm、公称抗拉强度为 1670MPa、II 级松弛的光面钢丝标记为:

钢丝 5.0-1670 II-B-CJ 3077—1998

（二）钢丝制造基本要求

（1）制造钢丝用盘条的钢牌号由制造厂选择,但其硫、磷含量不得超过 0.025%,铜含量不得超过 0.20%。

（2）制造钢丝用盘条应经过分氏体化处理。

（3）钢丝的镀锌工序必须为热浸镀锌（Hot-dip Galvanized）。

（三）技术要求

1. 力学性能

（1）钢丝的力学性能应符合表 10-63 的规定。表 10-63 以外的其它强度级别力学性能的钢丝，根据实际工程需要，可由供需双方商定。

表 10-63　钢丝的力学性能

公称直径 d （mm）	公称抗拉强度 σ_b （MPa）	规定非比例伸长应力（屈服强度）$\sigma_{p0.2}$（MPa）		伸长率 δ （$L_0=250mm$）	弯 曲 次 数		缠绕 $3d×8$ 圈	松 弛 率		
		Ⅰ级松弛	Ⅱ级松弛		次数/180°	弯曲半径 r （mm）		初始应力相当于公称强度的百分数（%）	1000h 应力损失（%）	
									Ⅰ级松弛	Ⅱ级松弛
5.0	≥1570 ≥1670	≥1250 ≥1330	≥1330 ≥1410	≥4	≥4	15	不断裂	70	≤8	≤2.5
7.0	≥1570 ≥1670	≥1250 ≥1330	≥1330 ≥1410	≥4	≥4	20	不断裂	70	≤8	≤2.5

（2）钢丝的弹性模量值对于Ⅰ级松弛应为（1.90～2.10）×10⁵ MPa；对于Ⅱ级松弛应为（1.95～2.10）×10⁵ MPa。

（3）供方在保证 1000h 松弛性能合格的基础上，可进行 120h 松弛试验，并以此推算出 1000h 松弛值。

（4）用于斜拉桥拉索和悬索桥吊索等钢丝应在承受 200 万次 $0.45 F_m$～$(0.45 F_m-\Delta Fa)$ 荷载后而不断裂。

要求其应力幅为：

$$\Delta Fa/An=360MPa$$

式中　F_m ——钢丝的公称破断拉力（N）；

　　　ΔFa ——应力幅的等效载荷幅（N）；

　　　An ——钢丝的公称截面面积（mm²）。

2. 直径与允许偏差

（1）钢丝的直径及偏差应符合表 10-64 规定。

表 10-64　钢丝的尺寸与允许偏差

钢丝公称直径（mm）	直径允许偏差（mm）	不圆度（mm）	公称截面面积（mm²）	每 m 公称重量（kg/m）
5.0	+0.04 −0.02	≤0.03	19.6	0.154
7.0	+0.06 −0.02	≤0.04	38.5	0.302

注：计算钢丝理论质量时，钢的密度取 7.85g/cm³。

（2）镀锌钢丝的公称直径应包括锌层厚度在内。

（3）经供需双方协商，也可供应其它尺寸允许偏差的钢丝。

3. 钢丝的镀锌层

（1）锌层重不应小于 $300g/m^2$ 。

（2）锌层附着力试验在直径为钢丝公称直径 5 倍的芯棒上紧密缠绕 2 圈后，钢丝锌层没有起壳、开裂、剥落到用光裸手指（不用指甲）可以擦掉的程度。

（3）锌层的均匀性硫酸铜试验，不得小于 4 次（每分钟为一次）。如用户需要也可提供不小于 5 次的镀锌钢丝。

（4）钢丝表面应具有连续的镀锌层，锌层应光滑均匀，无裂纹、无斑痕和没有不镀锌层的地方。不影响锌层质量的局部轻微擦伤是允许的。

4. 工艺性能和成品质量

（1）伸直性能。取一弦长为 1000mm 的钢丝样品，自由放置于一平面上，两端必须均与平面接触，其弦和弧的最大垂直距离不得大于 30mm。

（2）冷镦性能。钢丝应能冷镦成鼓槌状，鼓形外径一般为直径的(1.5±0.1)倍，在不影响锚固使用要求的情况下，镦头上出现平行于钢丝轴线的不贯通纵向裂纹是允许的，但不得出现横向裂纹。

（3）钢丝不应有扭结。

（4）钢丝以捆紧成盘供货，最小卷取内径为 1500mm，每盘应由一根钢丝组成。

（5）成品钢丝不应有焊接点，为连接作业而焊接的电接头在成品钢丝时应予切除。

（6）光面钢丝在稳定化热处理后呈现的回火色和局部轻微锈蚀是允许的。

（7）钢丝盘除非另有规定，一般为≥800kg 占 95%，其余为≥400kg。

（四）验收、包装、标志及质量证明书

钢丝的验收、包状、标志及质量证明书应符合 GB/T 2103 规定，一般按 IIc 类包装，特殊要求应在合同中注明。

十五、混凝土用钢纤维（YB/T 151—1999）

混凝土用钢纤维是指钢材料经一定工艺制成的、能随机地分布于混凝土中的短而细的纤维。

（一）标准中常用符号

标准中常采用的符号见表 10-65。

（二）分类和代号

1. 按原材料分类，类别和代号为：

碳素结构钢，代号为 C；

合金结构钢，代号为 A；

不锈钢，代号为 S。

2. 按生产工艺分类，类别和代号为：

钢丝切断纤维，代号为 W；

薄板剪切纤维，代号为 S；

熔抽纤维，代号为 Me；

铣削纤维，代号为 Mi。

表 10-65　钢纤维标准中常用符号

符　号	说　　明	单　位
A	钢纤维横截面积	mm^2
d	钢纤维直径	mm
f_u	钢纤维抗拉强度	MPa
l	钢纤维长度	mm
λ	长径比$=l/d$	
l_n	钢纤维投影长度	mm
d_e	钢纤维等效直径	mm

注：公称尺寸和等效尺寸可通过测量其它尺寸或平均重量换算求得。f_u 相当于 σ_b

3. 按形状及表面分类,类别和代号见表 10-66。

表 10-66 钢纤维按形状和表面分类

分　类	代　号	形　状	表　面
普通型	01	纵向为平直形	光滑
	02		粗糙或有细密压痕
异型	03	纵向为平直形且两端带钩或锚尾纵向为扭曲形且两端带钩或锚尾纵向为波纹形	光滑
	04		粗糙或有细密压痕

4. 按抗拉强度等级分类,类别和代号为:

抗拉强度 380~600 MPa,代号为 380;

抗拉强度大于 600~1000MPa,代号为 600;

抗拉强度大于 1000MPa,代号为 1000。

(三) 尺寸、重量及允许偏差

1. 尺寸及允许偏差

(1) 普通型钢丝切断纤维由直径(d)或等效直径(d_e)、长度(l)表示。长径比为(l/d)或(l/d_e)。

(2) 普通型薄板剪切纤维由厚度(t)、宽度(w)和长度(l)表示。长径比为 $l/\sqrt{4tw/\pi}$。

(3) 异型钢丝切断纤维和异型薄板剪切纤维由直径(d)或等效直径(d_e)、投影长度(l_n)表示。长径比为(l_n/d_e)或(l_n/d_e)。其形状见图 10-16。

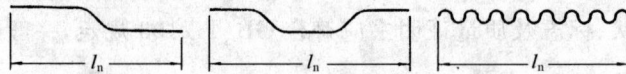

图 10-16 异型钢丝切断纤维和异型薄板剪切纤维形状

(4) 熔抽纤维和铣削纤维由等效直径(d_e)、长度(l)或投影长度(l_n)表示。

(5) 长度允许偏差应不超过公称值的±10%。长径比允许偏差应不超过公称值的±15%。

2. 质量及允许偏差

钢纤维应按箱(袋)交货,每箱或每袋重一般以 20kg 为宜,其允许偏差应不超过规定值的±1%。

3. 标记示例

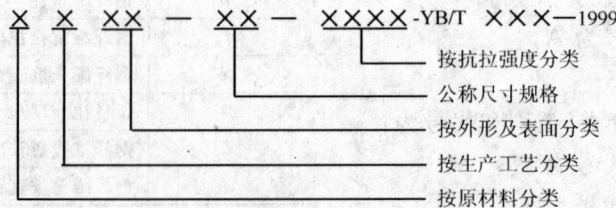

标记举例:

【例 1】 低合金钢铣削纤维,外形为纵向扭曲两端有锚尾,有一个粗糙表面,抗拉强度大于 700MPa,长度为 32mm,其标记为:

AMi04-32-600-YB/T 151—1999

【例2】 碳素钢钢丝切断纤维,外形为纵向平直,两端带钩,表面光滑,长度25mm,抗拉强度大于700MPa,其代号为:

CW03-25-600-YB/T 151-1999

（四）技术要求

1. 原材料

原材料应符合相应钢或钢产品标准的要求。

2. 外观质量

(1) 钢纤维表面应清洁干燥,不得粘有油污和其它妨碍其与水泥砂浆粘结的杂质。

(2) 钢纤维内含有的因加工不良和严重锈蚀造成的粘连片、铁屑、杂质的纤维总重量不应超过钢纤维重量的1%。

3. 抗拉强度

抗拉强度 f_u 应符合表10-67规定。

表10-67 钢纤维抗拉强度

等 级	1000 级	600 级	380 级
抗拉强度 f_u (MPa)	>1000	>600~1000	380~600

4. 弯曲性能

在不低于摄氏16℃时,将单根钢纤维围绕3mm直径的圆周弯曲至90°时,90%的试样不应断裂。

（五）包装、标志、运输储存及质量证明书

1. 包装

(1) 钢纤维包装也可根据用户要求和运输特点,采用各种包装方式,但须有防潮措施。

(2) 每种包装中应为同一品种,同一尺寸规格,同一强度的纤维。

2. 标志

每个包装箱(袋)上,应注明产品名称、规格型号、商标、标准编号、批号、重量(净重、毛重)、制造日期、检验员代号、生产厂厂名、厂址,并应加"防潮"字样的标志。

3. 运输

适合一般装卸运输方式,但应采取必要措施防止雨雪浸袭。

4. 储存

钢纤维应储存在清洁通风、干燥的库房内,不能与腐蚀性的物资同储一室。

5. 质量证明书

每批交货的产品,应附有质量证明书。其中应注明生产厂家、发货日期、标准编号、产品名称、规格、标准中规定的各项检验结果、质检部门印证。

第三节 铝合金及建筑型材

纯铝的密度为 $2.7g/cm^3$,约为钢的1/3。铝的性质活泼,在空气中能与氧结合形成致密坚固的氧化铝薄膜。这层氧化铝膜虽然很薄,但能保护内层铝金属不再继续氧化,因此,铝在大气中有良好的抗蚀能力。

一、铝合金

由于纯铝的强度低而限制了它的应用范围,工业生产中常采用合金化的方式,即在铝中加入一定量的合金元素,如镁、锰、铜、锌、硅等来提高强度和耐蚀性,同时保持了质量轻的特点。这种铝合金材料与纯铝相比,因其综合性能好,故在建筑装饰中得到广泛的应用。

铝合金可分为形变铝合金和铸造铝合金两大类。在这里重点介绍形变铝合金,这类铝合金是通过冲压、弯曲、辊轧等压力加工使其组织、形状发生变化的铝合金。常用的形变铝合金有防锈铝合金、硬铝合金、超硬铝合金及锻铝合金。

1. 防锈铝合金

防锈铝合金中主要合金元素是锰和镁。锰的主要作用是提高合金的抗腐蚀能力,起到固溶强化作用。在铝中加入镁也可以起到固溶强化作用。

2. 硬铝合金

硬铝合金主要是铝铜镁合金。这类合金的强度高、硬度较高。但在地下水、海水中应用时其抗腐蚀性差。

3. 超硬铝合金

超硬铝合金主要是铝锌铜镁合金,它经时效处理后其强度高于硬铝合金,故称其超硬铝合金。但超硬铝合金抗蚀性差,在高温下软化快。

4. 锻铝合金

锻铝合金在铝中加入了镁、硅及铜等元素。这类合金具有良好的热塑性、铸造性和锻造性,并有较好的机械性能,常用来制造建筑型材。

表 10-68 为常用形变铝合金的牌号、机械性能和用途。

表 10-68　常用形变铝合金的牌号、机械性能和用途

类别	牌号	材料状态	机械性能			用　　途
			σ_b(MPa)	δ_{10}(%)	HBS	
防锈铝合金	LF5	M	280	20	70	焊接油箱、油管、焊条、铆钉以及中载零件及制品
	LF11	M	280	20	70	油箱、油管、焊条、铆钉以及中载零件及制品
	LF21	M	130	20	30	焊接油箱、油管、焊条、铆钉以及轻载零件及制品
硬铝合金	LY1	CZ	300	24	70	工作温度不超过100℃的结构用中等强度铆钉
	LY11	CZ	420	15	100	中等强度的结构零件,如骨架模锻的固定接头、支柱、螺旋桨叶片、局部微粗零件、螺栓和铆钉
超硬铝合金	LC4	CS	600	12	150	结构中主要受力件,如飞机大梁、桁架、加强框、蒙皮接头及起落架
锻铝合金	LD5	CS	420	13	105	形状复杂、中等强度的锻件及模锻件
	LD6	CS	390	10	100	形状复杂的锻件和模锻件,如压气机轮和风扇叶轮
	LD7	CS	440	12	120	内燃机活塞和在高温下工作的复杂锻件、板材,可作高温下工作的结构件

注:材料状态:M表示退火,CZ表示淬火+自然时效,CS表示淬火+人工时效。

二、铝合金建筑型材

（一）基材（GB/T5237.1—2000）

基材是指表面未经处理的铝合金建筑型材。

1. 产品分类

（1）产品的牌号和供应状态应符合表 10-69 规定。

（2）建筑型材的横截面规格应符合 YS/T436 的规定或以供需双方签定的技术图样确定。

表 10-69　基材产品的牌号和供应状态

合金牌号	供应状态
6061	T4、T6
6063、6063A	T5、T6

注：以其它状态订货时，由供需双方协商并在合同中注明。

（3）产品标记按产品名称、合金牌号、供应状态、规格和标准号的顺序表示。

【例】　用 6063 合金制造的，供应状态为 T5，型材代号为 421001，定尺长度为 6000mm 的铝型材，标记为：

铝建型基材　6063- T5　421001×6000 GB/T5237.1—2000

2. 尺寸允许偏差

（1）型材的横截面尺寸允许偏差：普精级、高精级、超高精级应分别符合表 10-70、表 10-71 和表 10-72 的规定。

表 10-70　普精级型材的横截面尺寸允许偏差

序号	指定部位尺寸 (mm)	金属实体不小于75%的部位尺寸		空间大于25%，即金属实体小于75%的所有部位尺寸					
				测量点与基准边的距离 L					
		3栏以外的所有尺寸	空心型材[1]包围面积不小于70mm^{2}时的壁厚	>6~15	>15~30	>30~60	>60~100	>100~150	>150~200
	1栏	2栏	3栏	4栏	5栏	6栏	7栏	8栏	9栏
1	≤1	0.13	0.18	0.18	—	—	—	—	—
2	>1~2	0.15	0.23	0.22	0.26	—	—	—	—
3	>2~3	0.18	0.28	0.26	0.30	—	—	—	—
4	>3~4	0.20	0.38	0.30	0.35	0.42	—	—	—
5	>4~6	0.23	0.53	0.35	0.40	0.47	—	—	—
6	>6~12	0.25	0.75	0.41	0.46	0.52	0.56	—	—
7	>12~19	0.29	—	0.47	0.52	0.58	0.62	—	—
8	>19~25	0.32	—	0.53	0.58	0.63	0.71	0.83	—
9	>25~38	0.38	—	0.61	0.66	0.75	0.84	0.95	—
10	>38~50	0.45	—	0.70	0.75	0.89	1.01	1.14	1.34
11	>50~100	0.77	—	0.98	1.09	1.36	1.58	1.87	2.17
12	>100~150	1.08	—	1.31	1.44	1.82	2.19	2.60	3.00
13	>150~200	1.41	—	1.59	1.89	2.34	2.76	3.33	3.83
14	>200~250	1.74	—	1.87	2.14	2.87	3.38	3.99	4.61

允许偏差(±)(mm)

注：除另有说明外，本标准中提到的空心型材，包括通孔未完全封闭且空心部分的面积大于开口宽度平方数 2 倍的型材。

表 10-71　高精级型材的横截面尺寸允许偏差

序号	指定部位尺寸 (mm)	允许偏差(±)(mm)								
		金属实体不小于75%的部位尺寸		空间大于25%,即金属实体小于75%的所有部位尺寸						
		3栏以外的所有尺寸	空心型材[1]包围面积不小于70mm²时的壁厚	测量点与基准边的距离 L						
				>6~15	>15~30	>30~60	>60~100	>100~150	>150~200
		1栏	2栏	3栏	4栏	5栏	6栏	7栏	8栏	9栏
1	≤1	0.10	0.15	0.16	—	—	—	—	—
2	>1~2	0.12	0.20	0.18	0.21	—	—	—	—
3	>2~3	0.14	0.25	0.21	0.25	—	—	—	—
4	>3~4	0.16	0.35	0.25	0.30	0.38	—	—	—
5	>4~6	0.18	0.45	0.30	0.35	0.42	—	—	—
6	>6~12	0.20	0.60	0.35	0.40	0.46	0.50	—	—
7	>12~19	0.23	—	0.41	0.45	0.51	0.56	—	—
8	>19~25	0.25	—	0.46	0.51	0.56	0.64	0.76	—
9	>25~38	0.30	—	0.53	0.58	0.66	0.76	0.89	—
10	>38~50	0.36	—	0.61	0.66	0.79	0.91	1.07	1.27
11	>50~100	0.61	—	0.86	0.97	1.22	1.45	1.73	2.03
12	>100~150	0.86	—	1.12	1.27	1.63	1.98	2.39	2.79
13	>150~200	1.12	—	1.37	1.57	2.08	2.51	3.05	3.56
14	>200~250	1.37	—	1.63	1.88	2.54	3.05	3.68	4.32

注:除另有说明外,本标准中提到的空心型材,包括通孔未完全封闭且空心部分的面积大于开口宽度平方数2倍的型材。

表 10-72　超高精级型材的横截面尺寸允许偏差

序号	指定部位尺寸 (mm)	允许偏差(±)(mm)								
		金属实体不小于75%的部位尺寸		空间大于25%,即金属实体小于75%的所有部位尺寸						
		3栏以外的所有尺寸	空心型材[1]包围面积不小于70mm²时的壁厚	测量点与基准边的距离 L						
				>6~15	>15~30	>30~60	>60~100	>100~150	>150~200
		1栏	2栏	3栏	4栏	5栏	6栏	7栏	8栏	9栏
1	≤1	0.08	0.10	0.14	—	—	—	—	—
2	>1~2	0.09	0.12	0.16	0.18	—	—	—	—
3	>2~3	0.10	0.15	0.18	0.20	—	—	—	—
4	>3~4	0.11	0.20	0.20	0.22	0.23	—	—	—
5	>4~6	0.12	0.25	0.23	0.24	0.26	—	—	—
6	>6~12	0.13	0.40	0.26	0.27	0.29	0.30	—	—
7	>12~19	0.15	—	0.29	0.31	0.32	0.33	—	—
8	>19~25	0.17	—	0.33	0.34	0.35	0.38	0.42	—
9	>25~38	0.20	—	0.38	0.39	0.41	0.45	0.49	—
10	>38~50	0.24	—	0.44	0.45	0.49	0.54	0.59	0.71
11	>50~100	0.41	—	0.61	0.65	0.76	0.85	0.96	1.13

• 308 •

序号	指定部位尺寸 (mm)	允许偏差(±)(mm)							
		金属实体不小于75%的部位尺寸		空间大于25%,即金属实体小于75%的所有部位尺寸					
		3栏以外的所有尺寸	空心型材¹⁾包围面积不小于70mm²时的壁厚	测量点与基准边的距离 L					
				>6~15	>15~30	>30~60	>60~100	>100~150	>150~200
		1栏	2栏	3栏	4栏	5栏	6栏	7栏	8栏	9栏
12	>100~150	0.57	—	0.80	0.85	1.02	1.16	1.33	1.55
13	>150~200	0.75	—	0.98	1.05	1.30	1.46	1.69	1.98
14	>200~250	0.91		1.16	1.25	1.58	1.79	2.04	2.40

注:除另有说明外,本标准中提到的空心型材,包括通孔未完全封闭且空心部分的面积大于开口宽度平方数 2 倍的型材。

(2) 型材作为受力构件时,其型材壁厚应根据使用条件,通过计算选定,但门、窗用受力构件型材的最小壁厚应≥1.2mm,幕墙用受力构件型材的最小实测壁厚应≥3.0mm。

(3) 型材的角度允许偏差,应符合表 10-73 规定。

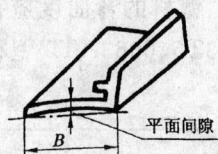

图 10-17 测量平面间隙

(4) 平面间隙的测量方法是:把直尺横放在型材平面上,如图 10-17 所示,型材平面与直尺之间的间隙应符合表 10-74 的规定。未注明级别时,6061 合金按普通级执行,6063、6063A 合金按高精级执行。

表 10-73 型材的角度允许偏差

级 别	允 许 偏 差
普精级	±2°
高精级	±1°
超高精级	±0.5°

注:当允许偏差要求(+)或(-)时,其偏差由供需双方协商确定。

表 10-74 型材平面间隙 (mm)

型材宽度 B	平面间隙		
	普 精 级	高 精 级	超 高 精 级
≤25	≤0.20	≤0.15	≤0.10
>25	≤0.8%×B	≤0.6%×B	≤0.4%×B
任意 25mm 宽度上	≤0.20	≤0.15	≤0.10

注:1. B 为所测面的宽度。
2. 对于包括开口部分的型材平面不适用。如果要求将开口两边合起来作为一个完整的平面,应在图样中注明。

(5) 型材的曲面间隙测量方法是:将标准样板紧贴在型材的曲面上,如图 10-18 所示。型材的曲面与标准样板之间的间隙,为 25mm 的弦长上允许的最大值不超过 0.13mm,不足 25mm 的部分按 25mm 计算。当横截面圆弧部分的圆心角大于 90°时,则按 90°圆心角的弦长加上其余数圆心角的弦长来确定。

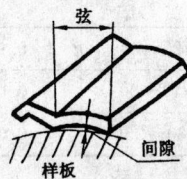

图 10-18 测量曲面间隙

(6) 型材的弯曲度测量方法是:将型材放在平台上,借自重使弯曲达到稳定时,沿型材长度方向测量的型材底面与平台最大间隙(h_t),或用 300mm 长直尺沿型材长度方向靠在型材表面上,测量的间隙最大值(h_s),如图 10-19 所示,图中 L 为定尺长度。

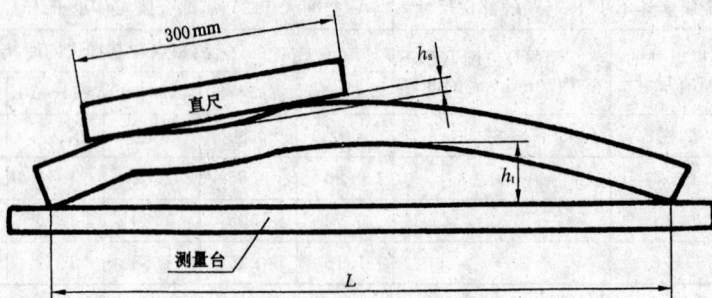

图 10-19 测量弯曲度

型材的弯曲度应符合表 10-75 的规定。弯曲度的精度等级要在合同中应注明,未注明时 6063T5、6063AT5 型材按高精级执行。

表 10-75 型材的弯曲度　　　　　　　　　　　　　　　(mm)

外接圆直径	最小壁厚	弯 曲 度					
		普 精 级		高 精 级		超 高 精 级	
		任意 300mm 长度上 h_s	全长 L(m) h_t	任意 300mm 长度上 h_s	全长 L(m) h_t	任意 300mm 长度上 h_s	全长 L(m) h_t
		不大于					
≤38	≤2.4	1.5	4×L	1.3	3×L	1.0	2×L
	>2.4	0.5	2×L	0.5	1×L	0.3	0.7×L
>38	—	0.5	1.5×L	0.3	0.8×L	0.3	0.5×L

(7)型材的扭拧度测量方法是:型材放在平台上,沿型材的长度方向,测量型材底面与平台之间的最大距离 N,如图 10-20 所示。从 N 值中扣除该处弯曲值即为扭拧度。公称长度小于等于 6m 的型材应符合表 10-76 规定。大于 6m 时,双方协商。扭拧度的精度等级要在合同中注明,未注明时 6063T5、6063AT5 型材按高精级执行,其余按普通级执行。

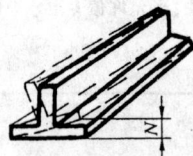

图 10-20 测量扭拧度

表 10-76 型材的扭拧度

外接圆直径 (mm)	扭拧度(mm/mm 宽)					
	普 精 级		高 精 级		超 高 精 级	
	每 m 长度上	总长度上	每 m 长度上	总长度上	每 m 长度上	总长度上
	不大于					
>12.5~40	0.052	0.156	0.035	0.105	0.026	0.078
>40~80	0.035	0.105	0.026	0.078	0.017	0.052
>80~250	0.026	0.078	0.017	0.052	0.009	0.026

(8)圆角半径允许偏差。型材圆角如图 10-21。需方有要求偏差时,允许偏差参照表 10-77规定。

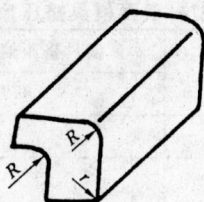

图 10-21　圆角半径 R

表 10-77　圆角半径允许偏差（mm）

圆角半径		允许偏差
过渡圆角半径 r		+0.4
R	≤4.7	±0.4
	>4.7	±0.1R

注：当允许偏差只要求（+）或（-）时，供需双方协商确定。

（9）型材的长度允许偏差如下：

① 型材要求定尺时，应在合同中注明，公称长度小于等于 6m 时，允许偏差为 +15 mm；长度大于 6m 时，允许偏差由双方协商。

② 以倍尺交货的型材，其总长度允许偏差为 +20mm，需要加锯口余量时，应在合同中注明。

③ 不定尺型材的交货长度为 1～6m。

（10）型材端头切斜度允许偏差不应超过 2°。

3. 力学性能

型材的室温力学性能应符合表 10-78 规定。

表 10-78　型材的室温力学性能

合金状态	合金	壁厚(mm)	拉伸试验			硬度试验		
			抗拉强度 σ_b(MPa)	规定非比例伸长应力 $\sigma_{P0.2}$（MPa）	伸长率 δ（%）	试样厚度（mm）	维氏硬度 HV	韦氏硬度 HW
			不小于					
6063	T5	所有	160	110	8	0.8	58	8
	T6	所有	205	180	8		—	
6063A	T5	≤10	200	160	5	0.8	65	10
		>10	190	150	5			
	T6	≤10	230	190	5			
		>10	220	180	4			
6061	T4	所有	180	110	16			
	T6	所有	265	245	8			

注：1. 型材取样部位的实测壁厚小于 1.2mm 时，不测定伸长率。

　　2. 淬火自然时效的型材室温力学性能是常温时效 1 个月的数值。常温时效不足 1 个月进行拉伸试验时，试样应进行快速时效处理，其室温纵向力学性能符合表 10-78 的规定。

　　3. 维氏硬度、韦氏硬度和拉伸试验只做 1 项，仲裁试验为拉伸试验。

4. 外观质量

（1）型材表面应整洁，不允许有裂纹、起皮、腐蚀和气泡等缺陷存在。

（2）型材表面允许有轻微的压坑、碰伤、擦伤存在，其允许深度见表 10-79；模具挤压痕的允许深度见表 10-80。装饰面要在图纸中注明，未注明时按非装饰面执行。

表 10-79	型材表面缺陷允许深度

	缺陷允许深度(mm)	
状态	不大于	
	装饰面	非装饰面
T5	0.03	0.07
T4、T6	0.06	0.10

表 10-80	型材表面模具挤压痕允许深度

合金	横具挤压痕深度(mm)
	不大于
6061	0.06
6063 6063A	0.03

(3) 型材端头允许有因锯切产生的局部变形,其纵向长度不应超过 20mm。

(二) 阳极氧化和着色型材(GB/T 5237.2—2000)

1. 产品分类

(1) 产品的牌号、状态、规格应符合 GB/T 5237.1—2000 的规定,表面处理方式应符合表 10-81 的规定。

表 10-81　阳极氧化、着色型材表面处理方式

表面处理方式		
阳极氧化(银白色)	阳极氧化加电解着色	阳极氧化加有机着色

(2) 产品标记,按产品名称(阳极氧化型材以"氧化铝建型"表示,阳极氧化加电解着色型材以"氧化电解铝建型"表示,阳极氧化加有机着色型材以"氧化有机铝建型"表示)、合金牌号、状态、产品规格(由型材代号与定尺长度两部分组成)、颜色、膜厚级别和本标准编号的顺序表示。

【例】　用 6063 合金制造的,T5 状态,型材代号为 421001,定尺长度为 3000mm,表面经阳极氧化电解着色处理,中青铜色,膜厚级别为 AA10 的型材,标记为:

氧化电解铝建型 6063- T5 421001×3000　中青铜 AA10 GB/T5237.2-2000

2. 产品质量

(1) 基材质量、产品化学成分、力学性能及尺寸允许偏差均应符合 GB/T5237.1—2000 的规定。

(2) 阳极氧化膜的质量要求如下:

① 阳极氧化膜的厚度级别应根据使用环境加以选择,其要求应符合表 10-82 的规定,并在合同中注明。未注明时,门窗型材符合 AA10 级,幕墙型材符合 AA15 级。

表 10-82　阳极氧化膜的厚度要求

级　别	单件平均膜厚不小于(μm)	单件局部膜厚不小于(μm)
AA10	10	8
AA15	15	12
AA20	20	16
AA25	25	20

② 氧化膜的封孔质量采用磷铬酸浸蚀重量损失法试验,失重不大于 30mg/dm^2。

③ 电解着色、有机着色的型材,其氧化膜颜色,应符合供需双方协商认可的实物标样及允许的偏差。非装饰面上允许有轻微的颜色不均,不均度由供需双方协商。

④ 阳极氧化膜的耐蚀性采用铜加速醋酸盐雾试验(CASS)和滴碱试验检测,以及落砂试验检测,其结果应符合表 10-83 规定。

表 10-83　阳极氧化膜的耐蚀性

| 氧化膜厚度级别 | 耐　蚀　性 | | | 耐　磨　性 |
| | CASS 试验 | | 滴碱试验
（s） | 落砂试验
磨耗系数 f
（g/μm） |
	时间（h）	级　　别		
AA10	16	≥9	≥50	≥300
AA15	32	≥9	≥75	≥300
AA20	56	≥9	≥100	≥300
AA25	72	≥9	≥125	≥300

⑤ 氧化膜的耐侯性采用 313B 荧光紫外灯人工加速老化试验，经 300h 连续照射后，电解着色膜色差至少应达到 1 级，有机着色膜色差至少应达到 2 级。具体色差级别应根据颜色不同，由供需双方协商确定。

⑥ 产品外观质量：表面不允许有电灼伤、氧化膜脱落等影响使用的缺陷；距型材端头 80mm 以内允许局部无膜或电灼伤。

（三）电泳涂漆型材（GB/T5237.3—2000）

1. 产品分类

电泳型材合金牌号、供应状态、规格应符合 GB/T5237.1—2000 的规定。表面处理方式应符合表 10-84 规定。

表 10-84　电泳涂漆型材表面处理方式

表面处理方式	
阳极氧化加电泳涂漆	阳极氧化、电解着色加电泳涂漆

2. 产品标记

按产品名称、合金牌号、供应状态、规格（由型材代号与定尺长度两部分组成）、颜色、复合膜厚度级别和标准号的顺序表示。

【例】　用 6063 合金制造的，供应状态为 T5，型材代号为 421001，定尺长度为 6000mm，表面处理方式为阳极氧化电解着古铜色，加电泳涂漆处理，复合膜厚度级别为 A 级的型材，标记为：

电泳铝建型　6063-T5　421001×6000 古铜 A　GB/T5237.3—2000

3. 产品质量

（1）基材质量、电泳型材去膜后的化学成分、室温力学性能及电泳型材（包括复合膜在内）尺寸允许偏差应符合 GB/T5237.1—2000 规定。

（2）复合质量

① 厚度，复合膜厚度应符合表 10-85 规定，合同未注明复合膜厚度级别的，一律按 B 级供货。

表 10-85　电泳涂漆型材复合膜厚度　　　　　　　　　　（μm）

| 级　　别 | 阳极氧化膜 | | 漆　膜 | 复　合　膜 |
	平　均　膜厚	局　部　膜厚	局　部　膜厚	局　部　膜厚
A	≥10	≥8	≥12	≥21
B	≥10	≥8	≥7	≥16

注：在苛刻、恶劣环境条件下的室外用建筑构件应采用 A 级的型材，在一般环境条件下的室外用建筑构件或车辆用构件，可采用 B 级的型材。

② 阳极氧化膜的耐蚀性、漆膜的附着力和硬度以及复合膜的耐蚀性和耐磨性应符合表 10-86 的规定。

表 10-86 型材氧化膜复合膜的耐蚀性、附着力、硬度和耐磨性

膜厚级别	阳极氧化膜		漆 膜		复 合 膜					
	耐蚀性（CASS 试验）		附着力等级	硬度	耐 蚀 性					耐磨性（g）
					CASS 试验		耐 碱 性			
	试验时间（h）	保护等级（R）			时间(h)	保护等级（R）	时间(h)	保护等级（R）		
A	8	≥9	0	≥2H	48	≥9.5	24	≥9.5		≥3000
B	8	≥9	0	≥2H	24	≥9.5	16	≥9.5		≥2750

注：表中所指的阳极氧化膜系指型材在涂漆前经阳极氧化处理所形成的氧化膜，其耐蚀性的要求应在加工过程中予以保证，并作定期检查，不作为产品最终检验的项目。

③ 颜色、色差，应符合供需双方确定的实物标样及允许偏差。

④ 人工加速耐候性，复合膜经氙灯照射人工加速老化试验后，应无粉化现象（级 0），失光程度至少达到 1 级（失光率≤15%），变色程度至少达到 1 级。

⑤ 耐沸水性，在≥95℃的去离子水中煮沸 5h，漆膜表面不应有皱纹、裂纹、气泡、脱落及变色。

⑥ 外观质量，涂漆前型材应符合 GB/T5237.2—2000 有关规定。涂漆后的漆膜应均匀、整洁，不允许有皱纹、裂纹、气泡、流痕、夹杂物、发粘和漆膜脱落等影响使用的缺陷。但在电泳型材端头 80mm 范围内允许局部无漆膜。

（四）粉末喷涂型材（GB/T5237.4—2000）

1. 产品分类

（1）喷粉型材的牌号、状态、规格应符合 GB/T5237.1—2000 的规定。涂层种类为热固性饱和聚酯粉末涂层。

（2）产品标记：按产品名称、合金牌号、供应状态、规格（由型材代号与定尺长度两部分组成）、涂层光泽、颜色代号和本标准号的顺序表示。

【例】 用 6063 合金制造的，供应状态为 T5，型材代号为 421001，定尺长度为 6000mm，涂层的 60°光泽值为 50 个光泽单位，颜色代号为 3003 的喷粉型材，标记为：

喷粉铝建型 6063-T5 421001×6000 光 50 色 3003 GB/T5237.4—2000

2. 产品质量

喷粉型材基材质量应符合 GB/T5237.1—2000 的规定。

3. 预处理

基材喷涂前，其表面应进行预处理，以提高基体与涂层的附着力。化学转化膜应有一定的厚度，当采用铬化处理时，铬化转化膜的厚度应控制在 200~1300mg/m² 范围内。

4. 喷粉型材的化学成分和室温力学性能

喷粉型材去掉涂层后，其化学成分、室温力学性能应符合 GB/T5237.1—2000 的规定。

5. 尺寸允许偏差

喷粉型材去掉涂层后，其尺寸允许偏差应符合 GB/T5237.1—2000 的规定。

6. 涂层性能

（1）光泽：涂层的 60°光泽值应与合同规定一致。光泽值≥80 个光泽单位的高光产品，其

允许偏差不得超过±10个光泽单位,其它产品允许偏差为±7个光泽单位。

(2) 颜色与色差:涂层颜色应与合同的标准色板基本一致。使用仪器测定时,单色粉末的涂层与标准色板差 $\Delta E_{ab}^* \leqslant 1.5$,同一批产品之间的色差 $\Delta E_{ab}^* \leqslant 1.5$。

(3) 涂层厚度:装饰面上涂层最大局部厚度$\leqslant 120\mu m$,最小局部厚度$\geqslant 40\mu m$。(注:由于挤压型材横截面形状的复杂性,致使型材某些表面的涂层厚度低于规定值是允许的,但不允许出现露底现象。)

(4) 压痕硬度:涂层经压痕试验,其抗压痕性$\geqslant 80$。

(5) 附着力:涂层经划格试验,其附着力应达到0级。

(6) 耐冲击性:涂层正面经冲击试验后无开裂、脱落现象,但在凹处周边处允许有细小皱纹。

(7) 杯突试验:涂层经压陷深度为6mm的杯突试验后,无开裂、脱落现象。

(8) 抗弯曲性:涂层经曲率半径为3mm,弯曲180°试验后,无开裂、脱落现象。

(9) 耐化学稳定性如下:

① 耐盐酸性:涂层经盐酸试验后,目视检查表面不应有气泡和其它明显变化。

② 耐溶剂性:经二甲苯试验后,涂层无软化及其它明显变化。

③ 耐灰浆性:涂层经灰浆试验后,表面不应有脱落和其它明显变化。

(10) 耐盐雾腐蚀性:在带有交叉划痕的试板上,经1000h乙酸盐雾试验后,先对交叉划线两侧各2.0mm以外部分进行目视检查,涂层不应有腐蚀现象。再按GB/T9286中的7.2.6条进行试验,在离划线2.0mm以外部分,不应有涂层脱落现象。

(11) 耐湿热性:涂层经1000h试验后,其变化$\leqslant 1$级。

(12) 人工加速耐候性:涂层经250h氙灯照射人工加速老化试验后,不应产生粉化现象(0级),失光率和变色色差至少达到1级。

(13) 耐沸水性:涂层经耐沸水试验后,不应有气泡、皱纹、水斑和脱落等缺陷。但允许色泽稍有变化。

7. 外观质量

喷粉型材装饰面上的涂层应平滑、均匀、不应有皱纹、流痕、鼓泡、裂纹、发粘等影响使用的缺陷。允许有轻微的橘皮现象,其允许程度应有供需双方商定的实物标样表明。

(五) 氟碳漆喷涂型材(GB/T5237.5—2000)

1. 产品分类

(1) 喷漆型材的牌号、状态、规格应符合GB/T5237.1—2000的规定。涂层种类应符合表10-87的规定。

表10-87 喷漆型材的涂层种类

二 涂 层	三 涂 层	四 涂 层
底漆加面漆	底漆、面漆和清漆	底漆、阻挡漆、面漆加清漆

(2) 产品标记,按产品名称、合金牌号、供应状态、规格(由型材代号与定尺长度两部分组成)、涂层光泽、颜色代号和本标准号的顺序表示。

【例】 用6063合金制造的,供应状态为T5,型材代号为421001,定尺长度为6000mm,涂层的60°光泽值为40个光泽单位的灰色(代号8399)型材,标记为:

氟碳铝建型 6063-T5 421001×6000 光 40 色 8399 GB/T5237.5—2000

2. 产品质量

(1) 基材质量,喷漆型材所用基材质量应符合 GB/T5237.1—2000 规定。

(2) 基材喷漆前应进行预处理以提高基体与涂层的附着力。

(3) 喷漆型材除去漆膜后,其化学性能、室温力学性能、尺寸允许偏差应符合 GB/T5237.1—2000 规定。

(4) 涂层性能如下:

① 涂层的 60° 光泽值应与合同规定一致,其允许偏差为 ±5 个光泽单位。

② 涂层的颜色应与合同规定标准色基本一致,使用仪器测定时,单色涂层与标准色板间的色差 ΔE_{ab}^* ≤1.5。同一批产品之间色差 ΔE_{ab}^* ≤1.5。

(5) 喷漆型材装饰面上的漆膜厚度应符合表 10-88 规定。

表 10-88 喷漆型材漆膜厚度

涂 层 种 类	平均膜厚(μm)	最小局部膜厚(μm)
二涂	≥30	≥25
三涂	≥40	≥34
四涂	≥65	≥55

注:由于挤压型材横截面形状的复杂性,在型材某些表面(如内角、横沟等)的漆膜厚度允许低于表 10-88 的规定值,但不允许出现露底现象。

(6) 涂层经铅笔划痕试验,硬度 ≥1H 级。

(7) 涂层的干式、湿式和沸水附着力均应达到 0 级。

(8) 涂层正面经冲击试验后应无开裂或脱落现象,但在凹面的周边处允许有细小皱纹。

(9) 涂层经落砂试验后,其磨耗系数应 ≥1.6L/μm。

(10) 涂层的耐化学稳定性如下:

① 耐盐酸性:涂层经盐酸试验后,目视检查表面不应有气泡和其它明显变化。

② 耐硝酸性:涂层经硝酸试验后,颜色变化 ΔE_{ab}^* ≤6。

③ 耐溶剂性:经丁酮试验后,表面不应有气泡、脱落和其它明显变化。

④ 耐灰浆性:涂层经灰浆试验后,表面不应有脱落和其它明显变化。

⑤ 耐盐雾性:经 1500h 中性盐雾试验(NSS 试验)后,涂层不应有腐蚀现象,不应有涂层脱落现象。

⑥ 耐湿热性:涂层经 3000h 湿热试验后,变化 ≤1 级。

⑦ 人工加速耐候性:涂层经 500h 氙灯照射人工加速老化试验后,不应产生粉化现象(0 级),失光率和变色色差至少达到 1 级。

⑧ 外观质量:喷漆型材装饰面上的涂层应平滑、均匀,不允许有流痕、皱纹、气泡、脱落及其它影响使用的缺陷。

(六) 铝合金型材的标志、包装、运输和储存

(1) 型材包装箱标志应符合 GB/T 3199 的规定。

(2) 包装、运输、储存按 GB/T 3199 执行。包装方式应在合同中注明。

(3) 每批型材均应有符合本标准要求的质量证明书,其上要注明:供方名称、产品名称、合金牌号和状态、规格、重量或件数、批号、力学性能检验结果、本标准编号、供方技术监督部门印

记、包装日期、生产许可证编号及有效期。

三、装饰用铝合金制品

1. 铝合金门窗

铝合金门窗是由经表面处理的铝合金型材,经下料、打孔、铣槽、攻丝、制窗等加工工艺而制成的门窗框件,再与玻璃、连接件、密封件、五金配件等组合装配而成。

在现代建筑装饰工程中,尽管铝合金门窗比普通门窗的造价高 3～4 倍,但因其长期维修费用低、性能好、美观、节约能源等,故仍得到广泛应用。

与普通木门窗、钢门窗相比,铝合金门窗的主要优点如下:

(1) 质量轻。铝合金门窗用材省,质量轻,每 m^2 耗用铝型材量平均为 8～12kg,比用钢门窗的质量减轻 50%左右。

(2) 密封性好。如气密性、水密性、隔声性均比普通门窗好,故对安装空调设备的建筑和对防尘、隔声、保温隔热等有特殊要求的建筑,更适宜采用铝合金门窗。

(3) 色泽美观。制作铝合金门窗框料的型材,表面可进行氧化着色处理,可着银白色、古铜色、暗红色、黑色等柔和的颜色或带色的花纹,还可以涂装聚丙烯酸树脂膜,使表面光亮。铝合金门窗造型新颖大方,线条明快,色泽柔和,增加了建筑物的立面和内部的美观。

(4) 使用维修方便。铝合金门窗不需要涂漆、不褪色、不脱落,表面不需要维修。铝合金门窗强度较高,刚性好,坚固耐用,零部件经久不坏,开关灵活轻便,无噪声。

(5) 便于工业化生产。铝合金门窗的加工、制作、装配、试验都可在工厂进行大批量工业化生产,有利于实现产品设计标准化、系列化,零配件通用化,以及产品的商品化。

目前国内生产的铝合金门窗种类很多,尚无统一的国家标准,现将北京市钢窗厂生产的铝合金门窗型号列于表 10-89。

表 10-89　铝合金门窗型号

生产单位	名称	型号或类别	洞口尺寸(cm)	备　注
北京市钢窗厂	固定窗	—	宽最大 180 高最大 180	—
	平开窗	内外框全部为空腔型	宽最大 240 高最大 240	可组成大型带窗,质量轻,价格低
		内外框为空腔和实芯相结合	宽最大 180 高最大 150	
	推拉窗	内外框全部为空腔型	宽最大 180 高最大 180	可组成大型带窗
		内外框为空腔和实芯相结合		
	平开门	内外开阳台门	宽最大 90 高最大 240	密闭门
		内外开内门	宽最大 100 高最大 240	
		内外开外门	宽最大 100 高最大 320	
	弹簧门	—	尺寸不限	有大断面和中断面两种
	自动门	电动脚踏式开关		
	推拉门		宽最大 180 高最大 200	采用大断面材料制作

2. 铝合金装饰板

铝合金装饰板属于现代较为流行的建筑装饰板材,具有质量轻、不燃烧、耐久性好、施工方便、装饰效果好等特点。适用于公共建筑室内外墙面和柱面的装饰。当前的产品规格有开放式、封闭式、波浪式、重叠式条板和藻井式、内圆式、龟板式块状吊顶板。颜色有本色、金黄色、古铜色、茶色等。表面处理方法有烤漆和阳极氧化等形式。在装饰工程中用得较多的铝合金板材有以下几种:

(1) 铝合金花纹板及浅纹板。它是采用防锈铝合金坯料,用特殊的花纹辊轧而成的。花纹美观大方,突筋高度适中,不易磨损,防滑性好,防腐蚀性能强,便于冲洗,通过表面处理可以得到各种不同的颜色,花纹板板材平整,裁剪尺寸精确,便于安装。广泛用于现代建筑墙面装饰及楼梯、踏板等处。

铝合金浅花纹板,其花纹精巧别致,色泽美观大方,同普通铝合金相比,刚度要高出 20%,抗污垢、防划伤、耐擦伤能力均有提高,它是优良的建筑装饰材料之一,也是我国特有的建筑装饰材料。

(2) 铝合金压型板。它的特点是质量轻、外形美、耐腐蚀,经久耐用,安装容易,施工快速,经表面处理可得到各种优美的色彩,是现代广泛应用的一种新型建筑材料。主要用作墙面和屋面。铝合金压型板的断面形状和尺寸见图 10-22。

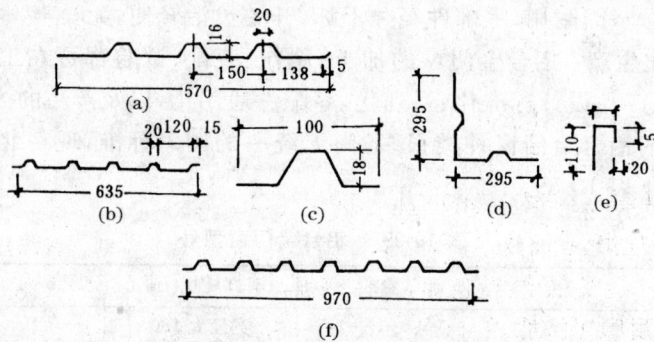

图 10-22　铝合金压型板的板型
(a) 1 型压型板　(b) 2 型压型板　(c) 6 型压型板
(d) 7 型压型板　(e) 8 型压型板　(f) 9 型压型板
(1、3、5 型断面相同,1 型 3 波;2 型 5 波;3 型 7 波)

(3) 铝合金穿孔板。它是用各种铝合金平板经机械穿孔而成的。孔型根据需要有圆孔、方孔、长圆孔、长方孔、三角孔、大小组合孔等。这是近年来开发的一种降低噪声并兼有装饰效果的新产品。

铝合金穿孔板具有材质轻、耐高温、耐高压、耐腐蚀、防火、防潮、防震、化学稳定性好、造型美观、色泽幽雅、立体感强等优点,广泛用于宾馆、饭店、剧场、影院、播音室等公共建筑和中高级民用建筑中。

下面介绍几种铝合金穿孔板供选择:

① 穿孔平面式吸声板。由无锡市铝制品厂生产,其规格、性能和特点如下:

规格(mm):495×495×(50~100)。

材质:防锈铝(LF21)。

板厚:1mm。

孔径 φ6,孔距 10mm。

降噪系数:1.16。

工程使用降噪效果:4~8dB。

吸声系数(Hz/吸声系数,厚度 75mm):$\frac{125}{0.13}$ $\frac{250}{1.04}$ $\frac{500}{1.18}$ $\frac{1000}{1.37}$ $\frac{2000}{1.04}$ $\frac{4000}{0.97}$。

② 穿孔块体式吸声体板。由无锡市铝制品厂生产,其规格、性能和特点如下:

规格(mm):750×500×100。

材质:防锈铝(LF21)。

板厚:1mm。

孔径 φ6,孔距 10mm。

降噪系数:2.17。

工程使用降噪效果:4~8dB(A)。

$\frac{125}{0.22}$ $\frac{250}{1.25}$ $\frac{500}{2.34}$ $\frac{1000}{2.34}$ $\frac{2000}{2.54}$ $\frac{4000}{2.25}$。

③ 铝合金穿孔压花吸声板。由上海红旗机筛厂生产,其规格、性能和特点如下:

规格(mm):500×500,1000×1000,或根据用户要求加工。

材质:电化铝板。

孔径 φ6~8,板厚 0.8~1mm。

穿孔率(%):1~5,20~28。

工程使用降噪效果:4~8dB。

④ 铝装饰板。由天津电器厂生产。

规格(长×宽×厚,mm):500×500×0.5;500×500×0.8。

性能和特点:采用光电制板技术、彩色阳极氧化表面处理工艺,图案深度为 5~8μm、10~12μm。颜色有铝本色、金黄色、淡蓝色等,立体感强,可制成名人字画、古董、湖光山色等图案,并具有耐腐蚀、耐热、耐磨损特性,能长期保持光亮如新。

⑤ 铝合金吸声板。由成都卷闸门厂生产。规格为 500mm×500mm,材质为 LF21。

⑥ 吸声吊顶墙面穿孔护面板。由无锡县堰桥噪声控制设备厂生产。材质、规格、穿孔率可根据需要任选,孔型有圆孔、方孔、长圆孔、长方孔、三角孔、菱形孔、大小组合孔等。

第十一章　混凝土外加剂

外加剂是在混凝土、砂浆或水泥净浆拌和前掺入的，其掺量不大于水泥重量的 5%，它能保持混凝土、砂浆或净浆的正常性能，并能按使用要求使其改变性能。

使用外加剂一般不需要改变原材料和施工工艺，对混凝土或砂浆的性能有明显的改善，还可利用外加剂配制出有特殊要求的混凝土，技术经济效果明显。因而外加剂已逐渐成为混凝土组成中不可缺少的第五种材料。

外加剂的类型、主要功能和适用范围见表 11-1。

表 11-1　外加剂适用范围

外加剂类型	主 要 功 能	适 用 范 围
普通减水剂	1. 在保证混凝土工作性能及强度不变条件下，可节约水泥用量 2. 在保证混凝土工作性能及水泥用量不变条件下，可减少用水量，提高混凝土强度 3. 在保持混凝土用水量及水泥用量不变条件下，可增大混凝土流动性	1. 用于日最低气温 5℃ 以上的混凝土施工 2. 各种预制及现浇混凝土、钢筋混凝土及预应力混凝土 3. 大模板施工、滑模施工、大体积混凝土、泵送混凝土以及流动性混凝土
高效减水剂	1. 在保证混凝土工作性能及水泥用量不变条件下，可大幅度减少用水量（减水率大于 12%），可制备早强、高强混凝土 2. 在保持混凝土用水量及水泥用量不变条件下，可增大混凝土拌合物流动性，制备大流动性混凝土	1. 用于日最低气温 0℃ 以上的混凝土施工 2. 用于钢筋密集、截面复杂、空间窄小及混凝土不易振捣的部位 3. 凡普通减水剂适用的范围高效减水剂亦适用 4. 制备早强、高强混凝土以及流动性混凝土
早强剂及早强减水剂	1. 缩短混凝土的热蒸养时间 2. 加速自然养护混凝土的硬化	1. 用于日最低温度 −3℃ 以上时，自然气温正负交替的严寒地区的混凝土施工 2. 用于蒸养混凝土、早强混凝土
引气剂及引气减水剂	1. 改善混凝土拌合物的工作性能，减少混凝土泌水离析 2. 增加硬化混凝土的抗冻融性	1. 有抗冻融要求的混凝土，如公路路面、飞机跑道等大面积受冻部位 2. 骨料质量差以及轻骨料混凝土 3. 提高混凝土抗渗性可用于防水混凝土 4. 改善混凝土的抹光性 5. 泵送混凝土
缓凝剂及缓凝减水剂	降低热峰值及推迟热峰出现的时间	1. 大体积混凝土 2. 夏季和炎热地区的混凝土施工 3. 用于日最低气温 5℃ 以上的混凝土施工 4. 预拌混凝土、泵送混凝土以及滑模施工
防冻剂	混凝土在负温条件下，使拌合物中仍有液相的自由水，以保证水泥水化，使混凝土达到预期强度	冬期负温（0℃ 以下）混凝土施工
膨胀剂	使混凝土体积在水化、硬化过程中产生一定膨胀，以减少混凝土干缩裂缝，提高抗裂性和抗渗性能	1. 补偿收缩混凝土，用于自防水屋面、地下防水及基础后浇缝、防水堵漏等 2. 填充用膨胀混凝土，用于设备底座灌浆，地脚螺栓固定等 3. 自应力混凝土，用于自应力混凝土压力管

外加剂类型	主 要 功 能	适 用 范 围
速凝剂	速凝、早强	用于喷射混凝土
泵送剂	提高混凝土可泵性,增加水的粘度,防止泌水离析	1. 泵送混凝土 2. 大流动性混凝土 3. 预拌混凝土
着色剂	制备各种颜色的混凝土和砂浆	各种混凝土
阻锈剂	防止钢筋锈蚀	钢筋混凝土和含有氯盐外加剂的混凝土
加气剂	在混凝土初凝前产生气泡,减少混凝土沉陷泌水增大体积	1. 加气混凝土、砌块 2. 充填用混凝土、减小密度 3. 密孔轻骨料混凝土

第一节 减 水 剂

减水剂也叫做水泥分散剂或塑化剂,加入到混凝土拌和物中能对水泥颗料起分散作用,把水泥凝块中所包含的游离水释放出来,使水泥充分水化,从而减少拌和用水量,降低水灰比或减少水泥用量,改善和易性,提高混凝土的密度和强度,同时还具有早强、高强的效果,对钢筋无锈蚀作用。

减水剂根据使用效果不同分为普通减水剂、高效减水剂和高性能减水剂。

一、普通减水剂

(一)普通减水剂的主要特点

普通型减水剂——木质素磺酸盐是阴离子型高分子表面活性剂,对水泥团粒有吸附作用,具有半胶体性质。

普通型减水剂可分为早强型、标准型、缓凝型 3 个品种,在不复合其它外加剂时,本身有一定缓凝作用。

木质素磺酸盐能增大新拌混凝土的坍落度 60~80mm;能减少用水量,减水率 10%;使混凝土含气量增大;减少泌水和离析;降低水泥水化放热速率和放热高峰;使混凝土初凝时间延迟,且随温度降低而加大延迟时间。

(二)普通减水剂的适用范围

适用于各种现浇预制(不经蒸养工艺)混凝土、钢筋混凝土及预应力混凝土;中低强度混凝土。

适用于大模板施工、滑模施工及日最低气温 5℃ 以上混凝土施工。

多用于大体积混凝土、热天施工混凝土、泵送混凝土、有轻度缓凝要求的混凝土。

以小剂量与高效减水剂复合来增加后者的坍落度和扩展度,降低成本,提高效率。

(三)普通减水剂的技术要求

普通减水剂混凝土的技术性能列于表 11-2。

表 11-2　普通减水剂混凝土技术性能

等　级	减水率（%）	含气量（%）	泌水率比（%）	收缩率比（%）	凝结时间差		抗压强度比（%）			对钢筋锈蚀作用
					初凝（min）	终凝（min）	3d	7d	28d	
一等品	8	≤3.0	95	28d≥135	−90～+120	−90～+120	115	115	110	应说明对钢筋有无锈蚀危害
合格品	5	≤4.0	100				110	110	105	

注:1. 本表引自 GB 8076-1997《混凝土外加剂》。

2. 表中所列数据为掺外加剂混凝土与基准混凝土的差值或比值。

3. 凝结时间"−"号表示提前,"+"号表示延缓。

4. 普通减水剂匀质性指标与高效减水剂的相同,参见表 11-10。

（四）木质素磺酸盐的主要品种

1. 木质素磺酸钙

它是由亚硫酸盐法生产纸浆的废液(黑液),用石灰中和后将浓缩的溶液经干燥所得到的产品。木质素磺酸钙是以苯丙基为主体结构的复杂高分子,相对分子量为 2000～100000。

木质素磺酸钙简称木钙,出厂包装上只用"干粉"二字代之。木钙粉的性能见表 11-3。木钙减水剂常常以溶液形式加入混凝土中,其相对密度与浓度对照表列于表 11-4。

表 11-3　木质素磺酸钙减水剂质量指标

项　目	指　标	项　目	指　标
木质素磺酸钙(%)	＞55	水分含量	＜9
还原物(%)	＜12	砂浆含气量(%)	＜15
水不溶物(%)	＜2～5	砂浆流动度(mm)	185±5
pH 值	4～6		

注:本表引自(1979)建发施字 224 号"木钙减水剂在混凝土中使用的技术规定"。

表 11-4　木质素磺酸钙减水剂溶液的相对密度与浓度对照表

相对密度	0.000	0.001	0.002	0.003	0.004	0.005	0.006	0.007	0.008	0.009
1.040	9.0	9.2	9.4	9.6	9.8	10.0	10.2	10.4	10.6	10.8
1.050	11.0	11.2	11.4	11.6	11.8	12.0	12.2	12.4	12.6	12.8
1.060	13.0	13.2	13.4	13.6	13.8	14.0	14.2	14.4	14.6	14.8
1.070	15.0	15.2	15.4	15.6	15.8	16.0	16.2	16.4	16.6	16.8
1.080	17.0	17.2	17.4	17.6	17.8	18.0	18.2	18.4	18.6	18.8
1.090	19.0	19.2	19.4	19.6	19.8	20.0	20.2	20.4	20.6	20.8
1.100	21.0	21.2	21.4	21.6	21.8	22.0	22.2	22.4	22.6	22.8
1.110	23.0	23.2	23.4	23.6	23.8	24.0	24.2	24.4	24.6	24.8
1.120	25.0	25.2	25.4	25.6	25.8	26.0	26.2	26.4	26.6	26.8
1.130	27.0	27.2	27.4	27.6	27.8	28.0	28.2	28.4	28.6	28.8
1.140	29.0	29.2	29.4	29.6	29.8	30.0	30.2	30.4	30.6	30.8
1.150	31.0	31.2	31.4	31.6	31.8	32.0	32.2	32.4	32.6	32.8
1.160	33.0	33.2	33.4	33.6	33.8	34.0	34.2	34.4	34.6	34.8
1.170	34.8	34.9	35.1	35.3	35.4	35.6	35.8	35.9	36.1	36.3

相对密度	0.000	0.001	0.002	0.003	0.004	0.005	0.006	0.007	0.008	0.009
1.180	36.5	36.6	36.8	37.0	37.1	37.3	37.5	37.6	37.8	38.0
1.190	38.2	38.3	38.5	38.7	38.8	39.0	39.2	39.3	39.5	39.7
1.200	39.9	40.0	40.2	40.4	40.5	40.7	40.9	41.0	41.2	41.4
1.210	41.6	41.7	41.9	42.1	42.2	42.4	42.6	42.7	42.9	43.1
1.220	43.3	43.4	43.6	43.8	43.9	44.1	44.3	44.4	44.6	44.8
1.230	45.0	45.1	45.3	45.5	45.6	45.8	46.0	46.1	46.3	46.5
1.240	46.7	46.8	47.0	47.2	47.3	47.5	47.7	47.8	48.0	48.2
1.250	48.4	48.5	48.7	48.9	49.0	49.2	49.4	49.5	49.7	49.9
1.260	50.1	50.2	50.4	50.6	50.7	50.9	51.1	51.2	51.4	51.6

注:1. 浓度以固形物含量计,如浓度 10,即溶液中含有 10% 的固形物。

2. 固形物在 34.8% 以下计算公式:固形物% = 200(相对密度-1)+1。

3. 固形物在 34.8% 以上计算公式:固形物% = 170(相对密度-1)+5.85。

2. 木质素磺酸钠

由碱法造纸的废液经浓缩、加硫酸将其中的碱木素磺化后,用苛性钠和石灰中和,将滤去沉淀的清液干燥所得的干粉即为木质素磺酸钠。

木质素磺酸钠的质量标准见表 11-5。

3. 腐殖酸减水剂

腐殖酸减水剂又称胡敏酸钠,原料是泥煤和褐煤。该类减水剂有较大引气性,减水性能不如木质素磺酸盐,见表 11-6。

表 11-5　木质素磺酸钠的质量指标

项　　目	指　　标
木质素磺酸钠(%)	>55
硫酸盐(%)	≤7
水　　分(%)	≤7
水不溶物(%)	≤0.4
还原物(%)	≤4
钙镁含量(%)	≤0.6
pH	9~9.5

注:本表引自吉林省石岘造纸厂企业标准。

表 11-6　腐殖酸减水剂性能

名　　称	外观	pH	含气量(%)	减水率(%)	28d 增强率(%)	掺量(C×%)
性能	深灰褐	11~12	3~5.6	6~8	10	0.2~0.35

(五)普通减水剂的应用技术要点

(1)普通减水剂适宜掺量 0.2~0.3(C×%),随气温升高可适当增加,但不超过 0.5(C×%),计量误差不大于±5%。

(2)宜以溶液形式掺入,可与拌合水同时加入搅拌机内。

(3)混凝土从搅拌出机至浇筑入模的间隔时间宜为:气温 20~30℃,间隔不超过 1h;气温 10~19℃,间隔不超过 1.5h;气温 5~9℃,间隔不超过 2.0h。

(4)混凝土浇筑后,应使用高频振捣棒震至表面泛浆。

(5)普通减水剂适用于日最低气温 5℃ 以上的混凝土施工,低于 5℃ 时应与早强剂复合使用。

(6)需以蒸汽养护的预制构件使用木质素减水剂时,掺量不宜大于 0.05(C×%),并且不宜采用腐殖酸减水剂。

(7)木钙减水剂对水泥的适应性请参见本章第三节"三、缓凝剂和缓凝减水剂的应用技术要点"。

（六）国产普通减水剂的产品及性能

国产普通减水剂的主要产品及性能见表 11-7。

表 11-7　国产普通减水剂产品及性能

品　　名	技术指标	砂浆或混凝土性能	应用和使用效果
FTm 减水剂	粉剂和液体两种	1. 掺量：0.15～0.25($C\times\%$) 2. 减水率：7% 3. 3d、28d 强度分别提高 25%、15% 4. 对钢筋无锈蚀作用	配制大坝、大体积混凝土和普通、商品混凝土等，主要用于夏秋季
AN1 减水剂	1. 主成分：木质素磺酸钙 2. 粉剂产品	1. 掺量：0.1～0.35($C\times\%$) 2. 减水率：8%～10% 3. 3d、28d 强度提高 10%～20% 4. 对钢筋无锈蚀	配制现浇、商品、泵送、轻质、市政工程及道路混凝土
RH-1 普通减水剂	1. 粉剂产品 2. 氯盐含量＜0.01% 3. 碱含量 6.41% 4. 净浆流动度：＞14cm	1. 掺量：0.5～1.0($C\times\%$) 2. 减水率：6%～12% 3. 3d、28d 抗压强度比分别为＞130%、＞110% 4. 可节约水泥 6%～12%	配制常温下的泵送、普通(C40 以下)的混凝土
LD-M$_1$ 减水剂	1. 浅褐色粉末 2. 含水量≤3% 3. 不含氯盐和铬盐	1. 掺量：0.5($C\times\%$) 2. 减水率：8%～15% 3. 7d、28d 强度提高≥25%	配制预制、现浇、钢筋和预应力混凝土
HL-101 普通减水剂	主成分：木质素磺酸钙	1. 掺量：0.2～0.3($C\times\%$) 2. 减水率：10% 3. 28d 强度提高 10%～20% 4. 可节约水泥 5%～10% 5. 对钢筋无锈蚀作用	配制气温在 5℃ 以上的预制、现浇、钢筋、预应力混凝土，及大模板施工、滑模施工、大体积混凝土、泵送和流动性混凝土

（七）普通减水剂在普通混凝土中应用

普通混凝土中应用普通减水剂的实例见表 11-8。

表 11-8　应用普通减水剂的混凝土配合比

水泥等级	混凝土强度	W/(C+F)	砂率(%)	坍落度(mm)	水泥量(kg)	粉煤灰(kg)	用水量(kg)	砂子(kg)	砾石(kg)	说　　明
32.5	C10	0.8	38	20～60	186	20	165	809	1320	粉煤灰掺 10% 替代 5% 水泥
	C15	0.65	37	20～60	236	26	170	765	1303	
	C20	0.55	36	20～60	287	30	175	723	1285	
	C25	0.48	35	20～60	342	36	180	680	1262	
	C30	0.41	32	20～60	409	42	185	596	1268	
42.5	C10	0.89	38	20～60	185	15	165	811	1324	粉煤灰掺 8%～10% 替代 5% 水泥
	C15	0.67	37	20～60	230	26	170	767	1307	
	C20	0.6	36	20～60	264	28	175	732	1301	
	C25	0.52	36	20～60	311	33	180	711	1265	
	C30	0.48	34	20～60	342	36	180	660	1282	

续表 11-8

水泥等级	混凝土强度	W/(C+F)	砂率(%)	坍落度(mm)	水泥量(kg)	粉煤灰(kg)	用水量(kg)	砂子(kg)	砾石(kg)	说明
35.5	C10	0.95	38	20～60	174	26	165	811	1324	粉煤灰掺10%～15%替代5%水泥
	C15	0.71	38	20～60	216	23	170	795	1296	
	C20	0.65	37	20～60	238	24	170	765	1303	
	C25	0.57	36	20～60	277	30	175	762	1356	
	C30	0.53	35	20～60	302	32	175	697	1294	

说明:每个配比均掺用木质素磺酸钙普通减水剂 $0.25 \times C$。

二、高效减水剂

在混凝土坍落度基本相同的条件下,能大幅度减少拌和水量的外加剂称为高效减水剂。

高效减水剂由于性能较普通减水剂有明显提高,因而又称超塑化剂。

(一)特性

高效减水剂对水泥有强烈分散作用,能大大提高水泥拌和物流动性和混凝土坍落度,同时大幅度降低用水量,显著改善混凝土工作性能。

能大幅度降低用水量因而显著提高混凝土各龄期强度。

基本不改变混凝土凝结时间,掺量大时(超剂量掺入)稍有缓凝作用,但并不延缓硬化混凝土早期强度的增长。

在保持强度恒定值时,则能节约水泥10%或更多。

不含氯离子,对钢筋不产生锈蚀作用。

提高混凝土的抗渗抗冻融及耐腐蚀性,增强耐久性。

加速混凝土坍落度损失,掺量过大则泌水。

适用于各类工业与民用建筑、水利、交通、港口、市政等工程建设中的预应力钢筋混凝土工程。

适用于高强、超高强、中等强度混凝土,早强、浅度抗冻、大流动混凝土。

适用于蒸养工艺的预制混凝土构件。

适用作为各类复合型外加剂的减水组分。

(二)高效减水剂的技术要求

高效减水剂的技术要求应符合 GB 8076—1997 标准规定,见表 11-9 和表 11-10。

表 11-9　高效减水剂技术要求(混凝土性能)

类　别		减水率(%)	泌水率比(%)	含气量(%)	凝结时间之差(min)	抗压强度比不小于(%)				收缩率比(%)不大于	对钢筋锈蚀作用
						1d	3d	7d	28d		
高效减水剂	一等品	≥12	≤90	≥3.0	−90～+120	140	130	125	120	135	应说明对钢筋有无锈蚀危害
	合格品	≥10	≤95	≥4.0		130	120	115	110		
缓凝高效减水剂	一等品	≥12	≥100	<4.5	初凝>+90	—	125	125	120	135	应说明对钢筋有无锈蚀危害
	合格品	≥10				—	120	115	110		

注:1. 本表引自(GB 8076—1997)混凝土外加剂。

　　2. 凝结时间指标"—"表示提前,"+"表示延缓。

　　3. 除含气量外,表中所列数据为掺外加剂混凝土与基准混凝土的差值或比值。

表 11-10 匀质性指标

项　目	指　标
含固量或含水量	a. 对液体外加剂,应在生产厂控制值的相对量 3% 之内 b. 对固体外加剂,应在生产厂控制值的相对量 5% 之内
密度(液体)	应在生产厂控制值的 ±0.02g/cm³ 之内
氯离子含量	应在生产厂控制值相对量 5% 之内
水泥净浆流动度	应不小于生产厂控制值的 95%
细度	0.315mm 筛余小于 15%
pH 值	应在生产厂控制值 ±1 之内
表面张力	应在生产厂控制值 ±1.5 之内
还原糖	应在生产厂控制值 ±3% 之内
总碱量($Na_2O+0.658K_2O$)	应在生产厂控制值相对量 5% 之内
Na_2SO_4	应在生产厂控制值相对量 5% 之内
泡沫性能	应在生产厂控制值相对量 5% 之内
砂浆减水率	应在生产厂控制值 ±1.5% 之内

（三）国内生产的高效减水剂的主要品种

国内生产的混凝土高效减水剂,已经形成两大类:一是合成型单一组分高效减水剂;二是复合型多组分高效减水剂。单一组分高效减水剂又称超塑化剂,对水泥和混凝土的减水增强效果十分显著,但往往难于满足新拌混凝土的工作性能及对硬化混凝土特定性能的多种要求,因此目前直接用于工程的数量少,而代之复合高效减水剂。合成型高效减水剂有以下几种:

（1）聚烷基芳基磺酸盐高效减水剂(NS) 有 3 种:① 聚次甲基萘磺酸钠甲醛缩合物,简称萘系减水剂;② 聚次甲基甲基萘酸钠,即甲基萘系;③ 聚次甲基蒽磺酸钠,即蒽系减水剂,亦称稠环芳烃磺酸盐甲醛缩合物。

（2）磺化三聚氰胺甲醛缩合物,亦称水溶性蜜胺树脂系(MS)。

（3）氧茚树脂磺酸钠,亦称古玛隆树脂系(GS)。

（4）芳香族氨基磺酸聚合物,即氨基磺酸系。

（四）高效减水剂的使用要点

（1）高效减水剂的适宜掺量:引气型如甲基萘系、稠环芳香族的蒽系等掺量为 0.5%～1.0% 水泥用量;非引气型如蜜胺树脂系,萘系减水剂掺量可在 0.3%～1.5% 之间选择,最佳掺量为 0.7%～1.0%,在需经蒸养工艺的预制构件中应用,掺量应适当减少。

（2）高效减水剂以溶液方式掺入为宜,但溶液中的水分应从总用水量中扣除。

（3）最常用的推荐使用的方法是与拌合水一起加入(稍后于最初一部分拌和用水的加入)。不同掺入方法对塑化效应的比较表见表 11-11。

表 11-11　减水剂不同掺入方法与塑化效应

混凝土浇筑前加入并稍加搅拌	最佳
先加部分水入干料拌和再加减水剂拌	好
与混凝土同时加水拌和	一般
先于拌合水掺入混凝土干料中(粉料)	一般
水剂减水剂先于拌合水加到干料中	不好

（4）复合型高效减水剂成分不同,品牌极多,是否适用必须先经试配考察。合成型单一组分高效减水剂亦因水泥品种,细度,矿物组分差异而存在对水泥适应性问题,宜先试验后采用。

（5）高效减水剂除氨基磺酸类、接枝共聚物类以外,对混凝土的坍落度损失都很大,30min 可以损失 30%～50%,使用中须加注意。

（6）配合比设计及施工工艺与不掺的相同。

（五）国产高效减水剂产品及性能汇总（见表 11-12）

表 11-12　国产高效减水剂产品及性能

品　名	技术指标	砂浆或混凝土性能	适用和应用实例
NNH 高效 减水剂	1. 主成分：萘系 2. 深褐色粉末 3. pH 值：8±1	1. 掺量：0.5～0.8($C\times\%$) 2. 减水率：≥12% 3. 1d、7d、28d 抗压强度比分别为：≥150%、≥130%、≥125% 4. 对钢筋无锈蚀作用	配制自然、蒸养混凝土、普通钢筋混凝土、预应力混凝土，也适于配制流态混凝土和高强混凝土
HZ-2 高效 减水剂	1. 粉剂产品 2. 泌水率比：≤80%	1. 掺量：0.75～1.5($C\times\%$) 2. 减水率：12%～25% 3. 1d、7d、28d 抗压强度比分别为140%～230%、130%～200%、120%～140% 4. 可节约水泥 10%～20% 5. 对钢筋无锈蚀	1. 配制 0℃以上现浇、预制、泵送、自养和蒸养的工业及民用建筑混凝土，可配制各种高强混凝土 2. 已用于国家重点工程红河水电站、烟威一级公路等工程
M17 高效 减水剂	1. 棕色液体 2. 不含氯盐 3. 非引气型	1. 掺量：0.6～1.5($C\times\%$) 2. 减水率：13.1% 3. 28d 强度提高 15% 4. 可节约水泥 10%～15%	配制高流动度的混凝土
SL 高效 早强 减水剂	1. 粉剂产品 2. 氯离子含量：<0.1% 3. 水泥净浆流动度：≥220mm	1. 掺量：1～1.2($C\times\%$) 2. 减水率：≥15% 3. 1～3d、7d、28d 抗压强度比分别为300%、100%～150%、115%～125% 4. 可节约水泥 10%～15%	1. 配制大坍落度混凝土，要求有高早期强度的预应力或非预应力混凝土，也可用于配制C50～C60 级高强混凝土，适用温度为－5℃以上 2. 已用于北京贵宾楼饭店、京石高速公路、广东国贸大厦等
N-B 高效 减水剂	1. 主成分：β-萘磺酸钠缩合物 2. 黄色粉末 3. pH 值：7～10 4. 硫酸钠含量：≤8% 5. 净浆流动度≥20cm	1. 掺量：0.75($C\times\%$) 2. 减水率：14%～20% 3. 3d 抗压强度比：≥125% 4. 可节约水泥 10%～20% 5. 对钢筋无锈蚀作用	配制各种混凝土
UNF-5A 非引气 型高效 减水剂	1. 主成分：β-萘磺酸钠甲醛缩合物 2. 液体产品 3. 含固量：40%	1. 掺量：0.5～2($C\times\%$) 2. 比 UNF-5 的技术性能高10%～20%	配制高流态、高强度、高抗渗防水混凝土
AF 高效 减水剂	1. 主成分：多环芳烃 2. 深褐色粉末 3. 含水率：≤6% 4. pH 值：7～9 5. 低引气型	1. 掺量：0.5～1.0($C\times\%$) 2. 减水率：15%～20% 3. 1～3d 强度提高 30%～80%；28d 强度提高 10%～30% 4. 可节约水泥 10%～20% 5. 对钢筋无锈蚀	配制泵送、流态、高强、滑模施工用、大模板施工用混凝土
UNF-2 高效 减水剂	1. 主成分：β-萘磺酸钠甲醛缩合物 2. 褐黄色粉末、棕褐色粘稠液两种 3. pH 值：7～9 4. Na_2SO_4 含量：粉剂≤25%，水剂≤10% 5. 水泥净浆流动度≥21cm	1. 掺量：0.3～3.0($C\times\%$) 2. 减水率：15%～30% 3. 28d 强度提高 5%～47% 4. 可节约水泥 7%～20% 5. 对钢筋无锈蚀作用	配制干硬性、低流动性、塑性和流化混凝土

三、高性能减水剂

高性能减水剂主要用来配制高性能混凝土。

高性能混凝土中胶结材料总量大,从而使需水量增大。另一方面为了提高密实性及耐久性,提高强度,必须降低水灰比,一般至少在 0.4 以下,水泥用量较大和水灰比必须降低的后果就使混凝土粘稠度大,流变性变差。解决上述矛盾最有效和现实的途径即是掺入高性能外加剂,这就使高性能减水剂成为高强高性能混凝土的必要组分之一。

高性能减水剂必须具备以下性能:

(1)减水剂对水泥颗粒的分散性要好,对混凝土减水率要高,至少对普通混凝土的减水率要在 20% 以上。

(2)对水泥分散和流动性随时间的变化小,在混凝土中表现为坍落度经时损失小。

(3)有一定的引气量但不过大,以致影响混凝土最终强度。

(4)含碱量尽可能小,不含大量氯离子,能显著改善硬化混凝土的耐久性。

(5)成本适中,添加量低,便于推广应用。

(一)高性能减水剂的主要特点

高性能减水剂的减水率高,至少在 20% 以上;坍落度损失小,2h 内损失率为 10% 直至基本无损失,因此预拌混凝土有优良的工作性。硬化混凝土密实、强度高、耐久性好。

高性能减水剂的结构组分可分为 3 种类型,即:减水和分散性保持功能兼而有之的单一组分系;减水组分+分散性保持成分的 2 成分复合系;有一定分散保持性的减水成分+分散性保持成分的 2 成分复合系。前一类是指氨基磺酸聚合物(AS)以及聚羧酸类接枝共聚物这两种单一组分的合成反应产物。后二类是指萘磺酸盐甲醛缩合物或三聚氰胺甲醛缩合物与缓凝剂和其它外加剂组分的复合产品。

(二)高性能减水剂的适用范围

高性能减水剂适用配制高强或超高强混凝土、自密实(或称免振捣)混凝土、密实性和耐久性优良的混凝土、超高程泵送和超长距离泵送混凝土及要求分散性保持好(即坍落度损失小)的商品预拌混凝土等。由于生产成本相对较高,因此一般不用于配制普通强度等级的混凝土。

(三)高性能减水剂的技术要求

我国参照 GB 8076—1997 混凝土减水剂中的高效减水剂和 JC 473—1992 混凝土泵送剂标准结合来考虑和检验高性能减水剂。

由于我国尚未有高性能减水剂的技术标准,现摘录日本标准以供参考,见表 11-13。

表 11-13 高性能减水剂的性能

标准号及提出		高效减水剂 GB 8076—1997(中国)		高性能 AE 减水剂 JIS 6204(日本工业)		高强混凝土用 高性能 AE 减水剂 (住宅公团·日本)	超高强混凝土高 性能 AE 减水剂 (建设省·日本)
		标准	缓凝	标准	缓凝		
减水率(%)		>12	>12	>18	>18	—	—
泌水率比(%)		<90	<100	<60	<70	<50	—
凝结时间差 (min)	初凝	−90～ +120	>+90	−30～+120 −30～+120	+90～+240 <240	0～+180 −30～+150	5:00～12:00 15:00 以内
	终凝						

标准号及提出		高效减水剂 GB 8076—1997(中国)		高性能 AE 减水剂 JIS 6204(日本工业)		高强混凝土用 高性能 AE 减水剂 (住宅公团·日本)	超高强混凝土高 性能 AE 减水剂 (建设省·日本)
抗压强度比 (%)	3d	≥130	≥125	>135	>135	>140	>100
	7d	≥125	≥125	>125	>125	>130	>100
	28d	≥120	≥120	>115	>115	>120	>100
收缩率比(%)		<135	<135	<110	<110	<110	<110
相对耐久性(%)		—	—	>80	>80	>80	>85
60min 后 性能变化	坍落度损失 (mm)	—	—	<60	<60	<50	<50
	含气量变化 (%)	—	—	<±1.5	<±1.5	<±1.5	<±1.5
[Cl⁻]含量		应说明对钢筋有无锈 蚀危害		① <0.02　② <0.2　③ <0.6			
含碱量(kg/m³)		北京 地方标准	<1.0	<0.30			
试验条件	水泥品种	基准水泥		3 种普通水泥混合		同左	同左
	水泥量	卵石:310±5 碎石:330±5		坍落度 8　300 坍落度 18　320		450	—
	粗骨料 细骨料	最大粒径 20mm 卵石 M=2.6~2.9 中砂		最大粒径 20mm 碎砂		石砂	砂
	单位水量 (kg/m³)	达(80±10)mm 坍落 度所需水量		达上述坍落度所 需水量		掺 AE 剂坍落 度达 18±1 时水 量为基准混凝土; 上述 −15% 水量 为试验混凝土	基准混凝土 205 ± 10;受检混凝 土 165
	砂率(%)	36~40		基准混凝土 40~50 受检混凝土±1%		40~50	
	含气量(%)	—		基准混凝土<2% 受检混凝土:基准＋3 ±0.5		4±0.5	3.5±1.0

(四) 高性能减水剂主要品种及性能

1. 主要品种

按其主要成分的化学结构,高性能减水剂可以分成 4 类。

(1) 聚胺基磺酸盐类,掺量范围为水泥用量的 1.5% ~ 3.0%。国内产品牌号有:AN3000,DFS-II,ZY-A 等。适宜配制泵送和流化高性能混凝土。

(2) 多羧酸系类,掺量在 0.5% ~ 3.0%,配制超高强混凝土掺量在 3% ~ 5.0%,在我国内尚未见商品出售。

(3) 萘磺酸盐甲醛缩合物类,由于其分散性保持不良,一般达不到配制超高强混凝土的要求,只用于配制一般高强混凝土。

(4) 三聚氰胺(蜜胺)磺酸盐甲醛缩合物类,国内产品主要牌号如:JZB-1,SP401,SM 等。因分散性保持不良,因此须与缓凝或保塑成分,如改性木钙成分等复合后方可作为高性能减水剂使用。

2. 主要性能

(1) 凝结时间。掺高性能减水剂的混凝土初凝及终凝时间均较普通混凝土长,掺量越多,初凝时间延迟也越长。

(2) 坍落度及坍落度经时变化。掺高性能减水剂混凝土的特点是水灰比即使很低,也能得到流动化大坍落度的混凝土,而且坍落度的经时损失很小。国产高性能减水剂(液剂)掺量在 1.7%~2.5%,混凝土水胶比在 0.30 左右,坍落度一般可达到 190~230mm。坍落度损失 60min 时为 0~15mm,虽然由于水泥品种不同或质量波动而使坍落度损失有所不同。坍落度的流动值初始能达到 460~550mm,60min 时也只损失 50~100mm。

(3) 强度增长。不同品种的高性能减水剂,在配制超高强混凝土时,尽管试验条件相同,所达到的强度等级也相差较大。因此配制高性能混凝土时应注意选择使用。特别要注意其缓凝性和引气性。

就总的概念而言,水灰比 0.30 左右的混凝土 28d 强度可达到 90MPa;水灰比 0.25 的可达到 100MPa 左右;水灰比 0.22 左右时可达 110MPa 以上,但后两种水灰比当要求混凝土强度高于 100MPa 时仍掺有硅粉掺合料。当 28d 强度达到上述指标时,长龄期混凝土强度仍然增长,无论是否掺入硅粉,90d 强度一般均可发展到 100MPa。

(4) 耐久性。与一般高效减水剂的规律类似,当高性能减水剂的加入量越高,混凝土的干缩也越大。但收缩率较一般高效减水剂小。

抗冻融性能随高性能减水剂的掺量增大而有所提高,原因是外加剂掺量增大后水胶比可降低。

表 11-14 介绍国内高性能减水剂产品及性能。

表 11-14　国产高性能高效减水剂产品及性能

品　名	技术指标		应用和应用实列
AN3000	1. 主成分为胺基磺酸盐聚合物 2. 深紫棕色溶液比重 1.15 3. 水泥净浆流动度>24cm	1. 掺量:0.7%~1.0%×C(干基) 2. 减水率:25%~35% 3. 初始坍落度 200mm,1h 后坍落度 200mm,2h 后坍落度 190mm 4.28d 强度提高 25%	1. 配制高强大体积混凝土,C40~C60 级高强混凝土 2. 已用于北京东四环路工程的通惠河立交桥
RH-8 高性能 塑化剂	1. 粉剂产品 2. 氯盐含量:<0.01% 3. 碱含量:5.12% 4. 净浆流动度:>22cm	1. 掺量:0.75~1.5(C×%) 2. 减水率:12%~15% 3. 泌水率比:<70% 4. 坍落度增加 120~180mm 5.3d、28d 强度分别提高 80%、35%	适用于 5~40℃ 的 C45~C60 的灌浆、商品和普通混凝土
DFS-2 高性能 外加剂	1. 主成分:水溶性改性酚醛树脂 2. 外观:棕红色半透明粘性液体 3. 密度:1.10~1.20g/mL	1. 掺量:0.6%~1.0%×C(干基) 2. 减水率:20%~30% 3.28d 强度提高 30%	1. 适用于高强大体积混凝土 2. 应用于北京市财税业务楼
JG-3 缓凝高效 减水剂		1. 掺量:1.2~1.5(C×%) 2. 减水率:>15% 3. 凝结时间:2~6h 4.3d、7d、28d 强度分别提高 30%、25%、20%	1. 配制高强大体积混凝土,C40 以上商混,C60 以上高强混凝土 2. 已用于北京名人广场大厦

品　名	技术指标		应用和应用实列
CQB-1 高强 泵送剂	1. 主成分：萘磺酸盐高聚物 2. 外观：土黄色粉末 3. 不含氯盐	1. 掺量：0.6～1.2($C\times\%$) 2. 减水率：25%～30% 3. 3d、7d 强度分别达到 28d 的 80%、90% 4. 初始坍落度 200mm,60min 后为 180mm 5. 常压泌水减少 30%	配制 C40～C60 高强混凝土及高强泵送混凝土
ASM JRC-2D 高性能 泵送剂	1. 外观：棕褐色液体 2. 无毒、无臭、不燃	1. 掺量：每 100kg 水泥掺 1500～2000mL 2. 减水率：15%以上 3. 稍有引气、缓凝性，坍落度损失较小	1. 配制预拌早强泵送、超高泵程商混、钢筋及预应力钢筋混凝土；用 52.5 级普通水泥加矿物填充料，可配制 70～80MPa 高强混凝土 2. 已用于上海电视塔等工程
南浦 2-HA 泵送剂	1. 外观：棕褐色液体 2. 氯离子含量：≤1.0% 3. 硫酸钠含量：≤6%	1. 掺量：每 100kg 水泥掺 2500～3000mL 2. 减水率：>15% 3. 稍有引气、缓凝性，坍落度损失较小	1. 配制泵送长度为 200m 以上的预拌早强泵送混凝土，超高泵程商混、钢筋及预应力钢筋混凝土。用 52.5 级普通或纯硅酸盐水泥，可配制 40～60MPa 的泵送混凝土 2. 已用于上海杨浦大桥主塔

（五）高性能减水剂的应用技术要点

（1）水泥品种不同，高性能减水剂用量也不相同。普通水泥比矿渣水泥可以减少外加剂用量。掺量相同时，普通水泥的混凝土用水量低于矿渣水泥。

（2）一般来说细骨料种类不同对高性能减水剂使用影响不大，但细度有一定影响。当减水剂掺量相同时，骨料越细，减水率就越低，坍落度也小，必须增大掺量或调整混凝土配合比。细砂较河砂（中、粗砂）要多用 1～2 倍的减水剂或是减水剂不变而加大用水量 15～20kg/m³。

（3）不同品种、牌号的高性能减水剂其主要成分，对水泥的分散性能和机制不尽相同，因此各自适应范围也不一样。用于一般强度混凝土时由于水泥用量较小，稍增加减水剂掺量，减水效果就明显。掺量再加大就会引起明显缓凝或混凝土粘性增大而成型困难。高强混凝土由于水泥用量大，减水剂掺量低会无法保持坍落度，因而经时损失大、混凝土和易性差。为保证混凝土良好的和易性，水泥用量不得少于 290kg/m³。

（4）要根据混凝土入模时可能处于哪个温度范围来确定是使用标准型高性能减水剂还是缓凝型的。温度偏低时易于产生缓凝现象，应综合考虑掺合料种类数量、配合比条件而确定掺量。成型温度高时，例如夏季环境，坍落度经时变化大，甚至会发生速凝，因此使用缓凝型或适当加大掺量有利于混凝土成型质量。

（5）高性能减水剂的减水剂效率能否充分发挥，与混凝土搅拌时的投料顺序，外加剂添加方法、添加时间及混凝土搅拌时间长短和一次投料量均有关。搅拌时间除搅拌机型制约之外，还必须注意延续时间过长，会影响到坍落度损失加快，含气量损失；而搅拌延续时间短易使混凝土产生离析。一般来说，高强混凝土中细粉料含量比普通强度混凝土大而搅拌时间应适当延长。

外加剂则不宜直接投入干料中，最佳时间是在水加入后或加水过程中添加减水剂，液体型尤应如此。

(6) 高性能减水剂品种不同则泌水量也不同。高性能减水剂的减水率高,混凝土用水量低因而泌水量少。增加细骨料和掺合料细粉也是减少泌水的有效方法。

(7) 高性能减水剂使混凝土凝结时间略有延长,且掺量增加,缓凝时间也稍有延长,其影响甚于引气减水剂和高效减水剂。因此要按照产品使用说明书的要求使用。

(8) 高性能减水剂一般不能随意与其它品种外加剂混合使用。随意混用易使减水剂溶液产生沉淀,或使混凝土产生急凝。

(9) 高性能减水剂的选用可参考表 11-15 进行。

表 11-15　高性能混凝土用有机外加剂及发挥性能的机理

要求性能	发挥性能的机理	发挥要求性能的组成及构造的主要因素	适宜物质之例
1. 在低水灰比下提高流动性(提高减水率)	增加粒子表面的电位	能形成横卧吸附层,在骨架上具有多元环,附加亲水基密度高的链状高分子	NS,MS
		以疏齿环及尾部伸入水中的形式吸附,具有均衡疏水基和亲水基的直链状高分子	AS
	降低拌和水的表面张力	分子链环有旋转的自由度,由于亲水基和疏水基的取向易于吸附在液体界面的链状高分子	低分子量 NS
		即使是形成孔隙凝胶等薄的吸附层,也排除气液界面的多量水	LS,PC
		分枝状极性基多的水溶性高的、具有大的临界凝胶浓度(c. m. c)的高分子	
	增加空间斥力	具有均衡的疏水基和亲水基,能形成厚的吸附层的直链状高分子	PC,AS
2. 流动性的经时变化小	控制间隙质水化生成的硫铝酸钙水化物及其形态陆续供给能有效分散水泥粒子的外加剂分子(徐放)	分子中的—OH 及—COOH 数量少,且它们是易于与 Ca^{2+} 形成铬合物的高分子	NS,MS
		形成间隙物和厚的稳定吸附层的高分子	
		具有因钠离子而开口(酯结合)的高分子	PC 交联聚合物
3. 少缓凝结或不缓凝	确保 C-S-H 的生成速度和生成量	分子中的—OH 和—COOH 数量少,且易于与 Ca^{2+} 形成铬合物的高分子	NS,MS
4. 材料分离少	增加混凝土的塑性粘度	非离子性水溶性高分子	MC,PAA,G
5. 引气性小	增加拌和水的表面张力降低混凝土的塑性粘度	与 1 项的相反	NS,MS PC
6. 强度和耐久性高	减低空隙率空隙径变小和其分布变适当空隙形状的球形化	水隙:同 1 项气泡:与 1 项相反	NS,MS,PC,LS,AS NS,MS
7. 抗冻融性高	降低拌和水的表面张力	与 1 项相同	LS,PC

注:NS—萘磺酸系;MS—密胺磺酸系;PC—聚羧酸系;LS—木质素磺酸系;AS—氨基磺酸系;MC—甲基纤维素;PAA—聚丙烯酰胺;G—β-1,3-葡萄糖。

(六) 高性能减水剂的应用

1. 配制高流态自密实混凝土

高流态自密实混凝土的一个显著特点是不用振捣而能自密实。不经振捣的高流动自密实混凝土,在硬化后表面的结构十分致密,渗透性低,使其耐久性要好得多。有人用硬化后强度等级相同的普通混凝土和高性能不振捣混凝土同时测其干缩率,后者的同龄期干缩率较小。又取以相同用水量拌和的这两种混凝土在硬化后进行真空脱水试验,后者的脱水量也小得多。两种试验同时证明了高流动不振捣高性能混凝土的表面致密性好。表 11-16 中所列高流态自密实混凝土在日本工程中应用实例;表 11-17 中所列高流态自密实混凝土在我国工程中应用实例。

表 11-16 日本自密实混凝土工程中应用实例

工程部位	工程概况	原材料	运输	浇筑工艺
某贮罐防波堤	$15m \times 4.5m \times 0.9m$,共用 $80m^3$,C38	低热水泥、矿渣、石灰石粉、CSA 膨胀剂、Al 粉	$4.5m^3$ 罐车 30min	压送速度 $30m^3/h$,用 12.7cm 软管
过密钢筋密封层二次覆盖	$12m \times 3m \times 0.225m$ 共用 $48.4m^3$,C28	3 组分低热水泥	$5m^3$ 罐车运 50min	压送速度 $20 \sim 30m^3/h$
奥美浓电厂汽输机外罩	罩高 2.15m,共用 $280m^3$,筋密	普通水泥,石灰石,增稠剂	$5m^3$ 罐车运 60min	配管压送,每 5m 设阀门均匀浇筑
LPG 贮罐混凝土外槽	$2.95m \times 3m$,厚 $0.55 \sim 1m$,共用 $1370m^3$	普通水泥、粉煤灰高密矿渣、抗分离剂	运距 0.5h	水平浇筑
铁路高架桥	钢筋间隔 10cm,柱接头部位高密度配筋,共用 $100m^3$。	B 型矿渣水泥、粉煤灰及抗分离外加剂	运距 1h	泵车及 12.7cm 管压送

表 11-17 我国自密实混凝土工程实例

编号	工程部位	工程概况	原材料	施工情况
1	地下热力管道	"□"型断面,宽 3.7m,高 2.3m,长 160m,厚 0.25m。共 100m³,C30 混凝土	冀东 52.5 级水泥、Ⅱ级粉煤灰、UEA,粒径 20mm 卵碎石、DFS-2 高性能减水剂	坍落度＞250mm,fcc,28d 为 57MPa,混凝土表面光洁
2	西单 G3 区改造	底板厚 600mm,双向 φ28@100 布置,净宽 72mm,钢筋较稠密,采用 C30、S6 混凝土	南大荒 42.5 级矿渣水泥、Ⅱ级粉煤灰、UEA 复合膨胀剂、DFS-2 高效减水剂、中砂和 20mm 碎卵石	坍落度 250mm 左右,扩展度 $600 \sim 650mm$,fcc,28d 为 47.6MPa,抗渗性满足设计要求
3	恒基中心过街通道	"T"型结构,高 2.8m,宽 7.2m,全长 83.5m,墙厚 0.45m,板厚 0.45m,C30、S8 混凝土	普通 52.5R 级水泥、Ⅱ级粉煤灰、DFS-2 高效减水剂、20mm 卵石、UEA 复合膨胀剂	坍落度 $250 \sim 260mm$,扩展度约为 600mm,抗压强度 37.5MPa
4	凯旋大厦	A 段 4 层高 4.0m,柱径 $0.6m \times 0.6m$;B 段 9 层板厚 0.2m,主梁截面 $0.8m \times 0.4m$,次梁截面 $0.7m \times 0.4m$;混凝土均为 C35	42.5 级普通(矿渣)水泥、Ⅱ级粉煤灰、复合高效减水剂	坍落度 226mm,强度均大于设计强度
5	台湾高雄国际广场大楼工程(TC~Tower)	楼高 347.6m,85 层加地下 5 层,台湾最高建筑,有 240 根钢柱充 55MPa 高强混凝土,用混凝土 10350m³	粉煤灰比表面积 $300 \sim 500m^2/kg$,水淬渣 $500m^2/kg$,硅灰 $2 \sim 2.5 \times 10^4 m^2/kg$,Ⅰ型硅酸盐水泥约 450kg/m³	坍落度$(250 \pm 20)mm$、1h 损失 20%,钢柱内采用从下往上灌注,以消除空隙及大泡

2. 配制高性能泵送混凝土

高强混凝土泵送施工工艺是由于高层建筑施工的需要而得到发展和推广的。在改善高强混凝土泵送性能的过程中,产生并发展了高性能混凝土,它与泵送工艺紧密联系在一起。

(1) 国外高性能混凝土均掺有粉煤灰、矿渣或硅灰。粉煤灰和矿渣对水泥的置换率可达 25%,硬化混凝土强度可达到 80MPa。掺硅粉达到 7%～12% 的混凝土强度可达 85MPa 以上。

(2) 掺入高效减水剂后,混凝土用水量变化范围虽小,在 130～165kg/m³,混凝土强度却可从 61～120MPa 的大范围内变化。

(3) 高强高性能混凝土的水泥用量并未超过 550kg/m³。

(4) 混凝土砂率在 0.34～0.44,骨料总量变化也不大。

3. 配制大粉煤灰掺量的高性能混凝土

低水灰比、大掺量粉煤灰混凝土的早期强度较低,但长龄期强度如 90d 强度就能赶上不掺粉煤灰的混凝土,且渗透系数、徐变系数低而弹性模量高,因而耐久性大大优于早强、高强混凝土。另一方面,用优质粉煤灰等量取代水泥后,同样可以配制高流动性高强混凝土。研究表明,用优质 I 级粉煤灰等量取代 20% 的水泥后,仍能制备高强达 C80 级的高性能混凝土。而且收缩和徐变均小于不掺粉煤灰的混凝土,耐久性优良,混凝土渗透系数大大低于不掺粉煤灰的混凝土。

大掺量粉煤灰高性能混凝土已在多项工程中成功应用,取得良好效果。

第二节 早强剂及早强减水剂

一、早强剂

能加速混凝土早期强度,并对后期强度无显著影响的外加剂称早强剂。

(一) 主要特性

能加速自然养护混凝土的硬化,并提高早期强度;能缩短混凝土的蒸汽养护时间;不含有会降低后期强度及破坏混凝土内部结构的有害物质;不会急剧缩短混凝土凝结时间。

(二) 适用范围

早强剂适用于蒸养混凝土,以及常温、低温和负温条件下施工的、有早强要求的各种混凝土。

除有机胺类以外的早强剂多数也可用于蒸汽养护的预制混凝土构件,但是掺量一般小于不蒸养的,这在使用时应引起注意。

非氯盐早强剂可用于钢筋及预应力钢筋混凝土。

(三) 早强剂的技术要求

早强剂混凝土的技术指标见表 11-18。

表 11-18 掺早强剂混凝土技术要求

等　级	泌水率比 (%)	凝结时间差(min)		抗压强度比(%)				收缩率比 (90d,%)
		初凝	终凝	1d	3d	7d	28d	
一等品	≤100	−90～+90		≥136	≥130	≥110	≥100	≤135
合格品	≤100			≥125	≥120	≥105	≥95	

注:1. 本表引自《混凝土外加剂》(GB 8076—1997)。

2. 产品应说明对钢筋有无锈蚀危害。

3. 表中所列数据为掺外加剂混凝土与基准混凝土的差值或比值。

4. 凝结时间指标"−"号表示提前,"+"号表示延缓。

（四）早强剂应用技术要点

（1）早强剂掺量的限值见表 11-19。

（2）在下列情况下，不得在钢筋混凝土中采用氯盐及含氯盐的早强剂及复合剂。

① 在相对湿度大于 80% 的环境中使用的结构，处于水位升降部位的结构以及露天结构或经常受水淋的结构。

② 有镀锌钢材或铝铁相接触部位的结构，以及有外露预埋件而无防护措施的结构。

③ 含有酸、碱或硫酸盐等侵蚀介质相接触的结构。

④ 使用过程中经常处于环境温度为 60℃ 以上的结构。

⑤ 使用冷拉钢筋或冷拔低碳钢丝的结构。

⑥ 给排水构筑物、薄壁结构、中级和重级工作制吊车梁、屋架、落锤和锻锤基础等结构。

⑦ 电解车间和距高压直流电源 100m 以内结构。

⑧ 直接靠近发电站、变电所的结构，不得使用。

⑨ 预应力混凝土结构。

⑩ 含有活性骨料的混凝土。

（3）下列情况不得使用含有强电解质无机盐类的早强剂（如硫酸钠）及其复合剂。

① 有镀锌钢材或铝铁相接触部位的结构，以及有外露钢筋预埋件而无防护措施的结构。

② 使用直流电源的企业和电气化运输设施的钢筋混凝土结构。

③ 含有活性骨料的混凝土。

（4）蒸养的混凝土制品不宜使用含有机胺类早强剂（如三乙醇胺）。因其引入微细气泡而使蒸养工艺的混凝土制品表面起酥。

（5）混凝土中的含碱量，既来自水泥，也来自外加剂，尤其是早强剂。水泥中的含碱量是以氧化钠、氧化钾的当量计算的。当测知该物质中的氧化钠、氧化钾含量后，含碱量可由下式计算得出：

$$K_2O = 1 \times Na_2O + 0.658K_2O$$

各类早强剂的含碱量见表 11-20。

碱与活性骨料相遇即有引发混凝土中碱-骨料反应的可能，即碱与活性二氧化碳硅反应生成碱性硅凝胶，吸收水分膨胀而使混凝土结构胀裂疏松。

北京市等地已规定 $1m^3$ 混凝土中因防水剂类外加剂带入的碱量不得超过 0.7kg。除防水剂及泵送防水剂外，其它外加剂带入的碱量

表 11-19　早强剂掺量限值

混凝土种类及使用条件		早强剂名称	掺量（水泥重量的%）
预应力混凝土	干燥环境	硫酸钠	≤1
		三乙醇胺	≤0.05
钢筋混凝土	干燥环境	氯离子[Cl⁻]	≤0.6
		硫酸钠	≤2
		硫酸钠与缓凝减水剂复合	≤3
		三乙醇胺	≤0.05
	潮湿环境	硫酸钠	≤1.5
		三乙醇胺	≤0.05
有饰面要求的混凝土		硫酸钠	≤0.8
无筋混凝土		氯离子[Cl⁻]	≤1.8

注：预应力混凝土及潮湿环境中使用的钢筋混凝土中不得掺氯盐早强剂。

表 11-20　各类早强剂的含碱量

名　称	化　学　式	每 kg 物质含碱量（kg）
硫酸钠	Na_2SO_4	0.436
硫代硫酸钠	$Na_2S_2O_3$	0.291
氯化钠＋硫酸钠	$NaCl + Na_2SO_4$	0.464
氯化钠＋亚硝酸钠	$NaCl + NaNO_2$	0.486

不得超过 1kg。新修改的防水剂等标准对碱含量也有较严格限制。因此在选用早强剂时必须加以考虑。

二、早强减水剂

兼有提高早期强度和减水功能的外加剂,称为混凝土早强减水剂。它由早强剂与减水剂复合而成。

(一) 早强减水剂的适用范围

可适用于蒸养混凝土及常温、低温和负温(最低气温不低于-5℃)条件下施工的有早强或防冻要求的混凝土工程。

(二) 早强减水剂的技术要求

早强减水剂的匀质性指标同表 11-10。

掺早强减水剂的混凝土技术要求见表 11-21。

表 11-21 早强减水剂混凝土技术要求

等 级	减水率 不小于 (%)	泌水率比 不大于 (%)	含气量 (%)	初终凝结 时间差 (min)	收缩率比 不大于 (%,28d)	抗压强度比不小于(%)			
						1d	3d	7d	28d
一等品	8	95	≤3.0	-90 ～ +90	135	140	130	120	105
合格品	5	100	≤4.0			130	120	110	100

注:1. 除含气量外,表列数均为掺外加剂混凝土与基准混凝土的差值与比值。
　　2. 凝结时间指标"-"表示提前"+"表示延缓。
　　3. 应说明对钢筋无锈蚀危害。

(三) 主要品种及技术性能

复合型的早强减水剂品种很多,几种典型的复合早强减水剂见表 11-22。

表 11-22 几种典型早强减水剂

商品名	技术指标	混凝土性能	用量 (C×%)	GBJ 119—1988 规定 常用剂量(C×%)
NC	主成分糖钙、硫酸钠、载体等 粉状 4900 孔筛余≤15%	适宜矿渣水泥混凝土 强度较基准混凝土 1～3d 提高 30%～50%,7d 提高 50%,减水率≥6%	2～4	硫酸钠 1～3 糖钙 0.05～0.12
ESJ	主成分萘磺酸盐、硫酸钾铝、硫酸钠等 灰白色或粉红色粉状 0.3mm 筛余<10%	减水率>6% 强度较基准混凝土 1d 提高 80～200%,3d 提高 50%,在+5°～-7℃养护下,前 7d 各龄期提高 300%～150%	5	硫酸钠 1～3 萘系减水剂 0.5～1.0
MS-F	主成分木钙、硫酸钠等灰色粉剂 4900 孔筛余≤15%	减水率 5%～10% 强度较基准混凝土 3d 提高 25%,含气量 2%	5	木质素减水剂 0.15～0.25
H-2 早强剂	主成分硫酸钠,铬渣、固体粉末 pH7.5～8.5 120 目筛余≤10%	3～7d 强度提高 80% 缩短混凝土达 70%设计强度的时间 1/2,缩短蒸养周期	2～3	—

（四）早强减水剂的应用技术要点

（1）以粉剂掺加的早强减水剂如有受潮结块，应通过 0.63mm 的筛筛后方可使用。

（2）掺早强减水剂混凝土的搅拌和振捣方法可与不掺外加剂的混凝土相同，如以粉剂加入时，应先与水泥、骨料干拌后再加水，搅拌时间不得少于 3min。

（3）掺早强减水剂混凝土采用自然养护时，应使用塑料薄膜覆盖，低温时应用保温材料覆盖。

（4）蒸汽养护时，其养护制度应根据外加剂和水泥品种及浇筑温度等条件通过试验确定。

（五）国产早强剂、早强减水剂产品及性能（见表 11-23）

表 11-23　国产早强剂、早强减水剂产品及性能

品　名	技术指标	砂浆或混凝土性能	应用和应用实例
SL 早强减水剂	1. 品种：分有载体和无载体两种 2. 外观：有载体的为灰色粉末，无载体的为淡色粉末 3. 含水量：≤3% 4. 不含氯盐和铬盐	1. 掺量：有载体型为 3($C\times\%$)；无载体型为 2($C\times\%$) 2. 减水率：≥8% 3. 1d、3d、7d 强度分别提高 60%、40%、20%	配制常温和最低气温－5℃的预制、现浇、钢筋及预应力混凝土
QY-3 早强剂	粉剂产品	1. 掺量：2～4($C\times\%$) 2. 减水率：5%～8% 3. 1d、3d、7d 强度可分别提高 50%～250%、40%～150%、20%～70% 4. 对钢筋无锈蚀作用	配制－5℃以上的有早强要求的各类混凝土，也可配制蒸养混凝土
QY-4 早强减水剂	1. 品种：分 A、B 两种 2. 粉剂产品	1. 掺量：2.5～3.0($C\times\%$) 2. 减水率：A 型≥10%，B 型≥15% 3. 1d、3d、7d 强度分别提高 40%、35%、20%（A 型）、50%、40%、35%（B 型） 4. 对钢筋无锈蚀作用	配制自然养护的现浇和预制混凝土构件及蒸养混凝土制品
KW-3 早强减水剂	1. 外观：浅黄色粉末 2. 含固量：>97% 3. 细度：100 目筛余<20%	1. 掺量：0.7～1.5($C\times\%$) 2. 减水率：12%左右 3. 1～7d 强度提高 40%～60% 4. 对钢筋无锈蚀作用	配制抗冻融、抗渗、防水混凝土；钢筋及预应力、高强混凝土；蒸养及各种构件等水泥制品
KW-1 复合早强剂	1. 主成分：硫酸钠、蔗糖化钙 2. 外观：灰白色粉末 3. 细度：100 目筛余<20%	1. 掺量：2～3($C\times\%$) 2. 减水率：6%～8% 3. 2～7d 强度提高 50%～80% 4. 可节约水泥 10%～15% 5. 对钢筋无锈蚀作用	配制有早强要求的普通、钢筋、预应力和低温混凝土
CA-A 早强减水剂	1. 主成分：减水剂、含硫酸钠载体、三乙醇胺 2. 粉剂产品	1. 掺量：1～2($C\times\%$) 2. 减水率：8%～12% 3. 3d 强度提高 50%～70% 4. 可节约水泥 8%～10%	配制公路、铁道、隧道、工业与民用建筑用混凝土，蒸养及自然养护构件等
CA-B 复合早强剂	1. 主成分：硫酸钠、载体、多羟基复合物 2. 粉剂产品	1. 掺量：2～3($C\times\%$)；蒸养用为 0.8～1.5($C\times\%$) 2. 减水率：5%～8% 3. 1～3d、28d 强度可分别提高 50%～70%、10%～15% 4. 可节约水泥 5%～8%	

品　名	技术指标	砂浆或混凝土性能	应用和应用实例
YNZ-2 缓凝早强减水剂	粉剂产品	1. 掺量：1.0～1.75(C×%) 2. 减水率：8.5%～12.5% 3. 初终凝时间均可延缓 1.5～6h 4. 3d、28d 强度分别提高 36%～46%、20%～24% 5. 可节约水泥 8%～10%	配制普通、钢筋和预应力钢筋混凝土
YNH-1 缓凝早强减水剂	1. 粉剂产品 2. 不含 Cl⁻，含微量 Na⁺	1. 掺量：0.6～0.9(C×%) 2. 减水率：10%～16% 3. 初终凝时间同步延缓，可延缓 1～3h 4. 1d、3d 强度分别提高 0%～30%、30%～60%	配制 0℃以上的自然养护和预应力混凝土
YNH-2 缓凝早强减水剂	1. 粉剂产品 2. 不含 Cl⁻，含微量 Na⁺	1. 掺量：0.8～1.2(C×%) 2. 减水率：10%～15% 3. 初终凝时间同步延缓，可延缓 2～8h 4. 1d、3d 抗压强度比分别为 50%～105%、130%～150%	配制 20℃以上的自然养护和预应力混凝土
YNH-3 缓凝早强减水剂	1. 粉剂产品 2. 不含氯盐	1. 掺量：1.5～2.0(C×%) 2. 减水率：10%～16% 3. 初终凝时间同步延缓，可延缓 2～7h 4. 1d、3d 抗压强度比分别为 90%～180%、140%～180%	配制 20℃以上的自然养护和预应力混凝土

第三节　缓凝剂及缓凝减水剂

能延缓混凝土凝结时间的外加剂称为缓凝剂。具有缓凝兼减水功能的外加剂称为缓凝减水剂。

缓凝剂分为有机物和无机物两大类。许多有机缓凝剂兼有减水、塑化作用，两类性能不可截然分开。

一、缓凝剂及缓凝减水剂的特性及应用范围

缓凝剂及缓凝减水剂在净浆及混凝土中均有不同的缓凝效果。缓凝效果随掺量增加而增加，超掺量会引起水泥水化完全停止。

随着气温升高，缓凝效果明显降低，而在气温降低时，缓凝时间会延长，早期强度降低也更加明显。

缓凝剂会增大混凝土的泌水，尤其会使大水灰比、低水泥用量的贫混凝土产生离析。

各种缓凝剂和缓凝减水剂主要是延缓、抑制 C_3A 矿物和 C_3S 矿物组分的水化，对 C_2S 影响相对小得多，因此不影响对水泥浆的后期水化和长龄期强度增长。

缓凝剂和缓凝减水剂在高温条件下施工的混凝土及大体积混凝土中，延迟了水泥浆的凝结时间，而且也延缓和降低了水泥水化时的放热速度和热量，避免了混凝土因温度应力引发的裂缝。在商品混凝土和流化混凝土中，可用它与高效减水剂复合以调节、控制坍落度过快损失。使混凝土在所需要的时间段内保持良好的流动性和可泵性。

对需要改善耐久性，提高密实程度的混凝土中也可使用缓凝剂达到目的。

在预填骨料混凝土、滑模施工混凝土和水下混凝土等中均可掺用缓凝剂或缓凝减水剂。缓凝剂在隧洞衬砌、桥面混凝土工程等大面积混凝土中为了减少施工缝而采用。在防止大型混凝土三铰拱腹梁裂缝中应用，能保证施工顺利进行。

二、缓凝剂及缓凝减水剂的技术要求

缓凝剂和缓凝减水剂混凝土技术指标列于表 11-24，其匀质性指标则与高效减水剂的相同（见表 11-10）。

表 11-24　缓凝剂和缓凝减水剂混凝土技术指标

等　级	减水率（%）	含气量（%）	泌水率比（%）	收缩率比（%）	凝结时间差		抗压强度比（%）			对钢筋的锈蚀
					初凝(min)	终凝(min)	3d	7d	28d	
缓凝剂 一级品 合格品	—	<5.5	≤100 ≤100	≤135	>+90 >+90	—	100 90	100 90	100 90	应说明对钢筋有无锈蚀危害
缓凝减水剂一级品 合格品	8 5	—	≤100	≤135	>+90	—	≥100 ≥100	≥110 ≥110	110 105	

注：1. 本表引自《混凝土外加剂》GB 8076—1997。

　　2. 除含气量外，表中所列数据为掺外加剂混凝土与基准混凝土的差值或比值。

　　3. 凝结时间指标，"－"号表示提前，"＋"号表示延续。

三、缓凝剂和缓凝减水剂的应用技术要点

（一）根据使用温度选择缓凝剂

由于羟基羧酸及其盐在高温时对 C_3S（硅酸三钙）的抑制程度明显减弱，因而高温时缓凝效果降低，必须加大掺量。而醇、酮、酯类缓凝剂对 C_3S 的抑制程度受温度变化影响小，掺量一经确定即可随温度而变化。

气温降低，羟基羧酸盐及糖类、无机盐缓凝时间都将显著增长，缓凝减水剂和缓凝剂不宜用于 5℃ 以下环境施工，不宜用于蒸养混凝土。

（二）根据对缓凝时间的要求选择缓凝剂

缓凝减水剂中，木质素磺酸盐类都有引气性，但是缓凝程度较轻，在一定程度上超掺量不致引起混凝土后期强度低的缺陷，而糖钙减水剂不引气，而缓凝程度重，超掺量即会引起混凝土后期强度增长缓慢。不同的磷酸盐，其缓凝程度也有十分显著差别，需要超缓凝时，应更多地选用焦磷酸钠而不是磷酸钠。

（三）严格按剂量和品种使用

在混凝土中掺用缓凝剂和缓凝减水剂时，一定要剂量准确。超量 1~2 倍左右使用，会使浇筑的混凝土长时间达不到终凝。若含气量增加很多，甚至会严重降低强度，造成工程事故。若只是极度缓凝而含气量增加不多，可在终凝后不拆模，并使混凝土保持潮湿养护足够长时间，强度也有可能得到保证。

缓凝剂与其它外加剂，尤其与早强型外加剂存在相容性问题。复合使用前应当先行试验。

常用缓凝剂的一般掺量范围及缓凝性可参见表 11-25 和表 11-26。

表 11-25　缓凝剂掺量与混凝土凝结时间

水泥品种	缓凝剂品种及掺量（占水泥重量%）	减水率%	凝结时间(h:min) 初凝	终凝	延缓时间(h:min) 初凝	终凝	抗压强度(MPa) 3d	7d	28d	90d
抚顺575号大坝水泥	柠檬酸 0		7:00	13:00	—	—	8.9/100	15.3/100	26.6/100	
	0.05	—	11:00	15:00	4:00	2:00	8.6/97	15.2/99	27.0/102	—
	0.10		16:00	21:15	9:00	8:15	8.0/91	15.4/100	24.5/92	
	氯化锌 0		7:00	13:00	—	—	12.9/100	18.8/100	28.5/100	
	0.20	—	17:00	26:00	10:00	13:00	11.5/89	18.8/100	30.3/106	—
	0.30		35:00	53:00	28:00	40:00	90.6/70	19.8/106	28.4/99	
北京42.5级	木质素 0	0	7:28	10:00	—	—	14.8/100	22.5/100	32.9/100	38.0/100
	0.25	8.2	9:14	11:07	1:46	1:07	15.1/106	25.8/114	38.1/116	41.9/111
	0.50	24	10:19	12:55	2:42	2:55	16.9/115	30.3/134	38.5/117	38.2/102
普通水泥	磺酸钙 0.75	27	14:16	17:14	6:48	7:14	12.5/85	22.4/104	31.5/96	33.0/87
	1.0	29	20:00	21:25	12:32	11:25	3.4/23	8.3/87	17.2/52	21.2/56
	1.5	32					2.7/18	5.6/25	9.4/28	15.7/41
巨化32.5级	糖蜜 0	0	7:30	—	—	—	6.8/100	10.9/100	19.7/100	26.9/100
	0.2	9	12:40		5:10		8.3/122	12.6/116	23.1/117	29.3/109
	0.5		22:30		15:00		4.5/66	12.8/117	25.0/127	33.6/125
	0.8		35.00		27:30		1.0/15	12.1/111	24.1/122	37.6/140
矿渣水泥	缓凝剂 1.1		43:45		36:15		0.3/4	8.0/73	21.6/110	33.4/124
	1.4		54:00		46:30		0.2/3	3.5/32	18.1/92	32.7/122

注：本表摘自中国建筑科学研究院等编"混凝土外加剂应用技术规范"编制说明。

表 11-26　常用缓凝剂掺量及缓凝性

剂　名	掺量($C×\%$)	缓凝程度(h)	备　注
糖钙减水剂	0.05～0.25	2～4	掺吸收剂的除外
蔗　糖	0.008～0.5	—	超过 0.5($C×\%$)强度损失严重
木钙减水剂	0.05～0.5	2～3	超过 0.5($C×\%$)强度受损失
柠檬酸	0.02～0.1	2～9	超过 0.06($C×\%$)强度下降
酒石酸	0.03～0.1	—	
葡萄糖酸盐	0.01～0.1		7d 后强度超过空白混凝土
聚乙烯醇	0.01～0.3	0.5～1.0	低掺量用作增稠剂
磷酸盐（包括多聚磷酸盐）	0.01～0.2		低掺量用作调凝
硼酸盐	0.1～0.2	不够稳定	
锌　盐	0.1～0.2	10～29	

（四）掺入缓凝剂的最佳时间

　　缓凝剂和缓凝减水剂最好在混凝土已经开始加水搅拌 1min 后再掺，效果将明显增大。例如木钙粉在干料加水拌和后 1min 掺，初终凝在原缓凝基础上再延长 2h，在加水拌和后

2min 掺,则延长 2.5～3h,产生事半功倍的效果。

（五）缓凝减水剂和多元醇类缓凝剂有时会引起混凝土急凝（假凝）现象,由于水泥假凝现象在国内各地区均已有发生,且越来越频繁,因此要注意进行水泥适应性试验,合格后方可使用。若试验结果使水泥假凝,可以试用先加水拌和混凝土料,稍后（1.5～2min 后）再加入缓凝减水剂的措施,往往可以避免假凝的发生。

（六）羟基羧酸盐缓凝剂会增加混凝土泌水和离析,因此不宜单独用于低标号且水泥量小、水灰比大的混凝土,必须使用时,宜同时使用引气剂。

目前工程中使用缓凝剂要达到三个目的:

第一是用缓凝剂控制混凝土坍落度经时损失,使其在较长时间范围内保持良好的和易性。

第二是降低大块混凝土的水化热,并推迟放热峰的出现。

第三个是提高混凝土的密实性,若为改善耐久性,则应选择同第二个目的的缓凝剂。

四、国产缓凝减水剂产品及性能

国产缓凝减水剂产品及性能汇总见表 11-27。

表 11-27　国产缓凝减水剂产品及性能

品　　名	技术指标	砂浆或混凝土性能	应用和应用实例
SY 缓凝剂	1. 主成分:糖蜜等 2. 外观:白色透明液体 3. 不含氯离子	1. 掺量:0.3～1.0($C\times\%$) 2. 减水率:≥5% 3. 3d 后强度均高于空白混凝土 4. 初凝延长 3～4h 　终凝延长 2～8h	配制大体积、商品和远距离运输的泵送混凝土
AN9 缓凝减水剂	粉剂产品	1. 掺量 2. 减水率 10%～15% 3. 延缓凝结时间 2～5h 4. 28d 强度提高≥15%	1. 应用于夏季施工工程和大体积混凝土 2. 已用于广西来宾电厂
QY-8 缓凝减水剂	粉剂产品	1. 掺量:2～2.5($C\times\%$) 2. 减水率:≥10% 3. 3d,7d,28d 强度增加 20% 4. 初凝 1～4h;终凝≤3.5h	1. 配制夏季施工用和大体积混凝土 2. 已用于葛州坝工程、乌江渡工程、龙羊峡工程、武汉轧厂等工程
861 缓凝减水剂	1. 粉剂产品 2. 分 A、B 型两种	1. 掺量:0.5～0.7($C\times\%$) 2. A 型初凝为 6～8h,终凝为 10～12h,B 型初凝为 10～14h,终凝为 12～16h 3. 减水率:10%～12% 4. 可节约水泥 8%～10%	配制 10～40℃ 温度范围内的商品、泵送和有特殊要求的混凝土
RH-4 缓凝减水剂	1. 粉状产品 2. 氯盐含量:<0.01% 3. 碱含量:1.43% 4. 净浆流动度>13cm	1. 掺量:0.5～1.0($C\times\%$) 2. 减水率:8%～10% 3. 凝结时间差:+60～+280min 4. 可节约水泥 6%～10%	配制气温在 15～40℃ 之间的强度等级小于 C40 的泵送、商品和普通混凝土
RHF-4 缓凝减水剂	1. 主成分:多元醇、硅酸盐 2. 外观:土黄色粉末 3. 含固量:>97% 4. 无毒,不含氯离子及其它有害物质	1. 掺量:1.5($C\times\%$) 2. 减水率:10% 左右 3. 初凝时间可延缓 8h 左右 4. 节约水泥 10% 左右	配制商品、大体积、高温季节施工和要求超缓凝的混凝土

品　　名	技 术 指 标	砂浆或混凝土性能	应用和应用实例
ST-Ⅱ(C) 缓凝 减水剂	粉剂产品	1. 掺量:0.4($C\times\%$) 2. 减水率:8%～10% 3. 初凝时间延缓 3.3h,终凝时间延缓 3.1h 4. 3～7d强度增长 12.5%以上	配制夏季高温季节施工的混凝土及大体积混凝土
M183 缓凝剂		1. 掺量:0.5～1.0($C\times\%$) 2. 水泥浆凝结时间可延长至 24h	配制大体积、商品、泵送和现浇混凝土
HN 缓凝剂	粉剂产品	1. 掺量:0.5～1.0($C\times\%$) 2. 初凝可延长 3～4h;终凝可延长 1～2h 3. 强度可提高 25%～35% 4. 对钢筋无锈蚀作用	配制夏季施工混凝土和大体积混凝土,泵送和自灌流态混凝土
YS3001 缓凝 减水剂	灰黄色粉剂产品	1. 掺量:0.5～1.5($C\times\%$) 2. 减水率:≥8% 3. 凝结时间差:初凝＋1～＋2.5h;终凝≤＋2h	配制大体积,夏季滑模施工用和要求缓凝的混凝土及钢筋混凝土,也可配制夏季炎热气候下的现浇、预制混凝土
MA 减水剂		1. 掺量:0.25($C\times\%$) 2. 减水率:8%～10% 3. 可节约水泥 8%～10%	—
ZT 普通 减水剂	1. 主成分:葡萄糖化钙、果糖化钙 2. 淡黄色粉末和棕黄色粘稠液体 3. pH 值:11～12	1. 掺量:0.10～0.20($C\times\%$) 2. 减水率:6%～10% 3. 3d、28d强度提高 20%～30% 4. 对钢筋无锈蚀作用	配制不要求延长凝结时间的混凝土

第四节　防　冻　剂

　　防冻剂能使混凝土在负温下硬化,并在规定时间内达到足够防冻强度的外加剂。掺有防冻剂的混凝土可以在负温下硬化而不需要加热,最终能达到与常温养护的混凝土相同的质量水平。

一、防冻剂和防冻组分的概念

　　防冻剂和防冻组分不是同一概念。防冻剂是外加剂的一种,由减水组分、防冻组分、引气组分(有时还掺有早强组分)等组成。其作用是使混凝土不仅在负温下硬化,且使其最终能达到常温养护的混凝土质量水平。而防冻组分是指一种混凝土拌合物在负温环境下,免受冻害的化学物质。有许多无机盐和若干有机物都具有防冻功能。就其作用方式,可以分成三类。

　　一类是与水有很低的共熔温度,如亚硝酸钠和氯化钠,具有能降低水的冰点而使混凝土在负温下仍能进行水化作用,可是一旦因为用量不够或者温度太低而混凝土冻洁,则仍然会造成冻害,令混凝土最终强度降低。

　　另一类是既能降低水的冻点,也能使含该类物质的冰的晶格构造严重变形,因而无法形成冻胀应力而破坏水化矿物构造,使混凝土强度受损,如尿素、甲醇。用量不足时,混凝土在负温下强度停止增长,但转正温后对最终强度无影响。

　　第三类是虽然其水溶液有很低的共熔温度,但却不能使混凝土中水的冰点明显降低。它的作用在于直接与水泥发生水化反应而加速混凝土凝结硬化,有利于混凝土强度发展,如氯化钙、碳酸钾。

二、防冻剂的应用范围(GB50119—2003)

含亚硝酸盐、碳酸盐的防冻剂严禁用于预应力混凝土结构;含有六价铬盐、亚硝酸盐等有害成分的防冻剂,严禁用于饮水工程及与食品相接触的工程;含有硝铵、尿素等产生刺激性气味的防冻剂,严禁用于办公、居住等建筑工程。

含氯盐的防冻剂只适用于不含钢筋的素混凝土、砌筑砂浆。含足够量阻锈剂可用于一般钢筋混凝土但不适用预应力钢筋混凝土。

三、防冻剂的主要技术性能

防冻剂的主要技术性能应符合表 11-28 要求。防冻剂的匀质性应符合表 11-29 要求。

表 11-28 防冻剂技术性能

试 验 项 目		性 能 指 标					
		一 等 品			合 格 品		
减水率不小于(%)		8			—		
泌水率比不大于(%)		100			100		
含气量不小于(%)		2.5			2.0		
凝结时间差 (min)	初 凝 终 凝	$-120 \sim +120$			$-150 \sim +150$		
抗压强度比不小于 (%)	规定温度(℃)	-5	-10	-15	-5	-10	-15
	$f_{cc,28d}$	95	95	90	90	90	85
	$f_{cc,-7d}$	20	12	10	20	12	10
	$f_{cc,-7+28d}$	95	90	85	90	85	80
	$f_{cc,-7+56d}$	100	100	100	100	100	100
90d 收缩率比不大于(%)		120					
抗渗压力(或高度)比(%)		$\geqslant 100$(或$\leqslant 100$)					
50 次冻融强度损失率比(%)		$\leqslant 100$					
对钢筋锈蚀作用		应说明对钢筋无锈蚀作用					

注:1. 本标准摘自 JC 475 — 92 混凝土防冻剂。

2. 抗压强度比的计算方法是 $f_{cc,28d}$＝受检标养 28d 混凝土强度/基准标养 28d 混凝土强度;$f_{cc,-7d}$＝受检不同龄期负温混凝土强度/基准标养 28d 混凝土强度。

3. $f_{cc}-7d$:受检混凝土负温 7d 后的强度。

$f_{cc}-7d+28d$:受检混凝土负温 7d 后标养 28d 的强度。

$f_{cc}-7d+56d$:受检混凝土负温 7d 后标养 56d 的强度。

表 11-29 防冻剂匀质性要求

试 验 项 目	指 标
含 固 量	液体:应在生产厂控制值的相对量3%之内
含 水 量	粉体:应在生产厂控制值的相对量5%之内
密 度	液体:应在生产厂控制值的±0.02之内
氯离子含量	应在生产厂控制值的相对量5%之内
水泥净浆流动度	应不小于生产厂控制值的95%
细 度	粉剂细度应在生产厂控制值的±2%之间

四、防冻剂应用技术要点

(1)防冻剂的掺量应按照产品说明书的要求用量,或通过试验后确定。但是各类防冻剂的最大掺加量应当符合下列要求。

(2)氯盐类防冻剂掺量不能大于拌合水重7%。

氯盐阻锈型防冻剂总量不能大于拌合水重的15%;当氯盐掺量为水泥用量0.5%～1.0%

时，$NaNO_2 : Cl^- > 1 : 1$；当氯盐掺量为水泥用量 1%～2% 时，$NaNO_2 : Cl^- > 1 : 1.3$。

　　无氯盐防冻剂总量不能大于拌合水重 20%，其中碳酸钾用量不应大于水泥用量 10%，亚硝酸钠、硝酸钠用量不应大于水泥用量 8%；亚硝酸钙、硝酸钙用量不应大于 4%；尿素用量不应大于 4%。

　　(3) 复合防冻剂中其它组分掺量。经试验后，按规定掺量执行。

　　(4) 防冻剂的选用应符合下列规定：

　　① 在日最低气温为 -5℃，混凝土采用一层塑料薄膜和两层草袋或其它代用品覆盖养护时，可采用早强剂或早强减水剂代替防冻剂；

　　② 在日最低气温为 -10℃、-15℃、-20℃，采用上述保温措施时，可分别采用规定温度为 -5℃-10℃、-15℃ 的防冻剂。

　　(5) 配制防冻剂时应注意事项：

　　① 配制复合防冻剂前，应测定防冻剂各组分的有效成分、水分及不溶物的含量，配制时应按有效固体含量计算；

　　② 配制复合防冻剂溶液时，应搅拌均匀；如有结晶或沉淀等现象，应分别配制溶液，并分别加入搅拌机。复合剂以溶液形式供应时，不能有沉淀存在，不能有悬浮物、絮凝物存在。

　　(6) 氯化钙与引气剂或引气减水剂复合使用时，应先加入引气剂或引气减水剂，经搅拌后，再加入氯化钙溶液。钙盐与硫酸盐复合使用时，先加入钙盐溶液，经搅拌后再加入硫酸盐溶液。

　　(7) 以粉剂直接加入的防冻剂，如有受潮结块，应磨碎通过 0.63mm 的筛后方可使用。

五、国产防冻剂产品及性能

　　国产防冻剂产品及性能见表 11-30。

表 11-30　国产各类防冻剂产品及性能

品　名	技术指标	砂浆或混凝土性能	应用和应用实例
HZ-6 早强防冻剂	1. 外观：灰色粉末 2. 细度：60 目筛余量≤15%	1. 掺量：3～7($C×$%) 2. 减水率：8%～18% 3. -10℃ 时，-7d、-28d、-28+28d 抗压强度分别为基准混凝土的≥20%、≥45%、≥100% 4. 标养时，1d、3d、7d 强度可分别提高 100%～300%、50%～250%、30%～150%	配制最低气温为 -15℃ 的混凝土；正温、正、负交替及负温条件下的现浇混凝土
HG-Ⅱ 砂浆防冻剂	1. 外观：灰色粉末 2. 细度：0.63mm 筛余为 0	1. 掺量：5～7($C×$%) 2. 减水率：8%～12% 3. 含气量：<3%	配制最低气温为 -10℃ 的冬季砌墙和抹灰砂浆
HG-1 防冻剂	1. 外观：灰褐色粉状 2. pH 值：5～7 3. 细度：0.63mm 筛余为 0 4. 氯盐阻锈型	1. 掺量：2～4($C×$%) 2. 减水率：8%～12% 3. 含气量：2%～3%	配制 0～-15℃ 条件下的现浇和预制混凝土
SN-5 防冻早强剂	1. 外观：灰色粉末 2. 细度：30 目筛余量≤15% 3. 含水量：≤3%	1. 掺量：5～7($C×$%) 2. 减水率：10%～20% 3. 在恒定 -15℃ 条件下养护，7d 可达基准混凝土标养 28d 强度的 30% 左右	配制 -10～20℃ 时的现浇、预制及钢筋混凝土

品 名	技术指标	砂浆或混凝土性能	应用和应用实例
D-3 防冻剂	1. 粉剂产品 2. 不含氯盐	1. 掺量:4～6($C×\%$) 2. 规定温度－10℃,28d、－7＋28d、－7＋56d抗压强度比分别为≥95%、85%、100% 3.50 次冻融强度损失率比:≤100%	配制－15℃以上的现浇、预制和钢筋混凝土
MRT-3 砂浆防冻剂	1. 外观:粉状 2. 氯盐含量:<25% 3. 净浆流动度:>100mm	1. 掺量:4～6($C×\%$) 2. 减水率:6%～10% 3.28d、－7＋28d、－7＋56d 抗压强度比分别为:>90%、85%、100% 4. 冻融循环 50 次合格	配制 0～－15℃的砌筑、抹灰砂浆和素混凝土
HF-1 复合防冻剂		1. 掺量:－1～－5℃、－5～－10℃、－10～－15℃、－15～－20℃分别为:2～4、4～6、6～9、10～12($C×\%$) 2.－7＋28d、－7＋56d 分别达到设计强度等级的 95%、100%	配制 0～－20℃的普通、钢筋混凝土及砌筑、抹灰砂浆
ST-Ⅱ早强高效减水剂	1. 外观:灰色粉状 2. 不含氯离子	1. 掺量:1.0～2.0($C×\%$) 2. 减水率:12%～15% 3.3d、7d、28d 强度分别提高 50%～100%、40%～80%、20%～50% 4. 可节约水泥 10%～15%	配制各种钢筋和预应力钢筋混凝土,适用于自然养护及蒸汽养护的混凝土工程及制品,尤其适于冬春低温(0～－5℃)条件下施工的混凝土
M184 无氯防冻剂	1. 外观:浅色透明液体 2. 不含氯盐	1. 掺量 2～4($C×\%$) 2. 减水率:6%～10% 3. 对初终凝时间无明显影响	配制最低气温－10℃的普通混凝土和钢筋混凝土
FN-1 早强防冻剂		1. 掺量:7～8($C×\%$) 2.＋5～20℃时,1d、3d 强度可分别提高 30%、25% 3.－30～＋5℃时混凝土不受冻害	配制冬期施工和常温下的混凝土
FN-Ⅱ早强减水防冻剂		1. 掺量:5～6($C×\%$) 2. 减水率:3%～5% 3. 在－5℃时,7d、14d、28d 的抗压强度分别提高 30%、50%、70%以上 4. 对钢筋无锈蚀作用	配制最低气温－8℃的冬期施工混凝土
FD-1 防冻剂	1. 灰色粉剂 2. 不含氯盐	1. 掺量:3～5($C×\%$) 2. 减水率:≥8% 3. 规定温度－10℃时,28d、－7＋28d、－7＋56d 抗压强度比分别为 100%～115%、90%～100%、110%～130% 4.50 次冻融循环损失率比≤100%	配制－5～－15℃的普通、泵送混凝土
ZFD-4 防冻剂	1. 外观:褐色粉末 2. 不含氯盐、不含钠盐	1. 掺量:1.0～1.9($C×\%$) 2. 减水率:12%～18% 3. 在恒定温度－10℃、－15℃时,－7＋28d 强度达标养强度的 90%～110%	配制－10～－20℃环境下的混凝土,也可配制冬期泵送混凝土
M184 复合防冻剂	棕褐色液体	1. 掺量:2～4($C×\%$) 2. 减水率:12%～15%	配制最低气温－10℃的大流动度、商品、普通和钢筋混凝土

品　名	技术指标	砂浆或混凝土性能	应用和应用实例
ESJ 早强防冻剂	铝硫型复合剂	1. 掺量：5($C\times\%$) 2. $-5℃$以上时，混凝土能正常凝固和硬化，3d强度比基准混凝土提高 50%～200% 3. 每 m^3 混凝土可节约水泥 50kg	配制冬期现浇、预制混凝土
FS-F 负温早强剂	1. 粉剂产品 2. 不含氯盐	1. 掺量：4～5($C\times\%$) 2. 减水率：15%～20% 3. 可节约水泥 10%～15%	配制$-5\sim-10℃$的现浇混凝土
FS-D 泵送防冻剂	粉剂产品	1. 掺量：0～$-10℃$：4($C\times\%$)；$-10\sim$ $-15℃$：5($C\times\%$)；$-15℃$以下：6($C\times\%$) 2. 对钢筋无锈蚀作用	配制$-5\sim-30℃$的混凝土和钢筋混凝土
WNG 砂浆防冻剂	不含钠、钾、氯等水溶性盐	1. 掺量：3～7($C\times\%$) 2. 抹面砂浆不析碱、不返潮，有效防止新抹砂浆的早期冻害	配制$-5\sim15℃$的抹灰砌筑砂浆
JKD-Ⅱ 防冻剂		1. 掺量：3～9($C\times\%$) 2. 对钢筋无锈蚀作用	配制0～20℃的现浇、预制的混凝土和钢筋混凝土及水泥砂浆
S-40 砂浆低温附加剂	粉红色粉剂	1. 用量：0～$-1℃$、$-2\sim-15℃$、$-16\sim$ $-40℃$分别为 1%、2%～15%、15%（占搅拌水重量） 2. 砂浆标号提高数：0～$-15℃$时为一级；$-16\sim-40℃$时为二级	配制砌筑和抹灰砂浆

第五节　引气剂及引气减水剂

把引气剂和引气减水剂加到混凝土材料中，使混凝土工程的寿命特别是冻融作用下的使用寿命成倍延长，因而它对混凝土作为一种耐久的建筑材料来讲，起着不可替代的作用。在冬季施工的混凝土中几乎没有不使用防冻剂的，而所有复合型防冻剂中几乎都使用了引气剂或引气减水剂，它们在其它种类的混凝土中往往也是不可缺少的添加剂组分。

一、引气剂

在搅拌混凝土过程中能引入大量均匀分布、稳定而封闭的微小气泡的外加剂称为引气剂。

（一）引气剂的特点

引气剂是气泡形成剂，它在水中使其表面张力降低，搅拌时就容易起泡，水的表面张力变得越低搅出来的气泡也越细。这种气泡是封闭的，大小均匀，直径在 $20\sim1000\mu m$，绝大多数 $<200\mu m$，形状为球形。每一种引气剂的引气量都不是固定值，因为影响因素太多，其值在 3%～5%之间波动。不加稳定剂气泡是不稳定的，直径越小的气泡越不稳定，这是由于气泡越小，内压越大，混凝土在运输、浇筑过程中气泡也发生迁移而形成大气泡，逐渐上升到混凝土表面破裂。

（二）引气剂的适用范围

引气剂的主要作用是改善混凝土的和易性，减小拌合物的离析、泌水，提高混凝土的耐久性,因此其适用范围十分广泛。

在防水混凝土、冬季施工混凝土、抗冻融混凝土、预拌混凝土、滑模施工混凝土、泵送混凝土、碾压混凝土和轻质混凝土中,引气剂都是不可缺少的组分。

在水工、海工、港工、道路工程混凝土中都必须使用引气剂。对表面修饰有要求的混凝土,引气剂可加入水泥中粉磨,制备引气水泥。

（三）引气剂的技术要求

国家标准规定的引气剂技术标准和水工混凝土要求的引气剂技术条件参见表 11-31。

表 11-31　引气剂混凝土技术性能指标

项　　目		GB 8076—1997		SD105—1982
		一 等 品	合 格 品	（水工标准）
减水率（%）		≥6	≥6	—
泌水率比（%）		≤70	≤80	—
含气量（%）		>3.0	>3.0	—
凝结时间差（min）	初　凝	−90～+120		−60～+60
	终　凝			−15～+15
抗压强度比 （%）	3d	≥95	≥80	≥90
	7d	≥95	≥80	≥90
	28d	≥90	≥80	≥90
	90d	—	—	≥90
	180d	—	—	≥90
抗拉强度比 （%）	7d			≥90
	28d			≥90
收缩率比（%）		≤135		—
相对耐久性（%） （200 次）		≥80	≥60	—
对钢筋锈蚀作用		应说明对钢筋无锈害		

注:1. 除含气量外,表中所列数据为掺外加剂混凝土与基准混凝土的差值或比值。

2. 凝结时间指标"—"号表示提前,"+"号表示延缓。凝结时间试验温度为(20±3)℃。

3. 相对耐久性指标中"200 次≥80 和≥60"表示将 28d 龄期的掺外加剂混凝土试件冻融循环 200 次后动弹性模量保留值≥80%或 60%。

（四）引气剂的应用技术要点

（1）引气剂的常用掺量为水泥用量的 0.005%～ 0.05%,建筑工程混凝土中引气剂掺量接近低限,可参考表 11-32,而水工混凝土用量接近高限,可参考表 11-33。

表 11-32　混凝土常用引气剂

类　　别	掺　量 （C×%）	含气量（%）	抗压强度比（%）		
			7d	28d	90d
松香热聚物及松脂皂	0.003～0.02	3～7	90	90	90
烷基苯磺酸钠	0.005～0.02	2～7	—	87～92	90～93
脂肪醇硫酸钠	0.005～0.02	2～5	95	94	95
OP 乳化剂	0.012～0.07	3～6	—	85	—
皂角粉	0.005～0.02	1.5～4		90～100	—

表 11-33　水工混凝土常用引气剂

类　别	掺量(C×%)	含气量(%)	说　明
松香热聚物及松脂皂	0.01～0.04	3～8	每增1%含气量,强度降5%
OP 乳化剂	0.05	4	减水7%,强度降15%
脂肪醇硫酸钠(801)	0.03	5	减水7%左右

(2) 抗冻融要求较高的混凝土,以及冬季施工混凝土、引气剂防水混凝土中必须使用引气剂或引气减水剂,其掺量应根据混凝土的含气量要求,通过试验确定。由于骨料粒径越大,引气量越低,因此根据骨料粒径最大含气量不宜超过表 11-34 的规定。

表 11-34　引气剂混凝土适宜含气量推荐值参考表(美国)

骨料最大粒径(mm)	10	15	20	25	40	50	80	150
拌合后的含气量(%)	8.0	7.0	6.5	5.0	4.5	4.0	3.5	3.0
振捣后的含气量(%)	7.0	6.0	5.0	4.5	4.0	3.5	3.0	2.5
不掺引气剂的含气量(%)	3.0	2.5	2.0	1.5	1.0	0.5	0.3	0.2

(3) 引气剂配制溶液时,必须充分溶解,若有絮凝现象应加热使其溶解,或适当加入乳化剂。

(4) 由于引气量受配制混凝土的材料及配制操作环境温度等影响大,故必须尽量保持稳定,才能控制含气量波动尽量小。当施工条件有变化时,要相应增、减引气剂。

(5) 对含气量有考核要求的混凝土,施工时需要有规律地间隔时间进行现场测试,以控制含气量。只有一般要求的则可在搅拌机出口处测试。无论哪一种测法,测定值都应大于需要值 1/4～1/3。

(6) 高频振捣不超过 20s。由于高频振捣作业会使混凝土中气泡大量逸出而致含气量明显降低,因此振捣应均匀,同一部位振捣不宜超过 20s。试验室实验的振捣方式和时间长短要尽可能与现场一致。

(7) 注意拌合物的体积变化。含气量增大会使混凝土体积增加,设计时应从湿表观密度或含气量变化来调整配合比,以避免每 m³ 混凝土中实际水泥用量的不足。

(8) 辅助引气剂的使用。当引气量不足时,可考虑添加微量辅助引气剂,如聚乙烯醇硫酸脂盐、烷基芳基磺酸盐(引气性高效减水剂)、油酸皂等。

(9) 稳泡剂。高级烷烃直链表面活性剂和离子型表面活性剂,起泡性好,泡较大,但稳定性差,如十二烷基磺酸钠等,宜用稳泡剂加强功能。

需要有稳定的含气量而施工条件(包括材料)又不足以保证这一点时,也应考虑加入微量稳泡剂。常用的稳泡剂有十二烷基二甲基胺,月桂酰异丙醇胺、尼纳尔、蛋白质、明胶等。

(10) 消泡剂。与气泡形成剂——引气剂作用相反的是消泡剂,同样在引气剂混凝土中有其一席之地。消泡剂进入液膜后,降低液体的粘度,使液膜失去弹性,加速液体渗出,其结果是液膜变薄破裂。

常用的消泡剂有:磷酸酯类,有机硅化合物,有机氟化物。高碳醇(二异丁基甲醇),异丙醇、异戊醇、脂肪酸及其酯(如蓖麻油)、二硬脂酸酰乙二胺等,掺量不超过 0.01%,可参见表 11-35。

表 11-35　消泡剂的技术性能

名　称	主要技术指标	性　能	掺　量	生产单位
CXP-103 有机硅消泡剂	主要成分:羟基硅油适量乳化剂司班 60,司班 20,甘油聚醚,油酸,乙醇胺等。白色稀膏状乳液。稳定性:常温离心 30min(3000r/min)无硅油析出和分层。60℃加热 2h 及 −15℃冷冻 2h 后不分层	无腐蚀性,无毒性。消泡性好,100mL10%MF 减水剂溶液加 50mg/kg.该剂,以 0.5L/min 气量鼓泡 15min 泡液总体积不大于 200mL,破泡速度不大于 10s。提高混凝土抗压强度 20～100%	20～60mg/kg	四川晨光化工厂
SP-169 破乳剂	主要成分:高级醇、聚氧乙烯、聚氧丙烯嵌段式聚合物。淡黄色、软膏状、中性、H、L、B 值 10～12,可溶于水	无腐蚀性。能消除混凝土中气泡,提高混凝土强度,但和易性略有降低	50mg/kg	天津助剂厂
磷酸三丁酯	无色无味液体,比重 0.976,水溶性差,但易溶于有机溶剂		50mg/kg	各化工厂

消泡剂作用效果不完全一样,有的只能消较大气泡,而对微小气泡作用较弱,须经试验后使用。

(11) 引气剂与早强剂、防冻剂复合时,有时会产生不相溶现象,可以采取更换引气剂或分别配制、添加的方法。

(12) 只能与水泥作用生成大泡的铝粉和双氧水是加气剂,不应与引气剂混淆使用。

二、引气减水剂

兼有引气和减水功能的外加剂为引气减水剂。

(一) 引气减水剂的特点

减水剂的特点是减水因而使混凝土增强,因此引气减水剂的最大特点是能增加混凝土的含气量而不降低强度。

引气减水剂可用于控制混凝土坍落度损失,而引气剂无此功能。

(二) 引气减水剂的适用范围

凡是需要引气剂的场合,引气减水剂均可以使用,而且引气减水剂的应用更为普遍。由于引气减水剂克服了引气剂容易降低强度的缺点,因而更具有优异功能。

缓凝型引气减水剂可用于控制坍落度损失,因此适用于泵送混凝土、高强混凝土和预填骨料混凝土。引气减水剂也适用于需要优良耐磨损性能的混凝土。

(三) 引气减水剂

引气减水剂混凝土技术性能见表 11-36。

表 11-36　引气减水剂混凝土技术性能

试验项目	一 等 品	合 格 品
减水率不小于(%)	10	10
泌水率比不大于(%)	>0	80
含气量(%)	>3.0	>3.0

试 验 项 目		一 等 品	合 格 品
凝结时间之差(min)	初凝	\-90～+120	
	终凝		
抗压强度比不小于(%)	3d	115	110
	7d	110	110
	28d	100	100
收缩率比不大于(%,28d)		135	135
相对耐久性指标不小于(%,200 次)		80	60
对钢筋锈蚀作用		应说明对钢筋无锈蚀危害	

注:1. 除含气量,表中所列数据为掺外加剂混凝土与基准混凝土的差值或比值。

2. 凝结时间指标,"一"号表示提前,"+"号表示延缓。

3. 相对耐久性指标一栏中:"200 次≥80 和≥60"表示将 28d 龄期的掺外加剂混凝土试件冻融循环 200 次后,动弹性模量保留值≥80%或≥60%。

引气减水剂的匀质性指标参见表 11-10。

（四）引气减水剂的主要品种及性能

引气减水剂分为普通型和高效型两类,参考表 11-37。

表 11-37 引气减水剂品种及性能

	项 目	主 要 成 分	引气性(%)	掺量(C×%)	代表性品牌
普通型	木质素磺酸盐	松柏醇、芥子醇	2～4	0.15～0.5	CM,千粉
	腐殖酸系	酚、羟基、羧基	2～4	0.2～0.3	天山一1
	多元醇复合物	羟基、醇基	1.5～4.5	0.1～0.3	—
高效型	甲基萘磺酸盐缩合物	甲基萘	4～5	0.3～0.7	MF,JN
	聚烷基芳基磺酸盐缩合物	蒽	1.5～3.5	0.7～1.2	A,AF
	聚羧酸系	—	—	—	—

三、国产引气剂及引气减水剂的品种及性能

国产引气剂及引气减水剂的品种及性能见表 11-38。

表 11-38 国产引气剂、引气减水剂产品及性能

品 名	技 术 指 标	砂浆或混凝土性能	应用及应用实例
SJ-1 引气剂	1. 主成分:三萜皂甙 2. 外观:深褐色液体 3. pH 值:6～7 4. 起泡能力:>60mL 5. 消泡时间>7h	1. 掺量:0.07～0.20L/100kg 2. 减水率:11.2% 3. 含气量:5.2% 4. 相对耐久性指标:200 次 98%	1. 配制水库、堤坝、海塘、涵洞、隧道、桥梁等用混凝土和特种混凝土 2. 已用于云峰水库大坝修补工程、上海海沧宾馆高层泵送混凝土等工程
AS-4 引气高效减水剂	1. 外观:灰色松散粉状物料 2. 含水量:≤6%	1. 掺量:0.3～0.4(C×%) 2. 减水率:10%～20% 3. 3d、7d、28d 强度分别提高30%、25%、15% 4. 引气量:3%～40%	适用于现浇、预制、塑性和大流动度混凝土

品　名	技术指标	砂浆或混凝土性能	应用和应用实例
C-2 引气剂	1. 主成分：松香酸钠 2. 外观：黑褐色粘稠状 3. pH 值：7.5～8.5 4. 消泡时间：>3h	1. 掺量：0.5/万～1/万（含胶结料重） 2. 减水率：>10% 3. 在混合砂浆中使用，可以节约白灰 50% 左右	配制有耐冻融、抗渗、不泌水要求的混凝土，及砌筑、抹灰砂浆
MNC-R 引气剂	外观：灰色粉末	掺量：0.8(C×%)	配制有抗冻融耐久性要求的混凝土
MPAE 引气剂	1. 主成分：改性松香酸盐 2. 外观：灰色粉末 3. 细度：0.63mm 方孔筛余量：<10%	1. 掺量：0.4～0.8(C×%) 2. 减水率：10%～15% 3. 含气量：3.5%～6% 4. 快速冻融 300 次，耐久性指标达 80% 以上	配制水工、港工等具有抗冻耐久性要求的混凝土和泵送、轻骨料混凝土，及砌筑砂浆
MPAE 引气减水剂	1. 主成分：改性松香酸盐 2. 粉剂产品	1. 掺量：0.6～1.0(C×%) 2. 减水率：15%～20% 3. 含气量：>5.0% 4. 3d、28d 强度分别提高 18%、10%	配制水工、港工、涵洞、隧道、桥梁道路、海上平台、高速公路、机场路等具有抗冻耐久性要求的混凝土和泵送混凝土
DH9 引气剂	1. 主成分：改性松香热聚物 2. 外观：膏状 3. pH 值：7～9	1. 掺量：占水泥重的 1/万 2. 减水率：8%～10% 3. 引气量：4%～6%，气泡微小，均匀且稳定 4. 混凝土 28d 强度不降低	配制有高耐久性要求的混凝土
CON 早强引气减水剂	1. 主成分：改性松香、高效扩散剂、水泥促凝剂 2. 外观：棕褐色胶状体 3. pH 值 7～9	1. 掺量：0.5～1(C×%) 2. 减水率：15%～20% 3. 7d、28d 强度分别提高 49.8%、24.9%	配制长途运输和大体积浇筑的混凝土

第六节　泵　送　剂

能改善混凝土拌合物泵送性能的外加剂称为泵送剂。所谓泵送性，就是混凝土拌合物具有能顺利通过输送管道、不阻塞、不离析、粘塑性良好的性能。

一、泵送剂的特点和适用范围

泵送剂是流化剂中的一种，它除了能大大提高拌合物流动性以外，还能使新拌混凝土在 60～180min 时间内保持其流动性，剩余坍落度应不低于原始的 55%。此外，它不是缓凝剂更不应有缓强性。缓凝时间不宜超过 120min（有特殊要求除外）。

泵送剂适用于各种需要采用泵送工艺的混凝土。超缓凝泵送剂用于大体积混凝土。含防冻组分的泵送剂适用于冬期施工混凝土。

泵送混凝土与普通混凝土相同的是，要求具有一定的强度和耐久性指标。不同的是必须有相应的流动性、稳定性。泵送剂是满足以上要求的最佳外加剂。

流态混凝土是在坍落度为 50～70mm 的混凝土基础上，由搅拌车运至现场后，掺入流化剂(高效减水剂),经搅拌成坍落度大于 180mm,甚至 240～260mm 的能流淌的混凝土。

可泵送与流动性是两个不同概念,泵送剂的组分较流化剂要复杂得多。泵送混凝土是流化混凝土的一种,不是所有的流态混凝土都适合泵送。

二、泵送剂的技术要求

泵送剂的技术要求参见表 11-39 和表 11-40。

表 11-39　泵送剂的混凝土性能

项目	性能指标	一 等 品	合 格 品
坍落度增加值不小于(mm)		100	80
常压泌水率比不大于(%)		100	120
压力泌水率比不大于(%)		95	100
含气量不大于(%)		4.5	5.5
坍落度保留值不小于(cm)	30min	12	10
	60min	10	8
抗压强度比不小于(%)	3d	85	80
	7d	85	80
	28d	85	80
	90d	85	80
收缩率比不大于(%)	90d	135	135
相对耐久性		200 次≥80	≥300

注:1. "200 次≥80"表示将 28d 龄期的受检混凝土试件冻融循环 200 次后,动弹性模量保留值不小于 80%;"≥300"表示 28d 龄期的试件冻融循环后,动弹性模量保留值等于 80%时,受检混凝土与基准混凝土冻融循环次数的比值不小于 300%。相对耐久性不作为泵送剂的控制指标,但当泵送剂用于有抗冻融要求的混凝土时,必须满足此要求。

2. 基准混凝土坍落度为(80±10)mm,受检混凝土坍落度为(180±10)mm。

表 11-40　泵送剂的匀质性指标

试验项目	指　标
含固量或含水量	液体泵送剂:应在生产厂控制值相对量的 3%之内 固体泵送剂:应在生产厂控制值相对量的 5%之内
密　度	液体泵送剂:应在生产厂控制值的±0.02 之内
氯离子含量	应在生产厂控制值相对量的 5%之内
细　度	应在生产厂控制值的±2%之内
水泥净浆流动度	应不小于生产厂控制值的 95%

注:含硫酸钠的泵送剂应按 GB 8077 进行硫酸钠含量试验。

泵送剂是复合了其它成分的复合外加剂,所复合的其它外加剂组分都应当符合该外加剂的技术标准要求。

三、泵送剂的主要组分

常温下使用的泵送剂,经常由以下几种组分构成:

减水组分、缓凝组分、增稠组分(亦称保水剂)、高比表面积无机掺合料、引气组分。

四、泵送剂的应用技术要点(GB 50119—2003)

(1)泵送剂的掺量随品牌而异,相差很大,使用前应仔细了解说明书的要求,超掺泵送剂可能会造成堵泵现象。

(2)泵送剂的混凝土性能试验与其它外加剂有所不同,以下几点应在检验泵送剂性能时引起注意。

① 泵送混凝土粗骨料最大粒径不宜超过 40mm；泵送高度超过 50m 时，碎石最大粒径不宜超过 25mm，卵石最大粒径不宜超过 30mm；粗骨料应采用连续级配，针片状颗粒含量不大于 10%；

② 泵送混凝土细骨料宜采用中砂，砂率宜为 35%～45%；

③ 泵送混凝土的胶凝材料总量不宜小于 300kg/m³；

④ 泵送混凝土的水胶比不宜大于 0.6；

⑤ 泵送混凝土含气量不宜超过 5%；

⑥ 泵送混凝土坍落度不宜小于 100mm。

(3) 掺泵送剂的混凝土粘聚性、流动性要好，泌水率要低。简单的现场观察方法是：

① 坍落度试验时，坍落度扩展后的混凝土样中心部分不能有粗骨料堆积，边缘部分不能有明显的浆体和游离水分离出来。

② 将坍落度筒倒置并装满混凝土样，提起 30cm 后计算样品从筒中流空时间，短者为流动性好。

(4) 应用泵送剂的混凝土温度不宜高于 35℃。

(5) 混凝土温度越高，运输或泵管输送距离越长，对泵送剂品质的要求就越高。

五、国产泵送剂产品及性能

国产泵送剂产品及性能见表 11-41。

表 11-41　国产泵送剂产品及性能

品　　名	技术指标	砂浆或混凝土性能	应用和应用实例
HZ-4 泵送剂	1. 主成分：木质素磺酸盐 2. 外观：浅黄色粉状 3. 细度：4900 孔标准筛筛余≤15% 4. pH 值：10～11	1. 掺量：0.7～1.4(C×%) 2. 减水率：10%～20% 3. 1d、3d、7d 强度分别提高 30%～70%、40%～80%、30%～50% 4. 初凝可延长 1～3h，终凝可延长 1～3h 5. 含气量：3%～4%	配制商品、泵送、高流态、高强混凝土
QY-7 泵送剂	粉剂产品	1. 掺量：0.8～1.4(C×%) 2. 减水率：≥12% 3. 含气量：3%～5% 4. 1～7d 强度提高 40%～80%	配制各种混凝土和钢筋混凝土
AN10-2 高效泵送剂	1. 主成分：萘磺酸盐甲醛缩合物；缓凝剂、保水剂等 2. 液体相对密度 1.165，固体棕褐色粉末，0.315mm 筛余为 0	1. 掺量液体 2%～2.8%，固体 1%～1.5% 2. 2h 内坍落度保留值 85% 以上。低温环境稍缓凝 3. 3d 强度增长率 30%～50%。28d 增长提高 20%～30%	主要用于商品混凝土。泵送混凝土分 C50 和 C80 级两档产品；已在工地及混凝土公司用于 100,000m³ 混凝土
HNB-1 缓凝泵送剂	1. 外观：淡黄色粉末 2. 不含氯盐	1. 掺量：0.3～0.5(C×%) 2. 减水率：10%～15% 3. 可提高强度 30% 左右 4. 可延缓凝结时间 2h 5. 坍落度可增大 100mm 以上，1h 保留值＞100mm 6. 常压、加压泌水分别减少 50%、40%	配制商品、泵送、大体积、预应力和高强混凝土

品　名	技术指标	砂浆或混凝土性能	应用和应用实例
F-24 高效泵送剂	粉剂产品	1. 掺量:1.5～2.0(C×%) 2. 坍落度可增加 150mm,1h、2h 坍损分别为<8%、<15%	配制高强泵送混凝土
F-1 泵送剂（缓凝型）	液态产品	1. 掺量:0.6(C×%) 2. 减水率:≥10% 3. 坍落度平均提高 120mm 以上,1h 坍损仅为 25% 4. 28d 强度提高>10%	1. 配制 15～40℃ 的泵送、商品、高流态和高强混凝土 2. 已用于北京高碑店污水处理工程、北京地铁复八线工程、首都机场高速路等工程
建新 F-1 泵送缓凝剂		1. 掺量:0.6(C×%) 2. 减水率:>10% 3. 坍落度平均提高 120mm,1h 坍损为 25% 4. 可节约水泥 10%	1. 配制环境温度 15～40℃ 条件下有缓凝要求的泵送、商品和高流态混凝土 2. 已用于北京高碑店污水处理工程、地铁复兴门-八王坟新线工程等工程
F-2 泵送剂	液体或粉剂产品	1. 掺量:1～2(C×%) 2. 减水率:>12% 3. 坍落度可提高 100mm 以上,1h 保留值>120mm	配制正负温条件下有早强要求的泵送、商品、高流态和高强混凝土
RH-9 泵送剂	1. 主成分:多羟基复合物、多元醇等 2. 外观:棕色液状物 3. pH 值:6～7 4. 水泥净浆流动度:>14cm 5. 不含氯离子和 Na_2O、K_2O	1. 掺量:2～4(C×%) 2. 减水率:8%～15% 3. 凝结时间延缓 2～4h 4. 坍落度可增大 80～150mm,0.5h、1h、1.5h 保留值分别为 160mm、145mm、100mm 5.1d、3d、7d 抗压强度比分别为:135%、155%、130%	配制各类混凝土
SF 泵送剂	1. 主成分:β萘磺酸甲醛缩合物、保塑组分 2. 粉剂产品 3. 不含氯盐	1. 掺量:0.6～1.4(C×%) 2. 减水率:25% 3. 坍落度可由 10～30mm 增大至 180～200mm,1h 保留值 150mm	1. 配制高强泵送混凝土 2. 已用于深圳经协大厦工程、深圳横岗外商综合服务楼工程、北京国际会议中心妇女大楼工程、天津华信商厦工程等众多工程
SF-1 泵送剂	1. 主成分:β萘磺酸甲醛缩合物、保塑组分 2. 外观:棕褐色粉末 3. 细度:0.63mm 方孔筛筛余量<8%	1. 掺量:0.4～0.6(C×%) 2. 减水率:10%～18% 3. 坍落度可增大 80～120mm	配制 C50 及 C50 级以下的商品、高流态泵送混凝土
WL-1 泵送剂	棕褐色液体	1. 掺量:0.4～1.0(C×%) 2. 减水率:>10%	配制商品、泵送、大体积、钢筋及预应力钢筋混凝土
HL-3 泵送剂	棕褐色粉剂	1. 掺量:0.1～0.2(C×%) 2. 减水率:>10% 3. 凝结时间可延长 3～4h	配制商品、泵送、大体积、钢筋及预应力钢筋混凝土和钻孔灌注桩混凝土,特别适于夏季施工
JRC-2A 泵送剂	棕褐色液体	1. 掺量:100kg 水泥掺量为1500～2500mL 2. 减水率:>15%	

品　名	技术指标	砂浆或混凝土性能	应用和应用实例
南浦-Ⅱ 泵送剂	1. 外观：棕褐色液体和粉剂两种 2. 氯离子含量：≤1.0% 3. 硫酸钠含量：≤6%	1. 掺量：每 100kg 水泥掺 1500～2200mL（液体）；0.5～0.8(C×%,粉剂) 2. 减水率：≥12%	配制早强泵送、高泵程商品、钢筋及预应力钢筋混凝土和外掺粉煤灰混凝土

第七节　其它外加剂

一、膨胀剂

混凝土膨胀剂是与水泥、水拌和后，经水化反应生成钙矾石或氢氧化钙，使混凝土产生膨胀的外加剂。

（一）膨胀剂的特点

膨胀剂的组分是在混凝土中因化学反应而产生膨胀效应的水化硫铝酸钙（钙矾石）或氢氧化钙。在钢筋作用约束下，这种膨胀转变成压应力，减少或消除混凝土干缩时的体积缩小，从而改善混凝土质量。与此同时，生成的钙矾石等晶体具有充填、堵塞混凝土毛细孔隙的作用，能提高混凝土的抗渗能力。

（二）膨胀剂的适用范围

膨胀剂主要用于配制 4 种混凝土或砂浆，参见表 11-42。

表 11-42　膨胀混凝土的使用目的和适用范围

用　途	适　用　范　围
补偿收缩混凝土	地下、水中、海水中、隧道等构筑物，大体积混凝土（除大坝外），配筋路面和板、屋面与厕浴间防水、构件补强、渗漏修补、预应力混凝土、回填槽等
填充用膨胀混凝土	结构后浇带、隧洞堵头、钢管与隧道之间的填充等
灌浆用膨胀砂浆	机械设备的底座灌浆、地脚螺栓的固定、梁柱接头、构件补强、加固等
自应力混凝土	仅用于常温下使用的自应力钢筋混凝土压力管

（三）技术要求

硫铝酸钙类、氧化钙类混凝土膨胀剂性能指标应符合表 11-43 规定。

表 11-43　混凝土膨胀剂性能指标

项　目	指　标　值
氧化镁（%）　≤	5.0
含水率（%）　≤	3.0
总碱量（%）　≤	0.75
氯离子（%）　≤	0.05

项 目		指 标 值
细度	比表面积(m²/kg) ≥	250
	0.08mm 筛筛余(%) ≤	10
	1.25mm 筛筛余(%) ≤	0.5
凝结时间	初凝(min) ≥	45
	终凝(h) ≤	10

项 目			指 标 值
限制膨胀率(%)	水中	7d ≥	0.025
		28d ≤	0.10
	空气中	28d ≥	−0.020

项 目		指 标 值
抗压强度(MPa) ≥	7d	25.0
	28d	45.0
抗折强度(MPa) ≥	7d	4.5
	28d	6.5

注:细度用比表面积、1.25mm 筛筛余或 0.08mm 筛筛余和 1.25mm 筛筛余表示,仲裁检验采用比表面积和 1.25mm 筛筛余。

　　复合混凝土膨胀剂的限制膨胀率、抗压强度和抗折强度指标应符合表 11-43 的规定。其它性能指标应符合相关的混凝土化学外加剂标准的规定。

　　(四)膨胀剂的应用技术要点

　　(1)膨胀剂的常用掺量,可按表 11-44 选用。

表 11-44　膨胀剂的常用掺量

膨胀混凝土(砂浆)种类	膨 胀 剂 名 称	掺量(水泥重量的%)
补偿收缩混凝土(砂浆)	明矾石膨胀剂	13～17
	硫铝酸钙膨胀剂	8～10
	氧化钙膨胀剂	3～5
	氧化钙-硫铝酸钙复合膨胀剂	8～12
填充用膨胀混凝土(砂浆)	明矾石膨胀剂	10～13
	硫铝酸钙膨胀剂	8～10
	氧化钙膨胀剂	3～5
	氧化钙-硫铝酸钙复合膨胀剂	8～10
自应力混凝土(砂浆)	硫铝酸钙膨胀剂	15～25
	氧化钙-硫铝酸钙复合膨胀剂	15～25

注:内掺法指实际水泥用量(C')与膨胀剂用量(E)之和为计算水泥用量(C),即 $C=C'+E$。

　　(2)当仅作为补偿收缩混凝土使用时,其标准掺量为 12%(内掺)。

　　(3)膨胀剂的混凝土坍落度损失大,可用掺缓凝减水剂克服。但要注意水泥适应性问题。

　　(4)使用中必须对膨胀剂的自由膨胀采取限制措施,否则抗压、抗折等各项强度会随掺量增大而降低。配筋和复合纤维可限制膨胀,无筋膨胀剂混凝土应当推迟拆模。在成型后 72h 内膨胀率急剧升高,7d 内快速增长,14d 之前仍有增长。因此无筋膨胀剂混凝土,例如试模内掺膨胀剂的混凝土试块,应当至少 48h 后拆模。

　　(5)各种膨胀剂含碱量可参考表 11-45。

表 11-45　膨胀剂品种及碱含量

膨胀剂品种	主要原材料	含碱量(%)
U-1 型膨胀剂	硫铝酸盐熟料、明矾石,石膏	1.0～1.5
U-Ⅱ型膨胀剂	硫酸铝熟料、石膏、明矾石	1.7～2.0
UEA-H 型膨胀剂	硅铝酸盐熟料、石膏、明矾石	0.5～1.0
铝酸钙膨胀剂	矾土水泥熟料、石膏、明矾石	0.57～0.70
复合膨胀剂(CEA)	石灰系熟料、明矾石,石膏	0.4～0.6
明矾石膨胀剂	石膏、明矾石	2.55～3.0

注:碱含量以 Na_2O 当量计。

(五)国产膨胀剂产品及性能

国产膨胀剂产品性能见表 11-46。

表 11-46　国产膨胀剂产品性能

品　名	技术指标	砂浆或混凝土性能	应用和应用实例
U 型膨胀剂		掺量:9～15($C\times$%)	配制防渗、防潮、抗裂的混凝土和砂浆
HAEA-1 膨胀剂	粉剂产品	1. 掺量:8～12($C\times$%) 2. 7d、28d 抗压强度分别为 30MPa、47MPa 3. 限制膨胀率:水中 14d 达 0.04%;空气中 28d 为≥－0.02% 4. 抗渗等级:>P25	配制防水、防渗、抗裂的混凝土和砂浆
PPFEA₁ 膨胀剂	1. 外观:淡黄色粉末 2. 细度:0.08mm 筛筛余<10%	1. 掺量:8～12($C\times$%) 2. 水中或潮湿环境下,限制膨胀率为 2～4×10^{-4},导入自应力 0.3～0.8MPa 3. 抗渗等级 P33	配制防水、膨胀灌浆混凝土和砂浆
MNC-D 膨胀防水剂	灰色粉剂	掺量:6～8($C\times$%)	配制防水、补强加固、灌浆混凝土及砂浆
EA-L 复合膨胀剂	粉红色粉剂	1. 掺量:10～15($C\times$%) 2. 抗渗等级提高一倍以上	配制补偿收缩、补强、抗渗、防裂、灌浆用混凝土及砂浆
ES-P 膨胀剂	粉剂产品	1. 掺量:10($C\times$%) 2. 强度提高 10%～15% 3. 抗渗等级:P14(内掺)和 P34(外掺)	配制抗渗、防水、抗裂混凝土及砂浆
UEA-Ⅲ 膨胀剂	抗冻型	1. 掺量:10～12($C\times$%) 2. 坍落度提高>100mm 3. 膨胀率 0.02%～0.04%时,混凝土中可建立 0.2～0.7MPa 预应力 4. 抗渗等级:>P20	配制－5～－15℃的补偿收缩泵送、大体积和防水混凝土
UEA-Ⅲ 膨胀剂	高性能型	1. 掺量:9～10($C\times$%) 2. 强度提高 10%～20% 3. 抗渗等级:P30～P40 4. 凝结时间延长 2～4h,水化热降低 20% 5. 坍落度提高>100mm 6. 膨胀率 0.02%～0.04%,混凝土中建立 0.2～0.7MPa 预压应力	配制高强、高抗渗、高抗冻、大体积、防水及特殊结构用混凝土

品　名	技术指标	砂浆或混凝土性能	应用和应用实例
明矾石复合膨胀剂	主成分:氧化铝、三氧化硫	1. 掺量:7～9($C\times\%$) 2. 限制膨胀率:水中 14d≥0.02;空气中 28d≥-0.02 3. 2d、28d 抗压强度分别为 ≥30MPa、≥47MPa 4. 2d、28d 抗折强度分别为 ≥5.0MPa、≥6.8MPa	配制防水、补强、灌浆、高抗冻要求的混凝土
HEA 膨胀剂		1. 掺量:6～10($C\times\%$) 2. 强度:50～60MPa 3. 抗渗等级:P35 4. 粘结力提高 20%	配制高标准的防水、灌浆、补强加固、高抗裂的混凝土

二、防水剂

能降低砂浆、混凝土在静水压力下的透水性的外加剂称作防水剂。

但防水剂应与防潮剂相区别。

（一）防水剂的特点

防水剂的特点是在搅拌混凝土过程中掺入的,能在一定水压下防止水分渗透的外加剂,可以称为防渗剂。

（二）防水剂的适用范围

防水剂用于配制防水混凝土和防水砂浆。防水混凝土和防水砂浆主要用于工业和民用建筑的屋面、地下工程、贮水构筑物、河心构筑物,以及处于干湿交替作用或冻融交替作用的工程,如桥墩、海港、码头、水坝等。含氯盐的防水剂严禁用于预应力混凝土工程。

（三）防水剂的技术要求

掺防水砂浆的性能指标参见表 11-47;掺防水剂混凝土性能见表 11-48;防水剂的匀质性应符合表 11-49 的要求。

表 11-47　掺防水剂砂浆技术要求

试验项目	性能指标		一　等　品	合　格　品
	安　定　性		合　格	合　格
凝结时间	初凝不早于(min)		45	45
	终凝不迟于(h)		10	10
抗压强度比不小于(%)	7d		100	95
	28d		90	85
	90d		85	80
透水压力比不小于(%)			300	200
48h 吸水量比不大于(%)			65	75
90d 收缩率比不大于(%)			110	120

注:除凝结时间、安定性为受检净浆的试验结果外,表中所列数据均为受检砂浆与基准砂浆的比值。

表 11-48 掺防水剂混凝土技术要求

试 验 项 目	性 能 指 标		一 等 品	合 格 品
净 浆 安 定 性			合 格	合 格
凝结时间差(min)	初 凝		−90～+120	−90～+120
	终 凝		−120～+120	−120～+120
泌水率比不大于(%)			80	90
抗压强度比不小于(%)	7d		110	100
	28d		100	95
	90d		100	90
渗透高度比不大于(%)			30	40
48h 吸水量比不大于(%)			65	75
90d 收缩率比不大于(%)			110	120
抗冻性能 (50 次冻融循环) (%)	慢冻法	抗压强度损失率比,不大于	100	100
		质量损失率比,不大于	100	100
	快冻法	相对动弹性模量比,不小于	100	100
		质量损失率比,不大于	100	100
对钢筋的锈蚀作用			应说明对钢筋有无锈蚀作用	

注:本表引自 JC 474—1992。

表 11-49　防水剂匀质性指标

试 验 项 目	指 标
含 固 量	液体防水剂:应在生产厂控制值相对量的 3% 之内
含 水 量	粉状防水剂:应在生产厂控制值相对量的 5% 之内
密 度	液体防水剂:应在生产厂控制值的 ±0.02 之内
氯离子含量	应在生产厂控制值相对量的 5% 之内
水泥净浆流动度	应不小于生产厂控制值的 95%
细 度	孔径≤0.32mm 筛,筛余≤15%

（四）掺防水剂混凝土的施工技术要点

（1）混凝土浇筑尽可能一次完成;对圆筒形结构应优先采用滑模工艺施工,可同时应用高效减水剂或普通减水剂(复合);对大体积防水混凝土应采取分区浇灌并使用缓凝剂和缓凝减水剂。

（2）配料必须准确计量,不得应用体积法称量;外加剂的称量偏差为±1%,掺合料,水泥亦同。

（3）引气减水剂防水混凝土必须使用机械搅拌(详见引气剂应用技术要点)。掺加单一引气剂(即不是复合剂)时,应当先溶于水后随拌和水同时掺入。

（4）氯化铁防水剂使用前用水稀释,禁止直接倒入水泥或骨料中。

（5）防水混凝土运输过程中要防止离析,含气量损失及漏浆,可掺入相应外加剂。

（6）防水混凝土必须采用机械振捣密实,持续时间为 10～20s,但也不宜超振。

（7）尽量不留或少留施工缝,必须留时注意接槎方式或用 10～15mm 厚防水砂浆胶结。

（8）氯化铁混凝土,引气剂混凝土、膨胀混凝土对养护温度均有较严格要求;氯化铁混凝土±10℃养护效果最差;低温养护引气剂混凝土的效果也很差,在 5℃ 养护则几乎没有抗渗能力;5℃和低于此温度对膨胀防水混凝土养护不利,膨胀率低,强度低,也不宜高于80℃养护。防水混凝土不宜早拆模,一般应潮湿养护 14d,拆模时混凝土温度与气温差不宜大于15～20℃。

(9) 冬期防水混凝土施工要点如下：

① 不能采用电热法及蒸汽加热法。厚大的地下防水构筑物应采用蓄热法,地上薄壁防水构筑物需采用暖棚法(棚温保持在5℃以上)和低温蒸汽加热法(混凝土表面温度不得超过50℃)。

② 如需对组成材料加热时,水温不得超过60℃,骨料温度不得超过40℃,混凝土出罐温度不得超过35℃,混凝土入模温度不低于热工计算要求。

③ 必须采取措施保证混凝土有一定的养护湿度,尤其对大体积混凝土工程以蓄热法施工时,要防止由于水化热过高水分蒸发过快而使表面干燥开裂。防水混凝土表面应用湿草袋或塑料薄膜覆盖保持湿度,再加保温。

(五) 国产防水剂产品及性能

国产防水剂产品及性能见表11-50。

表11-50 国产防水剂产品及性能

品 名	技术指标	砂浆或混凝土性能	应用和应用实例
HZ-7 防水剂	淡黄色粉剂产品	1. 掺量:2～3(C×%) 2. 对钢筋无锈蚀作用	配制人防工程、桥梁、水塔、水池、大坝等各种防水混凝土和砂浆
M131 快速止水剂	液态产品	1. 稀释比例:水:该剂为(1～3):1 2. 加速水泥凝结,初凝54s,终凝1min10s	配制止水、封裂缝、嵌缝和堵漏用混凝土和砂浆
QY-9型 防水剂		1. 掺量:1.5～3.5(C×%) 2. 减水率:10%～15% 3. 抗渗性:提高50%以上 4. 对钢筋无锈蚀作用	配制人防工程、桥梁、地下室、水塔、水池、大坝等混凝土和砂浆
LP型 防水剂	1. 粉剂产品 2. 不含氯盐	1. 掺量:6～10(C×%) 2. 抗渗等级:≥P40 3. 减水率:15%左右	配制人防工程、桥梁、地下室水塔、水池、大坝等各种防水防渗混凝土
B-2 防水剂		1. 掺量:3～4(C×%) 2. 减水率:>15% 3.7d、28d抗压强度比分别为>130%、115% 4. 对钢筋无锈蚀作用	配制有高抗渗要求的刚性防水混凝土或砂浆
RH-3 复合 防水剂	1. 外观:粉状 2. 不含氯盐	1. 掺量:5～10(C×%) 2. 减水率:10%～20% 3. 抗渗等级:P15～P30 4. 可节约水泥8%～18%	配制防水抗渗混凝土
RH-3 复合 防水剂	1. 外观:黄灰色粉末 2. 不含氯盐	1. 掺量:5～10(C×%) 2. 减水率:10%～20% 3. 抗压强度:3d、7d、28d分别提高70%、30%、10% 4. 抗渗等级:≥P40 5. 可节约水泥10%～15%	1. 配制地下与地上、有压力与无压力各种防水混凝土 2. 已用于国家情报中心、城乡贸易中心、天元大厦等工程
BS3型 快速堵漏 防水剂	浅褐色液剂	1. 掺量:35%(C×%) 2. 凝结时间:1～10min	1. 配制各类防水、堵漏用混凝土和砂浆 2. 已用于香山饭店、海南人行大楼、桂林地下商业街、深圳华侨大厦等工程

品　　名	技 术 指 标	砂浆或混凝土性能	应用和应用实例
HT-3 防水剂	暗红色粉剂产品	1. 掺量:2.5($C\times\%$) 2. 减水率:12%	配制有较高抗渗防水要求的混凝土和砂浆
HEA 防水剂	1. 外观:粉状 2. 不含氯盐	1. 掺量:8~10($C\times\%$) 2. 减水率:10%~20% 3. 抗渗等级:≥P34 4. 抗冻等级:≥F250 5. 3d、7d、28d 强度分别提高 70%、20%、10%	1. 配制高抗渗、高强度、高流动度的防水混凝土 2. 已用于青岛海关大楼、集宁地下商场、北京天元大厦、亚太培训中心等工程
BS1 型 防水剂	1. 外观:浅褐色透明液体 2. pH 值:4~5	1. 掺量:5($C\times\%$) 2. 透水压水比:≥300% 3. 强度提高≥30%	配制－40~110℃的各类防水混凝土和砂浆
SB2 型 多功能 防水剂	1. 外观:褐黄色油性液体 2. 氯离子总量:<0.2kg/m³ 3. 碱总量:<0.2kg/m³	1. 掺量:2~5($C\times\%$) 2. 减水率:15%~25% 3. 抗渗等级:>P30 4. 3d、7d 强度分别提高 30%~40%、20%~40% 5. 初终凝时间可延缓 2~8h	配制高强、超高强、预应力、碾压、抗冻融混凝土及商品混凝土
SF 混凝土 防水剂	粉剂产品	1. 掺量:8~10($C\times\%$) 2. 减水率:15% 3. 抗渗等级:P25~P40 4. 28d 强度提高 15%~30%	配制各类防水混凝土和砂浆

三、速凝剂

速凝剂是能使混凝土或砂浆迅速凝结硬化的外加剂。速凝剂主要用于喷射混凝土、砂浆及堵漏抢险工程。

（一）速凝剂的主要特点及适用范围

速凝剂的促凝效果与掺入水泥中的数量成正比增长,掺量一般为 2%~8%,但超过 4%~6% 后则不再进一步速凝。而且速凝剂的混凝土后期强度不如空白混凝土高。

速凝剂主要用于喷射混凝土,是喷射混凝土所必须的外加剂,其作用是:使喷至岩石上的混凝土在 2~5min 内初凝,10min 内终凝,并产生较高的早期强度;在低温下使用不失效;混凝土收缩小;不锈蚀钢筋。速凝剂常用作调凝剂。速凝剂也适用于堵漏抢险工作。

（二）无机盐系速凝剂的技术要求

无机盐系速凝剂的技术要求参见表 11-51。

表 11-51　无机盐系速凝剂技术要求

试验项目 产品等级	净浆凝结时间不迟于 (min)		1d 抗压强度 不小于 (MPa)	28d 抗压强度比 不小于 (%)	细度(筛余) 不大于 (%)	含水率 不大于 (%)
	初　凝	终　凝				
一等品	3	10	8	75	15	2
合格品	5	10	7	70	15	2

注:1. 28d 抗压强度比为掺速凝剂与不掺者的抗压强度之比。

　　2. 本表引自建材行业标准 JC477—92"喷射混凝土用速凝剂"。

（三）速凝剂的主要品种及性能

速凝剂用途不同，则化学成分也不同。速凝剂按用途或化学成分，大致都可以分为以下 3 类。

1. 喷射混凝土速凝剂

喷射混凝土用速凝剂主要是使喷至土面、岩面上的混凝土迅速凝结硬化，以防脱落。喷射混凝土的早期强度稍高些即可。红星一型、阳泉一型、西古尼特等都属于这类速凝剂。主要成分是铝氧熟料，即铝酸钠盐加碳酸钠或钾。

速凝剂的基本性能见表 11-52。

表 11-52　速凝剂的基本性能

牌　号	掺　量 （%）	凝　结　时　间（s）		强度损失率 （%）
		初　凝	终　凝	
782 型	6～8	65	495	15
711 型	2～4	35	190	14～38
73 型	4～7	385	570	7.7～29
红星一型	2.5～4	90	315	27～40
阳泉一型	3	135	195	<40
萍乡牌	5	70	125	>14
尧山牌	2.5～8	238	445	14～32
盐都牌	2～4	191	348	—
奔马牌	2～4	380	582	—

2. 复合硫铝酸盐型速凝剂

主要用于喷射混凝土。由于成分中加入石膏或矾泥等硫酸盐类和硫铝酸盐，使后期强度与不掺的相比损失小，含碱量较低因而对人体腐蚀性较小。

3. 硅酸钠型堵漏速凝剂

这类速凝剂除要求混凝土混合物迅速凝结硬化外，还必须有较高的早期强度，以抵抗水渗冲刷作用。水玻璃一类速凝早强剂就属于这一类。单一水玻璃组分使得速凝剂过于粘稠无法喷射，因此加入无机盐以降低粘性，提高流动度。如重铬酸钾降粘、亚硝酸钠降低冰点、三乙醇胺早强等。

（四）速凝剂的应用技术要点

（1）使用速凝剂时，须充分注意对水泥的适应性，正确选择速凝剂的掺量并控制好使用条件。若水泥中 C_3A 和 C_3S 含量高，则速凝效果好。一般说来对矿渣水泥效果较差。

（2）注意速凝剂掺量必须适当。一般来说，气温低掺量适当加大而气温高时酌减。在满足施工要求前提下掺量宜取低限。最佳量为 2.5%～4%。

（3）缩短混合（干）料的停放时间，严格控制不超过 20min。因为速凝剂可使水泥混凝土在很短时间内凝结。

（4）喷射混凝土的经验配合比为：水泥用量约 $400kg/m^3$，砂率 45%～60%，水灰比约为0.4，以喷出物不流淌、无干斑、色泽均匀为宜。

（5）喷射混凝土成型要注意湿养护，防止干裂。

（6）针对不同的工程要求，选择合适的速凝剂类型。除了这三类速凝剂外，作为水泥本身还有一种调凝早强水泥。这类水泥可用于喷混凝土及紧急抢险工程（如加入碳酸锂等高铝水泥），混凝土硬化时间可由几分钟调至几十分钟，早期强度增长很快。

（五）国产速凝剂产品及性能

国产速凝剂产品及性能见表11-53。

表 11-53　国产速凝剂产品及性能

品　名	技术指标	砂浆或混凝土性能	应用和应用实例
KD 速凝剂	1. 外观：灰色松散粉末状 2. 细度：30 目筛筛余≤15%	1. 掺量：2～5($C×$%) 2. 水灰比为 0.4 时，水泥净浆初凝时间≤5min；终凝时间≤10min	配制锚喷混凝土
MNC-Q 速凝剂	灰白色粉剂	1. 掺量：3.5($C×$%) 2. 初、终凝时间分别为≤5min，≤10min 3. 1d 强度提高≥2 倍，28d 强度为未掺者的 85%～90%	配制喷射混凝土或砂浆
CNL 促硬剂		4h 抗压强度＞20MPa，同时又有 0.5h 操作时间	配制特快硬混凝土和快速修补及冬施用混凝土
J85 速凝剂	粉剂产品	1. 掺量：3～5($C×$%) 2. 初、终凝时间均为 2～3min 3. 喷射时混凝土回弹率＜20%，一次喷层厚度可达 100～150mm	1. 配制喷射混凝土和其它要求速凝、早强的混凝土 2. 已用于任楼煤矿中央风井、东庞煤矿巷道、九龙口煤矿巷道、葛泉煤矿轨道等众多工程中
KW 速凝剂	1. 主成分：碱金属等多种无机盐 2. 粉剂产品	1. 掺量：2～5($C×$%)，一般为 4($C×$%) 2. 凝结时间：水泥净浆初凝为 1～5min，终凝时间 5～10min 3. 1d 强度可提高 1 倍，28d 强度为不掺者的 80%左右	1. 配制喷锚混凝土 2. 已用于霍州矿务局李雅庄矿井下锚喷巷道、宜昌东山隧道工程、小浪底主坝防渗墙混凝土
明矾石 速凝剂	粉剂产品	1. 掺量：3～5($C×$%) 2. 凝结时间：初凝 4.5min，终凝 9.5min 3. 28d 强度与不掺相比降低值为 25%	配制喷射混凝土及堵漏、修补用混凝土
锑都-1 速凝剂	白色粉末产品	1. 掺量：3～4($C×$%) 2. 凝结时间：初凝 1～5min，终凝 5～10min 3. 28d 强度保留值 75%～80%	配制喷射混凝土
红星-1 速凝剂	白色粉末产品	1. 掺量：3～4($C×$%) 2. 凝结时间：初凝 1～5 min，终凝 5～10min 3. 28d 强度保留值 60%～75%	配制喷射混凝土
AC 速凝剂	1. 灰白色粉末 2. 品种：分 AC 型和 AC-1 型	1. 掺量：AC、AC-1 掺量分别为 6～8、4～6($C×$%) 2. 凝结时间：初凝 1～5min，终凝 5～10min 3. 28d 强度保留值：AC、AC-1 分别为≥90%和 80%～85%	1. 配制喷射混凝土和要求快凝、快硬的混凝土 2. 已用于北京地铁、北京西客站、南昆铁路、广州地铁、京九铁路、大秦铁路、三峡工程等一大批重点工程
SN 速凝剂	外观为灰白色粉末	1. 掺量：3～5($C×$%) 2. 凝结时间：水泥浆初凝≤3～5min，终凝≤10min 3. 28d 强度比≥95%	配制喷射混凝土和要求抢修及堵漏用混凝土

品 名	技 术 指 标	砂浆或混凝土性能	应用和应用实例
SJL 速凝剂	粉剂产品	1. 掺量:3～5(C×%) 2. 水灰比控制在 0.4 3. 初凝时间<2min;终凝时间<5min	配制喷射混凝土等
LD-SH₁ 速凝剂	灰色粉剂产品	1. 掺量:4～5(C×%) 2. 凝结时间:初凝 2min,终凝 4min 3.1d 抗压强度>20MPa,28d 强度为基准混凝土 70%以上	配制喷锚混凝土和有速凝要求的混凝土及砂浆

四、阻锈剂

能抑制或减轻混凝土中钢筋或其它预埋金属锈蚀的外加剂称作阻锈剂,也称缓蚀剂。

(一)阻锈剂的特点及适用范围

金属锈蚀的过程就是失去电子的过程。阻止、抑制金属失去电子倾向的物质才能做为阻锈剂。因此,比铁还原性强的离子化合物即可作为阻锈剂。

钢筋阻锈剂可使用于下列环境和条件下:

(1)以氯离子为主的腐蚀性环境中,如海洋及沿海、盐碱地、盐湖地区及受防冰盐或其它盐侵害的钢筋混凝土建筑物或构筑物;

(2)工业和民用建筑使用环境中遭受腐蚀性气体或盐类作用的新老钢筋混凝土建筑物或构筑物;

(3)施工过程中,腐蚀有害成分可能混入混凝土内部的条件下,如使用海砂且含盐量(以 NaCl 计)在 0.04%～0.3%范围内时,或施工用水含 Cl^- 量在 200～3000mg/L 时,掺氯盐作为早强、防冻剂时,以及用工业废料制作水泥掺合料而其中含有害成分或明显降低混凝土的碱度时。

(4)国外最近在修补钢筋混凝土结构用的聚合物改性水泥砂浆中,掺加钢筋阻锈剂;在修复处的老混凝土界面和钢筋表面预处理涂料中掺加钢筋阻锈剂;在短期电渗出盐污染钢筋混凝土结构中的盐分或短期电渗使已碳化的钢筋混凝土结构去碳化再钝化的阴极保护新技术中,也有将钢筋阻锈剂掺加于电渗用电解质中的,这样又扩大了钢筋阻锈剂的应用领域与效果。

(二)阻锈剂的技术性能

钢筋阻锈剂性能控制指标,应符合表 11-54 的要求。

表 11-54　钢筋阻锈剂的基本性能

性 能	试 验 项 目	规 定 指 标	
		粉 剂 型	水 剂 型
防锈性	1. 盐水浸渍试验	无锈 电位 0～－250mV	无锈 电位 0～－250mV
	2. 干湿冷热(60 次)	无锈	无锈
	3. 电化学综合试验	合格	合格
对混凝土性能影响试验	1. 抗压强度	不降低	不降低
	2. 抗渗性	不降低	不降低
	3. 初终凝时间/min	－60～＋120(对比基准组)	－60～＋60(对比基准组)

注:本表引自 YB/T 9231—1998 钢筋阻锈剂使用技术规程(行业标准)。

（三）阻锈剂的主要品种及技术性能

1. 亚硝酸钠

亚硝酸钠（$NaNO_2$）是最早发现和最常使用的阻锈剂，外观为白色或微带淡黄色的结晶。工业亚硝酸钠的技术性能应符合表 11-55 的要求。

作为钢筋阻锈剂，用得最多也最有效的是亚硝酸盐。它以提高钝化膜抗 Cl^- 渗透性来抑制钢筋锈蚀的阳极过程，所以是阳极型阻锈剂。它的阻锈效果好，但会降低混凝土强度、增加混凝土碱-骨料反应危险。

2. 亚硝酸钙

亚硝酸钙〔$Ca(NO_2)_2$〕通常为 40% 浓度溶液，可使钢筋开始锈蚀的混凝土氯盐含量从 0.6~1.2kg/m³ 提高到 3.4~

表 11-55　工业亚硝酸钠的技术性能

指标项目	指标		
	优等品	一等品	合格品
亚硝酸钠（$NaNO_2$）含量（以干基计，%）≥	99.0	98.5	98.0
硝酸钠（$NaNO_3$）含量（以干基计，%）≤	0.8	1.0	1.9
氯化物（以 NaCl 计）含量（以干基计，%）≤	0.10	0.17	—
水不溶物含量（以干基计，%）≤	0.05	0.06	0.10
水分（%）≤	1.4	2.0	2.5

9.1kg/m³。混凝土水灰比愈低、保护层愈厚，此临界值提得愈高。如果能凭经验和混凝土性能预估一座钢筋混凝土结构建筑物设计寿命期间钢筋周围的混凝土含盐量，则可以参照表 11-56 确定保护结构所需的亚硝酸钙的掺量。

表 11-56　钢筋阻锈剂（亚硝酸钙溶液）推荐用量表

混凝土的亚硝酸钙用量* （L/m³）	混凝土的最大氯盐含量 （kg/m³）	混凝土的亚硝酸钙用量* （L/m³）	混凝土的最大氯盐含量 （kg/m³）
10	3.4	20	7.7
15	5.8	25	8.9
		30	9.4

* 指的是 30% 浓度的 $Ca(NO_2)_2$ 的水溶液，表观密度为 1.2kg/L。

3. 其它阻锈剂成分

无机盐类中氯化亚锡（$SnCl$），掺量 15%；氯化亚铁（$FeCl_2$）、铬酸钾、硫代硫酸钠、氟铝酸钠、氟硅酸钠，均有阻锈作用，掺量 0.5%~1.0%。

有机物中苯甲酸钠、草酸钠等，均有作为阻锈成分的实例。

（四）阻锈剂的应用技术要点

（1）严格按照使用说明书的掺量使用。

（2）在混凝土中掺加钢筋阻锈剂的方法与通常的外加剂类同，可以干掺，也可以预先溶于拌合水中。当阻锈剂有结块时，以后者为宜。不论采用哪种掺加方法，均应适当延长拌合时间，一般延长 1min。

（3）掺钢筋阻锈剂的同时，均应适量减水，并按照一般混凝土制作过程的要求严格施工，充分振捣，确保混凝土质量及密实性。

（4）对一些重要的工程或需作重点防护的结构，可用 5%~10% 的钢筋阻锈剂溶液涂在钢筋表面，然后再用含钢筋阻锈剂的混凝土进行施工。

（5）钢筋阻锈剂可部分取代减水剂，一般也可与其它外加剂复合使用，如复合使用时产生絮凝或沉淀等现象,应做适应性试验。

（6）钢筋阻锈剂,当用于已有建筑物的修复时,首先要彻底清除酥松、损坏的混凝土,露出新鲜基面,在除锈或重新焊接的钢筋表面喷涂 10%～20% 的高浓度阻锈剂溶液,再用掺阻锈剂的密实混凝土进行修复。

（7）其它操作过程,如养护及质量控制等,均应按一般混凝土制作过程进行,并严格遵守有关标准的规定。

（8）储存运输过程中应避免混杂码放,严禁明火,远离易燃易爆物品,防止烈日直晒。

（9）在储存、运输过程中应保持干燥避免受潮吸潮,严禁雨淋和浸水。

（10）产品储存期为两年。产品在储存期内若有轻微吸潮结块现象不影响使用性能,使用前必须粉碎或溶于水中使用。

（11）施工中,不得用手触摸粉剂或溶液,也不得用该溶液洗刷衣物、器具,工作人员饭前应洗手。

国产阻锈剂产品及性能见表 11-57。

表 11-57　国产阻锈剂产品名称及性能

品　名	技术指标	砂浆或混凝土性能	适用范围及应用实例
RI 钢筋阻锈剂	RI-1N A:灰色粉末,pH≥7 B:棕色粉末,pH≥7 RI-1C A:灰色粉末,pH≥9 B:棕黄色,pH≥9 RI-103 A:灰色到白色,pH≥8 B:棕黑色,pH≥8 RI-105 A:灰白色,pH≥7 B:棕黑色,pH≥7	1. 双组分掺入 1.5%～2.5%,使用时 A:B＝2:1 2. 强度 28d≥100% 3. 凝结时间差 −60～＋120min 4. 减水率＞5% 5. 抗渗率＞100%（不掺为 100）	适用于现浇混凝土、构件、混凝土结构的工程修复防锈;使用海砂的建筑;腐蚀重的城市立交桥和道路 已用于鲁三山岛金矿;沪 30 万吨乙烯工程;湛江码头修复等
W-4 阻锈剂		1. 掺量:12(C×%) 2. 明显的阻锈作用	配制保护层较薄的混凝土和掺一定量氯盐及其它对钢筋有害成分的混凝土
SF 防腐剂	1. 外观:灰色粉剂 2. 品种:分 1 型、2 型两种 3. 细度:80 目筛筛余量＜5%	1. 掺量:2(C×%) 2. 减水率:8%～15% 3. 300 次冻融循环后相对动弹性模量＞60%、重量损失＜5% 4. 抗硫酸极限浓度 K 值（SO_4^{2-} 计 mg/L）:15000 5. 对钢筋无锈蚀作用	配制含有硫酸盐和镁、氯离子的煤系地层、硫化矿地层、石膏地层、淤泥地层、盐渍土地、盐湖、滨海盐田、沿海港口、海水渗入区等不良地质区域和海洋水域用混凝土

五、碱-骨料反应抑制剂

碱-骨料反应抑制剂是一种能减少由于碱-骨料反应引起的膨胀,或是抑制减轻碱-骨料反应发生的外加剂。

碱-骨料反应在我国还不普遍,只影响到少数混凝土结构。碱-骨料反应的时间很长,有的要到 10～20 年才能表现出来,因此往往为人们所忽视,一旦发生,则危害极大。至今没有根治的措施,故此被称为混凝土的癌症。

用作抑制碱-骨料反应的掺合料有粉煤灰(掺量要足够)、高炉水淬渣粉和超细沸石粉。超细沸石粉起着分子筛的作用,吸附混凝土中的碱金属离子,置换出钙离子。但沸石含碱量差别甚大,有的含碱量很高,在用沸石粉抑制某种碱活性骨料的膨胀时,必须先通过试验再用于工程。

用作碱-骨料反应抑制剂的有锂盐和钡盐。加入水泥用量 1% 的碳酸锂(Li_2CO_3)或氯化锂(LiCl),或者 2%~6% 的碳酸钡($BaCO_3$)、硫酸钡或氯化钡($BaCl_2$)均能显著有效地抑制碱-骨料反应。

掺用引气剂使混凝土保持 4%~5% 的含气量,可容纳一定数量的反应产物,从而缓解碱-骨料反应膨胀压力。

六、养护剂

用来代替洒水、铺湿砂,湿麻布对刚成型混凝土进行保持潮湿养护的外加剂称作养护剂。养护剂或称养护液在混凝土表面形成一层薄膜,防止水分蒸发,达到较长期养护的效果。尤其在工程构筑物的立面,无法用传统办法实现潮湿养护,喷刷养护剂就会起不可代替的作用。

常用的养护剂有氯偏、水玻璃、乙烯基二氯乙烯共聚物、沥青乳剂、过氯乙烯浮液等。

国产养护剂产品及性能见表 11-58

表 11-58 国产养护剂产品名称及性能

品名	技术指标	砂浆或混凝土性能	应用和应用实例
Mg 养护剂	胶体状成膜溶液	1. 混凝土表面水分损失小于 $0.55kg/m^2$ 2. 干燥时间<12h 3. 形成白色薄膜,可延缓大体积混凝土温升速度,防止温度裂缝 4. 养护膜 20d 以后可自行脱落,不影响任何装修	适用于所有室内和室外的混凝土露面,结构构件表面,可不必再覆盖浇水
SL 乳化油隔离剂	乳剂产品	1. 用量:乳剂与水的比例为 1:2~4,1kg 原液可涂刷 15~20m² 2. 涂刷半小时后形成一层润滑性很高的隔离膜,这层膜具有一定的存在时间和防雨水冲刷性	适用于建筑上一切构件;可用于自然养护和蒸汽养护的混凝土工程;适用于阴雨连绵地区,不受季节限制
YH-1 混凝土养护硬化剂	外观:浅蓝色透明液体	1. 每公斤可喷 10~20m² 2. 能在负温下施工提高硬度和耐刻化能力;1h 前的表面硬度比自然养护提高 20 倍以上,8h 前刻化能力比自然养护提高 6 倍以上	适于用温度 −5℃ 以上的新浇混凝土或砂浆表面
YH-2 防裂剂	1. 外观:微红色透明液体 2. 相对密度:1.272~1.289 3. 含固量:46.7%±1%	1. 用量:每公斤可喷 10~20m² 2. 按要求在新抹砂浆或混凝土面喷洒,不裂不空	适用于混凝土及砂浆面防裂。适用温度 −5℃ 以上
ZS 养护剂	1. 外观:浅灰色半透明液体 2. pH 值:11~12 3. 成膜干燥时间<4h	1. 用量:150~200g/m² 2. 无毒、无味、不燃,对混凝土无腐蚀 3. 良好的保水性 4. 养护试件的抗压强度与湿草袋养护试件相同 5. 可直接进行装饰	适用于混凝土道路、地面、升板滑模制品,对大体积、大面积、立面及复杂构件混凝土的养护尤为适宜

品　名	技术指标	砂浆或混凝土性能	应用和应用实例
XY-95 养护剂	1. 主成分:无机硅酸盐 2. 外观:液态产品	1. 用量:6.1m²/kg 2. 强度略低于浸水养护,较强的保水能力 3. 可节约大量的用水	1. 特别适用于在用水紧张地区、桥墩、路面和其它大型混凝土工程及高温下混凝土工程 2. 已用于湘娄公路 5+500~5+800 路段等工程
RC-7 养护剂	液态产品	1. 用量:加水稀释比例为 1:1~1:2 2. 涂于新成型混凝土表面,形成化学薄膜,阻止混凝土中自由水过早、过多蒸发 3. 可使混凝土的抗压、抗折强度等指标接近于标准养护,达到传统的湿养护效果	适用于一切自然养护的水泥混凝土及水泥制品,包括水泥混凝土路面、大坝、桥梁、隧道、渡槽等难以养护的水泥混凝土工程
SC-90 养护剂		1. 用量:每公斤可喷洒 15~20m² 2. 能在 5~40℃气温下有效地对混凝土路面及机场道面进行养护,明显提高表面强度和耐磨性,防止或减少表面裂纹,养护效果优于 14d 洒水湿麻片养护	1. 适用于 5~40℃气温下水泥混凝土路(道)面的养护,尤其适于干旱炎热缺水地区混凝土路(道)面的养护 2. 已用于南京大校场机场停机坪、312 国道南京段及南京中山南路扩建工程水泥混凝土路面等工程

七、脱模剂

脱模剂的作用是减小混凝土与模板粘着力,易于使二者脱离,而又不损坏混凝土或渗入混凝土内的外加剂。脱模剂主要用于大模板施工、滑模施工和预制构件成型模具等。

（一）脱模剂的技术要求

（1）具有较好的耐水性、防锈性和速干性。

（2）在水中溶解度小,不渗入混凝土制品表层而影响混凝土制品性能,也不致在混凝土表面留下斑迹。

（3）对混凝土表面的装修工序无影响。

（4）无需每次清理模板,并能多次连续使用。

（5）配制和涂刷工艺简便,操作安全、无毒害。

（6）原材料来源丰富,价格低廉。

（二）脱模剂的主要品种及性能

国内常用的脱模剂有下列几种:

（1）海藻酸钠 1.5kg,滑石粉 20kg,洗衣粉 1.5kg,水 80kg,将海藻酸钠先浸泡 2~3d,再与其它材料混合,调制成白色脱模剂。常用于涂刷钢模,缺点是每涂一次不能多次使用,在冬季、雨季施工时,缺少防冻、防雨的有效措施。

（2）乳化机油(又名皂化石油)50%~55%,水(60~80℃)40%~45%,脂肪酸(油酸、硬脂酸或棕榈脂酸)15%~25%,石油产物(煤油或汽油)2.5%,磷酸(85%浓度)0.01%,苛性钾 0.02%。按上述重量比,先将乳化机油加热到 50~60℃,并将硬脂酸稍加粉碎,然后倒入已加热的乳化机油中,加以搅拌,使其溶解(硬脂酸溶点为 50~60℃)。再加入一定量的热水(60~80℃),搅拌至成为白色乳液为止。最后将一定量的磷酸和苛性钾溶液倒入乳化液中,并继续搅拌,改变其酸度或碱度。使用时用水冲淡,按乳液与水的重量比为 1:5 用于钢模,按

1:5 或 1:10 用于木模,用于钢模时,每 m² 的材料费约为 0.02 元。

（3）长效脱模剂有以下几种：

① 不饱和聚酯树脂:甲基硅油:丙酮:环己酮:萘酸钴＝1:(0.01～0.15):(0.30～0.50):(0.03～0.04):(0.015～0.02)，每 m² 模板用料则依次为 60:6:30:2:1 克。

② 6101 号环氧树脂:甲基硅油:苯二甲酸二丁酯:丙酮:乙二胺＝1:(0.10～0.15):(0.05～0.06):(0.05～0.08):(0.10～0.15)，每 m² 模板用料依次为 60:9:3:3:6 克。

③ 低沸水质有机硅,按有机硅水解物:汽油＝7:70 调制,每 m² 模板用 50 克。

采用长效脱模剂,必须预先进行配合比试验。底层必须干透才能刷第二层。一般可以使用 10 次左右,不用清理,但价格较贵,涂刷也较复杂。在冬季和雨季施工效果如何,还需进一步研究。

国产脱模剂产品及性能见表 11-59。

表 11-59 脱模剂品名及性能

品　名	技术指标	砂浆或混凝土性能	应用和应用实例
HZ-5 脱模剂	1. 外观:棕黄色液体 2. pH 值:约 13 3. 水溶性:溶入水 4. 成膜时间:10～20min	1. 用量:10～60g/m² 2. 使建筑物表面平整美观,易于装饰	适用于各种钢模、木模、混凝土模板,可用于现场施工混凝土,也可用于预制、自然养护混凝土
HZ-8 隔离剂	1. 外观:灰白色粘稠液体 2. 水溶性:溶于水 3. 成膜时间:15～20min	1. 用量:每公斤可涂刷 80～100m² 模板 2. 脱模效果好,无污染,不影响混凝土表面装饰和粘结性能	适用于各种钢模、木板、混凝土模板,适于各种预制,现浇混凝土、自然养护和蒸养混凝土
M73 脱模剂	1. 外观:淡黄色半透明液体 2. 相对密度:1.02 3. pH 值:8 左右	1. 用量:每平方米用 0.1～0.15kg 2. 脱模效果好,表面光结、无油点、油斑,能与任何涂料保持良好的亲和作用,无任何污染	适用于一切模具,如:钢模、木模、合成料模、混凝土模等
YH-3 脱模剂	液态产品	1. 用量:每公斤可刷 10～20m² 2. 脱模效果良好,不污染,不影响混凝土表面二次装修	适用于木模和钢模脱模,适用温度—5℃以上
HT-5 脱模剂	1. 外观:浅黄色透明液体 2. pH 值:约 13 3. 溶于水 3. 成膜时间:10～20min	1. 用量:60～90g/m² 2. 构件平整美观,表面无油生,易于装饰	可用于各种钢模、木模、混凝土模板,还可用于现场施工混凝土,也可用于预制、自然养护和蒸养混凝土
F 脱模剂	1. 外观:乳白色粘稠液体 2. pH 值:7～9 3. 品种:分 1、2、3 型三种	1. 用量:1、2、3 型每公斤分别可涂刷 80～120m²、60～80m²、15～20m² 2. 脱模性好,不怕日晒雨淋 3. 制得的混凝土表面不需经过其它处理,便可进行装修或粉刷	适宜于室内外使用,适于涂刷各种类型的模板,并可用于蒸养混凝土制品
S-2 脱模剂	1. 外观:乳白色液体 2. pH 值:7～9 3. 非易燃易爆品,无毒、无腐蚀	用量:每公斤产品可喷涂 10m² 以上模板表面	适用于钢模板、木模板、竹模板混凝土工程,使用效果良好
RH-10 高效脱模剂	1. 外观:乳白色或淡黄色乳剂 2. pH 值:7～9	1. 用量:35～50g/m² 2. 脱模效果好,混凝土表面光洁平整 3. 不污染混凝土表面,无需处理即可直接进行装饰工序	适用于各种类型的混凝土、钢筋混凝土及胶凝材料制品的脱模

第十二章 建筑砂浆

建筑砂浆是一种应用广泛的建筑材料,它是由胶凝材料、砂或轻质骨料及水按一定比例配制而成的浆状混合物。

建筑砂浆根据用途可以分为砌筑砂浆、抹面砂浆(装饰砂浆)及特性砂浆。

第一节 砌筑砂浆

一、定义和分类

(1) 定义:将砖、石、砌块等粘结成砌体的砂浆称为砌筑砂浆。

(2) 分类:砌筑砂浆根据所用胶凝材料不同可以分为水泥砂浆、混合砂浆和石灰砂浆。在工程中砌筑砂浆是以水泥砂浆和混合砂浆为主。

二、组成材料要求

(1) 砌筑砂浆用水泥的强度等级应根据设计要求进行选择。水泥砂浆采用的水泥,其强度等级不宜大于 32.5 级;水泥混合砂浆采用的水泥,其强度等级不宜大于 42.5 级。

(2) 砌筑砂浆宜选用中砂,其中毛石砌体宜选用粗砂。砂中含泥量不应超过 5%,强度等级为 M2.5 的水泥混合砂浆,砂中含泥量不应超过 10%。

(3) 掺合料应符合下列规定:

① 生石灰熟化成石灰膏时,应用孔径不大于 3mm×3mm 的网过滤,熟化时间不得少于7d;磨细生石灰粉熟化时间不得小于 2d。沉淀池中贮存的石灰膏,应采取防止干燥、冻结和污染的措施。严禁使用脱水硬化的石灰膏。石灰膏试配时的稠度应为(120±5)mm。

② 采用粘土或亚粘土备制粘土膏时,宜用搅拌机加水搅拌,通过孔径不大于 3mm×3mm 的网过滤。用比色法鉴定粘土的有机物含量时应浅于标准色。稠度应为(120±5)mm。

③ 制作电石膏的电石渣应用孔径不大于 3mm×3mm 的网过滤,检验时应加热至 70℃并保持 20min,没有乙炔气味后,方可使用。稠度应为(120±5)mm。

④ 消石灰粉不得直接用于砌筑砂浆中。

⑤ 粉煤灰的品质指标和磨细生石灰的品质指标应符合国家标准《用于水泥和混凝土中的粉煤灰》(GB 1596—1991)及行业标准《建筑生石灰粉》(JC/T 480—1992)的要求。

(4) 配制砂浆的水应符合现行行业标准《混凝土拌合用水标准》JGJ 63 的规定。

(5) 砌筑砂浆中掺入的砂浆外加剂,应具有法定检测机构出具的该产品砌体强度型或检验报告,并经砂浆性能试验合格后,方可使用。

三、技术条件

(1) 砌筑砂浆的强度等级宜采用 M20、M15、M10、M7.5、M5、M2.5。

(2) 水泥砂浆拌合物的密度不宜小于 1900kg/m³;水泥混合砂浆拌合物的密度不宜小于

$1800kg/m^3$。

(3) 砌筑砂浆稠度、分层度、试配强度必须同时符合要求。

(4) 砌筑砂浆的稠度应按表12-1规定选用。

表 12-1　砌筑砂浆的稠度

砌 体 种 类	砂浆稠度（mm）
烧结普通砖砌体	70～90
轻骨料混凝土小型空心砌块砌体	60～90
烧结多孔砖、空心砖砌体	60～80
烧结普通砖平拱式过梁 空斗墙，筒拱 普通混凝土小型空心砌块砌体 加气混凝土砌块砌体	50～70
石砌体	30～50

① 对水泥砂浆和水泥混合砂浆，不得小于120s；

② 掺用粉煤灰和外加剂的砂浆，不得小于180s。

(5) 砌筑砂浆的分层度不得大于30mm。

(6) 水泥砂浆中水泥用量不应小于 $200kg/m^3$；水泥混合砂浆中和掺合料总量宜为 $300～350kg/m^3$。

(7) 具有冻融循环次数要求的砌筑砂浆，经冻融试验后，质量损失率不得大于5％，抗压强度损失不得大于25％。

(8) 砂浆试配时应采用机械搅拌，搅拌时间，应自投料结束算起，并应符合下列规定：

四、砌筑砂浆配合比计算与确定（JGJ 98-2000）

（一）水泥混合砂浆计算

1. 确定砂浆的试配强度

试配强度应按下式计算：

$$f_{m,o} = f_2 + 0.645\sigma$$

式中　$f_{m,o}$——砂浆试配强度，精确至 0.1MPa；

　　　f_2——砂浆的抗压强度平均值，精确至 0.1MPa；

　　　σ——砂浆现场强度标准差，精确至 0.1MPa。

砌筑砂浆现场强度标准差应符合下列规定：

(1) 当有统计资料时，应按下列计算：

$$\sigma = \sqrt{\frac{\sum_{i=1}^{n} f_{m,i}^2 - n\mu_{f_m}^2}{n-1}}$$

式中　$f_{m,i}$——统计周期内同一品种砂浆第 i 组试件的强度（MPa）；

　　　μ_{f_m}——统计周期内同品种砂浆几组试件强度的平均值（MPa）；

　　　n——统计周期内同一品种砂浆试件的总组数 $n \geqslant 25$。

(2) 当不具有近期统计资料时，砂浆现场强度标准差可按表12-2选取。

2. 水泥用量计算

(1) 每 m^3 砂浆中的水泥用量，应按下列公式计算：

$$Q_c = \frac{1000(f_{m,o} - \beta)}{\alpha \cdot f_{ce}}$$

式中　Q_c——每 m^3 砂浆中的水泥用量，精确至 1kg；

　　　$f_{m,o}$——砂浆中的试配强度，精确至 0.1MPa；

　　　f_{ce}——水泥的实测强度，精确至 0.1MPa

表 12-2　砂浆强度标准差 σ 选用值（MPa）

施工水平	砂浆强度等级					
	M2.5	M5	M7.5	M10	M15	M20
优 良	0.50	1.00	1.50	2.00	3.00	4.00
一 般	0.62	1.25	1.88	2.50	3.75	5.00
较 差	0.75	1.50	2.25	3.00	4.50	6.00

α、β——砂浆的特征系数,其中 α＝3.03,β＝－15.09。

注:各地区也可以根据本地区试验资料确定 α 和 β 值,统计用的试验组数不得少于 30 组。

(2) 在无法取得水泥实测强度时,可按下式计算 f_{ce}:

$$f_{ce} = v_c \cdot f_{ce,k}$$

式中　$f_{ce,k}$——水泥强度等级对应的标准强度值;

　　　v_c——水泥强度等级值的富余系数,该值应按实际统计资料确定。无统计资料时 v_c 可取 1.0。

3. 水泥混合砂浆的掺合料用量计算

掺合料用量按下式计算:

$$Q_D = Q_A - Q_C$$

式中　Q_D——每 m³ 砂浆的掺加料用量,精确至 1kg;石灰膏、粘土膏使用时的稠度为(120±5)mm;

　　　Q_C——每 m³ 砂浆的水泥用量,精确至 1kg;

　　　Q_A——每 m³ 砂浆中水泥和掺加料的总量,精确至 1kg;宜在 300～350kg 之间。

4. 每 m³ 砂浆中的砂子用量

应按干燥状态(含水率小于 0.5%)的堆积密度值作为计算值(kg)。

5. 每 m³ 砂浆中的用水量

根据砂浆稠度等要求可选用 240～310kg。

【注】① 混合砂浆中的用水量,不包括石灰膏或粘土膏中的水;

　　　② 当采用细砂或粗砂时,用水量分别取上限或下限;

　　　③ 稠度小于 70mm 时,用水量可小于下限;

　　　④ 施工现场气候炎热或干燥季节,可酌量增加用水量。

(二) 水泥砂浆配合比材料用量

每 m³ 水泥砂浆材料用量可按表 12-3 选用。

表 12-3　每 m³ 水泥砂浆材料用量

强 度 等 级	每 m³ 砂浆水泥用量(kg)	每 m³ 砂子用量(kg)	每 m³ 砂浆用水量(kg)
M2.5～M5	200～230		
M7.5～M10	220～280	1m³ 砂子的堆积密度值	270～330
M15	280～340		
M20	340～400		

注:1. 此表水泥强度等级为 32.5 级,大于 32.5 级水泥用量宜取下限;

　　2. 根据施工水平合理选择水泥用量;

　　3. 当采用细砂或粗砂时,用水量分别取上限或下限;

　　4. 稠度小于 70mm 时,用水量可小于下限;

　　5. 施工现场气候炎热或干燥季节,可酌量增加用水量。

(三) 砌筑砂浆配合比试配、调整和确定

(1) 试配时应采用工程中实际使用的材料;搅拌应符合规定要求。

(2) 按计算或查表所得配合比进行试拌时,应测定其拌合物的稠度和分层度,当不能满足要求时,应调整材料用量,直到符合要求为止。然后确定为试配时的砂浆基准配合比。

(3) 试配时至少应用三个不同的配合比,其中一个为经试配、调整后确定的基准配合比,其它配合比的水泥用量应按基准配合比分别增加或减少 10%。在保证稠度、分层度合格的条件下,可将用水量或掺加料用量作相应调整。

(4) 对三个不同的配合比进行调整后,应按现行行业标准《建筑砂浆基本性能试验方法》(JGJ 70)的规定成型试件,测定砂浆强度,并选定符合试配强度要求的且水泥用量最低的配合比作为砂浆配合比。

第二节 抹 面 砂 浆

一、定义和分类

抹面砂浆是用于墙体及顶棚抹面的砂浆,按其用途分为一般抹面砂浆和装饰砂浆。

(1) 一般抹面砂浆依其材料组成分为石灰抹面砂浆、水泥抹面砂浆、混合抹面砂浆、麻刀灰、纸筋灰、石膏灰等。

(2) 装饰砂浆则依其工艺及装饰效果分为水刷石、水抹石、斧剁石、干粘石、拉毛灰浆等。

二、组成材料及配合比

(一) 一般抹面砂浆

一般抹面砂浆所用材料主要有水泥、石灰、石膏、粘土及砂等。

水泥多为普通硅酸盐水泥及矿渣硅酸盐水泥。石灰为熟石灰,且不得含有未熟化颗粒。通常是将生石灰熟化 15d 后过筛而得。

石膏应为磨细石膏,且应满足建筑石膏的凝结时间要求。

粘土应为砂粘土,砂最好为中砂,其细度模数为 3.0～2.3,也可用中砂粗砂混合物及膨胀珍珠岩砂等。

抹面砂浆中有时还掺入麻丝,其长度为 2～3cm。

各层抹面砂浆的组成材料及用途见表 12-4。

表 12-4 各层抹面砂浆的材料组成及用途

层 次 名 称	使用砂浆种类	用 途	备 注
底层(3mm)	砖墙基层:石灰或水泥砂浆 混凝土基层:混合或水泥砂浆 板条、苇箔基层:麻刀灰或纸筋灰 金属网基层:麻刀灰(适加水泥)	起粘结作用	有防水、防潮要求时,应采用水泥砂浆打底
中层(5～13mm)	与底层相同	起找平作用	分层或一次抹成
面层(2mm)	室内:麻刀灰,纸筋灰 室外:各种水泥砂浆,水泥拉毛灰和各种假石	起装饰作用	面层镶嵌材料有大理石、预制水磨石、瓷板、瓷砖等

一般抹面砂浆的配合比与砌筑砂浆不同之处在于抹面砂浆的主要要求不是抗压强度,而是与基层材料的粘结强度,因而胶凝材料及掺合料的用量要比砌筑砂浆多。一般抹面砂浆的稠度要求见表 12-5。

表 12-5 一般抹面砂浆的稠度要求

抹灰层	砂浆稠度(mm)	砂子最大粒径(mm)
底层	100～120	2.8
中层	70～90	2.6
面层	70～80	1.2

一般抹面砂浆的参考配合比见表 12-6 和表 12-7。

表 12-6 抹面砂浆参考配合比(一)

基层材料	砂浆类型	抹灰层	配合比(质量比)		
			水泥:砂	石灰:砂	水泥:石灰:砂
普通砖	石灰砂浆	底层		1:2.5	
		中层		1:2.5	
		面层		1:1.0	
	水泥砂浆	底层	1:3		
		中层	1:3		
		面层	1:2.5		
	水泥石灰砂浆	底层			1:1:6
		中层			1:1:6
		面层			石灰膏或大白腻子
混凝土	水泥砂浆	粘结层	水泥浆		
		底层	1:3		
		面层	1:2.5		
	水泥石灰砂浆	底层			1:1:6 或 1:0.3:3
		面层			1:0.3:3
加气混凝土	石灰砂浆	底层		1:3	
		中层		1:3	
		面层		石灰膏	
	水泥砂浆	粘结层	107 胶水溶液		
		底层	1:3		
		面层	1:2.5		

表 12-7 所示抹面砂浆配合比,主要用于纸筋灰抹面。

表 12-7 抹面砂浆参考配合比(二)

砂浆名称	配合比	每 m³ 砂浆材料用量							
		32.5级水泥(kg)	白砂子(kg)	白石屑(kg)	石灰膏(m³)	石灰(kg)	净砂(m³)	纸筋(kg)	麻刀(kg)
水泥白砂子浆	1:1.5	795	1296	—	—	—	—	—	—
	1:2.0	689	1500						
水泥白石子浆	1:1.5	795	—	1296	—	—	—	—	—
	1:2.0	689		1500					
水泥石灰麻刀浆	1:0.5:4	302			(0.13)	94	1.02		16.6
	1:1.5	241			(0.20)	144	1.02		16.6
纸筋石灰浆	—	—	—	—	(1.01)	728	—	38	—
麻刀石灰浆	—	—	—	—	(1.01)	728	—	—	12.12
石灰麻刀浆	—	—	—	—	(0.33)	238	1.02	—	16.60

（二）装饰砂浆

装饰砂浆主要用于外墙抹面。表 12-8 给出了各种装饰砂浆的配合比，而表 12-9 则具体给出了各种彩色砂浆的参考配合比。

表 12-8　各种装饰砂浆的配合比

名　称	分层施工方法	厚度(mm)
水刷石	1:3 水泥砂浆作底层 水泥浆粘结层 1:1.25 水泥 2 号石子浆或 1:1.5 水泥 3 号石子浆罩面	12 1 10.8
干喷石 （干粘石）	1:3 水泥砂浆作底层、中层 水泥浆粘结层 3 号石子略掺石屑	12.6 1 3
水磨石	1:3 水泥砂浆作底层 水泥浆粘结层 1:2.5 水泥 2 号或 3 号石子浆罩面（按要求配色）	12 1 8～10
剁斧石 （人造假石）	1:3 水泥砂浆打底 水泥浆粘结层 1:(2～2.5)水泥石子浆（4 号石子内掺 30％石屑）罩面	12 1 11
拉毛灰	1:3 水泥砂浆或 1:1:6(或 1:0.5:4)水泥石灰紫底层，1:(0.5～0.3):(0.5～1) 水泥石灰砂浆罩面	15 2～4
甩毛灰 （撒云片）	1:3 水泥砂浆底层 1:1 水泥砂浆或 1:1:4(或 1:0.3:3)水泥石灰砂浆罩面	15 2
大麻点浮砂 嵌卵砂	1:3 水泥砂浆作底层 1:(1.5～3)水泥砂浆罩面	8 10
喷漆饰面	1:3 水泥砂浆底层 面层砂浆为 1:1:4 水泥石灰砂浆外加水泥重量 20％的 107 胶及(1～5)％颜料	8～10 3
滚涂饰面	1:(2.5～3)水泥砂浆底层 彩色砂浆面层	5～10 2～3

表 12-9　彩色砂浆参考配合比（体积比）

设计颜色	普通水泥	白水泥	白灰膏	颜料(水泥量％)	砂子
土黄色	5	—	1	氧化铁红 0.2～0.3 氧化铁黄 0.1～0.2	9
咖啡色	5	—	1	氧化铁红 0.5	9
淡黄色	—	5	—	铬黄 0.9	9
淡绿色	—	5	—	氧化铬绿 2	9(白细砂)
灰绿色	5	—	1	氧化铬绿 2	9(白细砂)
淡红色	—	5	—	铬黄 0.5，红绿 0.4	9(白细砂)
白色	—	5	—	—	9(白细砂)

三、施工要点

（一）一般抹灰施工要点

（1）不同工程及不同抹灰部位需选用不同种类的抹面砂浆，以确保其质量，参见表 12-10。

表 12-10　各种抹灰工程常用的砂浆品种

抹 灰 部 位	砂 浆 品 种
外墙门窗洞口的外侧壁、屋檐、勒脚、压檐墙	水泥砂浆、水泥混合砂浆
湿度较大的房间或车间内墙	同上
混凝土板和墙的底层抹灰	水泥混合砂浆、水泥砂浆、聚合物水泥砂浆
硅酸盐砌块、加气混凝土块、加气混凝土板	水泥混合砂浆、聚合物水泥砂浆
板条、金属网顶棚和墙的底层及中层抹灰	麻刀石灰砂浆、纸筋石灰砂浆

（2）一般抹灰分为普通级、中级及高级三个档次。不同等级的抹灰有不同的工序要求,参见表 12-11。

（3）一般抹灰分底、中、面层三层进行,每层厚度为 5～7mm,整个抹灰层的平均总厚度应符合表 12-12 的要求。

（4）抹灰前应清除基层上的浮灰、尘土及污垢残渣,裂缝要修补完好。

（5）水泥砂浆及混合砂浆拌制后应在 3h 或 4h 内用完,如现场气温高于 30℃,则需在 2h 或 3h 内用完。

（6）砂浆的使用温度不应低于 5℃,冬期施工需掺防冻剂。

（二）装饰抹灰施工要点

（1）装饰抹灰的层厚、颜色及图案应符合设计要求。

（2）水刷石、水磨石、斩假石面层涂抹前,应在已浇水润湿的中层砂浆面上刮一层水泥浆(水灰比 0.37～0.40)以保证中层与面层结合牢固。

表 12-11　不同等级抹灰的工序要求

抹灰级别	工 序 要 求
普通级	分层赶平、修整、表面压光
中级	阳角找方、设置标筋、分层赶平、修整、压光
高级	阴阳角找方、设置标筋、分层赶平、修整、压光

表 12-12　抹灰层总厚度要求

抹灰部位	基层材料	抹灰级别	平均总厚度(mm)
顶棚	板条	—	15
	现浇混凝土		10
	预制混凝土		20
内墙	普通砖、混凝土	普通级	18
		中级	20
		高级	25
外墙勒脚、突出部	砖、砌块石	—	20
			25

（3）水刷石面层应分遍拍平压实,使石子均匀紧密,水泥凝结前自下而上用水洗刷掉水泥浆。

（4）水磨石面层应分遍磨光,表面用草酸清洗干净。

（5）干粘石面层施工前应将中层砂浆先润湿,并刷一遍水泥浆(水灰比 0.4～0.5),然后涂抹水泥砂浆或聚合物水泥砂浆粘结层(厚度 4～6mm,砂浆稠度不大于 80mm)。石粒粘结后用辊子或抹子压实,使石粒压入砂浆的深度不小于粒径的 1/2。

第三节　特种砂浆

　　特种砂浆是指具有防水、保温、吸声和耐腐蚀等特殊功能的水泥或聚合物水泥和树脂砂浆。

　　特种砂浆在土建工程中的用量虽然赶不上普通砂浆,但在有特殊要求的工程中也往往离不开它,如防水砂浆作为刚性防水材料在地下工程防渗、堵漏中仍被视为一种物美价廉的材料而广为应用。其它如膨胀珍珠岩、膨胀蛭石保温和吸声砂浆,以及氯丁胶乳防腐蚀砂浆、防辐射砂浆等,均在各特种工程中有所应用。

一、防水砂浆

（一）定义和分类

用于制作刚性防水层的砂浆被称作防水砂浆。防水砂浆依其配制方法及使用材料分为掺防水剂的防水砂浆及膨胀水泥防水砂浆两大类。

另外,原来有用普通水泥砂浆多层抹面制作刚性防水层的,由于其能承受的水压有限,目前用量日益减少,故此处不再单列一类。

（二）组成材料及配合比

1. 掺防水剂的防水砂浆

此种防水砂浆是在水泥砂浆中掺入有机或无机防水剂配制而成的。

（1）无机防水剂:常用的无机防水剂氯化物金属盐类、水玻璃矾类和金属皂类。表 12-13、表 12-14、表12-15分别给出了这三种防水剂的配合比。

表 12-13　氯化物金属盐类防水剂参考配合比

材料名称	质量配合比（%）		材料要求
	（1）	（2）	
氯化铝	4	4	固体,工业用
氯化钙	23	—	结晶体,其中 $CaCl_2$ 含量≥70%
氯化铁	23	46	固体,可用晶体替代
水	50	50	普通饮用水

表 12-14　水玻璃矾类防水促凝剂参考配合比（质量比）

材料名称	硅酸钠（水玻璃）	硫酸铝钾（白矾）	硫酸铜（蓝矾）	硫酸亚铁（绿矾）	重铬酸钾（红矾钾）	硫酸铬钾（紫矾）	水
五矾防水促凝剂	400	1	1	1	1	1	60
四矾防水促凝剂	400	1	1	1	1	—	60
四矾防水促凝剂	400	1.25	1.25	1.25	—	1.25	60
四矾防水促凝剂	400	1	1		1	1	60
三矾防水促凝剂	400	1.66	1.66	1.66	—	—	60
二矾防水促凝剂	400	—			1	1	60

表 12-15　金属皂类防水剂的配合比

材料名称	质量配合比（%）		材料要求
	（1）	（2）	
硬脂酸	4.1	2.6	工业用,凝固点 54～58℃,皂化值 200～220
碳酸钠	0.21	0.16	工业用,纯度约99%,含碱量约82%
氨水	3.1	2.6	工业用,密度 0.91,含 NH_3 约25%
氟化钠	0.01	—	工业用
氢氧化钾	0.82	—	工业用
水	91.0	94.0	自来水或饮用水

（2）有机防水剂：在防水砂浆中可采用有机防水外加剂，如阳离子氯丁胶乳、甲基丙烯酸甲酯等聚合物。此种防水砂浆已属聚合物水泥砂浆，多数品种将在耐腐蚀砂浆中介绍，此处只介绍一种阳离子氯丁胶乳水泥砂浆。表 12-16 给出了阳离子氯丁胶乳的质量要求。

表 12-16　阳离子氯丁胶乳质量要求

项　　目	指　　　标		
	优 级 品	一 级 品	合 格 品
总固物含量(%)	$\geqslant 50$	$\geqslant 48$	$\geqslant 47$
粘度(MPa·s)	10～35	10～45	10～55
表面张力(10^{-3}N/m)	20～40	20～50	20～50
密度(g/cm³)	$\geqslant 1.100$	$\geqslant 1.085$	$\geqslant 1.080$

配制氯丁胶乳水泥砂浆时，还应加入适量的消泡剂、稳定剂等。

稳定剂宜采用月桂醇和环氧乙烷缩合物、烷基酚与环氧乙烷缩合物、十六烷基三甲基氯化铵等乳化剂。消泡剂宜采用有机硅类材料。

（3）掺防水剂砂浆的参考配合比如下：

① 掺无机防水剂的防水砂浆。此类防水砂浆参考配合比见表 12-17 和表 12-18。

表 12-17　五矾防水砂浆参考配合比

材 料 名 称	水　泥	砂	水	防 水 剂	备　注
防水净浆	1	—	0.3～0.35	0.01	质量比
防水砂浆	1	2～2.5	0.4～0.5	0.01	质量比

表 12-18　氯化铁防水砂浆参考配合比（质量比）

材 料 名 称	水　泥	砂	水	氯化铁防水剂	备　注
防水净浆	1	—	0.55～0.6	0.03～0.05	
防水砂浆	1	2.0	以稠度控制	0.03～0.05	底层用
防水砂浆	1	2.5	以稠度控制	0.03～0.05	面层用

② 掺阳离子氯丁胶乳防水砂浆的参考配合比见表 12-19。

表 12-19　阳离子氯丁胶乳防水砂浆参考配合比

材 料 名 称	水　泥	中 细 砂	阳离子氯丁胶乳	稳定剂、消泡剂、水
防水净浆	1	—	0.3～0.4	适量
防水砂浆	1	1～3	0.25～0.5	适量

注：1. 水泥宜采用 42.5 级以上的普通硅酸盐水泥；

　2. 中细砂粒径应<3mm；

　3. 上述配合比为质量比，胶乳浓度按 40% 计，如采用其它浓度胶乳，可按比例调整。

2. 膨胀水泥防水砂浆

膨胀水泥防水砂浆是以膨胀水泥、砂和水配制而成的。如无膨胀水泥，也可用普通硅酸盐水泥和各种膨胀剂配制此种防水砂浆。

(1) 膨胀水泥和膨胀剂品种见表 12-20。

(2) 膨胀水泥防水砂浆参考配合比见表 12-21。

3. 施工技术要点

(1) 各类防水砂浆均要求基层有一定的强度,并除去基层表面的浮土、油污,为此施工前应进行表面清洗。

(2) 为避免防水砂浆层产生干缩裂缝,超过 $20m^2$ 的抹面层应尽量分块施工(膨胀水泥防水砂浆可适当增大一次抹面面积)。

(3) 阳离子氯丁胶乳砂浆应在拌合后 1h 内使用完毕,并应注意施工温度不得低于 5℃,也不得高于 35℃。

(4) 膨胀水泥防水砂浆施工温度也应高于 5℃,否则会影响其膨胀效果。

表 12-20　膨胀水泥和膨胀剂主要品种

商品名称	配方
硅酸盐膨胀水泥	硅酸盐水泥熟料+膨胀剂+石膏
明矾石膨胀水泥	硅酸盐水泥熟料+明矾石+石膏
硫铝酸盐膨胀水泥	以硫铝酸钙和硅酸二钙为主的熟料+石膏
U 型膨胀剂	明矾石+减水剂
复合膨胀剂	铝粉、石膏、减水剂

表 12-21　膨胀水泥防水砂浆参考配合比

材料名称	膨胀水泥	普硅水泥	膨胀剂	砂	水灰比
防水砂浆	1	—		2.5	0.4~0.5
防水砂浆	—	1	0.03‰铝粉、3%石膏粉、0.25%减水剂	1	0.36

注:1. 水泥与砂之比为体积比;
　　2. 膨胀剂掺量为水泥重量的%及‰。

(5) 各种防水砂浆均应加强初期养护,湿养护时间一般不得少于 14d。

二、保温吸声砂浆

(一) 定义与分类

用膨胀珍珠岩和膨胀蛭石为骨料配制的轻质砂浆被称为保温吸声砂浆。此类砂浆表观密度小,导热系数低,吸声效果好,适于作屋面、内墙和管道抹灰工程。依所用骨料不同分为膨胀珍珠岩保温吸声砂浆及膨胀蛭石保温吸声砂浆。

(二) 组成材料及配合比

1. 膨胀珍珠岩砂浆

膨胀珍珠岩砂浆是以水泥为胶凝材料,以膨胀珍珠岩砂为骨料加水拌制而成。

水泥可用 32.5 级以上的普通硅酸盐水泥。膨胀珍珠岩则采用堆积密度为 $135\sim150kg/m^3$ 的二级品。

水泥与膨胀珍珠岩的体积比可为 1:(2.5~20),通常使用的配合比为 1:(10~12)。

2. 膨胀蛭石砂浆

膨胀蛭石砂浆是以水泥或石灰为胶凝材料,以膨胀蛭石为骨料加水拌制而成的。依其所用胶凝材料不同又分为膨胀蛭石水泥砂浆、膨胀蛭石混合砂浆及膨胀蛭石石灰砂浆。

各类膨胀蛭石砂浆的配合比见表 12-22。

表 12-22　膨胀蛭石砂浆参考配合比

砂浆类别	体积配合比			
	水泥	石灰膏	膨胀蛭石	水
膨胀蛭石水泥砂浆	1	—	4~8	1.40~2.60
膨胀蛭石混合砂浆	1	1	5~8	2.33~3.76
膨胀蛭石石灰砂浆	—	1	2.5~4	0.96~1.80

注:1. 膨胀蛭石应满足中砂要求;
　　2. 砂浆中可加入适量塑化剂。

（三）基本性能

1. 膨胀珍珠岩砂浆

各种配合比膨胀珍珠岩砂浆的基本性能见表12-23。

表 12-23　膨胀珍珠岩砂浆基本性能

体积配合比		松散密度	抗压强度	导热系数	备　注
水　泥	膨胀珍珠岩	（kg/m³）	（MPa）	（W/m·K）	
	2.5	842	5.6	0.2003	
	6.0	542	1.6	0.1198	
	8.0	530	2.0	0.1091	
	10.0	430	1.2	0.0803	1. 原料:52.5级硅酸盐水泥及二级膨胀珍珠岩（松散密度 135～150kg/m³）
1	12.0	359	1.0	0.0712	
	14.0	352	1.1	0.0643	2. 养护:65℃,36h
	16.0	306	0.85	0.0597	3. 振捣:人工振捣
	18.0	305	0.65	0.0572	
	20.0	296	0.70	0.0548	

2. 膨胀蛭石砂浆

各种配合比膨胀蛭石砂浆的基本性能见表12-24。

表 12-24　膨胀蛭石砂浆基本性能

砂浆类别	体积配合比 水泥:石灰:蛭石:水	密度 （kg/m³）	导热系数 （W/m·K）	抗压强度 （MPa）	粘结强度 （MPa）	线收缩 （%）
膨胀蛭石水泥砂浆	1:0:(4～8):(1.4～2.6)	638～509	0.184～0.152	0.36～1.2	0.23～0.37	0.311～0.397
膨胀蛭石混合砂浆	1:1:(5～8):(2.3～3.7)	749～636	0.194～0.160	1.2～2.1	0.12～0.24	0.318～0.398
膨胀蛭石石灰砂浆	0:1:(2.5～4):(0.96～1.8)	97～405	0.153～0.163	0.16～0.18	0.014～0.016	0.981～1.427

（四）应用技术

1. 适用范围

（1）膨胀珍珠岩砂浆可用作内墙及屋面的保温隔热层,或喷涂于天棚作吸声层,还可作热工设备的隔热层。

（2）膨胀蛭石砂浆主要用作墙面、天棚、浴室的保温隔热及防潮层。以膨胀蛭石砂浆作吸声材料时,必须使蛭石颗粒之间形成空隙,并形成一定厚度（一般应为 20～30mm）。

2. 施工技术要点

（1）砂浆宜随拌随用,以确保其稠度适宜。

（2）基层应先洒水润湿,但也不可过于潮湿。

（3）一般分两层施工,底层宜使用灰浆或细砂浆。底层施工一天后再施工第二层至所需厚度。

（4）砂浆不宜于严冬和酷暑施工,否则应采取防冻和降温养护措施。

三、耐腐蚀砂浆

（一）定义与分类

以耐腐蚀胶结料、耐酸粉料与骨料配制的具有耐酸碱等化学腐蚀功能的砂浆称之为耐腐蚀砂浆。

耐腐蚀砂浆依其所用胶凝材料不同分为：① 硫磺砂浆；② 氯丁胶乳水泥砂浆；③ 水玻璃砂浆；④ 树脂砂浆。

（二）组成材料及配合比

1. 硫磺砂浆

硫磺砂浆是由熔融的硫磺与细骨料、粉料和聚硫橡胶改性剂在温度 140～160℃下熬制而成的，其施工配合比见表 12-25。

表 12-25　硫磺砂浆硫磺胶泥配合比

材料名称		质量配合比（%）				改 性 剂
		硫 磺	填 料			
			石英粉或铸石粉	石 墨 粉	细骨料	聚硫橡胶
硫磺胶泥	1	58～60	38～40	—	—	2
	2	70～72	—	26～28	—	2
硫磺砂浆		50	17	—	30	3

注：1. 石墨粉应用于耐氢氟酸工程；

　　2. 硫磺砂浆中亦可加入不大于 1% 的 6 级石棉。

2. 氯丁胶乳水泥砂浆

氯丁胶乳水泥砂浆的材料组成及配合比见防水砂浆部分。

3. 水玻璃砂浆

水玻璃砂浆是以水玻璃、氟硅酸钠、粉料和细骨料配制而成的，其施工配合比见表 12-26。

表 12-26　水玻璃胶泥、水玻璃砂浆配合比

材料名称		质量配合比				
		水 玻 璃	氟硅酸钠（100%纯度）	粉 料		细 骨 料
				铸 石 粉	铸石粉＋石英粉	
水玻璃胶泥	1	1.0	0.15～0.18	2.55～2.7	—	—
	2	1.0	0.15～0.18	—	2.2～2.4	—
水玻璃砂浆	1	1.0	0.15～0.17	2.0～2.2	—	2.5～2.7
	2	1.0	0.15～0.17	—	2.0～2.2	2.5～2.6

注：1. 氟硅酸钠用量依水玻璃中氧化钠含量调整；

　　2. 铸石粉与石英粉混合物按 1:1 比例配制。

4. 树脂砂浆

以环氧树脂、不饱和聚酯树脂、呋喃树脂、酚醛树脂等为胶凝材料，以石英粉、石英砂或重晶石粉、重晶石砂为填料和骨料，外加各种引发剂、促进剂、稀释剂等配制成的树脂砂浆，在土建工程中只用于有特殊耐腐蚀要求的工业厂房地面或槽衬。它既可以整铺，又可以砌铺耐酸

块材。由于篇幅所限,这里只介绍一种环氧树脂砂浆的配合比(见表 12-27),其它树脂砂浆的配合比详见《建筑防腐蚀工程施工及验收规范》(GB 50212—2002)的附录 A。

表 12-27　环氧树脂砂浆配合比(质量比)

材料名称		环氧树脂	稀释剂	固化剂		矿物颜料	耐酸粉料	石英粉
				低毒固化剂	乙二胺			
封底料		100	40~60	15~20	(6~8)	—	—	—
修补料		100	10~20	15~20	(6~8)	—	150~200	—
树脂胶料	辅衬与面层胶料	100	10~20	15~20	(6~8)	0~2	—	—
	胶料							
胶泥	砌筑或勾缝料	100	10~20	15~20	(6~8)	0~2	150~200	—
稀胶泥	灌缝或地面面层料	100	10~20	15~20	(6~8)	0~2	100~150	—
砂浆	面层或砌筑料	100	10~20	15~20	(6~8)	0~2	150~200	300~400
	石材灌浆料	100	10~20	15~20	(6~8)	—	100~150	150~200

注:1　除低毒固化剂和乙二胺外,还可用其它胺类固化剂,应优先选用低毒固化剂,用量应按供货商提供的比例或经试验确定。
　　2　当采用乙二胺时,为降低毒性可将配合比所用乙二胺预先配制成乙二胺丙酮溶液(1∶1)。
　　3　当使用活性稀释剂时,固化剂的用量应适当增加,其配合比应按供货商提供的比例或经试验确定。
　　4　本表以环氧树脂 EP01451—310 举例。

(三) 基本性能与质量要求

(1) 硫磺胶泥、砂浆性能要求见表 12-28。
(2) 氯丁胶乳水泥砂浆养护 28d 后的性能要求见表 12-29。

表 12-28　硫磺胶泥、砂浆性能要求

项　目	硫磺胶泥	硫磺砂浆
抗拉强度(MPa)	≥4.0	≥3.5
与耐酸砖粘结强度(MPa)	≥1.3	≥1.3
急冷急热残余抗拉强度(MPa)	≥2.0	
分层度(mm)	—	0.7~1.3
浸酸后抗拉强度降低率(%)	≤20	≤20

表 12-29　氯丁胶乳水泥砂浆性能要求

项　目	指标	项　目	指标
抗压强度(MPa)	≥20	与水泥砂浆粘结强度(MPa)	≥1.2
抗折强度(MPa)	≥7.5	与钢铁粘结强度(MPa)	≥2.0

(3) 水玻璃砂浆:水玻璃砂浆的抗压强度不应小于 15MPa;水玻璃胶泥的抗拉强度不应小于 2.5MPa;水玻璃胶泥与耐酸砖的粘结强度不应小于 1.0MPa。
(4) 树脂砂浆:各类树脂砂浆和胶泥的性能见表 12-30。

表 12-30　树脂砂浆和胶泥的性能

项　目		环氧树脂、环氧酚醛树脂、环氧呋喃树脂	环氧煤焦油树脂	不饱和聚酯树脂		呋喃树脂	酚醛树脂
				双酚 A 型	邻苯型		
抗拉强度(MPa)	胶泥	≥11.0	≥5.0	≥11.0	≥11.0	≥6.0	≥6.0
	砂浆	≥11.0	≥4.0	≥9.0	≥8.0	≥6.0	—
粘结强度(MPa)	与小型砖	≥3.0~4.0	≥5.0	≥2.5	≥1.5	≥1.5	≥1.0
	与标型砖	≥1.7	≥1.7	≥1.7		≥1.0	≥1.0

（四）施工技术

1. 适用范围

各类耐腐蚀胶泥、砂浆的优缺点及适用范围见表 12-31。

表 12-31　各类耐腐蚀胶泥、砂浆的适用范围

胶泥、砂浆类别	耐腐蚀性	优缺点	适用范围
水玻璃胶泥及砂浆	耐硫酸、亚硫酸、盐酸、硝酸（＜30％）、磷酸、铬酸、草酸；不耐氟氢酸、氟硅酸、氢氧化钠	优点：强度高、粘结力强、耐酸性好，成本低 缺点：孔隙率、收缩性大，耐水性较差，养护期长	浇筑地面、基础及坑槽内衬；作结构表面涂层或铺砌块材
硫磺胶泥及砂浆	耐硫酸（50％）、亚硫酸、盐酸、磷酸、草酸、脂肪酸、硝酸（＜40％）、铬酸、醋酸（≤50％）、氟硅酸（≤40％）、氢氟酸（≤40％）、氯化钠（30％）、丙酮、汽油等；不耐氢氧化钠	优点：致密，强度高、整体性及抗渗性好、绝缘、耐水、耐稀酸、价廉、硬化快、不需养护，施工方便。缺点：耐久性差、材性较脆、与板材粘结力稍差	浇筑地面、铺砌板、块材、灌缝、做预制桩接头。不宜用于温度高于 80℃ 或冷热交替频繁、温度急变或受冲击较大的部位
树脂胶泥及砂浆	耐硫酸（＜30％）、盐酸（＜30％）、醋酸（＜10％）、氟硅酸、硫酸钠（≤50％）、硝酸铵、氯化铵、汽油；不耐丙酮	优点：耐府蚀、耐水、绝缘、强度高、附着力强、整体性好、密实、耐温、粘结性好；缺点：价格贵、抗冲击性差、操作要求高	用于砖、板、块材铺砌和勾缝；作基础、槽、坑的抹面

2. 施工技术要点

（1）各类防腐蚀砂浆均要求对基层进行认真处理，消除裂缝、蜂窝、麻面，并清除浮灰及油污。

（2）水玻璃砂浆宜分层涂抹，每层厚度不超过 10mm，其圆锥沉入度宜为 4～6cm；应在 10～35℃ 下养护 3～12d。

（3）硫磺砂浆的施工环境温度不应低于 5℃，相对湿度不宜大于 80％，浇筑温度应为 135～145℃。

（4）树脂砂浆的施工环境温度应为 15～25℃，相对湿度不宜大于 80％，施工环境温度低于 10℃ 时，宜采取加热保温措施。配制好的树脂胶泥及砂浆应在 45min 内用完。常温下各类树脂砂浆防腐蚀工程的养护天数见表 12-32。

（5）氯丁胶乳水泥砂浆整体面层施工时，应分块进行，每块面积为 10～15m²。分片错开的施工间隔不应少于 24h。此种砂浆施工后宜先湿养护 3～7d，再干养护，总养护期为 28d。

表 12-32　树脂砂浆防腐工程的养护天数

树脂类别	养护天数（d）不少于	
	地面工程	贮槽工程
环氧树脂	7	15
酚醛树脂	10	20
环氧酚醛树脂	10	20
环氧呋喃树脂	10	20
环氧煤焦油树脂	15	30
不饱和聚酯树脂	7	15
呋喃树脂	7	15

第十三章 墙体材料

第一节 砌墙砖

一、烧结普通砖(GB/T 5101—2003)

(一)分类

按主要原料可分为粘土砖(N)、页岩砖(Y)、煤矸石砖(M)和粉煤灰砖(F)。

(二)质量等级

(1)根据抗压强度分为 MU30、MU25、MU20、MU15、MU10 五个强度等级。

(2)强度、抗风化性能和放射性物质合格的砖,根据尺寸偏差、外观质量、泛霜和石灰爆裂分为优等品(A)、一等品(B)、合格品(C)三个质量等级。

优等品适用于墙体装饰和清水墙,一等品、合格品可用于混水墙。中等泛霜的砖不能用于潮湿部位。

(三)规格

砖的外形为直角六面体,其公称尺寸为:长 240mm、宽 115mm、高 53mm。

(四)产品标记

砖的产品标记按产品名称、规格、品种、强度等级、质量等级和编号顺序编号。

【例】 规格 240mm×115mm×53mm,强度等级 MU15,一等品的粘土砖,其标记为:

烧结普通砖 N MU15 B GB/T 5101

(五)技术要求

(1)尺寸允许偏差应符合表 13-1 规定。

表 13-1 尺寸允许偏差 (mm)

公称尺寸	优 等 品		一 等 品		合 格 品	
	样本平均偏差	样本极差 ≤	样本平均偏差	样本极差 ≤	样本平均偏差	样本极差 ≤
240	±2.0	6	±2.5	7	±3.0	8
115	±1.5	5	±2.0	6	±2.5	7
53	±1.5	4	±1.6	5	±2.0	6

(2)外观质量应符合表 13-2 规定。

表 13-2 外观质量 (mm)

项 目		优 等 品	一 等 品	合 格 品
两条面高度差	≤	2	3	5
弯曲	≤	2	3	5
杂质凸出高度	≤	2	3	5

续表 13-2

项　　目		优　等　品	一　等　品	合　格　品
缺棱掉角的三个破坏尺寸	不得同时大于	5	20	30
裂纹长度	≤			
a. 大面上宽度方向及其延伸至条面的长度		30	60	80
b. 大面上长度方向及其延伸至顶面的长度或条顶面上水平裂纹的长度		50	80	100
完整面不得少于		一条面和一顶面	一条面和一顶面	—
颜色		基本一致	→	→

注:1. 为装饰而施加的色差、凹凸纹、拉毛、压花等不算作缺陷。

2. 凡有下列缺陷之一者,不得称为完整面:

a) 缺损在条面或顶面上造成的破坏面尺寸同时大于 10mm×10mm。

b) 条面或顶面上裂纹宽度大于 1mm,其长度超过 30mm。

c) 压陷、粘底、焦花在条面或顶面上的凹陷或凸出超过 2mm,区域尺寸同时大于 10mm×10mm。

(3) 强度等级应符合表 13-3 规定。

表 13-3　强度等级　　　　　　　　　　　　(MPa)

强　度　等　级	抗压强度平均值 $\bar{f}$ ≥	变异系数 δ≤0.21	变异系数 δ>0.21
		强度标准值 f_k ≥	单块最小抗压强度值 f_{min} ≥
MU30	30.0	22.0	25.0
MU25	25.0	18.0	22.0
MU20	20.0	14.0	16.0
MU15	15.0	10.0	12.0
MU10	10.0	6.5	7.5

(4) 抗风化性能要求如下:

① 风化区的划分见表 13-4。

表 13-4　风化区划分

严　重　风　化　区		非　严　重　风　化　区	
1. 黑龙江省	11. 河北省	1. 山东省	11. 福建省
2. 吉林省	12. 北京市	2. 河南省	12. 台湾省
3. 辽宁省	13. 天津市	3. 安徽省	13. 广东省
4. 内蒙古自治区		4. 江苏省	14. 广西壮族自治区
5. 新疆维吾尔自治区		5. 湖北省	15. 海南省
6. 宁夏回族自治区		6. 江西省	16. 云南省
7. 甘肃省		7. 浙江省	17. 西藏自治区
8. 青海省		8. 四川省	18. 上海市
9. 陕西省		9. 贵州省	19. 重庆市
10. 山西省		10. 湖南省	

② 严重风化区中的 1、2、3、4、5 地区的砖必须进行冻融试验,其它地区的砖的抗风化性能

如符合表 13-5 规定时可不做冻融试验,否则,必须进行冻融试验。

表 13-5 抗风化性能

项 目 砖 种 类	严重风化区				非严重风化区			
	5h 沸煮吸水率(%) ≤		饱和系数 ≤		5h 沸煮吸水率(%) ≤		饱和系数 ≤	
	平均值	单块最大值	平均值	单块最大值	平均值	单块最大值	平均值	单块最大值
粘土砖	18	20	0.85	0.87	19	20	0.88	0.90
粉煤灰砖	21	23			23	25		
页岩砖	16	18	0.74	0.77	18	20	0.78	0.80
煤矸石砖	16	18			18	20		

注:粉煤灰掺入量(体积比)小于 30% 时,抗风化性能指标按粘土砖规定。

③ 冻融试验后的砖,每块砖样不允许出现裂纹、分层、掉皮、缺棱、掉角等冻坏现象;质量损失不得大于 2%。

(5)泛霜。每块砖样应符合下列规定:① 优等品无泛霜;② 一等品不允许出现中等泛霜;③ 合格品不允许出现严重泛霜。

(6)石灰爆裂应符合下列规定:

优等品:不允许出现最大破坏尺寸大于 2mm 的爆裂区域。

一等品:① 最大破坏尺寸大于 2mm,且小于等于 10mm 的爆裂区域,每组砖样不得多于 15 处;② 不允许出现最大破坏尺寸大于 10mm 的爆裂区域。

合格品:① 最大破坏尺寸大于 2mm,且小于等于 15mm 的爆裂区域,每组砖样不得多于 15 处,其中大于 10mm 的不得多于 7 处;② 不允许出现最大破坏尺寸大于 15mm 的爆裂区域。

(7)产品中不允许有欠火砖、酥砖和螺旋纹砖。

(8)砖的放射性物质应符合 GB 6566 规定。

二、烧结多孔砖(GB 13544—2000)

(一)分 类

按主要原料砖分为粘土砖(N)、页岩砖(Y)、煤矸石砖(M)、粉煤灰砖(F)。

(二)规 格

砖的外型为直角六面体,其长度、宽度、高度尺寸应符合下列要求:

290,240,180(mm);

175,140,115,90(mm)。

其它规格尺寸由供需双方协商确定。

(三)孔洞尺寸

孔洞尺寸应符合表 13-6 的规定。

(四)质量等级

(1)根据抗压强度分为 MU30、MU25、MU20、MU15、MU10 五个强度等级。

(2)强度和抗风化性能合格的砖,根据尺寸偏差、外观质量、孔型及孔洞排列、泛霜、石灰

表 13-6 孔洞尺寸　　(mm)

圆孔直径	非圆孔内切圆直径	手抓孔
≤22	≤15	(30～40)×(75～85)

爆裂分为优等品(A)、一等品(B)和合格品(C)三个质量等级。

（五）产品标记

（1）尺寸允许偏差应符合表 13-7 的规定。

表 13-7　尺寸允许偏差　　　　　　　　　　　　　　（mm）

尺　寸	优　等　品		一　等　品		合　格　品	
	样本平均偏差	样本极差≤	样本平均偏差	样本极差≤	样本平均偏差	样本极差≤
290、240	±2.0	6	±2.5	7	±3.0	8
190、180、175、140、115	±1.5	5	±2.0	6	±2.5	7
90	±1.5	4	±1.7	5	±2.0	6

（2）砖的外观质量应符合表 13-8 的规定。

表 13-8　砖的外观质量　　　　　　　　　　　　　　（mm）

项　　目	优　等　品	一　等　品	合　格　品
1. 颜色（一条面和一顶面）	一致	基本一致	—
2. 完整面　　　　　　　不得少于	一条面和一顶面	一条面和一顶面	—
3. 缺棱掉角的三个破坏尺寸不得同时大于	15	20	30
4. 裂纹长度　　　　　　不大于			
a）大面上深入孔壁 15mm 以上宽度方向及其延伸到条面的长度	60	80	100
b）大面上深入孔壁 15mm 以上长度方向及其延伸到顶面的长度	60	100	120
c）条顶面上的水平裂纹	80	100	120
5. 杂质在砖面上造成的凸出高度　不大于	3	4	5

注：1. 为装饰而施加的色差、凹凸纹、拉毛、压花等不算缺陷。

　　2. 凡是下列缺陷之一者，不能称为完整面：

　　　a）缺损在条面或顶面上造成的破坏面尺寸同时大于 20mm×30mm。

　　　b）条面或顶面上裂纹宽度大于 1mm，其长度超过 70mm。

　　　c）压陷、焦花、粘底在条面或顶面上的凹陷或凸出超过 2mm，区域尺寸同时大于 20mm×30mm。

（3）强度等级应符合表 13-9 的规定。

表 13-9　强度等级　　　　　　　　　　　　　　（MPa）

强　度　等　级	抗压强度平均值 $\bar{f}$ ≥	变异系数 δ≤0.21	变异系数 δ>0.21
		强度标准值 f_k ≥	单块最小抗压强度值 f_{min}≥
MU30	30.0	22.0	25.0
MU25	25.0	18.0	22.0
MU20	20.0	14.0	16.0
MU15	15.0	10.0	12.0
MU10	10.0	6.5	7.5

（4）孔型孔洞率及孔洞排列应符合表 13-10 规定。

表 13-10　孔型孔洞率及孔洞排列

产 品 等 级	孔　　型	孔洞率（%）　≥	孔 洞 排 列
优等品	矩形条孔或矩形孔	25	交错排列，有序
一等品			
合格品	矩形孔或其它孔形		—

注：1. 所有孔宽 b 应相等，孔长 $L \leqslant 50mm$。

　　2. 孔洞排列上下、左右应对称，分布均匀，手抓孔的长度方向尺寸必须平行于砖的条面。

　　3. 矩形孔的孔长 L、孔宽 b 满足式 $L \geqslant 3b$ 时，为矩形条孔。

（5）泛霜。每块砖样符合下列规定：① 优等品无泛霜；② 一等品不允许出现中等泛霜；③ 合格品不允许出现严重泛霜。

（6）石灰爆裂应符合下列规定：

优等品：不允许出现最大破坏尺寸大于 2mm 的爆裂区域。

一等品：① 最大破坏尺寸大于 2mm，且小于或等于 10mm 的爆裂区域，每组砖样不得多于 15 处；② 不允许出现最大破坏尺寸大于 10mm 的爆裂区域。

合格品：① 最大破坏尺寸大于 2mm，且小于或等于 15mm 的爆裂区域，每组砖样不得多于 15 处。其中大于 10mm 的不得多于 7 处；② 不允许出现最大破坏尺寸大于 15mm 的爆裂区域。

（7）抗风化性能应符合下列规定：

① 风化区的划分见表 13-4 的规定；

② 严重风化区中的 1、2、3、4、5 地区的砖必须进行冻融试验，其它地区砖的抗风化性能符合表 13-11 的规定时，可不做冻融试验，否则必须进行冻融试验。

表 13-11　抗风化性能

项　　目 砖 种 类	严重风化区				非严重风化区			
	5h 煮沸吸水率（%）≤		饱和系数　≤		5h 煮沸吸水率（%）≤		饱和系数　≤	
	平均值	单块最大值	平均值	单块最大值	平均值	单块最大值	平均值	单块最大值
粘土砖	21	23	0.85	0.87	23	25	0.88	0.90
粉煤灰砖	23	25			30	32		
页岩砖	16	18	0.74	0.77	18	20	0.78	0.80
煤矸石砖	19	21			21	23		

注：粉煤灰掺入量（体积比）小于 30% 时按粘土砖规定判定。

③ 冻融试验后，每块砖样不允许出现裂纹、分层、掉皮、缺棱掉角等冻坏现象。

（8）产品中不允许有欠火砖、酥砖和螺旋纹砖。

三、烧结空心砖和空心砌块（GB 13545—2003）

烧结空心砖和空心砌块是以粘土、页岩、煤矸石为主要原料，经焙烧而成的。它主要用于建筑物非承重部位的空心砖和空心砌块。

（一）分类

1. 规格

烧结空心砖和空心砌块的外形为直角六面体,如图 13-1 所示。其长度、宽度和高度尺寸,应根据墙体的设计要求从下列数字中选用:390、290、240、190、180(175)、140、115、90(mm)。

其它规格尺寸由供需双方协商确定。

2. 等级

(1) 根据体积密度分为 800,900,1000,1100 四个级别。

(2) 按抗压强度分为 MU10.0、MU7.5、MU5.0、MU3.5、MU2.5。

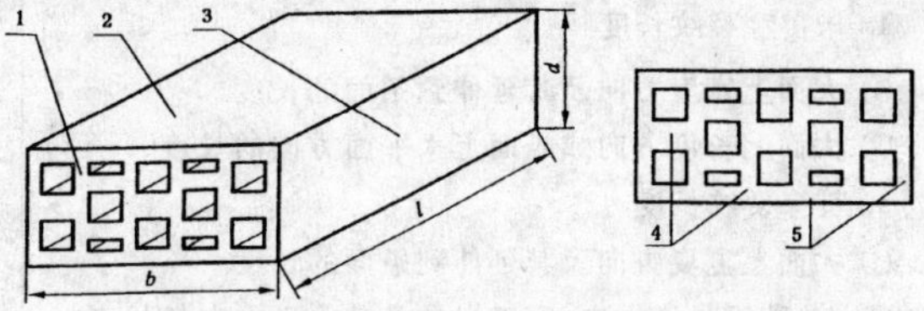

图 13-1　烧结空心砖和空心砌块示意图
1. 顶面　2. 大面　3. 条面　4. 肋　5. 壁
l—长度　b—宽度　d—高度

(3)强度、密度、抗风化性能和放射性物质合格的砖和砌块。

每个密度级根据孔洞排列及其结构、尺寸偏差、外观质量、泛霜、石灰爆裂、吸水率分为优等品(A)、一等品(B)和合格品(C)三个等级。

3. 产品标记

烧结空心砖和空心砌块的标记按产品名称、类别、规格、密度等级、质量等级和国家标准编号顺序编写。

【例1】　尺寸 290mm×190mm×90mm,密度 800 级,强度等级 MU7.5、优等品的页岩空心砖,其标记为:

$$烧结空心砖\ Y(290×190×90)800\ MU7.5A\text{-}GB\ 13545$$

【例2】　尺寸 290mm×290mm×190mm,密度等级 1000,强度等级 MU3.5、一等品的粘土空心砌块,其标记为:

$$一等品空心砌块\ N(290×290×190)1000\ MU3.5B\text{-}GB13545$$

(二)技术要求

(1)尺寸允许偏差应符合表 13-12 的规定。

表 13-12　尺寸允许偏差　　　　　　　　　　　(mm)

尺　寸	优　等　品		一　等　品		合　格　品	
	样本平均偏差	样本极差≤	样本平均偏差	样本极差≤	样本平均偏差	样本极差≤
>300	±2.5	6.0	±3.0	7.0	±3.5	8.0
200～300	±2.0	5.0	±2.5	6.0	±3.0	7.0
100～200	±1.5	4.0	±2.0	5.0	±2.5	6.0
<100	±1.5	3.0	±1.7	4.0	±2.0	5.0

(2)外观质量应符合表 13-13 的规定。

表 13-13　外观质量标准　　　　　　　　　　　(mm)

项　目		优　等　品	一　等　品	合　格　品
1. 弯曲	≤	3	4	5
2. 缺棱掉角的三个破坏尺寸不得	同时>	15	30	40
3. 垂直度差	≤	3	4	5

续表 13-13

项　目		优 等 品	一 等 品	合 格 品
4. 未贯穿裂纹长度	≤			
① 大面上宽度方向及其延伸到条面的长度		不允许	100	120
② 大面上长度方向或条面上水平面方向的长度		不允许	120	140
5. 贯穿裂纹长度				
① 大面上宽度方向及其延伸到条面的长度		不允许	40	60
② 壁、肋沿长度方向、宽度方向及其水平方向的长度		不允许	40	60
6. 肋、壁内残缺长度	≤	不允许	40	60
7. 完整面	不少于	一条面和一大面	一条面或一大面	—

注:凡有下列缺陷之一者,不能称为完整面:
　　① 缺损在大面、条面上造成的破坏面尺寸同时大于 20mm×30mm。
　　② 大面、条面上裂纹宽度大于 1mm,其长度超过 70mm。
　　③ 压陷、粘底、焦花在大面、条面上的凹陷或凸出超过 2mm,区域尺寸同时大于 20mm×30mm。

　　(3) 强度等级应符合表 13-14 的规定。

表 13-14　强度等级　　　　　　　　　　　　　　　　(MPa)

强 度 等 级	抗压强度(MPa)			密度等级范围 (kg/m³)
	抗压强度平均值 $\bar{f}$ ≥	变异系数 δ≤0.21	变异系数 δ>0.21	
		强度标准值 f_k≥	单块最小抗压强度值 f_{min}≥	
MU10.0	10.0	7.0	8.0	≤1 100
MU7.5	7.5	5.0	5.8	
MU5.0	5.0	3.5	4.0	
MU3.5	3.5	2.5	2.8	
MU2.5	2.5	1.6	1.8	≤800

　　(4) 密度等级应符合表 13-15 的规定。
　　(5) 孔洞排列及其结构应符合表 13-16 规定。

表 13-15　密度等级　(kg/m³)

密度等级	5块密度平均值
800	≤800
900	801~900
1 000	901~1 000
1 100	1 001~1 100

表 13-16　孔洞排列及其结构

等　级	孔洞排列	孔洞排数(排)		孔洞率(%)
		宽度方向	高度方向	
优等品	有序交错排列	b≥200 mm　≥7　　b<200 mm　≥5	≥2	≥40
一等品	有序排列	b≥200 mm　≥5　　b<200 mm　≥4	≥2	
合格品	有序排列	≥3	—	

注:b 为宽度的尺寸。

　　(6) 泛霜。每块砖样符合下列规定:① 优等品无泛霜;② 一等品不允许出现中等泛霜;③ 合格品不允许出现严重泛霜。
　　(7) 石灰爆裂应符合下列规定:
　　优等品:不允许出现最大破坏尺寸大于 2mm 的爆裂区域。

一等品:① 最大破坏尺寸大于 2mm,且小于或等于 10mm 的爆裂区域,每组砖或砌块不得多于 15 处;②不允许出现最大破坏尺寸大于 10mm 的爆裂区域。

合格品:① 最大破坏尺寸大于 2mm,且小于或等于 15mm 的爆裂区域,每组砖或砌块不得多于 15 处。其中大于 10mm 的不得多于 7 处;② 不允许出现最大破坏尺寸大于 15mm 的爆裂区域。

(8) 欠火砖、酥砖,产品中不允许存在。

(9) 放射性物质,原材料中掺入煤矸石、粉煤灰及其它工业废渣的砖和砌块,应进行放射性物质检测,放射性物质应符合 GB6566 规定。

(10) 抗风化性:

① 风化区的划分见表 13-4。

② 严重风化区中的 1、2、3、4、5 地区的砖必须进行冻融试验,其它地区砖的抗风化性能符合表 13-17 的规定时,可不做冻融试验,否则必须进行冻融试验。

表 13-17 抗风化性能

| 分　类 | 饱和系数 ≤ | | | |
| | 严重风化区 | | 非严重风化区 | |
	平　均　值	单块最大值	平　均　值	单块最大值
粘土砖和砌块	0.85	0.87	0.88	0.90
粉煤灰砖和砌块				
页岩砖和砌块	0.74	0.77	0.78	0.80
煤矸石砖和砌块				

③ 冻融试验后,每块砖样不允许出现裂纹、分层、掉皮、缺棱掉角等冻坏现象。

(11) 吸水率:每组砖和砌块的吸水率平均值应符合表 13-18 的规定。

四、硅酸盐蒸养砖

(一)粉煤灰砖(JC 239—1991)

以粉煤灰、石灰为主要原料,掺加适量石膏和骨料经坯料制备、压制成型、高压或常压蒸汽养护而成实心粉煤灰砖。

1. 产品分类

(1) 产品规格:砖的外形为矩形体,公称尺寸为长 240mm、宽 115mm、高 53mm。

(2) 产品等级划分如下:

① 根据抗压强度和抗折强度将强度级别分为 20、15、10、7.5 四级;

② 根据外观质量、强度、抗浆性和干燥收缩分为:优等品(A);一等品(B);合格品(C)。

(3) 产品标记:粉煤灰砖按产品名称(FAB)、强度级别、产品等级、国家标准号顺序进行标记。

【例】 强度级别为 20 级,优等品粉煤灰砖的标记为:

FAB—20—A—JC239

表 13-18 烧结空心砖和空心砌块吸水率平均值

| 等　级 | 吸水率≤ | |
	粘土砖和砌块、页岩砖和砌块、煤矸石砖和砌块	粉煤灰砖和砌块①
优等品	16.0	20.0
一等品	18.0	22.0
合格品	20.0	24.0

① 粉煤灰掺入量(体积比)小于 30% 时,按粘土砖和砌块规定判定。

2. 技术要求

（1）外观质量要求应符合表 13-19 规定。

表 13-19　外观质量　　　　　　　　　　　　　　　（mm）

项目		指标		
		优等品	一等品	合格品
尺寸允许偏差:				
长		±2	±3	±4
宽		±2	±3	±4
高		±2	±3	±3
对应高度差	不大于	1	2	3
每一缺棱掉角的最小破坏尺寸	不大于	10	15	25
完整面	不少于	二条面和一顶面或二顶面和一条面	一条面和一顶面	一条面和一顶面
裂纹长度	不大于			
a. 大面上宽度方向的裂纹（包括延伸到条面上的长度）		30	50	70
b. 其它裂纹		50	70	100
层裂		不允许		

注:在条面或顶面上破坏面的两个尺寸同时大于 10mm 和 20mm 者为非完整面。

（2）强度指标:粉煤灰砖的强度指标应符合表 13-20 规定,优等品的强度级别不低于 15 级,一等品的强度级别不低于 10 级。

表 13-20　粉煤灰砖强度指标　　　　　　　　　　　（MPa）

强度级别	抗压强度		抗折强度	
	10 块平均值不小于	单块值不小于	10 块平均值不小于	单块值不小于
20	20.0	15.0	4.0	3.0
15	15.0	11.0	3.2	2.4
10	10.0	7.5	2.5	1.9
7.5	7.5	5.6	2.0	1.5

注:强度级别以蒸汽养护后一天的强度为准。

（3）抗冻性指标:粉煤灰砖抗冻性指标应符合表 13-21 规定。

表 13-21　粉煤灰砖抗冻性指标

强度级别	抗压强度(MPa)平均值不小于	砖的干质量损失(%)单块值不大于
20	16.0	2.0
15	12.0	2.0
10	8.0	2.0
7.5	6.0	2.0

（4）干燥收缩值指标:优等品应不大于 0.60mm/m;一等品应不大于 0.75mm/m;合格品应不大于 0.85mm/m。

（二）煤渣砖（JC 525—1993）

以煤渣为主要原料,掺入适量石灰、石膏,经混合、压制成型、蒸养或蒸压而成的实心煤渣砖。

1. 分类

(1)产品规格:砖的外形为矩形体;

砖的公称尺寸为长度240mm,宽度115mm,高度53mm。

(2)产品等级划分如下:

① 根据抗压强度和抗折强度将强度等级分为20、15、10、7.5四级。

② 根据尺寸偏差、外观质量、强度级别分为:优等品(A);一等品(B);合格品(C)。

产品标记:煤渣砖按产品名称(MZ)、强度级别、产品等级、行业标准号顺序进行标记。

【例】 强度级别为20级,优等品煤渣砖,标记为:

MZ　20　AJC　525

2. 技术要求

(1)尺寸偏差与外观质量应符合表13-22规定。

表13-22　尺寸偏差与外观质量　　　　　　　　　　　　　(mm)

项　　目		指　　标		
		优　等　品	一　等　品	合　格　品
尺寸允许偏差: 　　长度 　　宽度 　　高度		±2	±3	±4
对应高度差	不大于	1	2	3
每一缺棱掉角的最小破坏尺寸	不大于	10	20	30
完整面	不少于	二条面和一顶面或 二顶面和一条面	一条面和一顶面	一条面和一顶面
裂缝长度	不大于			
a. 大面上宽度方向及其延伸到条面的长度		30	50	70
b. 大面上长度方向及其延伸到顶面上的长度 或条、顶面水平裂纹的长度		50	70	100
层裂		不允许	不允许	不允许

注:在条面或顶面上破坏面的两个尺寸同时大于10mm和20mm者为非完整面。

(2)强度级别应符合表13-23的规定,优等品的强度级别应不低于15级,一等品的强度级别应不低于10级,合格品的强度级别应不低于7.5。

表13-23　强度级别指标　　　　　　　　　　　(MPa)

强　度　级　别	抗　压　强　度		抗　折　强　度	
	10块平均值不小于	单块值不小于	10块平均值不小于	单块值不小于
20	20.0	15.0	4.0	3.0
15	15.0	11.2	3.2	2.4
10	10.0	7.5	2.5	1.9
7.5	7.5	5.6	2.0	1.5

注:强度级别以蒸汽养护后24~36h内的强度为准。

（3）抗冻性应符合表 13-24 规定。

（4）碳化性能应符合表 13-25 规定。

表 13-24　抗冻性指标

强 度 级 别	冻后抗压强度平均值不小于（MPa）	单块砖的干质量损失不大于（%）
20	16.0	2.0
15	12.0	2.0
10	8.0	2.0
7.5	6.0	2.0

表 13-25　碳化性能指标

强 度 级 别	碳化后强度平均值不小于（MPa）
20	14.0
15	10.5
10	7.0
7.5	5.2

3. 煤渣砖的适用范围

煤渣砖可用于工业与民用建筑的墙体和基础,但用于基础或用于易受冻融和干湿交替作用的建筑部位,必须使用 15 级与 15 级以上的砖。

煤渣砖不得用于长期受热 200℃ 以上,或受急冷、急热和有酸性介质侵蚀的建筑部位。

（三）蒸压灰砂空心砖（JC/T 637—1996）

以石灰、砂为主要原材料,经坯料制备、压制成型和蒸压养护而制成的孔洞率大于 15% 的砖,称为蒸压灰砂空心砖。

1. 分类

（1）产品的规格:

① 蒸压灰砂空心砖规格及公称尺寸见表 13-26。

② 孔洞采用圆形或其它孔形。空洞垂直于大面。

（2）产品等级划分如下:

① 根据抗压强度将强度级别分为 25、20、15、10、7.5 五个等级。

② 根据强度级别、尺寸偏差和外观质量将产品分为:优等品（A）;一等品（B）;合格品（C）。

（3）产品标记:蒸压灰砂空心砖产品标记按产品（LBCB）品种、规格代号、强度级别、标准编号的顺序组成。

表 13-26　规格及公称尺寸

规 格 代 号	公称尺寸（mm）		
	长	宽	高
NF	240	115	53
1.5NF	240	115	90
2NF	240	115	115
3NF	240	115	175

注:对于不符合表 1 尺寸的砖,不得用规格代号来表示,而用长×宽×高的尺寸来表示。

【例】　品种规格为 2NF;强度级别为 15 级;优等品的蒸压灰砂空心砖标记为:

LBCB　2NF　15A　JC/T 637

2. 技术要求

（1）尺寸允许偏差、外观质量和孔洞率应符合表 13-27 规定。

表 13-27　尺寸允许偏差、外观质量孔洞率指标

序号	项　　目			指　标		
				优 等 品	一 等 品	合 格 品
1	尺寸允许偏差	长度（mm）	≤	±2		
		宽度（mm）	≤	±1	±2	±3
		高度（mm）	≤	±1		

続表 13-27

序号	项　　目		指　　标		
			优 等 品	一 等 品	合 格 品
2	对应高度差(mm)	≤	±1	±2	±3
3	孔洞率(%)	≥	15		
4	外壁厚度(mm)	≥	10		
5	肋厚度	≥	7		
6	尺寸缺棱掉角最小尺寸(mm)	≤	15	20	25
7	完整面	不少于	1条面和1顶面	1条面或1顶面	1条面或1顶面
8	裂纹长度(mm) 1. 条面上高度方向及其延伸到大面的长度 2. 条面上长度方向及其延伸到顶面上的水平裂纹长度	≤	30 50	50 70	70 100

注:凡有以下缺陷者,均为非完整面:
　①　缺棱尺寸或掉角的最小尺寸大于 8mm;
　②　灰球、粘土团,草根等杂物造成破坏面尺寸大于 10mm×20mm;
　③　有气泡、麻面、龟裂等缺陷造成的凹陷与凸起分别超过 2mm。

(2)抗压强度应符合表 13-28 规定。优等品的强度级别应不低于 15 级,一等品的强度级别应不低于 10 级。

(3)抗冻性应符合表 13-29 规定。

表 13-28　强度级别指标

强 度 级 别	抗压强度(MPa)	
	5块平均值≥	单块值≥
25	25.0	20.0
20	20.0	16.0
15	15.0	12.0
10	10.0	8.0
7.5	7.5	6.0

表 13-29　抗冻性能指标

强 度 级 别	冻后抗压强度平均值(MPa)≥	单块砖的干质量损失(%)≤
25	20.0	
20	16.0	
15	12.0	2.0
10	8.0	
7.5	6.0	

(四)蒸压灰砂砖(GB 11945—1999)

1. 分类
根据灰砂砖的颜色分为:彩色的(C_O)、本色的(N)。

2. 规格
(1)砖的外形为直角六面体。
(2)砖的公称尺寸:长度 240mm、宽度 115mm、高度 53mm。生产其它规格尺寸产品,由用户与生产厂协商确定。

3. 等级
(1)强度级别:根据抗压强度和抗折强度可分为 MU25、MU20、MU15、MU10 四级。
(2)质量等级:根据尺寸偏差和外观质量、强度及抗冻性分为优等品(A)、一等品(B)、合格品(C)。

4. 产品标记
灰砂砖产品标记采用产品名称(LSB)、颜色、强度级别、产品等级、标准编号的顺序进行。

5. 用途

（1）MU15、MU20、MU25 的砖可用于基础及其它建筑；MU10 的砖仅可用于防潮层以上的建筑。

（2）灰砂砖不得用于长期受热 200℃ 以上、受急冷、急热和有酸性介质侵蚀的建筑部位。

6. 技术要求

（1）尺寸偏差和外观应符合表 13-30 要求。

（2）颜色应基本一致，无明显色差，但对本色灰砂砖不作规定。

表 13-30 尺寸偏差和外观

项 目			指 标		
			优 等 品	一 等 品	合 格 品
尺寸允许偏差(mm)	长度	L	±2	±2	±3
	宽度	B	±2		
	高度	H	±1		
缺棱掉角	个数，不多于(个)		1	1	2
	最大尺寸不得大于(mm)		10	15	20
	最小尺寸不得大于(mm)		5	10	10
	对应高度差不得大于(mm)		1	2	3
裂纹	条数，不多于(条)		1	1	2
	大面上宽度方向及其延伸到条面的长度不得大于(mm)		20	50	70
	大面上长度方向及其延伸到顶面上的长度或条、顶面水平裂纹的长度不得大于(mm)		30	70	100

（3）抗压强度和抗折强度应符合表 13-31 的规定。

表 13-31 力学性能　　　　　　　　　　　　　　（MPa）

强 度 级 别	抗 压 强 度		抗 折 强 度	
	平均值不小于	单块值不小于	平均值不小于	单块值不小于
MU25	25.0	20.0	5.0	4.0
MU20	20.0	16.0	4.0	3.2
MU15	15.0	12.0	3.3	2.6
MU10	10.0	8.0	2.5	2.0

注：优等品的强度级别不得小于 MU15。

（4）抗冻性应符合表 13-32 的规定。

表 13-32 抗冻性指标

强 度 级 别	冻后抗压强度平均值不小于(MPa)	单块砖的干质量损失不大于(%)
MU25	20.0	2.0
MU20	16.0	2.0
MU15	12.0	2.0
MU10	8.0	2.0

注：优等品的强度级别不得小于 MU15。

第二节 砌 块

一、普通混凝土小型空心砌块

普通混凝土小型空心砌块按 GB 8239—1997 制作,砌块各部位名称见图 13-2。

1. 等级和标记

1) 等级

① 按其尺寸偏差,外观质量分为:优等品(A),一等品(B)及合格品(C)。

② 按其强度等级分为:MU5、MU7.5、MU10、MU15、MU20。

2) 标记

按产品名称(代号 NHB)、强度等级、外观质量等级和标准编号的顺序进行标记。

【例】 强度等级为 MU7.5,外观质量为优等品(A)的砌块,标记为:

NHB MU7.5A GB8239

2. 技术要求

1) 规格

① 规格尺寸:主规格尺寸为 390mm×190mm×190mm;其它规格尺寸可由供需双方协商。

② 最小外壁厚应不小于 30mm,最小肋厚应不小于 25mm。

③ 空心率应不小于 25%。

④ 尺寸允许偏差应符合表 13-33 要求。

(2) 外观质量应符合表 13-34 规定

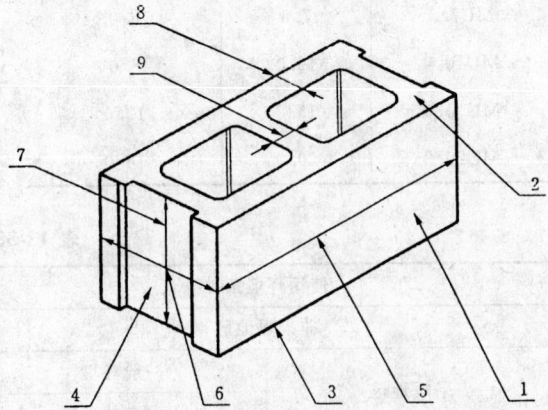

图 13-2 砌块各部位的名称

1. 条面 2. 坐浆面(肋厚较小的面)
3. 铺浆面(肋厚较大的面) 4. 顶面
5. 长度 6. 宽度 7. 高度 8. 壁 9. 肋

表 13-33 尺寸允许偏差 （mm）

项目名称	优等品(A)	一等品(B)	合格品(C)
长度	±2	±3	±3
宽度	±2	±3	±3
高度	±2	±3	+3 −4

表 13-34 外观质量

项目名称		优等品(A)	一等品(B)	合格品(C)
弯曲不大于(mm)		2	2	3
掉角缺棱	个数不多于(个)	0	2	2
	三个方向投影尺寸的最小值不大于(mm)	0	20	30
裂纹延伸的投影尺寸累计不大于(mm)		0	20	30

(3) 强度等级应符合表 13-35 规定。

(4) 相对含水率应符合表 13-36 规定

(5) 抗渗性:用于清水墙的砌块,其抗渗必须满足表 13-37 的规定。

(6) 抗冻性:应符合表 13-38 的规定。

3. 混凝土小型空心砌块砌筑砂浆参考配合比（见表 13-39）

表 13-35　强度等级

强度等级	砌块抗压强度（MPa）	
	平均值不小于	单块最小值不小于
MU5.0	5.0	4.0
MU7.5	7.5	6.0
MU10.0	10.0	8.0
MU15.0	15.0	12.0
MU20.0	20.0	16.0

表 13-36　相对含水率　　（%）

使用地区	潮湿	中等	干燥
相对含水率不大于	45	40	35

注：潮湿——系指年平均相对湿度大于 75% 的地区；
　　中等——系指年平均相对湿度 50%～75% 的地区；
　　干燥——系指年平均相对湿度小于 50% 的地区。

表 13-37　抗渗性　　（mm）

项目名称	指标
水面下降高度	三块中任一块不大于 10

表 13-38　抗冻性

使用环境条件		抗冻标号	指标
非采暖地区		不规定	—
采暖地区	一般环境	D15	强度损失≤25%
	干湿交替环境	D25	质量损失≤5%

注：非采暖地区指最冷月份平均气温高于−5℃的地区；
　　采暖地区指最冷月份平均气温低于或等于−5℃的地区。

表 13-39　混凝土小型空心砌块砌筑砂浆参考配合比

强度等级	水泥砂浆					混合砂浆（Ⅰ）					混合砂浆（Ⅱ）					
	水泥	粉煤灰	砂	外加剂	水	水泥	消石灰粉	砂	外加剂	水	水泥	石灰膏	粉煤灰	砂	水	外加剂
Mb5.0	—	—	—	—	—	1	0.9	5.8	加	1.36	1	0.66	0.66	8.0	1.20	加
Mb7.5	—	—	—	—	—	1	0.7	4.6	加	1.02	1	0.42	0.15	6.6	1.00	加
Mb10.0	1	0.32	4.41	加	0.79	1	0.5	3.6	加	0.81	1	0.20	0.20	5.4	0.80	加
Mb15.0	1	0.32	3.76	加	0.74	1	0.3	3.0	加	0.74	1	0.9	—	4.5	0.75	加
Mb20.0	1	0.23	2.96	加	0.55	1	0.3	2.6	加	0.53	1	0.45	—	4.0	0.54	加
Mb25.0	1	0.23	2.53	加	0.54	—	—	—	—	—						
Mb30.0	1		2.00	加	0.52	—	—	—	—	—						

注：Mb5.0～Mb20.0用32.5级普通水泥或矿渣水泥；Mb25.0～Mb30.0用42.5级普通水泥或矿渣水泥。

4. 混凝土小型空心砌块灌孔混凝土参考配合比（见表 13-40）

表 13-40　混凝土小型空心砌块灌孔混凝土参考配合比

强度等级	水泥强度等级（MPa）	配合比					
		水泥	粉煤灰	砂	碎石	外加剂	水灰比
Cb20	32.5	1	0.18	2.63	3.63	√	0.48
Cb25	32.5	1	0.18	2.08	3.00	√	0.45
Cb30	32.5	1	0.18	1.66	2.49	√	0.42
Cb35	42.5	1	0.19	1.59	2.35	√	0.47
Cb40	42.5	1	0.19	1.16	1.68	√	0.45

二、轻骨料混凝土小型空心砌块(GB 15229—2002)

1. 分类

按其孔的排数分为五类：实心(0)、单排孔(1)、双排孔(2)、三排孔(3)和四排孔(4)。

2. 等级

(1) 按其密度等级分为 500、600、700、800、900、1000、1200、1400 八个等级；实心砌块的密度不应大于 800。

(2) 按其强度等级分为 1.5、2.5、3.5、5.0、7.5、10 六个等级；

(3) 按其尺寸允许偏差、外观质量分为：一等品(B)和合格品(C)二个等级。

3. 产品标记

轻骨料混凝土小型空心砌块(LHB)按产品名称、类别、密度等级、强度等级、质量等级和标准编号的顺序进行标记。

【例】 密度等级为 600 级、强度等级为 1.5 级,质量等级为一等品的轻骨料混凝土三排孔小砌块。标记为：

LHB3　600　1.5B　GB 15229—2002

4. 技术要求

(1) 规格尺寸：主规格尺寸为 390mm×190mm×190mm；其它规格尺寸可由供需双方商定。

(2) 尺寸允许偏差符合表 13-41 要求。

(3) 外观质量应符合表 13-42 要求。

表 13-41　尺寸允许偏差　　(mm)

项 目 名 称	一 等 品	合 格 品
长度	±2	±3
宽度	±2	±3
高度	±2	±3

注：1. 承重砌块最小外壁厚不应小于 30mm,肋厚不应小于 25mm。

　　2. 保温砌块最小外壁厚和肋厚不宜小于 20mm。

表 13-42　外观质量

项 目 名 称	一等品	合格品
缺棱掉角个数不多于	0	2
3 个方向投影的最小尺寸不大于(mm)	0	30
裂缝延伸投影的累计尺寸不大于(mm)	0	30

(4) 密度等级应符合表 13-43 要求。

(5) 强度等级：凡符合表 13-44 要求者为一等品；密度等级范围不满足要求者为合格品。

表 13-43　密度等级　　(kg/m³)

密 度 等 级	砌块干燥表观密度的范围
500	≤500
600	510~600
700	610~700
800	710~800
900	810~900
1 000	910~1 000
1 200	1 010~1 200
1 400	1 210~1 400

表 13-44　强度等级　　(MPa)

强 度 等 级	砌块抗压强度		密度等级范围
	平 均 值	最 小 值	
1.5	≥1.5	1.2	≤600
2.5	≥2.5	2.0	≤800
3.5	≥3.5	2.8	≤1 200
5.0	≥5.0	4.0	
7.5	≥7.5	6.0	≤1 400
10.0	≥10.0	8.0	

（6）吸水率、相对含水率和干缩率应符合以下要求：

① 吸水率不应大于 20%。

② 干缩率和相对含水率应符合表 13-45 要求。

表 13-45　干缩率和相对含水率　　　　　　　　（%）

干　缩　率	相对含水率		
	潮　湿	中　等	干　燥
＜0.03	45	40	35
0.03～0.045	40	35	30
＞0.045～0.065	35	30	25

注：1. 相对含水率即砌块出厂含水率与吸水率之比。

$$W = \frac{\omega_1}{\omega_2} \times 100$$

式中　W——砌块的相对含水率(%)；

　　　ω_1——砌块出厂时的含水率(%)；

　　　ω_2——砌块的吸水率(%)。

2. 使用地区的湿度条件：

　　潮湿——系指年平均相对湿度大于 75% 的地区；

　　中等——系指年平均相对湿度 50%～75% 的地区；

　　干燥——系指年平均相对湿度小于 50% 的地区。

（7）抗冻性应符合表 13-46 要求。

表 13-46　抗冻性指标

使用条件		抗冻标号	质量损失(%)	强度损失(%)
非采暖地区		F15		
采暖区：	相对湿度≤60%	F25	≤5	≤25
	相对湿度＞60%	F35		
水位变化、干湿循环或粉煤灰掺量≥取代水泥量 50%时		≥F50		

注：1. 非采暖地区指最冷月份平均气温高于-5℃的地区；采暖地区系指最冷月份平均气温低于或等于-5℃的地区。

　　2. 抗冻性合格的砌块的外观质量也应符合表 13-42 的要求。

（8）碳化系数和软化系数：加入粉煤灰等火山灰质掺合料的小砌块，其碳化系数不应小于 0.8；软化系数不应小于 0.75。

（9）放射性：掺工业废渣的砌块应符合 GB 6566 要求。

三、蒸压加气混凝土砌块（GB/T 11968—1997）

1. 规格

砌块的规格尺寸见表 13-47。

2. 等级

（1）强度级别有：A1.0，A2.0，A2.5，A3.5，A5.0，A7.5，A10 七个级别。

（2）体积密度级别有：B03，B04，B05，B06，B07，B08 六个级别。

（3）砌块按尺寸偏差与外观质量、体积密度和抗压强度分为：优等品（A）、一等品（B）、合格品(C)三个等级。

表 13-47　砌块的规格尺寸

砌块公称尺寸			砌块制作尺寸		
长度 L	宽度 B	高度 H	长度 L₁	宽度 B₁	高度 H₁
600	100 125 150 200 250 300 120 180 240	200 250 300	$L-10$	B	$H-10$

3. 标记

砌块产品标记按产品名称(代号 ACB)、强度级别、体积密度级别、规格尺寸、产品等级和标准编号的顺序进行。

【例】　强度级别为 A3.5,体积密度级别为 B05,优等品,规格尺寸为 $600mm \times 200mm \times 250mm$ 的蒸压加气混砌块,标记为:

ACB　A3.5　B05　$600mm \times 200mm \times 250mm$　GB11968

4. 技术要求

(1)砌块的尺寸允许偏差和外观应符合表 13-48 规定。

表 13-48　尺寸允许偏差和外观

项　目			指　标		
			优等品(A)	一等品(B)	合格品(C)
尺寸允许偏差(mm)	长度	L_1	±3	±4	±5
	宽度	B_1	±2	±3	+3 -4
	高度	H_1	±2	±3	+3 -4
缺棱掉角	个数,不多于(个)		0	1	2
	最大尺寸不得大于(mm)		0	70	70
	最小尺寸不得大于(mm)		0	30	30
	平面弯曲不得大于(mm)		0	3	5
裂　纹	条数,不多于(条)		0	1	2
	任一面上的裂纹长度不得大于裂纹方向尺寸的		0	1/3	1/2
	贯穿一棱二面的裂纹长度不得大于裂纹所在面的裂纹方向尺寸总和的		0	1/3	1/3
	爆裂、粘模和损坏深度不得大于(mm)		10	20	30
表面疏松、层裂			不允许		
表面油污			不允许		

(2) 砌块的抗压强度应符合表 13-49 的规定。

表 13-49　砌块的抗压强度　　　　　　　　　　　（MPa）

强度级别	立方体抗压强度	
	平均值不小于	单块最小值不小于
A1.0	1.0	0.8
A2.0	2.0	1.6
A2.5	2.5	2.0
A3.5	3.5	2.8
A5.0	5.0	4.0
A7.5	7.5	6.0
A10.0	10.0	8.0

(3) 砌块的强度级别符合表 13-50 的规定。

表 13-50　砌块的强度级别

体积密度级别		B03	B04	B05	B06	B07	B08
强度级别	优等品(A)			A3.5	A5.0	A7.5	A10.0
	一等品(B)	A1.0	A2.0	A3.5	A5.0	A7.5	A10.0
	合格品(C)			A2.5	A3.5	A5.0	A7.5

(4) 砌块的干体积密度应符合表 13-51 的规定。

表 13-51　砌块的干体积密度　　　　　　　　　　（kg/m³）

体积密度级别		B03	B04	B05	B06	B07	B08
体积密度	优等品(A) ≤	300	400	500	600	700	800
	一等品(B) ≤	330	430	530	630	730	830
	合格品(C) ≤	350	450	550	650	750	850

(5) 砌块的干燥收缩、抗冻性和导热系数(干态)应符合表 13-52 规定。

表 13-52　干燥收缩、抗冻性和导热系数

体积密度级别			B03	B04	B05	B06	B07	B08
干燥收缩值	标准法 ≤	(mm/m)	0.50					
	快速法 ≤		0.80					
抗冻性	质量损失(%) ≤		5.0					
	冻后强度(MPa) ≥		0.8	1.6	2.0	2.8	4.0	6.0
导热系数(干态)〔W/(m·k)〕≤			0.10	0.12	0.14	0.16	—	—

注：1. 规定采用标准法、快速法测定砌块干燥收缩值,若测定结果发生矛盾不能判定时,则以标准法测定的结果为准。
　　2. 用于墙体的砌块,允许不测导热系数。

(6) 掺用工业废渣为原料时,所含放射性物质应符合 GB 9196 规定。

四、粉煤灰砌块(JC 238—1991)

1. 规格

粉煤灰砌块的主规格外形尺寸为 880mm×380mm×240mm,880mm×430mm×240mm。砌块的端面应加灌浆槽,坐浆面宜设坑槽。

其它规格可由供需双方商定。

2. 等级

(1)粉煤灰砌块的强度等级按立方体试件的抗压强度分为 10 级和 13 级两个等级。

(2)粉煤灰砌块按其外观质量、尺寸偏差和干缩性能分为一等品(B)和合格品(C)。

3. 标记

粉煤灰砌块按其产品名称(FB)规格、强度等级、产品等级和标准编号顺序进行标记。

【例】 规格尺寸为 880mm×380mm×240mm,强度等级为 10 级、产品等级为一等品(B)。标记为:

$$FB880×380×240-10B-JC238$$

4. 技术要求

(1)粉煤灰砌块的外观质量和尺寸偏差应符合表 13-53 规定。

表 13-53　外观质量和尺寸允许偏差　　　　　　　　(mm)

项　目		指　标	
		一等品(B)	合格品(C)
外观质量	表面疏松	不允许	
	贯穿面棱的裂缝	不允许	
	任一面上的裂缝长度,不得大于裂缝方向砌块尺寸的	1/3	
	石灰团、石膏团	直径大于 5 的,不允许	
	粉煤灰团、空洞和爆裂	直径大于 30 的不允许	直径大于 50 的不允许
	局部突起高度　　　　　　　　≤	10	15
	翘曲　　　　　　　　　　　　≤	6	8
	缺棱掉角在长、宽、高三个方向上投影的最大值　≤	30	50
	高低差　　　长度方向	6	8
	宽度方向	4	6
尺寸允许偏差	长度	+4,−6	+5,−10
	高度	+4,−6	+5,−10
	宽度	±3	±6

(2)粉煤灰砌块的立方抗压强度、碳化后强度、抗冻性能和密度应符合表 13-54 规定。

表 13-54　立方抗压强度、碳化后强度、抗冻性和密度指标

项　目	指　标	
	10 级	13 级
抗压强度(MPa)	3 块试件平均值不小于 10.0 单块最小值 8.0	3 块试件平均值不小于 13.0 单块最小值 10.5

项　目	指　标	
	10 级	13 级
人工碳化后强度（MPa）	不小于 6.0	不小于 7.5
抗冻性	冻融循环结束后,外观无明显疏松、剥落或裂缝;强度损失不大于 20%	
密度（kg/m³）	不超过设计密度 10%	

（3）粉煤灰砌块的干缩值应符合表 13-55 规定。

表 13-55　干缩值　（mm/m）

一等品（B）	合格品（C）
≤0.75	≤0.90

五、装饰混凝土砌块(JC/T 641—1996)

1. 装饰混凝土砌块饰面种类

（1）劈离砌块:具有一定强度的砌块,用劈离机沿特定的面劈开为两部分,劈开的表面带有纹理并呈凹凸形貌的砌块。

（2）凿毛砌块:用高速喷砂或机械冲击砌块的表面,使水泥砂浆脱落成露出一个个小坑的砌块。类似天然石燃烧毛的装饰效果。

（3）条纹砌块:具有一定强度的砌块,表面用机械铣出横的、竖的、交叉的细纹的砌块。

（4）磨光砌块:用研磨机将砌块的表层砂浆磨掉,呈光滑的表面,并露出骨料。

（5）坍陷砌块:刚成型好的砌块,在适当垂直压力下稍被压塌成鼓胀状的砌块,又称鼓形砌块。

（6）雕塑砌块:用带沟、槽、肋、块、弧形和角形等特制模箱制成的砌块。这些及其组合砌块将构成的图案和外形。

（7）露骨料砌块:表面裸露骨料的砌块。

2. 装饰混凝土砌块的分类

装饰混凝土砌块分为砌体装饰砌块(包括实心装饰砌块,代号 S_q 和空心装饰砌块,代号 K_q)和贴面装饰砌块(代号 T_q)。对不同装饰面,应在代号前冠以饰面名称。

3. 装饰混凝土砌块的等级

（1）砌体装饰砌块按抗压强度分为 1.5、2.5、3.5、5.0、7.5、10.0、15.0、20.0、25.0、30.0 等 10 个等级。

（2）装饰砌块按抗渗性和相对含水率分为普通型(P)和防水型(F)。

（3）装饰砌块按外观质量分为优等品(A)、一等品(B)和合格品(C)。

4. 规格尺寸

（1）装饰砌块长度、宽度和高度的基本尺寸见表 13-56,也可按建筑墙体模数以及与用户协商的尺寸确定。

（2）空心装饰砌块(K_q)最小外壁应不小于 30mm;最小肋厚应不小于 25mm。

5. 标记

按产品代号、规格尺寸、强度等级、型别、质量等级和本标准编号顺序进行标记。

表 13-56　基本尺寸　（mm）

长度	590　490　390　290　190	
高度	290　240　190　140　90	
宽度	砌体装饰砌块　S_q、K_q	240　190
	贴面装饰砌块　T_q	70～30

【例 1】　尺寸 390mm×190mm,抗压强度 7.5 级,要求抗渗,相对含水率≤45%(防水型),外观质量优等品的劈离空心装饰砌块。标记为:

劈离 K_q 390×190　7.5F(<45%)A　JC/T641

【例2】 尺寸 490mm×240mm，抗折强度 4.0 级，无抗渗和相对含水率要求（普通型），外观质量合格品的劈离贴面装饰砌块。标记为：

$$\text{劈离 } T_q 490 \times 240 \quad 4.0PC \quad JC/T \ 641$$

【例3】 尺寸 590mm×290mm，抗压强度 25.0 级，无抗渗和相对含水率要求（普通型），外观质量一等品的凿毛实心装饰砌块。标记为：

$$\text{凿毛 } S_q \quad 590 \times 290 \quad 25.0 \quad P \quad B \quad JC/T \ 641$$

6. 技术要求

（1）外观质量应符合表 13-57 规定。

表 13-57 外观质量

项　　目			优等品（A）	一等品（B）	合格品（C）
弯曲（%）		≤	0.50	0.77	1.00
裂纹	饰面		无	无	无
	其它面裂纹延伸的投影长度累计不超过长度尺寸的百分数（%）　　　　　　≤		3.8	5.0	7.7
缺棱掉角	饰面	棱个数（个）	无	1	2
		长度不超过边长的百分数（%）	—	1.5	2.5
		角个数（个）	无	1	2
		相邻两边长度不超过边长百分数（%）	—	0.77	1.28
	底面	棱角个数（个）	2	2	2
		长度不超过边长的百分数（%）	4.0	5.0	6.0
饰面色泽、花纹与订货样板比较			基本相似	不大显著的区别	不大显著的区别

注：饰面层厚度不得小于 10mm。

（2）尺寸允许偏差应符合表 13-58 规定。

表 13-58 尺寸允许偏差 （mm）

长度	590±4　490±4　390±3　290±3　190±2	
高度	290±3　240±3　190±2	
宽度	砌体装饰砌块　S_q、K_q	240±3　190±2
	贴面装饰砌块　T_q	(70±1)～(30±1)

（3）强度应符合下列要求：

① 砌体装饰砌块的抗压强度应符合表 13-59 规定。

② 贴面装饰砌块以抗折强度确定，5 块平均值应不小于 4.0MPa，单块最小值应不小于 3.2MPa。

表 13-59 砌体装饰砌块抗压强度指标 （MPa）

等　级	5 块平均值≥	单块最小值≥
空心装饰砌块		
1.5	1.5	1.2
2.5	2.5	2.0
3.5	3.5	2.8
5.0	5.0	4.0
7.5	7.5	6.0
10.0	10.0	8.0
15.0	15.0	11.0
20.0	20.0	16.0
实心装饰砌块		
10.0	10.0	8.0
15.0	15.0	11.0
20.0	20.0	16.0
25.0	25.0	20.0
30.0	30.0	24.0

（4）相对含水率应符合表 13-60 规定。

（5）抗渗性应符合表 13-61 规定。

<table>
<tr><td colspan="4" style="text-align:center">表 13-60 相对含水率</td></tr>
<tr><td rowspan="2">类 型</td><td colspan="3">使用地区的年平均湿度（%）</td></tr>
<tr><td>＞75</td><td>50～75</td><td>＜50</td></tr>
<tr><td>F</td><td>≤45</td><td>≤40</td><td>≤35</td></tr>
<tr><td>P</td><td>—</td><td>—</td><td>—</td></tr>
</table>

<table>
<tr><td colspan="2" style="text-align:center">表 13-61 抗渗性</td></tr>
<tr><td>类 型</td><td>水面下降高度（mm）</td></tr>
<tr><td>F</td><td>≤10</td></tr>
<tr><td>P</td><td>—</td></tr>
</table>

六、石膏砌块（JC/T 698—1998）

1. 定义

以建筑石膏为主要原料，经加水搅拌、浇筑成型和干燥而制成的建筑石膏制品。

2. 石膏砌块的分类

（1）按石膏砌块结构分成两类：

① 石膏空心砌块：带有水平或垂直方向的预制孔洞的砌块，代号 K。

② 石膏实心砌块：无预制孔洞的砌块，代号 S。

（2）按所用石膏的来源分成两类：

① 天然石膏砌块：用天然石膏作原料制成的砌块，代号 T。

② 化学石膏砌块：用化学石膏作原料制成的砌块，代号 H。

（3）按砌块的防潮性能分成两类：

① 普通石膏砌块：在成型过程中未作防潮处理的砌块，代号 P。

② 防潮石膏砌块：在成型过程中经防潮处理，具有防潮性能的砌块，代号 F。

3. 石膏砌块的规格

石膏砌块外形为长方体，纵横边缘分别设有榫头和榫槽，其规格为：长度 666mm；高度 500mm；厚度 60mm、80mm、90mm、100mm、110mm、120mm。

根据用户需要生产其它规格的产品时，其质量也应符合标准要求。

4. 产品标记

标记的顺序为：产品名称、类别代号、规格尺寸和标准号。

【例】 用天然石膏作原料制成的长度为 666mm、高度为 500mm、厚度为 80mm 的普通空心砌块，标记为：

石膏砌块 KTP 666×500×80 JC/T 698—1998

5. 技术要求

（1）外观质量：砌块表面应平整、棱角平直，外观质量应符合表 13-62 的规定。

（2）尺寸偏差：石膏砌块的尺寸偏差应不大于表 13-63 规定。

<table>
<tr><td colspan="2" style="text-align:center">表 13-62 外观质量</td></tr>
<tr><td>项 目</td><td>指 标</td></tr>
<tr><td>缺角</td><td>同一砌块不得多于 1 处，缺角尺寸应小于 30mm×30mm</td></tr>
<tr><td>板面裂纹</td><td>非贯穿裂纹不得多于 1 条，裂纹长度小于 30mm，宽度小于 1mm</td></tr>
<tr><td>油污</td><td>不允许</td></tr>
<tr><td>气孔</td><td>直径 5～10mm，不多于 2 处；＞10mm，不允许</td></tr>
</table>

<table>
<tr><td colspan="3" style="text-align:center">表 13-63 尺寸偏差 （mm）</td></tr>
<tr><td>项 目</td><td>规 格</td><td>尺寸偏差</td></tr>
<tr><td>长度</td><td>666</td><td>±3</td></tr>
<tr><td>高度</td><td>500</td><td>±2</td></tr>
<tr><td>厚度</td><td>60、80、90、100、110、120</td><td>±1.5</td></tr>
</table>

(3) 表观密度:实心砌块的表观密度应不大于 $1000kg/m^3$,空心砌块的表观密度应不大于 $700kg/m^3$。单块砌块的重量应不大于 30kg。

(4) 平整度:石膏砌块表面应平整,平整度应不大于 1.0mm。

(5) 断裂荷载:石膏砌块应有足够的机械强度,断裂荷载值应不小于 15kN。

(6) 软化系数:对于防潮石膏砌块,其软化系数应不小于 0.6。

七、混凝土路面砖(JC/T 446—2000)

1. 品种及代号

混凝土路面砖分为:普通型路面砖,代号为 N;联锁型路面砖,代号为 S。

2. 规格尺寸(见表 13-64)

3. 等级

(1) 抗压强度分为:C_c30、C_c35、C_c40、C_c50、C_c60。

表 13-64　规格尺寸　　(mm)

边　　长	100,150,200,250,300,400,500
厚　　度	50,60,80,100,120

(2) 抗折强度分为:$C_f3.5$、$C_f4.0$、$C_f5.0$、$C_f6.0$。

(3) 质量等级:符合规定强度等级的路面砖,根据外观质量、尺寸偏差和物理性能分为优等品(A)、一等品(B)和合格品(C)。

4. 标记

按产品代号、规格尺寸、强度、质量等级和本标准编号顺序进行标记。

【例】　普通型路面砖,规格为 250mm×250mm×60mm,抗压强度等级 C_c40,合格品,标记为:

$$N \quad 250×250×60 \quad C_c40 \quad C \quad JC/T\ 446$$

5. 技术要求

(1) 外观质量应符合表 13-65 要求。

表 13-65　外观质量　　　　(mm)

项　目		优　等　品	一　等　品	合　格　品
正面粘皮及缺损的最大投影尺寸	≤	0	5	10
缺棱掉角的最大投影尺寸	≤	0	10	20
裂纹	非贯穿裂纹长度最大投影尺寸 ≤	0	10	20
	贯穿裂纹	不允许		
分　层		不允许		
色差、杂色		不明显		

(2) 尺寸允许偏差应符合表 13-66 要求。

表 13-66　尺寸允许偏差　　　　(mm)(mm)

项　目	优　等　品	一　等　品	合　格　品
长度、宽度	±2.0	±2.0	±2.0
厚　度	±2.0	±3.0	±4.0
厚度差	≤2.0	≤3.0	≤3.0
平整度	≤1.0	≤2.0	≤2.0
垂直度	≤1.0	≤2.0	≤2.0

（3）力学性能：根据路面砖边长与厚度比值，选择做抗压强度或抗折强度实验，其力学性能必须符合表 13-67 的规定。

表 13-67　力学性能　　　　　　　　　　　　　　　（MPa）

边长/厚度	<5		边长/厚度	≥5	
抗压强度等级	平均值　≥	单块最小值　≥	抗折强度等级	平均值　≥	单块最小值　≥
C_c30	30.0	25.0	$C_f3.5$	3.50	3.00
C_c35	35.0	30.0	$C_f4.0$	4.00	3.20
C_c40	40.0	35.0	$C_f5.0$	5.00	4.20
C_c50	50.0	42.0	$C_f6.0$	6.00	5.00
C_c60	60.0	50.0			

（4）物理性能：路面砖的物理性能必须符合表 13-68 的规定。

表 13-68　物理性能

质量等级	耐磨性		吸水率(%)≤	抗冻性
	磨坑长度(mm)≤	耐磨度≥		
优等品	28.0	1.9	5.0	冻融循环试验后，外观质量须符合表 13-53 的规定；强度损失不得大于 20.0%
一等品	32.0	1.5	6.5	
合格品	35.0	1.2	8.0	

注：磨坑长度与耐磨度二项试验只做一项即可。

八、粉煤灰小型空心砌块(JC 862—2000)

1. 定义：指以粉煤灰、水泥、各种轻重骨料和水为主要组分（也可加入外加剂等）拌合制成的小型空心砌块，其中粉煤灰用量不应低于原材料重量的 20%，水泥用量不应低于原材料重量的 10%。

2. 分类

粉煤灰小型空心砌块按孔的排数分为：单排孔（1）、双排孔（2）、三排孔（3）和四排孔（4）四类。

3. 等级

（1）粉煤灰小型空心砌块按强度等级分为：MU2.5、MU3.5、MU5.0、MU7.5、MU10.0、MU15.0 六个等级。

（2）粉煤灰小型空心砌块按尺寸偏差、外观质量、碳化系数分为：优等品（A）、一等品（B）、合格品（C）三个等级。

4. 产品标记

粉煤灰小型空心砌块（FB）按产品名称、分类、强度等级、质量等级和本标准编号的顺序进行标记。

【例】　强度等级为 7.5 级、质量等级为优等品的粉煤灰双排孔小型空心砌块。标记为：

FB2　7.5A　JC862

5. 技术要求

（1）规格尺寸：粉煤灰小型空心砌块的主规格尺寸为 390mm×190mm×190mm，尺寸允许偏差见表 13-69 规定。

(2) 外观质量应符合表 13-70 要求。

表 13-69　尺寸偏差（mm）

项目名称	优等品	一等品	合格品
长度	±2	±3	±3
宽度	±2	±3	±3
高度	±2	±3	+3/−4

注：最小外壁厚不应小于 25mm，肋厚不应小于 20mm。

表 13-70　外观质量

项目名称		优等品	一等品	合格品
缺棱掉角个数（个）	≤	0	2	2
3 个方向投影的最小值(mm)	≤	0	20	30
裂缝延伸投影的累计尺寸(mm)	≤	0	20	30
弯曲(mm)	≤	2	3	4

(3) 强度等级应符合表 13-71 要求。

(4) 碳化系数：优等品不小于 0.80，一等品不小于 0.75，合格品应不小于 0.70。

(5) 干燥收缩率：不应大于 0.06%。

(6) 抗冻性应符合表 13-72 规定。

表 13-71　强度等级　（MPa）

强度等级	抗压强度	
	平均值　≥	最小值　≥
2.5	2.5	2.0
3.5	3.5	2.8
5.0	5.0	4.0
7.5	7.5	6.0
10.0	10.0	8.0
15.0	15.0	12.0

表 13-72　抗冻性指标

使用环境条件	抗冻标号	指标
非采暖地区	不规定	—
采暖地区一般环境	D_{15}	强度损失≤25%
采暖地区干湿交替环境	D_{25}	质量损失≤5%

注：非采暖地区指最冷月份平均气温高于−5℃的地区；采暖地区指最冷月份平均气温低于或等于−5℃的地区。

(7) 软化系数不应小于 0.75。

(8) 放射性：应符合 GB 9196 要求。

第三节　墙　　板

一、纸面石膏板（GB/T 9775—1999）

1. 产品分类

(1) 纸面石膏板按其用途分为：普通纸面石膏板、耐水纸面石膏板和耐火纸面石膏板三种。

① 普通纸面石膏板（代号 P）：以建筑石膏为主要原料，掺入适量轻骨料、纤维增强材料和外加剂构成芯材，并与护面纸牢固地粘结在一起的建筑板材。

② 耐水纸面石膏板（代号 S）：以建筑石膏为主要原料，掺入适量纤维增强材料和耐水外加剂等构成芯材，并与耐水护面纸牢固地粘结在一起的吸水率较低的建筑板材。

③ 耐火纸面石膏板（代号 H）：以建筑石膏为主要原料，掺入适量轻骨料、无机耐火纤维增强材料和外加剂构成耐火芯材，并与护面纸牢固地粘结在一起的改善高温下芯材结合力的建

筑板材。

（2）纸面石膏板的边部形状分为矩形、倒角形、楔形和圆形四种（见图13-3），也可根据用户要求生产其它边部形状的板。

2. 规格尺寸

（1）纸面石膏板的长度为1800mm、2100mm、2400mm、2700mm、3000mm、3300mm和3600mm。

（2）纸面石膏板的宽度为900mm和1200mm。

（3）纸面石膏板的厚度为9.5mm、12.0mm、15.0mm、18.0mm、21.0mm和25.0mm。

注：可根据用户要求，生产其它规格尺寸的板材。

3. 标记方法

标记的顺序为：产品名称、代号、长度、宽度、厚度及标准号。

【例】 长度3000mm、宽度1200mm、厚度12.0mm带楔形棱边的普通纸面石膏板，标记为：

纸面石膏板 PC 3000×1200×12.0 GB/T 9775—1999。

4. 技术要求

（1）外观质量：纸面石膏板表面平整，不得有影响使用的破损、波纹、沟槽、污痕、过烧、亏料、边部漏料和纸面脱开等缺陷。

（2）尺寸偏差：纸面石膏板的尺寸偏差应不大于表13-73的规定。

（3）对角线长度差：板材应切成矩形，两对角线长度差应不大于5mm。

（4）楔形棱边断面尺寸：楔形棱边宽度为30～80mm，楔形棱边深度为0.6～1.9mm。

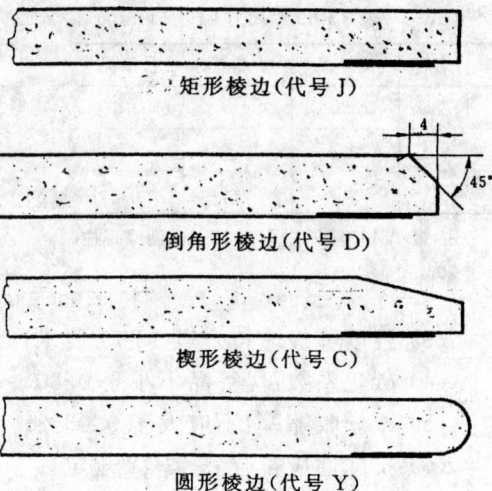

矩形棱边（代号J）

倒角形棱边（代号D）

楔形棱边（代号C）

圆形棱边（代号Y）

图 13-3　纸面石膏板的边部形状

表 13-73　尺寸偏差　　　（mm）

项　目	长度	宽度	厚　度	
			9.5	≥12.0
尺寸偏差	0 −6	0 −5	±0.5	±0.6

（5）断裂荷载：板材的纵向断裂荷载值和横向断裂荷载值应不低于表13-74的规定。

（6）单位面积质量：板材的单位面积质量应不大于表13-75的规定。

表 13-74　断裂荷载

板材厚度（mm）	断裂荷载（N）	
	纵　向	横　向
9.5	360	140
12.0	500	180
15.0	650	220
18.0	800	270
21.0	950	320
25.0	1100	370

表 13-75　单位面积质量

板材厚度（mm）	单位面积质量（kg/m²）
9.5	9.5
12.0	12.0
15.0	15.0
18.0	18.0
21.0	21.0
25.0	25.0

（7）护面纸与石膏芯的粘结：护面纸与石膏芯应粘结良好，按规定方法测定时，石膏芯应不裸露。

（8）吸水率（仅适用于耐水纸面石膏板）：板材的吸水率应不大于 10.0%。

（9）表面吸水量（仅适应于耐水纸面石膏板）：板材的表面吸水量应不大于 160g/m²。

（10）遇火稳定性（仅适用于耐火纸面石膏板）：板材遇火稳定时间应不小于 20min。

二、蒸压加气混凝土板（GB 15762—1995）

1. 品种和规格

（1）蒸压加气混凝土板屋面板的规格见表 13-76，其外形见图 13-4。屋面板两侧应按设计要求设置槽、预埋件等。

表 13-76　蒸压加气混凝土屋面板规格尺寸

品　　种	代　号	产品公称尺寸（mm）			产品制作尺寸（mm）				
		长度 L	宽度 B	厚度 D	长度 L_1	宽度 B_1	厚度 D_1	槽	
								高度 h	宽度 d
屋面板	JWB	1800～6000	500 600	150 170 180 200 240 250	$L-20$	$B-2$	D	40	15

注：槽的形状和位置根据设计确定。

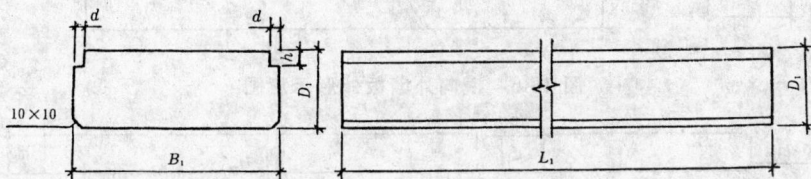

图 13-4　屋面板外形示意图

（2）墙板的规格见表 13-77，其外形见图 13-5、图 13-6 和图 13-7。

表 13-77　蒸压加气混凝土墙板规格尺寸　　　　　　　　　　　　　　　（mm）

品　　种	代　号	产品公称尺寸			产品制作尺寸				
		长度 L	宽度 B	厚度 D	长度 L_1	宽度 B_1	厚度 D_1	槽	
								高度 h	宽度 d
外墙板	JQB	1500～6000	500 600	150 170 180 200 240 250	竖向：L 横向：L−20	$B-2$	D	30	30
隔墙板	JGB	按设计要求	500 600	75 100 120	按设计要求	$B-2$	D	—	—

· 411 ·

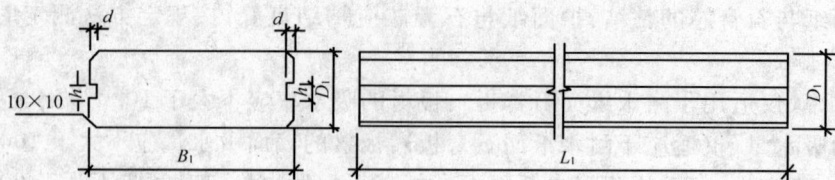

图 13-5 竖向外墙板外形示意图

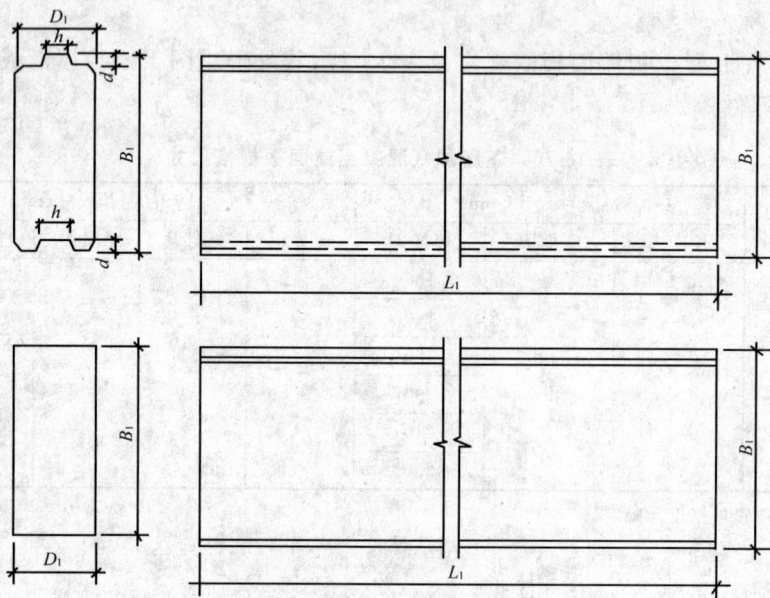

图 13-6 横向外墙板外形示意图

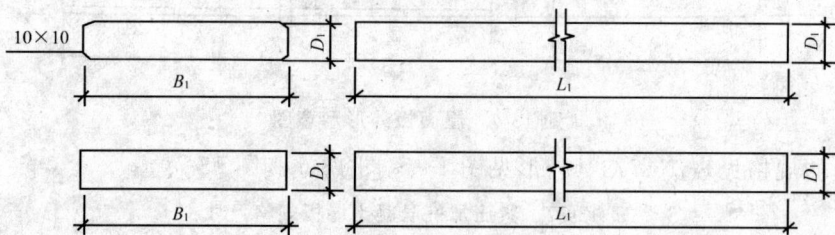

图 13-7 隔墙板外形示意图

（3）订货单位如需其它规格，可与生产厂协商确定。

2. 等级

（1）按加气混凝土干体积密度分为 05、06、07、08 级。

（2）按尺寸允许偏差和外观分为：优等品（A）、一等品（B）和合格品（C）三个等级。

3. 产品标记

（1）屋面板按代号、级别、标准荷载、公称尺寸（长度×厚度）、质量、等级和标准号顺序进行标记。

【例】 级别为 06，标准荷载为 1500kN/m²，公称尺寸长度为 4800mm、厚度为 175mm，优等品的屋面板。标记为：

JWB 06 1500 4800×175 A GB 15762—1995

（2）墙板按代号、级别、公称尺寸（长度×厚度）和等级顺序进行标记。

【例】 级别为 05，公称尺寸长度为 6000mm，厚度为 120mm 优等品的隔墙板。标记为：

JGB 05 6000×120A GB 15762—1995

4. 技术要求

（1）利用工业废渣为原料时，应符合 GB 6763 和 GB 9196 的规定。

（2）蒸压加气混凝土性能应符合 GB 11968 的规定。

（3）钢筋应符合 GB 1499 Ⅰ级钢的规定。

（4）钢筋涂层的防锈能力≥8 级。

（5）05、06 级板，板内钢筋粘着力≥0.8MPa（单筋粘着力最小值不得小于 0.5MPa）。07、08 级板，板内钢筋粘着力≥1.0MPa（单筋粘着力最小值不得小于 0.5MPa）。

（6）板的尺寸允许偏差和外观质量应符合表 13-78 的规定。

表 13-78 蒸压加气混凝土板尺寸允许偏差和外观质量要求　　　　　　　（mm）

项　目		基 本 尺 寸	允 许 偏 差		
			优等品（A）	一等品（B）	合格品（C）
尺寸	长度 L	按制作尺寸	±4	±5	±7
	宽度 B	按制作尺寸	+2 −4	+2 −5	+2 −6
	厚度 D	按制作尺寸	±2	±3	±4
	槽	按制作尺寸	−0 +5	−0 +5	−0 +5
外观	侧向弯曲		$L_1/1\,000$	$L_1/1\,000$	$L_1/750$
	对角线差		$L_1/600$	$L_1/600$	$L_1/500$
	表面平整		5	5	5
	露筋、掉角、侧面损伤、大面损伤、端部掉头		不允许	不允许	不允许
钢筋保护层	主筋	20	+5 −10	+5 −10	+5 −10
	端部	0～15	—	—	—

（7）优等品和一等品的板不得有裂缝；合格品屋面板不得有贯穿裂缝和其它影响结构性能的裂缝，不得有长度≥600mm、宽度≥0.2mm 纵向裂缝，其它裂缝的数量不得多于 2 条；合格品墙板上不得有贯穿裂缝，其它的裂缝长度、宽度不做限定，数量不得多于 3 条。

（8）板的钢筋保护层从钢筋外缘算起，见图 13-8。

（9）在符合下列情况时，板允许修补。对于 05、06 级板，修补料抗压强度 5.0MPa，对于 07、08 级板，修补料抗压强度 8.0MPa。修补完整后，板经检查合格，可作为合格品出厂。修补时应符合以下要求：

① 掉角：板宽方向的尺寸 b≤150，板长方向的尺寸 b≤300 处，见图 13-9；

② 侧面损伤：总长度 b≤500，深度 a 不超过主筋保护层，见图 13-10；

③ 大面损伤：面积≤200cm²，深度 a≤10，板长 L≤3300 的板有 1 处，L＞3300 的板小于

或等于 2 处,见图 13-11;

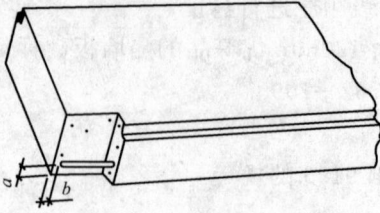

图 13-8　钢筋保护层示意图

a—主筋保护层;b—端部保护层

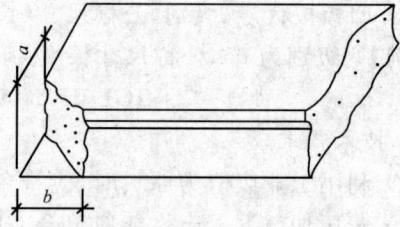

图 13-9　掉角示意图

a—板宽方向;b—板长方向

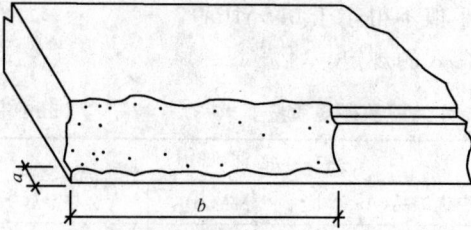

图 13-10　侧面损伤示意图

a—深度;b—长度

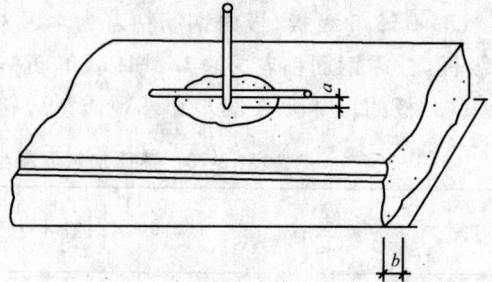

图 13-11　大面损伤及端部掉头示意图

a—大面损伤深度;b—端部掉头深度

④ 端部掉头(包括疏皮):宽度 $b \leqslant 25$,1 处,见图 13-11;

⑤ 发气不够高的板宽度尺寸不足;宽度 $\geqslant 585mm$,长度 $\leqslant 2/3$ 板长;宽度 $< 585mm$ 时,符合侧面损伤的情况;

⑥ 板槽尺寸不符合规定。

(10) 屋面板的结构性能应满足以下要求:

① 材料强度和构造要求,应符合设计图纸规定。

② 承载能力检验系数实测值:

$$\gamma_u^0 \geqslant \gamma_0 [\gamma_0] \frac{1}{\gamma_R}$$

式中　γ_u^0——屋面板承载力检验系数实测值,即试验达到表 13-79 所列破坏的检验标志之一时,荷载实测值与荷载设计值(均包括自重)的比值;

γ_0——重要性系数,根据结构安全等级,由表 13-80 选用;

$[\gamma_0]$——屋面板承载力检验系数允许值,按表 13-79 选用;

γ_R——屋面板抗力分项系数,采用 0.75。

注:荷载设计值指相当于承载能力极限状态效应组合下的荷载值。

表 13-79　蒸压加气混凝土屋面板承载力检验系数允许值

结构设计受力情况	破坏的检验标志	$[\gamma_0]$
受弯	在受拉主筋处的最大裂缝宽度达到 1.5mm,或挠度达到跨度的 1/50	1.20
	受压处加气混凝土破坏	1.25
	受拉主筋拉断	1.50

结构设计受力情况	破坏的检验标志	〔γ_0〕
受弯构件的受剪	腹部斜裂缝达到 1.5mm,或斜裂缝末端受压区加气混凝土剪压破坏	1.50
	沿斜截面加气混凝土斜压破坏,或受拉主筋在端部滑脱,或其它锚固破坏	1.50

表 13-80　蒸压加气混凝土屋面板重要性系数

结构安全等级	一级	二级	三级
γ_0	1.1	1.0	0.9

③ 短期挠度实测值:

$$\alpha_s \leqslant \frac{M_s}{M_{s1}(\theta - 1) + M_s}[\alpha_f]$$

式中　α_s ——在荷载的短期组合值作用下,屋面板的短期挠度实测值;

M_s ——按荷载的短期组合值计算所得的弯矩值;

M_{s1} ——按荷载的长期组合计算所得的弯矩值;

θ ——考虑荷载长期组合对挠度增大的影响系数,采用 2.0;

$[\alpha_f]$ ——屋面板的挠度允许值,采用 1/200 板的跨度(l_0)。

④ 在短期作用的标准荷载下,不应出现新裂缝。

⑤ 标准荷载由各地区设计单位提出,由有关主管部门确定。

5. 标志、储存、包装、运输

(1) 出厂产品应有产品质量证明书,在每块板的一个侧面应有商标(或厂名)、产品标记、板的使用方向、生产日期等标志。

(2) 板应在厂房内存放 5 天以上,方可出厂。

(3) 屋面板应按使用方向平放,墙板宜侧放置。堆放场地应坚实、平整、干燥,堆放时板不得直接接触地面。屋面板垛高(H_1)应在 1.5m 以内,垛间需放垫条,厂内堆放总高度(H_2)不得大于 6.5m,露天储存时应有防雨措施。

(4) 板在运输装卸时需用专用工具,应绑扎或包装运输。

第十四章 木　　材

　　木材在国民经济的各个部门中被广泛地应用。在建筑工程中,木材是主要的建筑材料之一,如门窗、屋架、梁、柱、支撑、模板、地板、隔墙、天棚及室内装饰都需要用木材来制作。木材具有很多独特的优良性能:如轻质高强,比强度高;有较高的弹性和韧性,耐冲击和振动;容易加工;不易传热,不导热,保温隔热性好;长期保持干燥或长期置于水中,均有很高的耐久性;大部分木材都具有美丽的木纹和色泽,装饰性好。木材本身也存在一些缺点:如木材组织构造不均匀,物理、力学性能各向异性;木材中含水量易随周围环境湿度变化而改变,导致膨胀或收缩,给木材加工带来困难;容易燃烧、变色、虫蛀和腐朽;有天然疵点、缺陷等。通过对木材的加工处理,可以发挥其优点,克服其缺点。可根据木材的各种特点和不同技术要求,合理选用木材的品种,提高其使用价值。

　　木材是天然资源,用途广,需要量大,但木材的生长期长,木材的生产量跟不上日益发展的社会需求量。这就要求我们节约使用木材,并积极采用新技术、新工艺,扩大和寻求木材综合利用的新途径。

第一节　木材的构造

　　树木由树根、树干和树冠三部分组成,建筑用木材主要取自树干。

　　针叶树树干通直而高大,易得木材,纹理平顺,材质均匀,木质较软易加工,称软木材。这种树木表观密度和胀缩变形较小,耐腐蚀性较强,是建筑工程主要应用的木材。

　　阔叶树树干通直部分较短,材质较硬,较难加工;称硬木材。这种树木较重,强度较大,胀缩和翘曲变形较大,容易开裂。这种木材木纹美观,适宜用作室内装饰用小尺寸构件、家具及胶合板等。

一、木材的宏观构造

　　木材的宏观构造是指用肉眼或放大镜就能观察到的,一般从树干的三个切面上来观察剖析。树干的组成见图14-1。木材的三个切面,即横切面(垂直于树轴的面)、径切面(通过树轴的纵切面)和弦切面(平行树轴的纵切面),见图14-2。

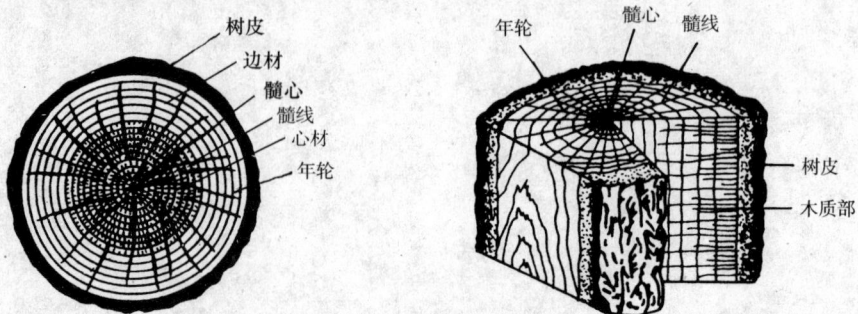

图 14-1　树干的组成

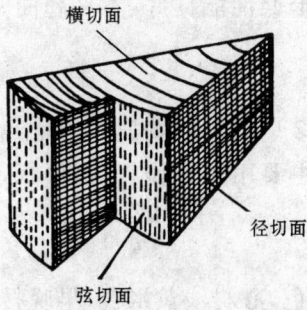

横切面

径切面

弦切面

图 14-2　木材的三切面

由图可见,树干是由树皮、木质部和髓心等部分组成的。木质部是建筑材料使用的主要部分,研究木材的构造是指木质部的构造。木质部接近中心部分为心材,心材外围颜色较浅的部分为边材。心材是树木生长时由边材转变而来,在变化过程中活的细胞逐渐死亡,水分减少,树脂和色素等透入,使心材颜色加深,材质变硬,耐久性提高。一般说,心材比边材的利用价值大些。

在横切面有一圈圈呈同心圆的木质层称为年轮。多数树种的年轮近似圆圈,只有少数树种呈不规则的波浪状。在同一年轮内,春天生长的木质,色较浅,质松软,称为春材(早材);靠外面的一部木质是夏秋二季生长的,颜色较深,质地坚硬,称为夏材(晚材)。由于晚材较早材致密、坚硬,因此木材的质量和强度大小与晚材多少有关。相同树种,年轮越密而均匀,材质越好。夏材部分越多,木材强度越高。

位于树干中心的称为髓心。它是一种柔软薄壁组织,其组织松软,强度低,易开裂,易腐朽,因此,要求质量高的用材,不得带有髓心,但对于一般用材影响不大,可容许存在。从髓心向外的辐射线,称为髓线,它与周围连接差,干燥时易沿此开裂。

二、木材的微观结构

木材的微观结构是指用显微镜观察木材中细胞的大小和性质。在显微镜下观察到的木材是由无数管状细胞紧密结合而成的,绝大部分纵向排列,少数横向排列。每一个细胞分细胞壁和细胞腔两部分。细胞壁由细纤维组成,其纵向连接较横向牢固,纤维间空隙极小,能吸附和渗透水分。木材的细胞壁越厚,细胞腔越小,木材越密实,表观密度和强度也越大。但胀缩性也大。与春材比较,夏材的细胞壁较厚,细胞腔较小。图 14-3 为细胞壁的结构;图 14-4 为针叶材的横切片。

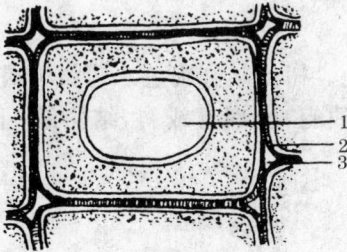

图 14-3　细胞壁的结构
1. 细胞腔　2. 初生层　3. 细胞间层

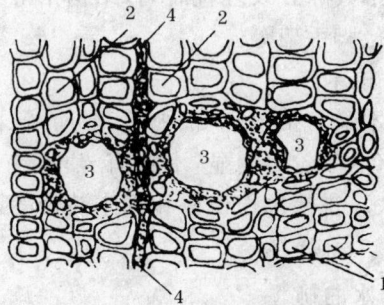

图 14-4　针叶材的横切片
1. 晚期木质细胞　2. 早期木质细胞
3. 树脂流出孔　4. 木髓线

第二节　建筑用材的主要树种

一、针叶树

1. 红松

红松又名果松、海松,产于东北长白山、小兴安岭。树皮灰红褐色,内皮浅驼色。边材浅黄褐色,心材淡玫瑰色,年轮窄而均匀。材质轻软,纹理直,结构中等,干燥性能良好,不易翘曲、开裂,耐久性强,易加工。主要用于制作门窗、屋架、檩条、模板等。

2. 鱼鳞云杉

鱼鳞云杉又名鱼鳞松、白松,产于东北。树皮灰褐色至暗棕色,多呈鱼鳞状剥层。木材浅驼色,略带白色。材质轻,纹理直,结构细而均匀,易干燥,易加工。主要用于制作门窗、模板、地板等。

3. 樟子松

樟子松又名蒙古赤松、海拉尔松,产于东北大兴安岭。边材黄白色,心材浅黄褐色,早晚材急变,较红松略硬,纹理直,结构中等,耐久性强。主要用于制作模板、胶合板等。

4. 马尾松

马尾松又名本松,产于长江流域以南。外皮深红褐色微灰,内皮枣红色微黄,心材深黄褐色微红。材质中硬,纹理直斜不匀,结构粗,不耐腐,最易受白蚁蛀蚀,松脂气味显著。主要用于制作模板、门窗、椽条、地板以及胶合板等。

5. 落叶松

落叶松又名黄花松,产于东北大小兴安岭及长白山。树皮暗灰色,内皮淡肉红色。边材黄褐色微带褐。心材黄褐至棕褐色,早晚材硬度及收缩差异均大。材质坚硬,耐磨,耐腐蚀性强,干燥慢,在干燥过程中易开裂。主要用于制作檩条、地板、木桩等。

6. 臭冷杉

臭冷杉又名臭松、白松,产于东北、河北、山西。树皮暗灰色。材色淡黄、白色略带褐色。材质轻软,纹理直,结构略粗,易干燥,易加工。主要用于制作门窗、模板等。

7. 杉木

杉木产于长江流域及其以南,按照产地不同又有建杉、广杉、西杉之分。树皮灰褐色。有显著杉木气味。纹理直而匀,结构中等或粗,易干燥,耐久性强。主要用于制作屋架、檩条、地板、门窗、脚手架等。

8. 柏木

柏木又名柏树,产于中南、西南、江西、安徽、浙江等地。树皮暗红褐色。边材黄褐色,心材淡橘黄色,年轮不明显,木材有光泽,有柏木香气。材质致密,纹理直或斜,结构细,干燥易开裂,耐久。主要用作模板和细木装修等。

二、阔叶树

1. 水曲柳

水曲柳产于东北。树灰白色微黄,内皮淡黄色,干后浅驼色。边材窄呈黄白色,心材褐色略黄。材质光滑,花纹美丽,结构中等,不易干燥,易翘裂,耐腐蚀性较强。主要用于制作胶合板、栏杆扶手、地板等。

2. 核桃楸

核桃楸又名楸木,产于东北。树皮暗灰褐色。边材较窄,灰白色带褐,心材淡灰褐色稍带紫。富有韧性,干燥不易翘曲。主要用于制作胶合板及细木装修等。

3. 板栗

板栗又名栗木,产于华北、华东、中南。树皮灰色。边材窄,浅灰褐色,心材浅栗褐色。材质坚硬,纹理直,结构粗,耐久性强。主要用于制作地板、栏杆扶手等。

4. 麻栎

麻栎又名橡树、青冈,南方各地均有生长。树皮暗灰色,内皮米黄色。边材暗褐色,心材红褐色至暗红褐色。材质坚硬,纹理直或斜,结构粗,耐磨。主要用作地板、栏杆扶手等。

5. 柞木

柞木又名蒙古栎、橡木,产于东北。外皮黑褐色,内皮淡褐色。边材淡黄白色带褐,心材暗褐色微黄。材质坚韧,纹理直或斜,结构致密、耐磨。主要用于制作地板、胶合板等。

6. 青冈栎

青冈栎又名铁槠、青栲,产于长江流域以南。外皮深灰色,内皮呈菊花状。木材呈灰褐至红褐色,边材色较浅。材质坚硬,纹理直,结构中等,耐腐蚀强。主要用途同柞木。

7. 色木

色木又名槭树,产于东北、华北、安徽。树皮灰褐色,内皮淡橙黄色。木材淡红褐色,常呈现灰褐斑点或条纹。纹理直,结构细,耐磨。主要用作胶合板、地板及细木装修等。

8. 桦木

桦木又名白桦,产于东北。树皮粉红色,老龄时灰白色成片状剥落,内皮肉红色。材色呈黄白色略带褐。纹理直,结构细,易干燥不翘裂,切削面光滑,不耐腐。主要用于制作胶合板及装修等。

第三节　木材的物理力学性能

一、密度、表观密度

木材的平均密度约为 $1.55g/cm^3$。常用木材的气干表观密度平均为 $500kg/m^3$。表观密度大小与木材种类及含水率有关,如夏材含水量多其表观密度大。当木材含水率变化时,木材表观密度随之发生变化,所以在确定木材的表观密度时,要规定在含水率为 15% 时的标准含水率情况下进行。

二、含水量

木材的含水量用含水率表示,即指木材中所含水的质量占干燥木材质量的百分比。

木材中所含水分,可分为自由水和吸附水两种。自由水是存在于细胞腔和细胞间隙中的水分,吸附水是被吸附在细胞壁内的水分。自由水只与木材的表观密度、保存性、燃烧性、干燥性及渗透性有关,而吸附水是影响木材强度和胀缩的主要因素。

当木材中无自由水,仅是细胞壁内充满吸附水时,这时木材的含水率称为纤维饱和点。纤维饱和点随树种而异,通常介于 25%～35% 之间,平均值约为 30%。纤维饱和点是木材物理力学性质发生变化的转折点。

潮湿的木材能在较干燥的空气中失去水分,干燥的木材也能从周围的空气中吸收水分。当木材长期处于一定温度和湿度的空气中,则会达到相对稳定的含水率,即木材中水分蒸发和吸收趋于平衡,这时木材的含水率称为平衡含水率。木材的平衡含水率随大气的温度和相对湿度而变化。

新伐木材含水率常在 35% 以上,长期处于水中的木材含水率更高,风干木材含水率为 15%～25%,室内干燥木材含水率常为 8%～15%。

三、湿胀干缩

木材具有显著的湿胀干缩性。当木材从潮湿状态干燥至纤维饱和点时,自由水蒸发,其尺寸不改变,继续干燥,即当细胞壁中吸附水蒸发时,则发生体积收缩。反之,干燥木材吸湿时,将发生体积膨胀,直到含水率达纤维饱和点时为止,此后,木材含水量继续增大,也不再膨胀。木材的这种湿胀干缩性随树种而有差异,一般来讲,表观密度大的,夏材含量多的,胀缩就较大。

木材由于构造不均匀,使各方向胀缩也不一样,在同一木材中,这种变化沿弦向最大,径向次之,纤维方向最小。木材干燥时,弦向干缩为 6%~12%,径向干缩 3%~6%,纤维方向干缩 0.1%~0.35%,这主要是受髓线影响所致。由此可知,湿材干燥后,将改变其截面形状和尺寸,引起翘曲、局部弯曲、扭曲、反翘,也会发生裂缝等现象,如图 14-5 所示。

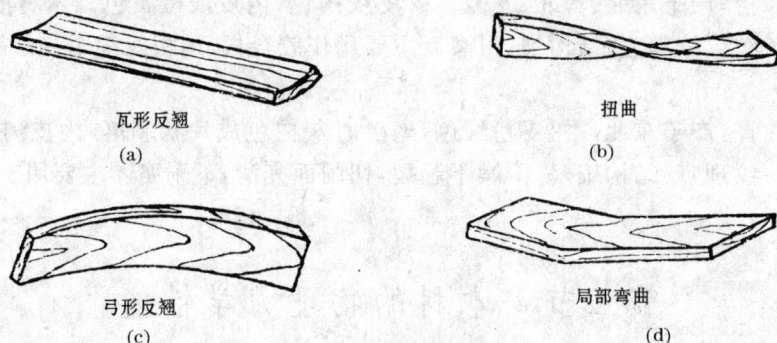

瓦形反翘
(a)

扭曲
(b)

弓形反翘
(c)

局部弯曲
(d)

图 14-5　木材干缩后的变形

木材的湿胀干缩对木材的使用有严重影响,干缩使木结构构件连接处发生缝隙而导致接合松弛,湿胀则造成凸起。为了避免这种情况,最根本的办法是预先将木材进行干燥,使木材的含水率与将作成的构件使用时所处的环境湿度相适应,即将木材干燥至平衡含水率后再加工使用。

四、强度

作为建筑工程的主要材料之一,在建筑工程中常利用木材的抗压、抗拉、抗弯和抗剪强度。由于木材结构构造各向不同,是非匀质的各向异性材料,因此抗压、抗拉和抗剪强度又有顺纹与横纹之分。木材的强度通过用无疵点木材制成标准试件,按国家标准进行试验测得。

木材的强度与木材中承担外力作用的厚壁细胞数有关,这类细胞数越多,细胞壁越厚,则强度越高,木材的表观密度越大。夏材的厚壁细胞数含量越多,则强度越高。

1. 抗压强度

(1)顺纹抗压强度。是作用力方向与木材纤维方向平行时的抗压强度,是木材各种力学性质中的基本指标。

这种受压破坏是木材细胞壁丧失稳定性的结果,而非纤维的断裂。木材顺纹抗压强度较高,仅次于顺纹抗拉和抗弯强度,且木材的疵点对其影响较小,因此这种强度在建筑工程中应用最广泛,常用于柱、桩、斜撑及桁架等承压杆件等。

(2)横纹抗压强度。是作用力方向与木材纤维方向垂直时的抗压强度。这种受压作用,只是使木材受到强烈的挤压作用,使细胞壁逐渐失去稳定,细胞腔被压扁,产生大量变形。所以木材的横纹抗压强度以使用中所限制的变形量来决定。

木材的横纹抗压强度比顺纹抗压强度低得多，其比值随树种而异，一般针叶树横纹抗压强度为顺纹抗压强度的 10%，阔叶树为 15%～20%。

2. 抗拉强度

木材抗拉强度主要是指顺纹抗拉强度。横纹抗拉强度值很小，工程中一般不使用。

顺纹抗拉强度是指拉力方向与木材纤维方向一致时的抗拉强度。这种受拉破坏，往往木纤维未被拉断，而纤维间先被撕裂。木材顺纹抗拉强度是木材所有强度中最大的，为顺纹抗压强度的 2～3 倍。但强度值波动范围大，通常介于 70～170MPa 之间。另外，木材的疵点如木节、斜纹等对木材顺纹抗拉强度影响极为显著，而木材又多少有一些缺陷，另外木材受拉杆件连接处应力复杂，因此，木材实际的顺纹抗拉能力反较顺纹抗压低。这就使木材的顺纹抗拉强度难以被充分利用。

3. 抗弯强度

木材受弯曲时内部应力十分复杂，在梁的上部是受顺纹抗压，下部为顺纹抗拉，而在水平面中则有剪切力。木材受弯破坏时，通常在受压区首先达到强度极限，开始形成微小不明显的皱纹，但并不立即破坏，随着外力增大，皱纹慢慢地在受压区扩展，产生大量塑性变形，以后当受拉区域内许多纤维达到强度极限时，则因纤维本身及纤维联结的断裂而最后破坏。

木材的抗弯强度很高，为顺纹抗压强度的 1.5～2 倍。因此，在建筑工程中被广泛用于桁架、梁、桥梁、地板等。但木节、斜纹等对木材的抗弯强度影响很大，特别是木节在受拉区时。

4. 剪切强度

木材的剪切强度有顺纹剪切、横纹剪切和横纹剪断三种，如图 14-6 所示。

（1）顺纹剪切。为剪切方向与纤维方向平行，剪切力使木材的一部分沿纤维方向与另一部分分离。这种剪切作用，绝大部分木材纤维本身不破坏，而只破坏剪切面中纤维的联结。所以木材的顺纹抗剪强度很小，一般为同一方向抗压强度的 15%～30%。

（2）横纹剪切。为剪切方向与纤维方向

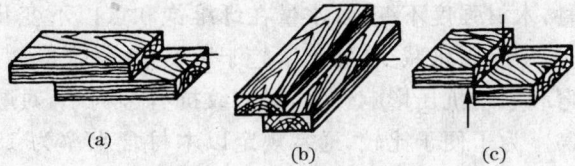

图 14-6　木材的剪切
(a)顺纹剪切　(b)横纹剪切　(c)横纹剪断

垂直，而剪切面和纤维方向平行。这种受剪作用完全是破坏剪切面中纤维的横向联结，因此木材的横纹剪切强度比顺纹剪切强度还要低。

（3）横纹剪断。为剪切力方向和剪切面均与木材纤维方向垂直，这种剪切破坏是将木材纤维切断，因此强度较大，一般为顺纹剪切强度的 4～5 倍。

表 14-1 为木材各强度大小关系，表 14-2 为常用树种的木材主要物理力学性能。

表 14-1　木材各强度大小关系

| 抗　压 | | 抗　拉 | | 抗　弯 | 抗　剪 | |
顺　纹	横　纹	顺　纹	横　纹		顺　纹	横纹剪断
1	$\frac{1}{10}\sim\frac{1}{3}$	2～3	$\frac{1}{20}\sim\frac{1}{3}$	$1\frac{1}{2}\sim2$	$\frac{1}{7}\sim\frac{1}{3}$	$\frac{1}{2}\sim1$

注：以顺纹抗压为 1 计。

表 14-2　常用树种的木材主要物理力学性能

树种名称	产地	气干表观密度（g/cm³）	干缩系数		顺纹抗压强度（MPa）	顺纹抗拉强度（MPa）	抗弯强度（MPa）	顺纹抗剪强度（MPa）	
			径向	弦向				径面	弦面
针叶树：									
杉木	湖南	0.371	0.123	0.277	38.8	77.2	63.8	4.2	4.9
	四川	0.416	0.136	0.286	39.1	93.5	68.4	6.0	5.9
红松	东北	0.440	0.122	0.321	32.8	98.1	65.3	6.3	6.9
马尾松	安徽	0.533	0.140	0.270	41.9	99.0	80.7	7.3	7.1
落叶松	东北	0.641	0.168	0.398	55.7	129.9	109.4	8.5	6.8
鱼鳞云杉	东北	0.451	0.171	0.349	42.4	100.9	75.1	6.2	6.5
冷杉	四川	0.433	0.174	0.341	38.8	97.3	70.0	5.0	5.5
阔叶树：									
柞栎	东北	0.766	0.199	0.316	55.6	155.4	124.0	11.8	12.9
麻栎	安徽	0.930	0.210	0.389	52.1	155.4	128.6	15.9	18.0
水曲柳	东北	0.686	0.197	0.353	52.5	138.1	118.6	11.3	10.5
榔榆	浙江	0.816	—	—	49.1	149.4	103.8	16.4	18.4

注：表内数据摘自《中国主要树种的木材物理力学性质和用途》，中国林业科学研究院编，1977 年。

5. **影响木材强度的主要因素**

（1）含水量的影响。木材的强度随其含水量变化而异。含水量在纤维饱和点以上变化时，木材强度不变；含水量在纤维饱和点以下变化时，对木材强度会产生影响。当含水量降低时，即吸附水减少，细胞壁趋于紧实，木材强度增大；反之，强度减小。木材含水量的变化，对抗弯和顺纹抗压影响较大，对顺纹抗剪影响小，对顺纹抗拉几乎没有影响。

为了便于比较，通常规定以木材含水率为 15% 时的强度作为标准，对于其它含水率时的强度，应按经验公式进行换算。

（2）负荷时间的影响。木材对长期荷载与对暂时荷载的抵抗能力不同。木材在外力长期作用下，只有当其应力远低于强度极限的某一定范围以下时，才可避免木材因长期负荷而破坏。木材在长期荷载作用下不致引起破坏的最大强度，称为持久强度。木材的持久强度比极限强度小得多，一般为极限强度的 50%～60%。

一切木结构构件都处于某种负荷的长期作用下，因此在设计木结构时，应考虑负荷对木材强度的影响。

（3）温度影响。木材随环境温度升高强度会降低。当温度由 25℃ 升到 50℃ 时，针叶树抗拉强度降低 10%～15%，抗压强度降低 20%～24%。当木材长期处于 60～100℃ 温度下时，会引起水分和所含挥发物的蒸发，而呈暗褐色，强度下降，变形增大。温度超过 140℃ 时，木材中的纤维素发生热裂解，色渐变黑，强度明显下降。因此，长期处于高温的建筑物，不宜采用木结构。

（4）疵点的影响。木材在生长、采伐、保存过程中，所产生的内部和外部缺陷，统称为疵点。木材的疵点主要有木节、斜纹、裂纹、腐朽和虫害等。一般木材或多或少都存在一些疵点，使木材的物理力学性质受到影响。疵点严重的木材，可能完全失去使用价值。

第四节 木材的防腐和防火

一、木材的腐朽

木材腐朽是由真菌侵害所致。引起木材变质腐朽的真菌有三种,即霉菌、变色菌和腐朽菌。霉菌只寄生在木材表面,通常叫发霉,对木材不引起破坏作用。变色菌是以细胞腔内含物(如淀粉、糖类等)为养料,不破坏细胞壁,所以对木材的破坏作用很小。而腐朽菌是以细胞壁为养料,它能分泌出一种酵素,把细胞壁物质分解成简单的养料,供自身生长繁殖,这就使细胞壁遭致完全破坏,从而使木材腐朽。

真菌在木材中生存和繁殖,必须具备三个条件,即要有适当的水分、空气和温度。当木材含水率在 35%～50%,温度在 25～30℃,同时木材中又存在一定量空气时,最适宜腐朽菌生长和繁殖,因而木材最容易腐朽。

二、木材腐朽的防止

木材防腐一般采用两种形式,一种是创造条件,使木材不适宜真菌寄生和繁殖,另一种是把木材变成含毒的物质,使其不能作为真菌的养料。

第一种形式的主要办法是将木材进行干燥,使其含水率在 20% 以下。在储存和使用木材时,要注意通风、排湿,对于木构件表面应刷以油漆。总之,要保证木结构经常处于干燥状态。

第二种形式是把化学防腐剂注入木材内,使木材成为对真菌有毒的物质。注入防腐剂的方法很多,通常有表面涂刷法、表面喷涂法、浸渍法、冷热槽浸透法、压力渗透法等。其中以冷热槽浸透法和压力渗透法效果最好。

防腐剂有多种,一般分为水溶性、油溶性、油类及膏浆等四类,常用的品种有氟化钠、硼酚合剂、氟砷铬合剂、林丹五氯酚合剂、强化防腐油、克鲁苏油等。

三、木材的防火

木材是易燃物质,木构件在使用和储存过程中,一定要做好防火处理。木材的防火处理,一般是将防火涂料喷或刷于木材表面,也可把木材放入防火涂料槽内浸渍。

防火涂料根据胶结性质可分为油质防火涂料(内掺防火剂)、氯乙烯防火涂料、硅酸盐防火涂料和可赛银(酪素)防火涂料等。油质防火涂料及氯乙烯防火涂料能抗水,可用于露天木构件上;硅酸盐防火涂料及可赛银防火涂料抗水性差,用于不直接受潮湿作用的木构件上,不能用于露天构件。

表 14-3 是选择和使用防火涂料的规定。

表 14-3 选择和使用防火涂料的规定

项次	防火涂料的种类	每 m² 木材表面所用防火涂料的数量(以 kg 计)不得小于	特 性	基 本 用 途	限制和禁止的范围
1	硅酸盐涂料	0.5	无抗水性;在二氧化碳的作用下分解	用于不直接受潮湿作用的构件上	不得用于露天构件及位于二氧化碳含量高的大气中的构件
2	可赛银(酪素)涂料	0.7	—	用于不直接受潮湿作用的构件上	不得用于露天构件

项次	防火涂料的种类	每 m² 木材表面所用防火涂料的数量（以 kg 计）不得小于	特　性	基　本　用　途	限制和禁止的范围
3	掺有防火剂的油质涂料	0.6	抗水	用于露天构件上	—
4	氯乙烯涂料和其它以氯代烃为主的涂料	0.6	抗水	用于露天构件上	—

注：允许采用根据专门规范指示而试验合格的其它防火剂。

第五节　木材的综合利用

林木生长缓慢，这与我国建设事业需要大量木材之间的矛盾日益突出。目前，一方面应在建筑工程中尽可能减少用木材，以钢代木，以塑代木，节约木材。另一方面应努力做好木材的综合利用，充分利用木材的边角废料，生产各种人造板材，提高木材的利用率。

一、胶合板

胶合板是利用原木旋切成单板（薄板），再经干燥、涂胶后，将一定规格的单板配叠成规定的层数，每一层的木纹方向必须纵横交错，再经热压制成的一种人造板材。由于构成胶合板的层数都是奇数，故通常称之为三合板、五合板、七合板等，十一层以上的板材称为多层板。

胶合板改变了木材的天然缺陷，把节子、虫眼、腐朽等截去或进行修补，质量差的用作心板或背板，质量好的作面板，达到优材优用，劣材良用的目的。同时，由于单板交错胶合，克服了变形、开裂的缺点，提高了材料的利用价值。胶合板具有板材幅面大，易于加工；板材纵横向强度均匀，适应性强；板面平整，收缩性小等优点。

胶合板按其木材树种不同，有松木（马尾松、云南松、樟子松、红松等）胶合板和阔叶树材（水曲柳、桦木、柞木、核桃木、色木、杨木等）胶合板。

胶合板按胶合质量和使用胶料的不同分为四类：

Ⅰ类胶合板——耐气候、耐沸水胶合板。用酚醛树脂或其它性能相当的胶合剂胶合而成。具有耐久、耐煮沸或蒸气处理、耐干热和抗菌等性能，能在室外使用。

Ⅱ类胶合板——耐水胶合板。用脱水脲醛树脂胶、改性脲醛树脂胶或其它性能相当的胶合剂胶合而成，能在冷水中浸泡，能经受短时间热水泡，具有抗菌性能，可在潮湿条件下使用。

Ⅲ类胶合板——耐潮胶合板。用血胶和加少量填料的脲醛树脂胶（混合胶）胶合而成，能耐短期冷水浸泡，适于室内条件下使用。

Ⅳ类胶合板——不耐水胶合板。用豆胶和加多量填料的脲醛树脂胶（混合胶）胶合而成，具有一定的胶合强度，适于室内条件下使用。

胶合板的幅面尺寸：长度有 915、1220、1525、1830、2135、2440（mm）等数种；宽度有 915、1220、1525（mm）等数种。常用三合板厚度为 3mm，五合板厚度为 5～6mm。表 14-4 为胶合板的分类、特性及适用范围。表 14-5 为胶合板规格、体积、张数换算。

表 14-4　胶合板分类、特性及适用范围

种类	分类	名　称	胶　　种	特　　性	适　用　范　围
阔叶树胶合板	Ⅰ类	NOF(耐气候耐沸水胶合板)	酚醛树脂胶或其它性能相当的胶	耐久、耐煮沸或蒸气处理、耐干热、抗菌	室外工程
	Ⅱ类	NS(耐水胶合板)	脲醛树脂胶或其它性能相当的胶	耐冷水浸泡及短时间热水浸泡、抗菌、不耐煮沸	室外工程
	Ⅲ类	NS(耐潮胶合板)	血胶、带有多量填料的脲醛树脂胶或其它性能相当的胶	耐短期冷水浸泡	室内工程(一般常态下使用)
	Ⅳ类	BNS(不耐水胶合板)	豆胶或其它性能相当的胶	有一定胶合强度但不耐水	室内工程(一般常态下使用)
松木普通胶合板	Ⅰ类	Ⅰ类胶合板	酚醛树脂胶或其它性能相当的合成树脂胶	耐水、耐热、抗真菌	室外长期使用工程
	Ⅱ类	Ⅱ类胶合板	脱水脲醛树脂胶、改性脲醛树脂胶或其它性能相当的合成树脂胶	耐水、抗真菌	潮湿环境下使用的工程
	Ⅲ类	Ⅲ类胶合板	血胶和加少量填料的脲醛树脂胶	耐湿	室内工程
	Ⅳ类	Ⅳ类胶合板	豆胶和加多量填料的脲醛树脂胶	不耐水湿	室内工程(干燥环境下使用)

表 14-5　胶合板规格、体积、张数换算

规格(宽×长)		每张面积(m²)	三　层		五　层		七　层		九　层		十一层	
			厚　　度　(mm)									
			3		5		7		10		12	
公制(mm)	英制(ft)		每张体积(m³)	每立方米张数	每张体积(m³)	每立方米张数	每张体积(m³)	每立方米张数	每张体积(m³)	每立方米张数	每张体积(m³)	每立方米张数
915×915	3×3	0.8372	0.002512	398	0.004186	239	0.005861	171	0.008372	119	0.010047	100
915×1525	3×5	1.3954	0.004186	239	0.006977	143	0.009768	102	0.013954	72	0.016745	60
915×1830	3×6	1.6745	0.005023	199	0.008372	119	0.011721	85	0.016745	60	0.020004	50
915×2135	3×7	1.9535	0.005861	171	0.009768	102	0.013675	73	0.019535	51	0.023442	43
1220×1220	4×4	1.4884	0.004465	224	0.007442	134	0.010419	96	0.014884	67	0.017861	56
1220×1830	4×6	2.2326	0.006698	149	0.011163	90	0.015628	64	0.022326	45	0.026791	37
1220×2135	4×7	2.6047	0.007814	128	0.013024	77	0.018233	55	0.026047	38	0.031256	32
1220×2440	4×8	2.9768	0.008930	112	0.014884	67	0.020838	48	0.029768	34	0.035721	28
1525×1525	5×5	2.3256	0.006977	143	0.011628	86	0.016279	62	0.023256	43	0.027907	36
1525×1830	5×6	2.7907	0.008372	119	0.013954	72	0.019535	51	0.027907	36	0.033488	30

二、纤维板

纤维板是以木材、竹材的边角废料或农作物秸杆为主要原材料,经破碎浸泡、研磨成木浆,再经湿压成型、干燥处理而成的一种人造板材。原料来源广,制造成本低。

纤维板各部分构造均匀,硬质和半硬质纤维板含水率都在 20% 以下,质地坚密,吸水性和

吸湿率低,不易翘曲、开裂和变形。同一单面内各个方向的强度均匀。硬质和半硬质纤维板的抗弯强度一般可达 3～4MPa。半硬质和软质纤维板隔声、隔热、电绝缘性能都较好。纤维板无节疤、变色、腐朽、夹皮、虫眼等木材的疵病。幅面大、加工性能好,利用率高,$1m^3$ 纤维板的使用效果相当于 $3m^3$ 木材。表面处理方便,是进行二次加工的良好基材。纤维板用途广泛:硬质、半硬质纤维板可用于室内装饰装修、制作家具等;软质纤维板适用于建筑吸声、保温和装饰。

硬质纤维板的面积、张数及质量换算见表 14-6。纤维板的物理力学性能见表 14-7。

表 14-6　各种规格硬质纤维板的面积、张数及质量换算

规　格　（mm）	每　张		每　吨	
	面积（m^2）	质量（kg）	面积（m^2）	张数（张）
2130×1000×4	2.1300	8.5200	250	117.37
1830×915×4	1.6745	6.6980	250	149.30
2130×1000×3	2.1300	6.3900	330	156.49
1830×915×3	1.6745	5.0230	333	199.08

表 14-7　纤维板的物理力学性能

品种	规　格（mm）	物　理　力　学　性　能				生　产　单　位
		项　目	等　级　指　标			
			一　级	二　级	三　级	
硬质纤维板	幅面 1220×3050 公差±5 厚度3.2 公差±0.3	表观密度　（kg/m^3）	900	800	800	北京市木材厂 （自销）
		静曲强度　（MPa）	0.40	0.30	0.20	
		含水率　（%）	5～12	5～12	5～12	
		吸水率　（%）	20	30	35	
中密度纤维板	幅面 1220×2440 公差±3 厚度 19、16、12、10 公差±0.5	表观密度　（kg/m^3）	500～800（厚度≤14mm 时为730;厚度＞14mm 时为700）			北京市光华木材厂 （自销）
		静曲强度　（MPa）	≥0.21			
		内结合强度　（MPa）	≥0.63			
		体性膨胀系数　（%）	≤0.3			
		厚度膨胀系数　（%）	≤8.5			
		含水率　（%）	4～9			

三、刨花板、木丝板、木屑板

刨花板、木丝板和木屑板是利用刨花碎片、短小废料加工刨制的木丝、木屑等,经过干燥、拌以胶料,再压制而成的板材。这类板材密度小,强度不高,主要用作吸声和保温隔热材料,不宜用于潮湿处。

四、木结构材质标准

（1）承重木结构方木材质标准见表 14-8。

（2）承重木结构板材材质标准见表 14-9。

（3）承重木结构原木材质标准见表 14-10。

（4）胶合木结构层板材质标准见表 14-11。

表 14-8　承重木结构方木材质标准

项次	缺 陷 名 称	木 材 等 级		
		Ⅰ_a	Ⅱ_a	Ⅲ_a
		受拉构件或拉弯构件	受弯构件或压弯构件	受压构件
1	腐朽	不允许	不允许	不允许
2	木节： 在构件任一面任何 150mm 长度上所有木节尺寸的总和，不得大于所在面宽的	1/3 （连接部位为 1/4）	2/5	1/2
3	斜纹：斜率不大于(%)	5	8	12
4	裂缝： 1. 在连接的受剪面上 2. 在连接部位的受剪面附近，其裂缝深度（有对面裂缝时用两者之和）不得大于材宽的	不允许 1/4	不允许 1/3	不允许 不　限
5	髓心	应避开受剪面	不　限	不　限

注：1. Ⅰ_a 等材不允许有死节，Ⅱ_a、Ⅲ_a 等材允许有死节（不包括发展中的腐朽节），对于Ⅱ_a 等材直径不应大于 20mm，且每延米中不得多于 1 个，对于Ⅲ_a 等材直径不应大于 50mm，每延米中不得多于 2 个。
2. Ⅰ_a 等材不允许有虫眼，Ⅱ_a、Ⅲ_a 等材允许有表层的虫眼。
3. 木节尺寸按垂直于构件长度方向测量。木节表现为条状时，在条状的一面不量，直径小于 10mm 的木节不计。

表 14-9　承重木结构板材材质标准

项次	缺 陷 名 称	木 材 等 级		
		Ⅰ_a	Ⅱ_a	Ⅲ_a
		受拉构件或拉弯构件	受弯构件或压弯构件	受压构件
1	腐朽	不允许	不允许	不允许
2	木节： 在构件任一面任何 150mm 长度上所有木节尺寸的总和，不得大于所在面宽的	1/4 （连接部位为 1/5）	1/3	2/5
3	斜纹：斜率不大于(%)	5	8	12
4	裂缝： 连接部位的受剪面及其附近	不允许	不允许	不允许
5	髓心	不允许	不　限	不　限

表 14-10　承重木结构原木材质标准

项次	缺 陷 名 称	木 材 等 级		
		Ⅰ_a	Ⅱ_a	Ⅲ_a
		受拉构件或拉弯构件	受弯构件或压弯构件	受压构件
1	腐朽	不允许	不允许	不允许
2	木节： 1. 在构件任何 150mm 长度上沿圆周所有木节尺寸的总和，不得大于所测部位原来周长的 2. 每个木节的最大尺寸，不得大于所测部位原木周长的	1/4 1/10 （连接部位为 1/12）	1/3 1/6	不限 1/6

项次	缺 陷 名 称	木 材 等 级		
		Ⅰₐ	Ⅱₐ	Ⅲₐ
		受拉构件或拉弯构件	受弯构件或压弯构件	受压构件
3	扭纹:斜率不大于(%)	8	12	15
4	裂缝: 1. 在连接的受剪面上 2. 在连接部位的受剪面附近,其裂缝深度(有对面裂缝时用两者之和)不得大于原木直径的	不允许 1/4	不允许 1/3	不允许 不 限
5	髓心	应避开受剪面	不 限	不 限

注:1. Ⅰₐ、Ⅱₐ 等材不允许有死节,Ⅲₐ 等材允许有死节(不包括发展中的腐朽节),直径不应大于原木直径的 1/5,且每 2m 长度内不得多于 1 个。

2. 木节尺寸按垂直于构件长度方向测量。直径小于 10mm 的木节不计。

表 14-11 胶合木结构层板材质标准

项次	缺 陷 名 称	木 材 等 级		
		Ⅰᵦ 与 Ⅰᵦₜ	Ⅱᵦ	Ⅲᵦ
1	腐朽,压损,严重的压应木,大量含树脂的木板,宽面上的漏刨	不允许	不允许	不允许
2	木节: 1. 突出于板面的木节 2. 在层板较差的宽面任何 200mm 长度上所有木节尺寸的总和不得大于构件面宽的	不允许 1/3	不允许 2/5	不允许 1/2
3	斜纹:斜率不大于(%)	5	8	15
4	裂缝: 1. 含树脂的振裂 2. 窄面的裂缝(有对面裂缝时,用两者之和)深度不得大于构件面宽的 3. 宽面上的裂缝(含劈裂、振裂)深 $b/8$,长 $2b$,若贯穿板厚而平行于板边长 $l/2$	不允许 1/4 允许	不允许 1/3 允许	不允许 不限 允许
5	髓心	不允许	不限	不限
6	翘曲、顺弯或扭曲≤4/1000,横弯≤2/1000,树脂条纹宽≤$b/12$,长≤$l/6$,干树脂囊宽 3mm,长<b,木板侧边漏刨长 3mm,刀具撕伤木纹,变色但不变质,偶尔的小虫眼或分散的针孔状虫眼,最后加工能修整的微小损棱	允许	允许	允许

注:1. 木节是指活节、健康节、紧节、松节及节孔。

2. b——木板(或拼合木板)的宽度;l——木板的长度。

3. Ⅰᵦₜ级层板位于梁受拉区外层时在较差的宽面任何 200mm 长度上所有木节尺寸的总和不得大于构件面宽的 1/4,在表面加工后距板边 13mm 的范围内,不允许存在尺寸大于 10mm 的木节及撕伤木纹。

4. 构件截面宽度方向由两块木板拼合时,应按拼合后的宽度定级。

第十五章　建　筑　塑　料

第一节　硬聚氯乙烯塑料门窗

硬聚氯乙烯塑料门窗主要以改性聚氯乙烯为原料,采用挤出工艺生产型材,用焊接方法组成门窗制品。塑料具有良好的热塑性和低导热性,可制成断面较复杂的、保温性能良好的门窗型材及制品。该门窗制品能抵抗水和化学侵蚀,密封性能好,可用于温湿度变化较大的环境中。但塑料门窗的刚性差,目前在实际使用中在塑料型材内腔的空心部分衬加增强型钢,俗称塑钢。

一、硬聚氯乙烯塑料窗

1. 定义及分类

凡以改性 PVC 型材组装成的窗制品均属硬聚氯乙烯塑料窗。此种塑料窗主要分为平开、推拉、固定窗三大类型。

2. 品种规格

(1) 以窗框厚度划分:平开窗有 45、50、55、60(mm)四个系列尺寸;推拉窗有 60、75、80、85、90、95、100(mm)七个系列尺寸。

(2) 以洞口尺寸划分:见表 15-1 和表 15-2。

表 15-1　平开窗洞口尺寸　　　　　　　　　　　　(mm)

规格代号 洞口高 ＼ 洞口宽	600	900	1200	1500	1800	2100	2400
600	0606	0906	1206	1506	1806	2106	2406
900	0609	0909	1209	1509	1809	2109	2409
1200	0612	0912	1212	1512	1812	2112	2412
1400	0614	0914	1214	1514	1814	2114	2414
1500	0615	0915	1215	1515	1815	2115	2415
1600	0616	0916	1216	1516	1816	2116	2416
1800	0618	0918	1218	1518	1818	2118	2418
2100	0621	0921	1221	1521	1821	2121	2421

3. 技术性能

(1) 力学性能:平开窗的力学性能见表 15-3;推拉窗的力学性能见表 15-4;塑料窗的物理性能指标见表 15-5。

表 15-2 推拉窗洞口尺寸 （mm）

洞口规格代号 洞口高／洞口宽	1200	1500	1800	2100	2400	2700	3000
600	1206	1506	1806	2106	2406	—	—
900	1209	1509	1809	2109	2409	2709	—
1200	1212	1512	1812	2112	2412	2712	3012
1400	1214	1514	1814	2114	2414	2714	3014
1500	1215	1515	1815	2115	2415	2715	3015
1600	1216	1516	1816	2116	2416	2716	3016
1800	—	1518	1818	2118	2418	2718	3018
2100	—	—	1821	2121	2421	2721	3021

表 15-3 平开窗的力学性能

项 目	技 术 要 求			
锁紧器(执手)的开关力	不大于100N(力矩不大于10N·m)			
开关力	平铰链	不大于80N	滑撑铰链	不小于30N 不大于80N
悬端吊重	在500N力作用下,残余变形不大于2mm,试件不损坏,仍保持使用功能			
翘曲	在300N作用力下,允许有不影响使用的残余变形,试件不损坏,仍保持使用功能			
开关疲劳	经不少于一万次的开关试验,试件及五金配件不得损坏,其固定处及玻璃压条不松脱,仍保持使用功能			
大力关闭	经模拟7级风连续开关10次,试件不损坏,仍保持开关功能			
角强度	平均值不低于3000N,最小值不低于平均值的70%			
窗撑试验	在200N力作用下,不允许位移,连接处型材不破裂			

表 15-4 推拉窗的力学性能

项 目	技 术 要 求
开关力	不大于100N
弯曲	在300N力作用下,允许有不影响使用的残余变形,试件不损坏,仍保持使用功能
扭曲	在200N力作用下,试件不损坏,允许有不影响使用的残余变形
对角线变形	
开关疲劳	经不少于一万次的开关试验,试件及五金件不损坏,其固定处及玻璃压条不松脱
角强度	平均值不低于3000N,最小值不低于平均值的70%

表 15-5 塑料窗的物理性能指标

性能单位 等级／型式		I	II	III	IV	V	VI
抗风压(Pa)	平开和推拉	3500	3000	2500	2000	1500	1000
空气渗透 〔m³/(h·m·10Pa)〕	平开	0.5	1.0	1.5	2.0	—	—
	推拉	—	1.0	1.5	2.0	2.5	—

性能单位	等级 型式	I	II	III	IV	V	VI
雨水渗透(Pa)	平开和推拉	600	500	350	250	150	100
保温性 [W/(m² · K)]	平开	2.00	3.00	4.00	5.00	—	—
	推拉	—	3.00	4.00	5.00	—	—
隔声性 (dB)	平开	35	30	25			
	推拉	—	30	25	—	—	—

注：1. 抗风压分级值为规范荷载的 2.25 倍；
　　2. 空气渗透性级值为 10Pa 压力差下的空气渗透量值；各表的最后一级限值为合格与否的标准限值；具体应用中可按设计要求协议确定。

4. 应用技术要点

(1) 材料要求：

① 窗用型材应符合 GB8814 要求。

② 窗用密封条应符合 GB12002 要求。

③ 窗用增强型钢壁厚不应小于 1.2mm，并应加以防锈处理。

④ 窗用紧固件及五金件应符合相应标准要求，并进行防锈处理。

(2) 窗口外形尺寸：应根据洞口尺寸(见表 15-1、表 15-2)和墙饰面厚度确定。一般窗框高度和宽度应比洞口小 20～50mm。

(3) 窗扇外形尺寸：

① 平开窗，装平铰链者，最大宽度宜为 600mm，最大高度为 1500mm；装滑撑铰链者，最大宽度宜为 600mm，最大高度为 1200mm。

② 推拉窗，窗扇最大宽度宜为 700mm，最大高度为 1800mm。

(4) 窗的装配要求：

① 角强度应符合表 15-3 的规定。

② 当出现下列情况时，其型材内腔必须加衬增强型钢：

A. 平开窗，窗框杆件长度≥1300mm；窗扇杆件长度≥1200mm；中横框和中竖框杆件长度≥900mm 及安装五金配件的杆件。

B. 推拉窗，窗框杆件长度≥1300mm；窗扇边框厚度为 25mm 以上，长度≥900mm 者；窗扇边框厚度为 45mm 以上，长度≥1000mm 者及安装五金配件的杆件。

③ 窗框、窗扇外形尺寸的允许偏差见表 15-6。

表 15-6　窗框、窗扇外形尺寸的允许偏差　　　　　　　　　　(mm)

窗高度和宽度的尺寸范围	300～900	901～1500	1501～2000	＞2000
窗尺寸允许偏差	≤±2.0	≤±2.5	≤±3.0	≤±3.5

④ 框、窗的对角线尺寸差应小于 3.0mm，相邻杆件装配间隙应小于 0.5mm；相邻杆件焊接缝处同一平面度应不大于 0.8mm。

⑤ 窗框、窗扇组装后铰链部位的配合间隙，其允许偏差为 -1.0～2.0mm；其四周搭接宽度应均匀，平开窗其搭接量的允许偏差为 2.5mm 以内，窗扇装配时应吊高 1～2mm；推拉塑料窗框、扇之间的搭接量允许偏差为 -2.5～1.5mm。

⑥ 窗框、窗扇装好后应开关自如,窗扇无翘曲。

⑦ 五金配件应位置正确,数量齐全,安装牢固。当平开窗扇高度大于900mm时,应设两个锁紧点。五金配件强度应满足机械力学性能要求,并易于更换,其质量与窗质量等级应相适应。

⑧ 密封条质量要过关,安装要妥贴。

⑨ 压条安装要牢固,转角部位对接间隙应大于1mm,每侧只能用一根压条。

⑩ 平板玻璃安装时,其搭接量不应少于8mm,并必须于四周加设防震块。

⑪平板玻璃的最大允许面积参见表15-7。

表 15-7　平板玻璃的最大允许面积　　　　　　　　(m²)

玻璃种类(厚度)		耐风压性等级						
		80	120	160	200	240	280	360
浮法玻璃及磨光玻璃	3mm	1.97	1.31	0.98	0.79	0.66	0.56	0.44
	4mm	2.23	2.00	1.50	1.20	1.00	0.86	0.67
	5mm	4.00	2.81	2.11	1.69	1.41	1.21	0.94
	6mm	4.00	3.75	2.81	2.25	1.88	1.61	1.25
	8mm	4.00	4.00	3.60	2.88	2.40	2.06	1.60
	10mm	4.00	4.00	4.00	4.00	3.50	3.00	2.33
	12mm	4.00	4.00	4.00	4.00	4.00	4.00	3.20
压花玻璃	4mm	1.80	1.00	0.90	0.72	0.60	0.51	0.40
	6mm	3.38	2.25	1.69	1.35	1.13	0.96	0.75
钢化玻璃	4mm	1.80	1.80	1.80	1.80	—	—	—
	5mm	1.80	1.80	1.80	1.80	—	—	—
嵌网玻璃	磨光型 6.8mm	4.00	3.21	2.41	1.93	1.61	1.38	—
	6.8mm	3.44	2.30	1.72	1.38	1.15	0.98	—
夹层玻璃	6mm	2.16	2.10	1.58	1.26	1.05	0.90	0.70
	8mm	2.16	2.16	2.16	1.92	1.60	1.37	1.07
	10mm	4.00	4.00	3.38	2.70	2.25	1.93	1.50
	12mm	4.00	4.00	4.00	3.60	3.00	2.57	2.00
中空玻璃	3+3mm	1.92	1.92	1.47	1.18	0.98	0.84	0.65
	3+4mm	1.92	1.80	1.35	1.08	0.90	0.77	0.60
	4+4mm	2.16	2.16	2.16	1.80	1.50	1.29	1.00
	5+网、丝 6.8mm	4.00	3.44	2.58	2.07	1.72	1.48	—
	5+5mm	4.00	4.00	3.16	2.53	2.10	1.80	1.40
	5+网、丝磨光 6.8mm	4.00	4.00	3.16	2.53	2.10	1.80	—
	6+6mm	4.00	4.00	4.00	3.37	2.81	2.41	1.87

注:1. 3mm的浮法玻璃中包括3mm的普通玻璃。

2. 4mm的钢化玻璃中包括压花钢化玻璃。

3. 夹层玻璃的材料玻璃使用浮法玻璃,公称厚度是材料玻璃厚度之和。

二、硬聚氯乙烯塑料门

1. 定义及分类

凡以改性PVC型材组装成的门窗制品均属硬聚氯乙烯塑料门。此类塑料门主要分为平开、推拉、固定门三大类型。

2. 品种规格

(1)以门框厚度划分有以下系列尺寸：

平开门：50、55、60(mm)。

推拉门：60、75、80、85、90、95、100(mm)(注：凡与上述尺寸系列相差±2.0mm之内者，均靠用基本尺寸系列)。

(2)以洞口尺寸区分，见表 15-8 和表 15-9。

表 15-8　平开门洞口尺寸　　　　　　　　　　　　　　(mm)

洞口规格代号　　洞口宽　　　　洞口高	700	800	900	1000	1200	1500	1800
2100	0721	0821	0921	1021	1221	1521	1821
2400	0724	0824	0924	1024	1224	1524	1824
2500	0725	0825	0925	1025	1225	1525	1825
2700	—	0827	0927	1027	1227	1527	1827
3000	—	—	0930	1030	1230	1530	1830

表 15-9　推拉门洞口尺寸　　　　　　　　　　　　　　(mm)

洞口规格代号　　洞口宽　　　　洞口高	1500	1800	2100	2400	3000
2000	1520	1820	2120	2420	3020
2100	1521	1821	2121	2421	3021
2400	1524	1824	2124	2424	3024

3. 技术性能

(1)平开塑料门的力学性能见表 15-10。

表 15-10　平开塑料门的力学性能

项　目	技术要求
开关力	不大于 80N
悬端吊重	在 500N 力作用下，残余变形不大于 2mm，试件不损坏，仍保持使用功能
翘曲	在 300N 力作用下，允许有不影响使用的残余变形，试件不允许破裂，仍保持使用功能
开关疲劳	经不少于一万次的开关试验，试件及五金件不损坏，其固定处及玻璃压条不松脱，仍保持使用功能
大力关闭	经模拟 7 级风开关 10 次，试件不损坏，仍保持开关功能
角强度	平均值不低于 3000N，最小值不低于平均值的 70%
软物冲击	无破损，开关功能正常
硬物冲击	无破损

注：全玻璃门不检测软、硬物体的冲击性能。

(2)推拉塑料门的力学性能见表 15-11。

表 15-11　推拉塑料门的力学性能

项　目	技 术 要 求
开关力(N)	不大于 100N
弯曲	在 300N 力作用下,允许有不影响使用的残余变形,试件不损坏,仍保持使用功能
扭曲	在 200N 力作用下,试件不损坏,允许有不影响使用的残余变形
对角线变形	
开关疲劳	经不少于一万次的开关试验,试件及五金件不损坏,固定处及玻璃压条等不松脱
软物冲击	试验后无损坏,启闭功能正常
硬物冲击	试验后无损坏
角强度	平均值不低于 3000N,最小值不低于平均值的 70%

注:无凸出把手的推拉门不作扭曲试验。

(3) 塑料门的建筑物理性能见表 15-12。

表 15-12　塑料门的建筑物理性能

性能单位	型式　　等级	Ⅰ	Ⅱ	Ⅲ	Ⅳ	Ⅴ	Ⅵ
抗风压(Pa)	平开、推拉门	3500	3000	2500	2000	1500	1000
空气渗透〔$m^3/(h \cdot m \cdot 10Pa)$〕	平开、推拉门		1.0	1.5	2.0	2.5	
雨水渗漏(Pa)	平开、推拉门	600	500	350	250	150	100
保温性〔$W/(m^2 \cdot K)$〕	平开、推拉门	2.0	3.0	4.0	5.0	—	
隔声性(dB)	平开、推拉门	35	30	25	—		

注:1. 抗风压分级值为规范荷载的 2.25 倍;

　2. 空气渗透性分级值为 10Pa 压力差下的空气渗透量值;各表中的最后一级分级值为合格与否的标准限值;具体应用中可根据设计具体要求协议确定。

4. 应用技术要点

(1) 材料要求:与塑料窗相同。

(2) 门框外形尺寸要点:

① 门框外形尺寸:应根据表 15-8、表 15-9 所示的洞口尺寸及墙饰面层的厚度来确定。一般其高度都比洞口尺寸小 30~50mm。

② 门扇尺寸:平开门及推拉门的门扇最大适宜宽度均为 1000mm;最大适宜高度均为 2400mm。

(3) 装配要求:

① 框、扇的角强度应符合表 15-10 及表 15-11 的要求。

② 当门构件符合下列情况之一者,其型材内腔必须加衬增强型钢:

A. 平开门:门框和门扇杆件长度≥1200mm 和装有五金配件的杆件。

B. 推拉门:门框和门扇杆件长度≥1300mm;门扇框下侧杆件长度>600mm 和装有五金配件的杆件。

③ 门框和门扇外形尺寸偏差见表 15-13。

④ 门扇的对角线尺寸偏差不应大于 3.0mm。

⑤ 门板拼装缝不应大于 0.6mm。

表 15-13　塑料门尺寸偏差　(mm)

门高度和宽度的尺寸范围	≤2000	>2000
门尺寸允许偏差	≤±2.0	≤±3.5

⑥ 门框,门扇相邻构件装配间隙应不大于 0.5mm,相邻两杆件连接处的同一平面度应不大于 0.8mm。

⑦ 门框,门扇组装后,其铰链部位的配合缝隙的允许偏差为-1.2～0.2mm。

⑧ 门框,门扇四周搭接宽度应保持均匀。平开门搭接量的允许偏差不应超过 2.5mm,平开门扇装配时应吊高 2mm,推拉门框、门扇四周搭接量的允许偏差为-3.5～1.5mm。门框、门扇装好后应开关自如,门扇不可有翘曲现象。

⑨ 五金配件的质量和安装应符合设计要求,保证开关灵活,便于更换。

⑩ 密封条质量应保证耐火有效,压条应装牢固,其转角处对接处间隙不应大于 7mm。

⑪ 玻璃安装深度不可小于 8mm,并在其四周必须装配防震块,其位置为两侧各两块,下侧两块。

⑫ 玻璃最大允许面积参考表 15-7。

⑬ 外观应平滑,颜色均匀,不可有伤痕等。

第二节 塑料管材

一、排水用硬聚氯乙烯管材(GB/T 5836.1—1992)

1. 定义

排水用硬聚氯乙烯管材(UPVC 管材)是以聚氯乙烯树脂为主要原料加入稳定剂、改性剂、填充剂、颜料等助剂(不加入增塑剂),经加热、混炼、塑化、挤出成型、冷却定型与锯切、检验等工序连续制造而成的硬聚氯乙烯制品。

2. 规格型号

硬聚氯乙烯塑料排水管的规格型号见表 15-14。

表 15-14 硬聚氯乙烯塑料排水管的规格 (mm)

公称外径 (d_e)	平均外径极限偏差	壁 厚(e)		长 度(L)	
		基本尺寸	极限偏差	基本尺寸	极限偏差
40	+0.3 / 0	2.0	+0.4 / 0		
50	+0.3 / 0	2.0	+0.4 / 0		
75	+0.3 / 0	2.3	+0.4 / 0		
90	+0.3 / 0	3.2	+0.6 / 0	4000 或 6000	±10
110	+0.4 / 0	3.2	+0.6 / 0		
125	+0.4 / 0	3.2	+0.6 / 0		
160	+0.5 / 0	4.0	+0.6 / 0		

注:长度亦可由供需双方协商确定。

3. 质量要求

（1）外观与颜色：管材内外壁应光滑、平整，不允许有气泡裂口和明显的痕纹、凹陷、色泽不匀及分解变色线，颜色应均匀一致。

（2）规格尺寸偏差：管材平均外径、壁厚和长度极限偏差均应符合表 15-14 的规定。管材平均外径、壁厚按 GB 8806 的规定测量。

（3）管材同一截面偏差：管材同一截面的壁厚偏差不得超过 14%。

（4）管材的弯曲度：管材的弯曲度应小于 1%，并按 GB 8805 的规定测量。

（5）物理力学性能：管材的物理力学性能应符合表 15-15 的要求。

表 15-15　硬聚氯乙烯塑料排水管物理力学性能

项　　目	指　　标		
	优等品	合格品	试验方法
拉伸屈服强度（MPa）	≥43	≥40	GB8804.1
断裂伸长率（%）	≥80	—	GB8804.1
维卡软化温度（℃）	≥79	≥79	GB8802
扁平试验	无破裂	无破裂	GB5836.1
落锤冲击试验 TIR[①] 20℃或 0℃	TIR≤10% TIR≤5%	9/10 通过 9/10 通过	优等品按 GB/T 1415.2 的规定测试 合格品按 GB5836.1(5.6、4.2)的规定测试
纵向回缩率（%）	≤5.0	≤9.0	GB6671.1

① TIR 为真实冲击率。

4. 应用技术要点

（1）材料选择：选择硬聚氯乙烯塑料排水管时，应注意其密度是否在 $1.38 \sim 1.5 \mathrm{g/cm^3}$ 范围内，密度过大的，填料多，强度低。另外，要注意管材的韧性，即其塑化情况，为此应检查其扁平度。寒冷地区使用的还应检查其低温抗冲击性。

（2）管径选择：一般六层住宅楼的主立管均采用 110mm 管；厨厕分离式的厨房立管则用 75mm 管；埋地横管最大用 160mm 管；一般住宅楼，每万平米建筑物需硬聚氯乙烯塑料（UPVC）管材、管件用量合计为 2.5t。其中管材约占 60%。

（3）管件选择：在安装硬聚氯乙烯塑料排水管系统时，除了选择硬聚氯乙烯塑料排水管外，还要选用配套的管件，如接头管件、功能管件等。管件的规格见 GB/T 5836.2—1992。

二、给水用硬聚氯乙烯管材（GB 10002.1—1996）

1. 定义

给水用硬聚氯乙烯管材是采用卫生级 PVC 树脂及无毒性成分的稳定剂，用挤出成型法制成的管材。

2. 分类

给水用硬聚氯乙烯管材依其管端构造的不同分为以下三类：

（1）弹性密封圈承插型管材：弹性密封圈承插型管材的承口尺寸与插端尺寸见表 15-16。

（2）溶剂粘接承插型管材：溶剂粘接承插型管材的承口尺寸应符合表 15-16 要求。

（3）平头型管材：平头型管材两端平齐、无承口与插端。

3. 规格型号

给水用硬聚氯乙烯管材的公称外径及各级公称压力下所需的管壁厚度规定如表 15-17 所示。

表 15-16　管材承口尺寸　　　　　　　　　　　　（mm）

公称外径 d_e	橡胶密封圈式承口深度（L）	溶剂粘接式承口深度（L'_{min}）	溶剂型承口中部内径最小（d_{smin}）	溶剂型承口中部内径最大（d_{smax}）
20		16.0	20.1	20.3
25		18.5	25.1	25.3
32		22.0	32.1	32.3
40		26.0	40.1	40.3
50		31.0	50.1	50.3
63	64	37.5	63.1	63.3
75	67	43.5	75.1	75.3
90	70	51.0	90.1	90.3
110	75	61.0	110.1	110.4
125	78	68.5	125.1	125.4
140	81	76.0	140.2	140.5
160	86	86.0	160.2	160.5
180	90	106.0	200.3	200.6
200	94	118.5	225.3	225.6
225	100			
250	105			
280	112			
315	118			
355	124			
400	130			
450	138			
500	145			
560	154			
630	165			

注：1. 承口部分的平均内径,系指在承口深度 1/2 处所测定的相互垂直的两直径的算术平均值。承口深的最大倾角应不超过 0°30′。

2. 弹性密封圈式承口深度是按管材长度达 12m 的规定尺寸。

表 15-17　管材公称压力和规格尺寸　　　　　　　　　　（mm）

公称外径 (d_e)	公称压力(P_N)及壁厚(e)				
	0.6MPa	0.8MPa	1.0MPa	1.25MPa	1.6MPa
20					2.0
25					2.0
32				2.0	2.4
40			2.0	2.4	3.0
50		2.0	2.4	3.0	3.7
63	2.0	2.4	3.0	3.8	4.7
75	2.2	2.9	3.6	4.5	5.5
90	2.7	3.5	4.3	5.3	6.7
110	3.2	3.9	4.8	5.7	7.2
125	3.7	4.4	5.4	5.9	7.5

公称外径 (d_e)	公称压力(P_N)及壁厚(e)				
	0.6MPa	0.8MPa	1.0MPa	1.25MPa	1.6MPa
140	4.1	4.9	6.1	6.7	8.4
160	4.7	5.6	7.0	7.6	9.6
180	5.3	6.3	7.8	8.6	10.7
200	5.9	7.3	8.7	9.5	11.9
225	6.6	7.9	9.8	10.7	13.4
250	7.3	8.8	10.9	11.9	14.8
280	8.2	9.8	12.2	13.3	16.6
315	9.2	11.0	13.7	15.0	18.8
355	9.4	12.5	14.8	16.9	
400	10.6	14.0	15.3	19.0	
450	12.0	15.8	17.2	21.4	
500	13.3	16.8	19.1	23.8	
560	14.9	17.2	21.4	26.7	
630	16.7	19.3	24.1	30.0	
710	18.9	22.0	27.3		
800	21.2	24.8	30.8		
900	23.9	27.9	34.6		
1000	26.6	31.0	38.5		

公称压力是指管材在 20℃ 条件下输送 20℃ 水的最大工作压力。若水温在 25～45℃ 之间时,应按表 15-18 不同温度的下降系数修正工作压力,即用下降系数乘以公称压力得到最大工作压力。

表 15-18　不同温度的下降系数

温度 t(℃)	与公称压力相对应的系数
$0 < t \leqslant 25$	1
$25 < t \leqslant 35$	0.8
$35 < t \leqslant 45$	0.63

4. 质量要求

(1) 外观质量:管材内外壁应光滑、清洁、没有划伤及其它缺陷,不允许有气泡、裂口及明显的凹陷、杂质、颜色不均、分解变色线等。管端头应切割平整,并与管的轴线垂直。

(2) 规格尺寸偏差:管材的长度一般为 4m、6m、8m、12m,也可由供需双方商定,长度不包括承口深度。管材的平均外径及偏差,管材的不圆度应符合表 15-19 规定。管材的不圆度是指管材同一截面上最大直径减最小直径的差值,公称压力为 0.6MPa 的管材,不要求不圆度。管材的弯曲度应符合表 15-20 规定。

表 15-19　管材的平均外径及偏差、不圆度　　　　　　　　　　　(mm)

平均外径		不圆度	平均外径		不圆度
公称外径	允许偏差		公称外径	允许偏差	
20	$+0.3$ 0	1.2	225	$+0.7$ 0	40
25	$+0.3$ 0	1.2	250	$+0.8$ 0	50
32	$+0.3$ 0	1.3	280	$+0.9$ 0	63

平均外径		不圆度	平均外径		不圆度
公称外径	允许偏差		公称外径	允许偏差	
75	+0.3 / 0	1.4	315	+1.0 / 0	7.6
90	+0.3 / 0	1.4	355	+1.1 / 0	8.6
110	+0.3 / 0	1.5	400	+1.2 / 0	9.6
125	+0.3 / 0	1.6	450	+1.4 / 0	10.8
140	+0.3 / 0	1.8	500	+1.6 / 0	12.0
160	+0.4 / 0	2.2	560	+1.7 / 0	13.5
180	+0.4 / 0	2.5	630	+1.9 / 0	15.2
200	+0.5 / 0	2.8	710	+2.0 / 0	17.1
4.5	+0.5 / 0	3.2	800	+2.0 / 0	19.2
5.0	+0.6 / 0	3.6	900	+2.0 / 0	21.6
6.8	+0.6 / 0	4.0	1000	+2.0 / 0	24.0

表 15-20　管材的弯曲度

管材外径 d_e(mm)	≤32	40～200	≥225
弯曲度(%)	不规定	≤1.0	≤0.5

注：1. 弯曲度指同一方向弯曲，不允许呈 S 型弯曲；

2. 按 GB8805 规定测定。

（3）物理性能：管材的物理性能应符合表 15-21 规定。

表 15-21　管材的物理性能

项　目	技术指标	试验方法
密度(kg/m³)	1350～1460	GB1033
维卡软化温度(℃)	≥80	GB8802
纵向回缩率(%)	≤5	GB6671.1
二氯甲烷浸渍试验(15℃,15min)	表面无变化	GB/T 13526

（4）力学性能：力学性能应符合表 15-22 规定。表中落锤试验按 GB 14152 方法进行，规定锤头半径为 25mm，锤重及冲击高度见表 15-23；液压试验按 GB6111 方法进行，试验时温度和诱导应力见表 15-24；弹性密封环型接头的连接试验按 GB6111 方法进行，其试验压力和试验温度见表 15-25。

表 15-22　管材的力学性能

项　目	技术指标	试验方法
落锤冲击试验(0℃)TIR	≤5%	GB/T14152 及表 15-23
液压试验	规定时间内无渗漏,无破裂	GB6111 及表 15-24
连接密封试验	规定时间内无渗漏,无破裂	GB6111 及表 15-25

表 15-23　0℃试验时锤重及冲击高度

公称外径(mm)	落锤重量(kg) 允许误差±0.005	冲击高度(mm) 允许误差±10
20	0.25	500
25	0.25	500
32	0.25	1000
40	0.25	1000
50	0.25	1000
63	0.25	2000
75	0.25	2000
90	0.5	2000
110	0.5	2000
≥125	1.0	2000

表 15-24　静压试验时温度和诱导应力和时间

试验温度(0℃)	诱导应力(MPa)	时间(h)
20	42	1
	35	100
60	12.5	1000
	(15)	(100)

表 15-25　密封试验的温度、压力和时间

直径范围	试验温度(℃)	试验压力(MPa)	时间(h)
$d_e > 90$	20	$3.36 \times P_N$	1
$d_e \leqslant 90$	20	$4.2 \times P_N$	1

(5)卫生性能:为使管材达到 GB 5749 第 2.1 条的规定,饮用水管材的卫生性能应符合表 15-26 的规定。

表 15-26　饮用水管材的卫生性能

性　能	指　标	试验方法
铅的萃取值	第一次小于 1.0mg/L;第三次小于 0.3mg/L	GB9644
锡的萃取值	第三次小于 0.02mg/L	GB9644
镉的萃取值	三次萃取液的每次不大于 0.01mg/L	GB9644
汞的萃取值	三次萃取液的每次不大于 0.001mg/L	GB9644
氯乙烯单体含量	≤1.0mg/kg	GB4615

5. 产品的选用

(1)供生活饮用水的 UPVC 塑料管道所选用的管材和管件均应具备卫生检验部门的检验报告或认证文件,及工厂的质量检查合格证与产品标志牌。

(2)给水用 UPVC 塑料管材的壁厚按承受内压力的大小分为五类,应按设计要求选用。但按照 CECS41-92 中第 103 条规定:"用在建筑物内部的供水管道一律采用 1.0MPa 等级的管材和管件"。

(3)国标规定管材依管端构造不同分为三类。只有在长于 4m 的管线,且中间无接头的情况下使用单承插型的管材,室内给水管一般不用弹性密封圈承插型管材。

(4)给水用 UPVC 塑料管件应与管材配套使用,给水用 UPVC 塑料管件的型式、规格见 GB10002.2。

三、冷热水用氯化聚氯乙烯(PVC-C)管材(GB/T 18993.2－2003)

定义:冷热水用氯化聚氯乙烯管材是以氯化聚氯乙烯(PVC-C)树脂为主要原料,经挤出成

型而成的管状产品。适用于建筑物内冷热水管道系统所用管材,包括工业与民用冷热水、饮用水和采暖系统等。

1. 产品分类

(1) 管材按尺寸分为 S6.3、S5、S4 三个管系列。

(2) 管材的规格用管系列(S)、公称外径(d_n)、公称壁厚(e_n)表示。

【例】 管系列 S5,公称外径为 32mm,公称壁厚 2.9mm,表示为 S532×2.9。

2. 管系列 S 值的选择

管材按不同的材料及使用条件级别(见 GB/T18993.1－2003)和设计压力选择对应的 S 值,见表 15-27。

表 15-27 PVC-C 管材管系列 S 值的选择

设计压力 P_D/(MPa)	管 系 列 S	
	级别 1 $\sigma_D=4.38\text{MPa}$	级别 2 $\sigma_D=4.16\text{MPa}$
0.6	6.3	6.3
0.8	5	5
1.0	4	4

3. 技术要求

(1) 颜色:由供需双方协商确定。

(2) 外观:管材的内外表面应光滑、平整、色泽均匀,无凹陷、气泡及其它影响性能的表面缺陷,管材不应含有明显的杂质。管材端面应切割平整并与管材的轴线垂直。

(3) 不透光性:管材应不透光。

(4) 规格尺寸:

① 管材的平均外径以及与管系列 S 对应的公称壁厚(e_n)见表 15-28。

表 15-28 管材系列与规格尺寸

公称外径 d_n	平 均 外 径		管 系 列		
	$d_{em,min}$	$d_{em,max}$	S6.3	S5	S4
			公称壁厚 e_n		
20	20.0	20.2	2.0 * (1.5)	2.1 * (1.9)	2.3
25	25.0	25.2	2.0 * (1.9)	2.3	2.8
32	32.0	32.2	2.4	2.9	3.6
40	40.0	40.2	3.0	3.7	4.5
50	50.0	50.2	3.7	4.6	5.6
63	63.0	63.3	4.7	5.8	7.1
75	75.0	75.3	5.6	6.8	8.4
90	90.0	90.3	6.7	8.2	10.1
110	110.0	110.4	8.1	10.0	12.3
125	125.0	125.4	9.2	11.4	14.0
140	140.0	140.5	10.3	12.7	15.7
160	160.0	160.5	11.8	14.6	17.9

注:考虑到刚度要求,带"＊"的最小壁厚为 2.0mm,计算液压试验压力时使用括号中的壁厚。

② 管材的长度一般为 4m,也可由供需双方协商确定,允许偏差为长度的 0% 至 +0.4%。

③ 管材不圆度的最大值应符合表 15-29 规定。

④ 管材壁厚偏差应符合表 15-30 的规定。同一截面的壁厚偏差应≤14%。

表 15-29　管材不圆度的最大值　　　　　　　　（mm）

公称外径 d_n	不圆度的最大值	公称外径 d_n	不圆度的最大值
20	1.2	75	1.6
25	1.2	90	1.8
32	1.3	110	2.2
40	1.4	125	2.5
50	1.4	140	2.8
63	1.5	160	3.2

表 15-30　管材壁厚偏差　　　　　　　　（mm）

公称壁厚 e_n	允许偏差	公称壁厚 e_n	允许偏差
$1.0 < e_n \leqslant 2.0$	+0.4 / 0	$10.0 < e_n \leqslant 11.0$	+1.3 / 0
$2.0 < e_n \leqslant 3.0$	+0.5 / 0	$11.0 < e_n \leqslant 12.0$	+1.4 / 0
$3.0 < e_n \leqslant 4.0$	+0.6 / 0	$12.0 < e_n \leqslant 13.0$	+1.5 / 0
$4.0 < e_n \leqslant 5.0$	+0.7 / 0	$13.0 < e_n \leqslant 14.0$	+1.6 / 0
$5.0 < e_n \leqslant 6.0$	+0.8 / 0	$14.0 < e_n \leqslant 15.0$	+1.7 / 0
$6.0 < e_n \leqslant 7.0$	+0.9 / 0	$15.0 < e_n \leqslant 16.0$	+1.8 / 0
$7.0 < e_n \leqslant 8.0$	+1.0 / 0	$16.0 < e_n \leqslant 17.0$	+1.9 / 0
$8.0 < e_n \leqslant 9.0$	+1.1 / 0	$17.0 < e_n \leqslant 18.0$	+2.0 / 0
$9.0 < e_n \leqslant 10.0$	+1.2 / 0		

（5）物理性能：应符合表 15-31 的规定。

（6）力学性能：应能符合表 15-32 的规定。

（7）用于输送饮用水的管材，卫生性能应符合 GB/T 17219—1998 的规定。

表 15-31　管材的物理性能

项　　目	要　　求
密度（kg/m³）	1450~1650
维卡软化温度（℃）	≥110
纵向回缩率（%）	≤5

表 15-32　管材的力学性能

项　　目	试 验 参 数			要　　求
	试验温度（℃）	试验时间（h）	静液压应力（MPa）	
静液压试验	20	1	43.0	无破裂 无泄漏
	95	165	5.6	
	95	1000	4.6	
静液压状态下的热稳定性试验	95	8760	3.6	无破裂 无泄漏
落锤冲击试验（0℃），TIR				≤10%
拉伸屈服强度（MPa）				≥50

(8) 系统适应性:

① 内压试验应符合表 15-33 的要求。

表 15-33　内压试验

管系列 S	试验温度(℃)	试验压力(MPa)	试验时间(h)	要　求
S6.3	80	1.2	3000	
S5	80	1.59	3000	无破裂 无渗漏
S4	80	1.99	3000	

② 热循环试验应符合表 15-34 要求。

表 15-34　热循环试验

最高试验温度(℃)	最低试验温度(℃)	试验压力(MPa)	循环次数	要　求
90	20	P_D	5000	无破裂、无渗漏

注:1. 一次循环的时间为 30^{+8}_{0}min,包括 15^{+8}_{0}min 最高试验温度和 15^{+8}_{0}min 最低试验温度。

2. P_D 值按表 15-32 规定。

四、冷热水用聚丙烯管材(GB/T 18742·2—2002)

1. 定义

冷热水用聚丙烯管材是以聚丙烯管材料为原料,经挤出成型的圆形横断面的聚丙烯管材。适用于建筑物内冷热水管道系统所用管材,包括工业与民用冷热水、饮用水和采暖系统等。

2. 产品分类

(1) 管材按使用原料不同分为 PP-H、PP-B、PP-R 三类,见 GB/T 18742.1。

(2) 管材按尺寸分为 S5、S4、S3.2、S2.5、S2 五个系列。管系列 S 与公称压力 Pn 关系见表 15-35、表 15-36。表中 C 为管道系统总使用(设计)系数。

表 15-35　管系列 S 与公称压力 Pn 关系(C=1.25)

管系列	S5	S4	S3.2	S2.5	S2
公称压力 Pn (MPa)	1.25	1.6	2.0	2.5	3.2

表 15-36　管系列 S 与公称压力 Pn 关系(C=1.55)

管系列	S5	S4	S3.2	S2.5	S2
公称压力 Pn (MPa)	1.0	1.25	1.6	2.0	2.5

3. 管系列 S 值的选择

管材按不同的材料、使用条件级别(见 GB/T 18742.1)和设计压力选择对应的 S 值,见表 15-37、表 15-38 和表 15-39。其它压力规格,按供需双方商定选择对应的 S 值,使用寿命设计应满足 50 年的要求。

表 15-37　PP-H 管管系列 S 值的选择

设计压力 (MPa)	管系列 S			
	级别 1 $\sigma_d=2.90$MPa	级别 2 $\sigma_d=1.99$MPa	级别 4 $\sigma_d=3.24$MPa	级别 5 $\sigma_d=1.83$MPa
0.4	5	5	5	4
0.6	4	3.2	5	2.5
0.8	3.2	2.5	4	2
1.0	2.5	2	3.2	—

表 15-38　PP-B 管管系列 S 值的选择

设计压力 （MPa）	管系列 S			
	级别 1 $\sigma_d=1.67MPa$	级别 2 $\sigma_d=1.19MPa$	级别 4 $\sigma_d=1.95MPa$	级别 5 $\sigma_d=1.19MPa$
0.4	4	2.5	4	2.5
0.6	2.5	2	3.2	2
0.8	2	—	2	—
1.0	—	—	2	—

表 15-39　PP-R 管管系列 S 值的选择

设计压力 （MPa）	管系列 S			
	级别 1 $\sigma_d=3.09MPa$	级别 2 $\sigma_d=2.13MPa$	级别 4 $\sigma_d=3.30MPa$	级别 5 $\sigma_d=1.90MPa$
0.4	5	5	5	4
0.6	5	3.2	5	3.2
0.8	3.2	2.5	4	2
1.0	2.5	2	3.2	—

4. 技术要求

(1) 颜色：一般为灰色，其它颜色由供需双方协商确定。

(2) 外观：管材的色泽应基本一致；管材的内外表面应光滑、平整，无凹陷、气泡和其它影响性能的表面缺陷；管材不应含有杂质；管材端面应切割平整并与轴线垂直。

(3) 不透光性：管材应不透光。

(4) 规格及尺寸：

① 管材规格用管系列 S、公称外径 d_n×公称壁厚 e_n 表示。

【例】　管系列 S5、公称外径 32mm、公称壁厚 2.9mm。表示为：

$$S5 \quad d_n 32mm×e_n 2.9mm$$

② 管材的公称外径、平均外径及管系列 S 对应的壁厚（不包括阻隔层厚度），见表 15-40。

表 15-40　管材管系列和规格尺寸　　　　　　　　　　　　（mm）

公称外径 d_n	平均外径		管系列				
			S5	S4	S3.2	S2.5	S2
	$d_{em,min}$	$d_{em,max}$	公称壁厚 e_n				
12	12.0	12.3	—	—	—	2.0	2.4
16	16.0	16.3	—	2.0	2.2	2.7	3.3
20	20.0	20.3	2.0	2.3	2.8	3.4	4.1
25	25.0	25.3	2.3	2.8	3.5	4.2	5.1
32	32.0	32.3	2.9	3.6	4.4	5.4	6.5
40	40.0	40.4	3.7	4.5	5.5	6.7	8.1
50	50.0	50.5	4.6	5.6	6.9	8.3	10.1
63	63.0	63.6	5.8	7.1	8.6	10.5	12.7
75	75.0	75.7	6.8	8.4	10.3	12.5	15.1

公称外径 d_n	平均外径		管 系 列				
			S5	S4	S3.2	S2.5	S2
	$d_{em,min}$	$d_{em,max}$	公称壁厚 e_n				
90	90.0	90.9	8.2	10.1	12.3	15.0	18.1
110	110.0	111.0	10.0	12.3	15.1	18.3	22.1
125	125.0	126.2	11.4	14.0	17.1	20.8	25.1
140	140.0	141.3	12.7	15.7	19.2	23.3	28.1
160	160.0	161.5	14.6	17.9	21.9	26.6	32.1

③ 管材的长度为 4m 或 6m,也可根据用户由供需双方协商确定。管材不允许有负偏差。

④ 管材同一壁厚偏差应符合表 15-41 规定。

表 15-41　管材壁厚偏差 （mm）

公称壁厚 e_n	允许偏差	公称壁厚 e_n	允许偏差	公称壁厚 e_n	允许偏差	公称壁厚 e_n	允许偏差
$1.0 < e_n \leqslant 2.0$	+0.3 0	$9.0 < e_n \leqslant 10.0$	+1.1 0	$17.0 < e_n \leqslant 18.0$	+1.9 0	$25.0 < e_n \leqslant 26.0$	+2.7 0
$2.0 < e_n \leqslant 3.0$	+0.4 0	$10.0 < e_n \leqslant 11.0$	+1.2 0	$18.0 < e_n \leqslant 19.0$	+2.0 0	$26.0 < e_n \leqslant 27.0$	+2.8 0
$3.0 < e_n \leqslant 4.0$	+0.5 0	$11.0 < e_n \leqslant 12.0$	+1.3 0	$19.0 < e_n \leqslant 20.0$	+2.1 0	$27.0 < e_n \leqslant 28.0$	+2.9 0
$4.0 < e_n \leqslant 5.0$	+0.6 0	$12.0 < e_n \leqslant 13.0$	+1.4 0	$20.0 < e_n \leqslant 21.0$	+2.2 0	$28.0 < e_n \leqslant 29.0$	+3.0 0
$5.0 < e_n \leqslant 6.0$	+0.7 0	$13.0 < e_n \leqslant 14.0$	+1.5 0	$21.0 < e_n \leqslant 22.0$	+2.3 0	$29.0 < e_n \leqslant 30.0$	+3.1 0
$6.0 < e_n \leqslant 7.0$	+0.8 0	$14.0 < e_n \leqslant 15.0$	+1.6 0	$22.0 < e_n \leqslant 23.0$	+2.4 0	$30.0 < e_n \leqslant 31.0$	+3.2 0
$7.0 < e_n \leqslant 8.0$	+0.9 0	$15.0 < e_n \leqslant 16.0$	+1.7 0	$23.0 < e_n \leqslant 24.0$	+2.5 0	$31.0 < e_n \leqslant 32.0$	+3.3 0
$8.0 < e_n \leqslant 9.0$	+1.0 0	$16.0 < e_n \leqslant 17.0$	+1.8 0	$24.0 < e_n \leqslant 25.0$	+2.6 0	$32.0 < e_n \leqslant 33.0$	+3.4 0

（5）管材的物理力学性能和化学性能,应符合表 15-42 的规定。

表 15-42　管材的物理力学性能和化学性能

项　目	材料	试 验 参 数			试样数量	指　标
		试验温度(℃)	试验时间(h)	静液压应力(MPa)		
纵向回缩率	PP-H	150±2	$e_n \leqslant 8mm$:1 $8mm < e_n \leqslant 16mm$:2 $e_n > 16mm$:4	—	3	≤2%
	PP-B	150±2		—		
	PP-R	135±2		—		
简支梁冲击试验	PP-H	23±2	—		10	破损率<试样的10%
	PP-B	0±2				
	PP-R	0±2				

项　目	材料	试　验　参　数			试样数量	指　标
		试验温度(℃)	试验时间(h)	静液压应力(MPa)		
静液压试验	PP-H	20	1	21.0	3	无破裂 无渗漏
		95	22	5.0		
		95	165	4.2		
		95	1000	3.5		
	PP-B	20	1	16.0	3	
		95	22	3.4		
		95	165	3.0		
		95	1000	2.6		
	PP-R	20	1	16.0	3	
		95	22	4.2		
		95	165	3.8		
		95	1000	3.5		
熔体流动速度，MFR(230℃/2.16kg)			g/10min		3	变化率 ≤原料 的30%
静液压状态下 热稳定性试验	PP-H	110	8760	1.9	1	无破裂 无渗漏
	PP-B			1.4		
	PP-R			1.9		

（6）管材的卫生性能应符合 GB/T 17219 的规定。

（7）系统适应性：管材与符合 GB/T 18742.3 规定的管件连接后应通过内压和热循环两项组合试验。

① 内压试验应符合表 15-43 的规定。

表 15-43　内压试验

项目 管系列	材　料	试验温度 （℃）	试验压力 （MPa）	试验时间 （h）	试样数量	指　标
S5	PP-H	95	0.70	1000	3	无破裂 无渗漏
	PP-B		0.50			
	PP-R		0.68			
S4	PP-H	95	0.88	1000	3	无破裂 无渗漏
	PP-B		0.62			
	PP-R		0.80			
S3.2	PP-H	95	1.10	1000	3	无破裂 无渗漏
	PP-B		0.76			
	PP-R		1.11			

项目 管系列	材料	试验温度 (℃)	试验压力 (MPa)	试验时间 (h)	试样数量	指标
S2.5	PP-H	95	1.41	1000	3	无破裂 无渗漏
	PP-B		0.93			
	PP-R		1.31			
S2	PP-H	95	1.76	1000	3	无破裂 无渗漏
	PP-B		1.31			
	PP-R		1.64			

② 热循环试验应符合表 15-44 的规定。

表 15-44　热循环试验

材料	最高试验温度(℃)	最低试验温度(℃)	试验压力(MPa)	循环次数	试样数量	指标
PP-H	95	20	1.0	5000	1	无破裂 无渗漏
PP-B						
PP-R						

注：一个循环的时间为(30$^{+\delta}$)min,包括(15$^{+\delta}$)min 最高试验温度和(15$^{+\delta}$)min 最低试验温度。

第十六章 建筑材料试验

建筑材料试验是在学习建筑材料基本知识的基础上进行的,通过试验熟悉主要建筑材料的技术要求,掌握对常用建筑材料进行质量检定的技能,巩固和丰富理论知识,培养严谨认真的科学态度,提高分析问题和解决问题的能力。

试验一 建筑材料基本物理试验

一、真密度测定

1. 主要仪器设备

李氏瓶(见图 16-1)、孔径为 0.20mm 或 900 孔/cm² 的筛子、烘箱、干燥器、称量 500g 感量 0.01g 的天平、温度计等。

2. 测定步骤

(1) 将石料试样研碎,过筛后放入烘箱中,以不超过 110℃ 的温度烘干,直至其质量不变为止。烘干后的粉料储放在干燥器中,以待取用。

(2) 在李氏瓶中注入煤油或其它对试样不起反应的液体至突颈下部,记下刻度数。将李氏瓶放在盛水的容器中,在试验过程中保持水温为 20℃。

(3) 用感量为 0.01g 的天平称取 60~90g 试样,用漏斗将试样渐渐送入李氏瓶内(不能大量倾倒,否则会妨碍李氏瓶中的空气排出,或在咽喉部分形成气泡,妨碍粉末的继续下落),使液面上升至接近 20cm³ 刻度为止。再称剩下的试样,计算送入李氏瓶中的试样质量 G(g)。

(4) 将注入试样后的李氏瓶中液面的读数,减去未注前的读数,得试样的绝对体积 V(cm³)。

(5) 按下式计算出真密度 ρ:

$$\rho = \frac{G}{V} \ (\text{g/cm}^3)$$

真密度测定按规定应作两次试验,求出两次的算术平均值,且两次结果相差不应大于平均值的 2%。

图 16-1 李氏瓶

二、表观密度测定

1. 主要仪器设备

称量 1000g 感量 0.1g 的天平、精度 0.2mm 的游标卡尺、烘箱等。

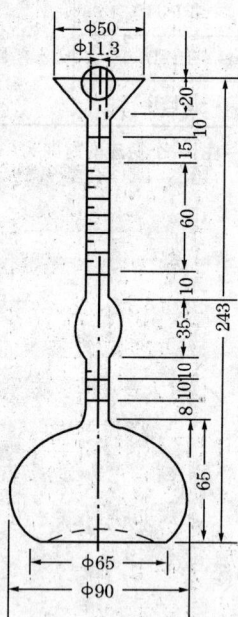

2. 测定步骤

（1）将石料试样放入烘箱内,以不超过 110℃ 的温度烘干至恒重。用游标卡尺量其尺寸（cm）,并计算出其体积 V_0（cm³）。然后再用天平称其质量 G（g）。按下式计算其表观密度:

$$\rho_0 = \frac{G}{V_0} \text{ (g/cm}^3\text{)}$$

（2）求试件体积时,如试件为立方体或平行六面体,则每边应量三次,求其平均值,然后再按下式计算体积:

$$V_0 = \frac{a_1 + a_2 + a_3}{3} \times \frac{b_1 + b_2 + b_3}{3} \times \frac{c_1 + c_2 + c_3}{3} \text{(cm}^3\text{)}$$

式中 a、b、c 分别为长、宽、高。

（3）求试件体积时,如试件为圆柱体,则在圆柱体上、下两个平行切面上及试件腰部,按两个互相垂直的方向量其直径,求 6 次的平均值 d,再在圆柱端面互相垂直的两直径与圆周交界的四点上量其高度,求四次的平均值 h,最后按下式求其体积 V_0:

$$V_0 = \frac{\pi d^2}{4} \times h \text{(cm}^3\text{)}$$

三、孔隙率的计算

将已经求出的真密度和表观密度（用同样的单位表示）代入下式计算得出。

$$P_0 = \frac{\rho - \rho_0}{\rho} \times 100\%$$

四、吸水率试验

1. 主要仪器设备

称量 1000g 感量 0.1g 的天平、精度 0.2mm 的游标卡尺、烘箱、玻璃（或金属）盆等。

2. 试验方法

（1）将试件置于烘箱中,以不超过 110℃ 的温度,烘干至质量不变为止。然后再以感量为 0.1g 的天平称其质量 G（g）。

（2）将试样放入金属盆或玻璃盆中,在盆底可放些垫条如玻璃管或玻璃杆使试件底面与盆底不致紧贴,使水能够自由进入。

（3）加水至试件高度 1/3 处;经过 24h 后,再加水至高度的 2/3 处;再经过 24h 后加满,并再放置 24h。这样逐次加水能使试件孔隙中的空气逐渐逸出。

（4）取出试件,抹去表面水分,称其质量 G_1（g）。

（5）为了检查试件吸水是否饱和,可将试件再浸入水中至高度的 3/4 处,经过 24h 后重新称之。两次质量之差不得超过 1%。

（6）按下列公式计算吸水率:

$$W_{质量} = \frac{G_1 - G}{G} \times 100\%$$

$$W_{体积} = \frac{G_1 - G}{V_0} \times 100\% = W_{质量} \times \rho_0$$

式中　V_0——干燥时的试件体积;

　　　ρ_0——试件的表观密度。

（7）取三个试样的吸水率计算其平均值。

试验二 水泥试验

一、水泥试验的一般规定

（1）以同一水泥厂、同期到达、同品种、同标号的水泥不超过 4×10^5 kg 为一个取样单位，不足 4×10^5 kg 时也作为一个取样单位。取样要有代表性。可连续取，也可从 20 个以上不同部位取等量样品，总数至少 10kg。

（2）试样应充分拌匀，通过 0.9mm 方孔筛，并记录筛余物百分数及其性质。

（3）试验室用水必须是洁净的淡水。

（4）试验室温度应为 17～25℃，相对湿度应大于 50%。养护箱温度为（20±3）℃，相对湿度应大于 90%。

（5）水泥试样、标准砂、拌和用水及试模等的温度均应与试验室温度相同。

二、水泥细度试验

细度检验分水筛法和干筛法。鉴定结果有矛盾时，以水筛法为准。

1. 水筛法

（1）主要仪器设备。包括标准筛、筛支座和喷头。

① 标准筛。筛布为方孔铜丝网筛布，方孔边长 0.08mm，筛框有效直径 125mm，高 80mm。

② 筛支座。能带动筛子转动，转速为 50r/min。

③ 喷头。直径 55mm，面上均匀分布 90 个孔，孔径 0.5～0.7mm，安装高度以离筛布 50mm 为宜。

（2）检验方法如下：① 称取水泥试样 50g，倒入筛内，立即用清洁水冲洗至大部分细粉通过，再将筛子置筛座上，用水压 0.03～0.08MPa 的喷头连续冲洗 3min；② 筛毕取下，将筛余物冲到一边，用少量水把筛余物全部移至蒸发皿（或烘样盘）中，沉淀后将水倾出，烘干后称质量，精确至 0.1g，以其克数乘 2，即得筛余百分数。

（3）结果评定。以一次检验所得结果，作为鉴定结果。

（4）注意事项：①筛子应保持洁净，定期检查校正，常用的筛子可浸于水中保存，一般使用 20～30 次后，须用 0.3～0.5mol 的醋酸或食醋进行清洗；②喷头应防止孔眼堵塞。

2. 干筛法

（1）主要仪器设备。标准筛的筛布同湿筛法，筛框有效直径 150mm，高 50mm。

（2）检验方法。称取（110±5）℃下烘干 1h 并冷至室温的水泥试样 50g 倒入筛内，用人工或机械筛动，但将近筛完时，必须一手执筛往复摇动，一手拍打，摇动速度约每分钟 120 次，其间，筛子应向一定方向旋转多次，使试样分散在筛布上，直至每分钟通过不超过 0.05g 为止。称量筛余物精确至 0.1g，以其克数乘 2，即得筛余百分数。

（3）结果评定。以一次检验所得结果作为鉴定结果。

（4）注意事项。筛子必须经常保持干燥洁净，定期检查校正。

三、水泥标准稠度用水量测定

1. 主要仪器设备

标准稠度与凝结时间测定仪示意图见图 16-2。其滑动部分的总质量为（300±2）g。试锥和锥模见图 16-3。金属空心试锥的锥底直径为 40mm，高为 50mm；装净浆用的锥模上口内径为 60mm，高为 75mm。

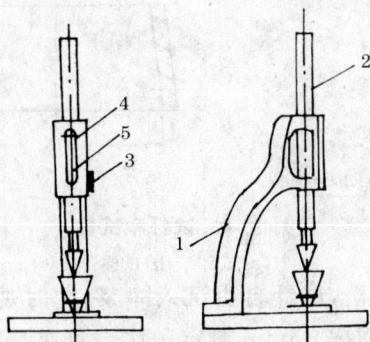

图 16-2　标准稠度与凝结时间测定仪示意图
1. 铁座　2. 金属圆棒　3. 松紧螺丝
4. 指针　5. 标尺

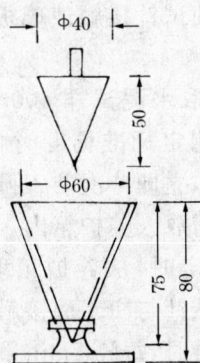

图 16-3　试锥和锥模
（单位：mm）

2. 测定方法

（1）测定前须检查：测定仪的金属棒应能自由滑动；试锥降至锥模顶面位置时指针应对准标尺零点；搅拌机应运转正常。

（2）拌和时称取水泥试样 400g，采用调整水量方法时按经验用水，采用固定水量法时用水量为 114cm³。机械拌和前先用湿布擦净拌和用具。

（3）机械拌和时，将水泥试样倒入平底锅，将锅置搅拌机上，放下搅拌翅，开动机器，同时徐徐加入拌和水，水量精确至 0.5mL，从开动机器起，搅拌 5min。

（4）拌和完毕，立即将净浆一次装入锥模内，用小刀插捣并振动数次，刮去多余净浆，抹平后迅速放到试锥下面的固定位置上。将试锥降至净浆表面，拧紧螺丝，然后突然放松，让试锥自由沉入净浆中，到 30s 时，记录试锥下沉深度 S，或标准稠度用水量。

（5）用调整水量方法测定时，以试锥在 30s，下沉深度为 (28 ± 2)mm 时的拌和水量为标准稠度用水量（P），以水泥质量百分数计：

$$P = \frac{\text{拌合用水量（cm}^3\text{）}}{400} \times 100\%$$

如超出范围，须另称试样，调整水量，重新测定，直至 S 达到 (28 ± 2)mm 时为止。

（6）用固定水量法测定时，根据测得的试锥下沉深度 S(mm)，按下列经验公式计算标准稠度用水量 P（％）：

$$P = 33.4 - 0.185S$$

做水泥标准稠度用水量测定时，如果试锥下沉深度小于 13mm，则不能用固定水量法，应用调整水量法测定。

四、水泥净浆凝结时间测定

1. 主要仪器设备

（1）测定仪。与测定标准稠度时所用的测定仪相同，但试锥应换成试针，装净浆用的锥模应换成圆模，如图 16-4 所示。

（2）净浆搅拌机。与测定标准稠度时所用的相同。

2. 测定方法

（1）测定前，将圆模放在玻璃板上，调整测定仪，使试针接触玻璃板时，指针对准标尺零点。

（2）称取水泥试样 400g，以标准稠度用水量，按测定标准稠度时拌和净浆的方法制成净浆，立即一次装入圆模，振动数次后刮平，然后放入养护箱内。

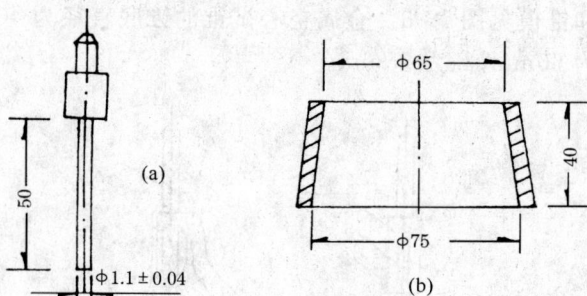

图 16-4　试针和试模
（a）试针　（b）试模

（3）测定时，从养护箱取出圆模放到试针下，使试针与净浆面接触，拧紧螺丝，然后突然放松，试针自由沉入净浆，此时观察指针读数，临近初凝时，每隔 5min 测定一次。临近终凝时，每隔 15min 测定一次。每次测定，不得让试针落入原针孔内，每次测定完毕，须将圆模放回养护箱内，并将试针擦净，测定过程中，圆模应不受振动。

（4）自加水时起，至试针沉入净浆中距底板 0.5～1.0mm 时，所需时间为初凝时间；至试针沉入净浆中不超过 1.0mm 时，所需时间为终凝时间。

五、水泥体积安定性检测

1. 试验目的

测定水泥中游离氧化钙对水泥硬化时体积变化均匀性的影响，以评定水泥体积安定性指标是否合格。

2. 试验方法

测定水泥体积安定性可用"雷氏法"和"饼法"两种方法进行。若试验过程出现争议时，以雷氏法为准。

雷氏法是指测定水泥净浆在雷氏夹中沸煮后的膨胀值来判测水泥安定性是否合格；饼法则是通过观察水泥净浆试饼沸煮后的外形变化来检验水泥的体积安定性。

3. 试验所用主要仪器设备

（1）沸煮箱。箱的有效容积为 410mm×240mm×310mm，篦板结构应不影响试验结果，篦板与加热器之间的距离应大于 50mm。箱的内层由耐蚀的金属材料制成，能在 30min±5min 内将箱内的试验用水由室温升至沸腾状态 3h 以上，整个试验过程中不需补充水量。

（2）雷氏夹。雷氏夹的构造如图 16-5。雷氏夹用铜质材料制成，当一根指针的根部先悬挂在一根金属丝或尼龙丝上，另一根指针的根部再挂上质量为 300g 的法码时，两根指针的针尖距离增加应在 17.5mm±2.5mm 范围内。当去掉砝码后，针尖的距离应能恢复到挂砝码前的状态。

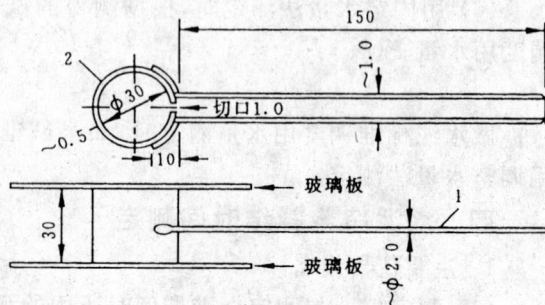

图 16-5　雷氏夹
1. 指针　2. 环模

（3）雷氏夹膨胀值测定仪。测定仪的构造如图 16-6。测定仪标尺最小刻度为 1mm。

（4）水泥净浆搅拌机。同水泥标准稠度用水量测定时所用的搅拌机。

4．检测过程

（1）将事先准备好的雷氏夹放在已稍擦油的玻璃板上，随即将制好的标准稠度净浆装满试模。装模时一只手轻轻扶持试模，另一只手用宽约 10mm 的小刀插捣 15 次左右，然后抹平，盖上稍涂油的玻璃板，接着将试模移至养护箱内进行养护。

（2）试件养护 24h±2h 后，从养护箱内取出。先测量试件指针尖端间的距离（A），精确至 0.5mm，接着将试件放入水中篦板上，指针朝上，试件之间互不交叉，然后在30min±5min 内加热至沸腾，并连续沸煮 3h±5min。

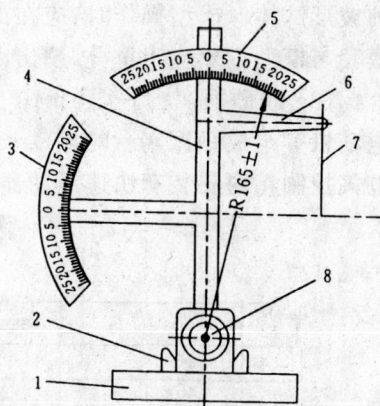

图 16-6　雷氏夹膨胀值测量仪

1. 底座　2. 模子座　3. 测弹性标尺
4. 立柱　5. 测膨胀值标尺　6. 悬臂
7. 悬丝　8. 弹簧顶扭

（3）沸煮结束，放掉箱中的热水，打开箱盖，待箱体冷却至室温，取出试件，测量试件指针尖端间的距离（C），记录至小数点后一位，当两个试件煮后增加距离（C−A）的平均值不大于 5.0mm 时，即认为该水泥的体积安定性为合格，当两个试件的（C−A）值相差超过 4mm 时，应用同一样品立即重作一次。

六、水泥胶砂强度检验

1．检验目的

检验水泥 3d、28d 规定的抗压强度、抗折强度，以确定水泥的强度等级；或已知水泥的强度等级，检验其强度是否满足国家标准中规定的 3d、28d 龄期强度的数值。

2．检验所用主要仪器设备

（1）水泥胶砂搅拌机。图 16-7 所示为搅拌机的主体构造，它由胶砂搅拌锅和搅拌叶片及相应的机构组成，可以很方便地固定在锅座上，而搅拌时不会晃动和转动。搅拌机工作原理为行星式，搅拌叶片呈扇形，搅拌时除顺时针自转外，还要沿搅拌锅周边逆时针做公转，并具有高、低两种转速。搅拌叶片与锅底、锅壁的工作间隙为 3mm。搅拌机运转时声音应正常，绝缘电阻应不小于 2MΩ。

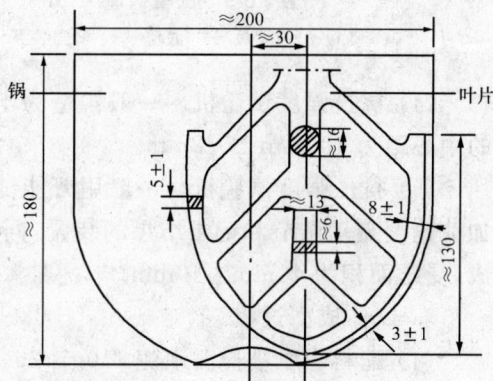

图 16-7　水泥胶砂搅拌机

（2）下料漏斗与试模。下料漏斗由漏斗和模套两部分组成，如图 16-8。下料口宽度为 4～5mm，模套高度为 25mm，宽度 156mm。

试模由三个水平的模槽组成，其构造由隔板、端板、底座、紧固装置和定位销等组成，如图 16-9。它可以同时成型三条截面为 40mm×40mm，长为 160mm

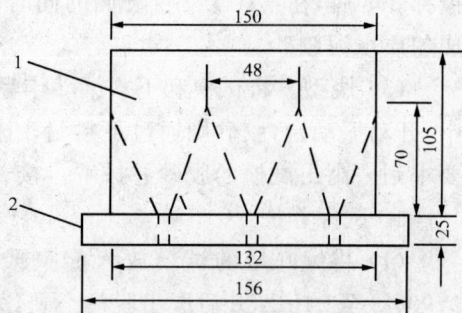

图 16-8　下料漏斗

1. 漏斗　2. 模套

的棱形试体。成型操作时,应在试模上面加装一个壁高 20mm 的金属模套,当从上往下看时,模套与模型内壁应当重叠,超出内壁不应大于 1mm。

(3) 胶砂振实台。图 16-10 所示为胶砂振实台的构造,它由台面板、弹簧装置、偏重轮和电动机等组成。振实台的振动频率为 2800～3000 次/分,全波振幅为 0.75mm±0.02mm,在电气控制箱内安装有快速制动器,可以使电动机实现快速停止。

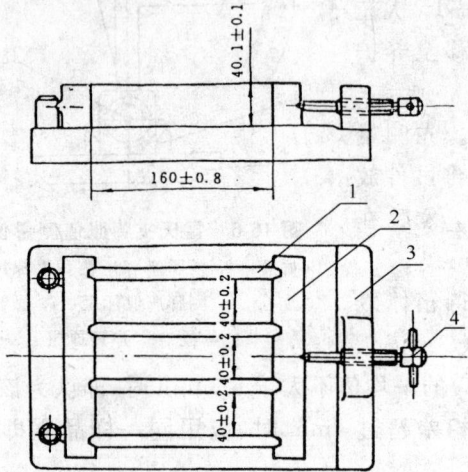

图 16-9 试模构造

1. 隔板 2. 端板 3. 底座 4. 紧固装置

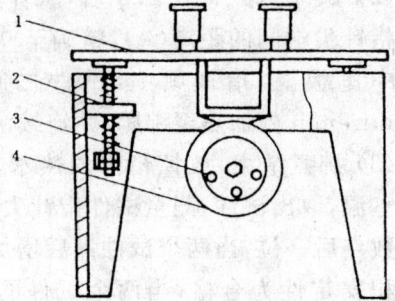

图 16-10 胶砂振实台外形

1. 台板 2. 弹簧 3. 偏重轮 4. 电机

(4) 抗折强度试验机。一般构造为电动双杠杆式,抗折机上支撑胶砂试件的两支撑圆柱的中心距为 100mm±0.2mm。

(5) 抗压强度试验机。一般用万能试验机,最大荷载以 200～300kN 为宜,压力机应具有加荷速度自动调节和记录结果的装置,同时应配有抗压试验用的专用夹具,夹具由优质碳钢制成,受压面积为 40mm×40mm。

3. 试体成型过程

(1) 配料。取被检测水泥 450g±2g,标准砂 1350g±5g,拌合水 225g±1g,配制 1∶3 水泥胶砂,水灰比为 0.50。

(2) 搅拌。将搅拌锅放在底座上并进行固定。先往锅内加水,再加水泥,开动搅拌机低速搅拌 30s 后,在第二个 30s 开始的同时均匀地加入标准砂,将搅拌机转至高速,再搅拌 30s 形成匀质水泥胶砂。

(3) 成型。将试模和下料漏斗卡紧在振实台的中心,将搅拌好的砂浆均匀地装入下料斗中,开动振动台,胶砂则通过下料漏斗流入试模,振动 120s±5s 后停机,取下试模,用刮平尺按要求刮去高出试模的胶砂并抹平。接着在试模上作出标记或用字条标明试体编号。

4. 试件养护

(1) 将编好号的试模放入雾室或湿箱的水平架子上养护(温度 20℃±3℃、相对湿度 >90%)至 24h±3h 后取出脱模。硬化速度较慢的水泥,可延长脱模时间,但要作好记录。

(2) 脱模。对于 24h 龄期的,应在破型试验前 20min 内脱模;对于 24h 以上龄期的,应在成型后 20～24h 之间脱模。

（3）水中养护。将作好标记的试件立即水平或竖直放在20℃±1℃的水中养护，水平放置时刮平面应朝上。试件在水中六个面都要与水接触，试件之间的间隔或试件上表面的水深不得小于5mm。

每个养护水池只养护同类型的水泥试件。

除24h龄期或延迟至48h脱模的试件外，任何到龄期的试体应在试验（破型）前15min从水中取出，揩去试体表面的沉积物，并用湿布盖至试验时止。

5. 强度检验

强度检验试体的龄期是从水泥和水搅拌开始试验时计算。不同龄期强度检验在下列时间里进行：

——24h±15min

——48h±30min

——72h±45min

——728h±8h

（1）抗折强度检验。将试体一个侧面放在抗折机的支撑圆柱上，试体长轴垂直于支撑圆柱，通过加荷圆柱以50N/s±10N/s的速率将荷载均匀地加在棱柱体相对侧面上，直至折断试体。

保持两个半截棱柱体处于潮湿状态直至抗压强度检验。

抗折强度 R_f 以牛顿每平方毫米（MPa）表示，按下式进行计算：

$$R_f = \frac{1.5 F_f L}{b^3}$$

式中　F_f——折断时施加在棱柱体中部的荷载（N）；

　　　L——两支撑圆柱之间的距离（mm）；

　　　b——棱柱体正方形截面的边长（mm）。

（2）抗压强度检验。将半截棱柱体装在抗压夹具内，棱柱体中心与夹具压板受压中心差应在±0.5mm以内，棱柱体露在压板外的部分为10mm左右。开动压力机，以2400N/s±200N/s的加荷速率，均匀地向试体加荷直至破坏。

抗压强度 R_c 以牛顿每平方毫米（MPa）为单位，按下式进行计算：

$$R_c = \frac{F_c}{A}$$

式中　F_c——试体破坏时的最大荷载（N）；

　　　A——试体受压部分的面积（40mm×40mm＝1600mm²）。

6. 强度检验结果评定

抗折强度是以一组三个棱柱体抗折强度的平均值作为检验结果。当三个强度值中有超出平均值±10%的值时，应将该值剔除后再取平均值作为抗折强度的检验结果。

抗压强度是以一组三个棱柱体上得到的六个抗压强度测定值的算术平均值为检验结果。如果六个测定值中有一个超出六个平均值的±10%，就应剔除这个数值，而以余下五个值的平均值作为检测结果。如果五个测定值中，再出现超过它们平均数的±10%时，则此组试体作废。

各试体抗折强度记录精确至0.1MPa，抗折强度平均值计算也要求精确至0.1MPa；各个半棱柱体得到的单个抗压强度结果计算至 0.1MPa,抗压强度的平均值计算仍精确至 0.1MPa。

试验三　混凝土用骨料试验

一、砂、石的验收批及检验项目

砂、石的验收批分别按 GB/T 14684—2001 和 GB/T 14685—2001 的规定划分。

建筑用砂应按同分类、规格、适用等级及日产量每 600t 为一批,不足 600t 亦为一批;日产量超过 2000t,按 1000t 为一批,不足 1000t 亦为一验收批。每一验收批应进行颗料级配、含泥量、石粉含量和泥块含量、有害物质含量及坚固性试验。

建筑用卵石、碎石应按同品种、规格、适用等级及日产量每 600t 为一批,不足 600t 亦为一批;日产量超过 2000t,按 1000t 为一批。不足 1000t 亦为一批;日产量超过 5000t,按 2000t 为一批;不足 2000t 亦为一批。每一批应进行颗粒级配、含泥量和泥块含量、针片状颗粒含量、有害物质含量、坚固性及强度试验。

二、取样

每一验收批取样方法应遵守下列规定:

(1) 在料堆上取样时,取样部位应均匀分布。取样前,先将取样部分表层铲除。对于砂,从不同部位抽取大致等量的 8 份组成一组样品。对于石子,在料堆的顶部、中部和底部均匀分布的 15 个不同部位取得大致等量的 15 份组成一组样品。

(2) 从带式输送机上取样时,用接料器在机尾的出料处,定时抽取大量的试样(砂为 4 份、石子 8 份),组成一组样品。

(3) 从火车、汽车、货船上取样时,从不同部位和深度抽取大致等量的试样(砂 8 份、石子 16 份),组成一组样品。

(4) 每组样品的取样数量,做单项试验应符合表 16-1 和表 16-2 规定的最少数量。做几项试验时,如确能保证试样经一项试验后不致影响另一项试验的结果,可用同一试样进行几项不同的试验。

表 16-1　砂单项试验的取样数量

序号	试验项目	最少取样量(kg)	序号	试验项目		最少取样量(kg)
1	颗料级配	4.4	8	硫化物与硫酸盐含量		0.6
2	含泥量	4.4	9	氯化物含量		4.4
3	石粉含量	6.0	10	坚固性	天然砂	8.0
4	泥块含量	20.0			人工砂	20.0
5	云母含量	0.6	11	表观密度		2.6
6	轻物质含量	3.2	12	堆积密度与空隙率		5.0
7	有机物含量	2.0	13	碱集料反应		20.0

(5) 每组样品应妥善包装,避免细料散失及污染。附样品卡片,标明样品编号、名称、产地规格、数量、要求检验项目及取样方式等。

(6) 检验时,若有一项性能不合格,应从同一批产品中加倍取样,对不符合标准要求的项目进行复检。复检后,若该项指标合格,可判该类产品合格,若仍不合格,则该批产品判为不合格。

表 16-2　卵石或碎石单项试验的取样量

试验项目	最大粒径(mm)							
	9.5	16.0	19.0	25.0	31.5	37.5	63.0	75.0
颗料级配	9.5	16.0	19.0	25.0	31.5	37.5	63.0	80.0
含泥量	8.0	8.0	24.0	24.0	40.0	40.0	80.0	80.0
泥块含量	8.0	8.0	24.0	24.0	40.0	40.0	80.0	80.0
针片状颗料含量	1.2	4.0	8.0	12.0	20.0	40.0	40.0	40.0
表观密度	8.0	8.0	8.0	8.0	12.0	16.0	24.0	24.0
堆积密度与空隙率	40.0	40.0	40.0	40.0	80.0	80.0	120.0	120.0
碱集料反应	20.0	20.0	20.0	20.0	20.0	20.0	20.0	20.0
有机物含量 硫酸盐和硫化物含量 坚固性	按试验要求的粒级和数量取样							
岩石抗压强度	随机选取完整石块锯切或钻取成试验用样品							
压碎指标值	按试验要求的粒级和数量取样							

三、缩分

（一）用分料器法

将样品在潮湿状态下拌和均匀,然后通过分料器,取接料斗中的其中一份再次通过分料器。重复上述过程,直至把样品缩分到试验所需量为止。这种方法适用于砂。

（二）人工四分法

对于砂,将所取样品置于平板上,在潮湿状态下拌和均匀,并堆成厚度约为 20mm 的圆饼,然后沿互相垂直的两条直径把圆饼分成大致相等的四份,取其中对角线的两份重新拌匀,再堆成圆饼。重复上述过程,直至把样品缩分到试验所需量为止。

对于石子,在自然状态下拌和均匀,并堆成堆体,然后沿互相垂直的两条直径把堆体分成大致相等的四份,取其中对角线的两份重新拌匀,再堆成堆体。重复上述过程,直至把样品缩分到试验所需量为止。

砂、石的堆积密度检验和人工砂坚固性检验所用的试样可不经缩分,拌匀后直接进行试验。在整个试验过程中,试验室的温度应保持在 15~30℃。

四、砂的试验

（一）砂的筛分析试验

1. 试验目的

测定混凝土用砂的颗料级配,计算细度模数,评定砂的粗细程度。

2. 仪器设备

（1）方孔筛:孔径为 150μm、300μm、600μm、1.18mm、2.36mm、4.75mm、9.50mm 的筛各一只,并附有筛底和筛盖;

（2）鼓风烘箱:能使温度控制在(105±5)℃;

（3）天平:称量 1000g,感量 1g;

（4）摇筛机、搪瓷盘、毛刷等。

3. 试验步骤

按规定取样,用四分法缩分至约 1100g,放在烘箱中于(105±5)℃下烘干至恒重,待冷却至室温后,筛除大于 9.50mm 的颗粒(并算出其筛余百分率),分为大致相等的两份备用。

(1) 称烘干试样 500g,精确至 1g,倒入按孔径从大到小组合的套筛(附筛底)上,在摇筛机上筛 10min,取下后逐个用手筛,直至每分钟通过量小于试样总量 0.1% 时为止。通过的试样并入下一号筛中,并和下一号筛中的试样一起过筛,这样依次进行,直至各号筛全部筛完为止。如无摇筛机,可直接用手筛。

(2) 筛分时,若试样在各号筛上的筛余量超过按下式计算出的量,则应按公式下列出的两种方法之一处理。

$$m_r = \frac{A \times d^{1/2}}{200}$$

式中　m_r——在一个筛上的筛余量(g);

　　　A——筛面面积(mm²);

　　　d——筛孔尺寸(mm)。

① 将该粒级试样分成少于按上式计算出的量,分别筛分,并以筛余量之和作为该号筛的筛余量。

② 将该粒级及以下各粒级的筛余混合均匀,称出其质量,精确至 1g。再用四分法缩分为大致相等的两份,取其中一份,称出其质量,精确至 1g,继续筛分。计算该粒级及以下各粒级的分计筛余量时应根据缩分比例进行修正。

(3) 分别称出各号筛的筛余量,精确至 1g,所有各筛的分计筛余量和筛底的剩余量总和与原试样 500g 相比,相差不得超过 1%。否则,须重新试验。

4. 结果计算与评定

(1) 计算分计筛余百分率:各号筛的筛余量与试样总量之比,精确至 0.1%

(2) 计算累计筛余百分率:该号筛的筛余百分率加上该号筛以上各筛余百分率之和,精确至 0.1%。

(3) 砂的细度模数(M_x)按下式计算,精确至 0.1:

$$M_x \frac{(A_2 + A_3 + A_4 + A_5 + A_6) - 5A_1}{100 - A_1}$$

式中,M_x 为细度模数;A_1、A_2、A_3、A_4、A_5、A_6 分别为 4.75mm、2.36mm、1.18mm、600μm、300μm、150μm 筛的累计筛余百分率。

(4) 累计筛余百分率取两次试验结果的算术平均值,精确至 1%。细度模数取两次试验结果的算术平均值,精确至 0.1;如两次试验的细度模数之差超过 0.20 时,须重新试验。

(5) 以试验结果并依据相应标准,判断砂的粗细程度和级配情况。

(二)砂的表观密度试验

1. 试验目的

测定砂的表观密度,作为砂的质量评定和混凝土配合比设计的依据。

2. 仪器设备

(1)鼓风烘箱:能使温度控制在(105±5)℃;

(2)天平:称量 10kg 或 1000g,感量 1g;

(3) 容量瓶:500mL;

(4) 干燥器、搪瓷盘、滴管、毛刷等。

3. 试验步骤

按规定取样,缩分至约660g,放在烘箱中于(105±5)℃下烘干至恒重,待冷却至室温后,分为大致相等的两份备用。

(1) 称取试样300g(m_0),精确至1g。将试样装入盛有半瓶冷开水的容量瓶中,用手旋转摇动容量瓶,使砂样充分摇动,排除气泡,塞紧瓶盖,静置24h。然后用滴管小心加水至容量瓶500mL刻度处,塞坚瓶塞,擦干瓶外水分,称出其质量(m_1),精确至1g。

(2) 倒出瓶内水和试样,洗净容量瓶,再向容量瓶内注水(应与上项水温相差不超过2℃)至500mL刻度处,塞紧瓶塞,擦干瓶外水分,称出其质量(m_2),精确至1g。

4. 结果计算与评定

(1)砂的表观密度(ρ_0)按下式计算,精确至10kg/m³:

$$\rho_0 = \left(\frac{m_0}{m_0 + m_2 - m_1} \right) \times \rho_{\text{水}}$$

式中　ρ_0——砂的表观密度(kg/m³);

$\rho_{\text{水}}$——水的密度,1 000kg/m³;

m_0——烘干试样的质量(g);

m_1——试样、水及容量瓶的总质量(g);

m_2——水及容量瓶的总质量(g)。

(2)表观密度取两次试验结果的算术平均值,精确至10kg/m³;如两次试验结果之差大于20kg/m³,须重新试验。

(三)砂的堆积密度试验

1. 试验目的

测定砂的松散堆积密度、紧密堆积密度和空隙率,作为混凝土配合比设计或一般用的依据。

2. 仪器设备

(1) 鼓风烘箱:能使温度控制在(105±5)℃;

(2) 天平:称量10kg,感量1g;

(3) 容量筒:圆柱形金属筒,内径108mm,净高109mm,壁厚2mm,筒底厚约5mm,容积为1L;

(4) 方孔筛:孔径为4.75mm的筛子一只;

(5) 垫棒:直径10mm、长500mm的圆钢;

(6) 直尺、漏斗或料勺、搪瓷盘、毛刷等。

3. 试验步骤

按规定取样,用搪瓷盘装取约3L,放在烘箱中于(105±5)℃下烘干至恒重,待冷却至室温后,筛除大于4.75mm的颗粒,分为大致相等的两份备用。

(1) 松散堆积密度:取试样一份,用漏斗或料勺将试样从容量筒中心上方50mm处徐徐倒入,让试样以自由落体落下,当容量筒上部试样呈堆体,且容量筒四周溢满时,即停止加料。然后用直尺沿筒口中心线向两边刮平(试验过程应防止触动容量筒),称出试样和容量筒总质量

(m_1),精确至 1g,最后称空容量筒质量(m_2)。

(2)紧密堆积密度:取试样一份分两次装入容量筒。装完第一层后,在筒底垫放一根直径为 10mm 的圆钢,将筒按住,左右交替击地面各 25 次。然后装入第二层,第二层装满后用同样方法颠实(但筒底所垫钢筋的方向与第一层时的方向垂直)后,再加试样直至超过筒口,然后用直尺沿筒口中心线向两边刮平,称出试样和容量筒总质量(m_1),精确至 1g。

4. 结果计算与评定

(1)松散或紧密堆积密度(ρ_1)按下式计算,精确至 10kg/m³:

$$\rho_1 = \frac{m_1 - m_2}{V}$$

式中　ρ_1——松散堆职密度或紧密堆积密度(kg/m³);

　　　m_1　容量筒和试样总质量(g);

　　　m_2　容量筒质量(g);

　　　V　容量筒的容积(L)。

(2)空隙率(V_0)按下式计算,精确至 1%:

$$V_0 = \left(1 - \frac{\rho_1}{\rho_0}\right) \times 100\%$$

式中　V_0——空隙率(%);

　　　ρ_1——试样的松散(或紧密)堆职密度(kg/m³);

　　　ρ_0——按第 459 页公式计算的试样表观密度(kg/m³)。

(3)堆积密度取两次试验结果的算术平均值,精确至 10kg/m³。空隙率取两次试验结果的算术平均值,精确至 1%。

(四)砂的含水率试验

1. 试验目的

测定混凝土用砂的含水率,作为混凝土施工配合比计算的依据。

2. 仪器设备

(1)天平:称量 1 000g,感量 0.1g;

(2)鼓风烘箱:能使温度控制在(105±5)℃;

(3)搪瓷盘、小铲等。

3. 试验步骤

将自然潮湿状态下的试样,用四分法缩分至约 1100g,拌匀后分为大致相等的两份备用。

称取一份试样的质量(m_2),精确至 0.1g,倒入已知质量的烧杯中,放在烘箱中于(105±5)℃下烘至恒重。冷却至室温,再称量(m_1),精确至 0.1g。

4. 结果计算与评定

(1)含水率(W)按下式计算,精确至 0.1%:

$$W = \frac{m_2 - m_1}{m_1} \times 100\%$$

式中　W——含水率(%);

m_2——烘干前的试样质量(g);

m_1——烘干后的试样质量(g)。

(2)含水率取两次试验结果的算术平均值,精确至0.1%;两次试验结果之差大于0.2%时,须重新试验。

五、石子试验

（一）碎石或卵石的筛分析试验

1. 试验目的

测定碎石或卵石的颗粒级配及粒级规格,为混凝土配合比设计提供依据。

2. 仪器设备

(1)鼓风烘箱:能使温度控制在(105±5)℃;

(2)台秤:称量10kg,感量1g;

(3)方孔筛:孔径为2.36、4.75、9.50、16.0、19.0、26.5、31.5、37.5、53.0、63.0、75.0及90mm的筛各一只,并附有筛底和筛盖(筛框内径为300mm);

(4)摇筛机、搪瓷盘、毛刷等。

3. 试验步骤

按规定取样,用四分法缩分至略大于表16-3规定的数量,烘干或风干后备用。

表16-3 碎石或卵石颗粒级配试验所需样数量

最大粒径(mm)	9.5	16.0	19.0	26.5	31.5	37.5	63.0	75.0
最少试样质量(kg)	1.9	3.2	3.8	5.0	6.3	7.5	12.6	16.0

称取按表16-3规定数量的试样一份,精确至1g。将试样按筛孔大小依次过筛,筛至每分钟通过量小于试样总量0.1%时为止。称出各号筛的筛余量,精确至1g,所有各筛的分计筛余量和筛底的剩余量总和同原试样质量之差超过1%时,须重新试验。对大于19.0mm颗粒,允许用手指拨动。

4. 结果计算与评定

(1)计算分计筛余百分率:各号筛的筛余量与试样总质量之比,计算精确至0.1%;

(2)计算累计筛余百分率:该号筛的筛余百分率加上该号筛以上各分计筛余百分率之和,精确至1%;

(3)根据各号筛的累计筛余百分率并依据相应标准,判断该试样的颗粒级配及粒级规格。

（二）碎石或卵石的表观密度试验（广口瓶法）

本方法不宜用于测定最大粒径大于37.5mm的碎石或卵石的表观密度。

1. 试验目的

测定石子的表观密度,作为评定石子质量和混凝土配合比设计的依据。

2. 仪器设备

(1)鼓风烘箱:能使温度控制在(105±5)℃;

(2)天平:称量2kg,感量1g;

(3)广口瓶:1000mL,磨口、带玻璃片;

(4)方孔筛:孔径为4.75mm的筛一只;

（5）温度计、搪瓷盘、毛巾等。

3. 试验步骤

按规定取样,用四分法缩分至略大于表 16-4 规定的数量,风干后筛除小于 4.75mm 的颗粒,然后洗刷干净,分为大致相等的两份备用。

表 16-4　碎石或卵石表观密度试验所需试样数量

最大粒径(mm)	<26.5	31.5	37.5	63.0	75.0
最少试样质量(kg)	2.0	3.0	4.0	6.0	6.0

（1）将试样浸水饱和,然后装入广口瓶中。注入饮用水,以上下左右摇晃的方法排除气泡。

（2）气泡排尽后,向瓶中加水至凸出瓶口,用玻璃片沿瓶口迅速滑行,使其紧贴瓶口水面。擦干瓶外水分,称出试样、水、瓶和玻璃片总质量(m_1),精确至 1g。

（3）将瓶中试样倒入浅盘,放在烘箱中于(105 ± 5)℃下烘干至恒重,冷却至室温后,称其质量(m_0),精确至 1g。

（4）将瓶洗净,重新注入水,用玻璃片紧贴瓶口水面,擦干瓶外水分后,称出水、瓶和玻璃片总质量(m_2),精确至 1g。

4. 结果计算与评定

（1）表观密度(ρ_0)按下式计算,精确至 10kg/m³:

$$\rho_0 = \frac{m_0}{m_0 + m_2 - m_1} \times \rho_{水}$$

式中　ρ_0——表观密度(kg/m³);

　　　m_0——烘干后试样的质量(g);

　　　m_1——试样、水、瓶和玻璃片的总质量(g);

　　　m_2——水、瓶和玻璃片的总质量(g);

　　　$\rho_{水}$——水的密度,1000kg/m³。

（2）表观密度取两次试验结果的算术平均值,两次试验结果之差大于 20kg/m³,须重新试验。对颗粒材质不均匀的试样,如两次试验结果之差超过 20kg/m³,可取四次试验结果的算术平均值。

（三）碎石或卵石的堆积密度与空隙率试验

1. 试验目的

测定石子的松散堆积密度、紧密堆积密度和空隙率,作为混凝土配合比设计和一般使用的依据。

2. 仪器设备

（1）台秤:称量 10kg,感量 10g;

（2）磅秤:称量 50kg 或 100kg,感量 50g;

（3）容量筒:根据石子最大粒径按表 16-5 选用;

（4）垫棒:直径 16mm、长 600mm 的圆钢;

（5）直尺、小铲等。

表 16-5　石子容量筒的选用表

最大粒径(mm)	容量筒容积(L)
9.5、16.0、19.0、26.5	10
31.5、37.5	20
53.0、63.0、75.0	30

3. 试验步骤

按规定取样,烘干或风干后拌匀,并把试样分为两份备用。

(1) 松散堆积密度:取试样一份,用小铲将试样从容量筒口中心上方 50mm 处徐徐倒入,让试样以自由落体落下,当容量筒溢满时,除去凸出容量口表面的颗粒,并以合适的颗料填入凹陷部分,使表面稍凸起部分和凹陷部分的体积大致相等(试验过程应防止触动容量筒),称出试样和容量筒总质量(m_1),最后称空筒的质量(m_2)。

(2) 紧密堆积密度:取试样一份,分三次装入容量筒。装完第一层后,在筒底垫放一根直径为 16mm 的圆钢,将筒按住,左右交替颠击地面各 25 次,再装入第二层,第二层装满后用同样方法颠实(但筒底所垫钢筋的方向与第一层时的方向垂直),然后装入第三层,如法颠实。试样装填完毕,再加试样直至超过筒口,用钢尺沿筒口边缘刮去高出的试样,并用适合的颗粒填平,称取试样和容量筒的总质量(m_1),精确至 10g。

4. 结果计算与评定

(1) 松散或紧密堆积密度(ρ_1)按下式计算,精确至 10kg/m^3:

$$\rho_1 = \frac{m_1 - m_2}{V}$$

式中　ρ_1——松散堆积密度或紧密堆积密度(kg/m^3);

　　　m_1——容量筒和试样的总质量(g);

　　　m_2——容量筒质量(g);

　　　V——容量筒的容积(L)。

(2) 空隙率(V_0)按下式计算,精确至 1%:

$$V_0 = \left(1 - \frac{\rho_1}{\rho_0}\right) \times 100\%$$

式中　V_0——空隙率(%);

　　　ρ_1——按上式计算的松散(或紧密)堆积密度(kg/m^3);

　　　ρ_0——按上式计算的表观密度(kg/m^3)。

(3) 堆积密度取两次试验结果的算术平均值,精确至 10kg/m^3。空隙率取两次试验结果的算术平均值,精确至 1%。

(四) 石子的含水率试验

1. 试验目的

测定混凝土用的石子含水率,作为混凝土施工配合比计算的依据。

2. 仪器设备

(1) 鼓风烘箱:能使温度控制在(105±5)℃;

(2) 天平:称量 10kg,感量 1g;

(3) 小铲、搪瓷盘、毛巾、刷子等。

3. 试验步骤

按规定取样,用四分法缩分至约 4.0kg,拌匀后分为大致相等的两份备用。

称取试样一份(m_1),精确至 1g,放在烘箱中于(105 ± 5)℃下烘干至恒重,待冷却至室温后,称出其质量(m_2),精确至 1g。

4. 结果计算与评定

(1) 含水率(W)按下式计算,精确至 0.1%:

$$W = \frac{m_1 - m_2}{m_2} \times 100\%$$

式中　W——含水率(%);

　　m_1——烘干前试样的质量(g);

　　m_2——洪干后试样的质量(g)。

(2) 含水率取两次试验结果的算术平均值,精确至 0.1%。

试验四　普通混凝土试验

一、普通混凝土拌合物(GB/T 50080—2002)

1. 取样一般规定

(1) 混凝土拌和物试验用料应根据不同要求,从同一盘搅拌或同一车运送的混凝土中取样,或在试验室用机械或人工单独拌制。

(2) 混凝土工程施工中取样进行混凝土试验时,其取样方法和原则应按现行《混凝土结构工程施工质量验收规范》(GB50204—2002)及《普通混凝土拌合物性能试验方法标准》(GB/T 50080—2002)有关规定进行。

(3) 混凝土试样应在混凝土浇筑地点随机抽取,取样频率应符合下列要求:

① 每 100 盘,且不超过 100m³ 的同配合比的混凝土,取样次数不得少于一次;

② 每一工作班拌制的同配合比的混凝土不足 100 盘时,其取样次数不得少于一次;

③ 当一次连续浇筑超过 1000m³ 时,同一配合比的混凝土每 200m³ 取样不得少于一次;

④ 每一楼层,同一配合比的混凝土,取样不得少于一次。

2. 试验室试样制备规定

(1) 在试验室拌制混凝土进行试验时,骨料应提前运入室内。拌和时试验室的温度应保持在(20 ± 5)℃。

(2) 试验室拌制混凝土时,材料用量称量的精确度(以质量计):骨料为 $\pm1\%$;水、水泥和外加剂均为 $\pm0.5\%$。

(3) 拌合物取样到开始进行试验不宜超过 5min。试验前,试样应经人工略加翻拌,以保证均匀。

二、混凝土拌合物的坍落度与坍落扩展度测定

试验目的是检验混凝土拌合物的稠度。此方法适用于骨料最大粒径不大于 40mm,坍落度值不小于 10mm 的混凝土拌合物稠度测定。

1. 仪器设备

(1) 坍落度筒。是由 1.5mm 厚的钢板或其它金属制成的圆台形筒(图 16-11)。其内壁应

光滑、无凹凸部位,底面和顶面应互相平行并与锥体的轴线垂直。在筒外部三分之二处安两个手把,下端焊上脚踏板。筒的内部尺寸:底部直径(200 ± 2)mm,顶部直径(100 ± 2)mm,高度(300 ± 2)mm,壁厚不小于1.5mm。

(2)捣棒。为直径16mm,长600~650mm的钢棒,端部应磨圆。

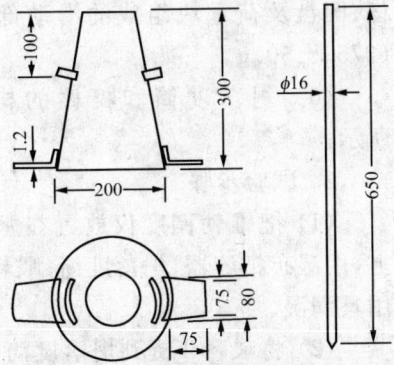

图16-11 坍落度筒和捣棒

2. 试验步骤

(1)湿润坍落度筒及其它用具,并把筒放在不吸水的刚性水平底板上,然后用脚踏住两边的脚踏板,使坍落度筒在装料时保持位置固定。

(2)将混凝土试样用小铲分三层均匀地装入筒内,使捣实后每层高度约为筒高的三分之一。每层用捣棒沿螺旋方向在截面上由外向中心均匀插捣25次。插捣筒边混凝土时,捣棒可以稍稍倾斜。插捣底层时,捣棒应贯穿整个深度。插捣第二层和顶层时,捣棒应插透本层至下层表面。

浇灌顶层时,混凝土应灌到高出筒口。插捣过程中,如混凝土沉落到低于筒口,则应随时添加。顶层插捣完后,刮去多余的混凝土,并用抹刀抹平。

(3)清除筒边底板上的混凝土后,垂直平稳地提起坍落度筒。坍落度筒的提离过程应在5~10s内完成。

从开始装料到提起坍落筒的整个过程应不断进行,并应在150s内完成。

(4)提起坍落筒后,量测筒高于坍落后混凝土试体最高点之间的高度差,以mm为单位,精确至5mm,即为该混凝土拌合物的坍落度值。

坍落度筒提离后,如发生混凝土崩坍或一边剪坏现象,则应重新取样另行测定。如第二次试验仍出现上述现象,则表示该混凝土拌合物和易性不好,应予记录备查。

(5)当混凝土拌合物的坍落度大于220mm时,用钢尺测量混凝土扩展后最终的最大值和最小值,在这两个直径之差小于50mm的条件下,用其算术平均值作为坍落扩展度值;否则,此次试验无效。如果发现粗骨料在中央集堆或边缘有水泥浆折出,表示此混凝土拌合物抗离析性不好,应予记录。

三、混凝土拌合物的维勃度测定

本方法适用于骨料最大粒径不大于40mm,维勃稠度在5~30s之间的混凝土。坍落度不大于50mm或干硬性混凝土和维勃稠度大于30s的特干硬性混凝土拌合物的稠度可采用附录A增实因数法来测定。

1. 仪器设备

维勃稠度仪(见图16-12)的组成部分如下:

(1)振动台。台面长380mm,宽260mm,支承在四个减振器上。在台面的底部安装有频率为(50 ± 3)Hz的振动器。装有空容器时台面的振幅应为(0.5 ± 0.1)mm。

(2)容器。由钢板制成,内径为(240 ± 5)mm,高为(200 ± 2)mm,筒壁厚3mm,筒底厚7.5mm。

(3)旋转架。它与测杆及喂料斗相连。测杆下部安装有透明且水平的圆盘,并用测杆螺丝把测杆固定在套管中。旋转架安装在支柱上,通过十字凹槽来固定方向,并用定位螺丝来固定其位置。就位后,测杆或喂料斗的轴线均应与容器的轴线重合。

(4)透明圆盘直径为(230 ± 2)mm,厚度为(10 ± 2)mm。荷重块直接固定在圆盘上。由测杆、圆盘及荷重块组成的滑动部分总质量应为(2750±50)g。

(5) 坍落度筒和捣棒的构造如图 16-11 所示。

2. 试验步骤

(1) 把维勃稠度仪放置在坚实水平的地面上,用湿布把容器、坍落度筒、喂料斗内壁及其它用具润湿。

(2) 将喂料斗提到坍落度筒上方扣紧,校正容器位置,使其中心与喂料斗中心重合,然后固定螺丝。

(3) 把按要求取得的混凝土试样用小铲分三层经喂料斗均匀地装入筒内,装料及插捣的方法应符合要求。

(4) 把喂料斗转离,垂直地提起坍落度筒,此时应注意不使混凝土试体产生横向扭动。

(5) 把透明圆盘转到混凝土圆台体顶面,放松测杆螺丝,降下圆盘,使其轻轻接触到混凝土顶面。

(6) 拧紧定位螺丝,并检查测杆螺丝是否已经完全放松。

(7) 在开启振动台的同时应用表计时,当振动到透明圆盘的底面被水泥浆布满的瞬间停表计时,并关闭振动台。

3. 试验结果

由秒表读出的时间(s)即为混凝土拌和物的维勃稠度值,精确到1s。

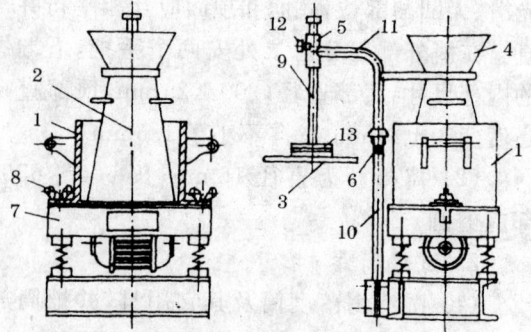

图 16-12 维勃稠度仪

1. 容器 2. 坍落度筒 3. 透明圆盘 4. 喂料斗
5. 套筒 6. 定位螺丝 7. 振动台 8. 荷重 9. 测杆
10. 旋转架 11. 支柱 12. 测杆螺丝 13. 固定螺丝

四、混凝土拌和物的保水性与粘聚性评定

1. 保水性评定

观察保水性。保水性以混凝土拌和物中稀浆析出的程度来评定。坍落度筒提起后如有较多的稀浆从底部析出,锥体部分混凝土拌和物也因失浆而骨料外露,则表明此混凝土拌和物的保水性能不好;如果坍落度筒提起后无稀浆自底部析出,则表示混凝土拌和物保水性能良好。

2. 粘聚性评定

观察坍落以后混凝土拌和物的粘聚性。用捣棒在已坍落的混凝土锥体侧面轻轻敲打,此时如果锥体逐渐下沉,则表示粘聚性良好;如果锥体倒塌、部分崩裂或出现离析现象,则表示粘聚性不好。

五、拌和物表观密度测定

此法用于混凝土拌合物捣实后,测定其单位体积质量。

1. 仪器设备

(1) 容量筒。它是用金属制成的圆筒,两旁装有手把。上缘及内壁应光滑平整,顶面与底面应平行并与圆柱体轴线垂直。

对骨料最大粒径小于 40mm 的拌合物,应采用容积为 5L 的容量筒,筒的内径和筒高均为(186±2)mm,筒壁厚为 3mm;骨料最大粒径大于 40mm 时,容量筒的内径与筒高均应大于骨料最大粒径的 4 倍。

(2) 台秤。称量为 100kg,感量为 50g。

（3）振动台、捣棒同前。

2. 试验步骤

（1）用湿布把容量筒内外擦干净，称出筒的质量，精确至50g。

（2）混凝土的装料及捣实方法应根据拌合物的稠度而定。坍落度不大于70mm的混凝土，应用振动台振实为宜，大于70mm的用捣棒捣实为宜。

采用振动台振实时，混凝土拌合物应一次灌到高出容量筒口。装料时可用捣棒稍加插捣，振动过程中如混凝土沉落到低于筒口，则应随时添加，振动直至表面出浆为止。

采用捣实法时，应根据容量筒的大小决定分层与插捣次数。用5L容量筒时，混凝土拌合物应分两层装入，每层应插捣25次。用大于5L的容量筒时，每层混凝土的高度不应大于100mm，每层插捣应按每100cm^{2}截面不少于12次计算。各次插捣应均匀地分布在每层截面上，插捣底层时捣棒应贯穿整个深度，插捣第二层时，捣棒应插透本层至下一层的表面。每一层捣完后用橡皮锤轻轻沿容器外壁敲打5～10次，进行振实，直至拌合物表面押捣孔消失并不见大气泡为止。

（3）用刮刀将筒口将多余的混凝土拌合物刮去，表面如有凹陷应予填平。将容量筒外壁擦净，称出混凝土与容量筒总质量，精确至50g。

3. 试验结果

混凝土拌合物湿表观密度γ_h按下式计算，精确至$10kg/m^3$。

$$\gamma_h = \frac{W_2 - W_1}{V} \times 1000$$

式中　　γ_h——混凝土拌和物的表观密度（kg/m^3）；

　　　　W_1——容量筒质量（kg）；

　　　　W_2——容量筒及试样总质量（kg）；

　　　　V——容量筒体积（L）。

六、混凝土立方抗压强度测定（GB50081—2002）

混凝土立方体试件，以同一龄期者为一组，每组至少为三个同时制作并同样养护的混凝土试件。试件尺寸按骨料的最大颗粒直径而定，见表16-6所示。

1. 主要仪器设备

（1）压力试验机。精度（示值的相对误差）应不大于±1％，其量程应能使试件的预期破坏荷载值不小于全量程的20％，也不大于全量程的80％。应具有加荷速度指示装置或加荷速度控制装置，并应能均匀、连续地加荷。对试验机应按计量仪表使用规定进行定期检查，以确保试验机工作的准确性。

表 16-6　混凝土试件尺寸选用

试件横截面尺寸（mm）	骨料最大粒径（mm）	
	劈裂抗拉强度试验	其它试验
100×100	20	31.5
150×150	40	40
200×200	—	63

注：骨料最大粒径指的是符合《普通混凝土用碎石或卵石质量标准及检验方法》（JGJ 53—92）中规定的圆孔筛的孔径。

（2）振动台。振动频率为(50±3)Hz，空载振幅约为0.5mm。

（3）试模。由铸铁或钢制成，应具有足够的刚度并拆装方便。试模表面应机械加工，其不平度应为每100mm不超过0.04mm，组装后各相邻面的不垂直度应不超过±0.5°。

（4）捣棒、小铁铲、金属直尺、抹刀等。

2. 试件的制作

（1）每一组试件所用的混凝土拌合物由同一次拌和成的拌合物中取出。

（2）制作前，应将试模洗干净并将试模的内表面涂一薄层矿物油脂。

（3）坍落度不大于70mm的混凝土用振动台振实。将拌合物一次装入试模。并稍有富裕，然后将试模放到振动台上。用固定装置予以固定。开动振动台至拌合物表面呈现水泥浆时为止。记录振动时间。振动结束后用抹刀沿试模边缘将多余的拌合物刮去，并随即用抹刀将表面抹平。

坍落度大于70mm的混凝土，采用人工捣实。混凝土拌合物分两层装入试模，每层厚度大致相等。插捣按螺旋方向从边缘向中心均匀进行。插捣底层时，捣棒应达到试模底面，插捣上层时，捣棒应穿入下层深度20～30mm。插捣时捣棒保持垂直不得倾斜，并用抹刀沿试模内壁插入数次，以防止试件产生麻面。每层插捣次数，一般每100cm²面积应不少于12次。然后刮除多余混凝土，并用抹刀抹平。

3. 试件养护

（1）采用标准养护的试件成型后应覆盖表面，以防止水分蒸发，并应在温度(20±5)℃情况下静置一昼夜至两昼夜，然后编号拆模。

拆模后的试件应立即放在温度为(20±2)℃，相对湿度为95%以上的标准养护室中养护。在标准养护室内试件应放在架上，彼此间隔10～20mm，试件表面应保持潮湿并应避免用水直接冲淋试件。

（2）无标准养护室时，混凝土试件可在温度为(20±2)℃的不流动的$Ca(OH)_2$饱和溶液中养护。

（3）与构件同条件养护的试件成型后，应覆盖表面。试件的拆模时间可与实际构件的拆模时间相同。拆模后，试件仍需保持同条件养护。

4. 抗压强度试验

（1）试件自养护室取出后，随即擦干并量出其尺寸（精确至1mm），据以计算试件的受压面积$A(mm^2)$。

（2）将试件安放在下承压板上，试件的承压面应与成型时的顶面垂直。试件的中心应与试验机下压板中心对准。开动试验机，当上压板与试件接近时，调整球座，使接触均衡。

（3）加压时，应连续而均匀地加荷，加荷速度应为：混凝土强度等级低于C30时，取每秒钟0.3～0.5MPa；混凝土强度等级≥C30且＜C60时，取每秒钟0.5～0.8MPa；混凝土强度等级≥C60时，取每妙钟0.8～1.0MPa。当试件接近破坏而开始急剧变形时，应停止调整试验机油门，直至试件破坏。记录破坏荷载$F(N)$。

5. 试验结果计算

（1）试件抗压强度按下式计算，精确至0.1MPa。

$$f_{cc} = \frac{F}{A}$$

式中　f_{cc}——混凝土立方体抗压强度（MPa），计算应精确至 0.1MPa。

　　　　F——破坏荷载（N）；

　　　　A——试件承压面积（mm²）。

（2）以三个试件的算术平均值作为该组试件的抗压强度值。如最大和最小值中有一个与中间值相差超过 15％时，则把最大及最小值一并舍去，取中间值作为该组试件的抗压强度值。如最大和最小值与中间值相差均超过 15％，则此组试验作废。

（3）混凝土的抗压强度是以 150mm×150mm×150mm 的立方体试件的抗压强度为标准试件，其它尺寸试件测定结果，均用测得的抗压强度值乘以换算系数（见表 16-7）。但是，当混凝土强度等级≥C60 时宜采用标准试件；使用非标准试件时，尺寸换算系数应由试验确定。

表 16-7　混凝土立方体试件抗压强度换算系数

试 件 尺 寸（mm）	抗压强度换算系数
100×100×100	0.95
150×150×150	1.00
200×200×200	1.05

七、水泥混凝土非破损检验方法

混凝土非破损检验方法又称无损检验，它可对同一试件进行多次重复试验，直接而迅速地测定混凝土的强度、内部缺陷的位置和大小，还可以判断结构物遭受破坏的程度等，这是破损检验方法难办到的。虽然这种方法还存在不少问题，但可以与破损检验方法成为互相补充的检验手段。

非破损检验方法很多，目前常用的有超声波法、回弹法，以及用这两种方法进行综合判断的方法等。

1. 超声波法

超声波法是通过超声波在混凝土中的传播速度的不同来反映混凝土质量的方法。用超声波法确定混凝土强度则是建立在混凝土越密实超声波传播速度越高的原理上的。

用超声波法测定混凝土的强度，首先测出超声波在该混凝土中的传播速度，然后可用经验公式将超声波速度 v 转换成混凝土抗压强度 f_{cc}。

在实际工作中，先以施工中常用材料品种、材料用量制作出混凝土标准试件，测出其 f_{cc}-v 的关系曲线。

2. 回弹法

此法是利用混凝土强度与表面硬度有一定关系来检验混凝土的强度。即常用回弹仪法，它是利用一定质量的钢锤，并用一定大小的冲击力在混凝土表面冲击后的回弹值来确定混凝土的强度。在实际工作中，按实测回弹值的大小，并根据具体条件在预先绘制好的回弹值-强度曲线上查取混凝土的强度。

由于测试方向、水泥品种、养护条件、龄期、碳化深度等的不同，所测之回弹值均有所不同，应予以修正，然后再查相应的混凝土强度关系图表，求得所测之混凝土强度。该法不能反应混凝土内部质量，是一种粗略、简便、快速的方法。

3. 综合判断法

混凝土的强度与所用的水泥品种、水泥用量、水灰比、骨料品种和级配、混凝土养护条件、混凝土密实度等因素有密切关系。一般说来，每一种无损检验方法对以上所述的每一种因素反应的敏感程度是不一样的。如超声波法对水泥品种、水灰比和混凝土密实度反应灵敏，而对骨料级配、龄期等反应不够灵敏。而回弹法则对混凝土龄期、表面碳化等因素反应灵敏,但对内部密实度、骨料级配等因素反应迟钝。如果选两种适当的方法,就可以取长补短,提高测试的准确性和可靠性。但必须通过具体分析确定采用哪两种方法作为综合判断的基础。

"回弹-超声波"综合判断主要用来测定混凝土的抗压强度,它建立在回弹值和超声波传播速度与混凝土抗压强度之间相互联系的基础之上,用两种方法互相配合,对缩小测试误差的效果显著。

在混凝土试件上,同时测定超声波传播速度 v、回弹值 N 和破损检验强度 f_{cc},根据实测值绘制"回弹-超声波等强曲线"。

试验五　砌筑砂浆试验

一、砂浆拌和

砌筑砂浆中,大量应用的是混合砂浆,试验室拌和混合砂浆的方法如下:

(1) 将取来的砂样先进行风干,如砂浆用于砖砌体,须筛去粒径大于 2.5mm 的颗粒。

(2) 按确定的砂浆配合比,备好 5L 砂浆所需材料量(按质量配合比称量)。

(3) 先将称好的水泥和砂置于搅拌锅中,搅拌均匀,约拌和 1.5min,然后在中间作一凹槽,将称好的石灰膏倒入凹槽中,再倒入适量的水将石灰膏调稀,然后与水泥、砂共同拌合,逐次加水,直到砂浆混合物色泽一致,和易性凭观察符合要求为止,一般需搅拌 5min。加水时可用量筒盛定量的水,拌好以后,由剩余水量即可计算掺入的水量。砂浆拌合完毕应立即进行稠度测定。

二、砂浆稠度测定

1. 仪器设备

(1) 砂浆稠度测定仪(见图 16-13)。它由支架、底座、带滑杆的圆锥体(高 145mm、锥底直径 75mm、质量为 300g±2g)、刻度盘、齿轮测杆及盛砂浆的截头圆锥形金属筒(高 173mm、锥底内径 148mm、上口内径为 220mm)组成。

(2) 砂浆搅拌锅、拌铲、捣棒(直径 10mm、长 350mm,一端呈半球形的钢筋棒)。

2. 测定步骤

(1) 将搅拌好的砂浆一次装入稠度测定仪的圆锥形金属容器内,装满至距容器上口约 1cm 为止。用捣棒自筒边向中心插捣 25 次,前 12 次插至筒底,然后将容器轻轻振动或敲击 5~6次,使砂浆表面平整,随后将筒移至测定仪底座上。

(2) 放松固定螺丝,放下滑杆与圆锥体,对准容器的中心,圆锥体中心接触到砂浆表面,拧紧固定螺丝,压下齿轮杆与滑杆顶端接触,读出刻度盘上指针读数,然后松开固定螺丝,使圆锥体自由沉入砂浆中 10s。在刻度盘上读出圆锥体下沉距离,以 mm 计(精确至 5mm),即为砂浆的稠度值。

(3) 测定完后,立即将圆锥提起,擦净锥体,用捣棒搅动砂浆,轻轻振动容器,使砂浆恢复平整,再测定一次。

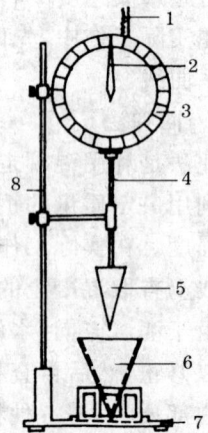

图 16-13　砂浆稠度测定仪
1. 齿条测杆　2. 指针　3. 刻度盘
4. 滑杆　5. 标准试锥　6. 砂浆筒
7. 底座　8. 支架

3. 结果评定

(1) 取两次测定结果的算术平均值作为砂浆稠度测定结果（计算精确至 1mm）。如两次测定值之差大于 30mm,应配料重新测定。

(2) 如测定的稠度值不符合要求,可酌情加水或石灰膏,重新拌和再次测定,直至稠度符合要求为止。但必须注意的是,从开始加水拌和算起,测定时间不得超过 30min,否则应重新配料测定。

三、砂浆分层度测定

1. 仪器设备

(1) 砂浆分层度测定仪（见图 16-14）。它由上下两层金属圆筒及左右两根连接螺栓组成。圆筒内径为 150mm,上节高度为 200mm,下节带底净高为 100mm。上、下节连接处需加宽 3～5mm,并设有橡胶垫圈。

(2) 水泥胶砂振动台。

(3) 稠度仪、木锤等。

2. 试验步骤

(1) 静置法。操作步骤如下：

① 首先将砂浆拌和物按稠度试验方法测其稠度 K_1。

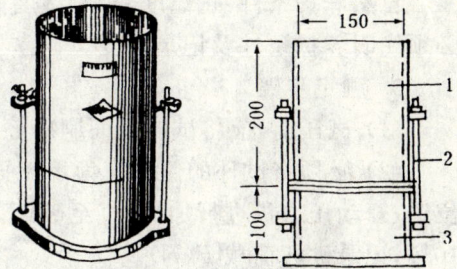

图 16-14 砂浆分层度测定仪
1. 无底圆筒 2. 连接螺栓 3. 有底圆筒

② 将砂浆拌和物一次装入分层度筒内,待装满后,用木锤在容器周围距离大致相等的四个不同位置轻轻敲击 1～2 下,如砂浆沉落到筒口,则应随时添加,然后刮去多余的砂浆并用抹刀抹平。

③ 静置 30min 后,去掉上节 200mm 砂浆,将剩余的 100mm 砂浆倒出放在拌合锅内拌 2min,按上述稠度测定方法测其稠度 K_2。

(2) 快速法。操作步骤如下：

① 按稠度试验方法测其稠度 K_1。

② 将分层度筒预先固定在振动台上,砂浆一次装入分层度筒内,振动 20s。

③ 然后去掉上节 200mm 砂浆,将剩余的 100mm 砂浆倒出放在拌合锅内拌 2min,再按稠度试验方法测其稠度 K_2。如有争议时,以静置法为准。

3. 试验结果

(1) 两次测得的稠度之差,为砂浆分层度值。即：$\Delta = K_1 - K_2$。

(2) 应取两次的算术平均值作为该砂浆的分层度值。

(3) 两次分层度试验值之差,大于 20mm 应重做试验。

四、砂浆立方抗压强度测定

1. 仪器设备

(1) 试模。分有底和无底的两种,为内壁边长 7.07cm 的立方体金属试模。

(2) 压力机（50kN、100kN）。

(3) 捣棒（直径为 10mm、长为 350mm,一端呈半圆球形的钢筋）、刮刀等。

2. 试件制备

(1) 用于多孔基面的砂浆,允许砂浆中的部分水分为砖面吸收,采用无底试模,将试模置于铺有一层吸水性较好的湿纸的砖上,砖的含水率不大于2%,纸的吸水率不小于10%,试模内涂满一薄层机油,一次装满砂浆,并使其高出模口。用捣棒捣实25次,用刮刀沿试模壁插捣数次,待砂浆表面出现麻斑后(需15~20min),将高出模口的砂浆刮去。

用于较密实基面砂浆,采用带底的试模,不使水分流失。砂浆分两层装入试模,每层厚约4cm,并用捣棒每层捣实12次,面层捣实完毕,沿试模壁面,用抹刀插捣6次,然后抹平表面。

(2)装模完毕,经24h养护后,进行编号拆模,并按以下条件之一继续养护至28d再进行试压。

标准养护条件:温度(20±3)℃,相对湿度为60%~80%。

自然养护条件:正温度,相对湿度为60%~80%的不通风的室内或养护箱内。养护期间必须注明养护条件及记录温度。

3. 测定步骤

(1)试压前,应将试块表面刷净擦干。

(2)必须将试件的侧面作为承压面进行抗压强度试验,将试件置于压力机下压板的中心位置,开动压力机进行加荷,直至破坏。加荷速度应均匀。一般每秒钟加荷为预定破坏荷载的10%,记录破坏荷载F(N)。

4. 结果计算

单个试件的抗压强度按下式计算(精确至0.1MPa):

$$f_{\mathrm{mcu}} = \frac{F}{A}$$

式中　　f_{mcu}——砂浆立方体试件抗压强度(MPa);

F——破坏荷载(N);

A——试件承压面积(mm^2)。

5. 结果评定

(1)以六个试件测值的算术平均值作为该组试件的抗压强度值,平均值计算精确至0.1MPa。

(2)当六个试件的最大值或最小值与平均值之差超过20%时,以中间四个试件的平均值作为该组试件的抗压强度值。

试验六　钢筋试验

一、一般规定

(1)同一截面尺寸和同一炉罐号组成的钢筋分批验收时,每批质量不大于60t。如炉罐号不同时,应按《钢筋混凝土用钢筋》的规定验收。

(2)钢筋应有出厂证明书或试验报告单。验收时应抽样作机械性能试验,包括拉力试验和冷弯试验两个项目。两个项目中如有一个项目不合格,该批钢筋即为不合格品。

(3)直径12mm或小于12mm的热轧Ⅰ级钢筋有出厂证明书或试验报告单时,可不再作机械性能试验。

(4)钢筋在使用中如有脆断、焊接性能不良或机械性能不正常时,尚应进行化学成分分析。

（5）取样方法和结果评定规定。自每批钢筋中任意抽取两根，于每根距端部50cm处各取一套试样（两根试件），在每套试样中取一根作拉力试验，另一根作冷弯试验。在拉力试验的两根试件中，如其中一根试件的屈服点、抗拉强度和伸长率三个指标中有一个指标达不到钢筋标准中规定的数值，应再抽取双倍（4根）钢筋，制取双倍（4根）试件重作试验，如仍有一根试件的一个指标达不到标准要求，则不论这个指标在第一次试件中是否达到标准要求，拉力试验项目也作为不合格。在冷弯试验中，如有一根试件不符合标准要求，应同样抽取双倍钢筋，制成双倍试件重新试验，如仍有一根试件不符合标准要求，冷弯试验项目即为不合格。

（6）试验应在（20±10）℃的温度下进行，如试验温度超出这一范围，应于试验记录和报告中注明。

二、拉力试验

1. 主要仪器设备

（1）试验机。为了保证机器安全和试验准确，其吨位最好是使试件达到最大荷载时，指针位于第三象限内（即180°～270°）。试验机的测力示值误差应不大于1‰。

（2）尖量爪游标卡尺。精确度为0.2mm。

（3）带有摩擦棘轮的千分尺。精确度为0.01mm。

2. 试件制作和准备

（1）直径8～40mm的钢筋试件一般不经车削（见图16-15）。

（2）如受试验机吨位限制，直径为22～40mm的钢筋可制成车削加工试件，其形状尺寸如图16-16所示。

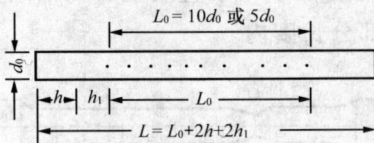

图 16-15　不经车削的试件

d_0—计算直径　L_0—标距长度

h_1—$(0.5\sim1)d_0$　h—夹头长度

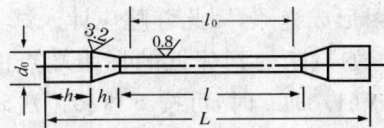

图 16-16　车削的试件

（3）于试件表面平行其轴线以铅笔画直线，在直线上按线冲眼，冲出标距端点（标点），并沿标距长度用油漆画出10等分点的分格标点。

（4）测量标距长度l_0，精确至0.1mm。

（5）未经车削的试件，按质量法求出横截面积F_0：

$$F_0 = \frac{m}{7.85L}$$

式中　F_0——试件横截面面积（cm²），应换算成 mm²；

　　　　m——试件质量（g）；

　　　　L——试件长度（cm）；

　　　　7.85——钢筋的密度（g/cm³）。

3. 屈服强度σ_s和抗拉强度σ_b的测定

（1）调整试验机测力度盘的指针，使对准零点，并拨动副指针，使与主动针重叠。

（2）将试件固定在试验机夹头内。开动试验机进行拉伸，拉伸速度为：屈服前，应力增加速度为每秒 1.0MPa；屈服后，试验机活动夹头在荷载下的移动速度为不大于 0.5L/min。

(3) 拉伸中，测力度盘的指针停止转动时的恒定荷载或第一次回转时的最小荷载，即为所求的屈服点荷载 P_s(N)。按下式计算试件的屈服强度：

$$\sigma_s = \frac{P_s}{F_0}$$

式中　σ_s——屈服强度(MPa)；

　　　P_s——屈服点荷载(N)；

　　　F_0——试件原横截面面积(mm^2)。

屈服强度 σ_s 应计算至 1.0MPa，小数后数字按四舍六入五单双法处理。

(4) 向试件连续施荷直至拉断，由测力度盘读出最大荷载 P_b(N)。按下式计算试件抗拉强度：

$$\sigma_b = \frac{P_b}{F_0}$$

式中　σ_b——抗拉强度(MPa)；

　　　P_b——最大荷载(N)；

　　　F_0——试件原横截面面积(mm^2)。

抗拉强度 σ_b 的计算精度要求同 σ_s。

4. 伸长率的测定

(1) 将已拉断试件的两段在断裂处对齐，尽量使其轴线位于一条直线上。如拉断处由于各种原因形成缝隙，则此缝隙应计入试件拉断后的标距部分长度内。

(2) 如拉断处到邻近的标距端点的距离小于或等于(1/3)L_0 时，可按下述移位法确定 L_1：

在长段上，从拉断处 O 取基本等于短段格数，得 B 点，接着取等于长段所余格数(偶数，图16-17a)之半，得 C 点；或者取所余格数(奇数，图16-17b)减 1 与加 1 的一半，分别得 C 与 C_1 点。移位后的 L_1 分别为 $AO+OB+2BC$ 或者 $AO+BC+BC_1$。

如果用直接量测所求得的伸长率能达到技术条件的规定值，则可不采用移位法。

(3) 伸长率按下式计算(精确至1%)：

$$\delta_{10}(\text{或 } \delta_5) = \frac{L_1 - L_0}{L_0} \times 100\%$$

图 16-17　用移位法计算标距

式中　δ_{10}、δ_5——分别表示 $L_0 = 10d_0$ 和 $L_0 = 5d_0$ 时的伸长率；

　　　L_0——原标距长度 $10d_0$ 或 $5d_0$(mm)；

　　　L_1——试件拉断后直接量出或按移位法确定的标距部分长度(mm)，测量精确至 0.1mm。

(4) 如试件在标距端点上或标距外断裂，则试验结果无效，应重新试验。

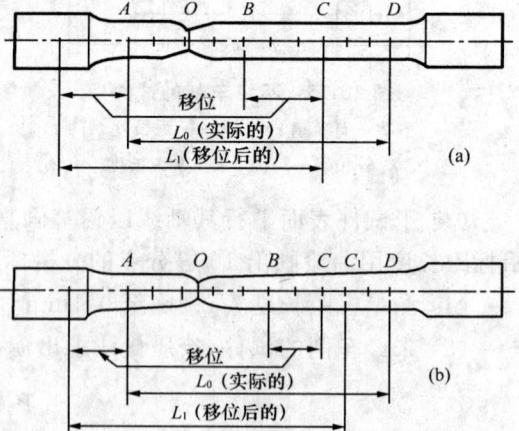

三、冷弯试验

1. 主要仪器设备

压力机、全能试验机、特殊试验机或圆口老虎钳和弯钩机等。

2. 试验和结果评定

(1) 试件不经车削,长度 $L \approx 5d_0 + 150mm$,d_0 为试件的计算直径(mm)。

(2) 选择弯心直径 d:弯心直径 d 见表 10-2;弯曲角度见图 10-3。

(3) 调整两支持辊间距离,使等于 $d + 2.1a$。d 为弯心直径,a 为钢筋公称直径。

(4) 照图 16-18(a)装置好试件,然后平稳地施加压力 F,钢筋绕着弯心,弯曲到要求的弯曲角度 α,见图 16-18(b)、(c)。

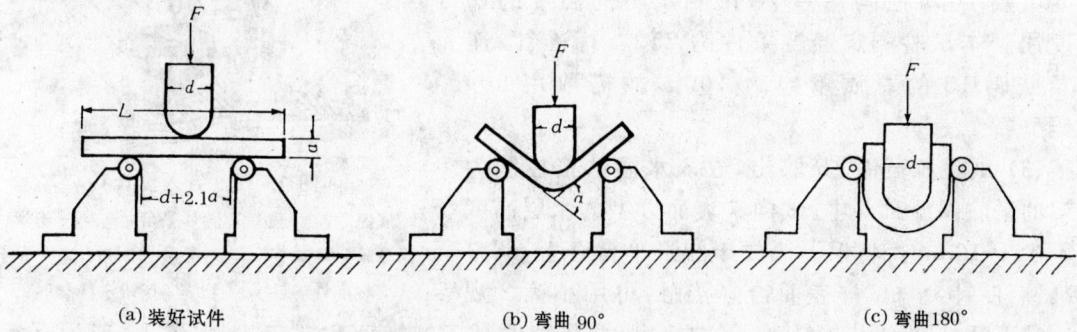

(a) 装好试件   (b) 弯曲 90°   (c) 弯曲180°

图 16-18 钢筋冷弯试验示意图

a—试件直径 L—试件长度 F—试验力 d—弯心直径 α—弯曲角度

(5) 试件经冷弯后,检查弯曲处的外面及侧面,如无裂缝、裂断或起层,则认为冷弯试验合格。

试验七 石油沥青试验

一、取样方法

同一批出厂、类别、牌号相同的沥青,以 20t 为一个取样单位,不足 20t 时,也作为一个取样单位,从每个取样单位的不同 5 桶(或袋)中抽取试样,每桶(或袋)所取数量大致相等,共约 1kg 左右,作为平均试样,供检验及留样用。对个别可疑混杂的桶(或袋),应注意取样单独进行测定。

二、针入度测定

1. 主要仪器设备

(1) 针入度计(见图 16-19)。

(2) 标准针。

(3) 盛样皿。由金属制成,平底筒状,内径为 $(55 \pm 1)mm$,深 $(35 \pm 1)mm$。

(4) 温度计。$0 \sim 50℃$,分度 $0.5℃$。

(5) 恒温水浴的容量不小于 $1.5L$,深度不小于 $80mm$;平底保温皿的容量不小于 $1L$,深度不小于 $50mm$;金属皿或瓷皿,熔化试样用;筛为过滤试样用,筛孔 $0.6 \sim 0.8mm$;水浴用煤气炉或电炉加热;秒表。

2. 准备工作

将沥青在 120~180℃ 温度下脱水, 用筛过滤, 注入盛样皿内, 其深度不小于 30mm。放置于 15~30℃ 的空气中冷却 1h, 冷却时需注意不使灰尘落入。然后将盛样皿浸入(25±0.5)℃的水浴中, 恒温 1h。浴中水面应高于试样表面 25mm 以上。

3. 测定步骤(参见图 16-19)

(1) 调整调平螺丝 4, 使三脚底座水平。

(2) 标准针 10 与连杆 11 的总质量为 50g, 另附 50g 及 100g 砝码各一个, 供测定不同温度的针入度用。本试验测定温度条件为 25℃, 标准针、连杆及砝码 13 的总质量应为 100g, 故需取用 50g 砝码。

(3) 试验皿恒温 1h 取出, 放入水温严格控制为 25℃ 的平底保温皿 5 中, 试样 6 表面以上的水层高度应不少于 10mm。将保温皿放于圆形平台 3 上, 调整标准针, 使针尖与试样表面恰好接触, 可用小镜 2 观察。拉下活杆 9, 使与连杆 11 顶端接触, 并将刻度盘 7 的指针 8 指在"0"位置上(或记下指针的初始值)。

(4) 开动秒表, 用手紧压按钮 12 及固定件, 使标准针自由地穿入沥青中, 经过 5s, 停压按钮, 使指针停止下沉。

(5) 再拉下活杆与标准针连杆顶端接触。这时刻度盘指针所指的读数与初始值之差, 即为该试样的针入度值。

(6) 同一试样重复测定至少 3 次, 在每次测定前都应检查并调节保温皿内水温, 使恒定在 25℃, 每次测定后都要将标准针取下, 用浸有溶剂(煤油、苯、汽油或其它溶剂)的布或棉花擦净, 再用布或棉花擦干。每次穿入点相互距离及与盛样皿边缘距离都不得小于 10mm。

4. 精确度

平行测定 3 个结果中的最大值与最小值之差, 不得超过表 16-8 所列数值, 否则重测。

5. 结果评定

每个试样取平行测定 3 个结果的平均值作为试样的针入度($\frac{1}{10}$mm)。

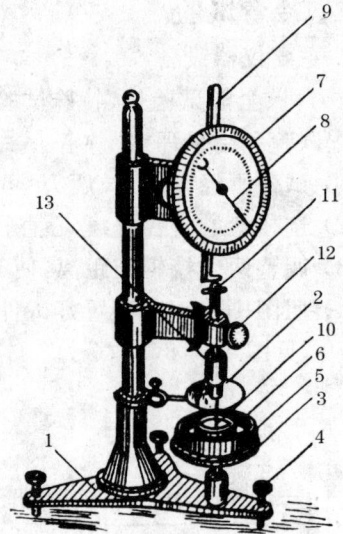

图 16-19 针入度计

1. 底座 2. 小镜 3. 圆形平台 4. 调平螺丝 5. 保温皿 6. 试样 7. 刻度盘 8. 指针 9. 活杆 10. 标准针 11. 连杆 12. 按钮 13. 砝码

表 16-8 允许差数

针入度值($\frac{1}{10}$mm)	允许差数($\frac{1}{10}$mm)
25 以下	2
25~75	3
76~150	5
151~200	10

三、延度测定

1. 仪器与材料

(1) 延度计。由一个内衬镀锌白铁或涂磁漆的长方形木箱所构成, 箱内装有可转动的螺旋杆, 其上附有滑板, 螺旋杆转动时使滑板自一端向另一端移动, 其速度为每分钟(50±2.5)mm, 滑板有一指针, 借箱壁上所装标尺指示滑动距离, 螺旋杆用电动机转动(见图 16-20)。

(2) 试模。由两个端模和两个侧模组成, 其形状尺寸见图 16-21。

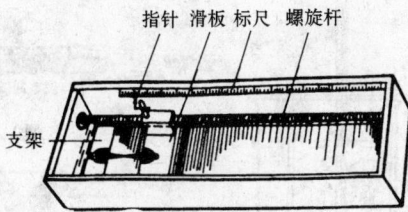

图 16-20 延度计

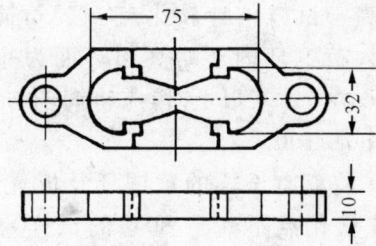

图 16-21 "8"字型试模

(3) 温度计。0~50℃,分度为 0.5℃。

(4) 瓷皿或金属皿(熔沥青用)、筛(0.6~0.8mm)、刀(切沥青用)、金属板(附有夹紧模具的活动螺丝)、砂浴(用煤气炉或电炉加热)、甘油滑石粉隔离剂等。

2. 准备工作

(1) 将隔离剂拌和均匀,涂于磨光的金属板上及侧模的内侧面,将试模在金属垫板上卡紧。

(2) 将除去水分的试样,在砂浴上加热熔化、搅拌,加热温度不得高于试样估计软化点100℃;用筛过滤,并充分搅拌至气泡完全消除。然后将试样自模的一端至另一端往返多次,缓缓注入模中,并略高出模具。

(3) 浇筑好的试件在 15~30℃ 的空气中冷却 30min 后,用加热的刮刀将高出模具部分的沥青刮去,使沥青面与模面齐平。刮沥青的方法应自模的中部刮至两边,表面应刮得平整光滑。将试件连同金属板浸入延度计的水槽中,水温保持在(25±5)℃,沥青表面上水层的高度应不少于 25mm。

(4) 检查延度计滑板的移动速度是否符合要求,然后移滑板使其指针正对标尺的零点。

3. 测定步骤

(1) 试件在水槽中恒温 1h 后,将试件模具自板上取下,然后将模具两端的孔分别套在滑板及槽端的金属柱上,并取下试件侧模。水面距试件表面应不少于 25mm。

(2) 当延度计中的水温恰为 25℃ 时,开动延度计的电动机,此时,仪器试件不得有振动,观察沥青的延伸情况。在测定时,如沥青细丝浮于水面或沉于槽底时,则加入乙醇或食盐水调整水的密度至与试样的密度相近后再进行试验。

(3) 试样拉断时指针所指标尺上的读数,即为试样的延度(以 mm 表示)。

4. 精确度

平行测定的三个结果与其算术平均值的差数,不得超过其算术平均值的±10%。

5. 结果评定

取平行测定的三个结果的平均值作为测定的结果。

四、软化点测定

1. 仪器与材料

(1) 沥青软化点测定仪(见图 16-22)。包括 800mL 烧杯、测定架、黄铜环、套环、钢球。

(2) 电炉和其它加热器、金属板或玻璃板、刀(切沥青用)、筛(0.6~0.8mm)、甘油滑石粉隔离剂、新煮沸的蒸馏水、甘油。

2. 准备工作

(1) 将黄铜环置于涂有隔离剂的金属板或玻璃板上,将预先脱水的试样加热熔化,加热温度不得高于试样估计软化点 100℃，搅拌、过筛后注入黄铜环内至略高出环面为止，如估计软化点在 120℃ 以上时，应将铜环与金属板预热至 80～100℃。

（2）将盛有试样的黄铜环及板置于盛满水（估计软化点不高于 80℃ 的试样）或甘油（估计软化点高于 80℃ 的试样）的保温槽内；或将盛试样的环水平地安在环架中层板的圆孔内，然后放入烧杯中，恒温 15min。水温保持（5±0.5）℃；甘油温度保持（32±1）℃。同时钢球也置于恒温的水或甘油中。

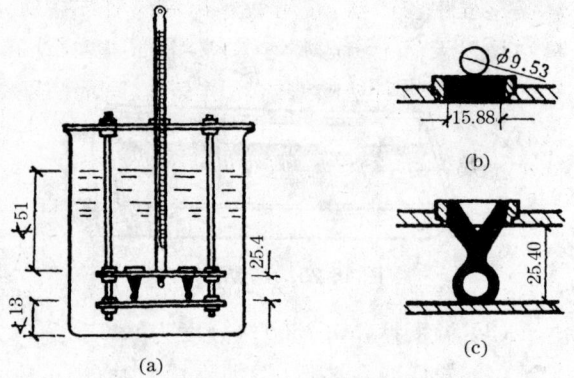

图 16-22　软化点测定仪
(a)软化点测定仪装置图　(b)、(c)试验前后钢球位置图

（3）烧杯内注入新煮沸并冷却至约 5℃ 的蒸馏水或注入预先加热至约 32℃ 的甘油，使水面或甘油液面略低于连接杆的深度标记。

3. 测定步骤

（1）从水或甘油保温槽中取出盛有试样的黄铜环，放置在环架中层板上的圆孔中，把整个环架放入烧杯中，调整水面或甘油液面至深度标记，环架上任何部分均不得有气泡。将温度计由上层板中心孔垂直插入，水银球与铜环下面齐平。

（2）移烧杯至放有石棉网的三角架上或电炉上，然后将钢球放在试样上，立即加热，使烧杯内水或甘油温度在 3min 后保持每分钟上升（5±0.5）℃，否则重新做。

（3）试样受热软化下坠至与下层底板面接触时的温度即为试样的软化点。

4. 精确度

平行测定两个结果间的差数不得大于下列规定：①软化点低于 80℃ 时，允许差 0.5℃；②软化点等于或高于 80℃ 时，允许差 1℃。

5. 结果评定

取平行测定两个结果的算术平均值作为测定结果。

试验八　室内环境污染检测（GB 50325—2001）

北京市建委从 2002 年 7 月 1 日起，实施对民用建筑工程室内环境污染物浓度检测的工作。该项检测工作是依据国家质量监督检验检疫总局和建设部联合发布的《民用建筑工程室内污染控制规范》（GB 50325—2001）开展的。该规范要求工程从勘察设计、施工、材料（包括装饰装修材料）、竣工验收等四个方面把关，控制新建、改建和扩建的民用建筑工程室内环境污染，保障人民的身体健康，维护公共利益。

一、室内有毒气体的种类

GB 50325—2001 涉及室内五种主要有毒气体，分别为：氡、甲醛、苯、氨及总挥发性有机化合物（TVOC）。

1. 氡

氡又称氡气，是一种具有放射性且无色、无味的惰性气体，它是由放射性物质铀、钍、镭在衰变过程中的产物,它属天然长寿放射性物质,存在于自然界任何岩石、砂子、土壤中。建筑材料中均以天然土石为基本原料,诸如大理石、花岗石、瓦、砂、石膏、矿渣、工业废渣制品等。氡气也与建筑物所处的地质环境有关,有地质断裂地带处,氡气浓度很大。氡气对人体的危害不仅有外照射性放射线,而且还有内照射性放射性物质,通过对人体内部的照射,会使人体细胞产生癌变。

2. 氨

氨是一种气体,它存在于以尿素化肥为原料的制品中。如建筑工程施工中使用的某些防冻剂中掺入了尿素。它对人体的感官有一定刺激作用,长期生活在氨浓度较高的室内,会使人感觉不适,引起疾病。

3. 甲醛

甲醛是无色气体,有特殊的刺激气味,对人的眼鼻有刺激作用。高浓度吸入时,会出现呼吸道严重的刺激和水肿,以及眼受刺激和头痛等。甲醛是一种环境致敏源,皮肤直接接触时,会引起过敏性皮炎、色斑和坏死。室内甲醛的来源主要是建筑材料、室内装饰材料和生活用品。

4. 苯

苯是无色的,有一种特殊的芳香气味,并具有易挥发、易燃、易爆的特点。主要存在于溶剂涂料、粘合剂、处理剂、溶剂以及稀释剂中,是一种有毒气体。若短期内人体吸入了高浓度的苯,会造成人的中枢神经系统麻醉,轻者头晕、恶心、胸闷、乏力、意识模糊,严重者可致人昏迷甚至死亡。若长期生活在苯污染的环境中,可导致再生障碍性贫血,即白血病。

5. 总挥发性有机化合物

总挥发性有机化合物(TVOC)是指在常温常压下由任何液体和固体自然挥发出来的有机化合物的总和。TVOC 在室内空气中为异类污染物,种类繁多、复杂。我国在 TVOC 方面做了许多调查,最后根据实际情况,规定了我国目前 TVOC 共控制十种挥发性物质,即甲醛、苯、甲苯、苯乙烯、乙酸丁酯、十一烷等。TVOC 对人体会造成综合性危害。

二、对有害物质的限量

1. 民用建筑室内污染浓度限量

GB 50325—2001 中对民用建筑分为Ⅰ类和Ⅱ类工程。Ⅰ类工程含住宅、医院、老年建筑、幼儿园、学校教室等;Ⅱ类工程含办公楼、商店、旅馆、文化娱乐场所、书店及图书馆等。GB 50325—2001 对民用建筑工程室内环境污染浓度限量规定见表 16-9。

表 16-9　民用建筑工程室内环境污染浓度限量

污染物	Ⅰ类民用建筑工程	Ⅱ类民用建筑工程	污染物	Ⅰ类民用建筑工程	Ⅱ类民用建筑工程
氡(Bq/m^3)	≤200	≤400	氨(mg/m^3)	≤0.2	≤0.5
游离甲醛(mg/m^3)	≤0.08	≤0.12	TVOC(mg/m^3)	≤0.5	≤0.6
苯(mg/m^3)	≤0.09	≤0.09			

2. 建筑和装修材料污染物限量

GB 50325—2001 对建筑材料进行了分类。一类为无机非金属材料,包括砂、石、水泥、商品砖、预制构件及新型墙体材料。第二类为无机非金属装修材料,包括石材、卫生陶瓷、石膏板、吊顶材料等。装修材料在控制放射性物质方面又分为 A 类和 B 类。

建筑材料中的不同项目采取了不同的检测方法,控制指标限量也不尽相同,其主要指标见表 16-10～表 16～18。

表 16-10　无机非金属建筑材料放射性指标限量

测定项目	限　量
内照射指数(I_{Ra})	≤1.0
外照射指数(I_r)	≤1.0

表 16-11　无机非金属装修材料放射性指标限量

测定项目	A	B
内照射指数(I_{Ra})	≤1.0	≤1.3
外照射指数(I_r)	≤1.3	≤1.9

表 16-12　环境测试舱法测定游离甲醛释放限量

类　别	限量(mg/m^3)
E1	≤0.12

表 16-13　穿孔法测定游离甲醛含量分类限量

类　别	限量(mg/100g,干材料)
E1	≤0.9
E2	>9.0,≤30.0

表 16-14　干燥器法测定游离甲醛释放量分类限量

类　别	限量(mg/L)
E1	≤1.5
E2	>1.5,≤5.0

表 16-15　室内用溶剂涂料中 TVOC 和苯限量

涂料名称	TVOC(g/l)	苯(g/kg)	涂料名称	TVOC(g/l)	苯(g/kg)
醇酸漆	≤550	≤5	酚醛磁漆	≤380	≤5
硝基漆	≤750	≤5	酚醛防锈漆	≤270	≤5
聚氨酯漆	≤700	≤5	其它溶剂型涂料	≤600	≤5
酚醛清漆	≤500	≤5			

表 16-16　室内用水性胶粘剂 TVOC 和游离甲醛限量

测定项目	限　量
TVOC(g/L)	≤50
游离甲醛含量(g/kg)	≤1

表 16-17　室内用溶剂型胶粘剂 TVOC 和苯限量

测定项目	限　量
TVOC(g/L)	≤750
苯(g/kg)	≤5

表 16-18　室内用水性处理剂 TVOC 和游离甲醛限量

测定项目	限　量
TVOC(g/L)	≤200
游离甲醛含量(g/kg)	≤0.5

三、室内环境质量合格的具体要求

对民用建筑工程环境的控制应从原材料进厂检验开始直至工程室内环境质量验收最后一个环节。只有全部符合 GB 50325 规定时,才能判定工程室内环境质量合格。其具体要求如下:

(1) 按照 GB 50325 中第 5.1.2 条规定,当发现不符合设计要求及本规范要求时,严禁使用。

(2) 按照 GB 50325 中第 5.2.1 条规定,对民用建筑工程中采用的无机非金属材料及装修材料必须有放射性指标检测报告,且应符合设计要求及本规范规定。

(3) 按照 GB 50325 中第 5.2.3 条规定,对室内装饰工程中采用的人造木板及饰面人造木板必须有游离甲醛含量或游离甲醛释放量检测报告,且应符合设计要求及本规范规定。

(4) 按照 GB 50325 中第 5.2.6 条规定,对建筑材料及装修材料的检测项目不全或检测结果有疑问时,必须将材料送有资格检测机构进行检验,检验合格方可使用。

（5）按照 GB 50325 中要求，民用建筑工程及室内装修工程的环境质量验收，应在工程完工至少 7 天以后，工程交付使用前进行。应抽取有代表性的房间，数量不少于 5%，且不得少于 3 间；总房间少于 3 间时，应全数取样进行室内环境污染物浓度检测；样板间检测合格的，抽检数量减半，且不得少于 3 间。

若室内检测不合格者，应及时查找原因并采取措施处理，并可进行再次复检。复检时，应抽取双倍数量，当全部复检结果合格后，可判定为室内环境质量合格。

附录

建筑工程材料有关标准目录

一、水　泥

（一）基础标准和产品标准

GB 175—1999　硅酸盐水泥、普通硅酸盐水泥

GB 1344—1999　矿渣硅酸盐水泥、火山灰质硅酸盐水泥及粉煤灰硅酸盐水泥

GB 2938—1997　低热微膨胀水泥

GB/T 3183—1997　砌筑水泥

GB/T 4131—1997　水泥的命名、定义和术语

GB 10238—1998　油井水泥

GB 12958—1999　复合硅酸盐水泥

JC/T 311—1997　明矾石膨胀水泥

JC 435—1996　快硬铁铝酸盐水泥

JC 437—1996　自应力铁铝酸盐水泥

JC/T 452—1997　通用水泥质量等级

JC/T 667—1997　水泥粉磨用工艺外加剂

JC 714—1996　快硬硫铝酸盐水泥

JC 715—1996　自应力硫铝酸盐水泥

JC/T 853—1999　硅酸盐水泥熟料

GB 201—2000　铝酸盐水泥

（二）检验方法标准

GB/T 17671—1999　水泥胶砂强度检验方法（ISO法）

JC/T 668—1997　水化水泥胶砂中硫酸钙含量的测定方法

JC/T 850—1999　水泥用铁质原料化学分析方法

（三）仪器设备标准

JC/T 681—1997　行星式水泥胶砂搅拌机

JC/T 682—1997　水泥胶砂试体成型振实台

JC/T 683—1997　40mm×40mm水泥抗压夹具

JC/T 726—1997　水泥胶砂试模

（四）检定规程

JJG（建材）101—1999　水泥电动抗折试验机检定规程

JJG（建材）102—1999　水泥胶砂搅拌机检定规程

JJG（建材）103—1999　水泥胶砂振动台检定

规程

JJG（建材）105—1999　净浆标准稠度与凝结时间测定仪检定规程

JJG（建材）106—1999　水泥标准筛检定规程

JJG（建材）107—1999　透气法比表面积仪检定规程

二、墙体材料

（一）建筑砌块

GB/T 4111—1997　混凝土小型空心砌块试验方法

GB 8239—1997　普通混凝土小型空心砌块

GB 15229—2002　轻集料混凝土小型空心砌块

GB/T 11968—1997　蒸压加气混凝土砌块

GB/T 11969—1997　加气混凝土性能试验方法总则

GB/T 11970—1997　加气混凝土体积密度、含水率和吸水率试验方法

GB/T 11971—1997　加气混凝土力学性能试验方法

GB/T 11972—1997　加气混凝土干燥收缩试验方法

GB/T 11973—1997　加气混凝土抗冻性试验方法

GB/T 11974—1997　加气混凝土碳化试验方法

GB/T 11975—1997　加气混凝土干湿循环试验方法

GB/T 12988—1991　无机地面材料耐磨性试验方法

GB/T 16753—1997　硅酸盐建筑制品术语

GB/T 16925—1997　混凝土及其制品耐磨性试验方法（滚珠轴承法）

JC 238—1991（1996）　粉煤灰砌块

JC/T 446—2000　混凝土路面砖

JC/T 641—1996　装饰混凝土砌块

JC/T 698—1998　石膏砌块

JC 860—2000　混凝土小型空心砌块砌筑砂浆

JC 861—2000　混凝土小型空心砌块灌孔混凝土

JC 862—2000　粉煤灰小型空心砌块

（二）建筑板材

GB/T 9775—1999　纸面石膏板

GB 12987—1997　农房用混凝土圆孔板

GB/T 15231.1—1994　玻璃纤维增强水泥性能试验方法　体积密度、含水率和玻璃纤维含量

GB/T 15231.2—1994　玻璃纤维增强水泥性能试验方法　抗压强度

GB/T 15231.3—1994　玻璃纤维增强水泥性能试验方法　抗弯性能

GB/T 15231.4—1994　玻璃纤维增强水泥性能试验方法　抗拉性能

GB/T 15231.5—1994　玻璃纤维增强水泥性能试验方法　抗冲击性能

GB 15230—1994　农房混凝土配套构件

GB 15762—1995　蒸压加气混凝土板

GB 16308—1996　钢丝网水泥板

GB/T 17748—1999　铝塑复合板

JC/T 411—1991（1996）　水泥木屑板

JC/T 412—1991（1996）　建筑用石棉水泥平板

（三）砌墙砖

GB/T 2542—1992　砌墙砖试验方法

GB/T 5101—2003　烧结普通砖

GB 11945—1999　蒸压灰砂砖

GB 13544—2000　烧结多孔砖

GB 13545—2003　烧结空心砖和空心砌块

JC 239—1991（1996）　粉煤灰砖

JC/T 422—1991（1996）　非烧结普通粘土砖

JC/T 466—1992（1996）　砌墙砖检验规则

JC 525—1993　煤渣砖

JC/T 637—1996　蒸压灰砂空心砖

JC/T 790—1985（1996）　砖和砌块名词术语（GB 5348—85）

JC/T 796—1999　回弹仪评定烧结普通砖强度等级的方法

三、建筑钢材

GB/T 342—1997　冷拉圆钢丝、方钢丝、六角钢丝尺寸、外形、重量及允许偏差

GB/T 343—1994　一般用途低碳钢丝

GB/T 699—1999　优质碳素结构钢

GB/T 700—1988　碳素结构钢

GB/T 701—1997　低碳钢热轧圆盘条

GB/T 702—1986　热轧圆钢和方钢尺寸、外形、重量及允许偏差

GB/T 704—1988　热轧扁钢尺寸、外形、重量及允许偏差

GB/T 705—1989　热轧六角钢和八角钢尺寸、外形、重量及允许偏差

GB/T 706—1988　热轧工字钢尺寸、外形、重量及允许偏差

GB/T 707—1988　热轧槽钢尺寸、外形、重量及允许偏差

GB/T 708—1988　冷轧钢板和钢带的尺寸、外形、重量及允许偏差

GB/T 709—1988　热轧钢板和钢带的尺寸、外形、重量及允许偏差

GB/T 715—1989　标准件用碳素钢热轧圆钢

GB/T 716—1991　碳素结构钢冷轧钢带

GB/T 905—1994　冷拉圆钢、方钢、六角钢尺寸、外形、重量及允许偏差

GB/T 912—1989　碳素结构钢和低合金结构钢热轧薄钢板及钢带

GB 1499—1998　钢筋混凝土用热轧带肋钢筋

GB/T 1591—1994　低合金高强度结构钢

GB/T 2597—1994　窗框用热轧型钢

GB/T 3077—1999　合金结构钢

GB/T 3091—2001　低压流体输送用焊接钢管

GB/T 3274—1988　碳素结构钢和低合金结构钢热轧厚钢板和钢带

GB/T 3277—1991　花纹钢板

GB/T 3429—1994　焊接用钢盘条

GB/T 3524—1992　碳素结构钢和低合金结构钢热轧钢带

GB/T 4171—2000　高耐候性结构钢

GB/T 4172—2000　焊接结构用耐候钢

GB/T 4354—1994　优质碳素钢热轧盘条

GB/T 4463—1984　预应力混凝土用热处理钢筋

GB/T 5223—2002　预应力混凝土用钢丝

GB/T 5224—1995　预应力混凝土用钢绞线（附修改单）

GB/T 6723—1986　通用冷弯开口型钢尺寸、外形、重量及允许偏差

GB/T 6724—1986　冷弯波形钢板

GB/T 6725—2002　冷弯型钢

GB/T 6728—2002　结构用冷弯空心型钢尺寸、

外形、重量及允许偏差

GB/T 8162—1999　结构用无缝钢管

GB/T 8163—1999　输送流体用无缝钢管

GB/T 8903—1988　电梯用钢丝绳

GB/T 9787—1988　热轧等边角钢尺寸、外形、重量及允许偏差

GB/T 9788—1988　热轧不等边角钢尺寸、外形、重量及允许偏差

GB/T 9944—1988　不锈钢丝绳

GB/T 9946—1988　热轧 L 型钢尺寸、外形、重量及允许偏差

GB/T 11253—1989　碳素结构钢和低合金结构钢冷轧薄钢板及钢带

GB/T 11263—1998　热轧 H 型钢和剖分 T 型钢(附修改单)

GB/T 12753—1991　输送带用钢丝绳

GB/T 12755—1991　建筑用压型钢板

GB/T 12771—2000　流体输送用不锈钢焊接钢管

GB 13013—1991　钢筋混凝土用热轧光圆钢筋

GB 13014—1991　钢筋混凝土用余热处理钢筋

GB 13788—2000　冷轧带肋钢筋

GB/T 14292—1993　碳素结构钢和低合金结构钢热轧条钢技术条件

GB/T 14957—1994　熔化焊用钢丝

GB/T 14958—1994　气体保护焊用钢丝

GB/T 14981—1994　热轧盘条尺寸、外形、重量及允许偏差

GB/T 17395—1998　无缝钢管尺寸、外形、重量及允许偏差

YB/T 022—1992　用于水泥中的钢渣

YB/T 038—1993　预应力混凝土用低合金钢丝

YB/T 041—1993　钢门窗用电焊异型钢管

GB/T 1499.3—2002　钢筋混凝土用焊接钢筋网

YB/T 146—1998　预应力钢丝及钢绞线用热轧盘条

YB/T 151—1999　混凝土用钢纤维

YB/T 156—1999　中强度预应力混凝土用钢丝

YB/T 157—1999　电梯导轨用热轧型钢

YB 3301—1992　焊接 H 型钢

YB/T 4001—1998　钢格栅板

YB/T 4026—1991　网围栏用镀锌钢丝

YB/T 4068—1991　热轧环件

YB/T 4081—1992　护栏波形梁用冷弯型钢

YB/T 5002—1993　一般用途圆钢钉

YB/T 5092—1996　焊接用不锈钢丝

YB/T 5161—1993　卷帘门及钢窗用冷弯型钢尺寸、外形、重量及允许偏差

YB/T 5198—1993　电梯钢丝绳用钢丝

JG/T 73—1999　不锈钢建筑型材

JG/T 115—1999　彩色涂层钢板门窗型材

JG 3042—1997　环氧树脂涂层钢筋

JG 3046—1998　冷轧扭钢筋

CJ 3058—1996　塑料护套半平行钢丝拉索

CJ 3077—1998　建筑缆索用钢丝

JC/T 540—1994　混凝土制品用冷拔冷轧低碳螺纹钢丝

GB/T 221—2000　钢铁产品牌号表示方法

GB/T 222—1984　钢的化学分析用试样取样法及成品化学成分允许偏差

GB/T 228—1987　金属拉伸试验方法

GB/T 229—1994　金属夏比缺口冲击试验方法

GB/T 230—1991　金属洛氏硬度试验方法

GB/T 231—1984　金属布氏硬度试验方法

GB/T 232—1999　金属材料　弯曲试验方法

GB/T 235—1999　金属材料　厚度等于或小于 3mm 薄板和薄带　反复弯曲试验方法

GB/T 238—1984　金属线材反复弯曲试验方法

GB/T 239—1999　金属线材扭转试验方法

GB/T 247—1997　钢板和钢带检验、包装、标志及质量证明书的一般规定

GB/T 710—1991　优质碳素结构钢热轧薄钢板和钢带

GB/T 908—1987　锻制圆钢和方钢尺寸、外形、重量及允许偏差

GB/T 1184—1996　形状和位置公差　未注公差值

GB/T 1220—1992　不锈钢棒

GB/T 1804—2000　一般公差　未注公差的线性和角度尺寸的公差

GB/T 2101—1989　型钢验收、包装、标志及质量证明书的一般规定

GB/T 2102—1988　钢管的验收、包装、标志和质量证明书

GB/T 2103—1988　钢丝验收、包装、标志及质量证明书的一般规定

GB/T 2104—1988　钢丝绳包装、标志及质量证明书的一般规定

GB/T 2970—1991　中厚钢板超声波检验方法

GB/T 2975—1998　钢及钢产品　力学性能试验取样位置及试样制备

GB/T 2976—1988　金属线材缠绕试验方法

GB/T 3078—1994　优质结构钢冷拉钢材技术条件

GB/T 3206—1982　优质碳素结构钢丝

GB/T 4336—1984　碳素钢和中低合金钢的光电发射光谱分析方法

GB/T 6397—1986　金属拉伸试验试样

GB/T 8653—1988　金属杨氏模量、弦线模量、切线模量和泊松比试验方法（静态法）

GB/T 8358—1987　钢丝绳破断拉伸试验方法

GB/T 8923—1988　涂装前钢材表面锈蚀等级和除锈等级

GB/T 10120—1996　金属应力松弛试验方法

GB/T 12347—1996　钢丝绳弯曲疲劳试验方法

GB/T 12443—1990　金属扭应力疲劳试验方法

GB/T 12754—1991　彩色涂层钢板及钢带

GB/T 12778—1991　金属夏比冲击断口测定方法

GB/T 13239—1991　金属低温拉伸试验方法

GB/T 13298—1991　金属显微组织检验方法

GB/T 13303—1991　钢的抗氧化性能测定方法

GB/T 13304—1991　钢分类

GB/T 15574—1995　钢产品分类

GB/T 15575—1995　钢产品标记代号

GB/T 17505—1998　钢及钢产品交货一般技术要求

GB/T 17616—1998　钢铁及合金牌号统一数字代号体系

YB/T 010—1992　混合稀土金属丝棒

YB/T 081—1996　冶金技术标准的数值修约与检测数值的判定原则

YB/T 5056—1993　钢钉检验、包装、标志、质量证明书及储运的一般规定

YB/T 5126—1993　钢筋平面反向弯曲试验方法

四、防水材料

（一）沥青防水卷材

GB 326—1989　石油沥青纸胎油毡、油纸

GB/T 328.1—1989　沥青防水卷材试验方法　总则

GB/T 328.2—1989　沥青防水卷材试验方法　浸涂材料含量

GB/T 328.3—1989　沥青防水卷材试验方法　不透水性

GB/T 328.4—1989　沥青防水卷材试验方法　吸水性

GB/T 328.5—1989　沥青防水卷材试验方法　耐热度

GB/T 328.6—1989　沥青防水卷材试验方法　拉力

GB/T 328.7—1989　沥青防水卷材试验方法　柔度

GB/T 14686—1993　石油沥青玻璃纤维胎油毡

GB/T 17146—1997　建筑材料水蒸气透过性能试验方法

GB 18242—2000　弹性体改性沥青防水卷材

GB 18243—2000　塑性体改性沥青防水卷材

GB 18244—2000　建筑防水材料老化试验方法

GB/T 18378—2001　防水沥青与防水卷材术语

GB/T 18840—2002　沥青防水卷材用胎基

GB 18967—2003　改性沥青聚乙烯胎防水卷材

JC/T 84—1996　石油沥青玻璃布胎油毡

JC 503—1992　油毡瓦

JC 504—1992　铝箔面油毡

JC 505—1992　煤沥青纸胎油毡

JC/T 690—1998　沥青复合胎柔性防水卷材

JC 840—1999　自粘橡胶沥青防水卷材

JC 898—2002　自粘聚合物改性沥青聚酯胎防水卷材

JC/T 904—2002　塑性体改性沥青

JC/T 905—2002　弹性体改性沥青

（二）高分子防水卷材

GB 12952—2003　聚氯乙烯防水卷材

GB 12953—2003　氯化聚乙烯防水卷材

GB 18173.1—2000　高分子防水材料　第1部分　片材

GB 18173.2—2000　高分子防水材料　第2部分　止水带

GB 18173.3—2002　高分子防水材料　第3部分　遇水膨胀橡胶

JC 206—1976　再生胶油毡

JC/T 645—1996　三元丁橡胶防水卷材

JC/T 684—1997　氯化聚乙烯—橡胶共混防水卷材

(三) 防水涂料

GB/T 16777—1997　建筑防水涂料试验方法

GB/T 19250—2003　聚氨酯防水涂料

JC/T 408—1991　水性沥青基防水涂料

JC/T 674—1997　聚氯乙烯弹性防水涂料

JC/T 797—1984(1996)　皂液乳化沥青

JC/T 852—1999　溶剂型橡胶沥青防水涂料

JC/T 864—2000　聚合物乳液建筑防水涂料

JC/T 894—2001　聚合物水泥防水涂料

JC/T 902—2002　建筑表面用有机硅防水剂

(四) 密封膏与胶粘剂

GB/T 12954—1991　建筑胶粘剂通用试验方法

GB/T 13477.1—2002　建筑密封材料试验方法　第1部分:试验基材的规定

GB/T 13477.2—2002　建筑密封材料试验方法　第2部分:密度的测定

GB/T 13477.3—2002　建筑密封材料试验方法　第3部分:使用标准器具测定密封材料挤出性的方法

GB/T 13477.4—2002　建筑密封材料试验方法　第4部分:原包装单组分密封材料挤出性的测定

GB/T 13477.5—2002　建筑密封材料试验方法　第5部分:表干时间的测定

GB/T 13477.6—2002　建筑密封材料试验方法　第6部分:流动性的测定

GB/T 13477.7—2002　建筑密封材料试验方法　第7部分:低温柔性的测定

GB/T 13477.8—2002　建筑密封材料试验方法　第8部分:拉伸粘结性的测定

GB/T 13477.9—2002　建筑密封材料试验方法　第9部分:浸水后拉伸粘结性的测定

GB/T 13477.10—2002　建筑密封材料试验方法　第10部分:定伸粘结性的测定

GB/T 13477.11—2002　建筑密封材料试验方法　第11部分:浸水后定伸粘结性的测定

GB/T 13477.12—2002　建筑密封材料试验方法　第12部分:同一温度下拉伸—压缩循环后粘结性的测定

GB/T 13477.13—2002　建筑密封材料试验方法　第13部分:冷拉—热压后粘结性的测定

GB/T 13477.14—2002　建筑密封材料试验方法　第14部分:浸水及拉伸—压缩循环后粘结性的测定

GB/T 13477.15—2002　建筑密封材料试验方法　第15部分:经过热、透过玻璃的人工光源和水暴露后粘结性的测定

GB/T 13477.16—2002　建筑密封材料试验方法　第16部分:压缩特性的测定

GB/T 13477.17—2002　建筑密封材料试验方法　第17部分:弹性恢复率的测定

GB/T 13477.18—2002　建筑密封材料试验方法　第18部分:剥离粘结性的测定

GB/T 13477.19—2002　建筑密封材料试验方法　第19部分:质量与体积变化的测定

GB/T 13477.20—2002　建筑密封材料试验方法　第20部分:污染性的测定

GB/T 14682—1993　建筑密封材料术语

GB/T 14683—2003　硅酮建筑密封胶

JC/T 207—1996　建筑防水沥青嵌缝油膏

JC/T 438—1991(1996)　水溶性聚乙烯醇缩甲醛胶粘剂

JC/T 482—1992(1996)　聚氨酯建筑密封膏

JC/T 483—1992(1996)　聚硫建筑密封膏

JC/T 484—1992(1996)　丙烯酸酯建筑密封膏

JC/T 485—1992(1996)　建筑窗用弹性密封剂

JC/T 486—2001　中空玻璃用弹性密封胶

JC/T 547—1994　陶瓷墙地砖胶粘剂

JC/T 548—1994　壁纸胶粘剂

JC/T 549—1994　天花板胶粘剂

JC/T 550—1994　半硬质聚氯乙烯块状塑料地板胶粘剂

JC/T 636—1996　木地板胶粘剂

JC/T 798—1997　聚氯乙烯建筑防水接缝材料

JC/T 863—2000　高分子防水卷材胶粘剂

JC/T 881—2001　混凝土建筑接缝用密封胶

JC/T 882—2001　幕墙玻璃接缝用密封胶

JC/T 883—2001　石材用建筑密封胶

JC/T 884—2001　彩色涂层钢板用建筑密封胶

JC/T 885—2001　建筑用防霉密封胶

JC/T 887—2001　干挂石材幕墙用环氧胶粘剂

(五) 刚性防水材料

GB 18445—2001　水泥基渗透结晶型防水材料

JC 474—1999　砂浆、混凝土防水剂

JC 476—1998　混凝土膨胀剂

JC 900—2002　无机防水堵漏材料

五、装饰材料

（一）水泥平板

JC/T 411—1991(1996)　水泥木屑板

JC/T 412—1991(1996)　建筑用石棉水泥平板

JC/T 564—1994　纤维增强硅酸钙板

JC/T 626—1996　纤维增强低碱度水泥建筑平板

JC/T 627—1996　非对称截面石棉水泥半波板

JC/T 671—1997　维纶纤维增强水泥平板

JC 688—1998　玻镁平板

（二）建筑瓷砖

GB/T 4100—1992　釉面内墙砖

GB/T 7697—1996　玻璃马赛克

GB/T 11947—1989　彩色釉面陶瓷墙地砖

JC/T 456—1992(1996)　陶瓷锦砖

JC/T 457—1992(1996)　陶瓷劈离砖

JC 501—1993　无釉陶瓷地砖

JC/T 665—1997　瓷质砖

JC/T 765—1988(1996)　建筑琉璃制品(原 GB 9197—88)

（三）饰面石材

GB/T 9966.1—1988　天然饰面石材试验方法 干燥、水饱和、冻融循环后压缩强度试验方法

GB/T 9966.2—1988　天然饰面石材试验方法 弯曲强度试验方法

GB/T 9966.3—1988　天然饰面石材试验方法 体积密度、真密度、真气孔率、吸水率试验方法

GB/T 9966.4—1988　天然饰面石材试验方法 耐磨性试验方法

GB/T 9966.5—1988　天然饰面石材试验方法 镜面光泽度试验方法

GB/T 9966.6—1988　天然饰面石材试验方法 耐酸性试验方法

GB/T 13890—1992　天然饰面石材术语

GB/T 13891—1992　建筑饰面材料镜向光泽度测定方法

JC/T 79—1992(1996)　天然大理石建筑板材

JC/T 205—1992(1996)　天然花岗石建筑板材

JC/T 507—1993(1996)　建筑水磨石制品

JC 518—1993(1996)　天然石材产品放射防护分类控制标准

（四）装饰与吸声板材

GB/T 11981—1989　建筑用轻钢龙骨

JC/T 430—1991(1996)　膨胀珍珠岩装饰吸声板

JC/T 489—1992　美铝曲面装饰板

JC/T 517—1993　粉刷石膏

JC/T 539—1994　混凝土和砂浆用颜料及其试验方法

JC/T 558—1994　建筑用轻钢龙骨配件

JC/T 566—1994　吸声用穿孔纤维水泥板

JC 670—1997　矿渣棉装饰吸声板

（五）采光材料

GB/T 4870—1985　普通平板玻璃尺寸系列

GB 4871—1995　普通平板玻璃

GB 9656—1996　汽车用安全玻璃

GB 9962—1988　夹层玻璃

GB/T 9963—1998　钢化玻璃

GB 11614—1999　浮法玻璃

GB/T 11944—1989　中空玻璃

GB/T 15763—1995　防火玻璃

JC 433—1991(1996)　夹丝玻璃

JC/T 510—1993　光栅玻璃

JC/T 511—1993　压花玻璃

JC/T 536—1994　吸热玻璃

JC/T 635—1996　建筑门窗密封毛条技术条件

（六）卫生设备

GB/T 12956—1991　卫生间配套设备

GB/T 13095.1—1991　玻璃纤维增强塑料盒子卫生间　制品

GB/T 13095.2—1991　玻璃纤维增强塑料盒子卫生间　类型和尺寸系列

GB/T 13095.3—1991　玻璃纤维增强塑料盒子卫生间　防水盘

GB/T 13095.4—1991　玻璃纤维增强塑料盒子卫生间　试验方法

JC/T 644—1996　人造玛瑙及人造大理石卫生洁具

JC 706—1997　蹲便器高水箱配件

JC 707—1997　坐便器低水箱配件

JC/T 758—1983(1996)　陶瓷洗面器普通水嘴(原 GB 3809—83)

JC/T 760—1985(1996)　浴盆明装水嘴（原 GB 5347—85）

JC/T 761—1987(1996)　卫生洁具铜排水配件通用技术条件（原 GB 7913—87）

JC/T 762—1987(1996)　卫生洁具铜排水配件结构型式和连接尺寸（原 GB 7914—87）

JC/T 764—1987(1996)　坐便器塑料坐圈和盖（原 GB 8285—87）

（七）塑料管材

GB/T 18997.1—2003　铝塑复合压力管（第一部分：铝管搭接焊式铝塑管）

GB/T 18997.2—2003　铝塑复合压力管（第二部分：铝管对接焊式铝塑管）

GB/T 18993.1—2003　冷热水用氯化聚氯乙烯（PVC-C）管道系统：总则

GB/T 18993.2—2003　冷热水用氯化聚氯乙烯（PVC-C）管道系统：管材

GB/T 18993.3—2003　冷热水用氯化聚氯乙烯（PVC-C）管道系统：管件

GB/T 18742.1—2003　冷热水用聚丙烯管道系统：总则

GB/T 18742.2—2003　冷热水用聚丙烯管道系统：管材

GB/T 18742.3—2003　冷热水用聚丙烯管道系统：管件

六、其它材料

JC/T 479—1992　建筑生石灰

JC/T 480—1992　建筑生石灰粉

JC/T 481—1992　建筑消石灰粉

JC/T 619—1996　石灰术语

GB/T 9776—1988　建筑石膏

JGJ 55—2000　普通混凝土配合比设计规程

GB/T50080—2002　普通混凝土拌合物试验方法标准

GB/T50081—2002　普通混凝土力学性能试验方法标准

GB8076—1997　混凝土外加剂标准

GB500119—2003　砼外加剂应用技术规范

GB/T14684—2001　普通砼用砂质量标准及检验方法

GB/T14685—2001　普通砼用卵石、碎石的质量标准及检验方法。

金盾版图书，科学实用，
通俗易懂，物美价廉，欢迎选购

家庭居室装修装饰顾问	11.00 元	建筑装饰装修施工实用技术	19.00 元
室内装修与健康	9.00 元	建筑装修装饰涂料与施工技术	8.00 元
家居装饰装修	27.00 元	家庭防火知识问答	7.50 元
家庭居室装修装饰常用材料	9.00 元	眼见未必为实	10.00 元
装修装饰木工基本技术	8.50 元	实用建筑施工手册（精装）	34.00 元
装修装饰电工基本技术	10.00 元	新编金属材料手册（精装）	38.00 元
装修装饰抹灰工基本技术	8.50 元	轻钢结构施工与监理手册	65.00 元
装修装饰机具使用与维护	6.00 元	新编常用材料手册（精装）	32.00 元
装修装饰工程常见质量问题及		建筑工程造价管理	20.00 元
处理	8.00 元	新编建筑工程概预算与定额	21.50 元
装修装饰工程项目管理与预算	14.00 元	木材材积计算手册（第二版）	4.50 元
建筑装修装饰构造与施工	16.50 元	实用粘接技术 800 问（第二版）	13.50 元
装修装饰油漆工基本技术	7.50 元	实用木材粘合剂生产与检验	9.40 元
卧室	5.00 元	涂料防腐蚀技术 300 问	9.90 元
起居室	3.50 元	电工基本操作技能	23.00 元
儿童天地	5.00 元	实用电工问答（第三版）	16.00 元
一室多用	8.50 元	电工技术常用公式与数据手册	17.90 元
厨房和卫生间	5.50 元	电工 1000 个怎么办	29.00 元
餐厅和书房	5.00 元	常用电气线路 110 例	8.00 元
门窗与阳台	5.50 元	安装电工基本技术（修订版）	22.00 元
楼地面	5.00 元	车工基本技术	13.50 元
顶棚	6.00 元	钣金工基本技术（修订版）	15.00 元
家庭居室陈设	7.00 元	钢筋工基本技术（修订版）	12.00 元
建筑劳动力市场与班组管理	11.00 元	锻造工基本技术	11.50 元
怎样看建筑施工图	18.00 元	铸造工基本技术	18.50 元
现代建筑施工项目管理	21.50 元	电焊工基本技术（第二次修订版）	23.50 元
建筑施工技术	32.50 元	实用电焊技术	40.00 元
建筑识图与房屋构造	23.00 元	新编焊工实用手册	57.00 元
新型混凝土及其应用	18.00 元	气焊工基本技术（修订版）	16.00 元
建筑工程材料（第二版）	43.50 元	电镀工基本技术	13.00 元
建筑工程材料员必读	9.50 元	管工基本技术（修订版）	10.00 元
施工工长（施工员）必读	15.00 元	油漆工基本技术	6.70 元
设备工长（施工员）必读	15.00 元	油漆工实用技术	8.80 元
概预算员必读	15.50 元	测量放线工基本技术（修订版）	6.00 元
材料员必读	10.00 元	木工基本技术	11.50 元
建筑装修装饰材料	13.50 元	建筑木工实用技术	15.50 元

瓦工基本技术(修订版)	9.50元	解放 CA1091 型汽车结构	
钳工基本技术	12.00元	与使用维修	19.00元
机修钳工基本技术	14.00元	柴油汽车使用与维修	
模具钳工基本技术	14.50元	(第二版)	13.50元
刨工基本技术	8.50元	奥迪轿车结构与使用维修	7.90元
架子起重工基本技术	9.50元	广州本田雅阁轿车结构与	
架子起重工基本技术(修订版)	12.50元	使用维修	29.00元
抹灰工基本技术(修订版)	10.00元	丰田汽车结构与使用维修	11.50元
混凝土工基本技术(修订版)	12.00元	日产汽车结构与使用维修	10.00元
新型混凝土及其应用	18.00元	昌河汽车结构与使用维修	8.00元
小型混凝土砌块的生产和应用	27.50元	斯太尔 91 系列汽车结构与	
管道工基本技术	13.50元	使用维修	12.50元
热处理工基本技术	10.00元	南京依维柯轻型汽车结构	
应用热处理	9.50元	与使用维修	9.90元
实用钻孔技术	10.50元	图解捷达轿车用户手册	8.00元
农村太阳能实用技术	7.00元	捷达轿车结构与使用维修	9.50元
农村小水电实用技术	3.10元	标致轿车结构与使用维修	9.80元
农家沼气实用技术	4.00元	桑塔纳轿车结构与使用维	
新编汽车驾驶员自学读本	24.80元	修(第二版)	8.50元
新编小客车驾驶员自学读本	20.00元	图解富康轿车用户手册	7.50元
汽车驾驶员 1000 个怎么办		富康轿车结构与使用维修	6.30元
(第四版)	17.00元	奥拓微型轿车结构与使用维修	9.30元
汽车驾驶常识图解	10.00元	伏尔加、拉达、波罗乃兹、菲亚	
汽车故障检修技术(修订版)	15.00元	特轿车结构与使用维修	12.00元
汽车空调使用维修 700 问	22.00元	天津华利微型汽车结构与使用	
汽车电气故障的判断与排除	5.80元	维修	10.50元
汽车声响与故障判断排除	14.00元	天津夏利轿车结构与使用	
汽车故障简易判断方法		维修	11.80元
250 例(第二次修订版)	13.50元	上海别克轿车结构与维修	16.50元
汽车使用保养与故障排除		出租汽车驾驶员运营指南	9.50元
555 问	9.50元	初级汽车修理工自学读本	28.00元
汽车电控燃油喷射系统结		中级汽车修理工自学读本	
构与检修	8.40元	(精装)	39.80元
微型汽车使用与维修(第二版)	16.00元	中级汽车修理工自学读本	
轻型汽车使用与维修(第二版)	11.00元	(平装)	29.60元
解放、东风汽车使用保养指南	7.00元	汽车镗磨工基本技术	14.00元

　　以上图书由全国各地新华书店经销。凡向本社邮购图书者,另加10%邮挂费。书价如有变动,多退少补。邮购地址:北京太平路5号金盾出版社发行部,联系人徐玉珏,邮政编码100036,电话66886188。